BIM工程师成才之路

中文版Revit 2015基础与案例教程

田婧 主编

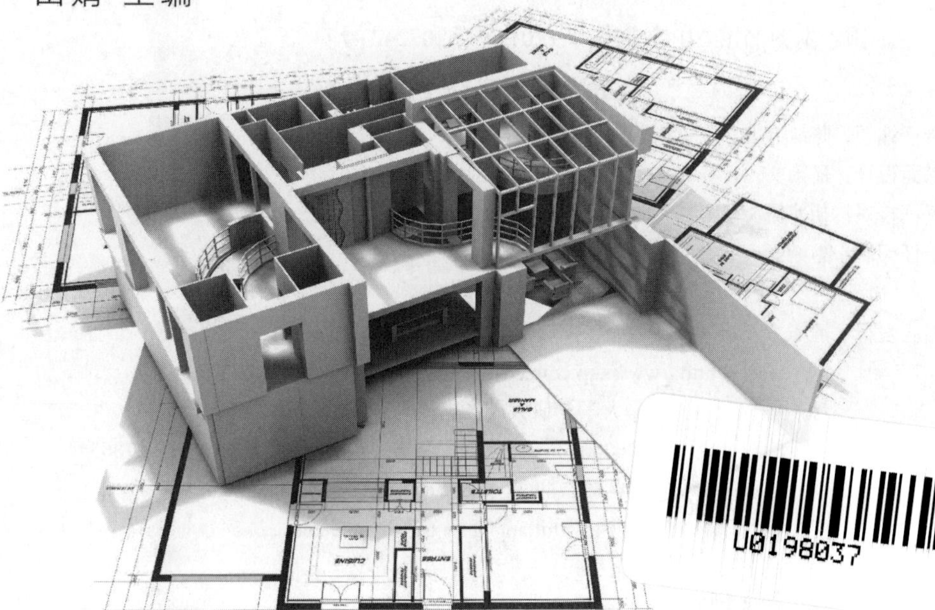

清华大学出版社
北京

内 容 简 介

本书是一本 Revit Architecture 基础教程，与建筑设计行业相结合，全面系统地讲解了 Revit Architecture 的使用方法，如创建标高轴网、绘制墙体、放置门窗与楼梯构件等，可以帮助读者系统地认识并学习 Revit Architecture 软件。

本书共 19 章，第 1 章讲解了 Revit Architecture 与建筑设计相关的理论知识；第 2 章讲解了 Revit Architecture 建筑设计的基本操作；第 3～13 章介绍了绘制各类建筑构件的操作方法，如标高与轴网、墙体、门窗等；第 14～15 章介绍了图形标注，例如文字注释与尺寸标注的创建与编辑方法；第 16～18 章介绍了图纸打印、建筑渲染，以及共享协同的知识；第 19 章介绍使用 Revit Architecture 创建办公楼建筑模型的操作方法。在本书的后面还添加了附录，介绍在使用 Revit Architecture 过程中经常遇到的问题和解决方法以及快捷键列表。

本书结构清晰，讲解深入、详尽，具有较强的针对性和实用性，本书既可作为大中专、培训学校等的专业教材，也可作为广大建筑设计初学者和爱好者学习建筑制图的指导教材。对其他各专业技术人员来说本书也是一种不可多得的参考手册。

图书在版编目（CIP）数据

中文版 Revit 2015 基础与案例教程 / 田婧主编 . — 北京：清华大学出版社，2018（2023.8 重印）

（BIM 工程师成才之路）

ISBN 978-7-302-47961-1

Ⅰ. ①中… Ⅱ. ①田… Ⅲ. ①建筑设计－计算机辅助设计－应用软件 Ⅳ. ① TU201.4

中国版本图书馆 CIP 数据核字 (2017) 第 207242 号

责任编辑：陈绿春
封面设计：潘国文
责任校对：胡伟民
责任印制：曹婉颖

出版发行：清华大学出版社
网　　址：http://www.tup.com.cn，http://www.wqbook.com
地　　址：北京清华大学学研大厦 A 座　　邮　　编：100084
社 总 机：010-83470000　　邮　　购：010-62786544
投稿与读者服务：010-62776969，c-service@tup.tsinghua.edu.cn
质量反馈：010-62772015，zhiliang@tup.tsinghua.edu.cn
印 装 者：北京鑫海金澳胶印有限公司
经　　销：全国新华书店
开　　本：188mm×260mm　　**印　　张：**19.75　　**字　　数：**530 千字
版　　次：2018 年 2 月第 1 版　　**印　　次：**2023 年 8 月第 4 次印刷
定　　价：59.00 元

产品编号：073230-01

前言

本书内容安排

本书是一本 Revit Architecture 基础教程，与建筑设计行业相结合，全面系统地讲解了 Revit Architecture 的使用方法，如创建标高与轴网、绘制墙体、放置门窗、楼梯等，可以帮助读者系统地了解并学习 Revit Architecture 软件。

章 名	内 容 安 排
第 1 章	讲解 Revit Architecture 与建筑设计的相关理论知识
第 2 章	讲解 Revit Architecture 建筑设计的基本操作
第 3~13 章	介绍绘制各类建筑构件的操作方法，如标高与轴网、墙体、门窗等
第 14~15 章	介绍图形标注的方法，例如文字注释与尺寸标注的创建与编辑方法
第 16~18 章	介绍图纸打印、建筑渲染，以及共享协同的知识
第 19 章	介绍使用 Revit Architecture 创建办公楼建筑模型的操作方法
附录	介绍在使用 Revit Architecture 过程中经常遇到的问题和解决方法，以及快捷键列表

本书特色

总体来说，本书具有以下特色。

从零开始快速起步	本书从 Revit Architecture 的基础知识讲起，由浅入深、循序渐进，讲解软件中各种命令的使用方法，让读者在阅读实践中轻松掌握各类绘制 / 编辑命令的操作方法和技术精髓
实战技巧、举一反三	本书所有案例皆为精华，个个经典，每个实例都与建筑设计相配合。在一些重点和要点处，还添加了大量的提示和技巧讲解，帮助读者理解并加深认识，从而真正掌握，以达到举一反三、灵活运用的目的
专业知识案例剖析	本书第 19 章以办公楼建筑为例，介绍使用 Revit Architecture 创建建筑模型的操作方法，使广大读者在学习软件基础知识的同时，可以从中积累相关经验，了解和熟悉建筑领域的专业知识和制图技巧

本书配套资源

本书素材文件下载地址：

链接：https://pan.baidu.com/s/1jJ5Fo26 密码：tn1f

扫描右侧二维码，同样可以下载本书的素材文件。

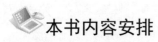

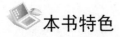

本书创作团队

本书由田婧主编，参与编写的还有：陈志民、薛成森、梅文、李雨旦、何辉、彭蔓、毛琼健、陈运炳、马梅桂、胡丹、张静玲、李红萍、李红艺、李红术、陈云香、陈文香、陈军云、彭斌全、林小群、刘清平、钟睦、江凡、张洁、刘里锋、朱海涛、廖博、喻文明、易盛、陈晶、何荣、黄柯、黄华、陈文轶、杨少波、杨芳、刘有良等。

在本书的编写过程中，我们以科学、严谨的态度，力求精益求精，但疏漏与不妥之处在所难免。在感谢您选择本书的同时，也希望您能够把对本书的意见和建议告诉我们。

联系信箱：lushanbook@qq.com

答疑 QQ 群：327209040

编者

2018 年 1 月

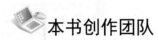

目录

第1章 Revit 建筑设计概述

1.1 BIM 基础 …… 1
1.2 Revit 建筑设计基础 …… 1
1.2.1 启动 Revit Architecture …… 2
1.2.2 Revit Architecture 2016 的界面 …… 3
1.3 项目文件 …… 5
1.3.1 新建项目文件 …… 6
1.3.2 项目设置 …… 8
1.3.3 保存项目文件 …… 9
1.4 视图控制 …… 10
1.4.1 使用项目浏览器 …… 10
1.4.2 视图导航 …… 11
1.4.3 使用 View Cube …… 13
1.4.4 使用视图控制栏 …… 14

第2章 Revit 建筑设计的基本操作

2.1 图元操作 …… 18
2.1.1 图元的选择 …… 18
2.1.2 图元的过滤 …… 19
2.2 基本编辑 …… 20
2.2.1 调整图元（移动和旋转） …… 20
2.2.2 复制图元（复制、偏移、镜像和阵列） …… 22
2.2.3 修剪图元（修剪 / 延伸和拆分） …… 26
2.3 辅助操作 …… 29
2.3.1 创建参照平面 …… 30
2.3.2 使用临时尺寸标注 …… 31
2.3.3 使用快捷键 …… 33

第3章 标高和轴网

3.1 标高 …… 35
3.1.1 创建标高 …… 35
3.1.2 编辑标高 …… 39
3.2 轴网 …… 42
3.2.1 创建轴网 …… 42
3.2.2 编辑轴网 …… 48

第4章 柱墙

4.1 柱 …… 52
4.1.1 结构柱 …… 52
4.1.2 建筑柱 …… 54
4.2 基本墙 …… 56
4.2.1 设置墙体构造参数 …… 56
4.2.2 外墙 …… 62
4.2.3 内墙 …… 64
4.2.4 使用辅助线来绘制墙体 …… 65
4.2.5 复制墙体 …… 67
4.3 叠层墙 …… 69
4.3.1 设置墙体构造参数 …… 69
4.3.2 绘制叠层墙 …… 71
4.4 墙体装饰 …… 72
4.4.1 墙饰条 …… 72
4.4.2 墙分隔缝 …… 74
4.4.3 复合墙 …… 74
4.4.4 墙连接 …… 76
4.4.5 墙体的附着与分离 …… 77

第5章 幕墙和门窗

5.1 幕墙 …… 79
5.1.1 绘制幕墙 …… 79
5.1.2 编辑幕墙 …… 81
5.1.3 幕墙系统 …… 85
5.2 创建门 …… 87
5.3 创建窗 …… 90

第6章 楼板、屋顶和天花板

6.1 楼板 …… 92
6.1.1 室内楼板 …… 92
6.1.2 室外楼板 …… 95
6.1.3 斜楼板 …… 98
6.1.4 楼板边 …… 99
6.2 屋顶 …… 101
6.2.1 迹线屋顶 …… 101
6.2.2 拉伸屋顶 …… 103
6.2.3 玻璃斜窗 …… 105
6.2.4 屋檐：底板 …… 106
6.2.5 屋顶：封檐板 …… 107
6.2.6 屋顶：檐槽 …… 107
6.3 天花板 …… 108

第7章 楼梯、坡道和洞口

7.1 添加楼梯 …… 110
7.1.1 楼梯（按构件） …… 110
7.1.2 楼梯（按草图） …… 112
7.1.3 编辑楼梯 …… 114
7.2 添加坡道 …… 115
7.2.1 直坡道 …… 115
7.2.2 带平台的坡道 …… 117
7.2.3 螺旋坡道 …… 118
7.2.4 编辑坡道 …… 118
7.3 扶手 …… 119
7.3.1 绘制路径创建扶手 …… 119
7.3.2 拾取主体创建扶手 …… 120
7.3.3 编辑扶手 …… 121
7.4 创建洞口 …… 122
7.4.1 墙洞口 …… 122
7.4.2 竖井洞口 …… 123
7.4.3 面洞口 …… 125
7.4.4 垂直洞口 …… 125

第8章 创建常用构件

8.1 室内外构件 …… 126
8.1.1 台阶 …… 126
8.1.2 散水 …… 127
8.1.3 女儿墙 …… 129
8.1.4 卫浴装置 …… 130
8.2 模型 …… 131
8.2.1 模型文字 …… 131
8.2.2 模型线 …… 132
8.2.3 模型组 …… 134

第9章 族

9.1 族基础 …… 137
9.1.1 族概述 …… 137
9.1.2 族属性参数与类型参数 …… 137
9.1.3 项目中的系统族 …… 138
9.1.4 查看使用系统族类型的图元 …… 139
9.2 创建注释族 …… 139
9.2.1 窗标记族 …… 139
9.2.2 材质标签 …… 142
9.3 创建模型族 …… 143
9.3.1 模型族建模方式 …… 143

9.3.2 创建窗族 ………………………… 148

9.4 内建族 ………………………… 158

9.4.1 创建内建族 ………………………… 158

9.4.2 复制内建族 ………………………… 159

9.4.3 载入内建族 ………………………… 159

第 10 章 场地与构件

10.1 场地设置 ………………………… 161

10.2 创建地形表面 ………………………… 162

10.2.1 放置点以创建地形表面 …… 162

10.2.2 导入实例创建地形表面 …… 164

10.2.3 指定点文件创建地形表面 … 165

10.3 编辑地形表面 ………………………… 166

10.3.1 拆分地形表面 ………………………… 166

10.3.2 合并表面 ………………………… 167

10.3.3 子面域 ………………………… 168

10.3.4 平整区域 ………………………… 169

10.4 建筑红线 ………………………… 171

10.4.1 指定数据创建建筑红线 …… 171

10.4.2 绘制建筑红线 ………………………… 171

10.4.3 编辑建筑红线 ………………………… 172

10.4.4 根据建筑红线统计用地面积 172

10.5 建筑地坪 ………………………… 173

10.5.1 添加建筑地坪 ………………………… 173

10.5.2 修改建筑地坪 ………………………… 174

10.5.3 修改建筑地坪图元属性 …… 175

10.5.4 建筑地坪土方计算 ………… 176

10.6 构件 ………………………… 177

10.6.1 场地构件 ………………………… 178

10.6.2 停车场构件 ………………………… 179

第 11 章 房间和面积

11.1 房间 ………………………… 180

11.1.1 创建房间 ………………………… 180

11.1.2 编辑房间 ………………………… 181

11.1.3 房间标记 ………………………… 183

11.2 房间边界 ………………………… 184

11.2.1 房间边界 ………………………… 184

11.2.2 房间分隔线 ………………………… 185

11.3 房间图例 ………………………… 186

11.4 面积分析 ………………………… 187

11.4.1 面积方案 ………………………… 188

11.4.2 创建面积平面 ………………………… 188

11.4.3 面积边界 ………………………… 189

11.4.4 面积和面积标记 ………………………… 189

第 12 章 明细表视图

12.1 门窗统计 ………………………… 191

12.1.1 创建构件明细表 ………………………… 191

12.1.2 编辑明细表 ………………………… 193

12.1.3 导出明细表 ………………………… 195

12.1.4 关键字明细表 ………………………… 197

12.1.5 计算窗洞口面积 ………………………… 200

12.2 统计墙材质 ………………………… 201

第 13 章 对象与视图管理

13.1 对象管理 ………………………… 203

13.1.1 设置线型与线宽 ………………………… 203

13.1.2 设置对象样式 ………………………… 205

13.2 视图控制 ………………………… 207

13.2.1 设置视图显示 ………………………… 207

13.2.2 设置图元显示 ………………………… 209

13.3 视图组织结构 ………………………… 211

13.3.1 常用组织结构 ………………………… 211

13.3.2 自定义组织结构 ………………………… 213

13.4 视图列表 ………………………… 213

第 14 章 尺寸标注

14.1 永久性尺寸标注 …… 215
14.1.1 对齐标注 …… 215
14.1.2 线性标注 …… 217
14.1.3 角度标注 …… 218
14.1.4 径向标注 …… 218
14.1.5 直径标注 …… 218
14.1.6 弧长标注 …… 218
14.1.7 高程点标注 …… 219
14.1.8 高程点坐标标注 …… 220
14.1.9 高程点坡度标注 …… 220
14.2 编辑尺寸标注 …… 220
14.2.1 编辑尺寸界线 …… 221
14.2.2 鼠标编辑 …… 222
14.2.3 编辑尺寸标注文字 …… 222
14.3 尺寸标注样式 …… 223
14.4 限制条件 …… 227
14.4.1 锁定 / 解锁 …… 227
14.4.2 相等 / 不相等 …… 228

第 15 章 文字注释

15.1 文字 …… 229
15.1.1 创建文字 …… 229
15.1.2 编辑文字 …… 230
15.2 标记 …… 234
15.2.1 创建标记 …… 234
15.2.2 编辑标记 …… 236
15.2.3 载入标记 …… 237
15.3 符号 …… 237
15.3.1 创建符号 …… 237
15.3.2 注释块明细表 …… 239

第 16 章 布图与打印

16.1 图纸布图 …… 241
16.1.1 创建图纸 …… 241
16.1.2 布置图纸 …… 242
16.1.3 编辑视图 …… 244
16.1.4 图纸设置 …… 244
16.1.5 图纸发布 / 修订 …… 245
16.2 打印 …… 247

第 17 章 建筑表现

17.1 渲染 …… 249
17.1.1 材质 …… 249
17.1.2 贴花 …… 254
17.1.3 创建照明设备 …… 256
17.1.4 添加照明设备到建筑模型中 258
17.1.5 创建三维视图 …… 259
17.1.6 渲染设置 …… 260
17.2 漫游 …… 262
17.2.1 创建漫游路径 …… 262
17.2.2 编辑漫游 …… 263
17.2.3 漫游帧 …… 264
17.2.4 漫游播放 …… 265
17.2.5 导出漫游 …… 265
17.3 日光研究 …… 266
17.3.1 创建日光研究视图 …… 266
17.3.2 创建静止日光研究 …… 267
17.3.3 创建一天日光研究 …… 268
17.3.4 创建多天日光研究 …… 269

第 18 章 共享与协同

18.1 导入 / 链接 CAD 文件 …… 270
18.1.1 导入 CAD 文件 …… 270
18.1.2 链接 CAD 文件 …… 271

18.2 导入与管理图像 ………………… 272

18.2.1 导入图像 ………………… 272

18.2.2 管理图像 ………………… 273

18.3 工作集 ………………… 274

18.3.1 启用工作集 ………………… 274

18.3.2 为工作集指定图元 ………… 275

18.3.3 创建中心文件 ………………… 276

18.3.4 释放工作集使用权限 ……… 276

18.3.5 使用工作集 ………………… 276

18.3.6 管理工作集 ………………… 278

18.4 链接 Revit 模型 ………………… 279

18.4.1 链接 Revit 模型 ………………… 279

18.4.2 编辑链接模型 ………………… 279

18.5 多专业协同设计 ………………… 282

18.5.1 复制 / 监视 ………………… 282

18.5.2 协同查阅 ………………… 283

18.5.3 协同主体 ………………… 284

18.5.4 碰撞检查 ………………… 284

第 19 章 办公楼应用实例

19.1 标高和轴网 ………………… 286

19.2 墙体与门窗 ………………… 287

19.3 绘制楼板、天花板 ………………… 290

19.4 复制图元 ………………… 291

19.5 屋顶、女儿墙 ………………… 292

19.6 台阶、散水 ………………… 295

第 20 章 附录

20.1 常见 Revit 常见问题释疑 ……… 297

20.1.1 墙体构造参数中“包络”的含义 ………………… 297

20.1.2 载入进来的族找不到了怎么办 ………………… 297

20.1.3 管理链接文件时，“删除”与“卸载”的区别 ………………… 298

20.1.4 DWG 格式的轴网文件在 Revit 中的转换方法 ………………… 299

20.1.5 在三维视图中单独显示某一楼层的做法 ………………… 300

20.2 常用快捷键 ………………… 302

第 1 章 Revit 建筑设计概述

以 Autodesk Revit 为基础的专业版本软件分为 Revit Architecture（建筑版）、Revit Structure（结构版）、Revit MEP（MEP：Mechanical、Electrical、Plumbing 的缩写，指暖通设计、给排水设计、电气设计），软件因为强大的功能而深受广大专业人士的喜爱，其应用范围也在不断扩大。

本书以 Revit Architecture 2016 为例，系统介绍 Revit 软件在建筑设计中的应用方法。

1.1 BIM 基础

在介绍 BIM 之前，首先应该了解 BIM 的含义。BIM 是 Building Information Model 的缩写，可以翻译为“建筑信息模型”。指利用三维建筑设计工具，制作包含建筑工程信息在内的三维模型。在创建模型的过程中，软件可以自动生成工程项目的各个工程视图，并添加尺寸标注，可以替代 AutoCAD 绘制的平面、立面、剖面、大样图，使建筑设计师全程可以在三维空间中观察设计细节。

BIM 的应用围绕着如何使用三维设计软件完成工程项目所需要的施工图档，还可以在此基础上完成建筑效果的渲染、漫游动画等建筑工程的表现。

BIM 不仅可以在建筑工程设计中绘制施工图纸，还可以创建与施工现场完全一致的三维工程数字模型。通过利用 Navisworks 等模型管理工具，可以检测管线与结构之间、管线与管线之间的碰撞冲突，发现项目中存在的问题。

基于 BIM 模型开展的结构及建筑绿色性能分析，可使复杂空间结构、绿色建筑成为可能。随着 BIM 技术的不断开发，其应用领域也扩大至工业建筑、水利水电等多个工程设计领域。通过应用三维信息模型，观察工程进程，及时发现并纠正错误，从而提高工程质量。

BIM 方法体现了工程信息的集中、可运算、可视化、可出图、可流动等特性，因此越来越多的业主与施工方也逐渐开始引进 BIM 技术，并将其作为企业管理的重要信息化技术手段。

BIM 模型创建完成后，设计师可以通过该模型完成施工图纸的绘制，并使用模型的碰撞检查功能保证工程设计质量；施工企业在管理系统中使用 BIM 模型，了解施工材料量，还可根据施工进度计算每个阶段的资金预算；业主可以在工程设计阶段了解和模拟工程使用状况，利用 BIM 模型管理施工进度及工程质量，管理后期物业运营，随时跟进设备、管线的变化。

1.2 Revit 建筑设计基础

Revit Architecture 应用于建筑设计行业，用来完成建筑专业从方案到施工图纸阶段的全部设计内容。可以同时查看工程的平面视图、立面视图、剖面视图、工程明细表，软件可自动将这些内容关联在一起，并保存在同一个项目文件中。

目前，Revit 的最新版本为 2016 版，本书以 2016 版本为例，介绍利用 Revit 开展建筑设计的操作方法。

1.2.1 启动 Revit Architecture

Revit 软件与其他应用程序相似，在计算机里安装后便在计算机桌面上显示软件快捷方式图标。双击该图标，或者在图标上右击，选择“打开”选项，即可启动软件。

在计算机中双击已创建的Revit模型文件，也可以启动软件，或者单击计算机桌面左下角的“开始”按钮，选择“所有程序”→“Autodesk”→“Revit 2016”命令，如图 1-1 所示，也可以启动软件。

启动软件后可显示欢迎界面，如图 1-2 所示。欢迎界面由左上角的“应用程序”按钮、菜单栏、项目样例列表、资源列表等组成。单击样例图标，可以创建项目文件、族文件。将鼠标置于样例图标上，可以查询样例的信息，如保存路径、尺寸、日期等。

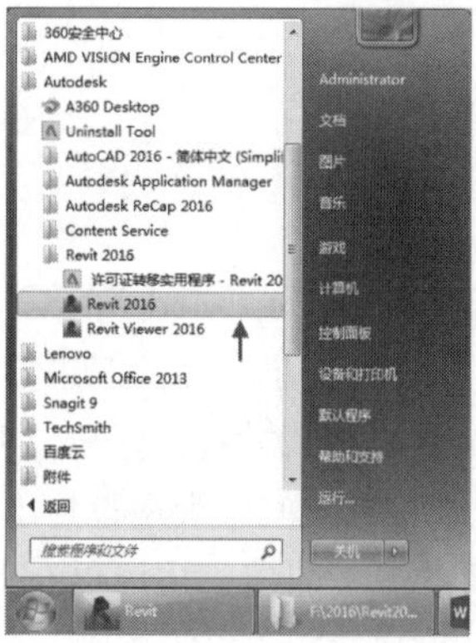

图 1-1

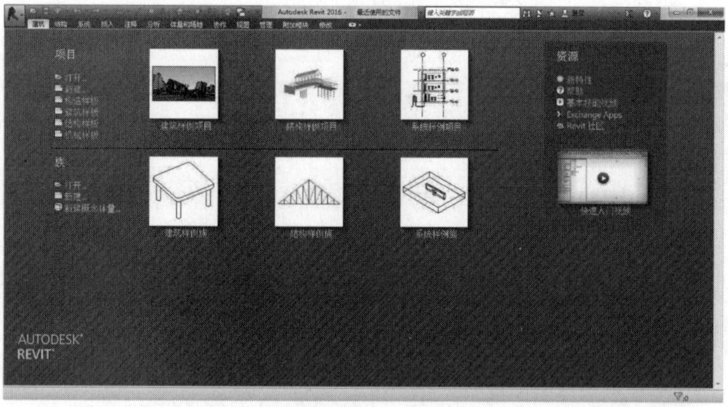

图 1-2

默认每次启动软件都会开启欢迎界面，用户可以设置是否需要开启欢迎界面。单击左上角的“应用程序”按钮，在列表中单击“选项”按钮，调出“选项”对话框。在该对话框左侧的列表中选择“用户界面”选项卡，在右侧的面板中取消选择“启动时启用‘最近使用的文件’页面”选项，如图 1-3 所示。单击“确定”按钮，在下次启动软件时，欢迎界面将被隐藏，而显示空白的软件界面，如图 1-4 所示。

重新选择“启动时启用‘最近使用的文件’页面”选项，可以再次启用欢迎界面。

图 1-3

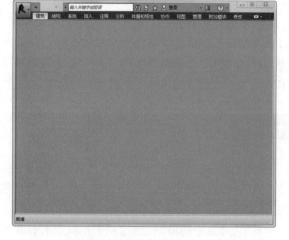

图 1-4

1.2.2 Revit Architecture 2016 的界面

Revit Architecture 2016 的工作界面如图 1-5 所示，由应用程序按钮、快速访问工具栏、选项卡、工具面板等组成。单击选项卡名称，可以切换各选项卡。在选项卡中包含命令面板，在面板上显示各种按钮，单击按钮可调用命令。

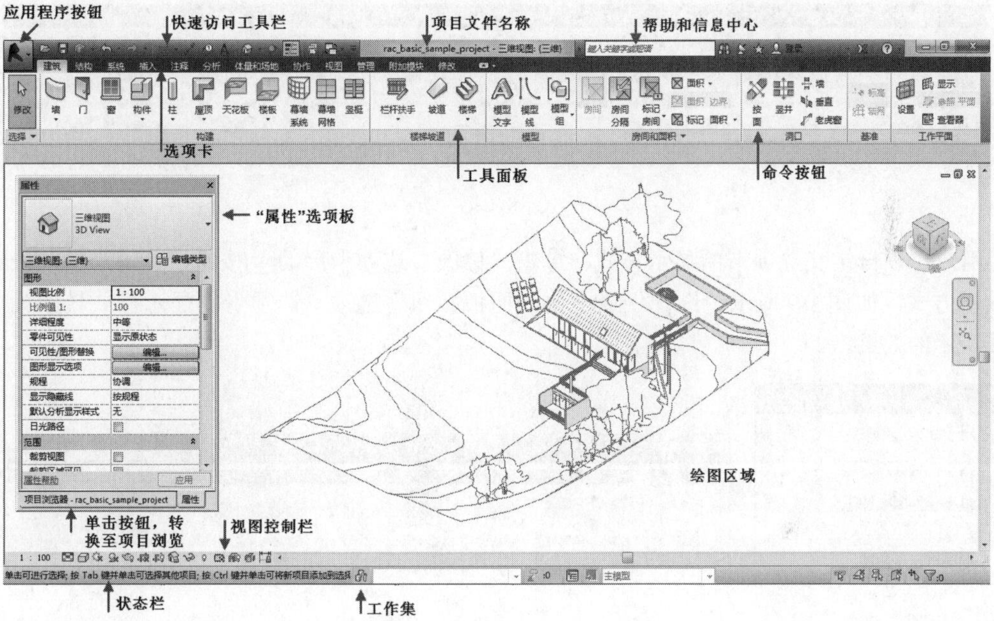

图 1-5

将鼠标停留在按钮上，显示说明预览框。如将鼠标停留在“构建”面板中的“门”按钮上，在预览框中显示“门”命令的文字说明，包含其快捷键及命令含义，并通过二维图形以及三维图形来演示门的绘制效果，如图 1-6 所示。

用户可自定义预览框的显示内容。在“选项”对话框中选择“用户界面”选项卡，在“工具提示助理”选项中设置预览框的显示样式，有“无”“最小”“标准”“高”几种样式，如图 1-7 所示，系统默认选择“标准”样式。用户可以根据自己的习惯设置显示样式。

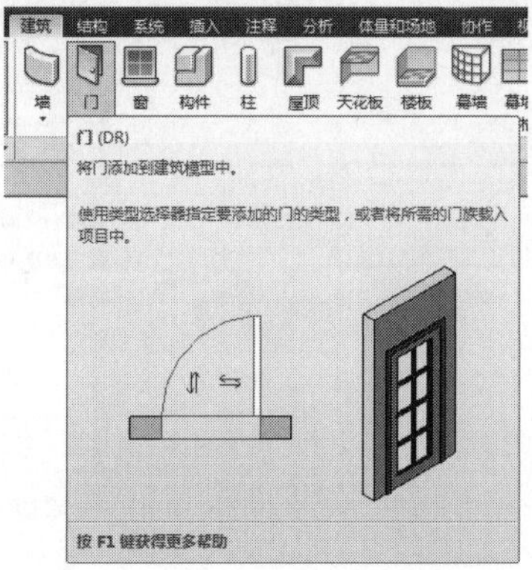

图 1-6

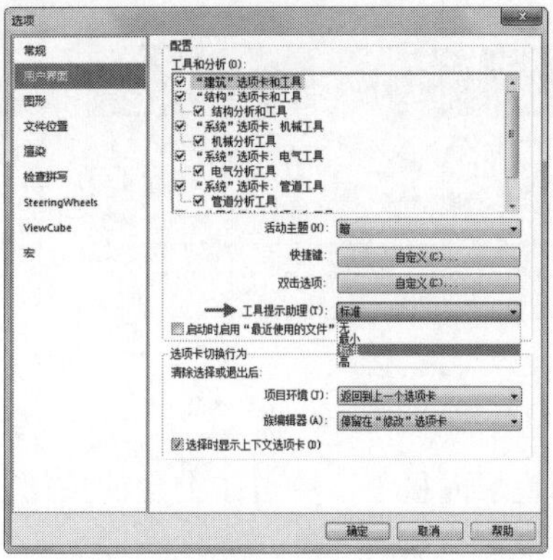

图 1-7

选择创建完成的模型，进入该模型的修改选项卡。如选择“门”图元，进入“修改 | 门”选项卡，如图 1-8 所示。观察标题面板的颜色，由灰色与绿色组成。“模式”和“主体”面板的标题显示为绿色，表示这两个面板为“门”所专有，可以对其执行编辑操作。除了这两个面板，其余面板的标题均显示为灰色，如“修改”和“视图”等面板。这些面板为 Revit 中通用的修改工具，可以对模型执行对齐、复制等操作。

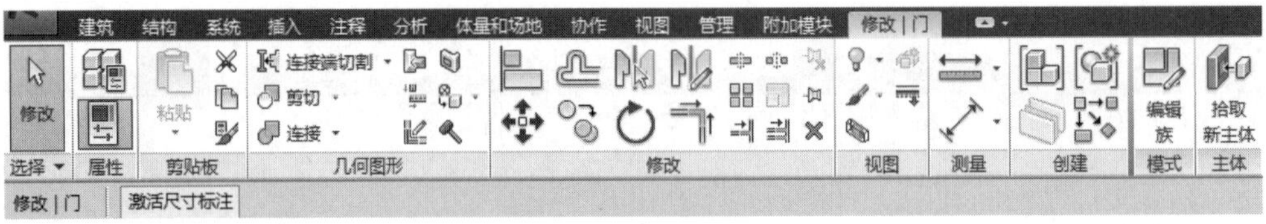

图 1-8

用户可以自定义选项卡的显示方式。单击“修改”选项卡后的按钮，在调出的列表中选择显示方式，如图 1-9 所示。选择“最小化为面板按钮”选项，选项卡的显示样式转换为如图 1-10 所示的效果。

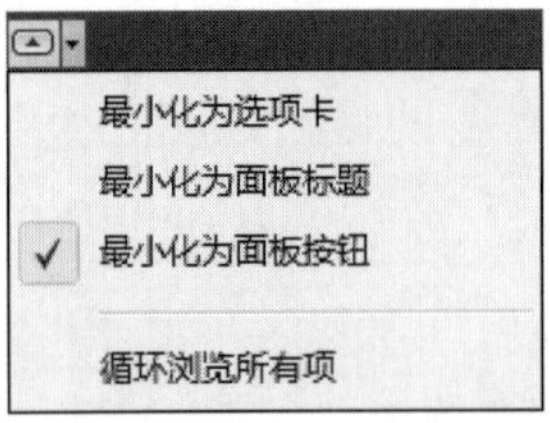

图 1-9

图 1-10

系统默认设置了命令面板的位置，用户可以自定义面板的位置，以适合自己的绘图习惯。下面以“注释”选项卡中的“尺寸标注”面板为例，介绍移动面板的操作方法。

将鼠标置于“尺寸标注”面板的名称上，此时面板标题显示为蓝色，如图 1-11 所示。按住左键不放，移动鼠标至绘图区域中，即可移动面板，如图 1-12 所示。此时就算转换至其他的选项卡，面板的位置也不会改变。

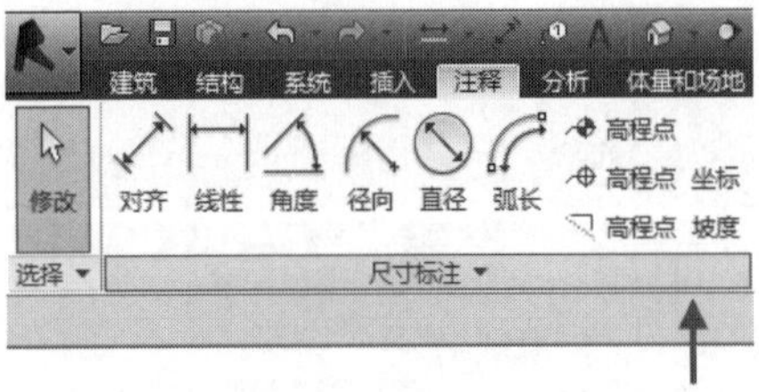

图 1-11

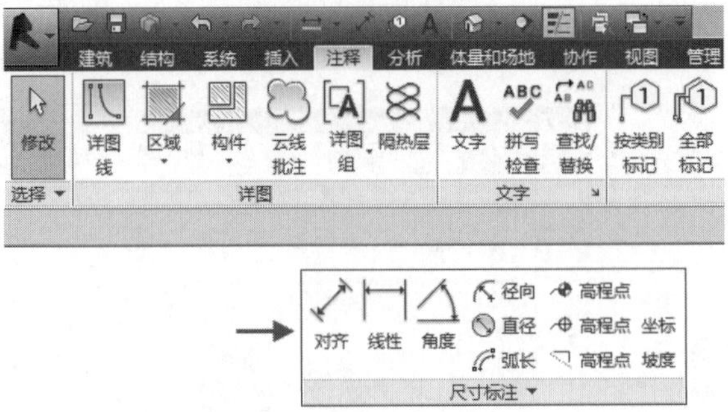

图 1-12

将鼠标置于面板上，单击右上角的按钮，如图 1-13 所示，可将面板返回到功能区，并且位于功能区的位置与移动之前一致。

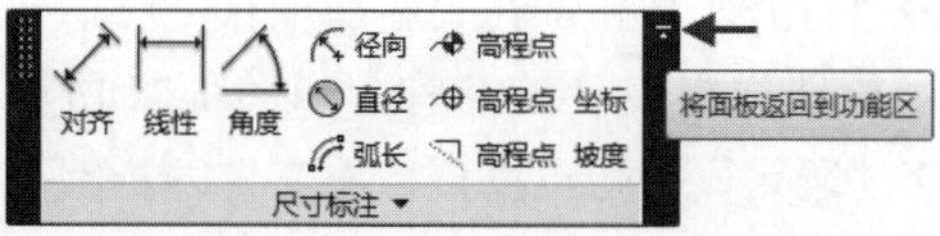

图 1-13

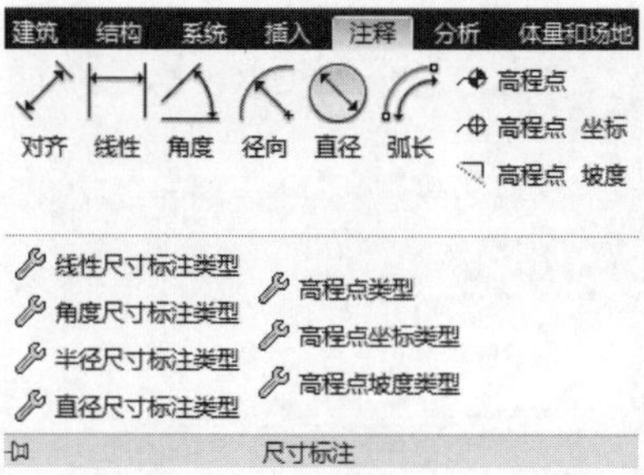

图 1-14

在“尺寸标注”面板名称的右侧单击向下实心三角形箭头按钮，在调出的列表中显示各类按钮，如图 1-14 所示。以伸缩列表的方式显示按钮，可以节省工作界面的空间。鼠标移开命令列表，列表自动隐藏。单击列表左下角的“锁定”按钮，可将列表固定。

在快速访问工具栏中显示了常用的按钮，如打开、保存等命令。可将面板中的命令添加至快速访问工具栏中。在“线性”命令按钮上右击，调出“添加到快速访问工具栏”选项，如图 1-15 所示，选择该选项，可将命令添加到工具栏中。

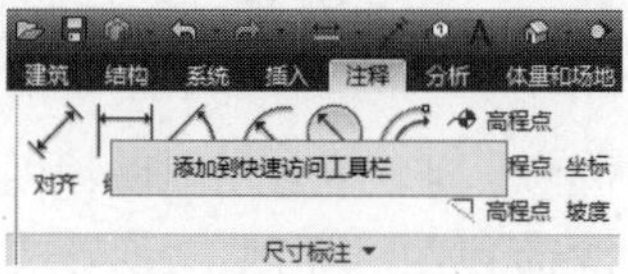

图 1-15

在快速访问工具栏的命令按钮上右击，在调出的列表中选择“从快速访问工具栏中删除”选项，如图 1-16 所示，可将该按钮从中删除。

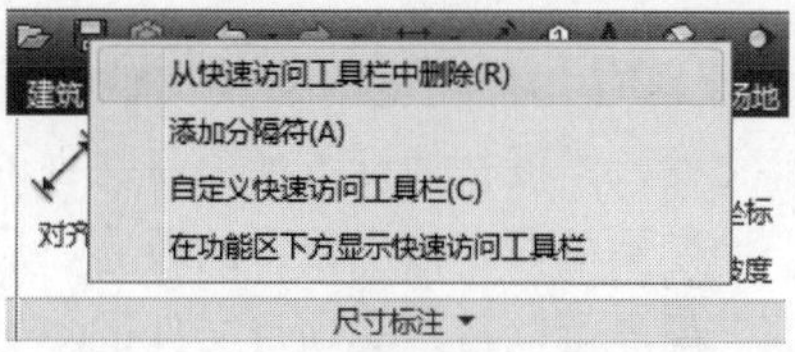

图 1-16

选择“自定义快速访问工具栏”选项，调出“自定义快速访问工具栏”对话框，在其中可以调整工具位于工具栏上的顺序、删除工具、为工具添加分隔线等，如图 1-17 所示。

也可以改变快速访问工具栏的位置，将其显示在功能区的下方，如图 1-18 所示，但是大多数用户还是习惯将其置于选项卡之上。

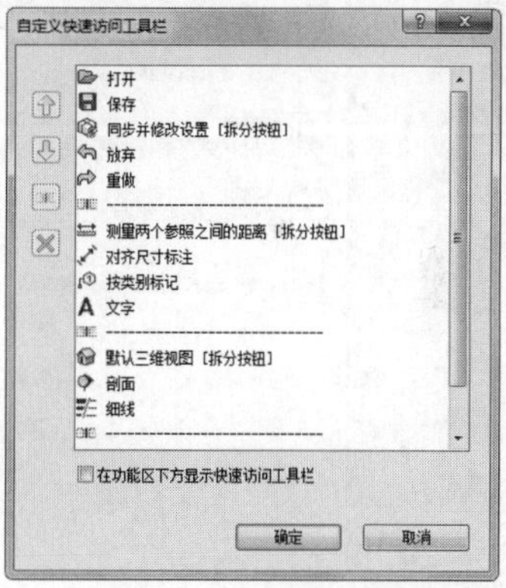

图 1-17

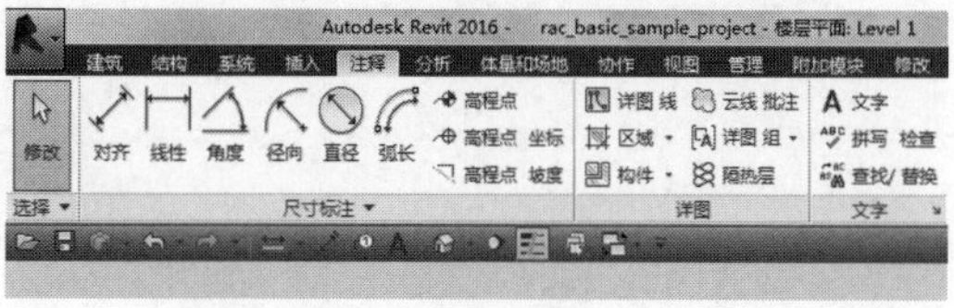

图 1-18

1.3 项目文件

项目文件是 Revit Architecture 的文件类型之一，所有的设计模型、视图信息等都被储存在项目文件中，其文件格式为 .rvt。项目文件所包含的内容包括平面、立面、剖面、节点大样视图、三维模型、各种明细表等。打开项目文件，可以查看其中所包含的内容，还可以更新存储项目的信息。

1.3.1 新建项目文件

Revit 内有各种类型的样板文件供用户新建项目文件，样板文件设置了项目文件的默认参数，如度量单位、楼层数量的设置、层高、线型等。用户可以自定义项目文件的参数，将其保存为样板，并以样板为基础新建项目文件。

单击“应用程序”按钮，在列表中选择“新建”→“项目”选项，如图 1-19 所示。在“新建项目”对话框中显示当前默认的样板文件类型为“构造样板”，如图 1-20 所示，单击“确定”按钮，可以以该样板文件为基础新建项目文件。

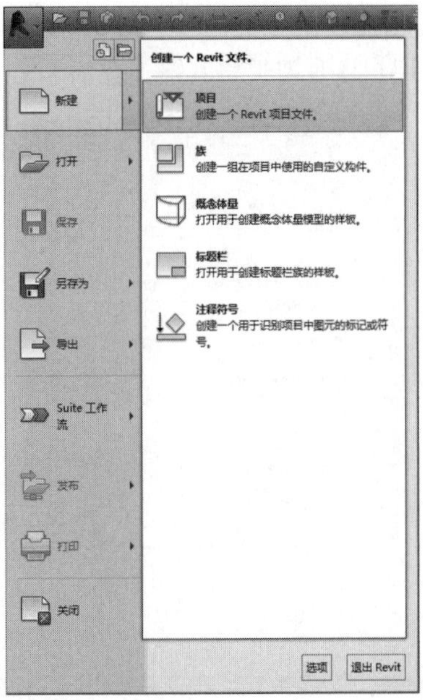

图 1-19

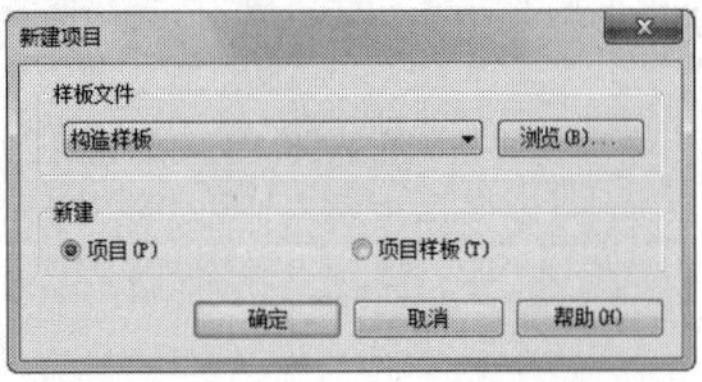

图 1-20

用户也可以自定义样板文件的类型。单击“浏览”按钮，调出“选择样板”对话框。在该对话框中显示了软件默认提供的各种类型样板，选择其中的一个样板，如图 1-21 所示，单击“打开”按钮。在“新建项目”对话框中显示所选样板文件的名称，如图 1-22 所示。单击“确定”按钮，以该样板文件为基础，执行新建项目文件的操作。

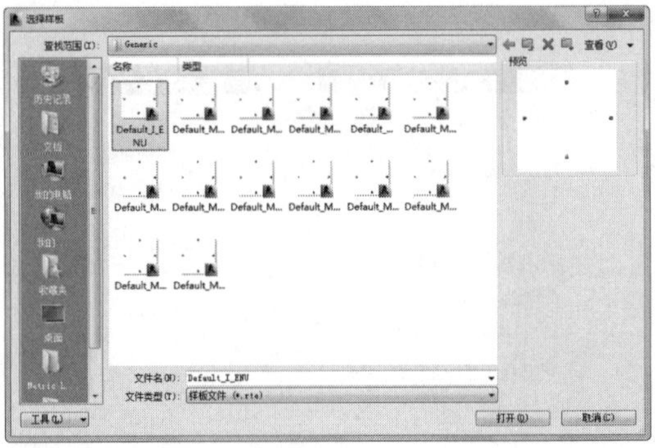

图 1-21

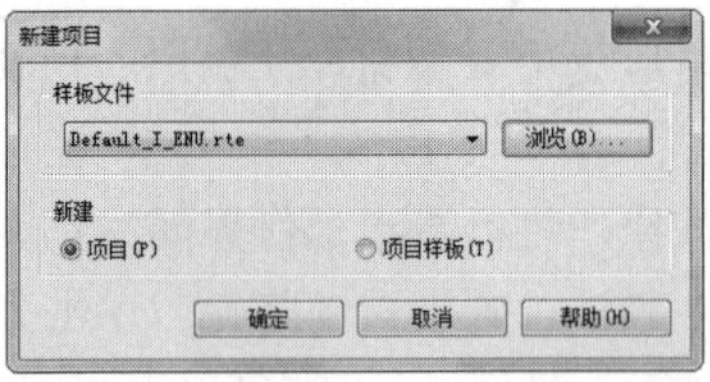

图 1-22

新项目文件默认选择“建筑”选项卡，在软件界面左侧显示“属性”选项板及项目浏览器，如图 1-23 所示。展开项目浏览器中的“视图”列表，查看项目文件所包含的视图类型，包括楼层平面、天花板平面、立面。在“楼层平面”列表下的 Level 1 名称粗显，表示当前为 Level 1 视图。

在“立面”列表下双击立面视图名称，可以转换至立面视图，如图 1-24 所示。在立面视图中显示了当前楼层平面的标高，标高符号为中国样式标高符号，用户可以载入外部标高族，更改标高符号。

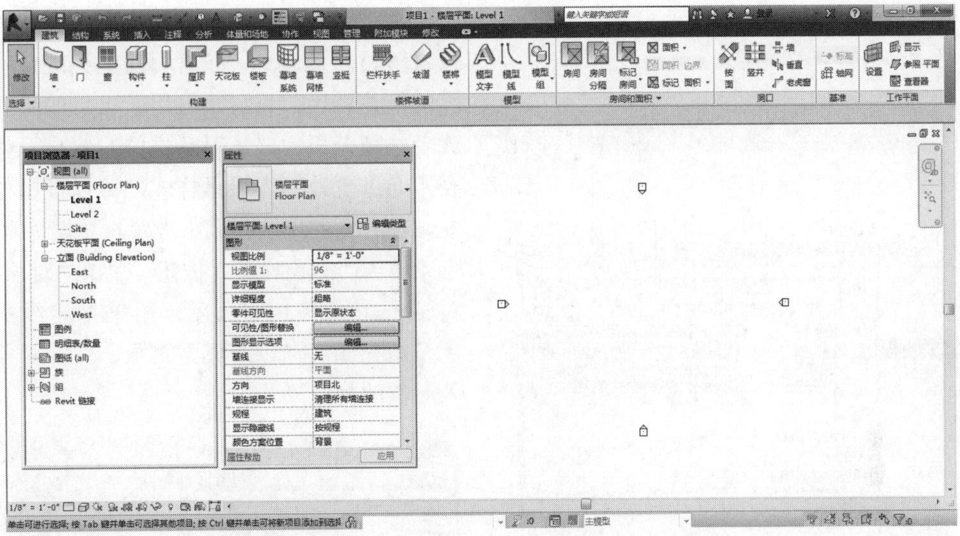

图 1-23

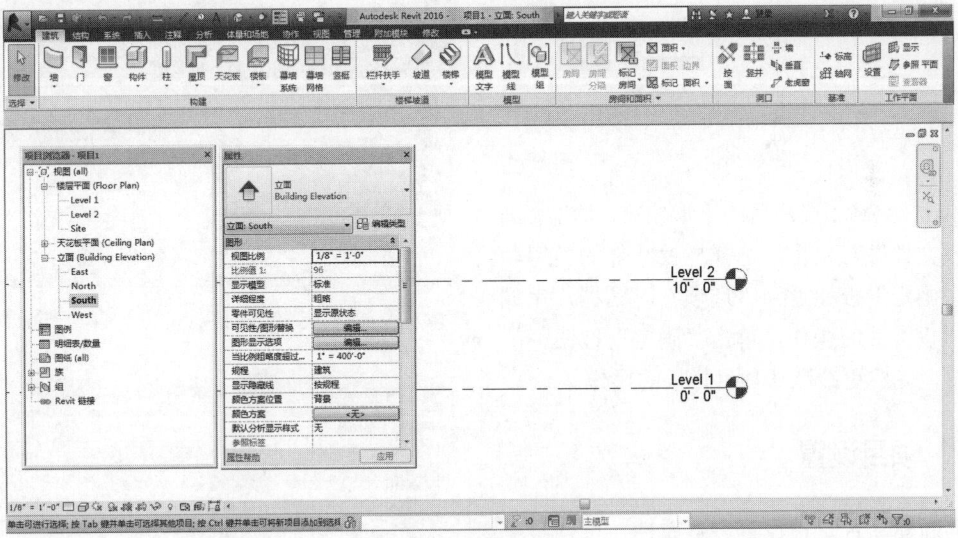

图 1-24

与 AutoCAD 相类似，关闭文件时系统调出如图 1-25 所示的提示对话框，提醒用户是否需要将修改存储至项目文件。单击“是”按钮，将调出“另存为”对话框，设置文件名称及存储路径。单击“否”按钮，直接关闭文件。

提示：

单击欢迎界面中“项目”列表下的“新建”按钮，或者按 Ctrl+N 快捷键，同样可以执行新建项目文件的操作。

在“选项”对话框中选择“文件位置”选项卡，在其中显示各类型样板文件的保存路径，如图 1-26 所示。更改指定样板文件的保存位置，在下次调用该样板文件时，将以对话框中所设定的样板文件为基础来执行新建项目文件的操作，不需要用户再自行选择样板。

图 1-25

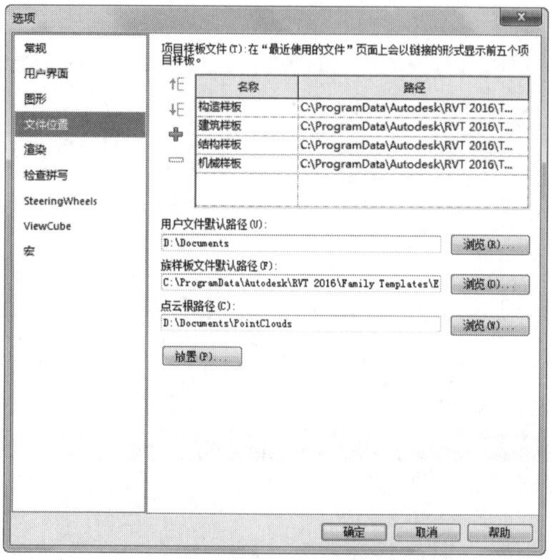

图 1-26

单击“路径”选项后的矩形按钮，调出“浏览样板文件”对话框，选择样板文件的类型，单击“确定”按钮返回“选项”对话框，完成更改样板文件的操作。单击“确定”按钮关闭对话框，完成更改默认项目样板的操作。

1.3.2　项目设置

为新建项目文件设置参数属性，可以避免在绘图后期的设置及调整操作，提高作图效率。选择“管理”选项卡，在“设置”面板中包含各种属性类型，如图 1-27 所示，调用命令即可开始执行项目设置操作。

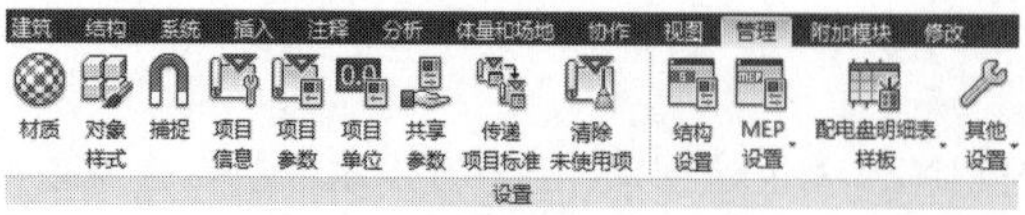

图 1-27

单击“材质”按钮，调出“材质浏览器”对话框，如图 1-28 所示。在该对话框中指定建筑模型中应用到图元的材质和关联特性。可以设置材质资源集，包含材质的外观、物理、图形及热特性，将材质应用于项目的外观渲染或者热量分析。在该对话框的左侧显示材质列表，通过更改列表显示样式，可以预览材质外观，在右侧的属性列表中设置材质属性。

单击“对象样式”按钮，调出“对象样式”对话框，如图 1-29 所示，用来指定线宽、颜色及填充图案，以及模型对象、注释对象和导入对象的材质。

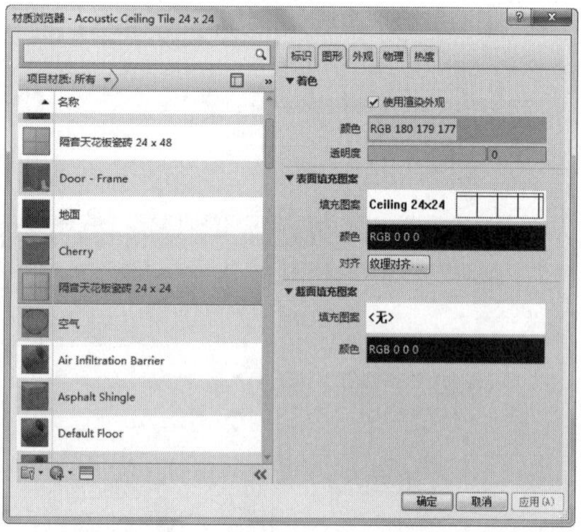

图 1-28

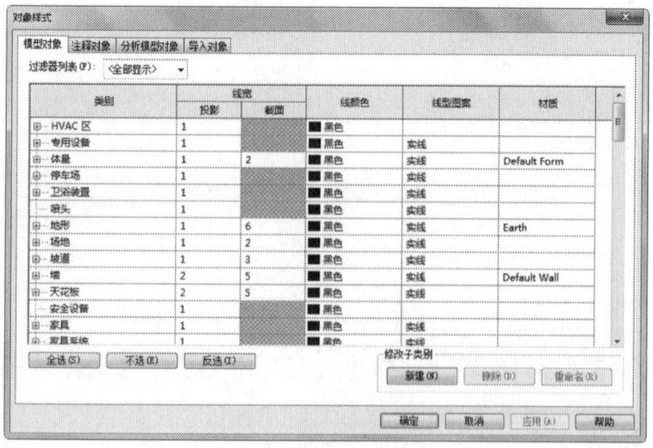

图 1-29

在“线宽”“线颜色”“线型图案”和“材质”表列中分别显示对象的样式参数，选中选项，调出参数列表，或者调出相应的对话框，在其中设置参数。

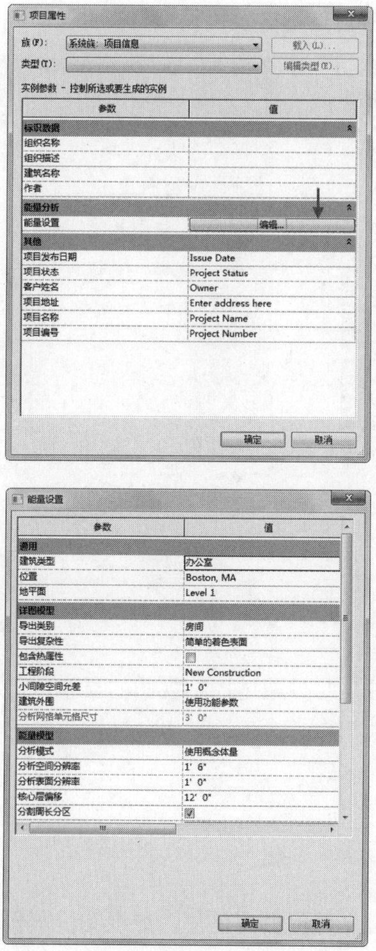

图 1-30

单击“项目信息”按钮，调出“项目属性”对话框，如图 1-30 所示，指定能量数据、项目状态和客户信息。某些项目信息显示在图纸上的标题栏中，要将自定义字段添加到项目信息中，可以使用“共享参数”工具。

在“标识数据”选项组中设置建筑模型的“组织名称”“建筑名称”等，单击“能量分析”选项后的“编辑”按钮，调出“能量设置”对话框，在其中调整建筑模型的通用数据，如建筑类型、位置等。

单击“项目单位”按钮，调出“项目单位”对话框，用来指定度量单位的显示格式。默认选择“公共”规程，单击“格式”表列下的按钮，进入“格式”对话框，在其中选择单位类型、舍入的位数及单位符号，如图 1-31 所示，以指定用于显示项目中的单位的精确度（舍入）和符号。

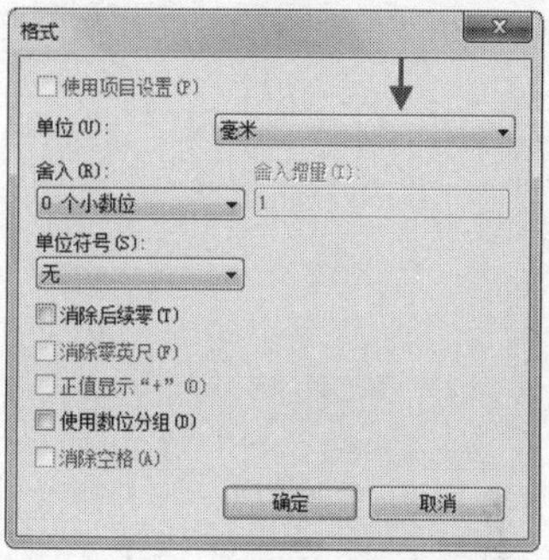

图 1-31

分别为“长度”“面积”“体积”“角度”“坡度”设置单位格式，如图 1-32 所示。

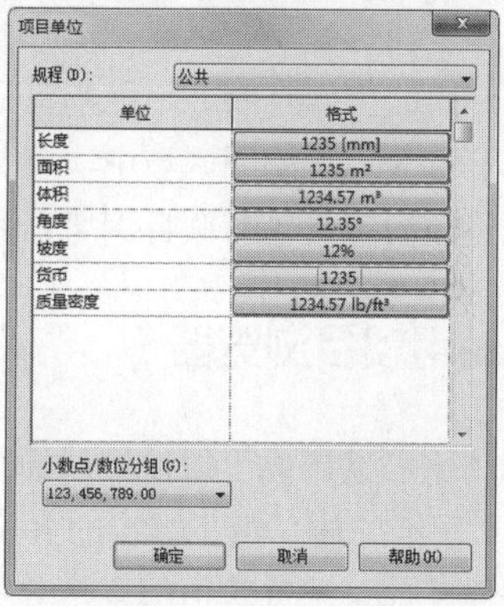

图 1-32

1.3.3 保存项目文件

单击“应用程序”按钮，在列表中选择“保存”选项，调出“另存为”对话框，在其中设置文件名称，并指定存储路径，如图 1-33 所示，单击“保存”按钮，完成存储操作。

单击“文件类型”选项，在列表中提供了两种类型以供选择，分别是项目文件（.rvt）格式及样板文件（.rte）格式。

选择“另存为”选项，如图 1-34 所示，可将项目文件另存为项目、样板，或者保存到库。执行“另存为”命令后，在“另存为”对话框中不可更改文件类型。如选择“项目”选项，在“另存为”对话框中仅提供项目文件（.rvt）格式。

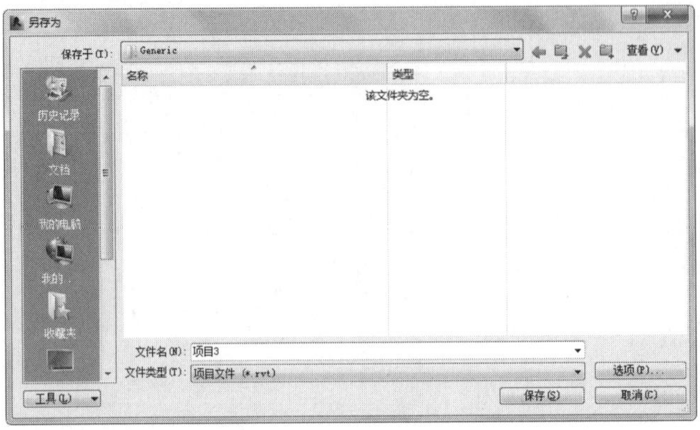

图 1-33

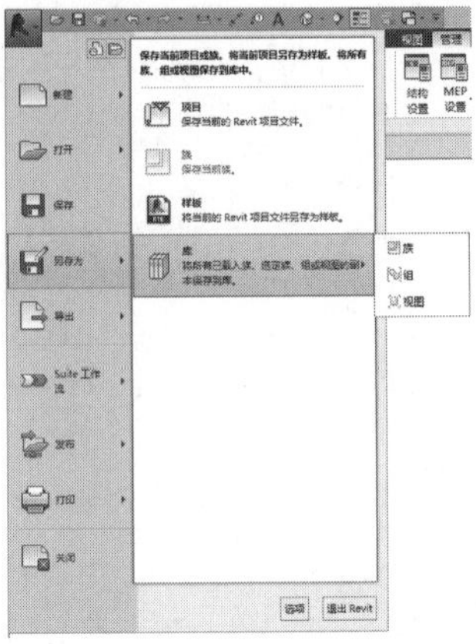

图 1-34

1.4 视图控制

软件界面的空间有限，不能同时显示所有的模型信息，此时通过控制视图的显示，可以将想要查看的信息显示在绘图区域中，将暂时不需要的信息隐藏。

控制视图的工具包括项目浏览器和视图导航 View Cube 等。

1.4.1 使用项目浏览器

项目浏览器默认位于软件界面的左侧，包含当前项目文件的所有信息，如视图、图例、明细表 / 数量、图纸、族、组、链接的 Revit 模型等。

单击展开项目浏览器中的各个分支，可以在列表中显示其中包含的内容。单击浏览器右上角的“关闭”按钮×，可将项目浏览器关闭。

选择“视图”选项卡，在“窗口”面板中单击“用户界面”按钮，在调出的列表中选择“项目浏览器”选项，如图 1-35 所示，可以重新调出项目浏览器。

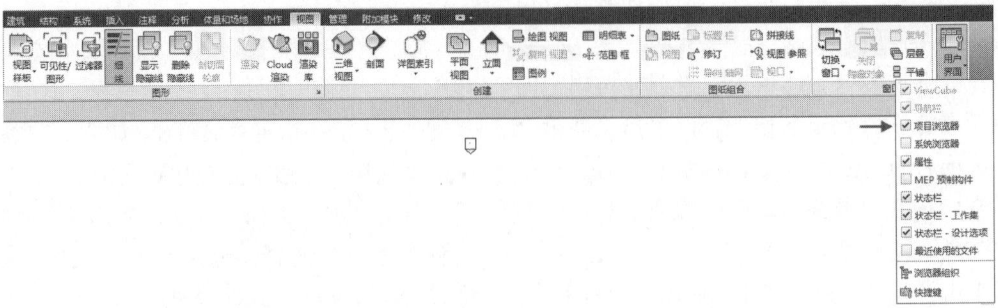

图 1-35

用户可以移动项目浏览器的位置，以适应绘图习惯。将鼠标置于浏览器的标题栏之上，单击并拖曳，可将项目浏览器移动至任何位置。

在项目浏览器中可以切换显示不同的视图。在项目浏览器的标题栏中显示当前项目文件的名称，如工厂办公楼。在“视图”列表中显示当前项目中所包含的视图类型，如结构平面图、楼层平面图、天花板平面图、三维视图、立面图等，如图 1-36 所示。双击列表中的视图名称，可以转换至该视图，同时视图名称在项目浏览器中粗显，表示该视图为当前视图。

连续切换各视图，可以打开多个视图。因为每打开一个视图，前一个视图都不会被关闭。当打开多个视图后，会拖慢系统的运行速度，因此应该避免一次打开多个视图。

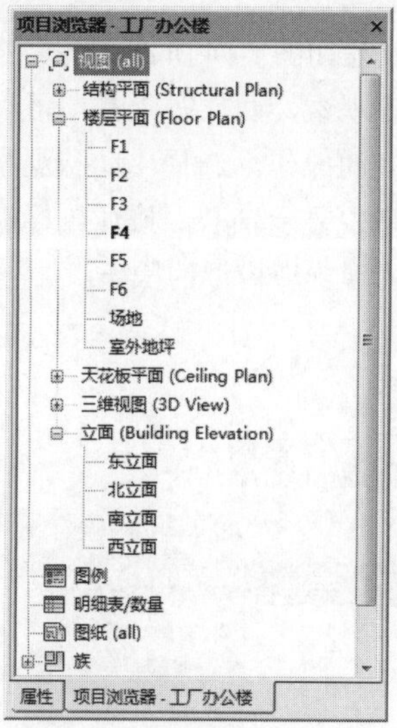

图 1-36

选择“视图”选项卡，单击“窗口”面板上的“关闭隐藏对象”按钮，如图 1-37 所示，可以关闭有焦点的窗口以外的所有窗口。

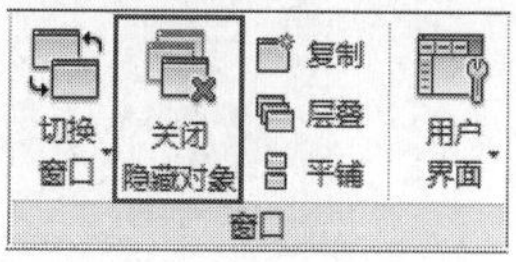

图 1-37

或者单击快速访问工具栏上的“关闭隐藏窗口”按钮，如图 1-38 所示，也可以执行关闭隐藏窗口的操作。需要注意的是，该按钮只有在软件界面最大化时才显示。

图 1-38

1.4.2 视图导航

利用视图导航工具，可以对视图执行各种操作，如缩放、平移等。利用鼠标滚轮，可对视图执行缩放及旋转操作。

在软件界面的右上角，显示视图导航工具，如图 1-39 所示。单击控制盘，调出如图 1-40 所示的二维控制盘，移动鼠标，控制盘跟随鼠标移动。

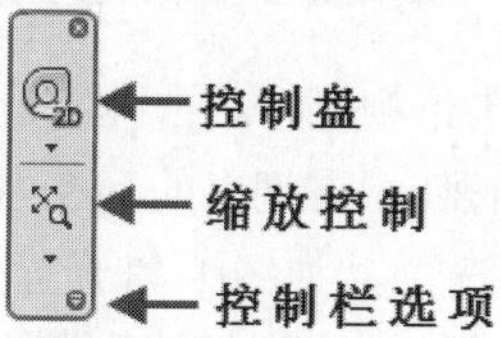

图 1-39

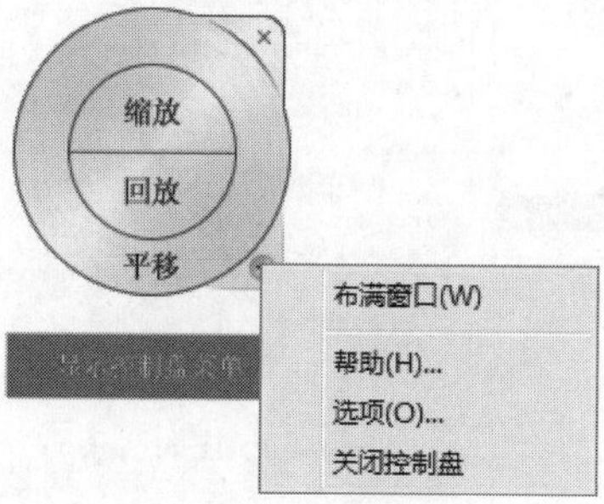

图 1-40

将鼠标置于选项上，选项亮显。如将鼠标置于“缩放”选项上，该选项颜色加深。此时按住鼠标左键不放并来回移动，可以执行缩放视图的操作。同理，将鼠标置于“平移”选项上，按住左键不放并上下左右移动鼠标，可以查看视图的各部分。

选择“回放”选项，在绘图区域显示缩略

图窗口，回放之前对视图执行操作的历史记录，如图 1-41 所示。

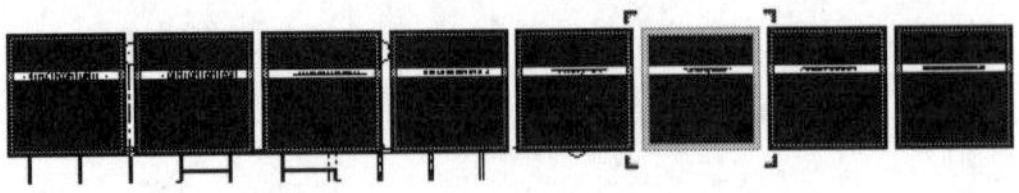

图 1-41

在选项上右击，或者单击控制盘右下角的实心三角形按钮，调出控制盘菜单。选择“布满窗口”选项，可以使图形完全显示于绘图区域中。选择“选项”选项，调出“选项”对话框。在 SteeringWheels 选项卡中设置控制盘的属性，如图 1-42 所示。在快捷菜单中选择“关闭控制盘”选项，或者单击右上角的“关闭”按钮，退出控制盘。

提示：

按下 Esc 键，也可以退出控制盘。

切换至三维视图，单击控制盘下方的向下实心三角形按钮，在调出的列表中选择“全导航控制盘”选项，如图 1-43 所示。启用全导航控制盘，在三维视图中查看模型。

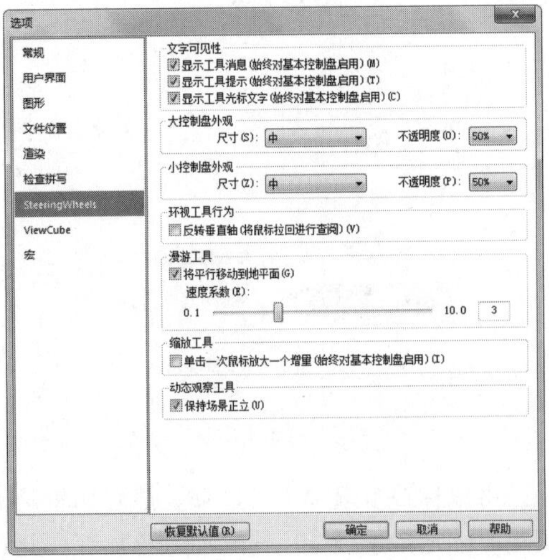

图 1-42

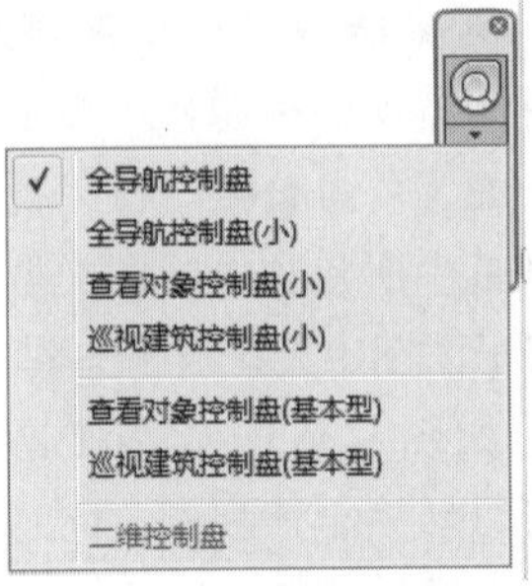

图 1-43

提示：

切换至三维视图，列表中关于全导航盘的选项才亮显。

全导航盘如图 1-44 所示，在其中包含缩放、平移、动态观察、回放等工具，可以对三维视图实现更多的操作。选择“动态观察”选项，在三维模型中显示轴心，按住鼠标左键不放并移动，可实现旋转模型的操作。

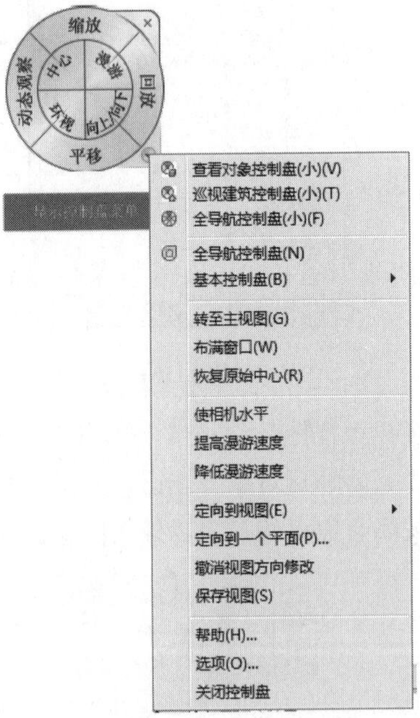

图 1-44

选择“中心”选项，按住左键不放，可在模型中重新指定轴心的位置。再次执行“动态观察”命令时，可以该轴心为中心，对三维模型执行旋转查看操作。

单击全导航盘右下角的向下实心箭头按钮，调出选择列表。在列表中显示有几种类型的导航盘，如查看对象控制盘、巡视建筑控制盘、全导航控制盘（小），如图 1-45 ~ 图 1-47 所示。

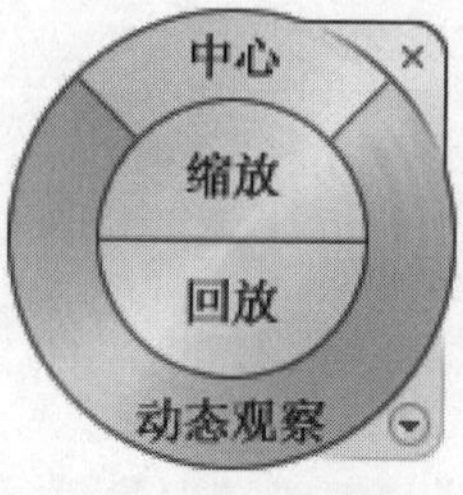

图 1-45

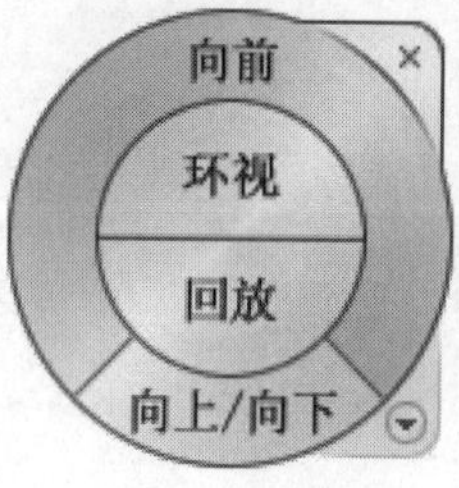

图 1-46

图 1-47

单击导航栏中航盘工具下的向下实心三角形按钮，在调出的列表中显示放大及缩小命令，如图 1-48 所示。选择“区域放大”选项，在视图上执行缩放区域的对角点，可将指定区域内的图形放大显示。选择其他选项，可对视图执行缩放操作，用户可自行尝试。

在二维视图或者三维视图中，向上滚动鼠标滚轮，可放大视图；向下滚动鼠标滚轮，可缩小视图；按住滚轮不放并移动鼠标，可移动视图；在三维视图中，按住滚轮不放，同时按住 Shift 键，可旋转模型。

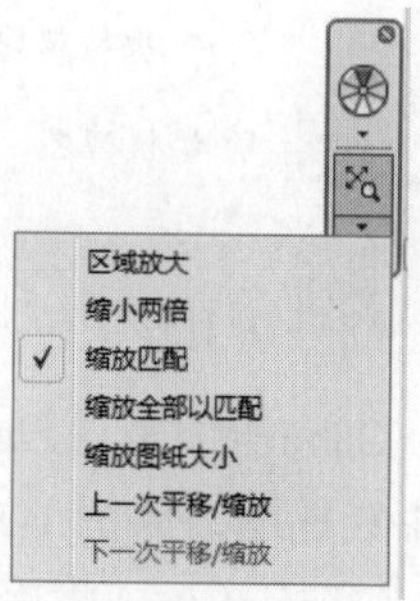

图 1-48

1.4.3 使用 View Cube

利用视图导航工具中的全导航盘可对三维视图实现多项控制，除此之外，在三维视图中还有专门的视图控制工具。

转换至三维视图，在软件界面的右上角显示 View Cube 工具，如图 1-49 所示。View Cube 上显示各视图的方向，如单击“上”按钮，可切换至顶视图，单击“右”按钮，切换至右视图。

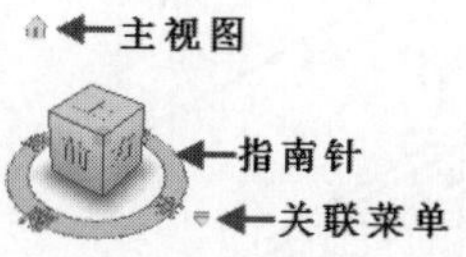

图 1-49

在指南针上单击“北”按钮，将切换至北面（背面）视图，如图 1-50 所示。

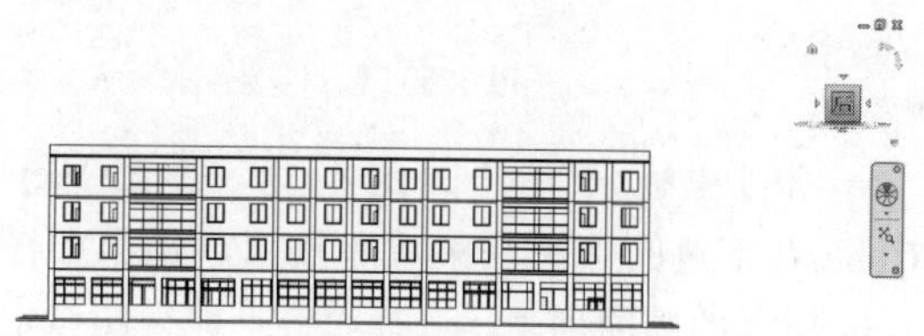

图 1-50

单击 View Cube 右上角的旋转箭头，如图 1-51 所示，可依照 90° 角旋转视图。还可以按照逆时针或顺时针方向来旋转视图。单击 View Cube 周围的三角形按钮，可以切换视图方向，如左、右、前、后、上、下。

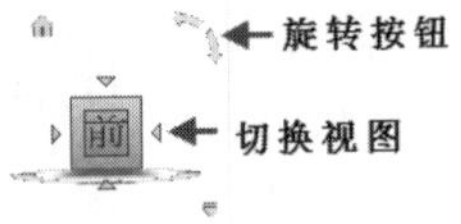

图 1-51

单击 View Cube 上的角点，如图 1-52 所示，显示模型的轴侧视图，如图 1-53 所示。单击左上角的“主视图”图标，将模型切换为西南等轴侧视图，这是项目中默认使用的主视图。

图 1-52

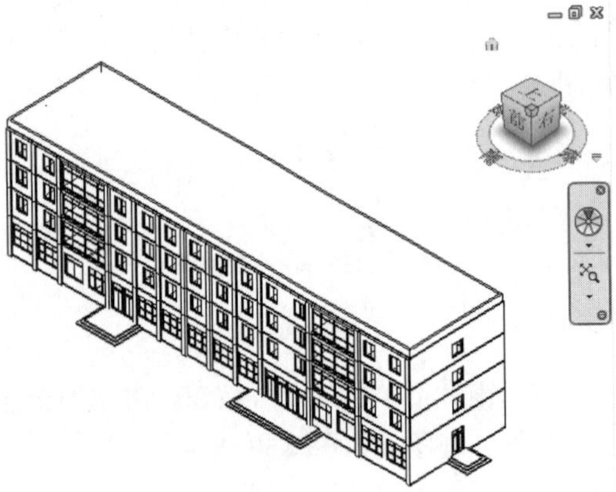

图 1-53

项目主视图并非固定不变，单击 View Cube 右下角的“关联菜单”按钮，调出如图 1-54 所示的选项列表。选择“将当前视图设定为主视图”选项，将当前的视图指定为主视图。当用户停留在其他视图中时，单击 View Cube 左上角的“主视图”按钮，立即返回主视图中。

选择“选项”选项，调出“选项”对话框。在 View Cube 选项卡中设置 View Cube 的外观等属性参数，如图 1-55 所示，单击“确定”按钮完成设置。

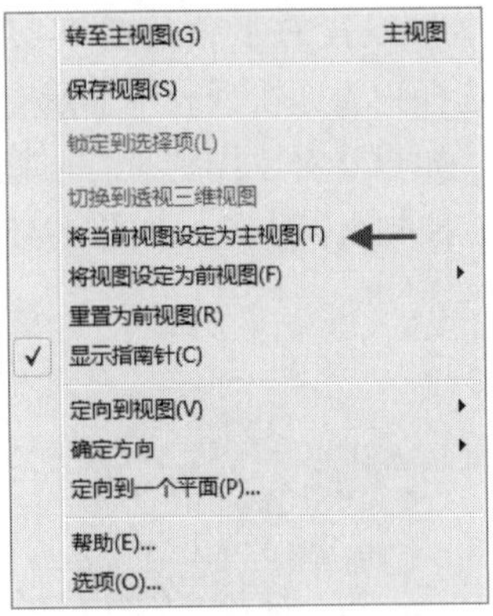

图 1-54

图 1-55

1.4.4 使用视图控制栏

视图控制栏位于绘图区域的左下角，用来控制视图的显示样式。二维视图与三维视图的视图控制栏中所包含的命令不同，如图 1-56 和图 1-57 所示。

与三维视图中的视图控制栏相比，二维视图中控制栏上的命令较少。如在二维视图中的视图控制栏没有“显示渲染对话框”工具和“解锁的三维视图”工具等，表示这些是针对三维模型进行编辑操作的工具。

但是一些通用的视图控制工具同时存在于二维视图与三维视图中，如“视图比例”“详细程度”“视觉样式”等。

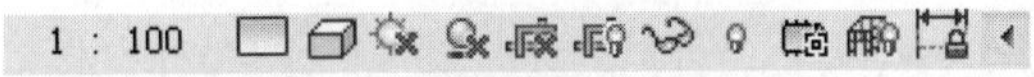

图 1-56

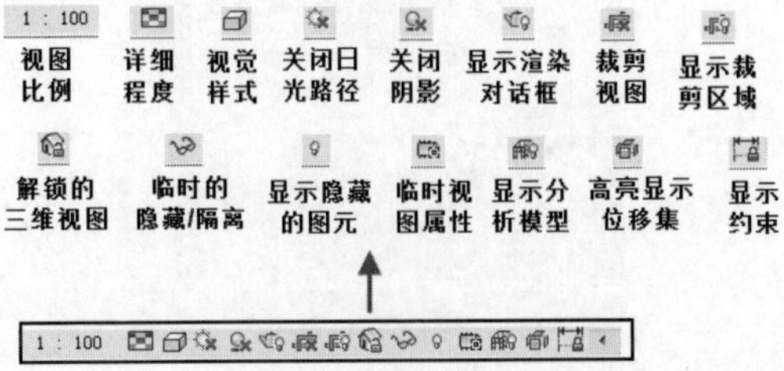

图 1-57

单击“视图比例”工具按钮，在调出的列表中显示各种类型的视图比例，选择其中一项，用来更改当前的视图比例，如图 1-58 所示。选择“自定义”选项，调出“自定义比例”对话框，在其中设置视图比例，如图 1-59 所示，单击“确定”按钮，可以将所设比例设置为当前的视图比例。

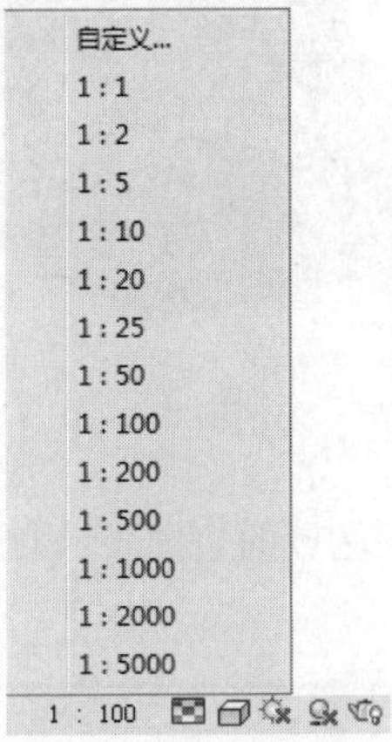

图 1-58

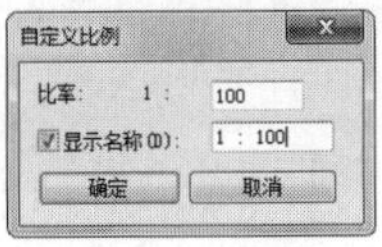

图 1-59

提示：

使用“视图比例”工具，仅能更改当前视图的比例，不能影响项目文件中其他视图的比例。

单击“详细程度”按钮，调出的列表会显示模型的显示样式，有粗略、中等、精细三种，如图 1-60 所示。选择“粗略”模式，以单线显示模型，“中等”模式的显示效果与“粗略”模式相同，选择“精细”模式，以双线显示模型。在使用 Revit MEP 绘制机电模型时该工具使用较多，在使用 Revit Architecture 绘制建筑模型时则使用较少。通常情况下选择“粗略”模式，因为在该模式下软件的运行速度最快。

图 1-60

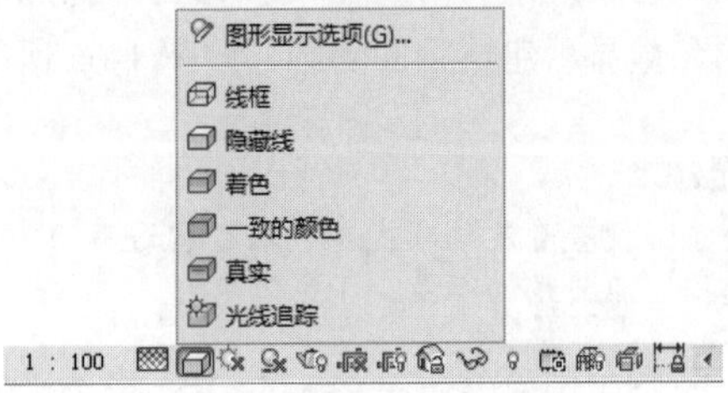

图 1-61

单击“视觉样式”按钮，调出视觉样式列表，如图 1-61 所示。从上至下，视觉样式所占用的系统内存也由少至多。通常选择“隐藏线”样式来查看三维模型，如图 1-62 所示。

选择“真实”样式，显示模型的材质纹理，如外墙的材质、玻璃的透明效果等，如图 1-63 所示。

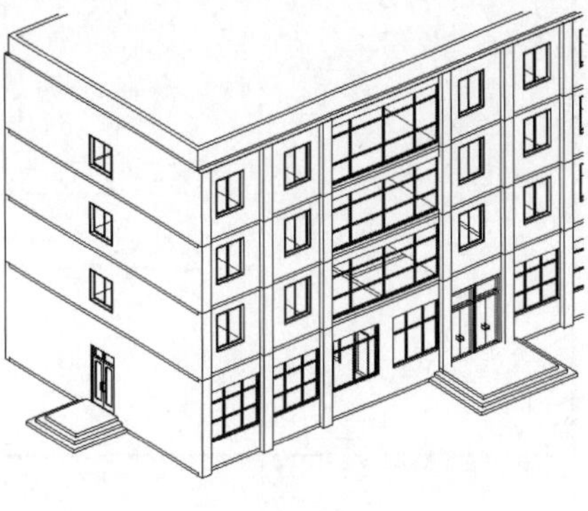

图 1-62

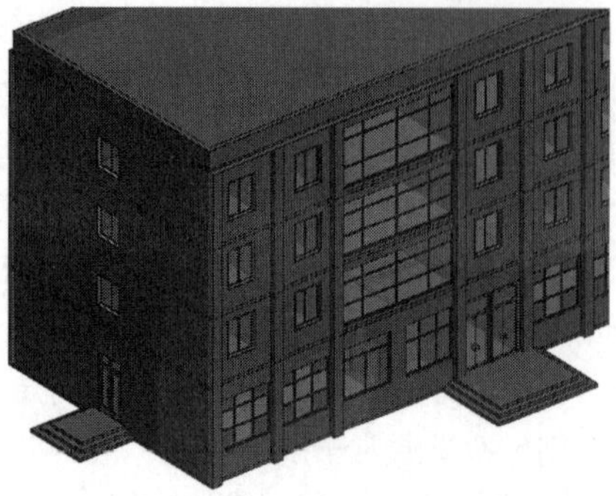

图 1-63

选择“图形显示选项”，调出“图形显示选项”对话框。在其中设置模型的显示样式、阴影的投射形式、照明效果等参数，如图 1-64 所示。在该对话框中设置阴影参数后，单击视图控制栏上的“打开阴影”按钮，按照所设置的参数显示建筑物的阴影，如图 1-65 所示。

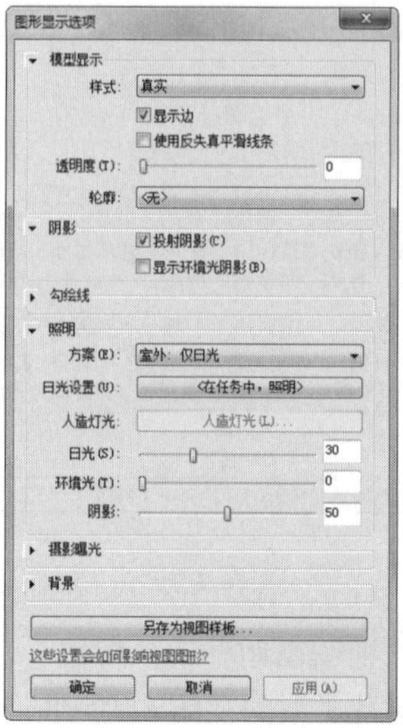

图 1-64

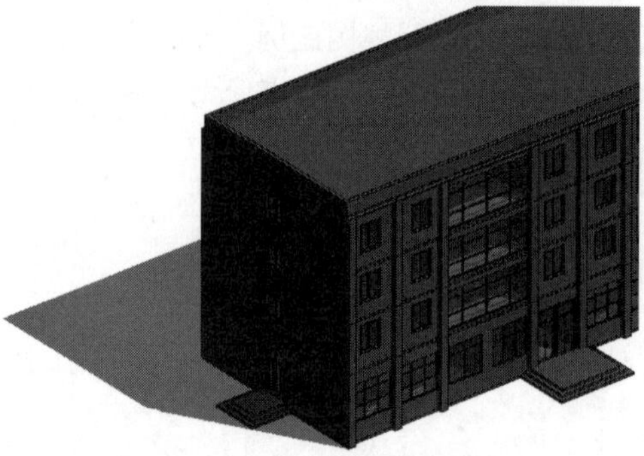

图 1-65

提示：

为了方便查看及编辑模型，在绘图过程中一般选择“隐藏线”样式，并关闭阴影。

视图中图元太多会影响绘图，将不需要的图元隐藏，清晰的画面有助于绘图。选择图元并右击，在调出的快捷菜单中选择“在视图中隐藏”→“图元”选项，将隐藏选中的图元。

单击视图控制栏中的“显示隐藏的图元”工具按钮，绘图区域的边框显示为洋红色，被隐藏的图元也以洋红色显示，如图 1-66 所示。

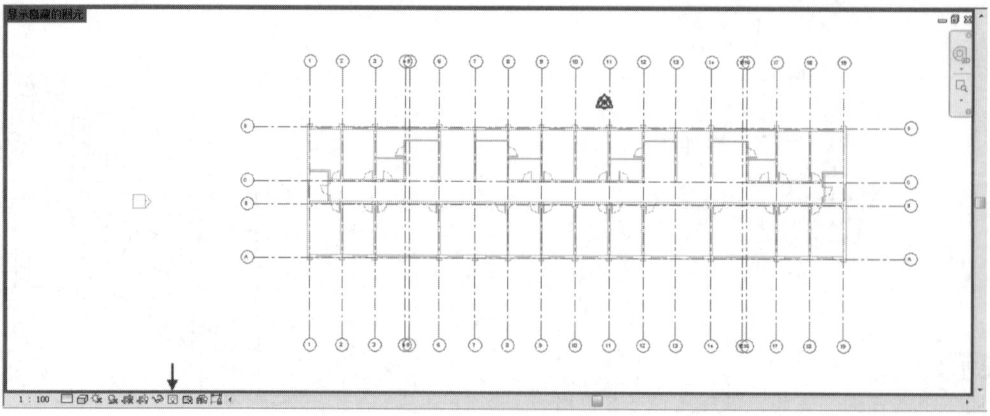

图 1-66

选择被隐藏的图元并右击，在菜单列表中选择“取消在视图中隐藏”→“图元”选项，再次单击“显示隐藏的图元”工具按钮，显示被隐藏的图元。

在绘图区域中选择图元，单击“临时隐藏 / 隔离”工具按钮，在列表中选择“隐藏图元”选项，如图 1-67 所示。绘图区域的边框以蓝色显示，并且选中的图元同时被隐藏，如图 1-68 所示。此时列表中的“将隐藏 / 隔离应用到视图”选项亮显，选择该选项，返回视图，并且图元被隐藏。

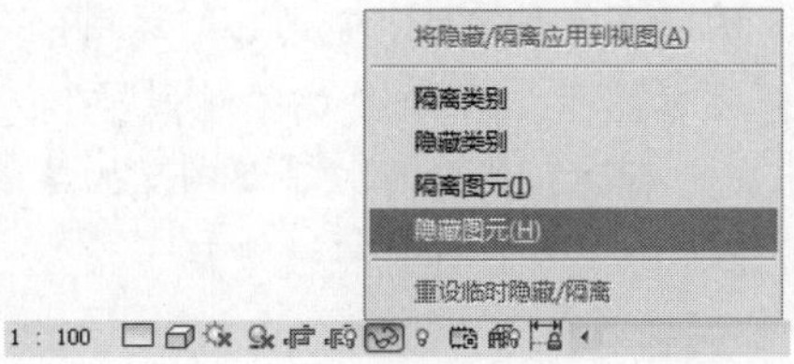

图 1-67

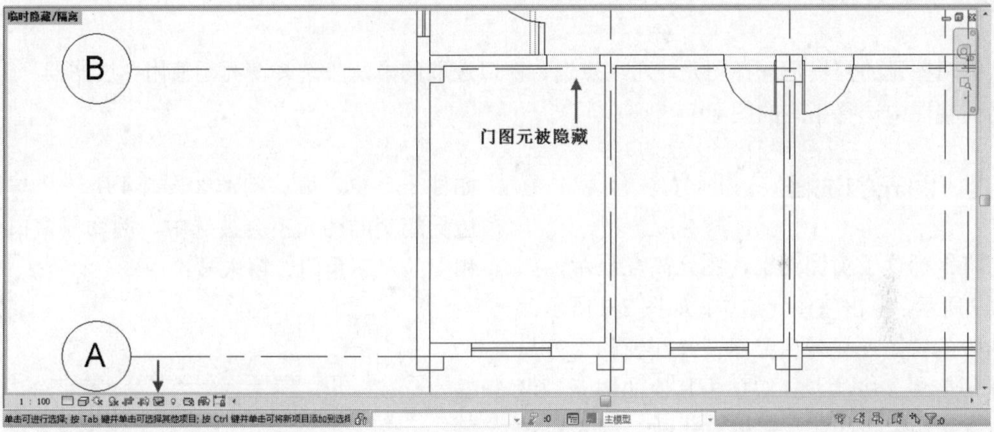

图 1-68

通过单击“显示隐藏的图元”按钮，被隐藏的图元将恢复显示，操作方法参考上述内容。

第 2 章　Revit 建筑设计的基本操作

Revit 提供了各种绘制及编辑图元的命令，熟悉并能运用命令是开展绘图工作的基础。执行编辑操作前，需要选择目标图元，Revit 中的“过滤器”工具在复杂图纸中选择特定的图元特别有用。通过临时尺寸标注，用户可以了解图元的基本尺寸，并且不需要执行尺寸标注命令，取消选择图元后，临时尺寸标注将被隐藏。

本章介绍 Revit 建筑设计的基本操作方法。

2.1 图元操作

编辑图元的前提是选择图元，通过点选、窗口选取的方法来选择图元。使用“过滤器”工具，在当前视图中选择指定的图元。

2.1.1 图元的选择

将鼠标置于窗图元上，图元高亮显示，如图 2-1 所示，单击将图元选中，如图 2-2 所示。被选中的窗图元呈蓝色显示，并在窗的上方显示翻转箭头。按住 Ctrl 键单击其他的图元，可以连续选中多个图元。释放 Ctrl 键，按下 Shift 键，单击选择集中的图元，取消图元的选中状态，并将其从选择集中删除。

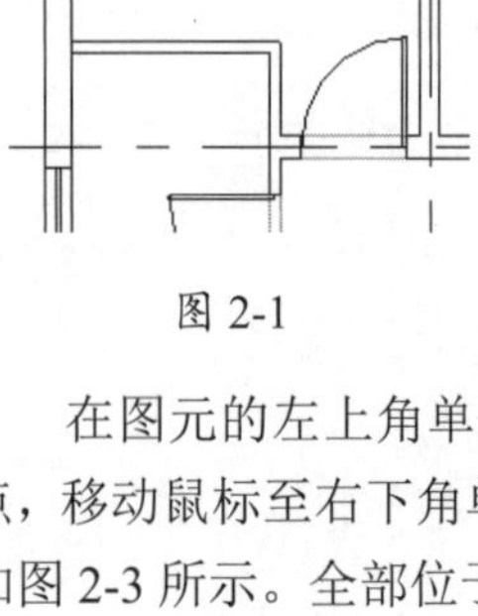

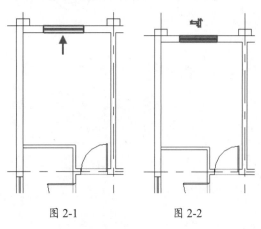

图 2-1

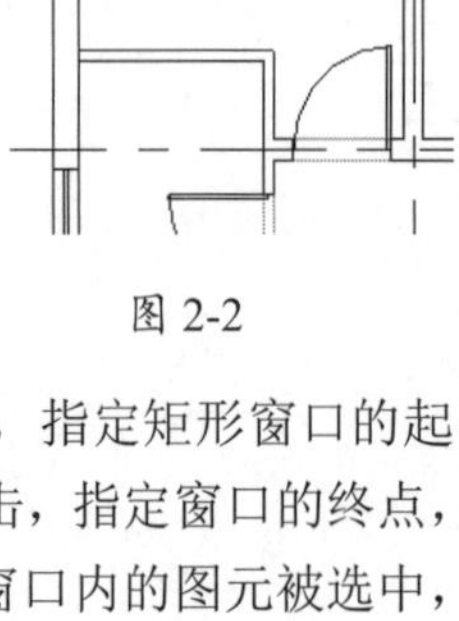

图 2-2

在图元的左上角单击，指定矩形窗口的起点，移动鼠标至右下角单击，指定窗口的终点，如图 2-3 所示。全部位于窗口内的图元被选中，如柱子、窗、墙、门，如图 2-4 所示。与窗口边界相交的图元不会被选中，例如与窗口边界相交的左下角门、窗未被选中。

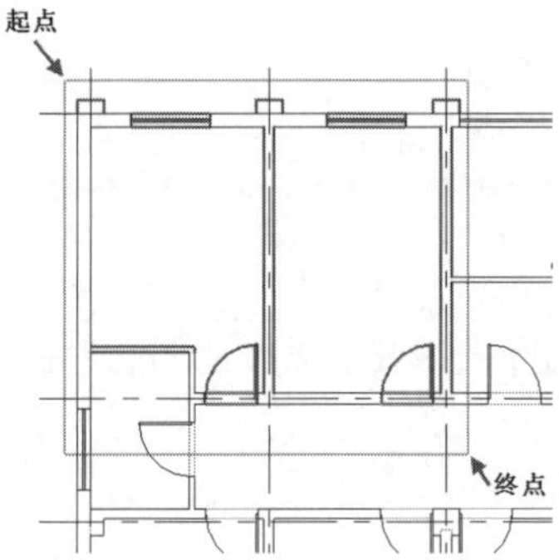

图 2-3

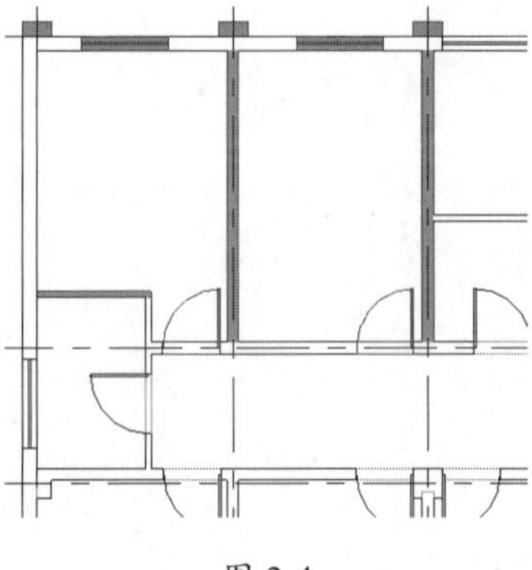

图 2-4

从右下角至左上角，在图元上指定对角点以选择窗口，窗口边界以虚线显示，如图 2-5 所示。位于窗口内或与窗口边界相交的图元均被选中，如图 2-6 所示。与窗口边界相交的墙、门窗、轴线都被选中。可以配合使用 Shift 键将误选的图元从选择集中删除。

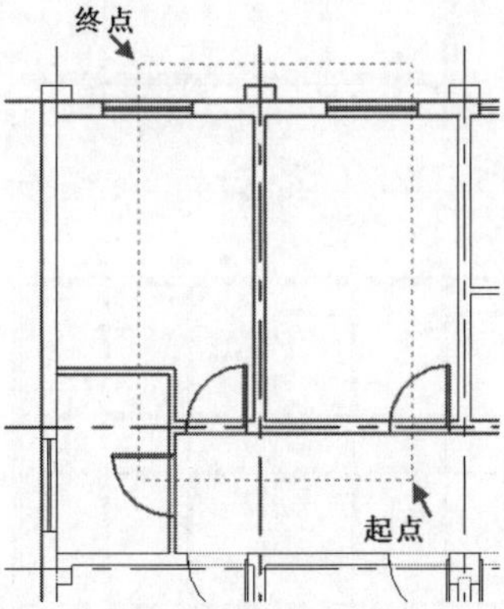

图 2-5

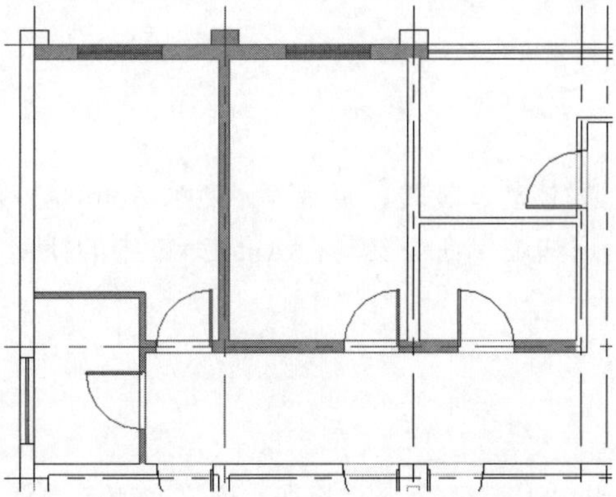

图 2-6

2.1.2　图元的过滤

在选择了多个图元的情况下，系统自动转换至“修改 | 选择多个”选项卡，如图 2-7 所示。单击“选择”面板中的“过滤器”按钮，如图 2-8 所示，打开“过滤器”对话框。在该对话框中显示了选择集中所包含的所有图元的名称，选择图元类别，单击“确定”按钮，可以在绘图区域中选中该类别图元。

图 2-7

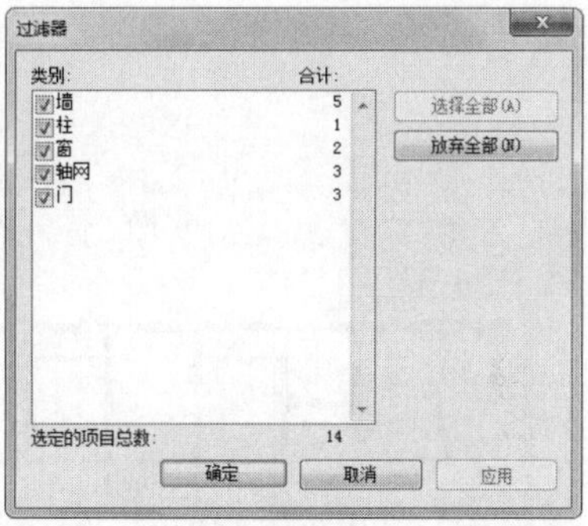

图 2-8

单击“放弃全部”按钮，取消选择所有图元；单击“选择全部”按钮，全部选中对话框中的图元类别。在绘图区域中选中图元，右击，在菜单列表中选择“选择全部实例”→“在视图中可见”选项，如图 2-9 所示，可选择视图中同类别的所有图元。

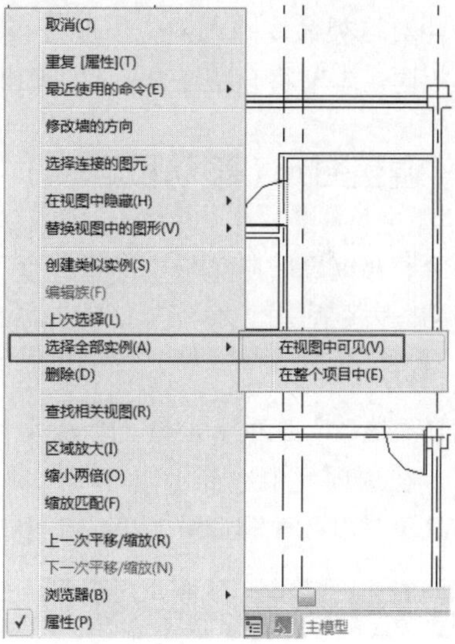

图 2-9

选择“选择全部实例”→“在整个项目中”选项，项目文件中的同类别图元被全部选中。切换视图以查看选择结果。

将鼠标置于图元（如外墙）上，图元亮显，如图 2-10 所示。循环按下 Tab 键，可将首尾相接的外墙亮显，此时单击，外墙被选中，如图 2-11 所示。

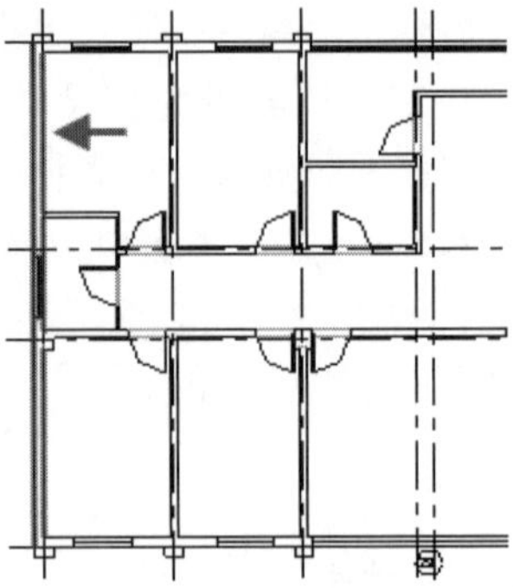

图 2-10

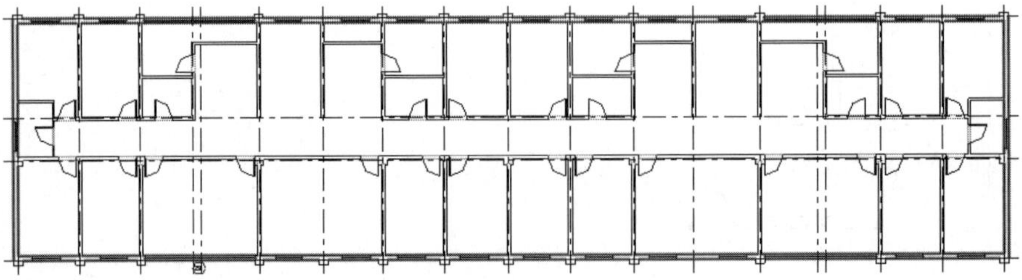

图 2-11

2.2 基本编辑

“修改”选项卡中显示了多种编辑图元的命令，如移动、旋转、复制等。熟悉 AutoCAD 的用户可能对这类命令并不陌生，但是在 Revit 中使用这些编辑命令又与在 AutoCAD 中的使用方法不尽相同，本节将介绍在 Revit 中编辑图元的方法。

2.2.1 调整图元（移动和旋转）

调整图元位置的命令有“移动”与“旋转”。启用“移动”命令，将在水平方向或者垂直方向上移动图元。启用“旋转”命令，通过指定角度旋转图元。

1. 移动

选择“修改”选项卡，单击“修改”面板上的“移动”按钮，如图 2-12 所示，进入“修改”选项卡。在选项栏中选择“约束”选项，约束移动方向为垂直或者水平。选择“分离”选项，可将选择集分离，单独调整其中某个图元的位置。选择“多个”选项，可创建多个副本。

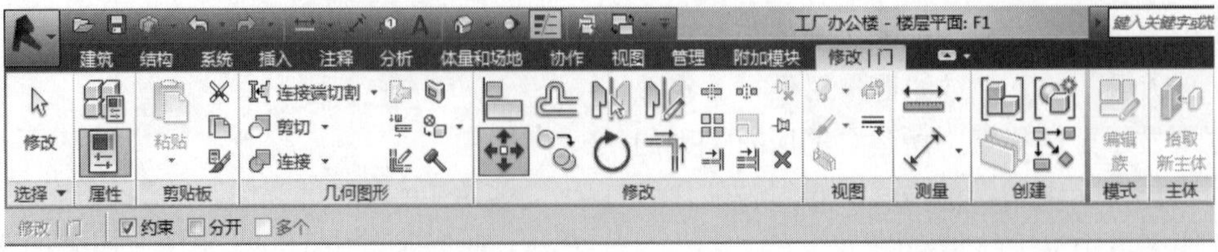

图 2-12

选择图元，移动鼠标以指定移动方向。此时显示临时尺寸标注，实时标注图元的移动距离，输入尺寸参数，指定移动距离，如图 2-13 所示。按 Enter 键，按指定的距离移动图元，如图 2-14 所示。

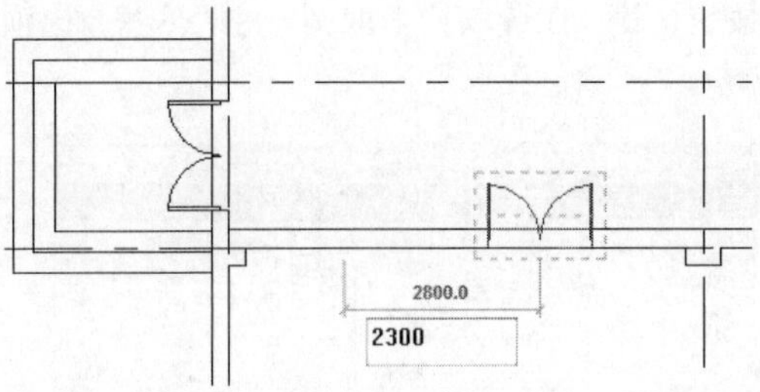

图 2-13

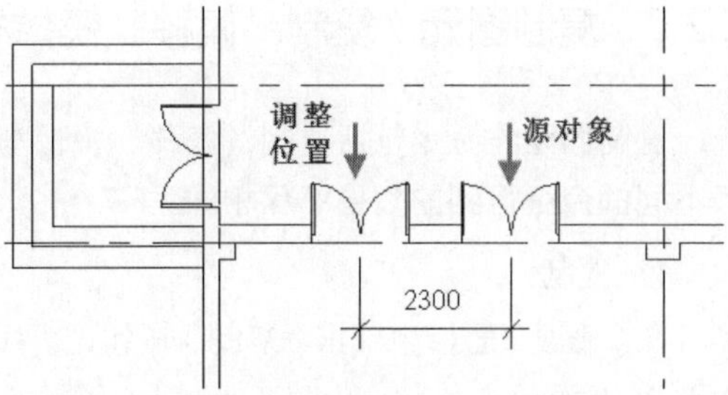

图 2-14

提示：

输入 MV，启用“移动”命令。

2. 旋转

在“修改”面板上单击“旋转”按钮，旋转图元，按空格键，进入“修改|选择多个”选项卡，如图 2-15 所示。在该选项栏上选择“复制”选项，可创建对象副本。在“角度”选项中设置角度值。单击“旋转中心”选项中的“地点”按钮，定义新的旋转中心。

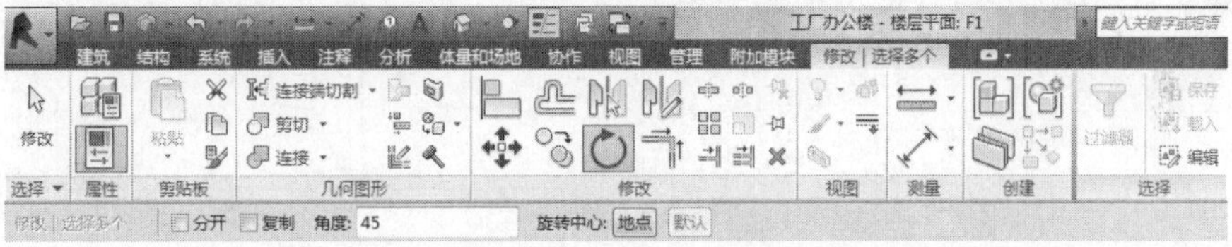

图 2-15

在图元上显示基准线及旋转中心点，中心点以蓝色的实心圆点表示，如图 2-16 所示。在中心点上单击拖曳指定中心点的位置。参数设置完成，按 Enter 键，完成旋转图元的操作，如图 2-17 所示。

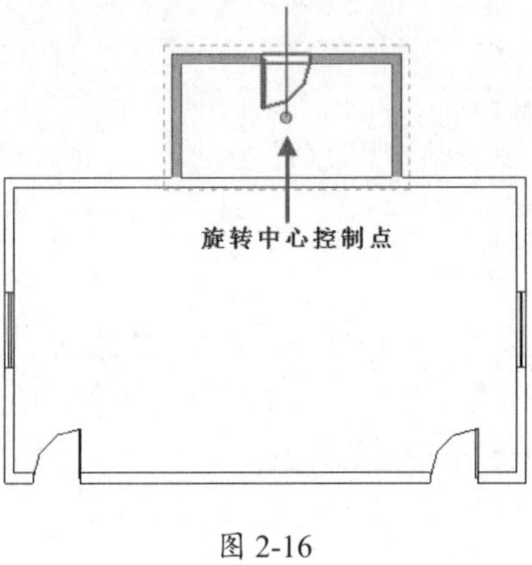

图 2-16

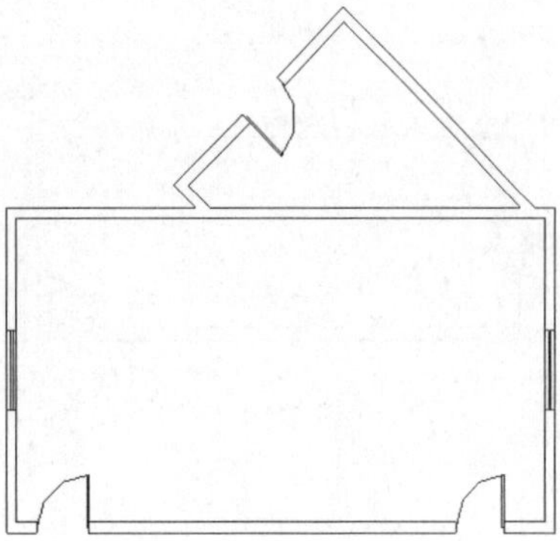

图 2-17

提示：

输入 RO，启用“旋转”命令。

2.2.2 复制图元（复制、偏移、镜像和阵列）

复制图元的命令包括复制、偏移、镜像与阵列。执行这些命令均可得到图元对象的副本，执行不同的命令得到的效果不尽相同。

1. 复制

在“修改”面板中单击“复制”按钮，选择图元按空格键，在选项栏上取消选中“约束”选项，如图 2-18 所示。

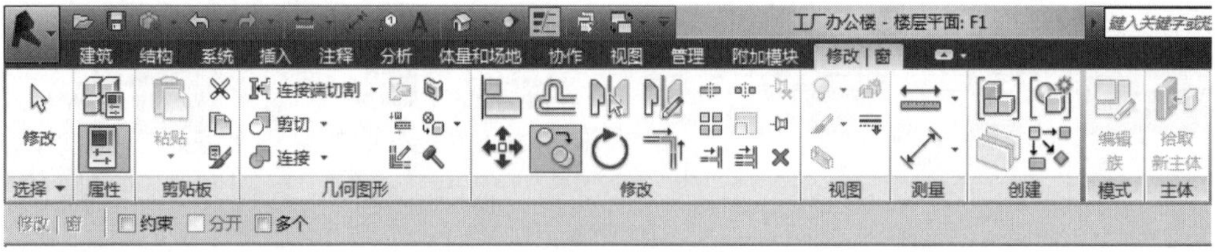

图 2-18

在绘图区域中单击指定端点，移动鼠标指定终点，如图 2-19 所示。在端点与终点之间显示临时尺寸标注，标注两点之间的距离。单击尺寸标注文字，进入在位编辑状态，改变标注文字以改变两点的间距。

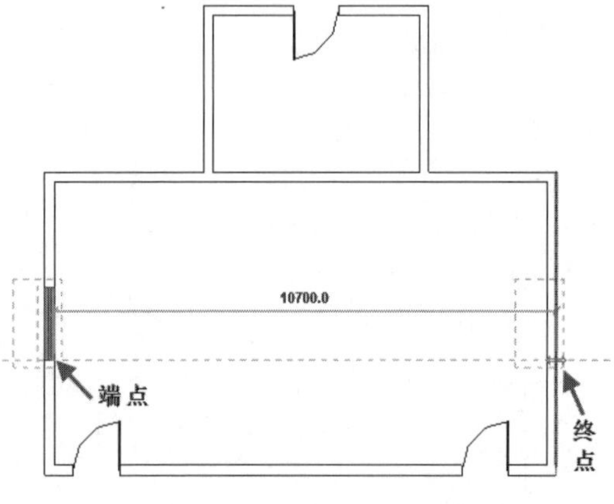

图 2-19

在终点单击，复制图元的结果如图 2-20 所示。

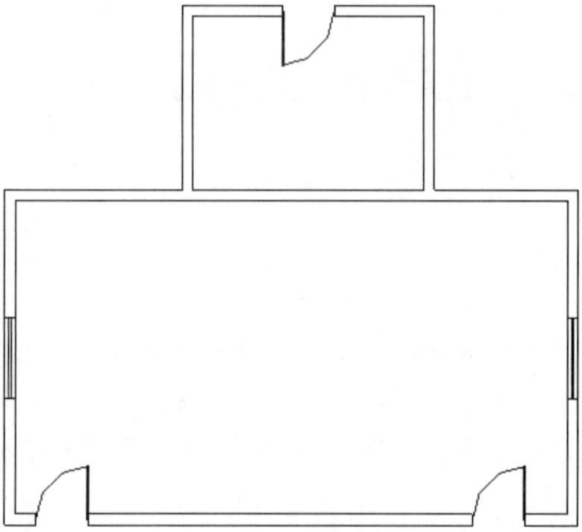

图 2-20

提示：

输入 CO，启用“复制”命令。

2. 偏移

选择图元，单击“修改”面板上的“偏移”按钮，在选项栏中选择“数值方式”选项，在“偏移”选项中输入参数值，选择“复制”选项，如图 2-21 所示。可以按指定的距离复制选定的图元。取消选中“复制”选项，不会创建图元副本，仅将图元偏移至指定的位置。

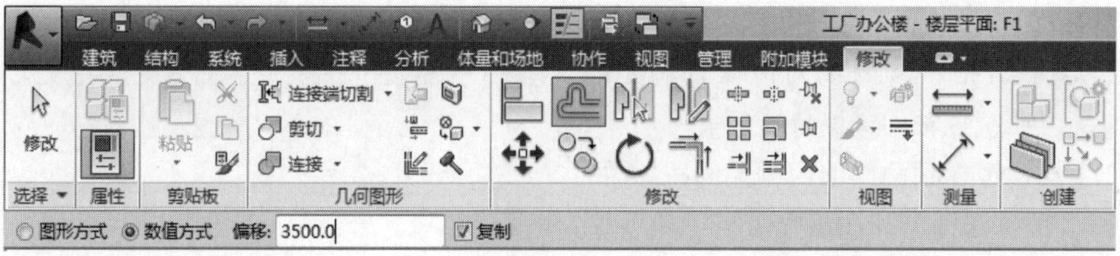

图 2-21

选择图元，在图元的右侧显示基准线，表示图元即将被复制到那个位置上，如图 2-22 所示。在图元上单击，可将图元复制到基准线的位置，如图 2-23 所示。

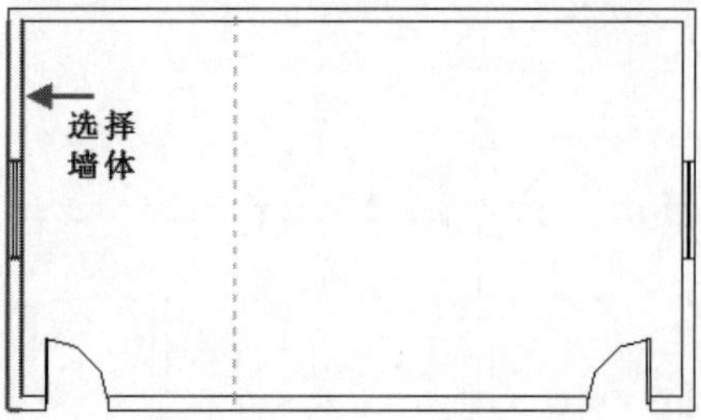

图 2-22

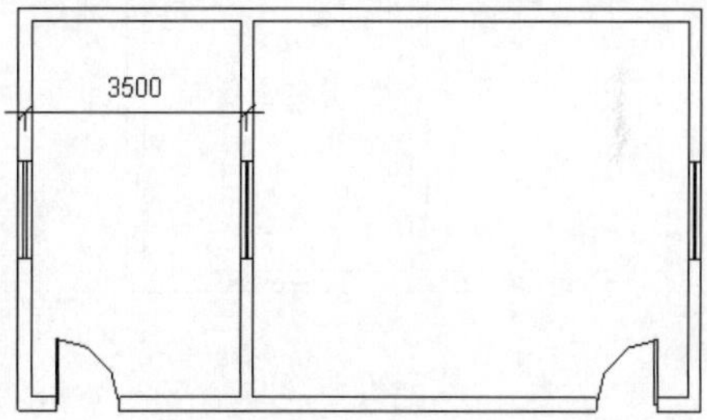

图 2-23

在选项栏中选择“图形方式”选项，将不会显示“偏移”选项。在图元上指定起点后，移动鼠标，指定方向与距离，单击完成偏移复制图形的操作，如图 2-24 所示。

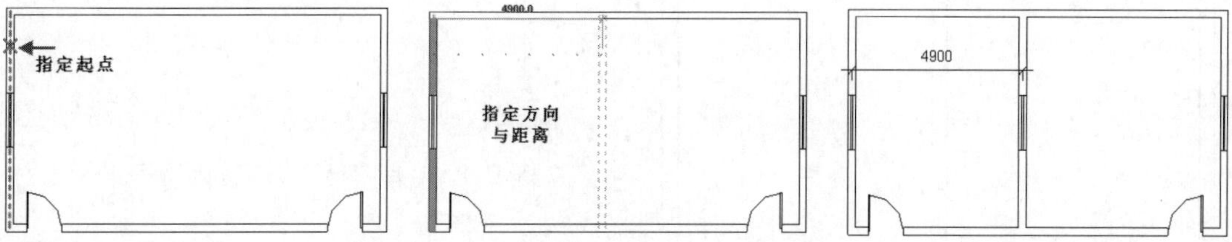

图 2-24

提示：

输入 OF，启用“偏移”命令。

3. 镜像

选择图元，单击“修改”面板上的“镜像 - 拾取轴”按钮，在选项栏中选择“复制”选项，如图 2-25 所示，可以镜像并复制图元。

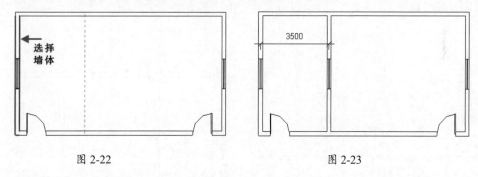

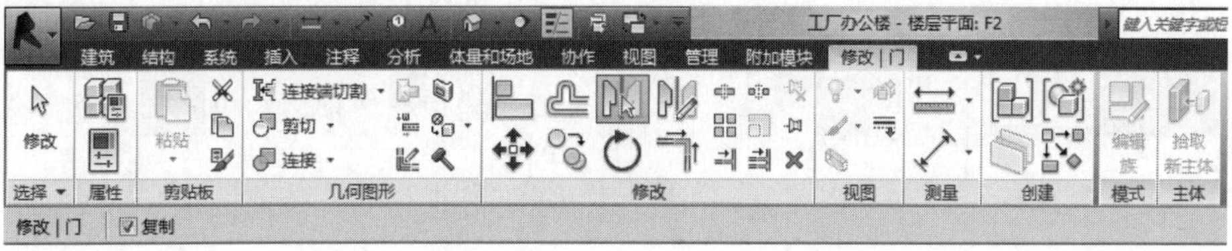

图 2-25

将鼠标移至墙体上，此时可以虚线显示墙体参照线，单击指定参照线为镜像轴，如图2-26所示，可在镜像轴的一侧放置门副本对象，如图2-27所示，镜像轴两侧的门图元间距相等。假如选择水平镜像轴，则在水平方向上镜像复制图元对象。

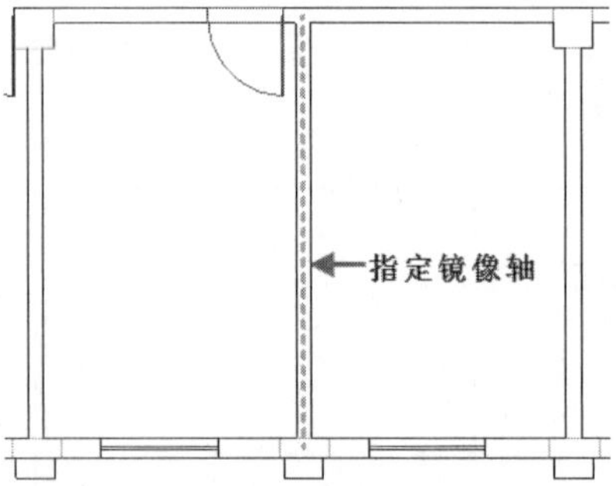

图 2-26

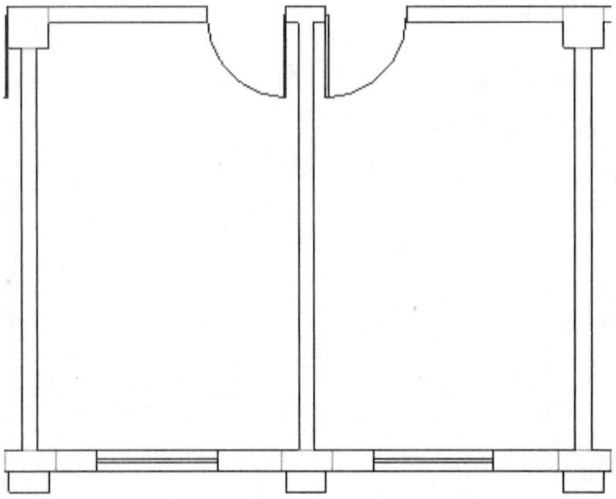

图 2-27

提示：

输入MM，启用“镜像 - 拾取轴”命令。

单击“修改”面板上的“镜像 - 绘制轴”按钮，分别在墙体上单击以指定镜像轴的起点与终点，如图2-28所示，可在镜像轴的一侧复制墙、门窗图元，如图2-29所示。

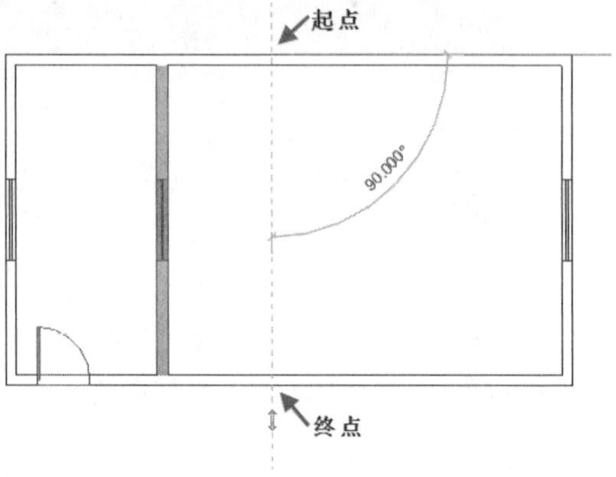

图 2-28

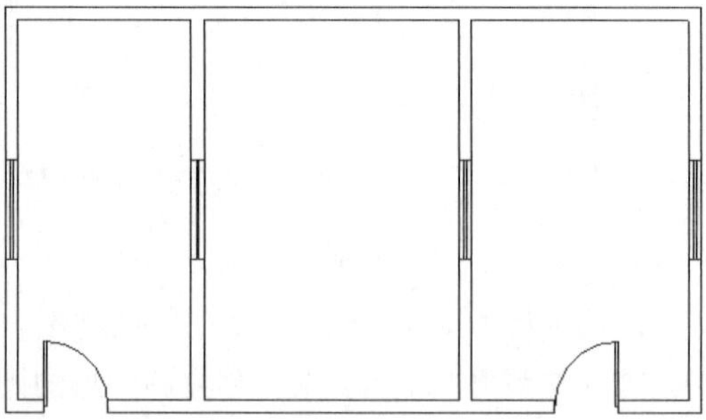

图 2-29

提示：

输入DM，启用“镜像 - 绘制轴”命令。

4. 阵列

单击“修改”面板上的“阵列”按钮，选择图元，按空格键。默认在选项栏中激活“线性”阵列按钮，如图2-30所示。“项目数”包含源对象与对象副本，设置项目数为4，将在源对象的基础上复制3个副本。选择“第二个”选项，通过指定源对象与第二个对象之间的间距，以确定其余各对象之间的间距，使各对象之间的间距相等。

选择“成组并关联”选项，使阵列结果成组。选择“约束”选项，约束阵列在垂直或者水平方向上。

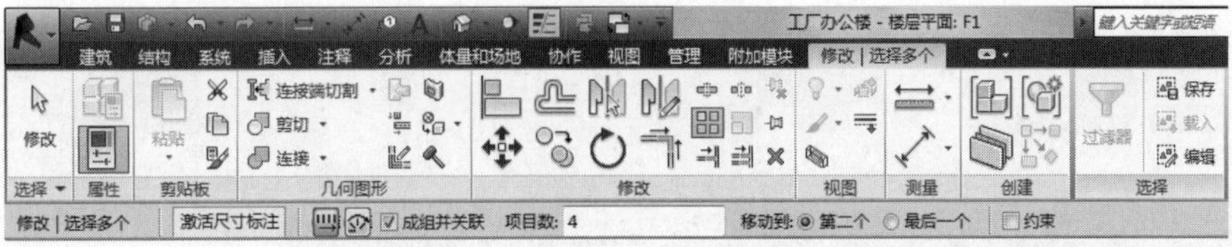

图 2-30

将墙体指定为源对象，在墙体上单击以指定起点，如图 2-31 所示。移动鼠标，指定源对象与第二个对象之间的距离。此时显示临时尺寸标注，实时标注两个对象之间的间距，如图 2-32 所示。也可以通过输入参数值来设置间距。

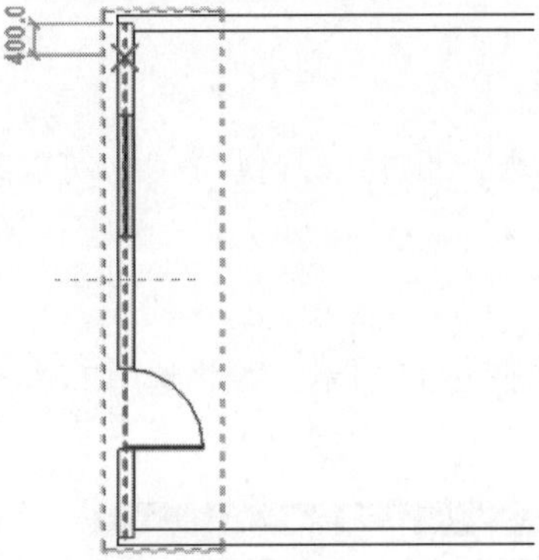

图 2-31

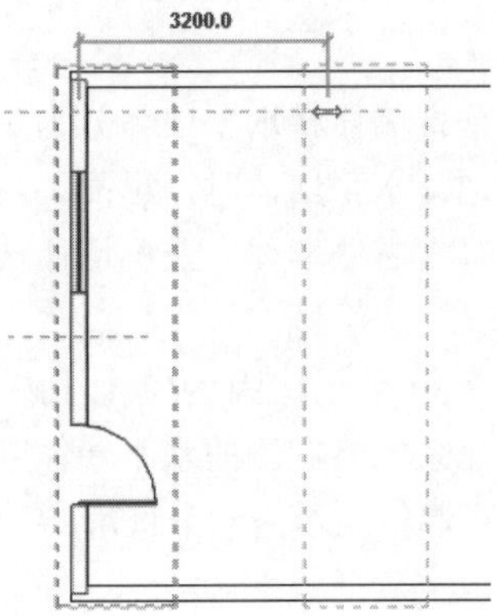

图 2-32

单击，完成阵列复制。在绘图区域中阵列结果以灰色显示，如图 2-33 所示。按 Esc 键退出命令。选择阵列组中的任意一个图元，将显示该图元所属组合的名称。如选中墙体，将鼠标置于墙体之上，显示墙体位于阵列组 1，如图 2-34 所示。

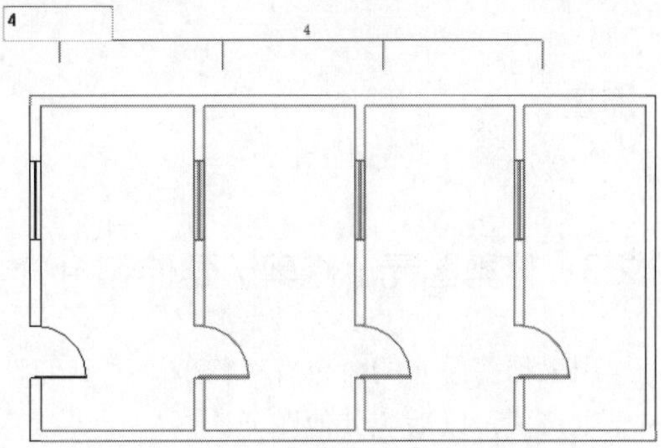

图 2-33

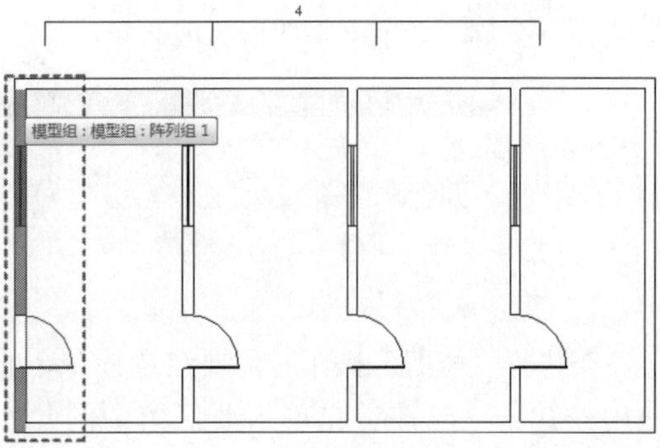

图 2-34

选择阵列对象，启用“阵列”命令，单击选项栏上的“径向”按钮，如图 2-35 所示。在“项目数”中输入 6，单击激活阵列中心点，移动鼠标并单击指定阵列中心。单击指定旋转起始边，移动鼠标指定结束边，或者在“角度”中输入 360，按 Enter 键，可将图元径向阵列复制 6 个，阵列的角度为所设定的 360°，如图 2-36 所示。

与线性阵列相比，径向阵列稍显复杂，但只要细心操作便可正确运用该命令。

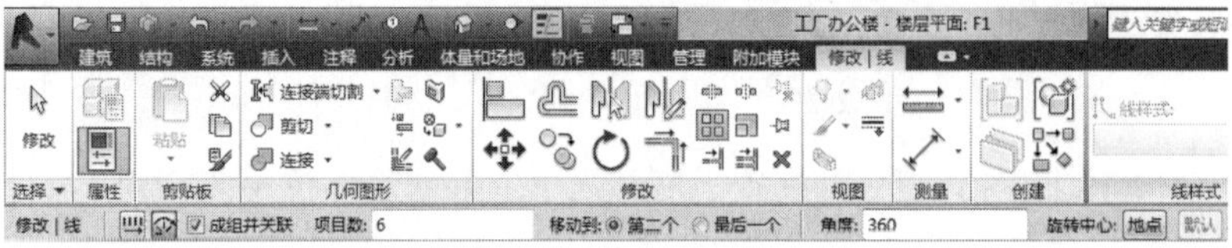

图 2-35

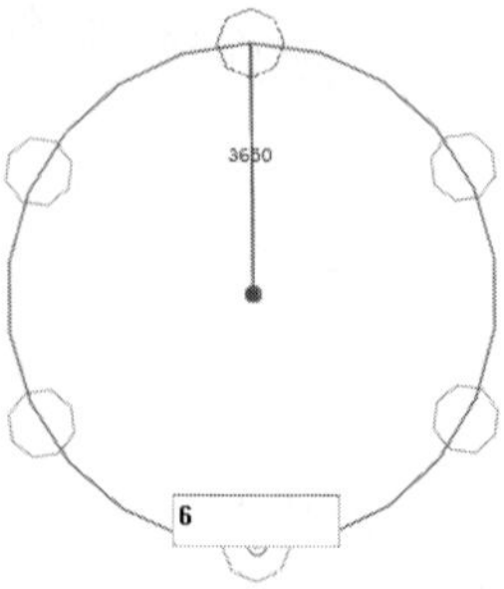

图 2-36

提示：

输入 AR，启用“阵列”命令。

2.2.3 修剪图元（修剪 / 延伸和拆分）

用来修剪图元的命令有“修剪”“延伸”“拆分”命令，通过执行这些命令，可以改变图元的显示形式，以适应其他图元。

1. 修剪

单击“修改”面板上的“修剪 / 延伸为角”按钮，如图 2-37 所示，可将选中的图元修剪或延伸为一个角，多用来修剪墙体或者梁。

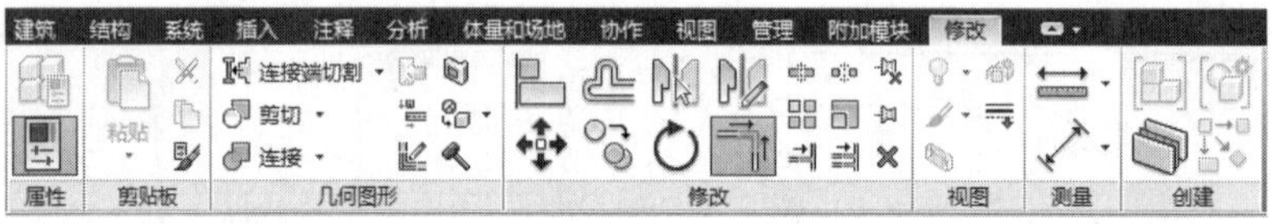

图 2-37

在执行“修剪”操作时，要注意该命令的使用规律——应该首先单击要保留的图元部分。要通过修剪墙体以使其成为一个直角，这时可以先单击垂直墙体，再单击水平墙体，如图 2-38 所示，系统会修剪水平墙体以适应垂直墙体。

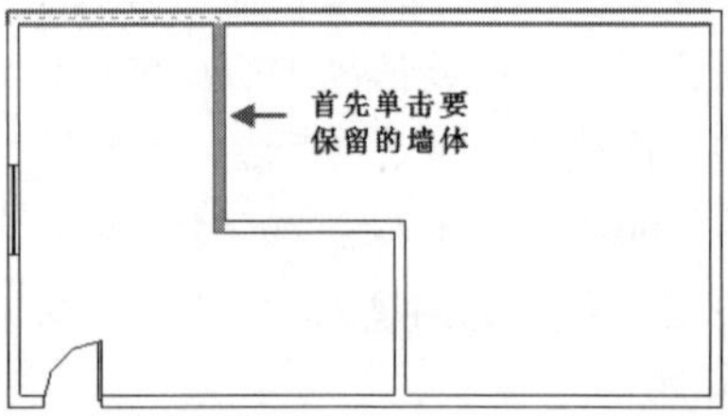

图 2-38

因为垂直墙体将水平墙体分为左、右两个部分，在选择水平墙体时，也需要明确要保留的部分。单击右侧墙体，左侧墙体被删除，反之亦然。

如图 2-39 所示，因为单击了左侧的水平墙体，因此系统将右侧的水平墙体删除，左侧墙体与垂直墙体显示为一个直角。

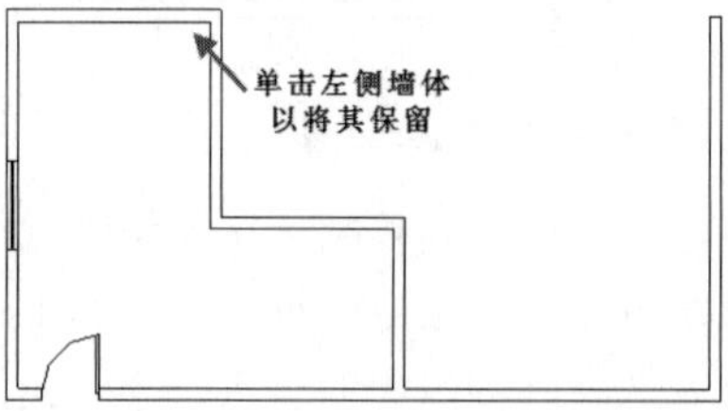

图 2-39

单击右侧墙体，左侧墙体被删除，修剪结果亦是不同，可以自行尝试修剪并查看结果。被删除的图元上包含其他的对象，系统将提示不能剪切。如所要删除的墙体上包含门对象，系统会在右下角调出警示对话框，提醒操作错误，如图 2-40 所示，并在绘图区域中亮显被错误编辑的图元对象，如图 2-41 所示。

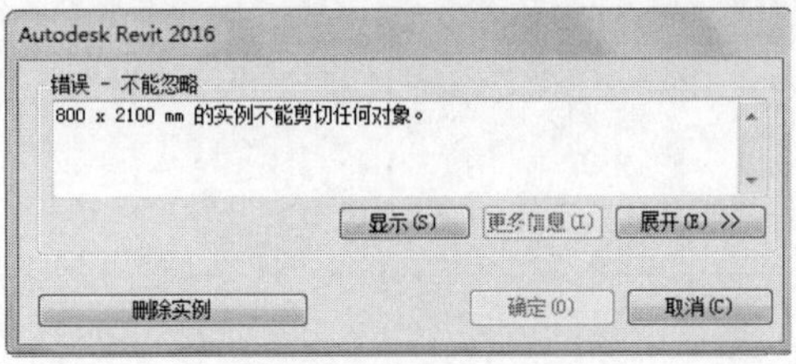

图 2-40

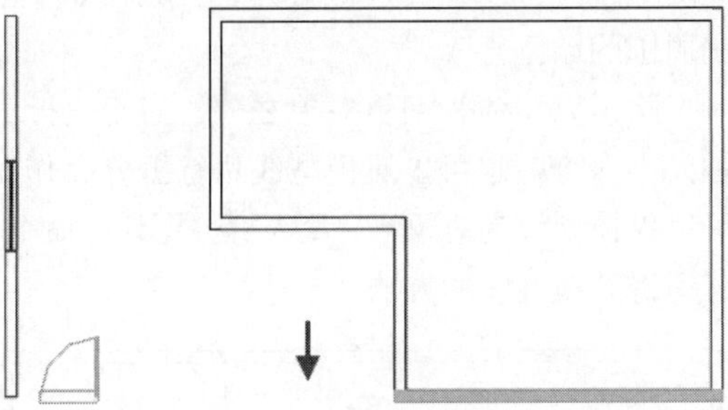

图 2-41

单击“取消”按钮，退出错误的编辑操作。

提示：

输入 TR，启用“修剪 - 延伸为角”命令。

2．延伸

单击“修改”面板上的“修剪 / 延伸单个图元”按钮，如图 2-42 所示，选择修剪边界，修剪未选中的对象。要将一段垂直墙体其中一侧的水平线段删除，可将垂直墙体指定为修剪边界，单击要保留的水平墙体，如单击左侧水平墙体以将其保留，如图 2-43 所示，选中的墙体显示中心参照线。

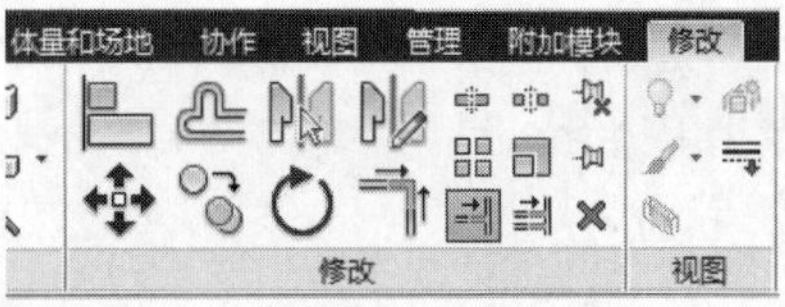

图 2-42

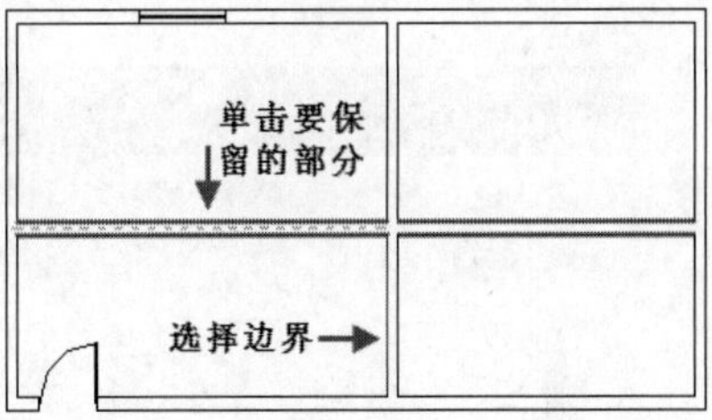

图 2-43

按照用户所指定的操作，墙体被修剪的结果如图 2-44 所示。“修剪 - 延伸单个图元”命令还可以将图元延伸至指定的边界上。执行命令后，单击垂直墙体为延伸边界，再指定要延伸的水平墙体，此时该墙体的中心参照线已延伸至边界上，如图 2-45 所示，借此可预览墙体的延伸结果，单击，完成延伸操作。

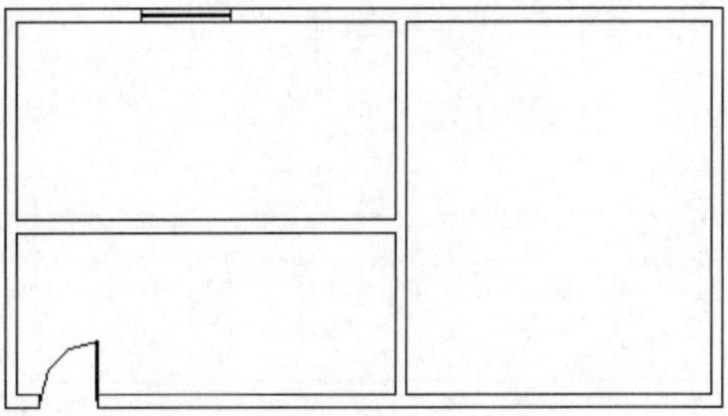

图 2-44

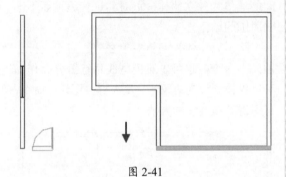

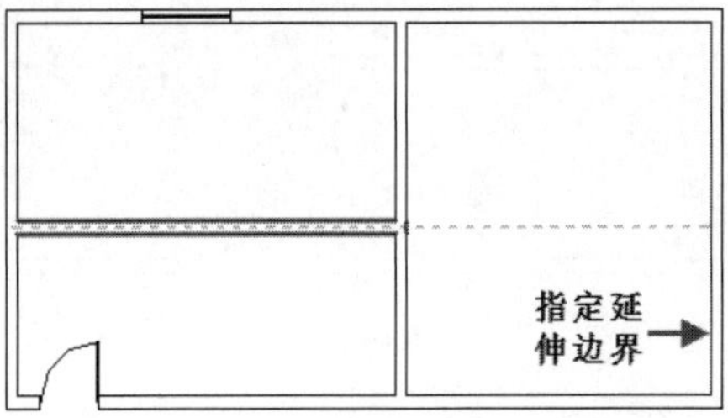

图 2-45

“修剪 - 延伸单个图元”按钮的右侧为“修剪 - 延伸多个图元”按钮，这两个命令的操作过程相同，不同的是“修剪 - 延伸多个图元”命令可以同时对多个对象执行修剪 / 延伸操作。可以参考本节内容，自行操作并掌握“修剪 - 延伸多个图元”命令的使用方法。

3．拆分

（1）拆分图元

单击“修改”面板上的“拆分图元”按钮，在选项栏中选择“删除内部线段”选项，如图 2-46 所示，可将指定的起点与终点之间的线段删除。

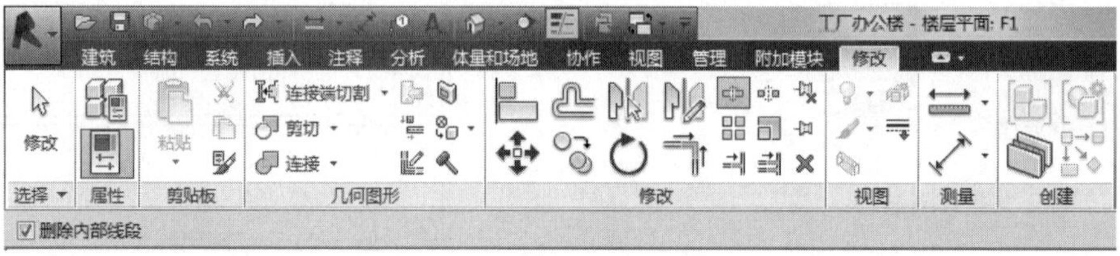

图 2-46

在墙体上单击要拆除墙段的起点，通过临时尺寸标注预览起点与邻近图元的距离，移动鼠标，指定终点，如图 2-47 所示。单击，可将起点与终点之间的墙段删除，如图 2-48 所示。

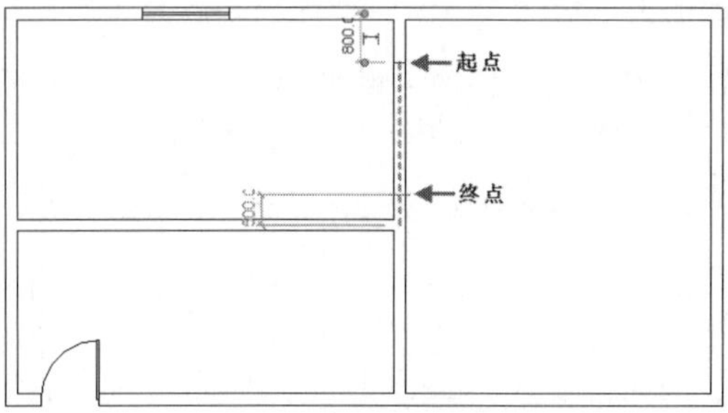

图 2-47

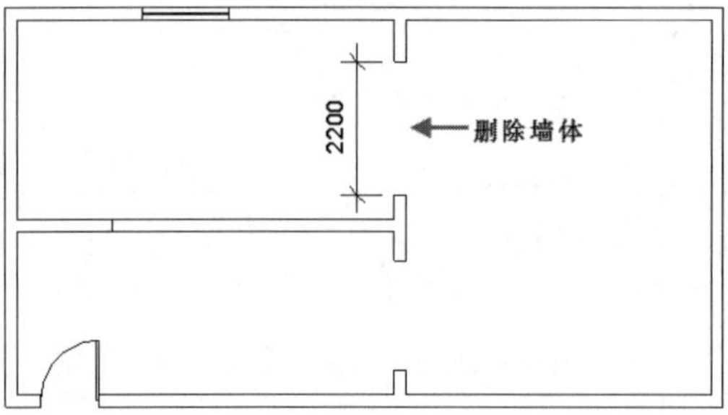

图 2-48

选择墙体，显示临时尺寸标注，单击尺寸标注文字，修改参数值，可以修改拆分结果，如图 2-49 所示。取消选中选项栏上的“删除内部线段”选项，执行拆分操作后，在起点与终点之间绘制线段，如图 2-50 所示，线段之间的墙体为独立墙体，可对其进行编辑而不影响周围的墙体。

除了以墙体为编辑对象之外，启用“拆分图元”命令，也可以对模型线执行拆分操作。可以以模型线为对象，启用“拆分图元”命令，练习拆分模型线的方法。

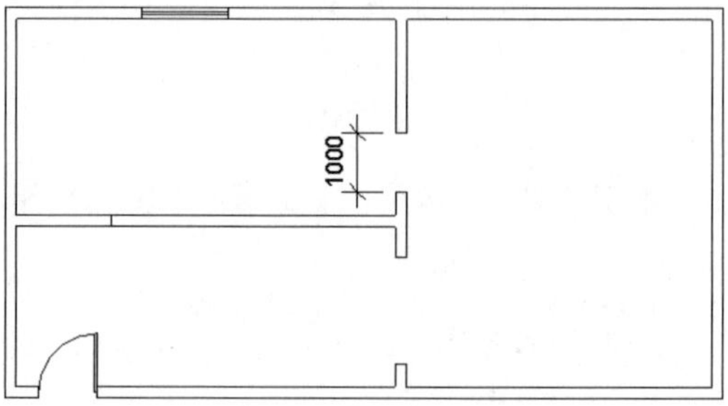

图 2-49

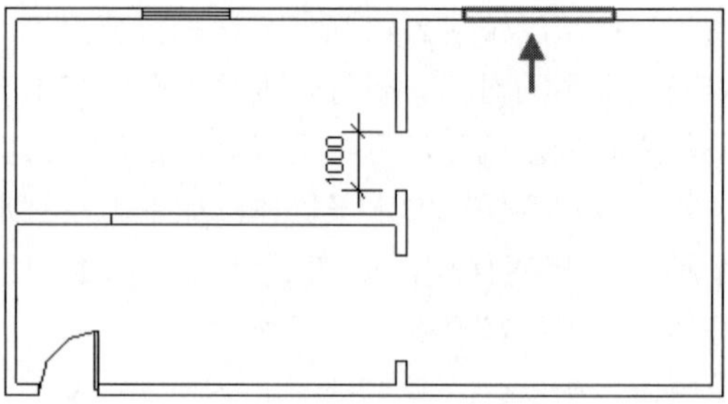

图 2-50

（2）用间隙拆分

单击“修改”面板上的“用间隙拆分图元”按钮，在“连接间隙”选项中设置间隙的距离，如图 2-51 所示。

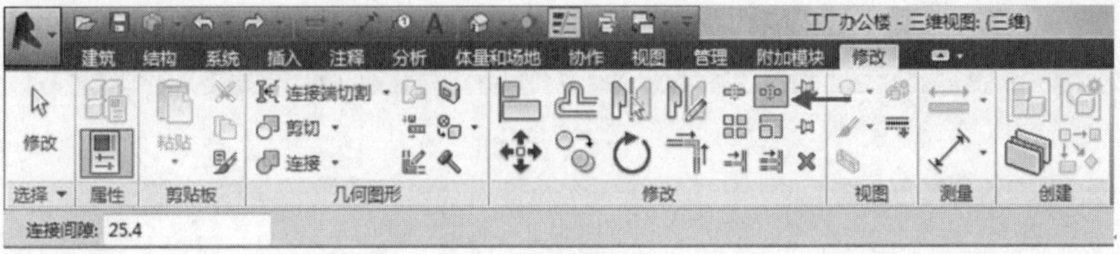

图 2-51

为了方便观察墙体拆分的结果，可转换至三维视图。单击墙体将其指定为要拆分的图元，此时可以观察到该墙体为一面独立的墙体，如图 2-52 所示。接着系统以指定点为原点，将墙体拆分为两面独立的墙体，墙体的间隙即为“连接间隙”选项中所设置的参数。可以独立选择拆分后的一面墙，对其执行编辑修改操作，如图 2-53 所示。

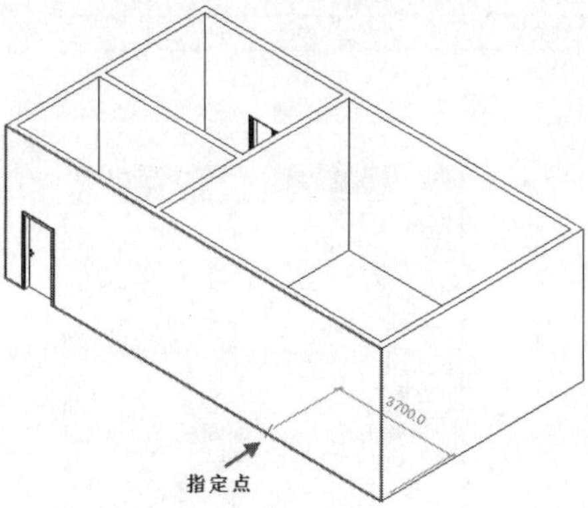

图 2-52

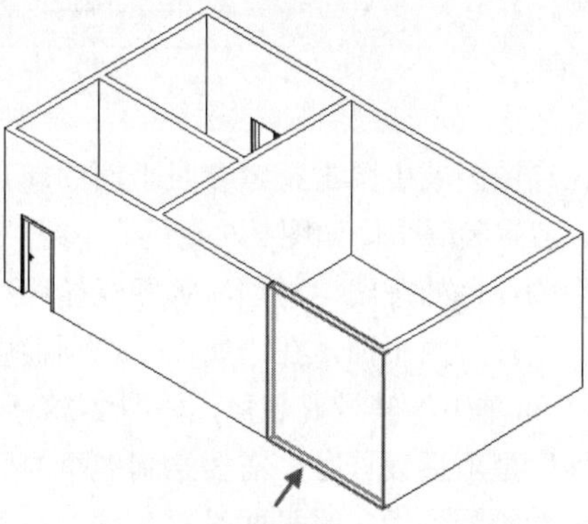

图 2-53

提示：

“连接间隙”值有范围设置，当所设置的参数值超出范围，系统调出如图 2-54 所示的提示对话框，提醒重新设置参数值。

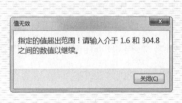

图 2-54

2.3 辅助操作

Revit 中的参照平面与临时尺寸标注为绘图提供帮助。其中，参照平面以线的样式来显示，通常被用作辅助线。临时尺寸标注不占用系统内存，实时显示图元的相关尺寸，也可以将其转换为永久性尺寸标注。使用快捷键可快速启用命令，节省在面板上寻找按钮的时间。

2.3.1 创建参照平面

选择“建筑”选项卡，单击“工作平面”面板上的“参照平面”按钮，如图2-55所示，进入“修改|放置 参照平面”选项卡。

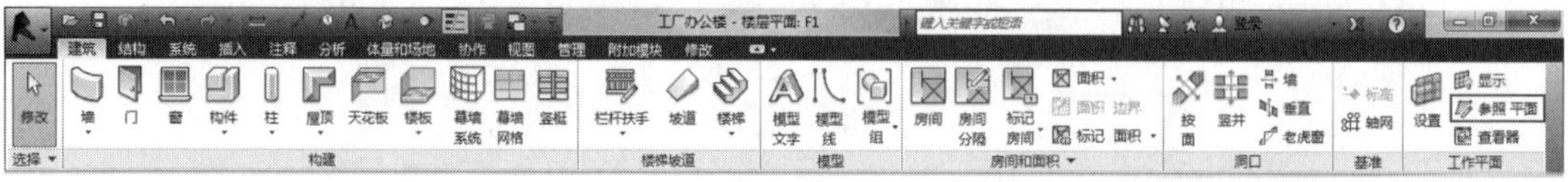

图 2-55

在“绘制”面板中提供了两种绘制参照平面的方法——“直线”与“拾取线”，默认选择“直线”方式，如图2-56所示。

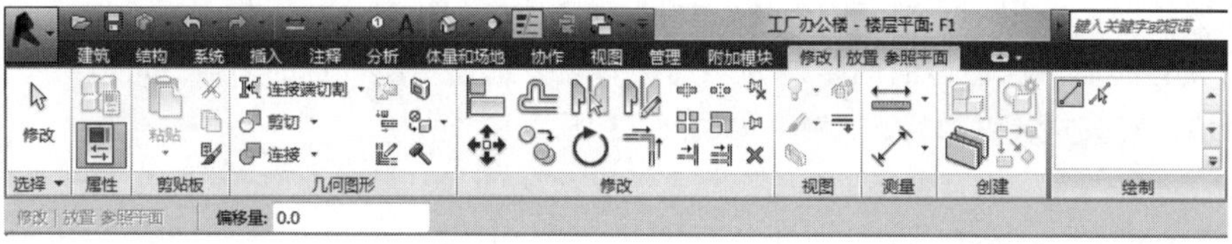

图 2-56

在绘图区域中单击指定参照平面的起点与终点，放置参照平面如图2-57所示。参照平面的线型为绿色的虚线，与墙线等图元轮廓线相区别。选择参照平面，在“属性”选项板中的“名称”选项中为其设置名称，如图2-58所示。在开展大型项目设计时，需要绘制多个参照平面以辅助绘图。为参照平面设置名称，在执行选择、编辑操作时尤为便利。

在“绘制”面板中单击“拾取线”按钮，在选项栏上设置“偏移量”，如图2-59所示。在绘图区域中拾取墙，可按指定的偏移距离，在墙的一侧放置参照平面，如图2-60所示。

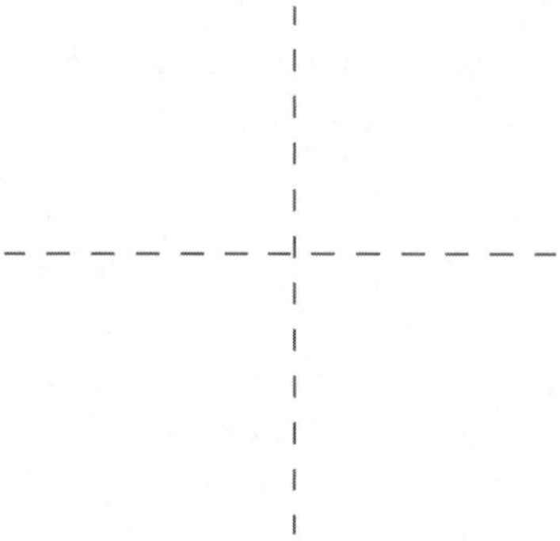

图 2-57

图 2-58

图 2-59

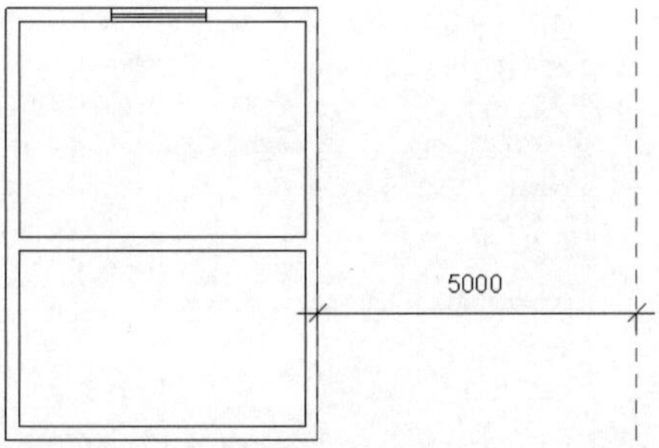

图 2-60

在绘制建筑图纸时，经常用到参照平面，将其作为辅助线来编辑指定的图元。如在执行“镜像 - 拾取轴”命令时，可以绘制参照平面充当镜像轴，如图 2-61 和图 2-62 所示为通过以参照平面为镜像轴来复制门副本的结果。在没有现成的参照物作为镜像轴时，这是辅助绘图的常用方法。

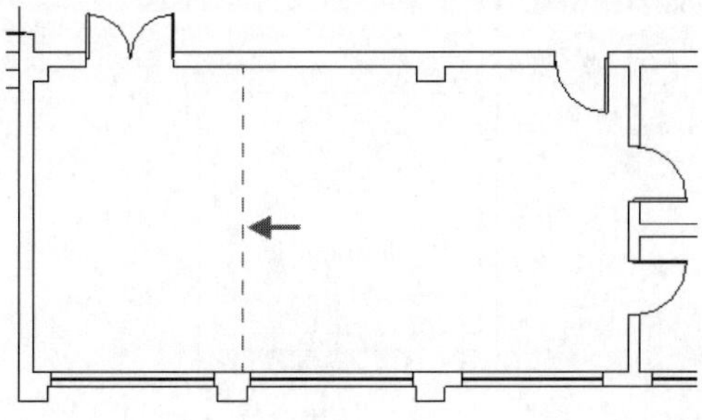

图 2-61

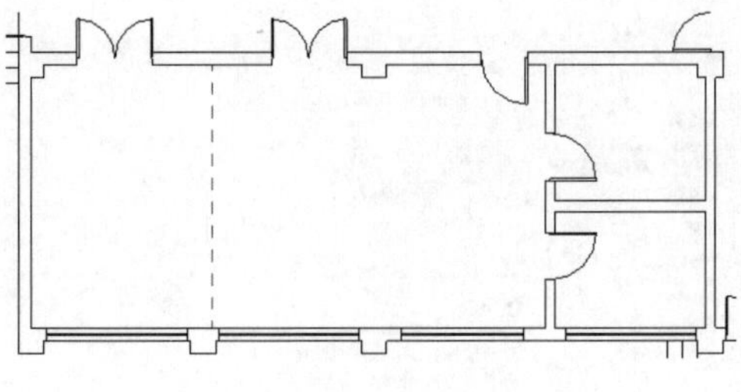

图 2-62

提示：

输入 RP，启用“参照平面”命令。

2.3.2 使用临时尺寸标注

在绘图区域中选择图元，显示临时尺寸标注，标注图元与邻近图元的间距。选择门图元，临时尺寸标注显示其与左右墙体的距离关系，如图 2-63 所示。

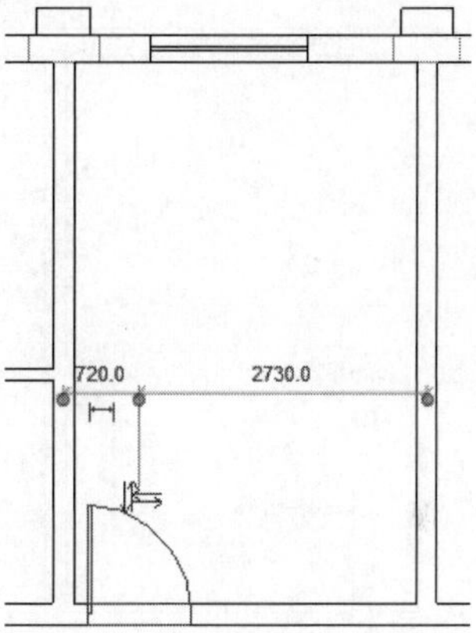

图 2-63

单击临时尺寸标注文字，进入在位编辑状态，在其中可以输入距离参数，如图 2-64 所示。单击退出输入文字的操作，门的位置被更改，随之临时尺寸标注也更新显示，如图 2-65 所示。

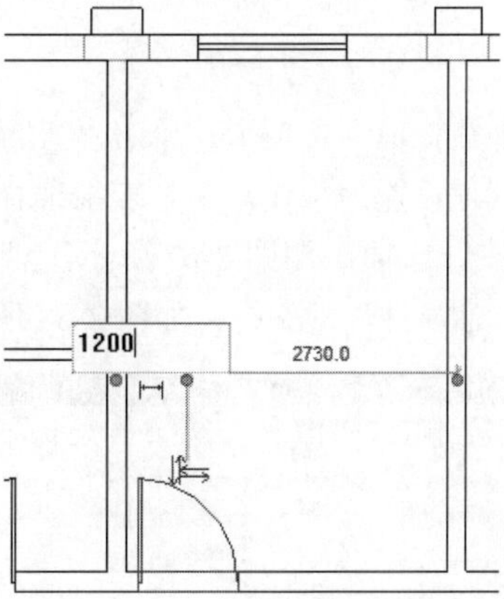

图 2-64

临时尺寸标注以蓝色显示，选择图形即可预览尺寸标注，取消选中图元，临时尺寸标注被隐藏。可以根据使用需求，更改临时尺寸以调整图元，或者单击尺寸文字下方的“线性”标注图标，将临时尺寸转换为永久性尺寸标注。

通过修改模型线的临时尺寸标注，可改变模型线的长度。如创建矩形模型线后，选择矩形的垂直边，将显示水平边的长度，反之，选择水平边，可显示垂直边的长度。如图 2-66 所示，分别为修改尺寸标注以调整线的长度。

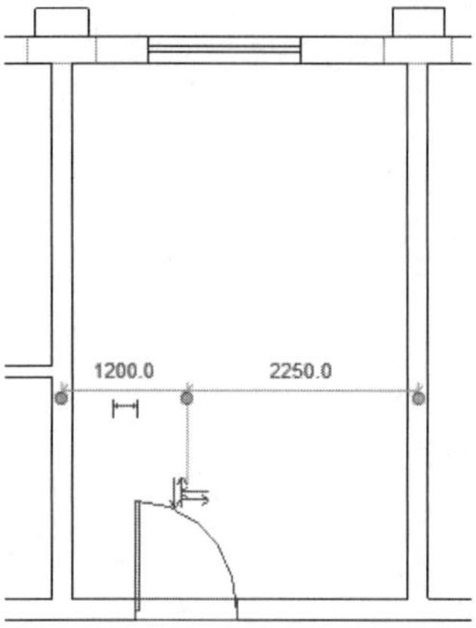

图 2-65

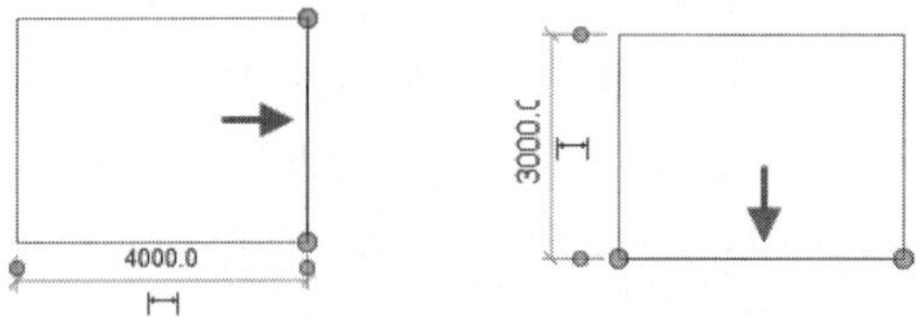

图 2-66

选择“管理”选项卡，单击“设置”面板中的“其他设置”按钮，在列表中选择“临时尺寸标注”选项，如图 2-67 所示，调出“临时尺寸标注属性”对话框，如图 2-68 所示。

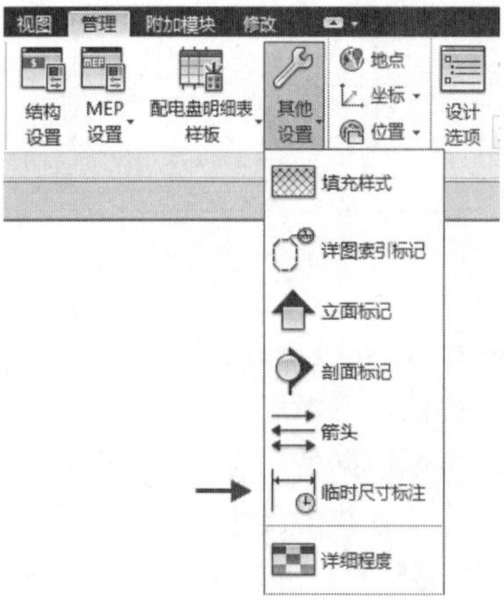

图 2-67

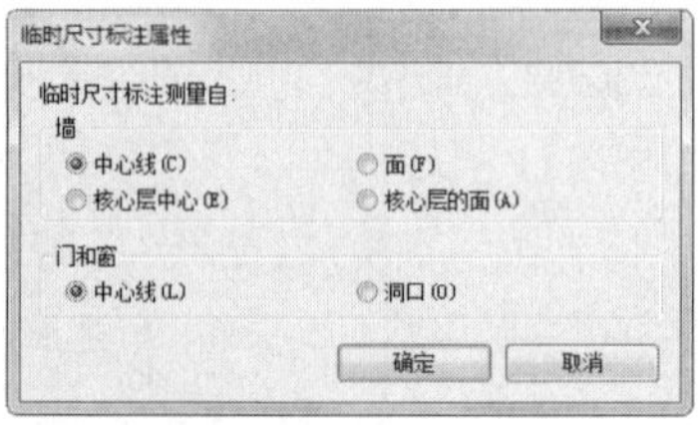

图 2-68

在该对话框中设置临时尺寸标注的默认捕捉点，选择“墙”选项组中的“中心线”选项，在显示与墙有关的临时尺寸标注时，将捕捉墙体的中心线作为尺寸标注起始点，如图 2-69 所示。

临时尺寸标注的文字大小可以自定义。单击“应用程序”按钮，在列表中单击“选项”按钮，在“选项”对话框中选择“图形”选项卡，如图 2-70 所示，在“临时尺寸标注文字外观”选项组中设置其文字大小及背景样式。

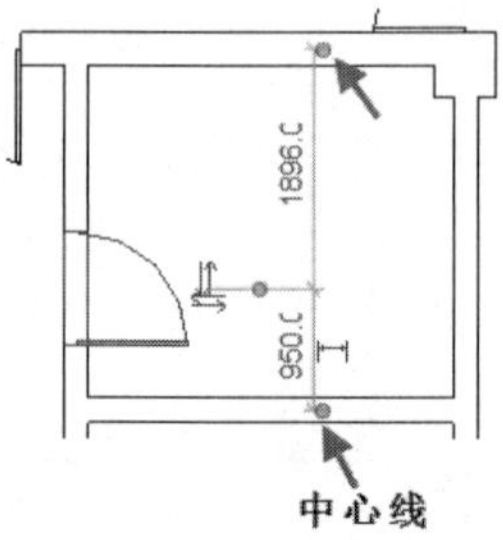

图 2-69

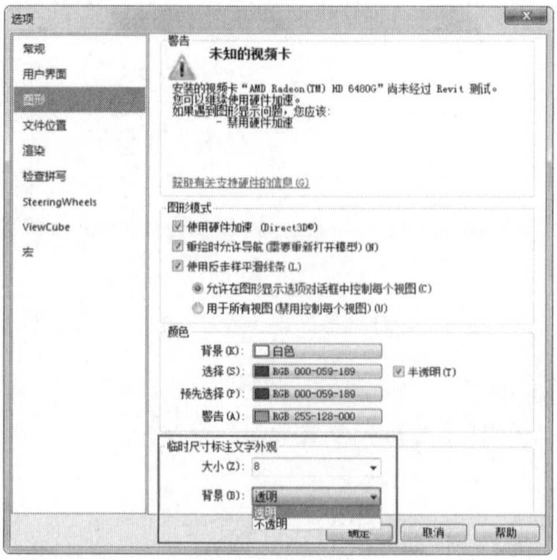

图 2-70

2.3.3 使用快捷键

与 AutoCAD 相似，Revit 也可以使用快捷键来启用命令。AutoCAD 中快捷键有一个字母（如 C）、两个字母（如 CO）、三个字母（如 REC）的类型，但 Revit 中的快捷键由两个字母组成。

在键盘上输入快捷键所对应的字母，即可调用命令，不需要按 Enter 键或者空格键。初学者不了解各命令所对应的快捷键，可将鼠标停留于面板上的按钮处，稍作停留，弹出工具提示，在其中除了介绍命令的基本操作方法与操作结果外，还在命令名称后提示该命令的快捷键。

将鼠标置于“移动”按钮上，在工具提示中即显示其快捷键为 MV，如图 2-71 所示。输入 MV，可调用“移动”命令。输入第一个字母，观察软件界面左下角状态栏的提示文字，显示以当前字母开头的所有与之对应的工具。

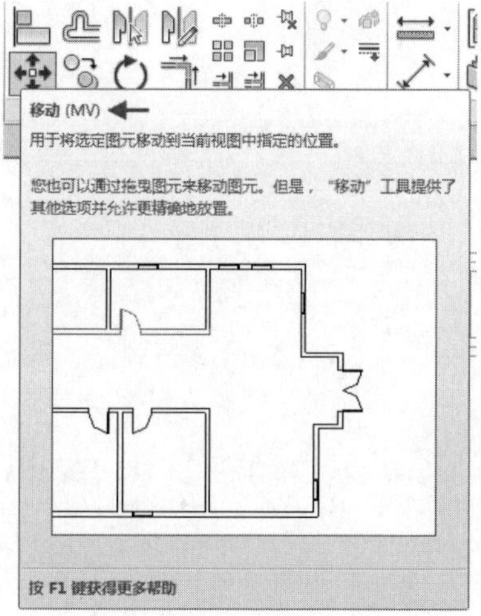

图 2-71

用户可自定义快捷键。选择“视图”选项卡，单击“窗口”面板中的“用户界面”按钮，在列表中选择“快捷键”选项，如图 2-72 所示。在“快捷键”对话框中选择命令，如选择“坡道”，在“按新键”选项中输入字母代号，如输入 PD，如图 2-73 所示。单击“指定”按钮，可将字母代码指定给选中的命令，如图 2-74 所示。

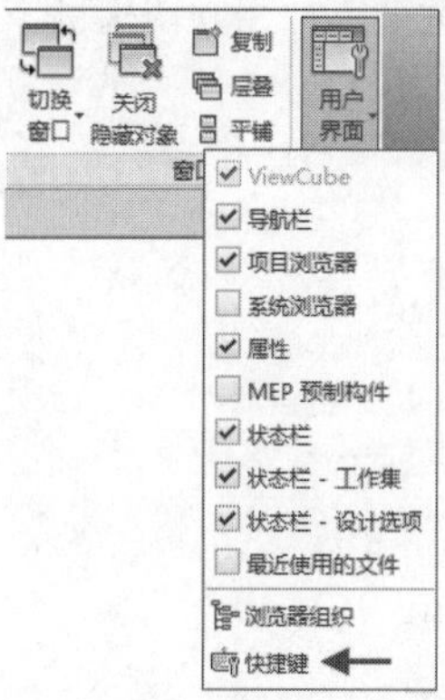

图 2-72

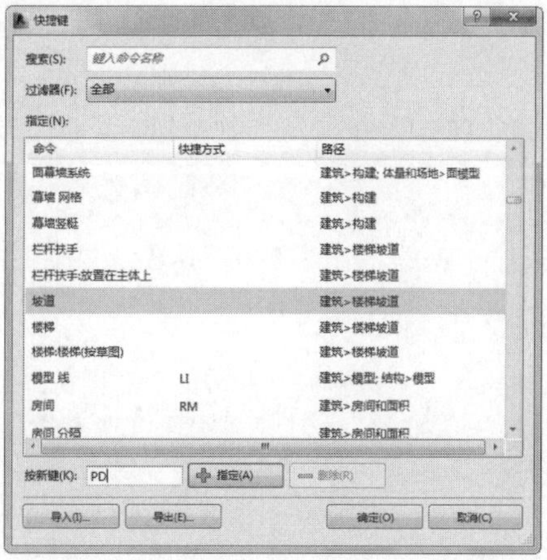

图 2-73

图 2-74

当用户所指定的快捷键与已有的快捷键重复时，调出如图 2-75 所示的提示对话框，提醒所设的快捷键已存在。Revit 允许重复设置快捷键，在启用命令时，观察状态栏上的提示，通过键盘上的方向键来选择相同快捷键下的不同命令，按下空格键或者 Enter 键可启用选中的命令。

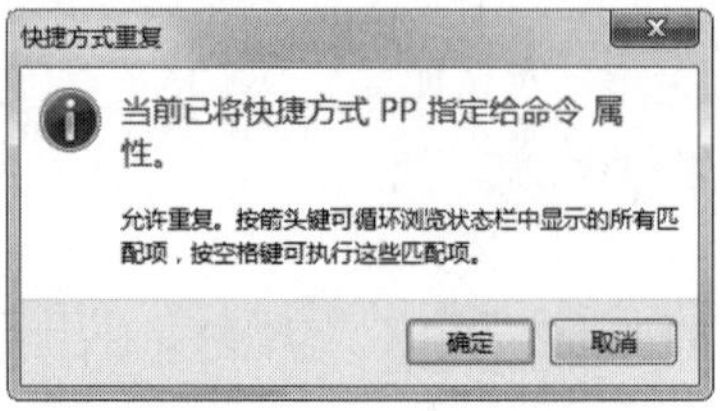
快捷方式重复
当前已将快捷方式 PP 指定给命令 属性。
允许重复。按箭头键可循环浏览状态栏中显示的所有匹配项，按空格键可执行这些匹配项。
确定
取消

图 2-75

第 3 章　标高和轴网

在 Revit 中首先创建标高及轴网，再根据其所提供的定位信息，创建各种建筑构件，如墙体、门窗、屋顶等。学习使用 Revit 创建建筑项目时，标高和轴网是很重要的基础知识，本章将介绍创建标高和轴网的方法。

3.1　标高

在 Revit 中需要在立面视图中创建标高，标高符号可以自定义，也可以使用软件默认的符号，还可以从外部载入标高符号，运用到项目设计中。

3.1.1　创建标高

在项目浏览器中单击“南立面”视图类别，如图 3-1 所示，转换至南立面图。查看项目样板默认设置的标高 1 与标高 2，如图 3-2 所示。可将这两个标高删除，也可以在此基础上新建标高。

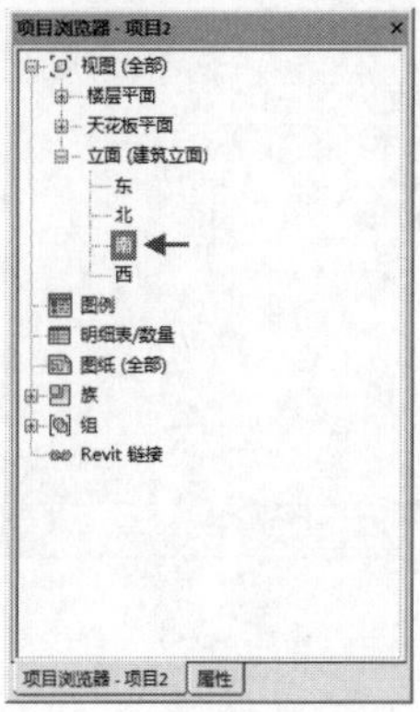

图 3-1

图 3-2

单击标高线选择标高，被选中的标高在视图中亮显，如图 3-3 所示。单击标高值，进入在位编辑状态，在其中输入参数，在空白区域单击，完成更改标高值的操作，如图 3-4 所示。通过更改标高值，可以使标高符合项目文件的实际情况，并在此基础上创建其他楼层的标高。

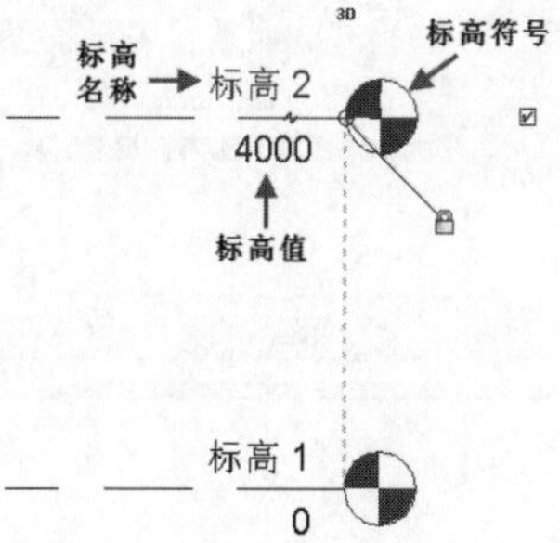

图 3-3

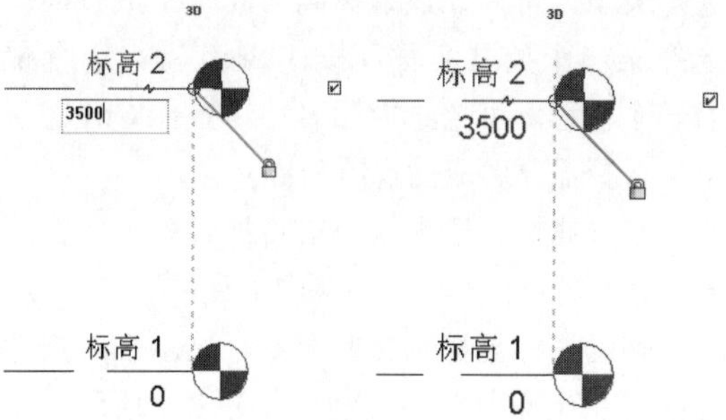

图 3-4

选择“建筑”选项卡，单击“基准”面板上的“标高”按钮，如图 3-5 所示，进入“修改 | 放置 标高”选项卡，如图 3-6 所示。

图 3-5

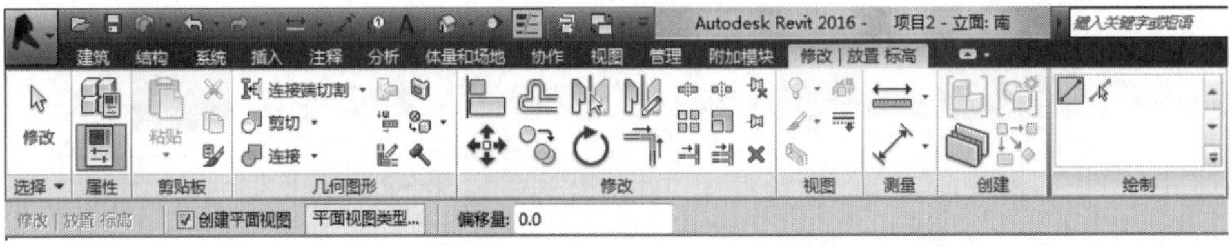

图 3-6

在“绘制”面板中单击“直线”按钮，在选项栏中选择“创建平面视图”选项，在放置标高的同时创建与标高相对应的平面视图。单击“平面视图类型”按钮，调出“平面视图类型”对话框，如图 3-7 所示。

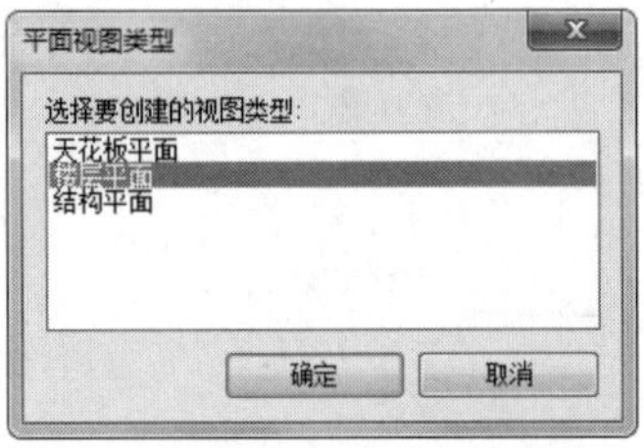

图 3-7

在该对话框中选择要创建的视图类型，新版本的 Revit 添加了“结构平面”类型。单击选择类型，可以在放置标高的同时生成平面。选择第一个类型名称，按住 Shift 键，选择最后一个名称，可全选视图名称。按住 Ctrl 键，单击选择需要生成的视图名称

在“属性”选项板中单击样式列表，在列表中选择标头的样式，如图 3-8 所示。

移动鼠标至标高 2 的上方，显示临时尺寸标注并引出蓝色对齐虚线，如图 3-9 所示。单击指定标高起点。向右移动鼠标，当鼠标与标高 2 对齐时，显示蓝色虚线，如图 3-10 所示，单击，指定标高的终点。

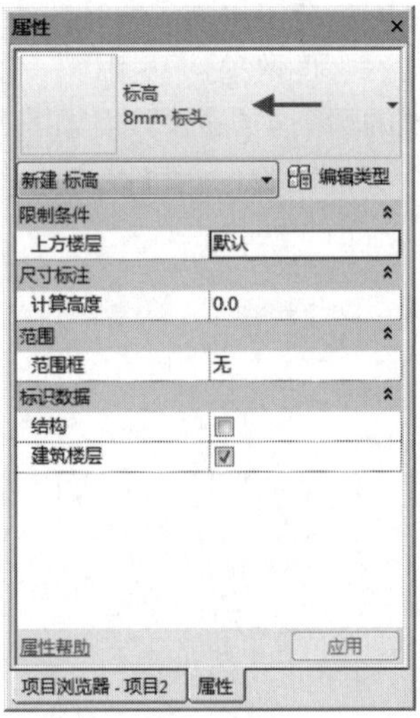

图 3-8

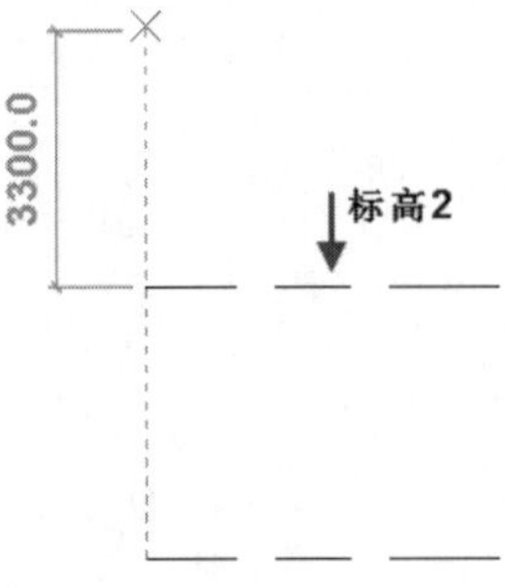

图 3-9

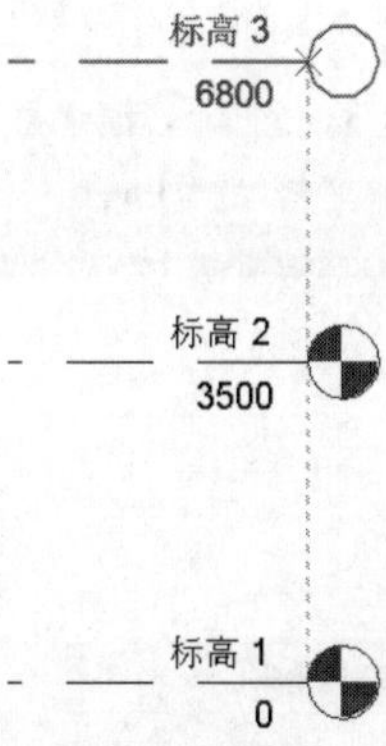

图 3-10

系统为新创建的标高自动命名，在标高 2 的基础上将新标高命名为标高 3。根据与标高 2 的距离，系统自动计算标高值，并标注于标高名称的下方，如图 3-11 所示。按两次 Esc 键，退出放置标高的命令。

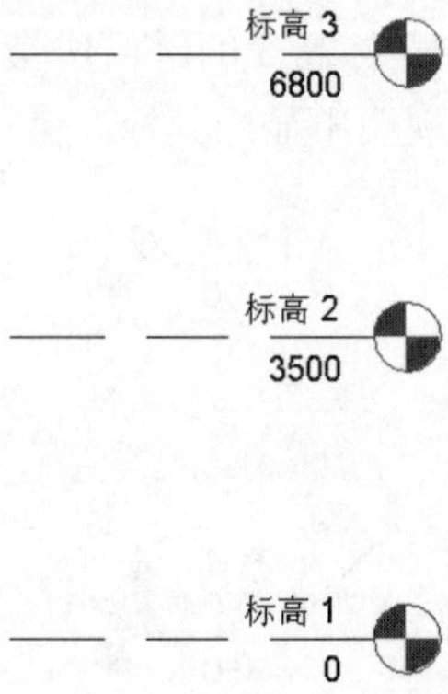

图 3-11

提示：

在立面视图中，标高线不会随时完整地显示在绘图区域中，在执行命令的过程中，配合鼠标滚轮，放大或缩小视图以适应绘图需要。

在项目浏览器中单击展开“视图”列表，可以观察到放置标高 3 后，与其同时生成了结构平面图、楼层平面图、天花板平面图，如图 3-12 所示。

提示：

输入 LL，启用“标高”命令。

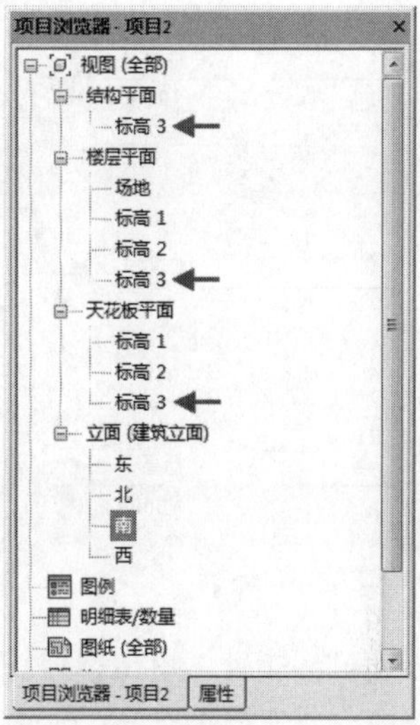

图 3-12

通过使用“复制”命令来创建标高。选择标高 3，单击“修改”面板上的“复制”按钮，进入“修改 | 标高”选项卡。在选项栏中选择“多个”选项，表示在选定的对象基础上复制多个副本对象。

在标高 3 上单击一点以将其指定为起点，向上移动鼠标，除了以临时尺寸标注为参照外，也可以在绘制的过程中输入距离参数，如图 3-13 所示。

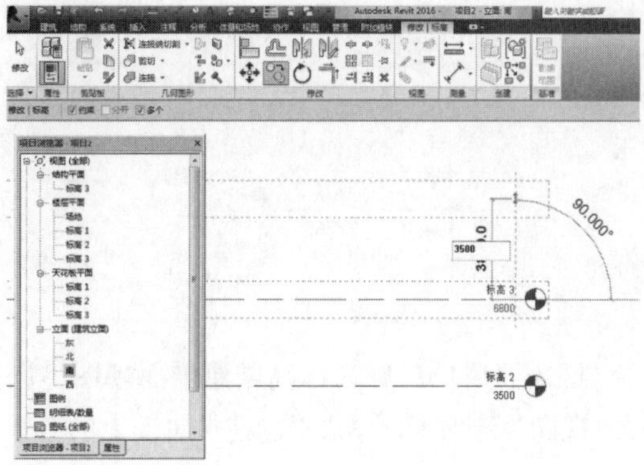

图 3-13

输入参数后按 Enter 键，系统在指定的位置点创建新标高，并命名为标高 4，系统根据指定的距离参数来计算标高值，并显示在标高线的下方，如图 3-14 所示。

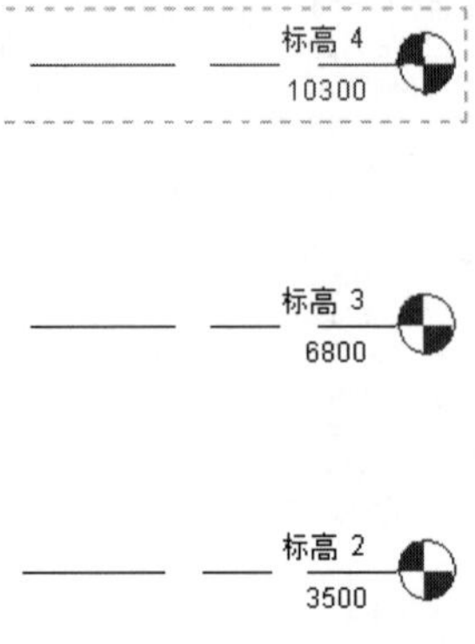

图 3-14

向上移动鼠标指针，单击指定终点，继续创建其他标高。或者按两次 Esc 键退出命令。

退出复制标高命令状态后，观察所创建的标高 4，发现新建标高标头的颜色与已有标高不同。新建标高为黑色，原有标高为蓝色，如图 3-15 所示。因为新建标高没有同时生成平面视图，因此系统以黑色显示标头的方式来提示用户。

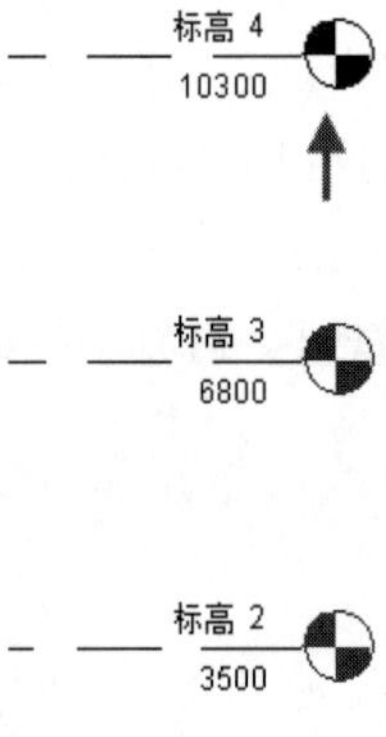

图 3-15

这需要用户自行为标高创建平面视图。选择“视图”选项卡，单击“创建”面板上的“平面视图”按钮，在调出的“新建楼层平面”对话框中选择标高 4，如图 3-16 所示，单击“确定”按钮，可以为选中的标高生成平面视图。

提示：

单击“新建楼层平面”对话框中的“类型”按钮，在列表中选择要创建的平面视图类型。

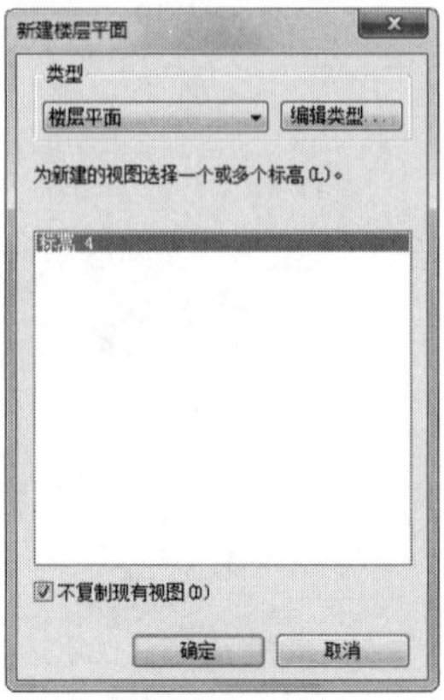

图 3-16

在标高 1 的下方指定新标高的起点与终点，创建新标高，如图 3-17 所示。系统为标高的命名为顺序命名，即在前一标高的名称上加 1 为下一个标高命名。因为标高 1 的标高值为 0，因此位于标高 1 以下的标高其标高值都以负值显示。如在创建标高 5 的时候所指定的距离间距为 450，在视图中显示其标高值为 -450。

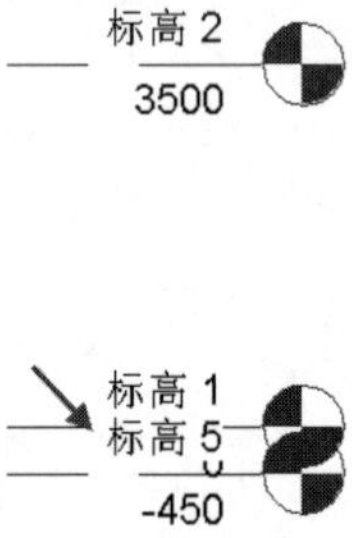

图 3-17

选择标高 5，单击标高名称进入在位编辑模式，输入新的标高名称，如图 3-18 所示。

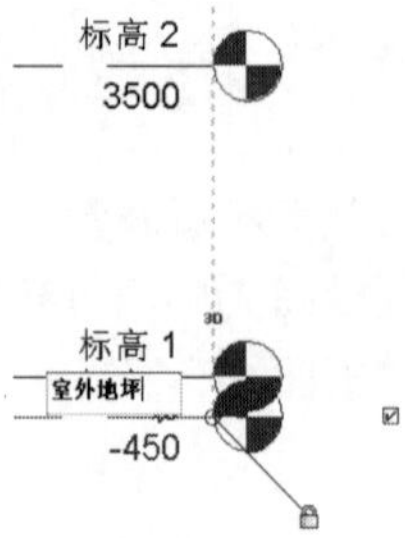

图 3-18

此时调出提示对话框，询问用户是否重命

名相应视图，如图 3-19 所示。在创建标高的同时生成了与其相对应的视图，在更改标高名称的同时，同步修改视图名称，可以方便编辑或查询视图信息。单击“是”按钮，完成修改标高名称的操作。

图 3-19

在项目浏览器中查看视图列表，发现与标高 5 相对应的视图均随着标高名称的修改而改变视图名称，如图 3-20 所示。

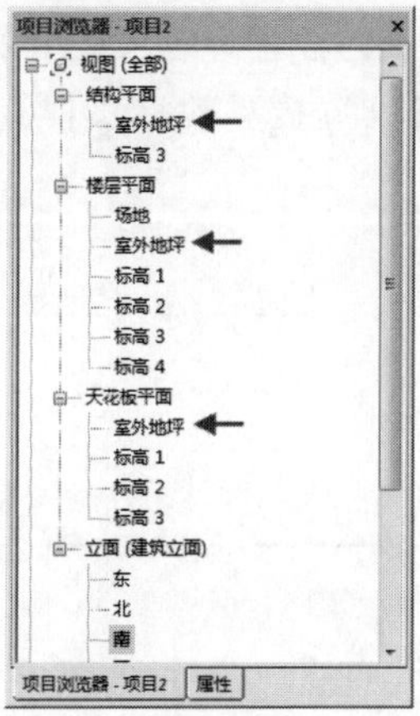

图 3-20

3.1.2　编辑标高

Revit 默认在立面视图、剖面视图等视图类别中显示标高的投影，当在一个立面视图中修改标高信息后，其他立面、剖面视图也会自动更新标高信息。如在上一节中所介绍的，当在立面视图中修改标高名称后，其他视图也会自动修改视图名称。

标高由两部分组成，即标头符号与标高线，如图 3-21 所示。标头符号显示了标头的符号样式、标高值、标高名称等信息。标高线反映了标高对象投影的位置及线型、线宽、线颜色等。标头符号由标高所采用的标头族定义，标高线由标高类型参数中所对应的参数来定义。

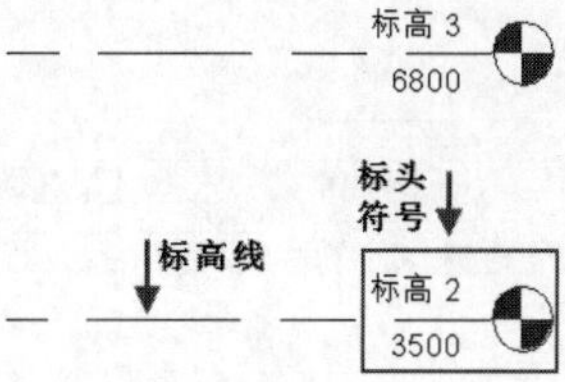

图 3-21

运用 Revit 提供的多种参数，调整标高的显示样式。系统默认标高标头的样式为“英制标高标头”，可以更改样式，使用中国式标准标高标头。

由于项目样板中仅默认包含 8mm 标头，要更改标头样式，就要从外部载入族。选择“插入”选项卡，单击“从库中载入”面板上的“载入族”按钮，如图 3-22 所示，调出“载入族”对话框。在其中选择族文件，单击“打开”按钮，可将其载入项目文件。

图 3-22

在立面视图中选择标高 2，在“属性”选项板上单击“编辑类型”按钮，如图 3-23 所示。在调出的“类型属性”对话框中仅显示“8mm 标头”标高类型，如图 3-24 所示。

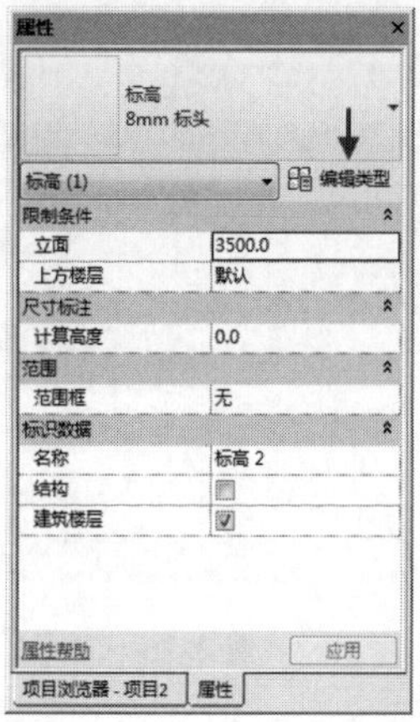

图 3-23

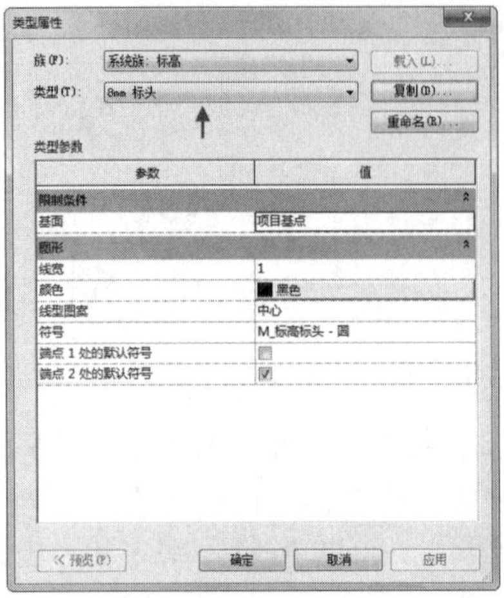

图 3-24

单击“复制”按钮，在“名称”对话框中设置新类型名称，如图3-25所示，单击“确定”按钮返回“类型属性”对话框。在“类型”选项中显示新创建的标高类型，在“符号”选项中单击调出符号样式列表，在其中选择“标准标高标头”，如图3-26所示。

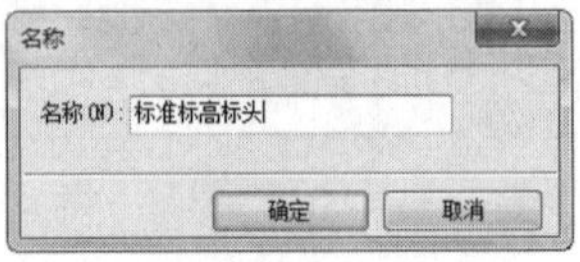

图 3-25

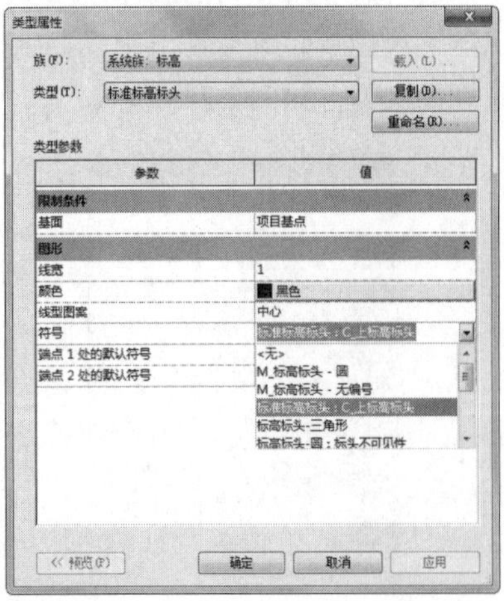

图 3-26

单击“确定”按钮关闭对话框，在绘图区域中观察到标高2的标头样式已经被更改为标准标高标头样式，如图3-27所示。

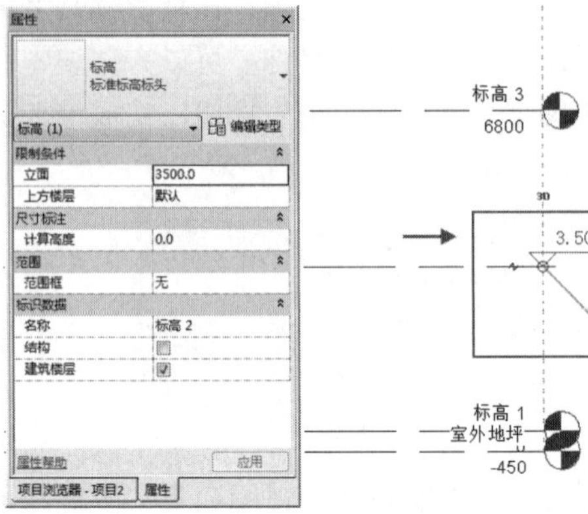

图 3-27

因为已经创建了新的标高类型，所以选择其他标高并在“属性”选项板中单击调出样式列表后，可以直接更改标头样式，如图3-28所示。

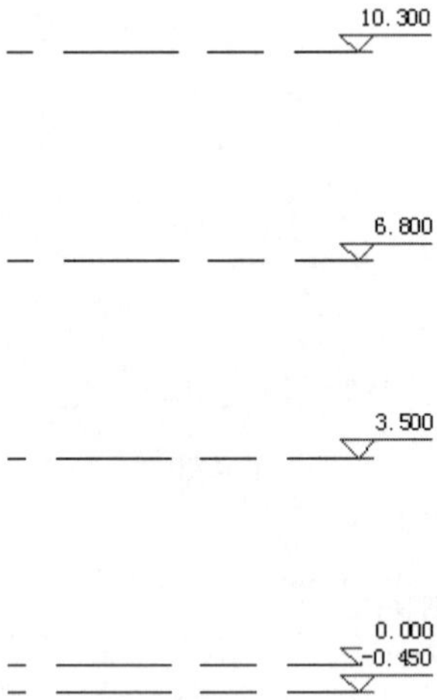

图 3-28

在“类型属性”对话框中的“图形”选项组的“线宽”“颜色”“线型图案”选项中，可以设置标高线的线宽、线型，以及线颜色，如图3-29所示。

单击“线宽”按钮，在列表中选择线宽参数，默认为1。单击“颜色”按钮，调出“颜色”对话框，如图3-30所示。选择颜色，单击“确定”按钮，将选中的颜色赋予标高线。

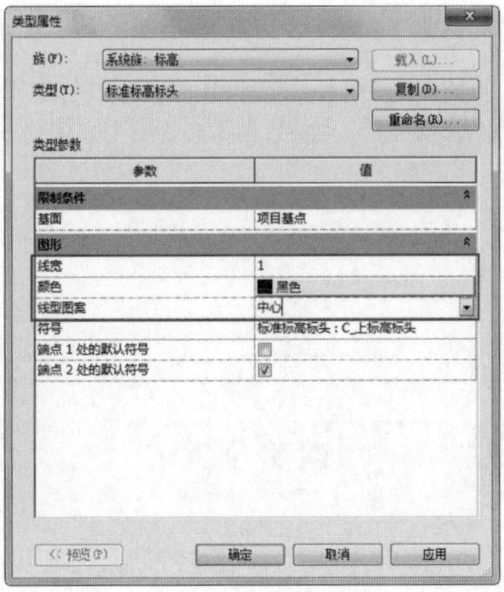

图 3-29

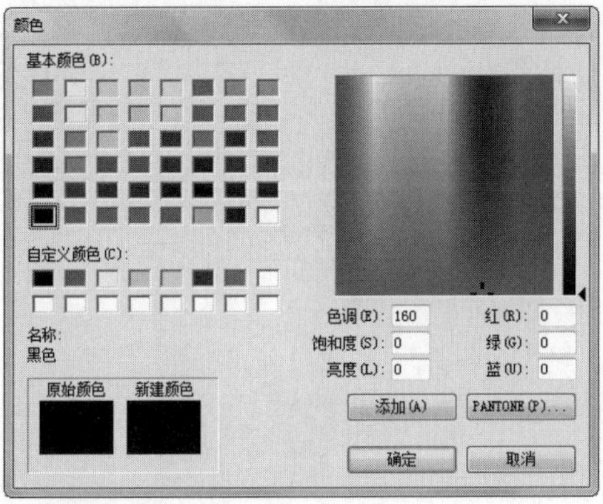

图 3-30

单击“线型图案”按钮，在列表中提供了多种样式的线型供选择，如图3-31所示，单击选择其中的一种，可更改选中的标高线线型。

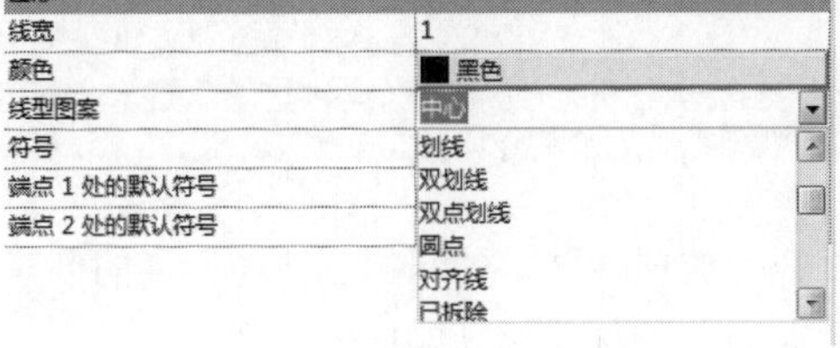

图 3-31

“类型属性”对话框中的“端点1处的默认符号”选项默认为取消选中，因此仅在绘图区域显示标高端点2处的标头符号，如图3-32所示。

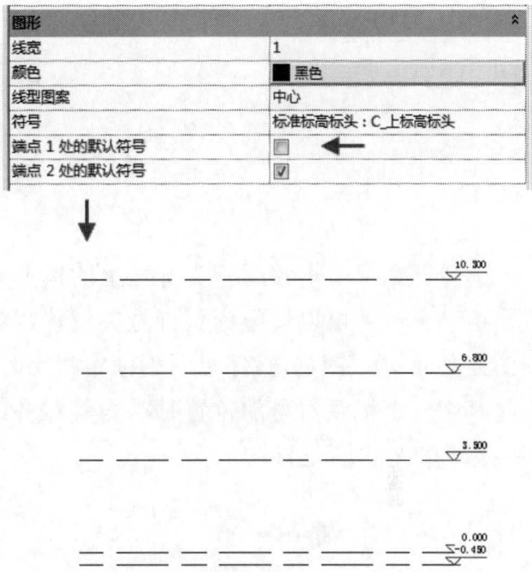

图 3-32

当选中“端点1处的默认符号”选项后，可在标高线的左侧显示标头符号，如图3-33所示。取消选中该选项，则再次隐藏端点1处的标头符号。

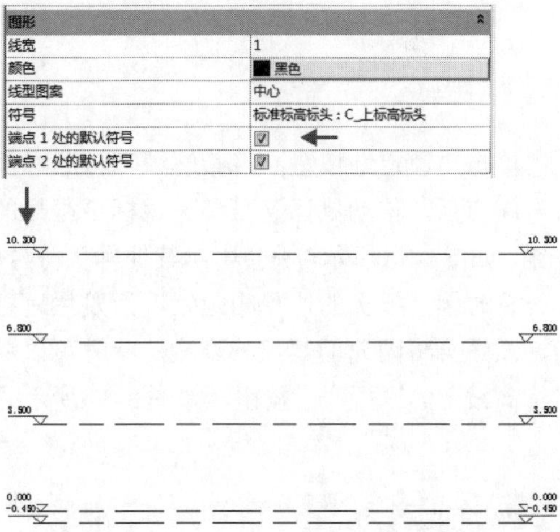

图 3-33

选择标高，在标头的一侧单击“隐藏符号”按钮，默认为选中状态，取消选择该按钮，标头被隐藏，如图3-34所示。通过使用该按钮，可以控制单个标头的显示与否。

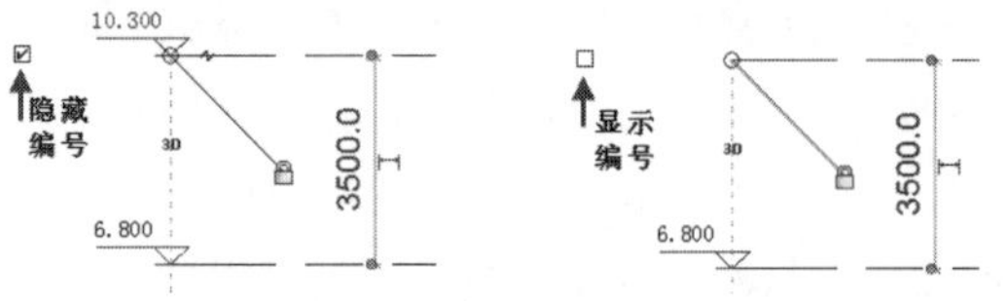

图 3-34

选择标高，单击激活标头符号上的模型端点，移动鼠标，可以调整标头符号的位置，如图3-35所示。当“锁定”按钮显示为锁定状态时，调整其中一个标头符号的位置时，与其对齐的其他标头符号也随之移动。

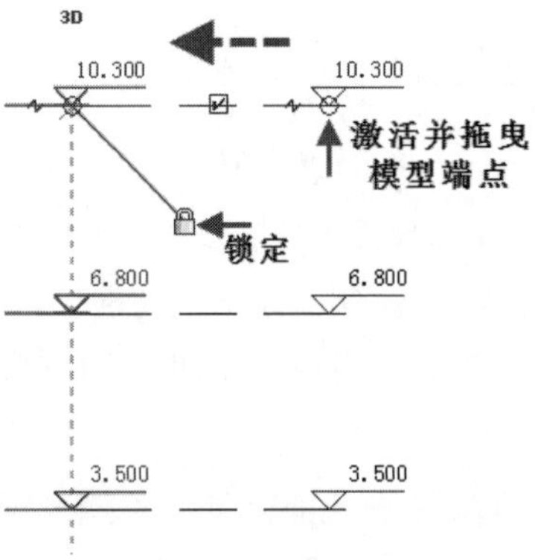

图 3-35

单击“锁定”按钮，将其解锁，激活标头符号端点后，移动鼠标仅可调整该标头符号的位置，如图3-36所示，不会影响其他标头符号。

有时因为标头的位置相距太近而发生遮挡后，系统会将图元的某部分隐藏，此时可以单击标高线上的“折弯”按钮，如图3-37所示。为标高添加弯头，完整显示图元，如图3-38所示。添加弯头后的标高线显示两个实心夹点，单击激活夹点，拖曳鼠标，可以调整标头的位置。

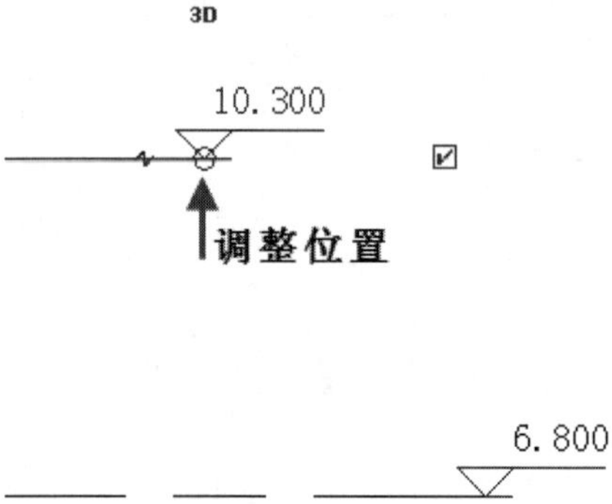

图 3-36

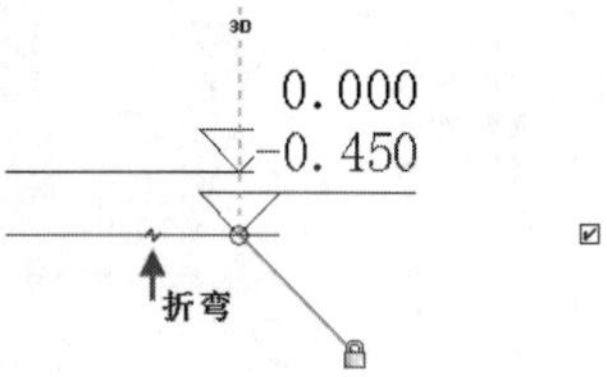

图 3-37

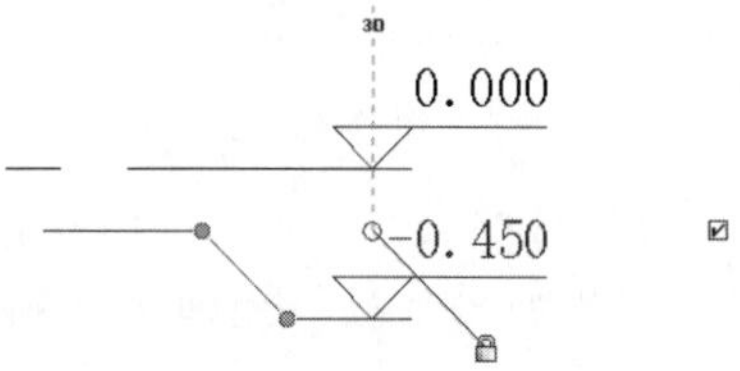

图 3-38

3.2 轴网

在立面视图中创建完标高后，切换至平面视图，开始放置轴网。轴网的创建与标高的创建方法有很多相同之处，在放置轴网的同时可以参考上一节中关于创建标高的内容介绍。

3.2.1 创建轴网

切换至平面视图，选择“建筑”选项卡，单击“基准”面板中的“轴网”按钮，进入“修改|放置 轴网”选项卡。在绘图区域中显示各立面视图符号，通常在各符号之间的区域绘制或编辑图形。

在“绘制”面板中单击“直线”按钮，设置选项栏上的“偏移”值为0。在“属性”选项板中选择“6.5mm 编号”选项，如图3-39所示。

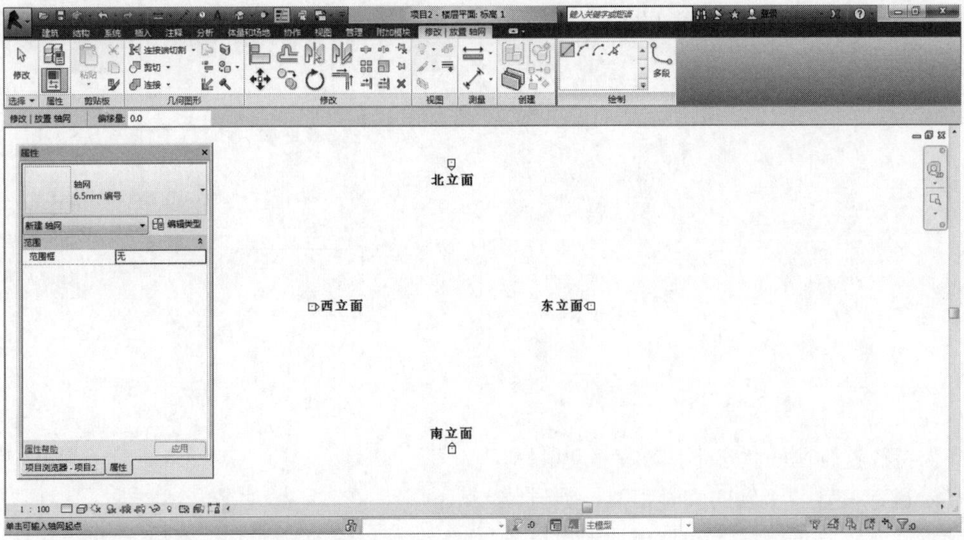

图 3-39

在绘图区域中单击指定轴线的起点，向上移动鼠标，此时显示轴线与水平方向临时尺寸角度标注为90°，如图3-40所示。跟随鼠标的移动方向，显示一条蓝色的参考线，在合适的位置单击，完成轴线的绘制。

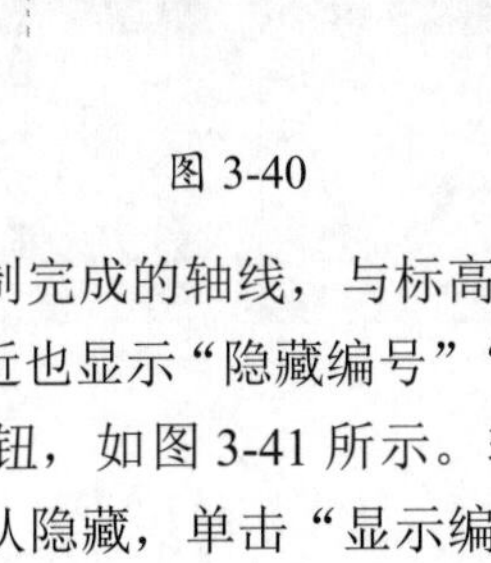

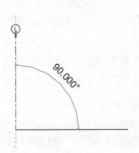

图 3-40

观察绘制完成的轴线，与标高线类似，在轴网标头附近也显示“隐藏编号”“端点”“添加弯头”按钮，如图3-41所示。轴线下端的轴号标头默认隐藏，单击“显示编号”按钮，可取消隐藏。

选中轴线，单击“属性”选项板中的“编辑类型”按钮，在“类型属性”对话框的“图形”选项组中选择“平面视图轴号端点1（默认）”选项，如图3-42所示，也可以取消隐藏轴号标头，如图3-43所示。

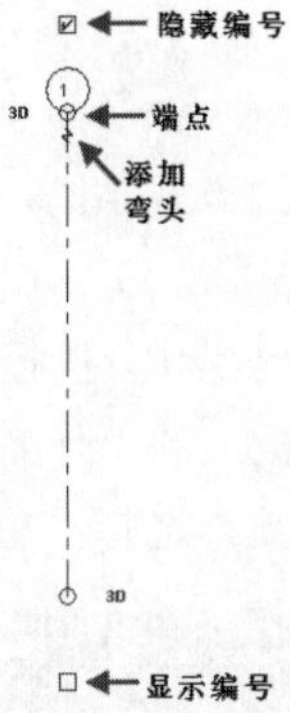

图 3-41

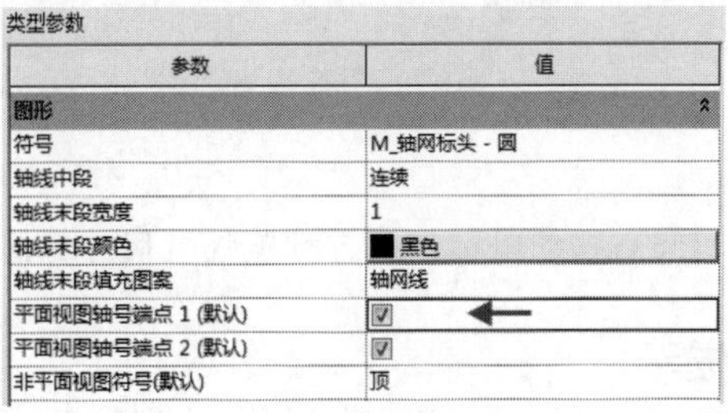

类型参数

参数	值
图形	
符号	M_轴网标头 - 圆
轴线中段	连续
轴线末段宽度	1
轴线末段颜色	■ 黑色
轴线末段填充图案	轴网线
平面视图轴号端点 1 (默认)	☑
平面视图轴号端点 2 (默认)	☑
非平面视图符号(默认)	顶

图 3-42

图 3-43

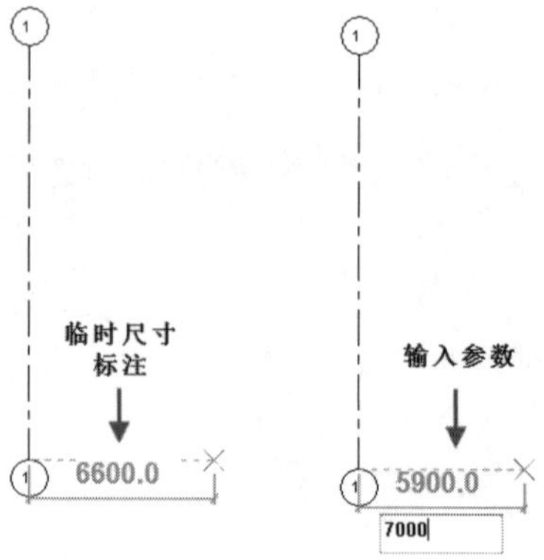

图 3-44

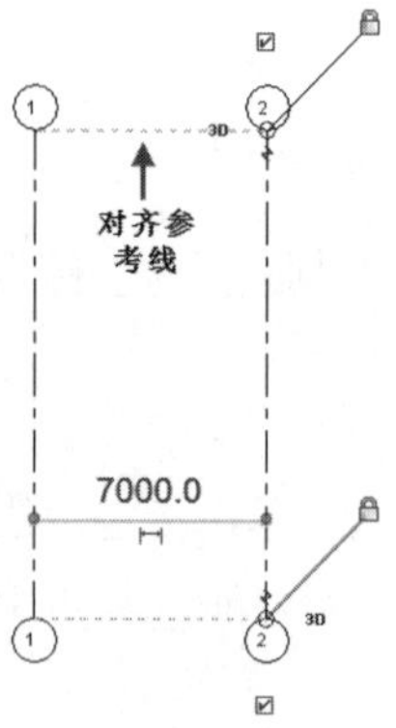

图 3-45

在保持放置轴网的状态下，向右移动鼠标，此时显示鼠标位置与1轴的临时距离，通过临时尺寸标注预览，或者输入实际尺寸参数以指定间距，如图3-44所示。

按Enter键，将指定的位置作为第二条轴线的起点。向上移动鼠标，移动至与1轴对齐的位置，显示水平参照线，帮助用户确定一个点，该点与1轴对齐，如图3-45所示。单击，创建2轴。

与标高命名的方式相同，轴线的命名也采取顺序命名的模式，在1轴基础上所创建的轴线被命名为2轴。

继续执行以上操作，执行放置轴线的操作，也可以通过其他方式来继续创建轴线。选择2轴，单击“修改”面板上的“阵列”按钮。在选项栏上单击“线性”按钮，取消选中“成组并关联”选项，设置项目数，选择“移动到”选项为“第二个”，如图3-46所示。

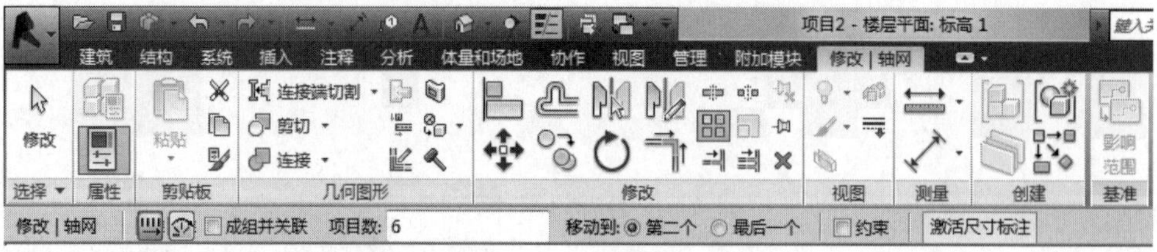

图 3-46

向右移动鼠标，通过预览临时尺寸标注来确定第二个的距离，如图3-47所示。

提示：

取消选中“成组并关联”选项，为的是可以自由编辑阵列结果中各个对象。

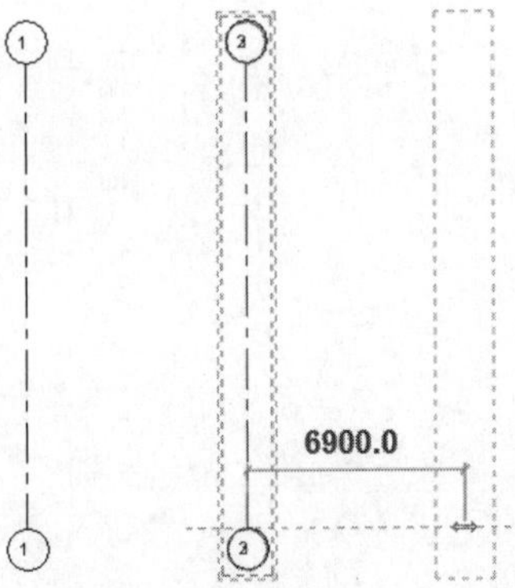

图 3-47

单击，按照所指定的间距阵列复制轴线，如图 3-48 所示。系统执行自动命名功能，在 2 轴的基础上为所复制的轴线按顺序命名。轴线的间距与所设定的起始点与第二点的距离相同，都是 6900。这个数值并不是固定的，跟随用户的设置而变化，在此以 6900 为例进行说明。

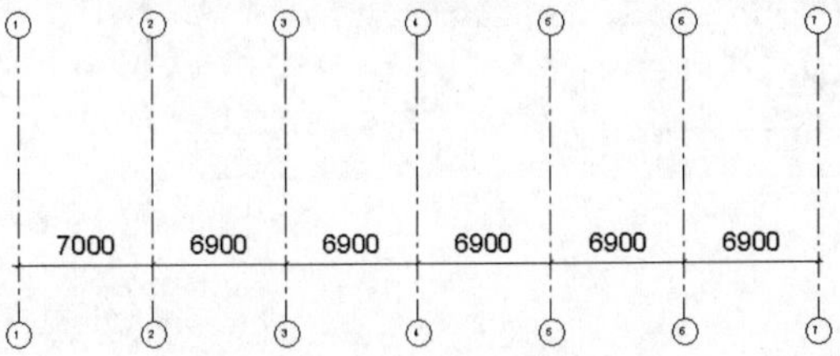

图 3-48

上述操作方法在绘制较多轴线的情况下可以执行，但是会遇到轴线间距并不都是相等的情况。此时可以单击选择轴线，在选中的轴线周围显示其控制按钮及与左右轴线的临时尺寸标注，如图 3-49 所示。单击临时尺寸标注文字，进入在位编辑状态，输入新的间距参数，在空白区域单击，可以完成调整轴线间距的操作，如图 3-50 所示。

提示：

通过更改临时尺寸标注，各轴线间距的调整范围仅限制在起始轴线与终止轴线之内，当出现间距不够时，可以执行“移动”命令，调整起始轴线或者终止轴线的位置，扩大调整范围。

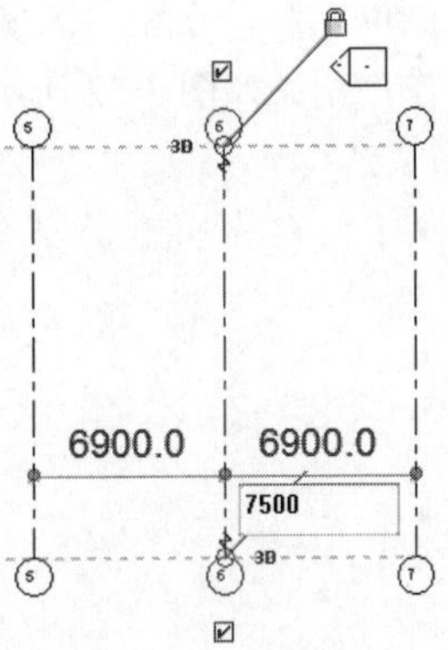

图 3-49

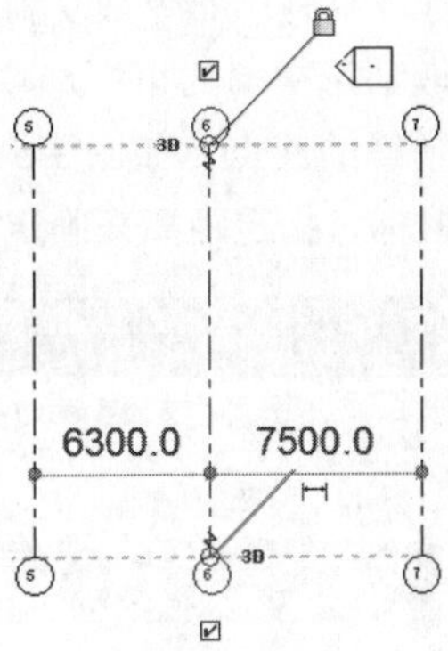

图 3-50

轴网由垂直轴线与水平轴线组成。在起始轴线标头的上方单击指定水平轴线的起点，向右移动鼠标，在终止轴线标头的上方单击，指定水平轴线的终点，完成绘制水平轴线的操作，如图 3-51 所示。因为遵循顺序命名的方法，系统自动为新创建水平轴线命名为 8 轴。

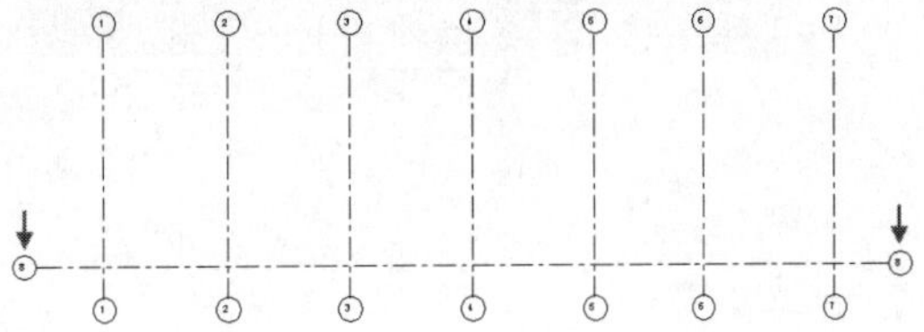

图 3-51

轴网的命名规则为，垂直方向上的轴线以数字命名，水平方向上的轴线以字母命名，所以需要修改水平轴号标头的名称。

选择轴线，单击轴号标头，进入在位编辑

模式，输入新的名称，在空白区域单击，完成重命名的操作，结果如图 3-52 所示。

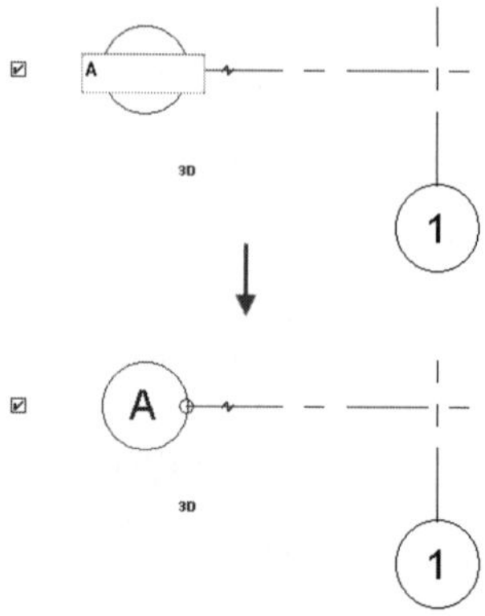

图 3-52

通过执行“复制”命令来复制水平轴线。选择轴线，单击“修改”面板上的“复制”按钮，在选项栏上取消选中“约束”选项，选择“多个”选项，如图 3-53 所示。向上移动鼠标，单击指定下一根轴线的起点，如图 3-54 所示。单击指定轴线起点，此时仍处于复制轴线的状态，继续向上移动鼠标，指定距离来确定轴线位置来复制轴线，结果如图 3-55 所示。

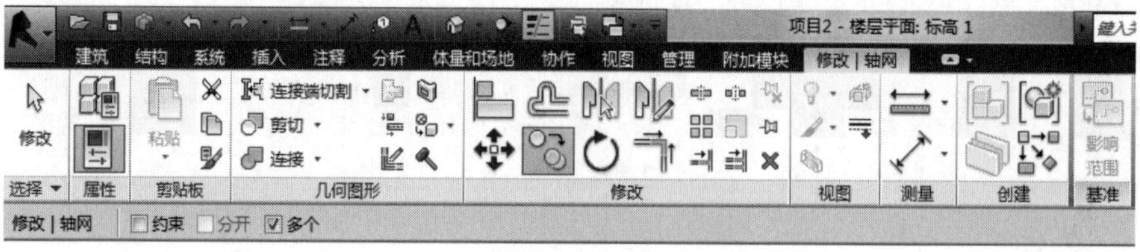

图 3-53

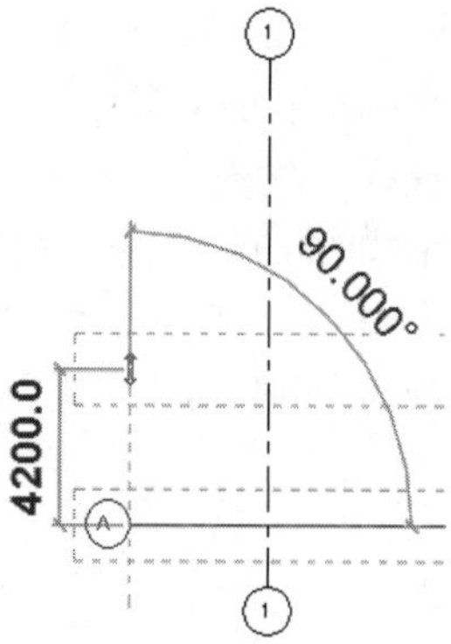

图 3-54

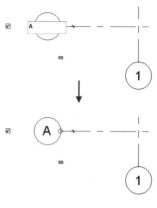

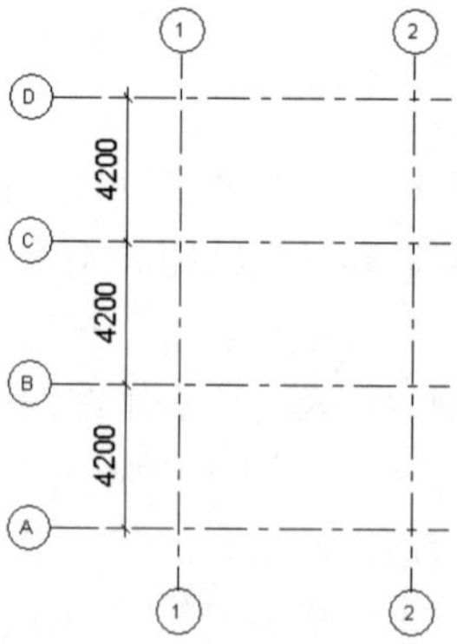

图 3-55

以 A 轴为基础，系统沿用顺序命名的方式，为新建轴线命名为 B 轴、C 轴、D 轴。

在建筑制图中出现附加轴线的情况是常见的。在创建完成主要轴线后，开始创建附加轴线。也可以按轴线的排列方式来创建，在此以先创建主要轴线再创建附加轴线的顺序来介绍。

系统按顺序为附加轴线命名，但是这个命名不与主轴线的名称相关联，如图 3-56 所示，因此需要修改附加轴线的名称。沿用上述所介绍的方法，为附加轴线重命名。一般情况下，假如创建 A 轴的附加轴线，便将其命名为 1/A、2/A、3/A，如图 3-57 所示。

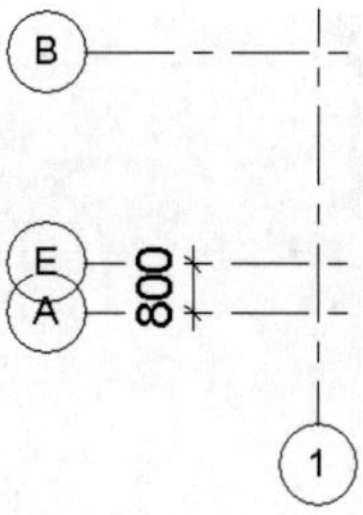

图 3-56

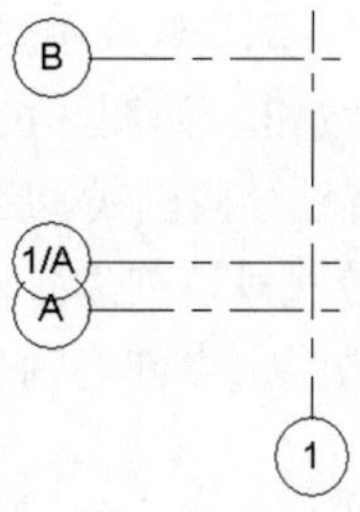

图 3-57

主轴线的轴号与附加轴线的轴线相互重叠，影响显示效果。选择附加轴线，单击“添加弯头”按钮，为轴线添加弯头，单击激活端点，调整轴号的位置，使其不与相邻的轴号重叠，如图 3-58 所示。

切换至任意立面视图，观察轴网在其中的显示效果。如图 3-59 所示，轴线另一端的轴号依然按照默认设置而被隐藏。通过参考上述的操作方法，可以将轴号标头显示在视图中。

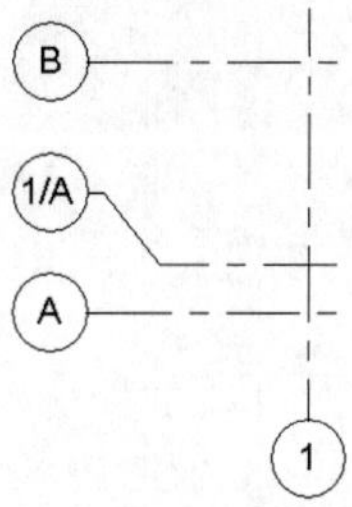

图 3-58

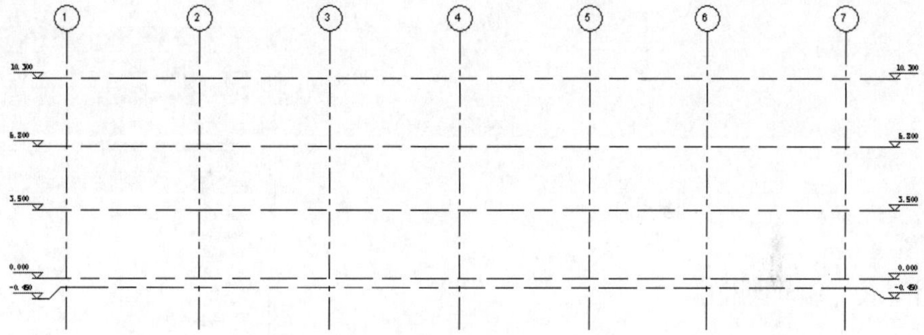

图 3-59

切换至另一平面视图，发现附加轴 1/A 的轴号依然与 A 轴的轴号相重叠。这是因为在平面视图中对轴线所做的修改仅影响当前视图，不会对其他视图造成影响。

选择 1/A 附加轴，单击“修改 | 轴网”选项卡中的“影响范围”按钮，如图 3-60 所示。调出“影响基准范围”对话框，在其中选择视图，如图 3-61 所示，该视图中 1/A 附加轴受影响而同步添加折弯。

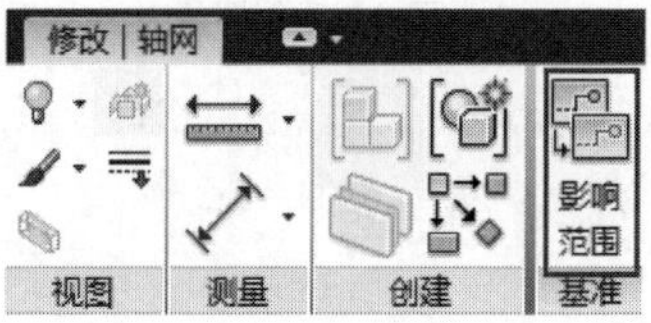

图 3-60

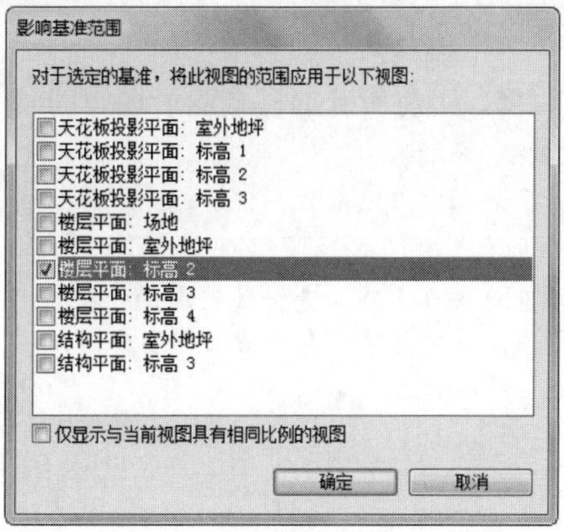

图 3-6

在“修改 | 放置轴网”选项中单击“绘制”面板上的“多段”按钮，如图 3-62 所示，可以在建筑设计中放置柱分段轴线。启用命令后，在绘图区域中绘制链线段，创建多段轴网。系统在轴线的起始点与终止点创建轴号标注，如图 3-63 所示。

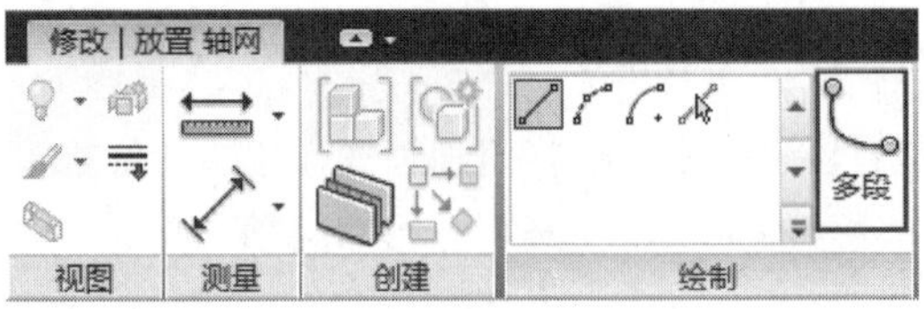

图 3-62

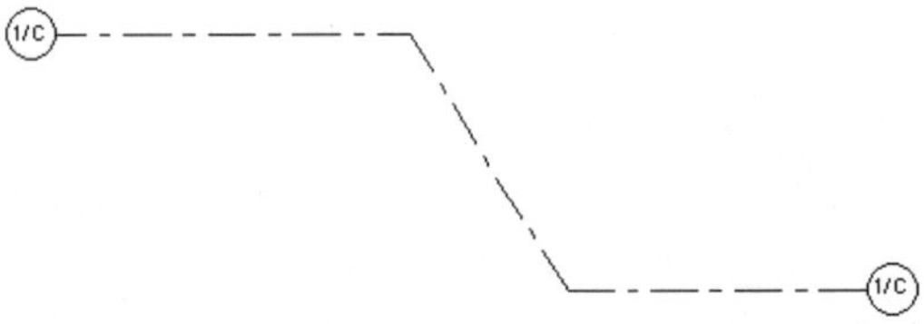

图 3-63

3.2.2 编辑轴网

轴网由两部分组成，即轴网标头与轴线，其编辑方法与编辑标高的方法类似，本节介绍编辑轴网的方法。

选择轴线，在“属性”选项板上单击“类型属性”按钮，如图 3-64 所示。在“类型属性”对话框中单击“符号”按钮，在列表中显示当前项目文件中所包含的轴网标头样式，如图 3-65 所示，单击选择其中的一项，如“轴网标头—六边形”，可将所选的样式赋予选中的轴线，如图 3-66 所示。

提示：

在更改轴网标头样式时，选择轴网中的一根轴线进行更改，系统自动将更改结果赋予轴网。

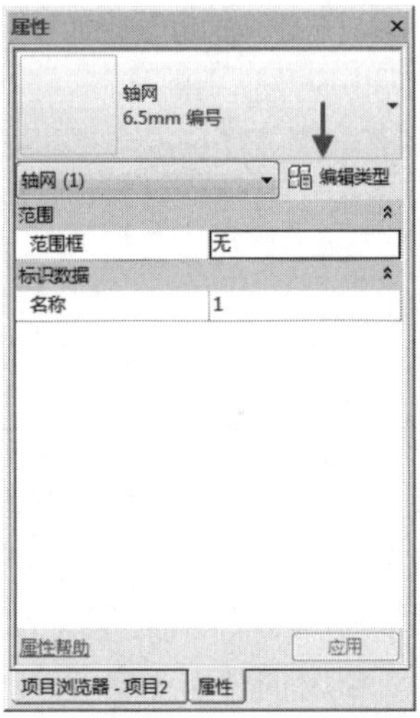

图 3-64

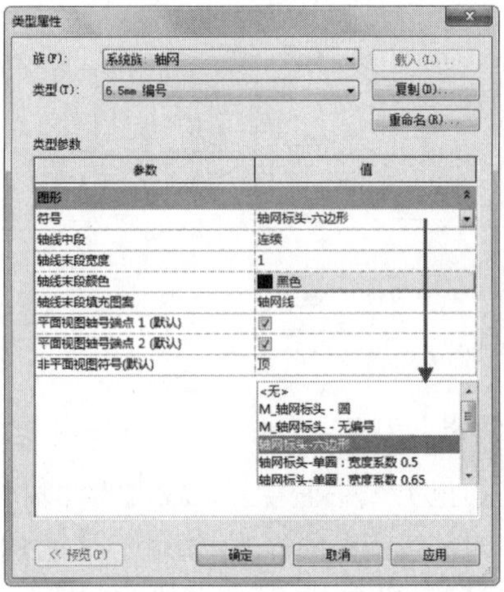

图 3-65

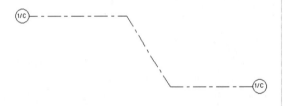

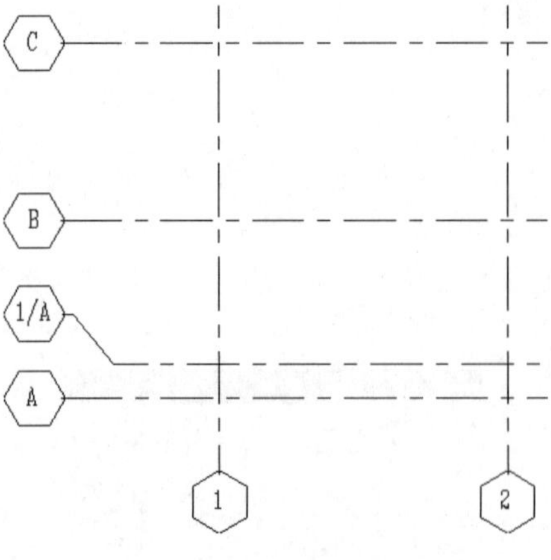

图 3-66

选择 1 号轴线，显示轴号端点为空心蓝色圆圈，如图 3-67 所示，单击“切换至二维范围”按钮，可将轴号的 3D 标记切换为 2D。

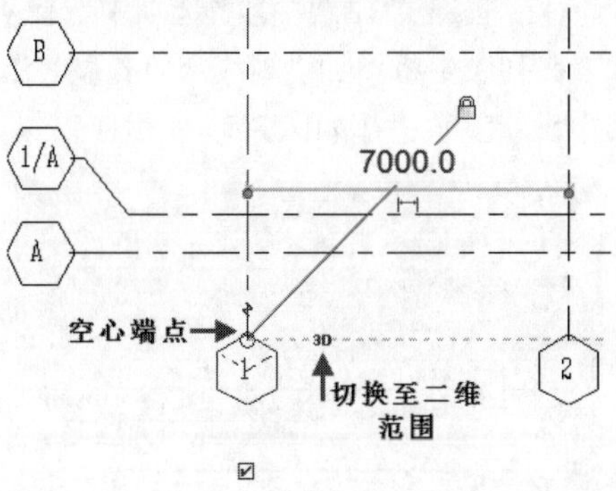

图 3-67

转换为 2D 样式后，轴号的端点样式转换为蓝色实心圆点。单击激活圆点，向下移动鼠标，可以更改轴号的位置，如图 3-68 所示。释放鼠标完成调整位置的操作。观察修改结果，发现该编辑操作仅影响 1 轴，其他轴号并不受影响，如图 3-69 所示。

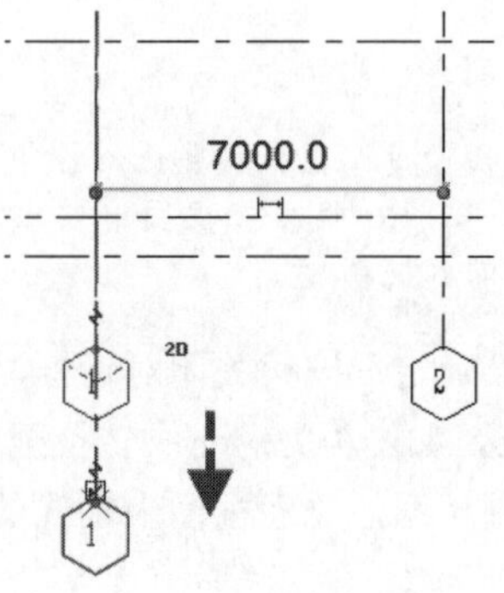

图 3-68

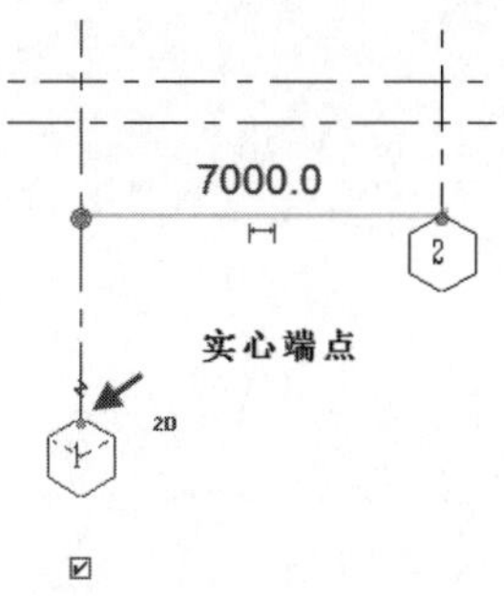

图 3-69

切换至其他平面视图，发现对 1 轴所做的更改并未影响其他视图。此时启用“影响范围”命令，在“影响范围”对话框中选择需要影响的视图，可将所做的更改影响至指定的视图。

保持轴号的 3D 状态，单击激活其中一个轴号端点，向下移动鼠标，显示对齐虚线，而且所有处于 3D 状态的轴号均一同向下移动，如图 3-70 所示，释放鼠标，完成同时调整轴号的操作。

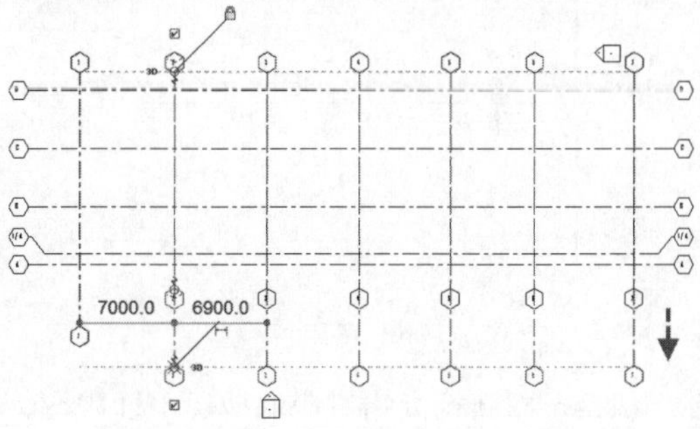

图 3-70

调整水平轴号的操作方法与调整垂直轴号的方法相同，可以自行尝试练习。

在 3D 状态下所做的修改可影响所有的平行视图，即在标高 1 视图所做的修改，可影响标高 2 视图、标高 3 视图、标高 4 视图等。但是将轴网切换为 2D 状态后，所做的修改仅能影响本视图。

选择 2D 状态下的轴线，右击，在快捷菜单中选择“重设为三维范围”选项，如图 3-71 所示，可恢复其三维长度。

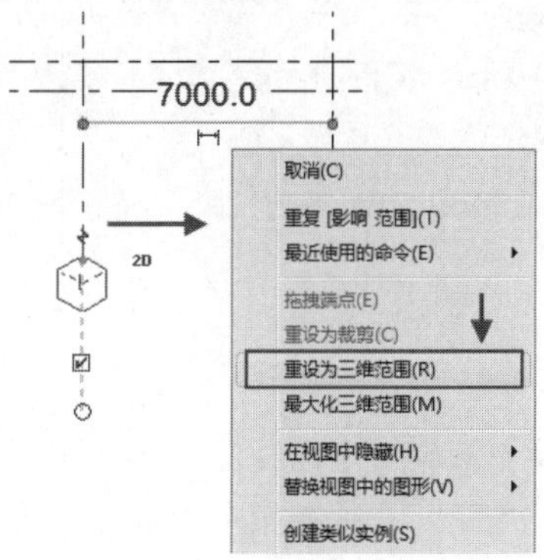

图 3-71

切换至南立面视图，在已有标高的基础上创建一个新标高，如图3-72所示。在创建标高时选择“创建平面视图”选项，以使在放置标高的同时生成平面视图。保持轴网的状态不变，切换视图以观察创建新标高后视图的显示效果。

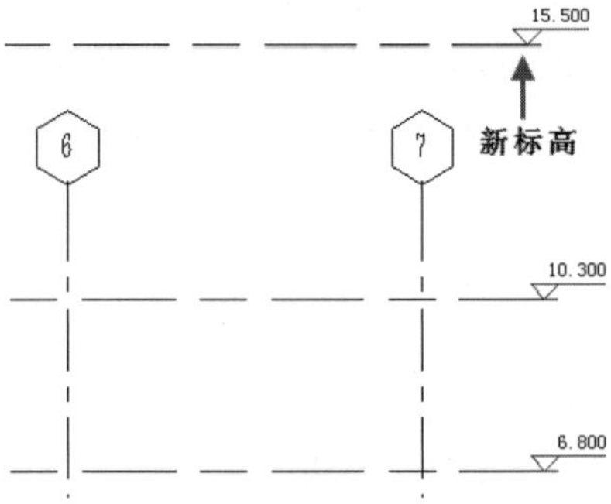

图 3-72

切换至与新标高相对应的楼层平面视图，发现在绘图区域中空白一片，没有任何图形。这是因为在立面视图中所创建的标高位于轴网端点之上，轴网与标高线未相交，因此不能在平面视图中生成投影。

切换至南立面视图，单击激活轴号端点，向上移动鼠标，调整轴号的位置，使轴网与标高线相交，如图3-73所示。再次转换至与新标高对应的平面视图，发现在绘图区域中显示垂直轴线的投影。

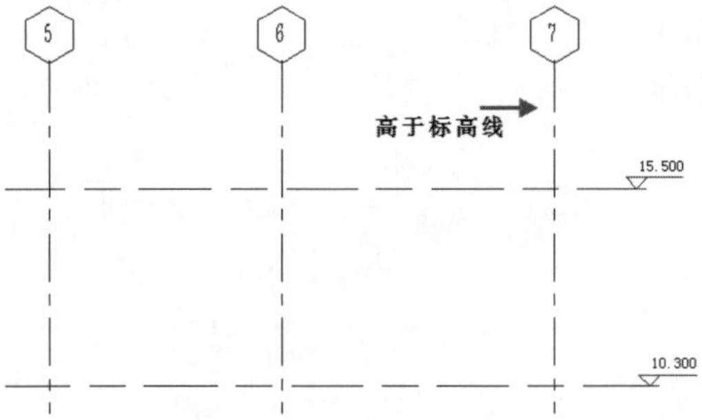

图 3-73

切换至标高1平面视图，在视图中选择水平轴线，右击，在快捷菜单中选择“最大化三维范围”选项。转换至与新标高对应的平面视图，发现在绘图区域中显示水平轴线与垂直轴线相交的效果。

选择1号轴线，打开与其相对应的“类型属性”对话框。在“轴线中段”选项中选择“无”选项，在列表中将增加“轴线末段长度”选项，在其中设置参数值，如图3-74所示。

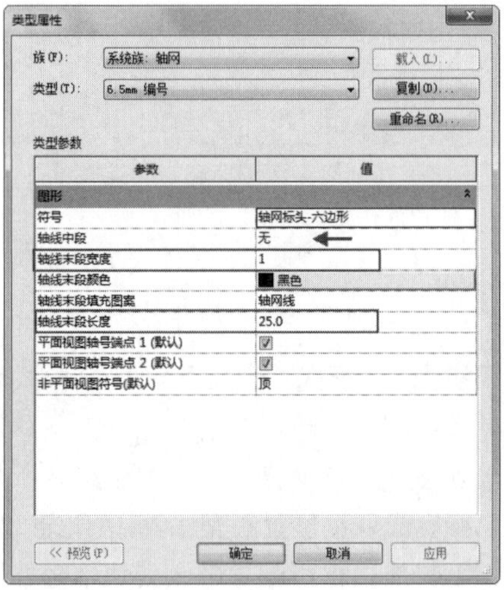

图 3-74

提示：

“轴线末段长度”值指按照比例打印出图后图纸中的长度。Revit可在视图中按比例换算后显示实际的长度。

单击“确定”按钮关闭对话框，轴线中间部分被隐藏，如图3-75所示。转换至立面视图，与平面视图相同，立面视图中轴线的中间部分也被隐藏。

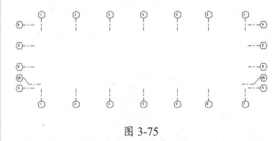

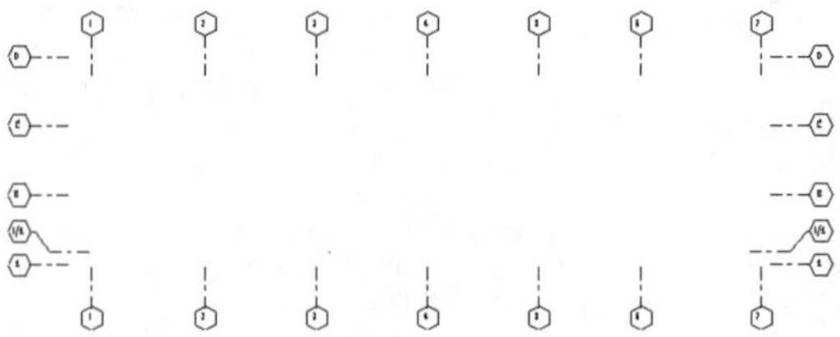

图 3-75

选择1号轴线，显示蓝色实心圆点，单击激活夹点，向下拖动鼠标，如图3-76所示。当圆点与轴网端点重合时，轴线被隐藏。将鼠标置于 1 号轴线的位置上，可以显示轴线，如图 3-77 所示，移开鼠标，轴线恢复被隐藏的状态。

在图形较为复杂时，可将轴网的中间部分隐藏，保留与轴号相接的部分。这样既不会对本来已经复杂的图面造成影响，又可借助轴网的参照作用来绘制或编辑图形。

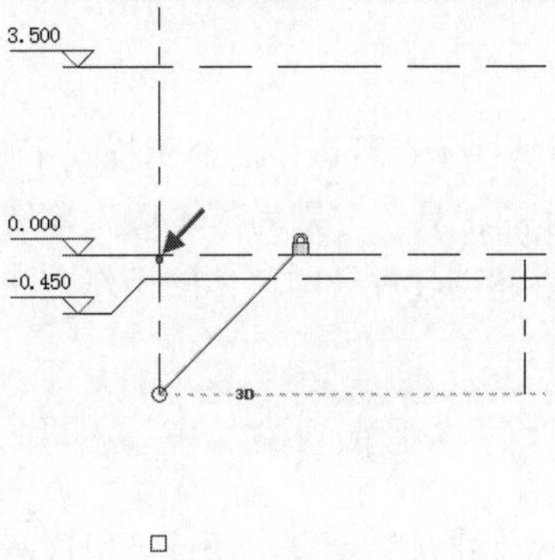

图 3-76

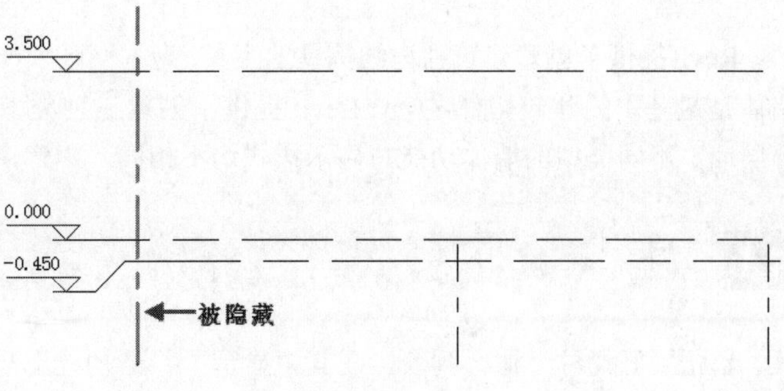

图 3-77

第 4 章　柱墙

Revit 提供了创建建筑柱与结构柱的工具，为方便区别，这两类柱子在视图中的显示样式不同。墙体是最基本的建筑构件之一，Revit 提供了创建三种类型墙体的工具，分别为基本墙、幕墙、叠层墙。不同类型的墙体功能与显示样式均不相同，本章讲述讲述创建柱子与墙体的操作方法。

4.1 柱

单击展开“柱”命令列表，在其中显示了“结构柱”与“柱：建筑”命令，通过启用这两个命令，可以在轴网上创建结构柱与建筑柱。

4.1.1 结构柱

结构柱适用于钢筋混凝土柱等与墙面材质不同的柱子类型，是承载梁和楼板等构件的独立构件。结构柱与墙面相交也不会影响两个构件的属性，各自独立。结构图元，如梁、支撑和独立基础，与结构柱连接，不与建筑柱连接。

选择“建筑”选项卡，单击“创建”面板中的“柱”按钮，在列表中选择“结构柱”选项，如图 4-1 所示，进入“修改 | 放置 结构柱”选项卡，如图 4-2 所示。

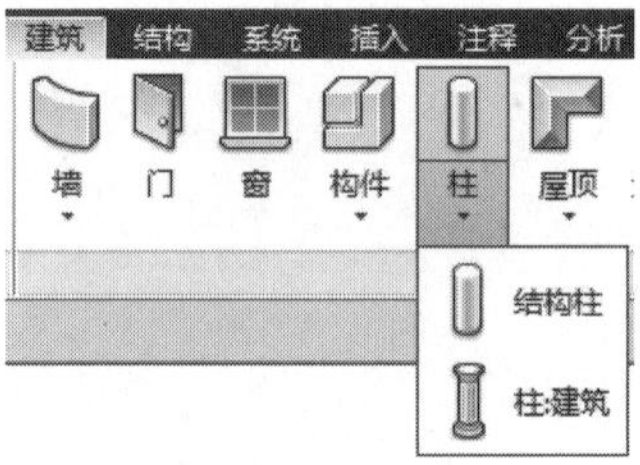

图 4-1

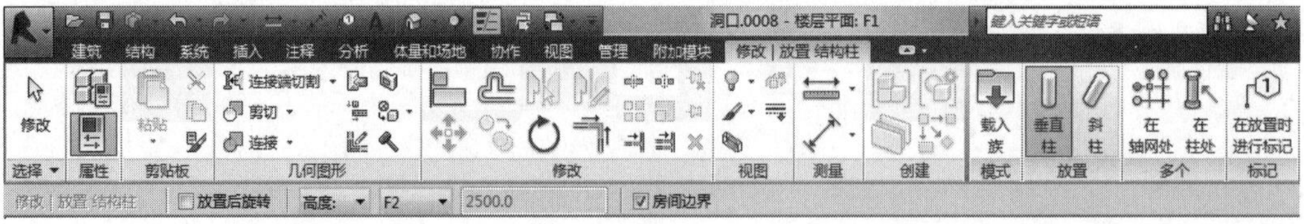

图 4-2

在“放置”面板中选择结构柱的样式，有“垂直柱”“斜柱”两种样式供选择，默认选择“垂直柱”样式。当创建特殊形状的建筑结构时，选择“斜柱”样式。选择“放置后旋转”选项，指定结构柱插入点后，可旋转结构柱的角度。

在“属性”选项板中显示结构柱的样式及其属性参数，如图 4-3 所示。调出类型列表，在列表中显示当前项目文件中所有可选的结构柱类型，如十字柱、异形柱等，如图 4-4 所示。

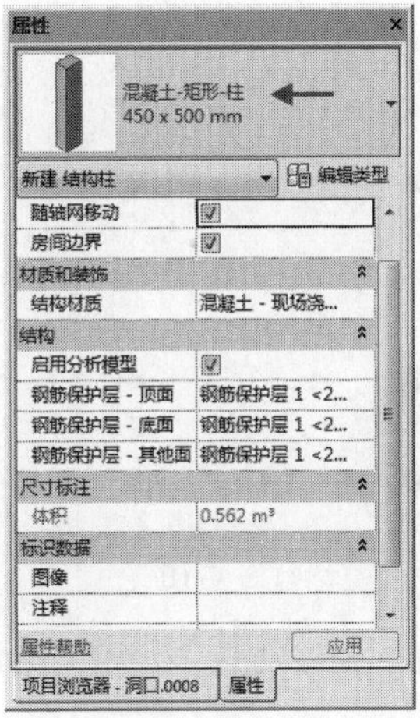

图 4-3

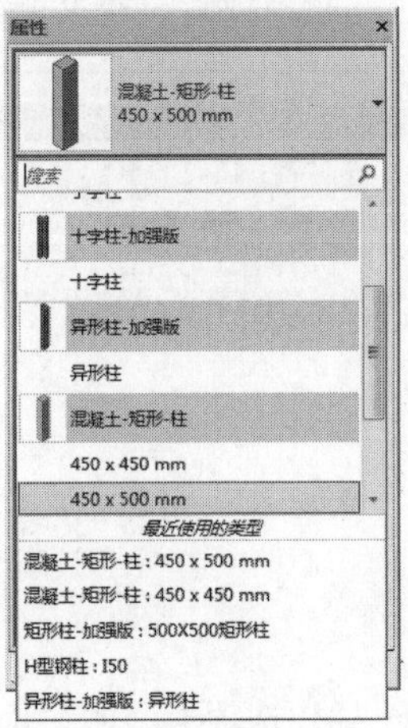

图 4-4

将鼠标置于轴线交点上，临时尺寸标注显示结构柱与相邻轴线的间距，如图 4-5 所示。单击，可在轴线交点创建结构柱。结构柱以实心填充样式显示，如图 4-6 所示。

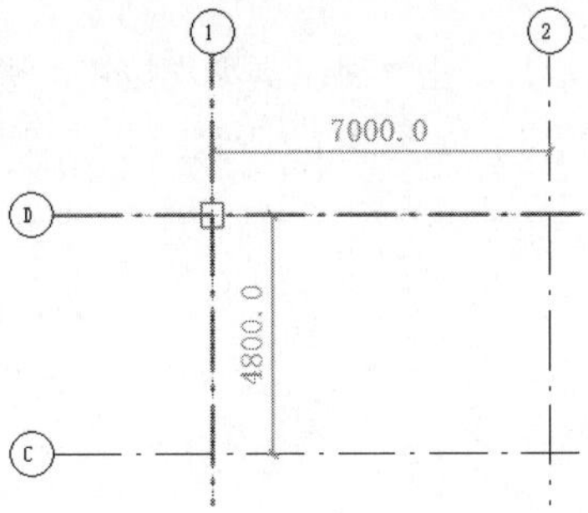

图 4-5

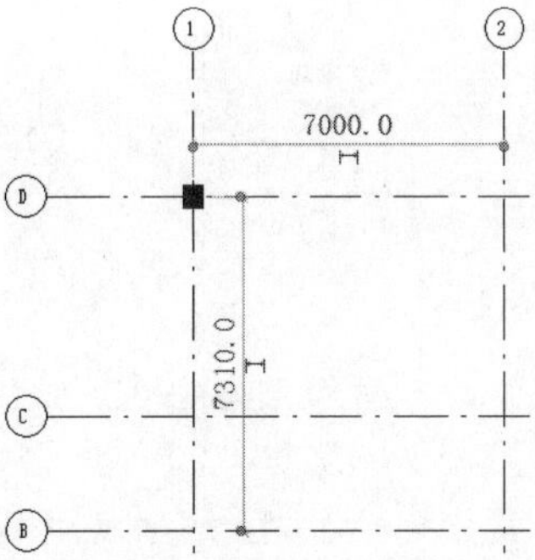

图 4-6

在“修改 | 放置 结构柱”选项卡中单击“多个”面板中的“在轴网处”按钮，进入“修改 | 放置 结构柱 > 在轴网交点处”选项卡，如图 4-7 所示。在轴网上从右下角至左上角拖出选框，选定要放置结构柱的范围，如图 4-8 所示。

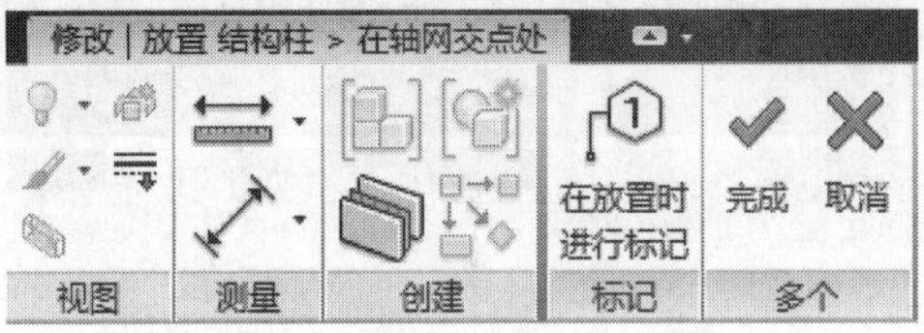

图 4-7　“在轴网交点处”选项卡

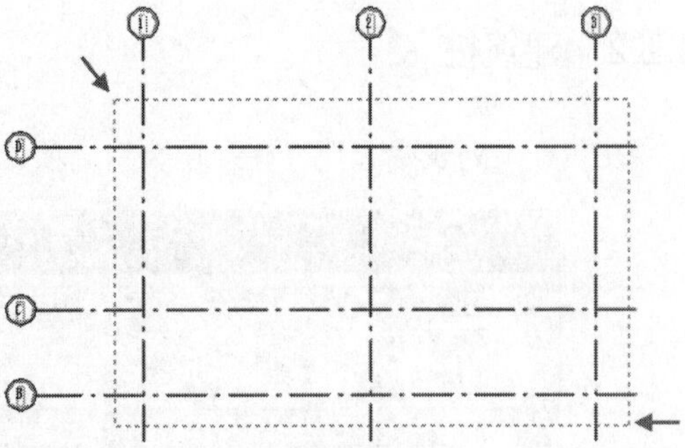

图 4-8

单击，完成选框的创建，此时轴网与结构柱呈灰色显示，用户可预览结构柱的创建结果，如图 4-9 所示。单击“完成”按钮，退出命令，在轴网交点处创建架构柱的结果，如图 4-10 所示。

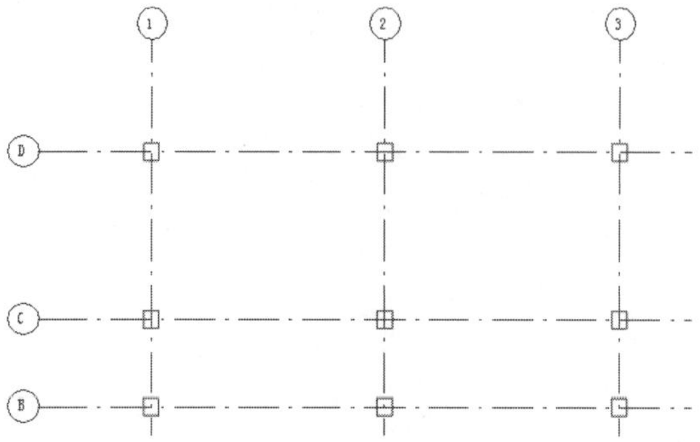

图 4-9

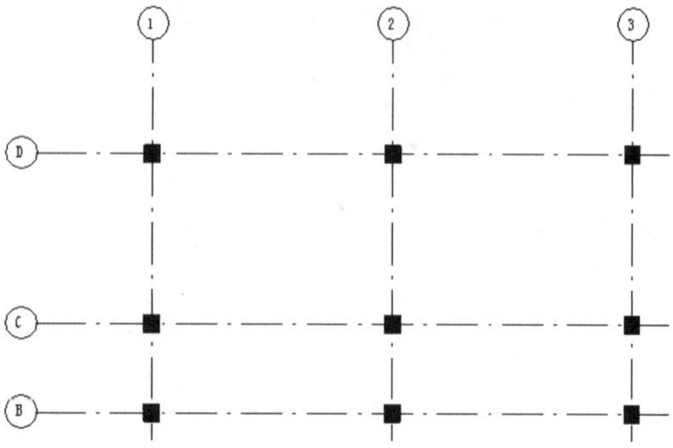

图 4-10

在放置结构柱前，按空格键可旋转柱子的角度。将鼠标置于轴线交点上，按空格键，柱子旋转 45°。鼠标置于空白区域上，每按一次空格键，柱子旋转 90°。

选择结构柱，进入“修改 | 结构柱”选项卡，如图 4-11 所示。单击“修改柱”面板上的“附着顶部 / 底部”“分离顶部 / 底部”按钮，可将柱子附着到屋顶、楼板或者天花板上。

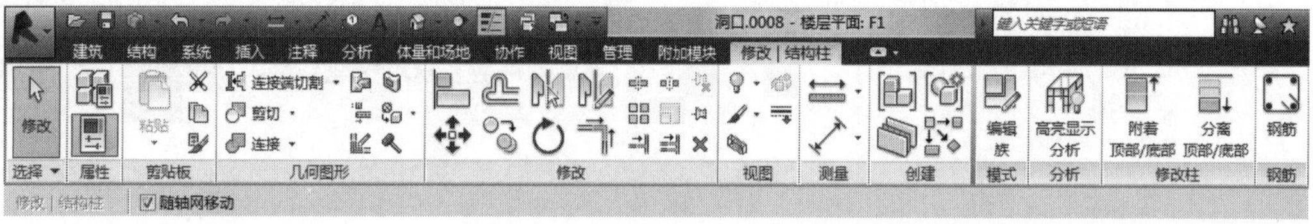

图 4-11

选择“随轴网移动”选项，结构柱将跟随轴网的移动而移动。

4.1.2 建筑柱

在“柱”列表中选择“柱：建筑”选项，进入“修改 | 放置 柱”选项卡，如图 4-12 所示。

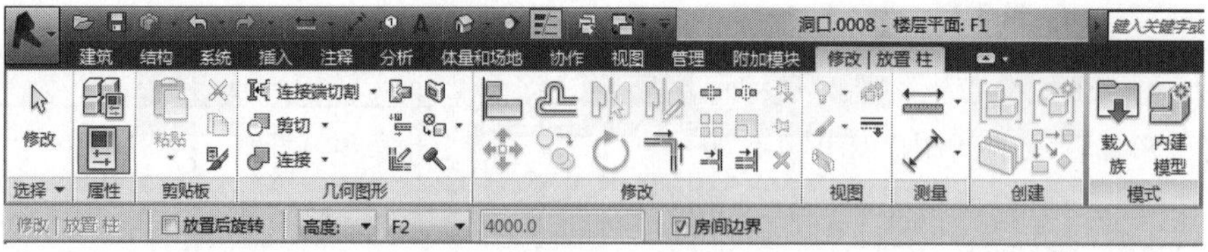

图 4-12

在“属性”选项板中选定建筑柱的样式，如图 4-13 所示，单击“编辑类型”按钮，进入“类型属性”对话框。在“尺寸标注”选项组中设置建筑柱的尺寸，如图 4-14 所示。

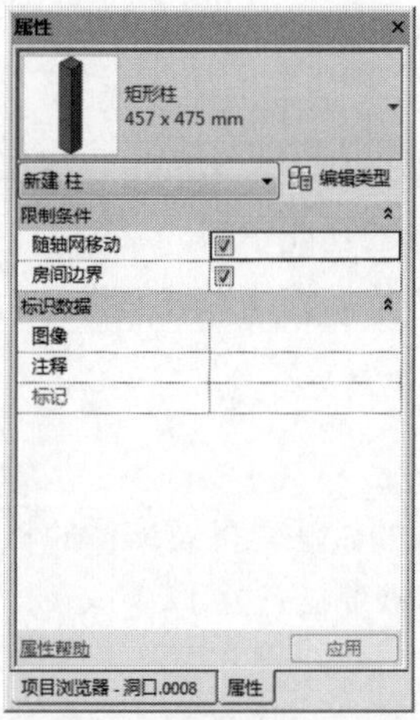

图 4-13

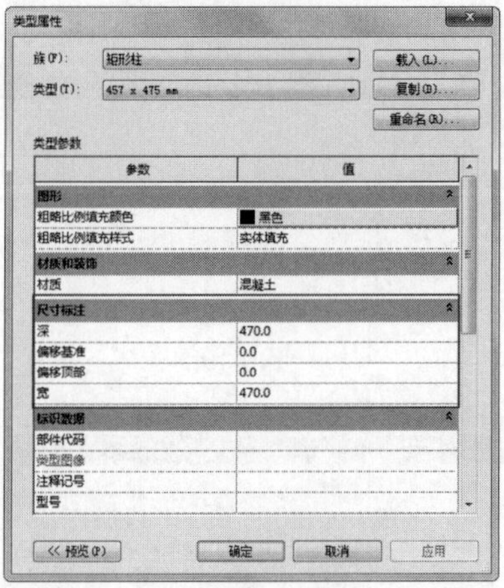

图 4-14

在轴网交点处单击，可完成创建建筑柱的操作，如图 4-15 所示。建筑柱默认以空心图形显示，不带填充图案。选择建筑柱，在“属性”选项板中修改其“显示条件”参数，如图 4-16 所示。通过进入“类型属性”对话框，还可修改建筑柱的尺寸。

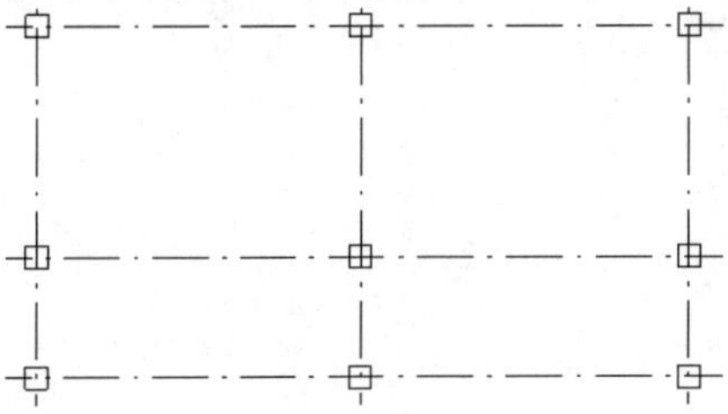

图 4-15

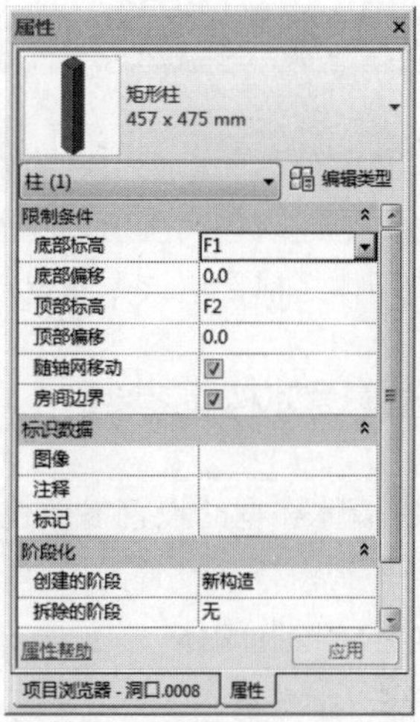

图 4-16

执行“结构柱”命令时，在“修改 | 放置 结构柱”选项卡中的“多个”面板上单击“在柱处”按钮，进入“修改 | 放置 结构柱 > 在建筑柱处”选项卡，如图 4-17 所示。在建筑柱内单击，可放置结构柱，如图 4-18 所示。

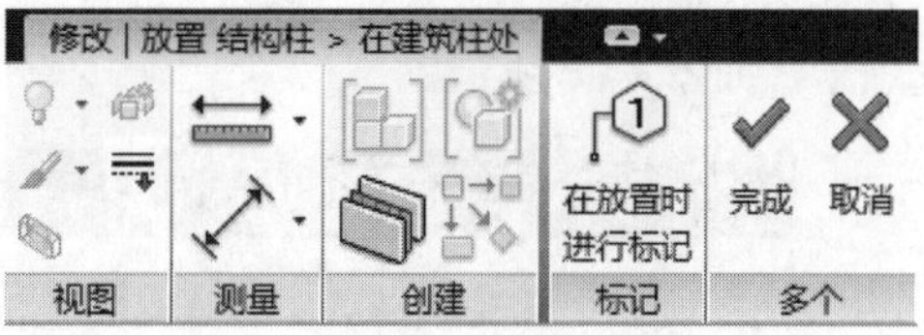

图 4-17

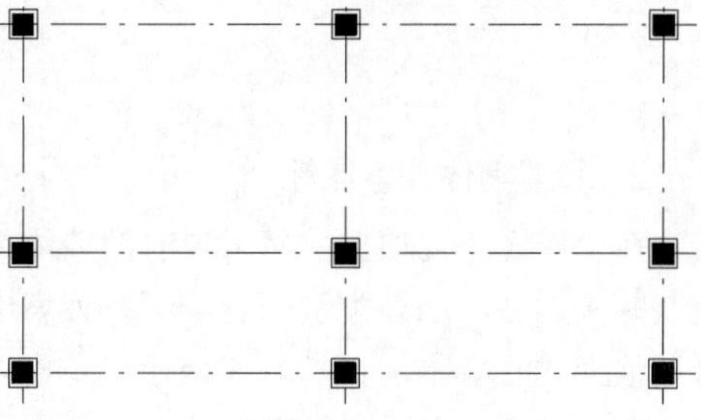

图 4-18

启用“在柱处”命令，一次仅能放置一个结构柱于建筑柱处，需要重复多次才能完成放置多个结构柱于建筑柱处的操作，也可以将结构柱的插入点设置在建筑柱内，直接放置结构柱。

4.2 基本墙

基本墙又可分为两大类型，即外墙与内墙。通过外墙的围合，建立建筑物的空间范围，并使该建筑物与其他建筑物相区别，内墙在建筑物内部划分各部分的功能空间。

在绘制墙体之前，应该先设置墙体的构造类型，以使墙体依据该构造被创建。

4.2.1 设置墙体构造参数

Revit 中墙体类型的设置参数包括墙体结构的厚度、墙体的做法，以及墙体的材质等。将外墙的做法从外到内依次设置为 10 厚外抹灰、30 厚保温层、240 厚砖、20 厚内抹灰，首先设置墙体构造，再开始绘制墙体。

1. 启动“墙”命令

选择“建筑”选项卡，单击“构建”面板中的“墙”按钮，在调出的列表中显示墙体的类型，如图 4-19 所示，有“墙：建筑”“墙：结构”与“面墙”，此外，“墙：饰条”“墙：分隔条”为墙体的装饰。

选择“墙：建筑”选项，可在建筑模型中创建非结构墙。此时转换至“修改 | 放置 墙”选项卡，如图 4-20 所示。

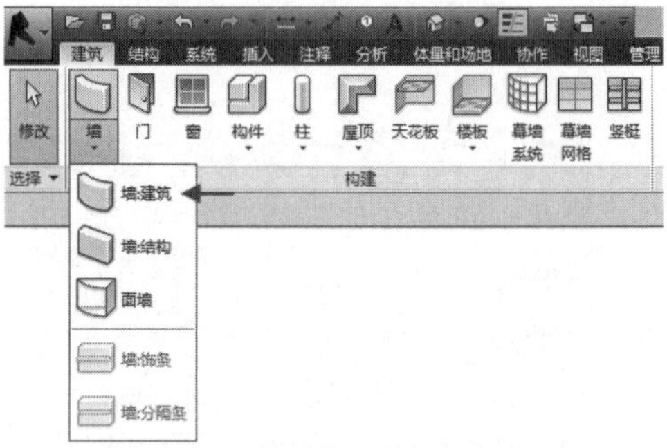

图 4-19

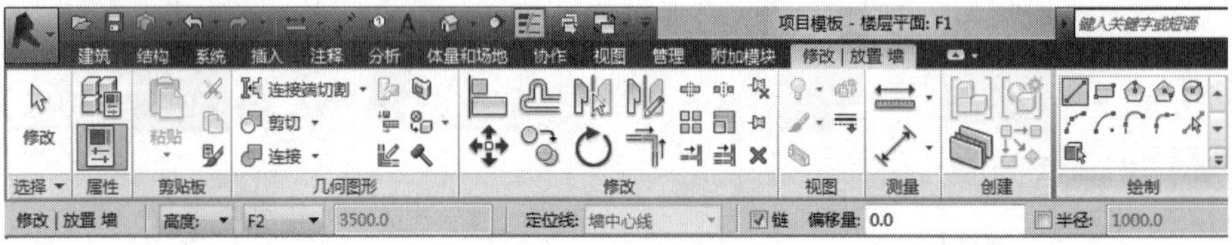

图 4-20

2. 设置墙体构造属性

在“属性”选项板中显示当前的墙体类型及其相关属性，展开类型列表，可在列表中选择其他样式的墙体，如图 4-21 所示。单击“编辑类型”按钮，调出“类型属性”对话框，如图 4-22 所示。墙属于系统族，基本墙的族名称被命名为“系统族：基本墙”，在“类型”列表中显示该系统族中所包含的所有基本墙类型。

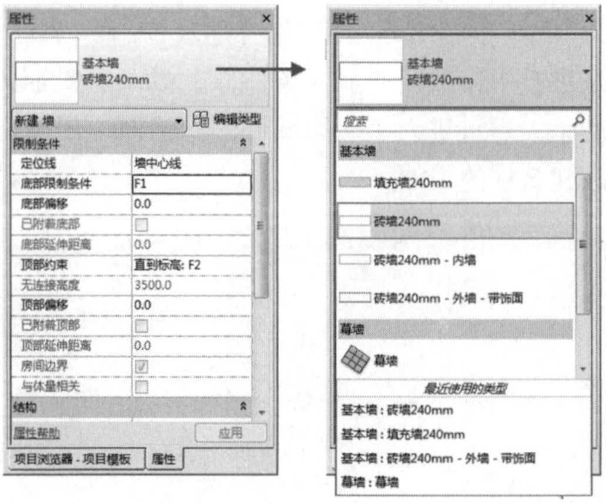

图 4-21

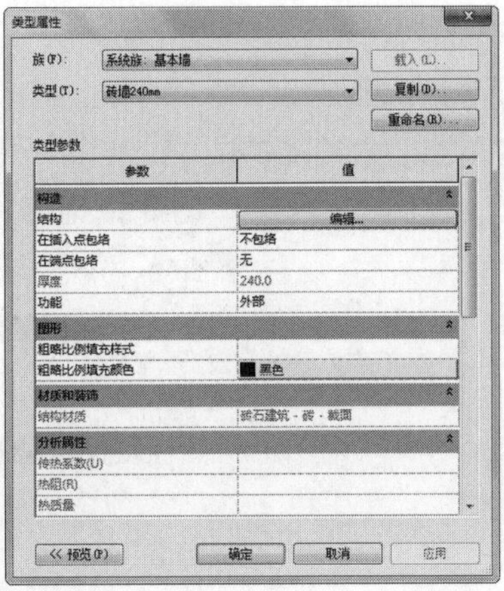

图 4-22

在“功能”选项中默认选择“外部”选项，表示即将创建的墙体为外墙。除此之外，在“功能”列表中还提供了其他选项供用户选择，如内部、基础墙、挡土墙、檐底板、核心竖井。通过设置墙体的功能属性，定义墙的用途，方便生成明细表时对墙进行过滤、管理及统计。

（1）墙体构造层

单击“复制”按钮，调出“名称”对话框，在其中设置新类型的名称，如图 4-23 所示。单击“确定”按钮完成新建类型操作。名称的命名用户可自定义，采用“墙宽 - 名称”的命名方式。在选择墙体类型时，可以了解所选墙体的宽度与名称。单击“结构”选项后的“编辑”按钮，调出如图 4-24 所示的“编辑部件”对话框，在其中设置墙体的构造参数。

单击两次“插入”按钮，在列表中插入新的结构层，其厚度均为 0，其编号为 3、4，如图 4-25 所示。单击选择编号为 2 的结构层，单击“向上”按钮，向上调整其位置。单击“功能”单元格，在列表中选择“面层 2[5]”选项，设置其功能属性，接着在“厚度”单元格中输入 10，修改其厚度值，如图 4-26 所示。

图 4-23

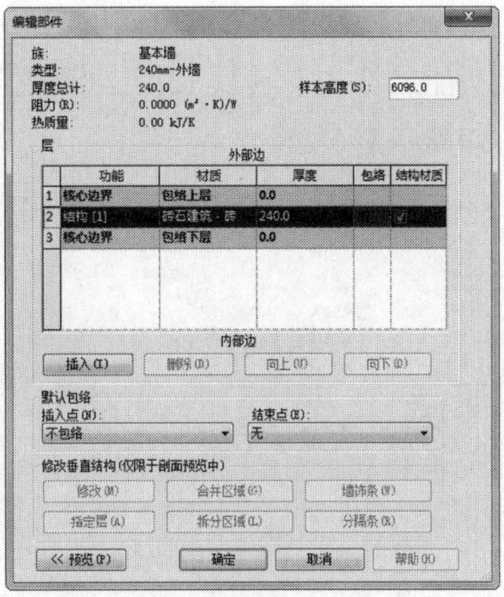

图 4-24

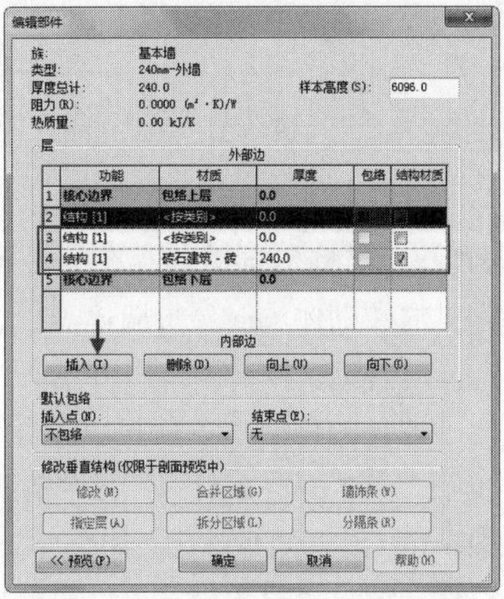

图 4-25

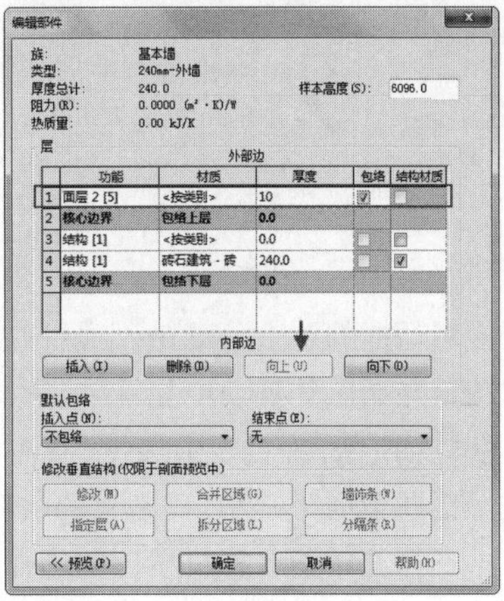

图 4-26

选择编号为 3 的结构层，单击“向上”按钮，向上调整位置，使其位于"面层2[5]"之下。修改其功能属性为"衬底[2]"，设置厚度值为30，如图4-27所示。

图 4-27

编号为4的结构层厚度值为240，该结构为墙体的"核心结构"，即墙体存在的必要条件，例如，常见的砖砌体、混凝土墙体等。

（2）墙体材质

设定了墙体的做法后，就可以开始设置墙体的材质了。在"面层2[5]"表行中的"材质"单元格中单击，显示矩形按钮，如图4-28所示，单击该按钮，调出"材质浏览器"对话框。

层					
			外部边		
	功能	材质	厚度	包络	结构材质
1	面层 2 [5]	<按类别>	10.0	☑	
2	衬底 [2]	<按类别>	30.0	☑	
3	核心边界	包络上层	0.0		
4	结构 [1]	砖石建筑 - 砖	240.0		☑
5	核心边界	包络下层	0.0		
			内部边		

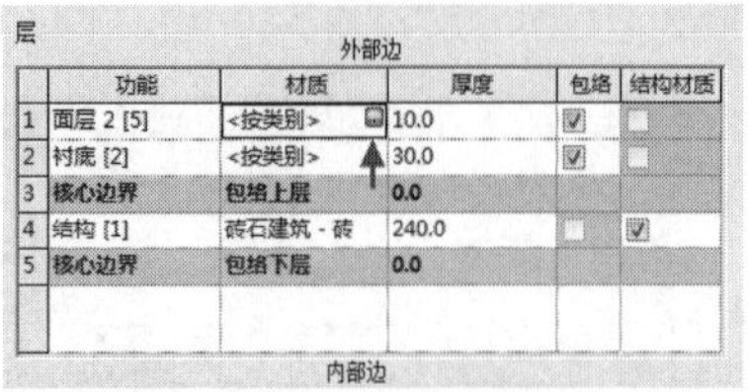

图 4-28

在该对话框的左上角单击"项目材质：所有"按钮，在调出的列表中显示了各类材质名称，如图4-29所示，在列表中选择"灰泥"选项。此时该对话框显示"灰泥"类别下的所有材质，在列表中选择其中的一种材质，如选择第一种材质"粉刷 - 茶色，纹纹"。在选中的材质上右击，在列表中选择"复制"选项，如图4-30所示，在列表中复制材质副本。副本材质的名

称在原名称的基础上编号（1）。

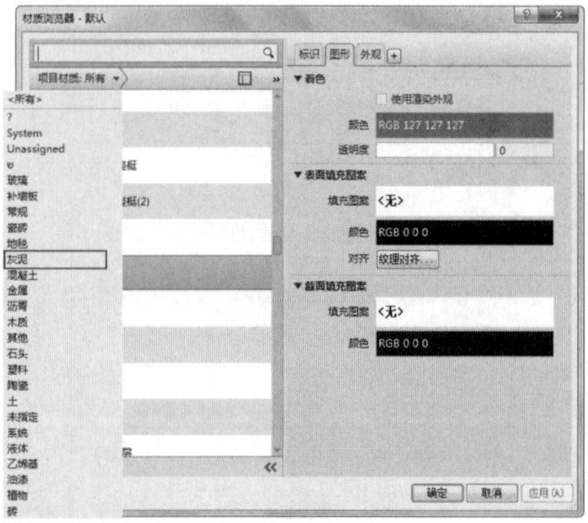

图 4-29

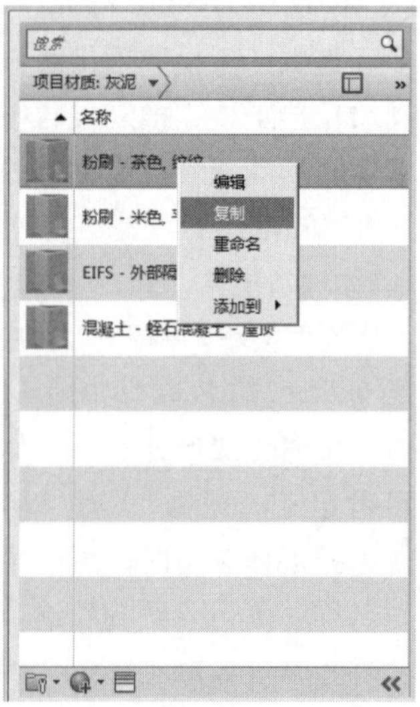

图 4-30

此时名称尚处于在位编辑状态，可在此输入新的材质名称。因为是从F1开始绘制外墙体的，因此可将材质名称命名为"F1-外墙粉刷"，表示该材质用于F1的外墙粉刷，还可以为该项目设置一个名称，如办公楼、厂房或者住宅楼等。为材质命名的结果如图4-31所示，用户可根据自己的习惯进行命名。

在该对话框的右侧单击"标识"选项卡，在"名称"选项中显示所设置的材质名称，如图4-32所示。在统计材质类别时，系统会以"住宅楼"为类别对材质执行归属统计。

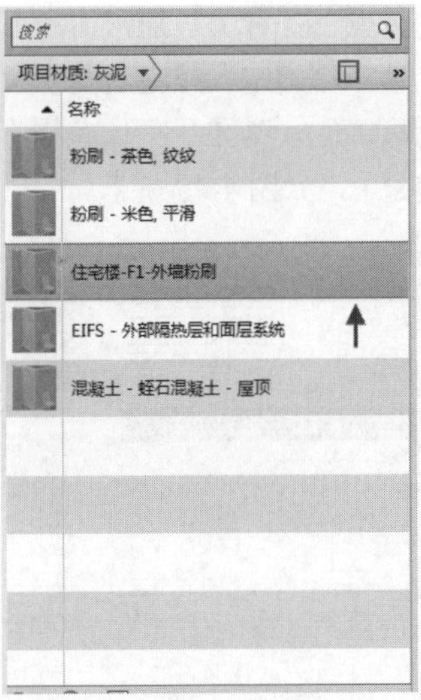

图 4-31

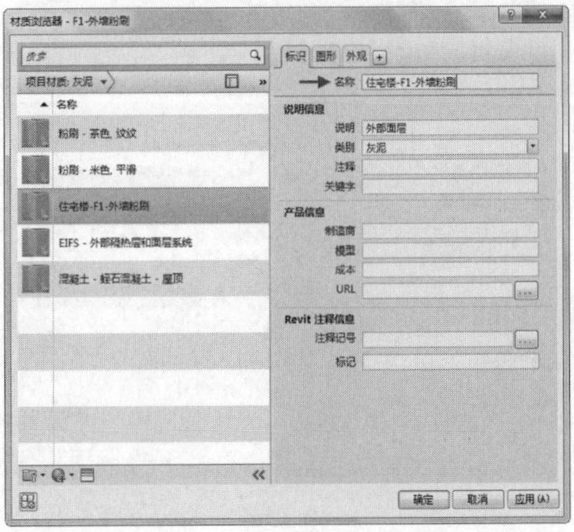

图 4-32

选择“图形”选项卡，单击“着色”选项组下的“颜色”按钮，调出“颜色”对话框。根据项目的需要，在该对话框中设置颜色属性，如图 4-33 所示。在该对话框中所设置的颜色仅是用来在着色视图中显示该墙体结构层的颜色。

单击“确定”按钮，在“颜色”选项中预览设置结果，并在选项中显示颜色的 RGB 值，如图 4-34 所示。选择“使用渲染外观”选项，可将颜色用于渲染时的材质颜色。

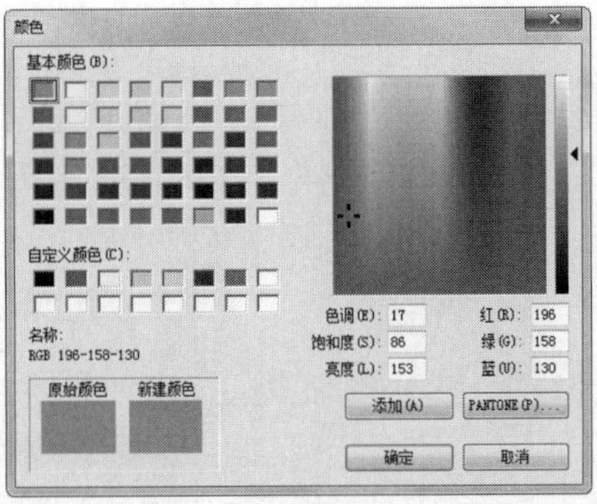

图 4-33

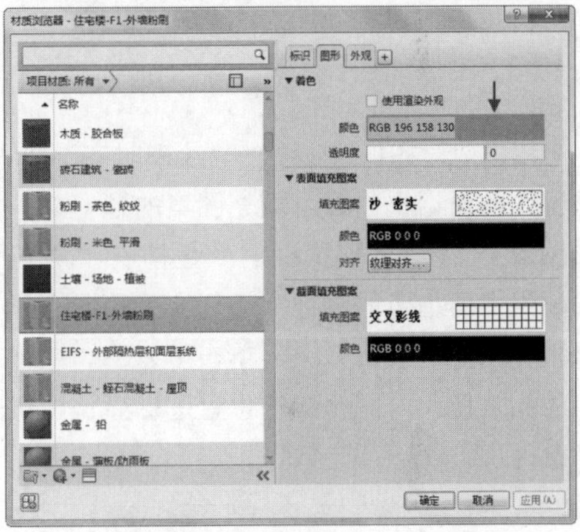

图 4-34

在“表面填充图案”选项组下单击“填充图案”按钮，调出“填充样式”对话框，在该对话框中提供了两种类型的填充图案可供选择，选择“模型”选项，在图案列表中选择填充样式，如选择 500×500 填充图案，如图 4-35 所示。单击“确定”按钮关闭对话框并查看设置结果，如图 4-36 所示。

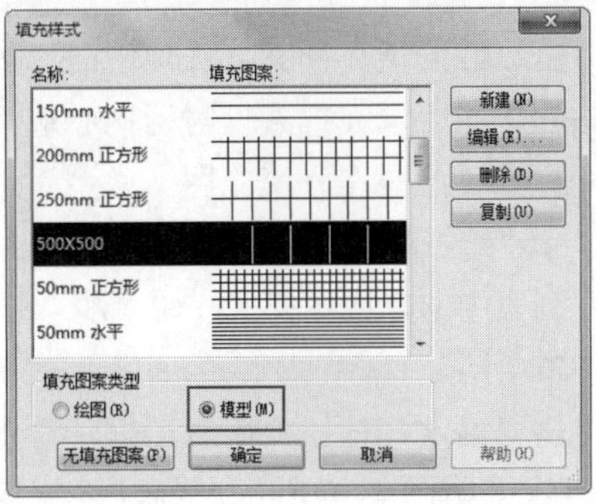

图 4-35

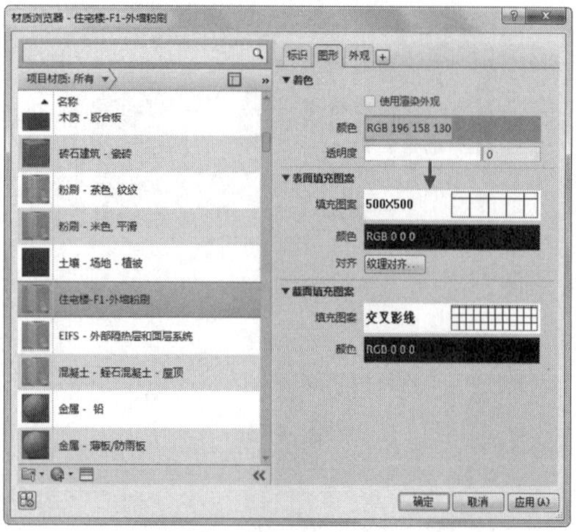

图 4-36

单击“对齐”选项中的“纹理对齐”按钮，在调出的对话框中显示填充图案的预览效果，如图 4-37 所示。预览框的颜色即在“着色”选项组中所指定的颜色，相互交叉的网格是所选填充图案的装饰效果，单击上、下、左、右的箭头按钮，对网格线的位置进行微调，直至满意为止。

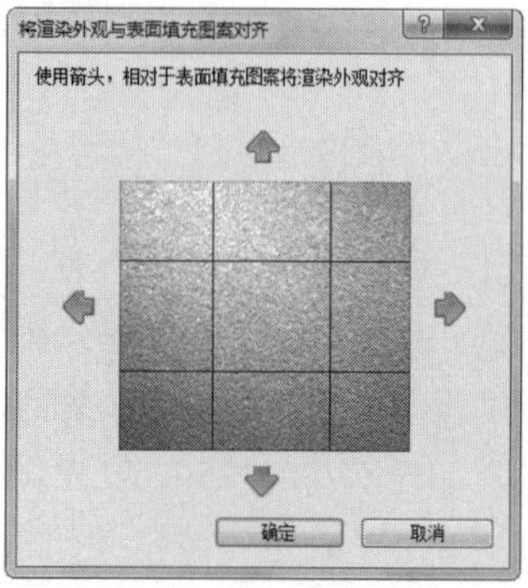

图 4-37

单击“截面填充图案”选项中的“填充图案”按钮，在“填充样式”对话框中选择填充图案的样式。此时在“填充图案类型”选项组中仅显示“绘图”选项卡，“模型”选项暗显。在图案列表中选择图案样式，如“沙 - 密实”，如图 4-38 所示。

单击“确定”按钮关闭对话框，设置填充图案的效果如图 4-39 所示。可以设置填充图案的颜色，单击“颜色”按钮，在“颜色”对话框中选择颜色的种类。通常情况下保持默认值黑色。单击“确定”按钮返回“编辑部件”对话框，将“住宅楼 -F1- 外墙粉刷”材质赋予“面层 2[5]”，如图 4-40 所示。

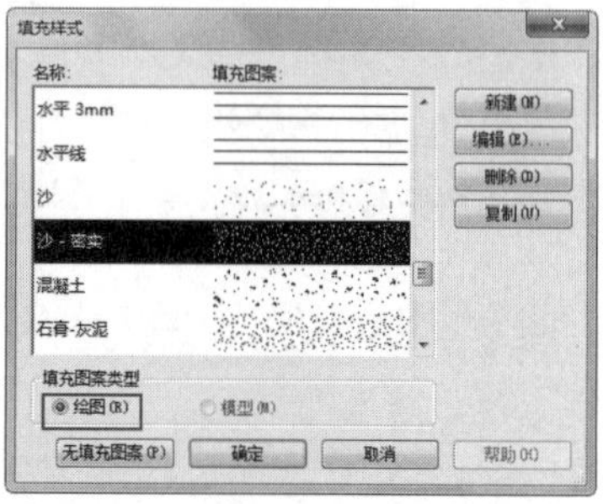

图 4-38

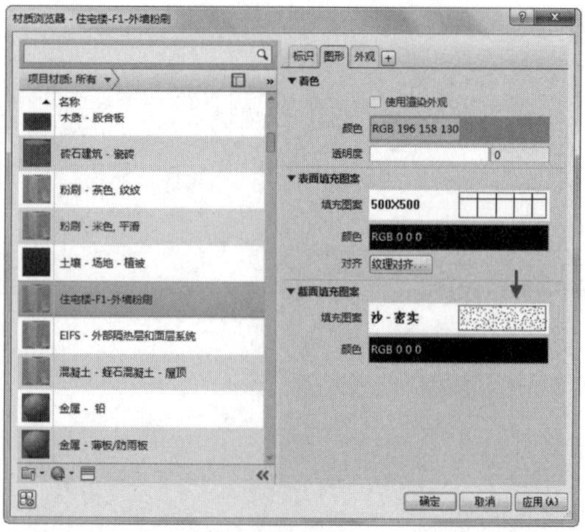

图 4-39

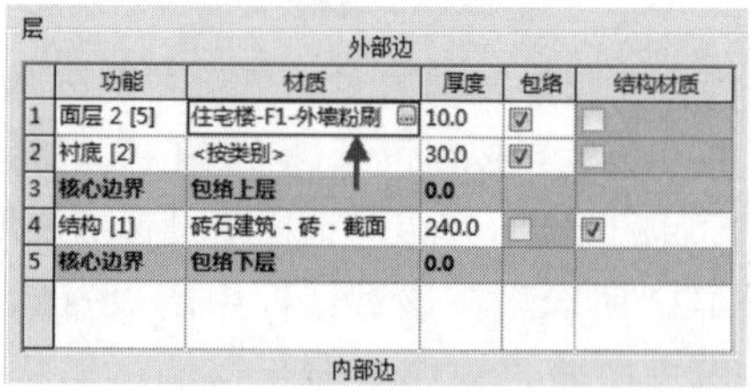

层

外部边

	功能	材质	厚度	包络	结构材质
1	面层 2 [5]	住宅楼-F1-外墙粉刷	10.0	☑	☐
2	衬底 [2]	<按类别>	30.0	☑	☐
3	核心边界	包络上层	0.0		
4	结构 [1]	砖石建筑 - 砖 - 截面	240.0	☐	☑
5	核心边界	包络下层	0.0		

内部边

图 4-40

在“编辑部件”对话框中选择第 2 行“衬底 [2]”，单击“材质”单元格中的矩形按钮，进入“材质浏览器”对话框。因为已经为“面层 2[5]”指定了材质，所以可以在该材质的基础上执行修改操作，为“衬底 [2]”指定材质。

选择“住宅楼 -F1- 外墙粉刷”材质，右击，在列表中选择“复制”选项，复制材质副本，并将副本命名为“住宅楼 -F1- 外墙衬底”，如图 4-41 所示。

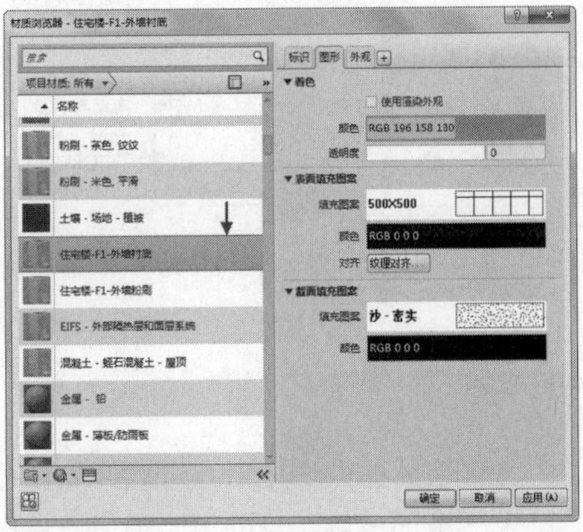

图 4-41

在该对话框的右侧面板编辑材质参数。在“着色”选项组中单击“颜色”按钮，在“选择颜色”对话框中选择白色，指定墙结构层的颜色。

单击“表面填充图案”选项组中的“填充图案”按钮，在“填充样式”对话框中单击左下角的“无填充图案”按钮，不为其指定任何填充图案。

调出“截面填充图案”选项组的“填充样式”对话框，在其中选择“对角交叉影线”填充图案。设置材质参数的结果，如图 4-42 所示。

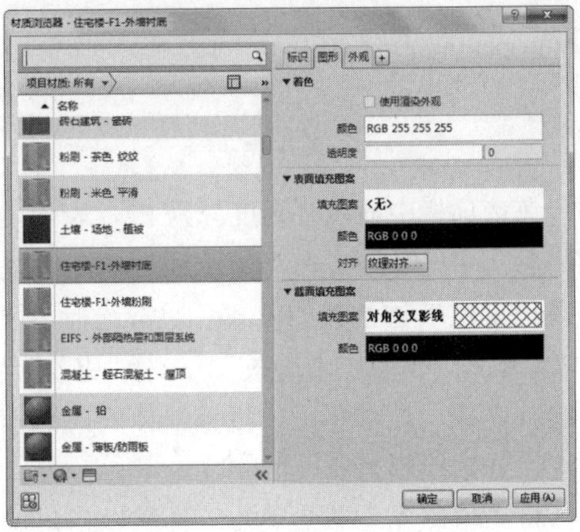

图 4-42

单击“确定”按钮返回“编辑部件”对话框。单击“插入”按钮插入新层，单击“向下”按钮，将新层调整至列表的下方，修改其厚度值为 20，如图 4-43 所示。

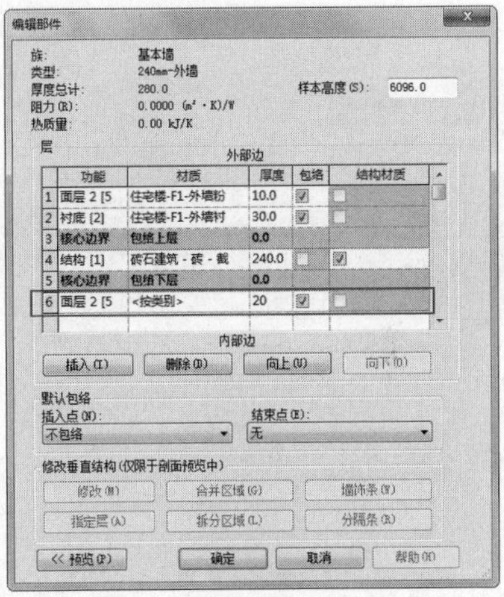

图 4-43

单击“材质”单元格中的矩形按钮，调出“材质浏览器”对话框。在其中选择已创建的“住宅楼 -F1- 外墙粉刷”材质，在其基础上复制一个材质副本，将其命名为“内墙粉刷”。

有右侧的面板中，将材质的“着色”设置白色。修改“表面填充图案”为“无填充图案”样式，将“沙 - 密实”图案样式指定给“截面填充图案”。图案的颜色保持默认值不变，设置结果如图 4-44 所示。

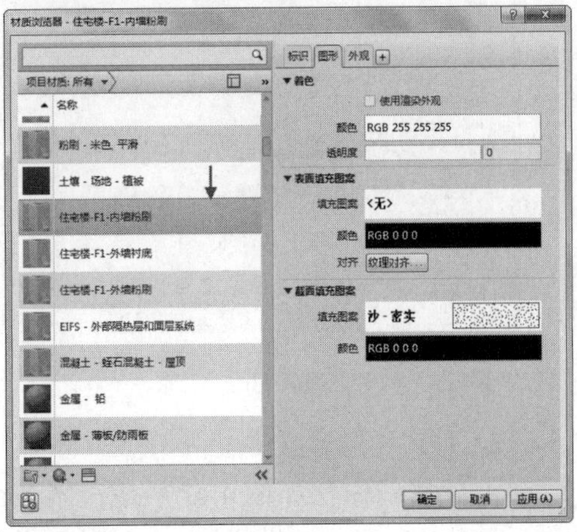

图 4-44

返回“编辑部件”对话框，观察材质结构层列表，这是通常情况下外墙的做法。结构列表中从上到下表示墙构造从“外部”到“内部”的构造顺序，如图 4-45 所示。

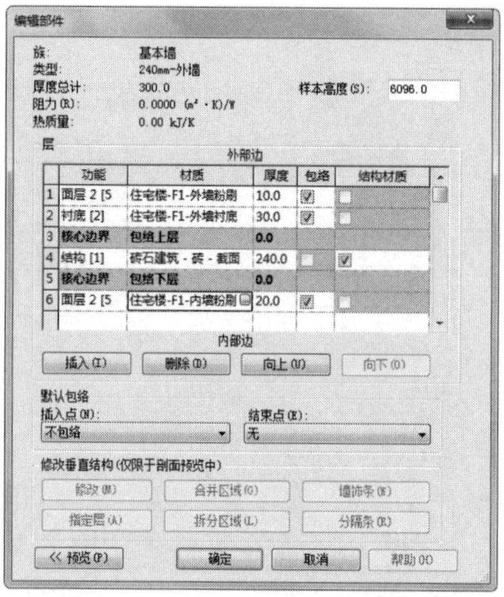

图 4-45

返回“类型属性”对话框，在“厚度”选项中显示参数值为 300，如图 4-46 所示，表示墙体的总厚度为300，即结构层与内外抹灰层、保温层相加的和。

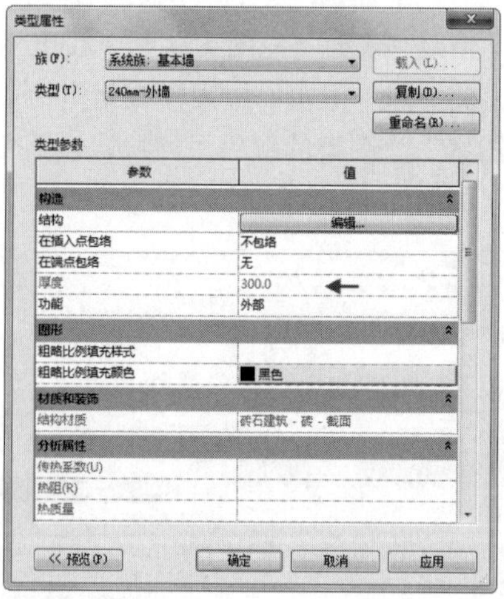

图 4-46

（3）墙体构造示意图

普通外墙的做法如图 4-47 所示，本节介绍普通墙体构造类型的设置方法，墙体的做法视具体情况的不同会有不同的差异，可以参考本节内容，根据选用的墙体做法来设置参数。

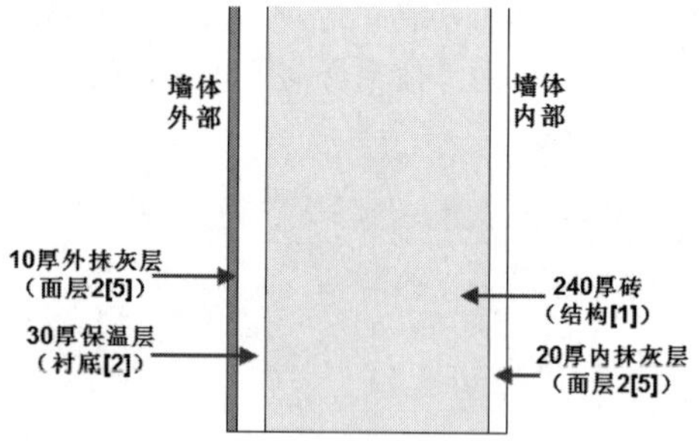

图 4-47

4.2.2　外墙

定义了墙体的做法之后，可以开始创建墙体。接上一节的内容，当关闭“类型属性”对话框后，仍然保持放置墙体的状态。

在“属性”选项板中显示“240mm- 外墙”为当前的墙体类型，在“绘制”面板中单击“直线”按钮，表示指定起点与终点来绘制墙体，如图 4-48 所示。

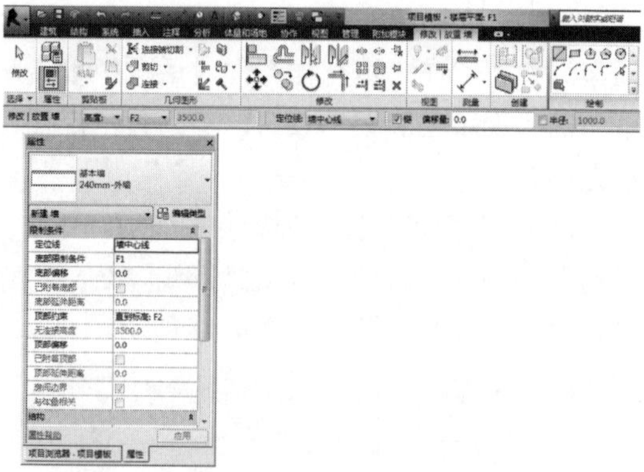

图 4-48

在选项栏中显示“高度”为 F2，表示墙体的高度由 F1 至 F2，在“定位线”选项中提供了多种定位墙体位置的方式，通常选择“墙中心线”或者“核心层中心线”。选择“链”选项，在绘制完成一段墙体后，以该墙体的终点作为起点，开始绘制另一段墙体。

将“偏移量”设置为 0，表示以指定的点为起点来绘制墙体，假如设置参数值为 100，表示将距离指定点100的偏移距离作为起点来绘制墙体。

在绘图区域中单击1轴与A轴的交点为起点，向上移动鼠标，指定绘制方向。在1轴与C轴的交点单击，指定为墙体的终点，完成一段墙体的绘制，如图4-49所示。

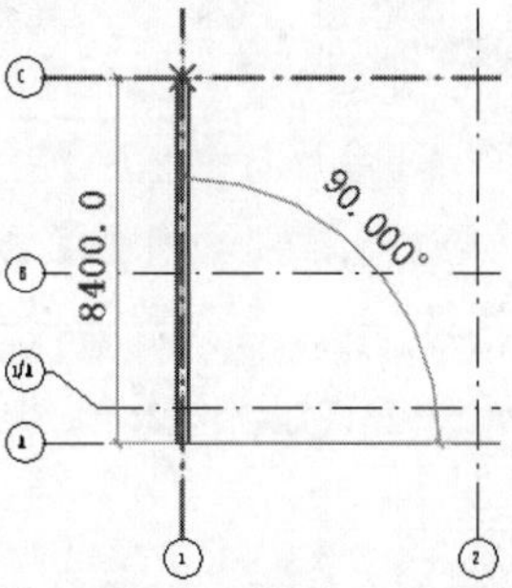

图 4-49

因为选择了“链”选项，因此可以在此基础上继续绘制墙体。以1轴与C轴的交点为起点，向右移动鼠标，绘制水平墙体，单击2轴与C轴的交点为终点，完成一段墙体的绘制，如图4-50所示。

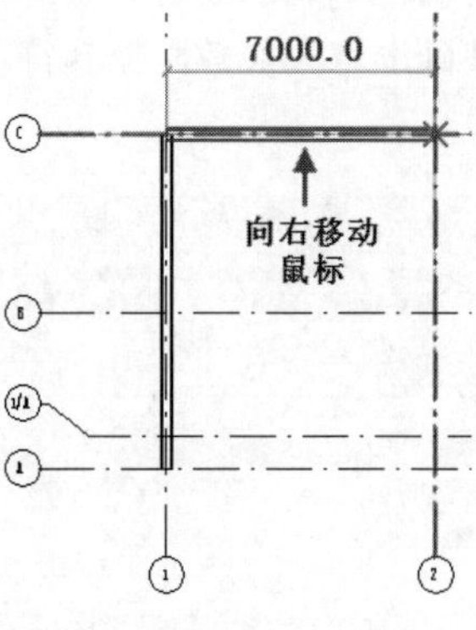

图 4-50

以2轴与C轴的交点为起点，向下移动鼠标，绘制垂直墙体，如图4-51所示。在2轴与A轴的交点处单击，将此点指定为墙体的终点，按下两次Esc键退出绘制墙体命令，完成创建墙体的结果如图4-52所示。

Revit默认在绘制墙体二维图时生成三维样式，此时可以单击快速启动工具栏中的“默认三维视图”按钮，转换至三维视图，将“视觉样式”设置为“带边框着色”，查看墙体的三维效果，如图4-53所示。

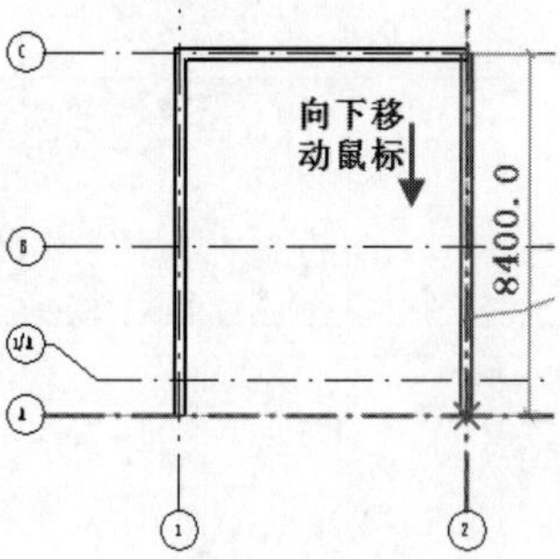

图 4-51

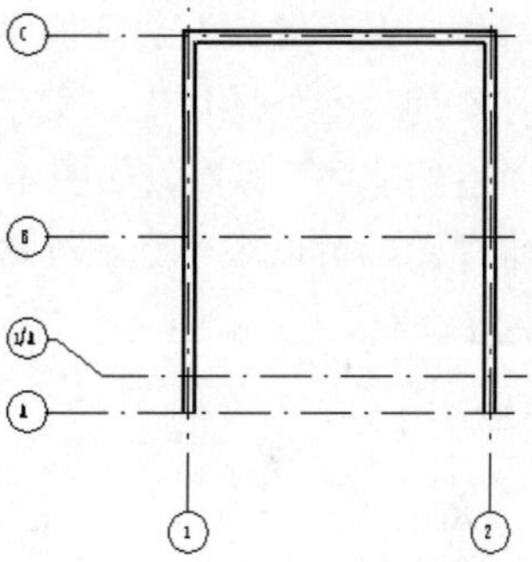

图 4-52

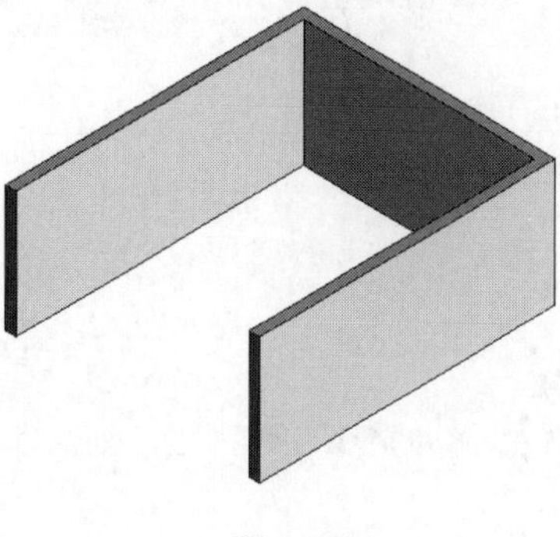

图 4-53

提示：

与AutoCAD类似，Revit也是在轴网上创建墙体的，但不同的是，即使不在轴网上创建墙体，当选中墙体以对其执行编辑时，可以显示墙体的中心参照线，这是AutoCAD所不具备的，这为拾取墙体中点作为参照点提供了方便。

转换至南立面视图，观察墙体的立面效果。由于墙体是在F1视图中绘制的，设置“高度”

为F2，所有墙体的高度被限制在F1与F2之间，如图4-54所示。

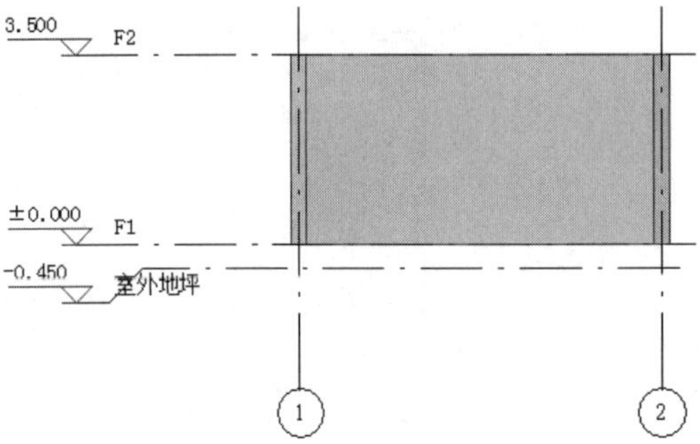

图 4-54

选择墙体，在“属性”选项板中设置“底部限制条件”为“室外地坪”，表示所选墙底部开始于“室外地坪”标高，如图4-55所示。切换至三维视图，可以观察到三维墙体模型的高度也发生了变化。

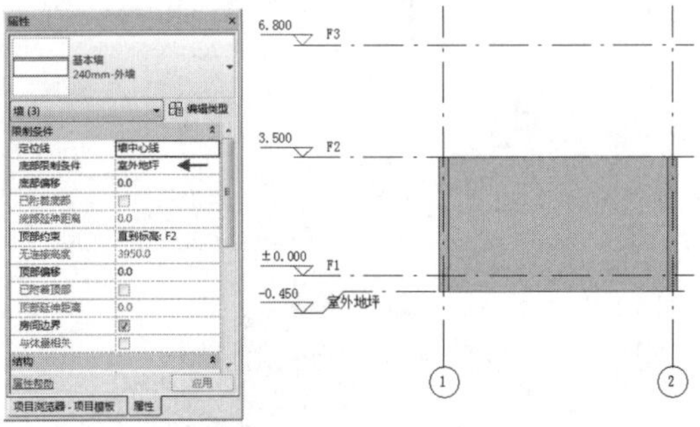

图 4-55

提示：

输入WA，启用“墙”命令。

4.2.3 内墙

内墙的绘制方法与外墙相同，首先创建墙体构造参数，再执行放置墙体的操作。在“创建”面板中单击“墙”按钮，在“属性”选项板中单击“类型属性”按钮，调出“类型属性”对话框。

（1）内墙构造参数

将当前的墙体类型设置为“240mm-外墙”，在此基础上单击“复制”按钮，在“名称”对话框中设置名称，创建新的墙体类型，如图4-56所示。

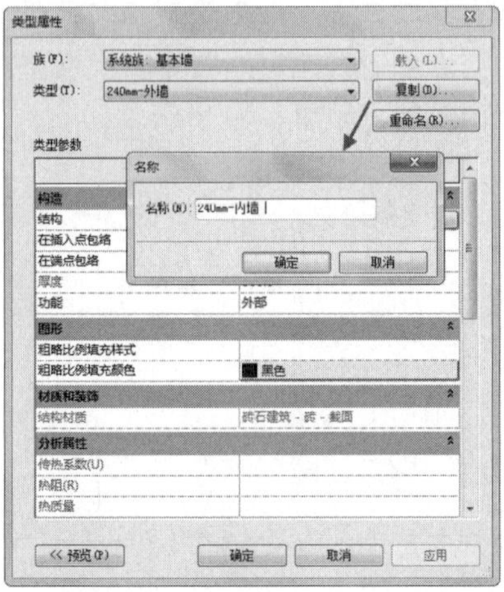

图 4-56

在“功能”选项中选择“内部”选项，设置墙体属性为内墙，如图4-57所示。单击“编辑”按钮，调出“编辑部件”对话框。因为新类型墙体是以“240mm-外墙”为基础而创建的，所以在该对话框中显示的是外墙的墙体构造属性，在此基础上修改参数，使其符合内墙的墙体构造。

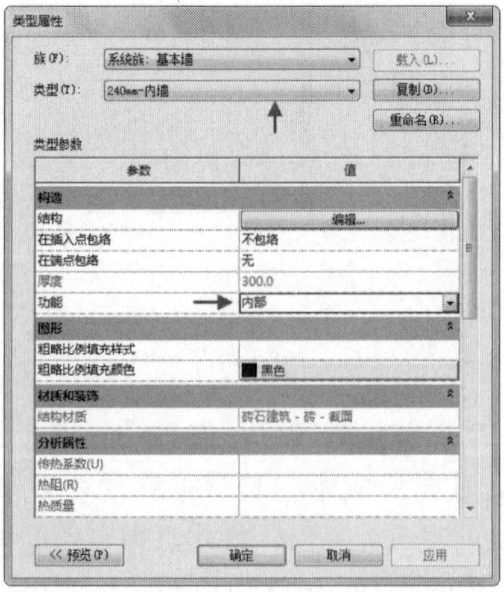

图 4-57

在列表中选择第2层“衬底[2]”，单击“删除”按钮将其删除。修改第1行“面层2[5]”的厚度为20，如图4-58所示。

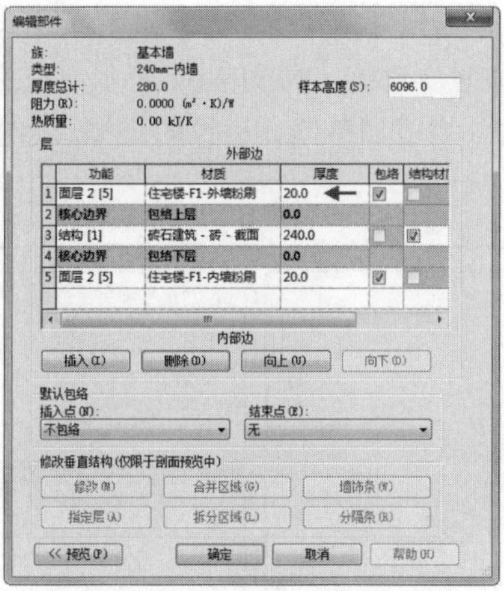

图 4-58

单击第1行中"材质"单元格中的矩形按钮，调出"材质浏览器"对话框。选择已经创建的"住宅楼-F1-内墙粉刷"材质，单击"确定"按钮，将材质赋予"面层 2[5]"，如图 4-59 所示。

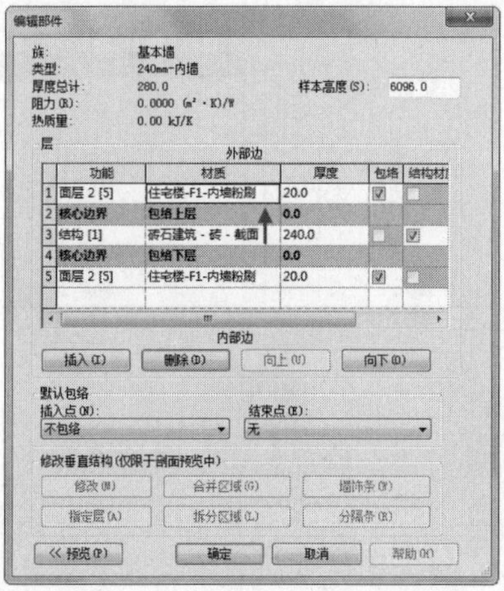

图 4-59

内墙的做法如图 4-60 所示，与外墙相比，内墙少了保温层，并将砖墙两侧的抹灰层均设置为 20 厚。

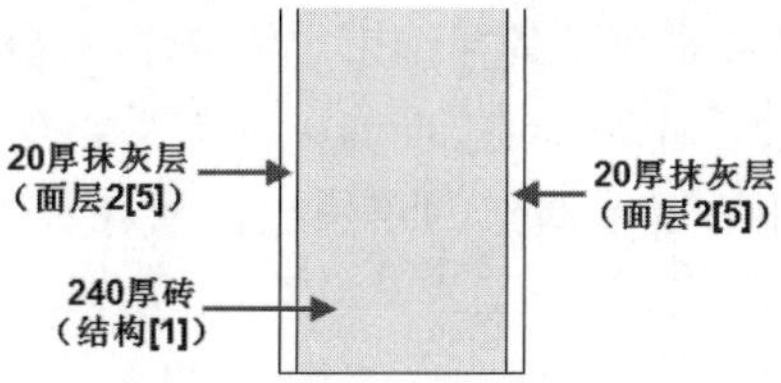

图 4-60

（2）绘制内墙

返回"类型属性"对话框，此时将墙体的"厚度"值更改为 280，单击"确定"按钮关闭对话框。在"属性"选项板中显示当前的墙体类型为"240mm- 内墙"，在"绘制"面板中选择"直线"绘制方式，设置"高度"为 F2，设置"定位线"为"墙中心线"，或者选择"核心层中心线"，其绘制效果相同。选择"链"选项，在绘图区域中单击 1 轴与 C 轴的交点为墙体的起点，向右移动鼠标，单击 2 轴与 C 轴的交点为终点，完成一段水平墙体的绘制。

因为选择了"链"选项，所以鼠标自动以 2 轴与 C 轴的交点为起点，重新开始绘制墙体。向上移动鼠标，在 2 轴与 D 轴的交点单击，绘制一段垂直墙体，如图 4-61 所示，按两次 Esc 键，退出命令。

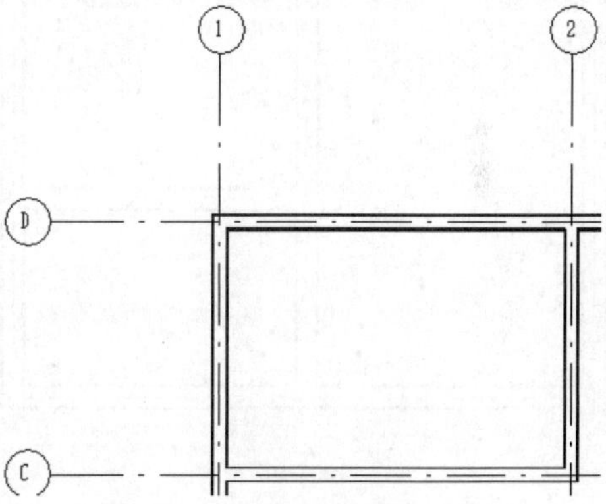

图 4-61

4.2.4 使用辅助线来绘制墙体

通常情况下，有的内墙不能通过轴网所提供的定位点来创建，这时需要创建其他的参照线来辅助绘制内墙体。前面的章节介绍过的模型线与参照平面都可以用作参考线，在绘制墙体时，通常使用参照平面作为辅助线来帮助内墙的定位。

启用"参照平面"命令，在轴线上点取起点与终点，放置参照平面如图 4-62 所示，接着在此基础上开始绘制内墙体。

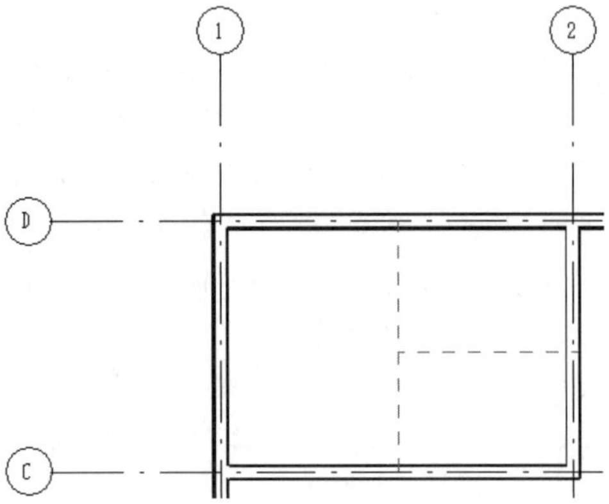

图 4-62

以参照平面与轴线的交点为起点和终点，创建内墙体的结果如图 4-63 所示。选择绘制完成的内墙体，显示临时尺寸标注，注明墙体与相邻轴线的间距，如图 4-64 所示。

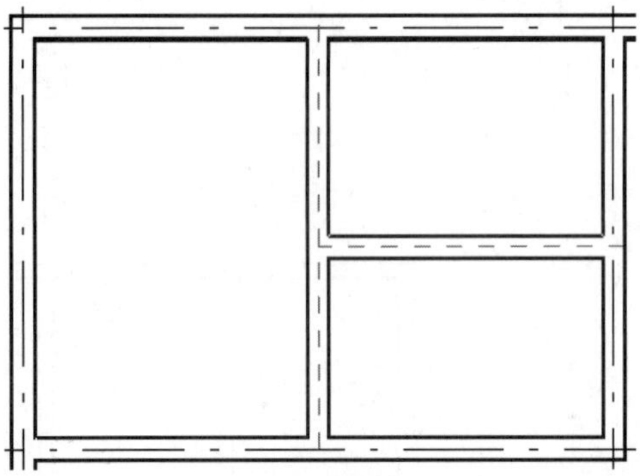

图 4-63

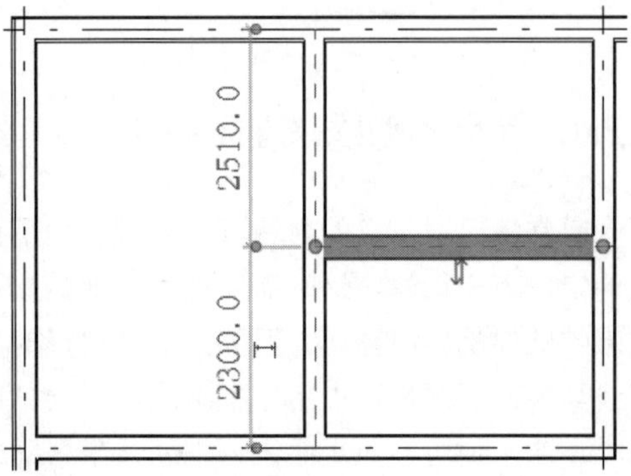

图 4-64

联系前面所介绍的关于临时尺寸标注的知识，通过修改临时尺寸标注，可以调整图元的位置。单击尺寸标注文字，进入在位编辑状态，修改间距参数值，如图 4-65 所示。在空白区域单击，完成调整墙体位置的操作，如图 4-66 所示。

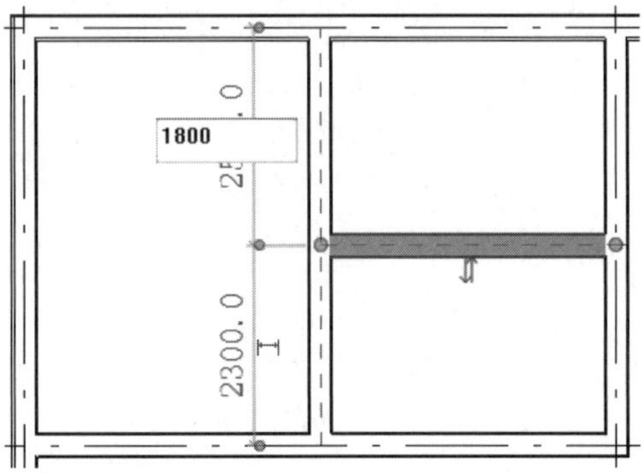

图 4-65

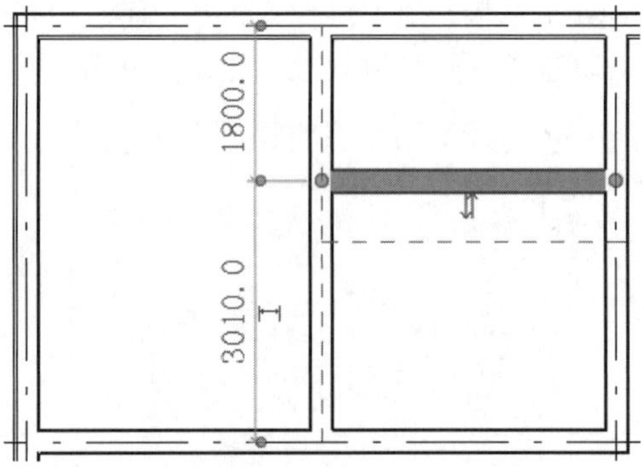

图 4-66

这说明在不放置参照平面的情况下，也可以在毫无参照的情况下确定墙体的位置。操作顺序为，首先在需要放置墙体的大致位置创建墙体，接着选择墙体，通过临时尺寸标注了解墙体的实际位置，修改间距，即可将墙体放置在指定的位置。

在绘制少量墙体时，可以直接创建，再修改其间距。但是在绘制大量的内墙体、隔墙时，还需要在辅助线的帮助来定位墙体，这样不仅可以保证墙体的定位准确，还节约绘图时间，因为逐段更改墙体的定位也需要耗费大量的时间。

4.2.5 复制墙体

在为 F1 绘制完成外墙体及内墙体后，可以在此基础上执行复制粘贴操作，完成其他视图的墙体创建。在执行操作前，首先需要明确各楼层的内墙体分布是否一致。假如不一致，可以仅选择外墙执行复制粘贴操作；假如一致，可以选择全部墙体，一起执行复制粘贴操作。

将鼠标置于外墙上，按 Tab 键，高亮显示首尾相接的外墙体，单击可选中外墙体，如图 4-67 所示。

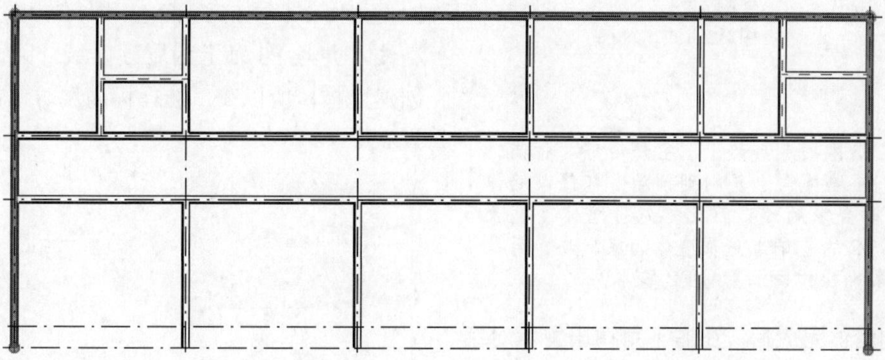

图 4-67

全部选择绘图区域中的所有图元，进入“修改 | 选择多个”选项卡，单击“过滤器”按钮，如图 4-68 所示。在“过滤器”对话框中显示选择集中的图元类别，选择“墙”选项，如图 4-69 所示，其他图元类别被放弃选择。返回绘图区域，可以发现内外墙体全部被选中。

图 4-68

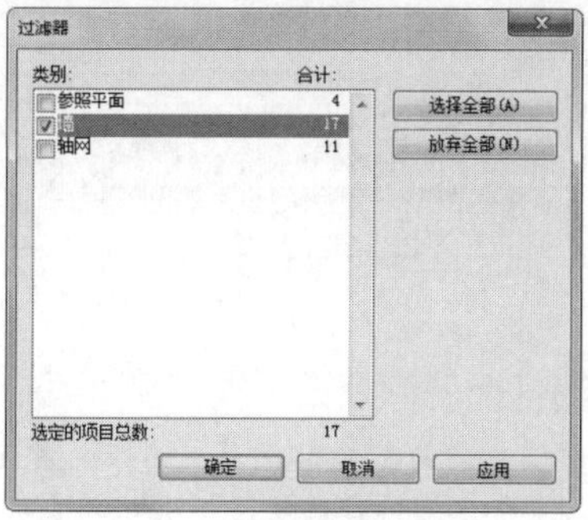

图 4-69

在“剪贴板”面板中单击“复制到剪切板”按钮，接着“粘贴”按钮亮显，单击该按钮调出列表，选择“与选定的标高对齐”选项，如图 4-70 所示。调出“选择标高”对话框，在其中选择 F2，如图 4-71 所示，单击“确定”按钮，将选定的墙体向上复制。

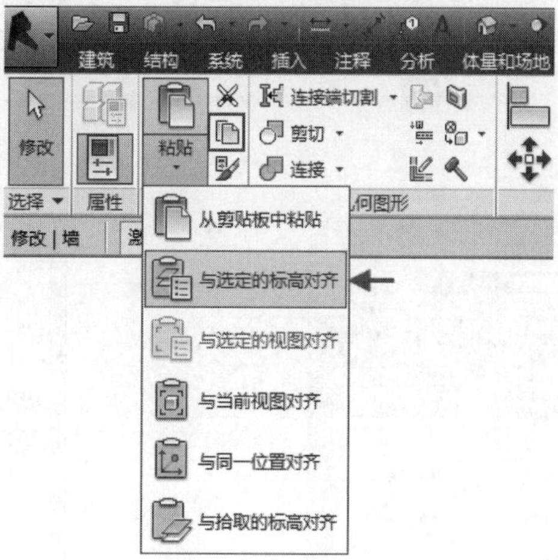

图 4-70

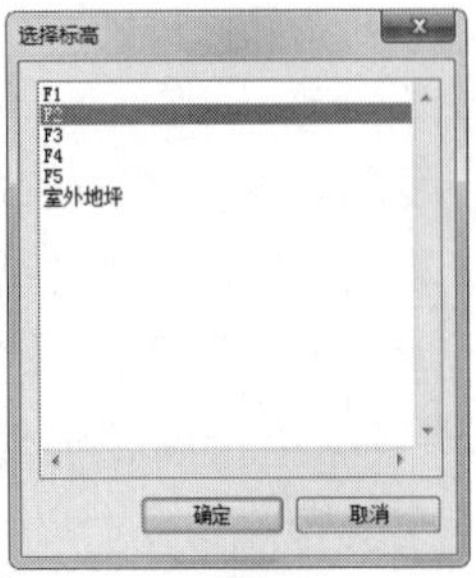

图 4-71

提示：

因为F1墙体的底部始于“室外地坪”标高，假如将F1墙体向上复制到顶层，在修改墙体底标高时会很烦琐。因此首先将墙体复制至F2，在F2的基础上更改墙体的底标高，再执行复制粘贴操作向上复制F2墙体。

复制墙体完成后，在右下角调出警示对话框，提醒墙发生重叠，如图4-72所示。切换至南立面视图，选择F2外墙体，查看“属性”选项板中的墙体参数。在“底部偏移”选项中显示参数值为-450，F1的外墙体与F2发生重叠。“顶部偏移”选项中显示参数值为200，超出F3标高线200，如图4-73所示。这是因为F1至F2的层高较F2至F3的层高要多出200。

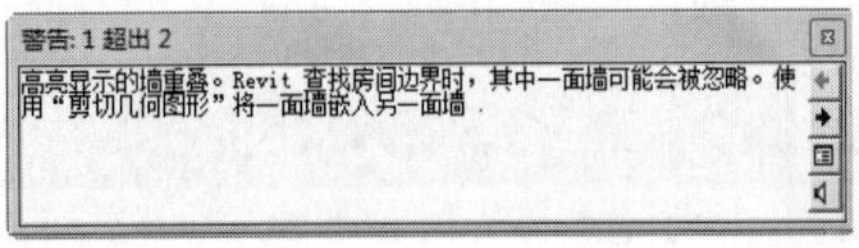

图 4-72

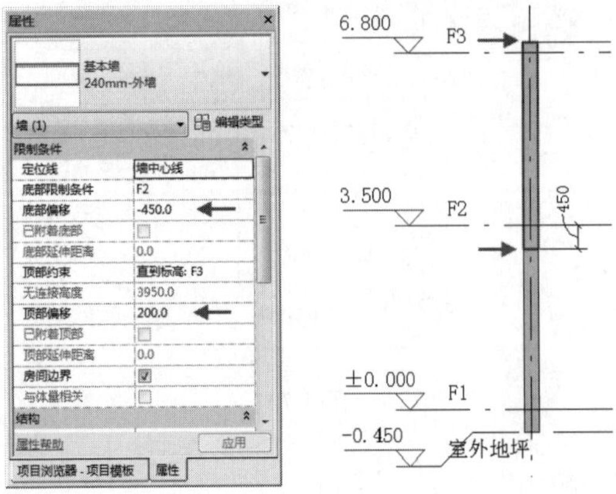

图 4-73

将“底部偏移”与“顶部偏移”参数均设置为0，使F2的外墙体被限制在F2与F3之间，如图4-74所示，这是墙体正确的表达方式。

选择F2视图的内外墙体，执行复制粘贴操作，在“选择标高”对话框中选择视图标高，如图4-75所示。墙体需要在两个标高线之间创建，如F1与F2之间、F2与F3之间、F3与F4之间、F4与F5之间，因为F5以上再无标高线，并且F5以上为屋顶区域，因此不需要创建墙体，所以在“选择标高”对话框中不选择F5。

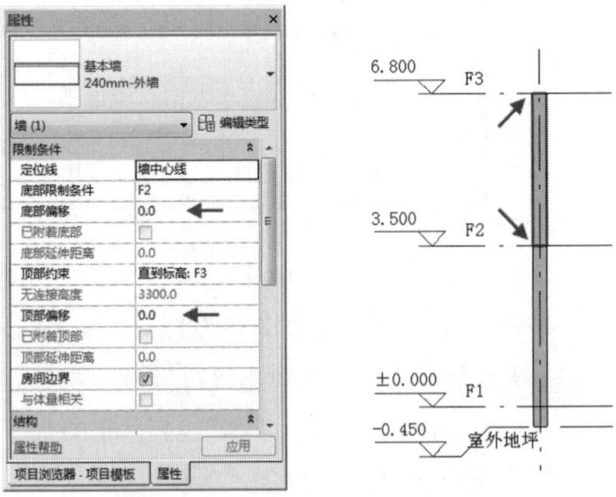

图 4-74

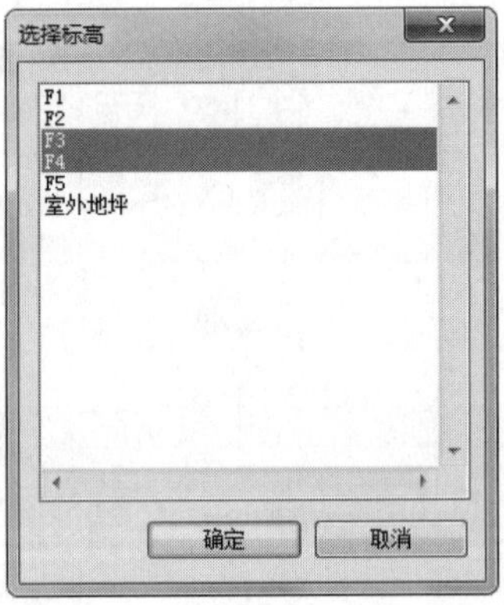

图 4-75

提示：

“底部偏移”与“顶部偏移”选项值并不都是为0，需要根据项目的实际情况来设置。

复制操作完毕后，转换至南立面视图，观

察墙体的生成结果，如图 4-76 所示。假如发现墙体有重叠的情况，或者未与标高线平齐，就需要到“属性”选项板中检查墙体的“底部偏移”或者“顶部偏移”的参数值，通过修改参数值来调整墙体的位置。

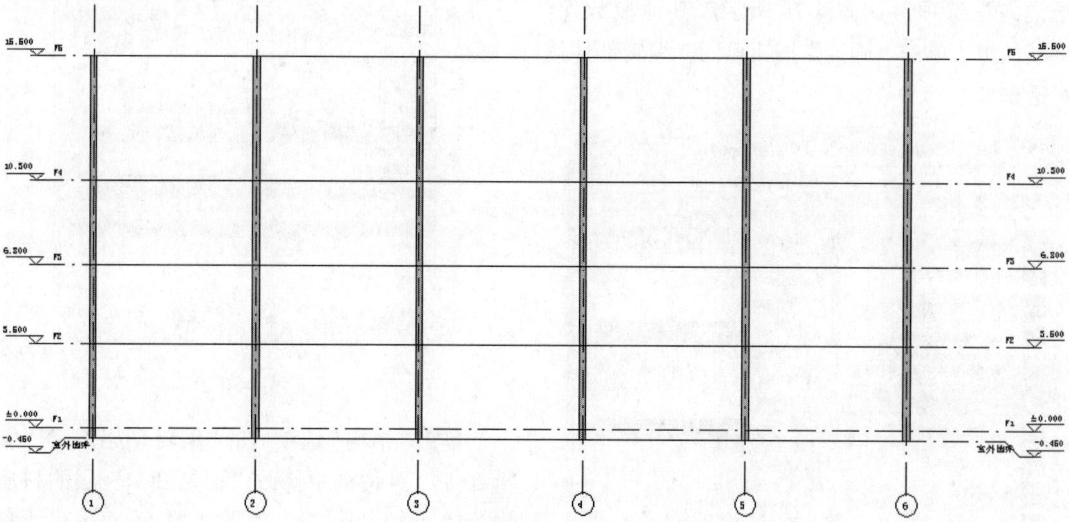

图 4-76

4.3 叠层墙

启用“叠层墙”工具，用来创建结构复杂的墙体。叠层墙由上、下两种不同厚度、不同材质的“基本墙”组成。本节介绍创建叠层墙的操作方法。

4.3.1 设置墙体构造参数

与创建基本墙类似，在绘制叠层墙之前，也需要先定义类型参数，如指定每种类型墙在叠层墙中的高度、对齐定位方式等。

在平面视图中单击“建筑”选项卡中“构建”面板的“墙”按钮，在“属性”选项板中选择“240mm- 外墙”类型。设置外墙类型参数的方法在前面已经介绍过，用户可参考前面所述来自行创建外墙。单击“类型属性”按钮，调出“类型属性”对话框。

在“类型”选项中选择“240mm- 外墙”墙类型，单击“复制”按钮，在“名称”对话框中指定新类型的名称，如图 4-77 所示。单击“确定”按钮返回“类型属性”对话框。

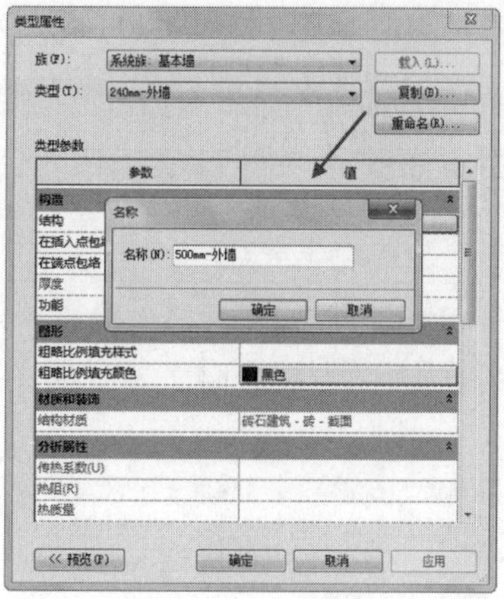

图 4-77

单击“结构”选项后的“编辑”按钮，调出“编辑部件”对话框。在列表中单击“结构[1]”表行“材质”单元格中的矩形按钮，调出

“材质浏览器”对话框。

在该对话框左上角单击“项目材质”按钮，在列表中选择“混凝土”，选择“混凝土 - 现场浇筑”选项，如图 4-78 所示，其他参数保持默认值，单击“确定”按钮返回“编辑部件”对话框。

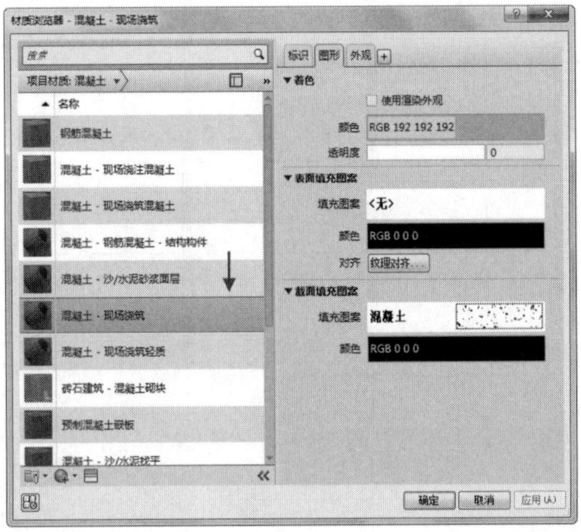

图 4-78

修改“结构 [1]”的“厚度”值为 500，其他参数设置如图 4-79 所示。在“类型属性”对话框中单击右下角的“应用”按钮，接着以“500mm- 外墙”为基础，单击“复制”按钮，复制新的墙类型，为新类型设置一个名称，不能与已有墙类型重复，如图 4-80 所示。

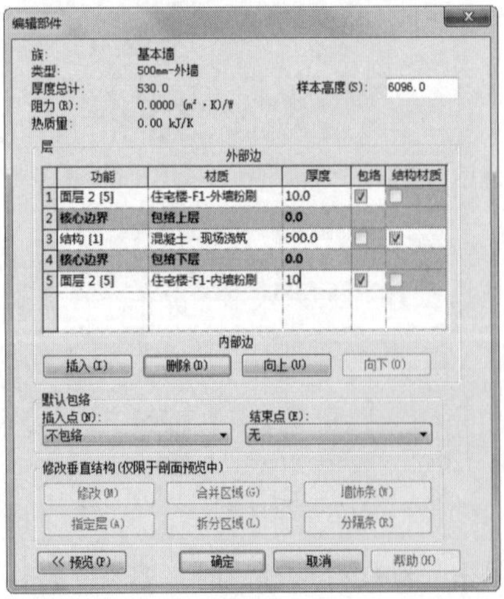

图 4-79

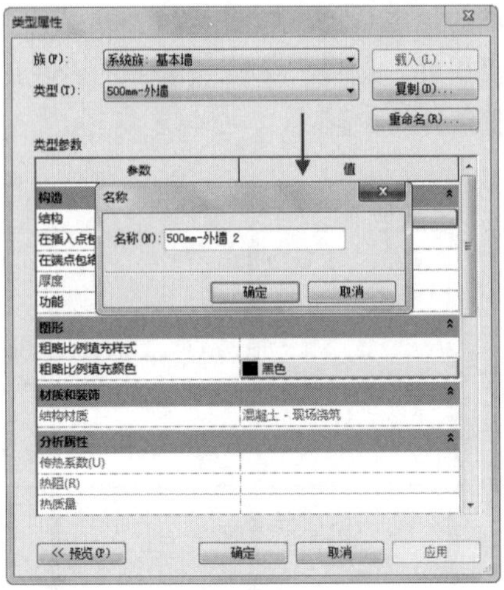

图 4-80

单击“结构”选项后的“编辑”按钮，在“编辑部件”对话框中修改“面层 2[5]”层的材质均为“外墙粉刷”，如图 4-81 所示，其他参数保持不变。

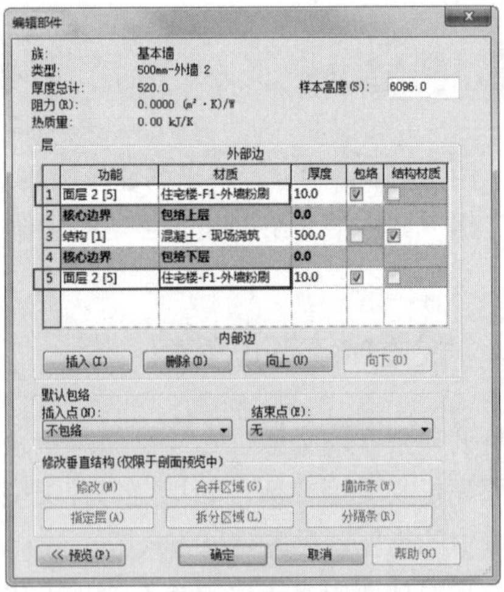

图 4-81

返回“类型属性”对话框，在“族”选项中选择“系统族：叠层墙”选项，单击“复制”按钮，在“名称”对话框中设置参数，创建一个叠层墙类型，如图 4-82 所示。

单击“结构”选项后的“编辑”按钮，进入“编辑部件”对话框。单击“插入”按钮，在列表中插入新行。在第 1 行中单击“名称”单元格，在其中选择“500mm- 外墙 2”选项。在“高度”

单元格内单击，接着单击左下角的“可变”按钮，将高度设置为可变，其他参数保持不变。

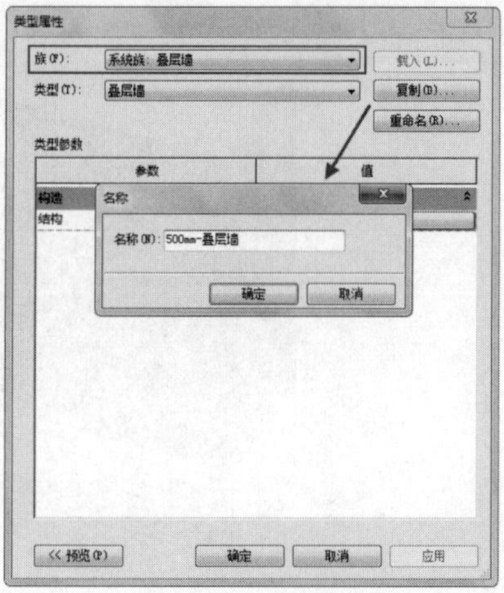

图 4-82

将第 2 行墙名称设置为“500mm- 外墙”，设置“高度”为 3500，如图 4-83 所示。高度值应该根据实际情况设置，在此仅以 3500 为例说明，用户不要以为是固定值。

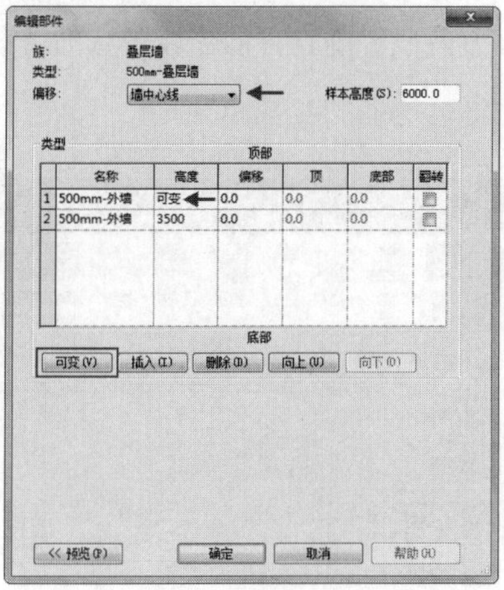

图 4-83

单击“确定”按钮关闭对话框，完成设置叠层墙类型参数的操作。

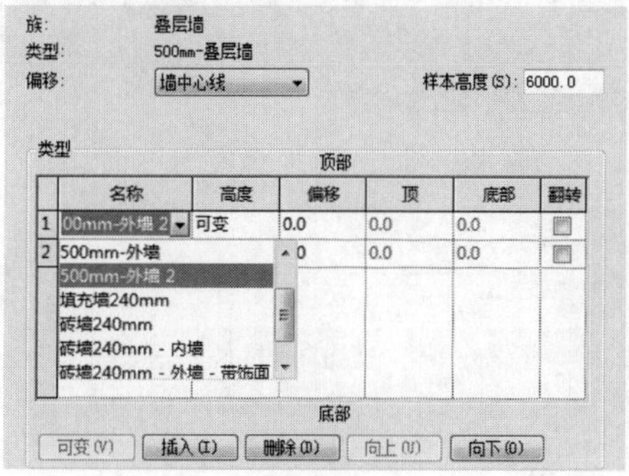

图 4-84

提示：

在列表中，从下至上，表示叠层墙自底部到顶部方向的子墙类型与高度。单击“名称”列表，调出可用基本墙类型列表，如图 4-84 所示，在此可自定义墙类型。“偏移”选项控制各子墙在垂直方向上所设置的各墙对齐基线之间的偏移距离。在此选择“墙中心线”，表示叠层墙各类型子墙体在垂直方向上以墙中心线对齐。

4.3.2 绘制叠层墙

在“修改 | 放置 墙”选项栏中单击“绘制”面板的“直线”按钮，在选项栏中设置墙体“高度”值，选择“定位线”为“墙中心线”样式，设置“偏移量”为 0，在轴线上单击，指定起点与终点，完成叠层墙的绘制如图 4-85 所示。

转换至三维视图，观察叠层墙的三维模型，如图 4-86 所示。

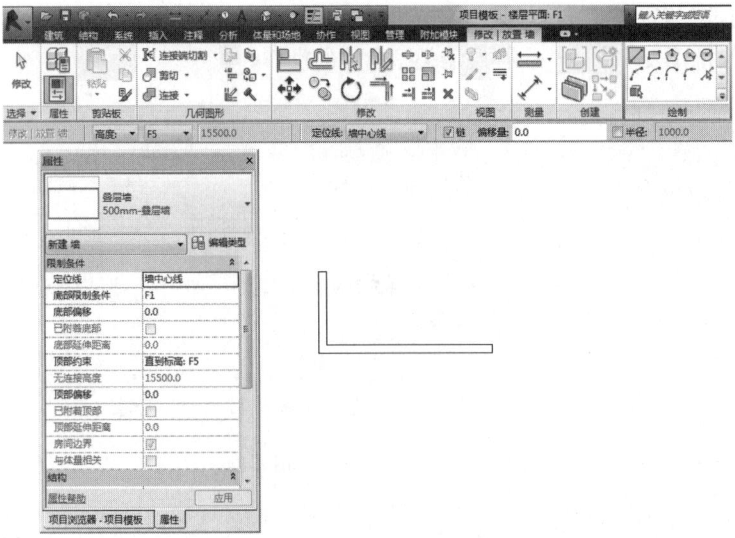

图 4-85

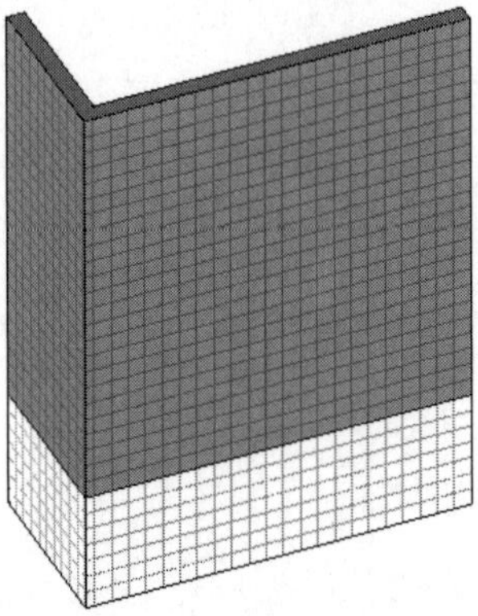

图 4-86

4.4 墙体装饰

在“构建”面板中调出“墙”选项表，在其中除了建筑墙、结构墙、面墙之外，还提供了绘制墙体装饰的工具，即“墙饰条”与“墙分隔条”。启用工具，可以分别为墙体创建饰条与分隔条。

启用墙体装置工具，可以在同一面墙上沿墙的水平方向或者垂直方向创建带状的墙装饰结构，本节介绍其操作方法。

4.4.1 墙饰条

选择“建筑”选项卡，单击“构建”面板中的“墙”按钮，在调出的列表中选择“墙：饰条”选项，如图 4-87 所示。进入“修改 | 放置 墙饰条”选项卡，提供了“水平”和“垂直”放置饰条的方式，如图 4-88 所示。单击“重新放置墙饰条”按钮，可以取消已放置墙饰条，重新执行放置操作。

提示：

在三维视图中，“墙：饰条”与“墙：分隔条”命令才可使用。

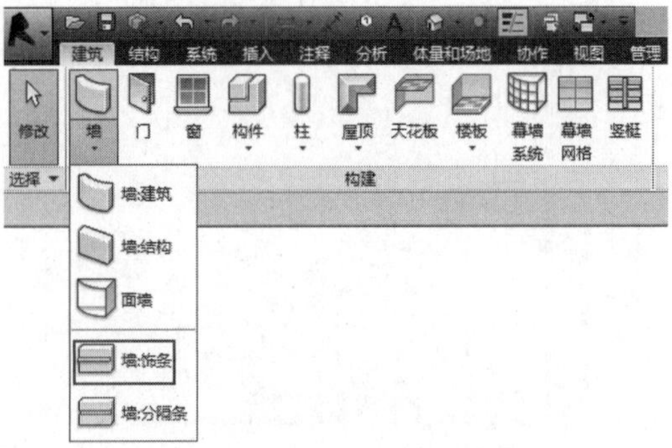

图 4-87

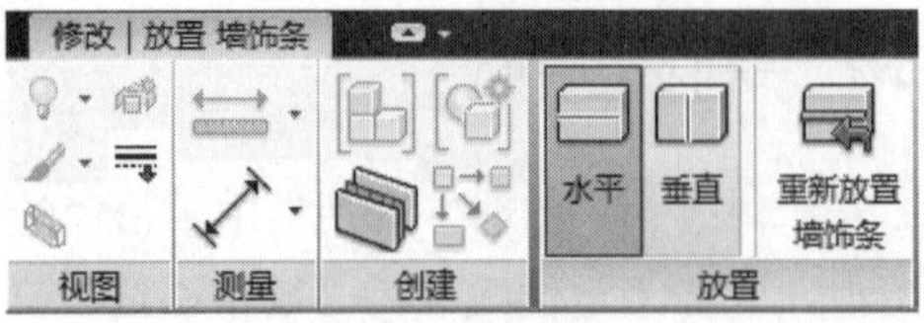

图 4-88

在“属性”选项板上单击“类型属性”按钮，在“类型属性”对话框中显示墙饰条的属性参数。单击“轮廓”选项，在列表中提供了多种样式的墙饰条轮廓可供选择，如图 4-89 所示。单击选择其中一种，关闭对话框返回绘图区域，即可开始放置墙饰条的操作。

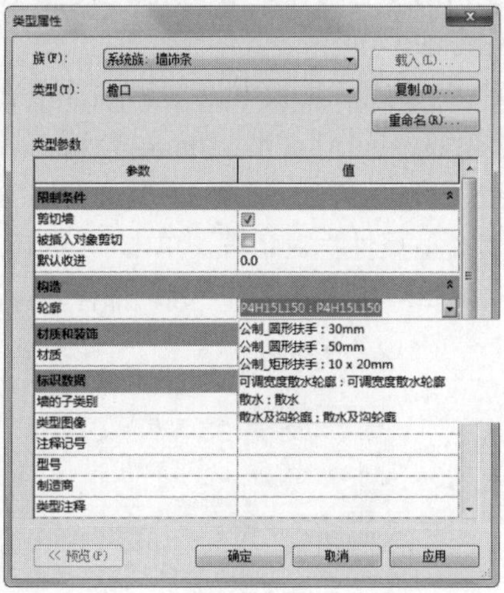

图 4-89

将鼠标置于墙体上，可以预览墙饰条的三维样式，在墙体上单击以指定放置点，可完成放置墙饰条的操作，如图 4-90 所示。

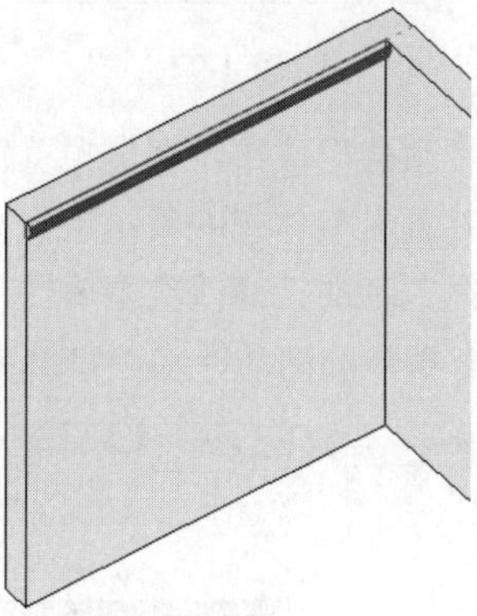

图 4-90

在视图中滚动鼠标滚轮，放大视图，观察墙饰条的放置效果，如图 4-91 所示。继续选择墙体以放置墙饰条，系统自动拾取已放置的墙饰条进行连接并生成转角，创建结果如图 4-92 所示。

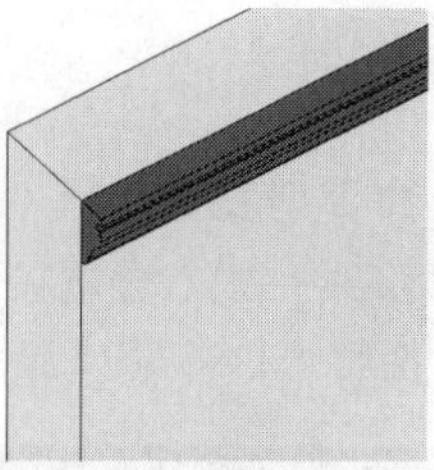

图 4-91

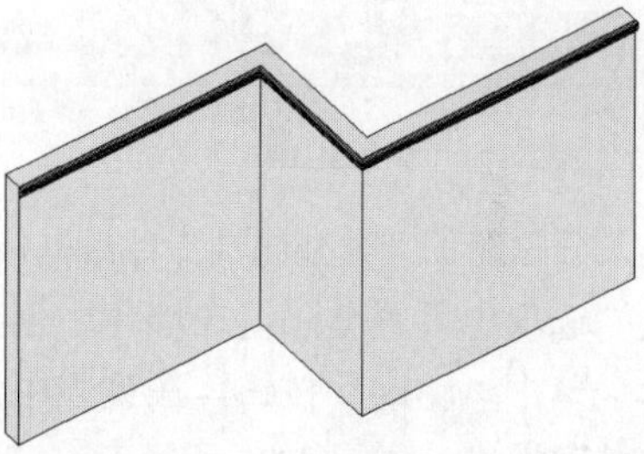

图 4-92

选择墙饰条，进入“修改 | 墙饰条”选项卡，单击“添加 / 删除墙”按钮，可以在附加的墙上继续创建墙饰条，或者从现有的墙饰条中删除选中的部分。

选中的墙饰条显示临时尺寸标注，单击修改尺寸标注文字，可以调整墙饰条在墙体上的垂直高度，如图 4-93 所示。在墙饰条的端点显示实心圆点，单击激活圆点，移动鼠标，可以朝一定方向拖曳墙饰条将其延长。单击向上向下箭头组成的“翻转”按钮，可以翻转墙饰条。

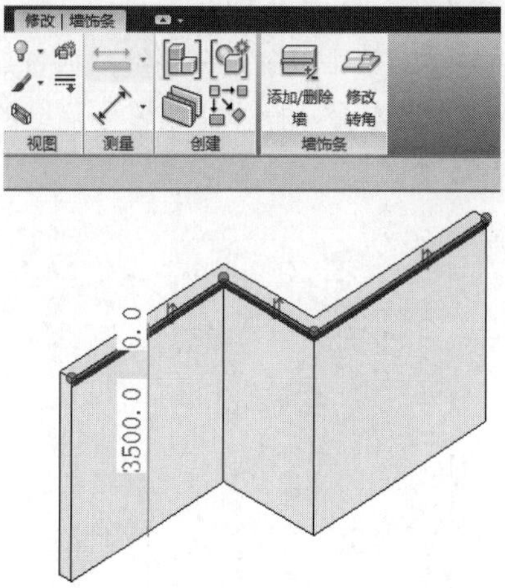

图 4-93

4.4.2 墙分隔缝

在“墙”命令列表中选择“墙：分隔条”命令，进入“修改 | 放置 分隔条”选项卡，如图4-94所示，选择“水平”或“垂直”放置方式。

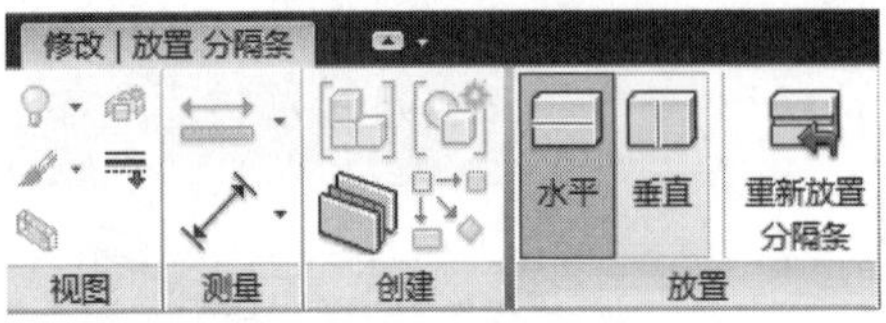

图 4-94

进入分隔缝的“类型属性”对话框，在“默认收进”选项中设置分隔缝在墙体中创建裁切的深度。单击“轮廓”按钮，在列表中选择分隔缝的轮廓样式，如图4-95所示。

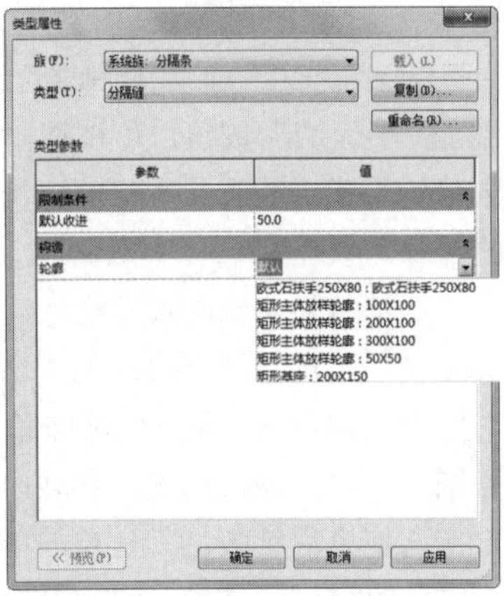

图 4-95

在墙体上单击以确定分隔缝的放置点，按Esc键两次退出命令操作，放置分隔缝的结果如图4-96所示。

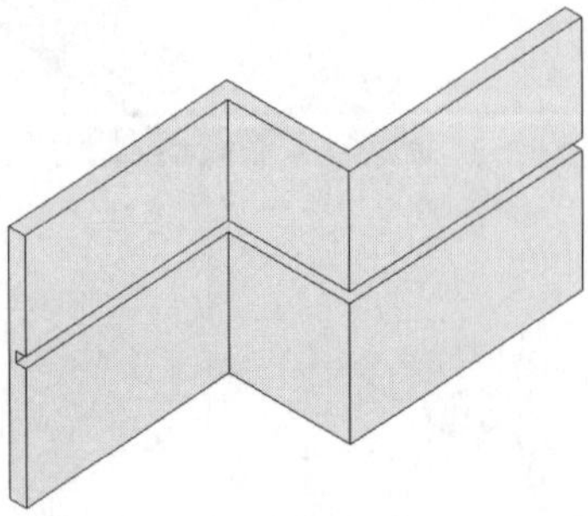

图 4-96

分隔缝的编辑方式与墙饰条相同，可参考上一小节的介绍。

4.4.3 复合墙

通过编辑修改墙体的垂直结构参数，可以创建复杂的复合墙体，本节介绍创建复合墙体的操作方法。

单击“构建”面板中的“墙”工具，在“属性”选项板中选择“砖墙240mm-外墙-带饰面”墙类型，如图4-97所示。单击“类型属性”按钮，调出“类型属性”对话框。单击“结构”选项后的“编辑”按钮，进入“编辑部件”对话框。

图 4-97

单击“预览”按钮，调出预览窗口，在其中可以实时查看墙体的编辑结果。在“视图”选项中选择“剖面：修改类型属性”选项，在视图中查看墙体的剖面样式，如图4-98所示。

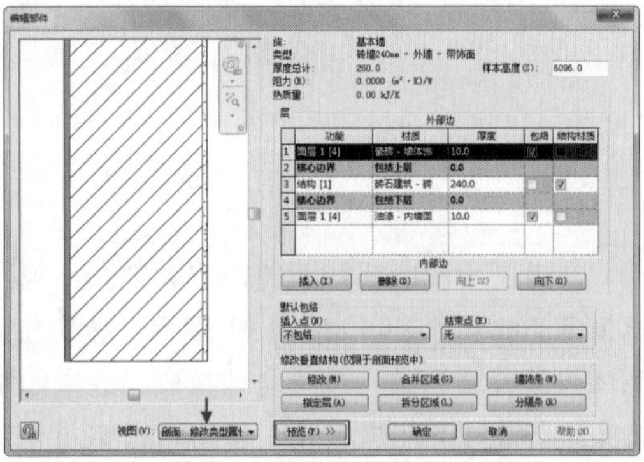

图 4-98

在预览窗口中单击，滚动鼠标滚轮，可以放大或者缩小视图，以方便观察墙体细部，与在视图中执行放大或者缩小的操作一致。

单击该对话框底部的“拆分区域”按钮，在预览窗口中放大墙体底部，在左侧涂层距底部420处单击，以将涂层分为上下两段，如图4-99所示。在执行拆分操作后，可以显示临时尺寸标注，以注明所指定的拆分距离。

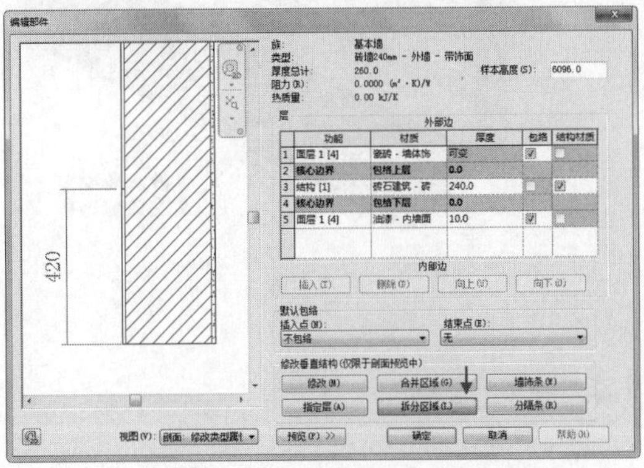

图 4-99

重复操作，继续对涂层执行拆分操作，结果如图4-100所示。

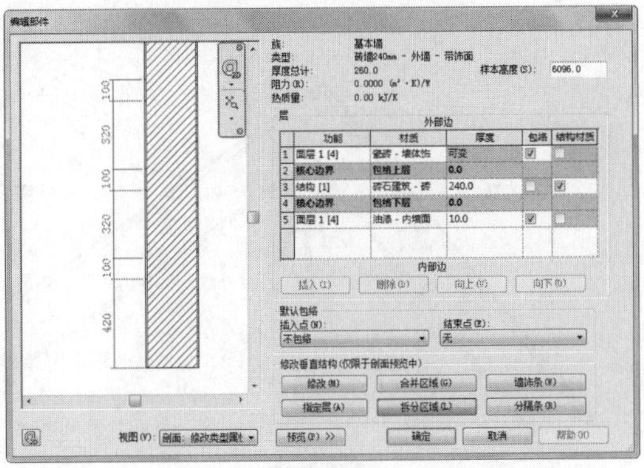

图 4-100

单击列表左下角的“插入”按钮，在列表中插入新层，并将新层置顶。单击第1行的“功能”单元格，在列表中选择“面层2[5]”选项，单击“材质”单元格中的矩形按钮，在“材质浏览器”对话框中选择“粉刷 - 茶色 纹纹”材质，如图4-101所示。

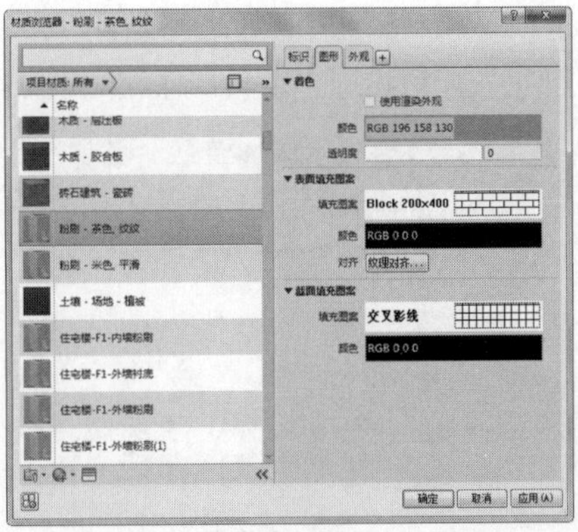

图 4-101

选中列表中的第1行，单击该对话框下方的“指定层”按钮，接着在预览窗口中单击高度为100的区域，将第1行的材质赋予该区域。指定材质后，在预览窗口中可以查看到该区域以蓝色填充图案显示，如图4-102所示。

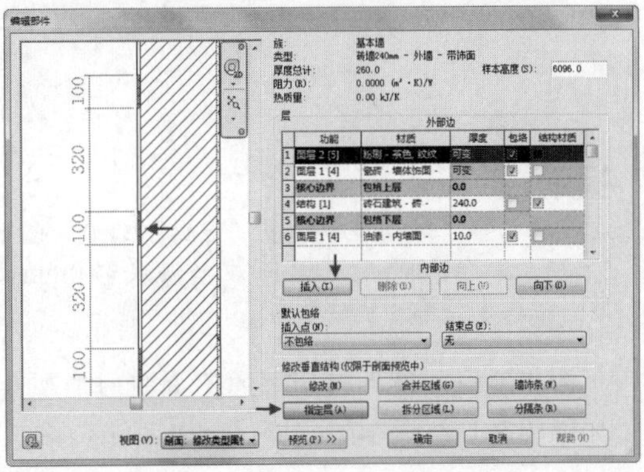

图 4-102

单击该对话框右下角的“墙饰条”按钮，调出“墙饰条”对话框。单击“添加”按钮，新建一个空白表行。在新表行“轮廓”单元格中单击调出类型列表，在其中选择轮廓样式，此时在各单元格中自动显示与该轮廓相对应的选项参数，如图4-103所示。保持默认参数不变，单击“确定”按钮返回“编辑部件”对话框。

单击“分隔条”按钮，调出“分隔条”对话框。单击“添加”按钮，添加3个空白表行。在“轮廓”单元格中选择分隔条的样式，分别在“距离”单元格中设置分隔条的距离值，如图4-104所示。距离值表示从墙底部至分隔条的距离，如

1400表示分隔条与墙底部之间相距1400。单击“确定”按钮返回“编辑部件”对话框。

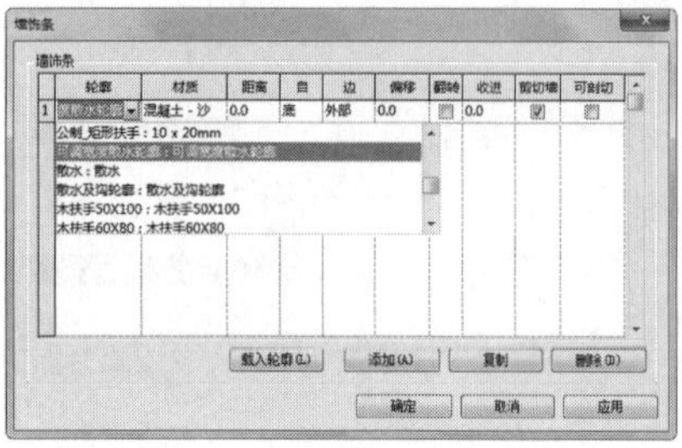

图 4-103

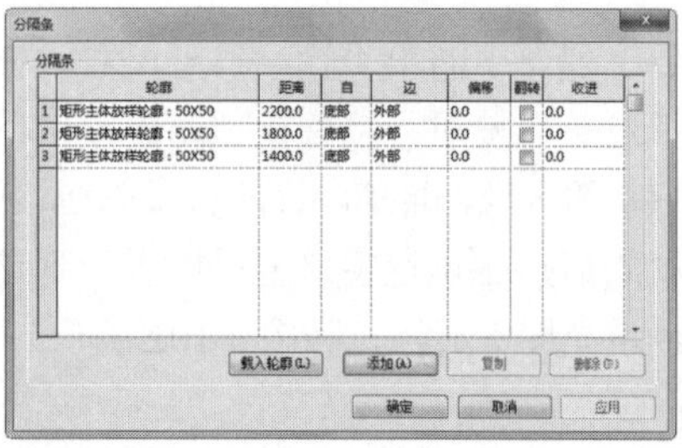

图 4-104

提示：
在“墙饰条”对话框中设置“距离”为0，自“底”到“外部”边，表示在沿墙底部0mm处，以散水轮廓生成墙饰条。

在“编辑部件”对话框的预览窗口中观察添加墙饰条与分隔条的结果，如图4-105所示。依次单击“确定”按钮，分别关闭“编辑部件”对话框及“类型属性”对话框。

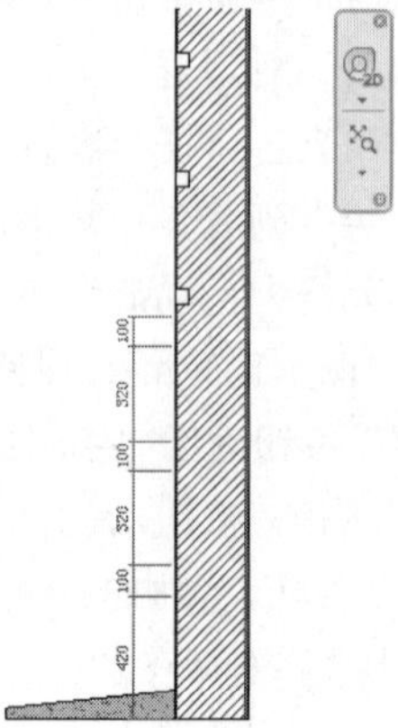

图 4-105

在绘图区域中指定起点与终点绘制复合墙，接着转换至三维视图，查看复合墙的三维模型，结果如图4-106所示。

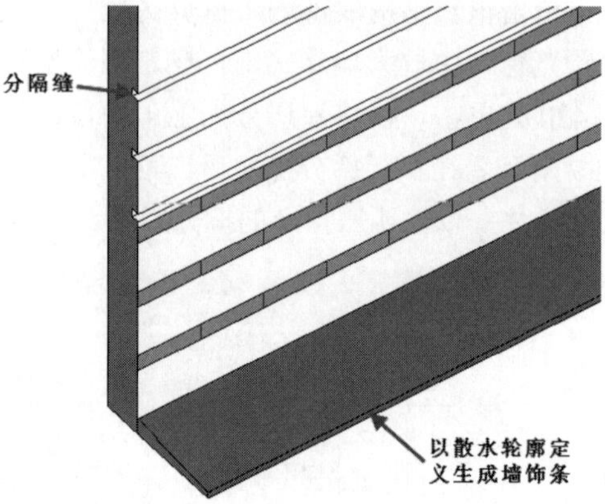

图 4-106

4.4.4 墙连接

在绘制墙体时，在转折处墙体默认自动连接，如图4-107所示，Revit允许用户自定义墙体的连接方式。选择“修改”选项卡，单击“几何图形”面板中的“墙连接”按钮，如图4-108所示。

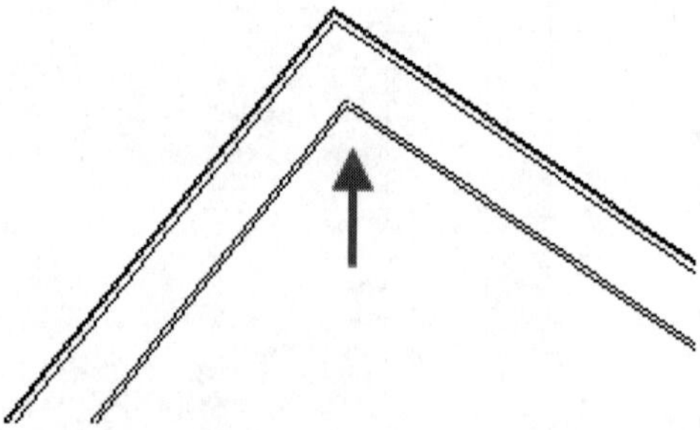

图 4-107

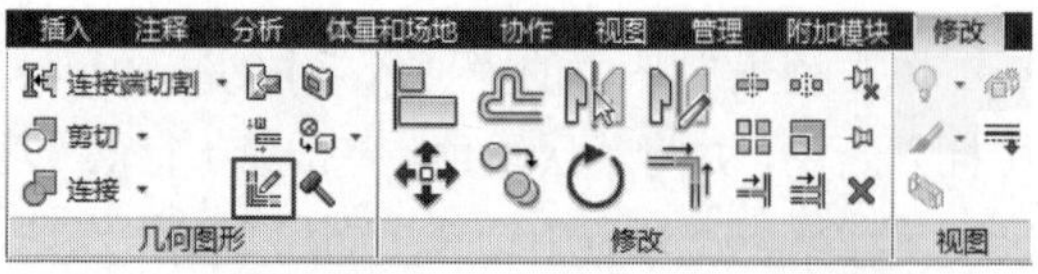

图 4-108 单击“墙连接”按钮

将鼠标置于墙体上，显示一个矩形边框，边框内为待修改连接的墙体，如图4-109所示。

选择墙体后，激活选项栏，如图 4-110 所示。在选项栏上提供了 3 种墙体连接方式，分别是平接、斜接、方接。单击选择一种连接方式，可以将其指定给选中的墙体。

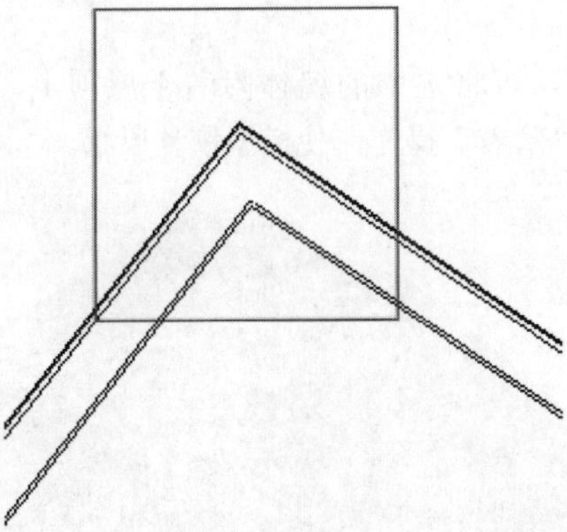

图 4-109

图 4-110

在“显示”选项中设置墙体连接的显示方式，默认选择“使用视图设置”选项。选择“清理连接”选项，墙体连接产生的墙线被删除。选择“不清理连接”选项，保留墙体连接后产生的墙线。选择“使用视图设置”选项，按照视图的设置来显示或隐藏墙线。

按 Esc 键退出命令，使用“平接”方式连接墙体的结果如图 4-111 所示。重复以上操作，选择“斜接”“方接”方式，对墙体执行连接操作，结果如图 4-112 所示。

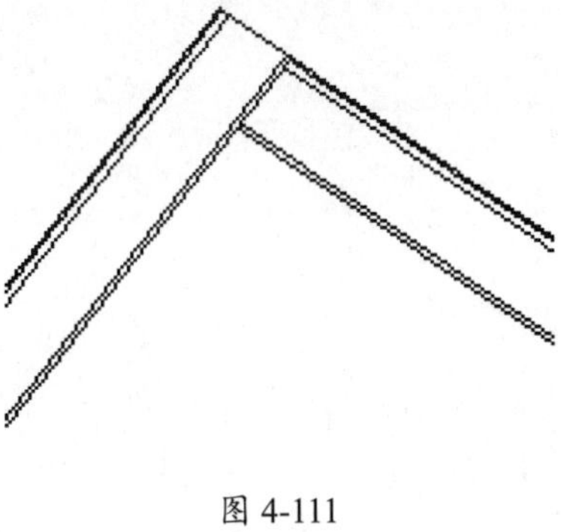

图 4-111

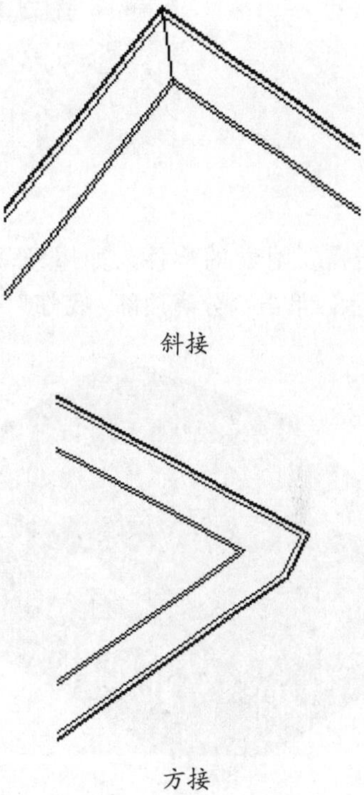

图 4-112

4.4.5 墙体的附着与分离

墙体不会自动附着于其他构件上，如屋顶、天花板，需要对墙体执行“附着”操作，才可将墙体附着于指定的构件上。

选择墙体，如图 4-113 所示，进入“修改 | 墙”选项卡，单击“附着顶部 / 底部”按钮，如图 4-114 所示。

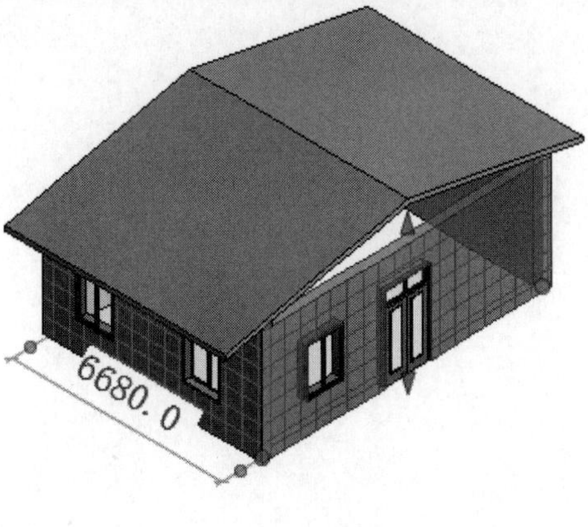

图 4-113

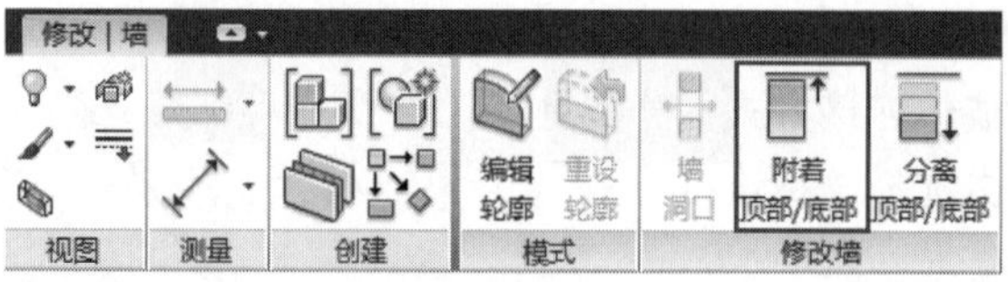

图 4-114

单击需要附着的构件，如屋顶，如图 4-115 所示，可将选中的墙体附着于屋顶上，如图 4-116 所示。单击“分离顶部 / 底部”按钮，可以撤销“附着”操作，使模型恢复原状。

图 4-115

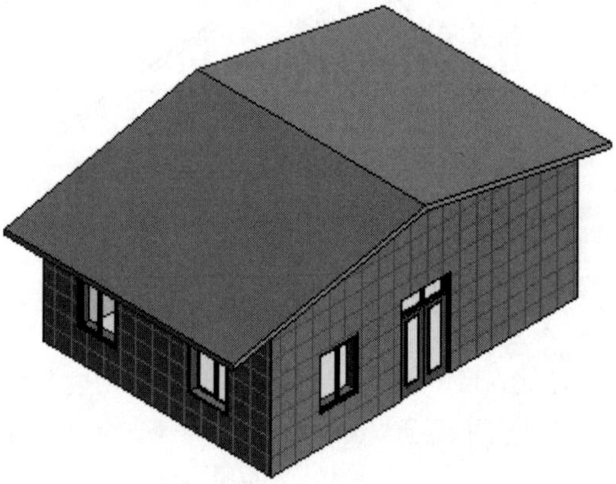

图 4-116

第 5 章　幕墙和门窗

幕墙是一种常见的现代建筑构件，在很多大型的公共建筑物中都使用幕墙作为装饰，所以熟练掌握与幕墙相关的知识，对于建筑项目的设计工作是很有帮助的。

门和窗是基于主体的构件，即必须放置于墙、屋顶等主体图元上。Revit 提供了门、窗工具，可供用户在建筑模型中创建各种类型的门窗。

本章介绍创建幕墙和门窗的操作方法。

5.1　幕墙

启用“墙”命令后，在“属性”选项板中显示了叠层墙、基本墙以及幕墙三种类别，本节介绍幕墙的绘制及编辑方法。

5.1.1　绘制幕墙

选择“建筑”选项卡，单击“构建”面板中的“墙”按钮，进入“修改 | 放置 墙”选项卡。在“属性”选项板中选择“幕墙”选项，如图 5-1 所示。

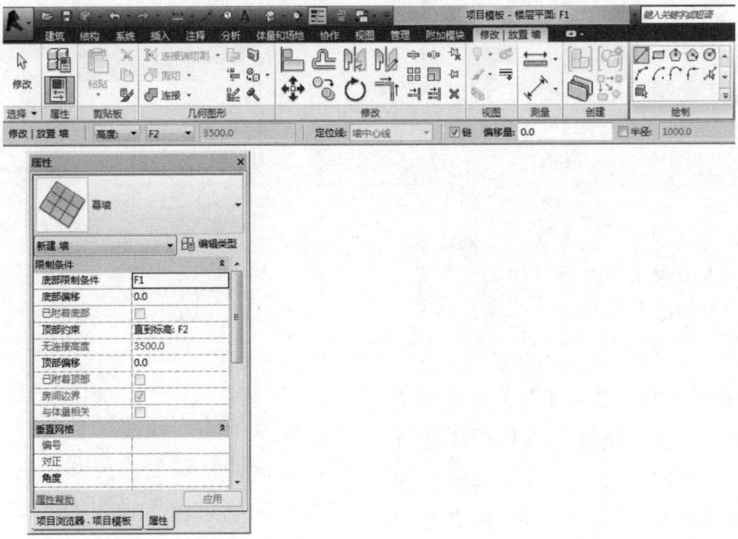

图 5-1

单击“编辑类型”按钮，调出“类型属性”对话框。在“类型”列表中选择“幕墙”选项，单击“复制”按钮，调出“名称”对话框，在其中设置类型名称，如图 5-2 所示。接着本章前面的内容，为幕墙指定一个项目，如住宅楼。用户在为项目创建各类型族时，可以在类型名称的前面添加项目名称。

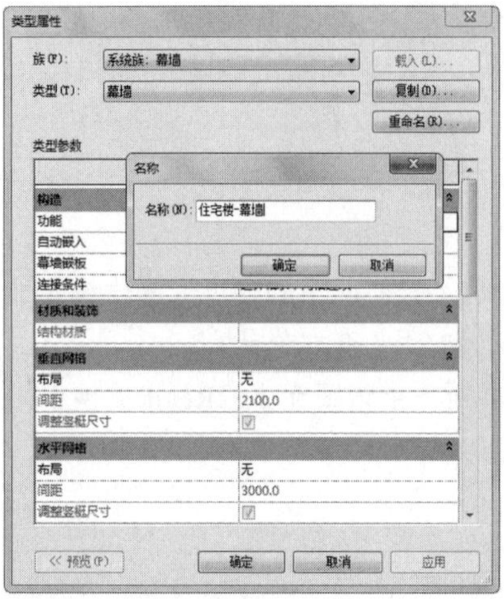

图 5-2

提示：

在没有特别提示的情况下，本章均以F1视图为基础，介绍各类图元的创建及编辑方法。

在“类型属性”对话框中选择“自动嵌入”选项，其他参数保持默认值，单击“确定”按钮返回绘图区域中。在“绘制”面板中指定“直线”绘制方式，设置“高度”为F2，表示幕墙的高度为当前视图中的F1到F2。选择“链”选项，以便能连续绘制幕墙，保持“偏移值”为0。

提示：

选择“自动嵌入”选项后，在幕墙与其他基本墙实例重合时，可自动使用幕墙剪切其他基本墙图元，以利用幕墙工具快速、灵活地替代墙体中特殊形式的门窗。

转换至F2视图，因为要以F2作为幕墙的“底部限制条件”。在“属性”选项板中选择“底部限制条件”为F2，设置“底部偏移”值为-500，即幕墙的底轮廓线位于F2标高线以下500处。选择“顶部约束”为F5，设置“顶部偏移”为-1000，即幕墙顶轮廓线位于F5标高以下1000处，如图5-3所示。

在F2视图中单击指定轴线的交点来创建幕墙。以本节所选用的项目为例，单击3轴与A轴的交点为幕墙的起点、4轴与A轴的交点为幕墙的终点，在3轴与4轴之间绘制幕墙如图5-4所示。

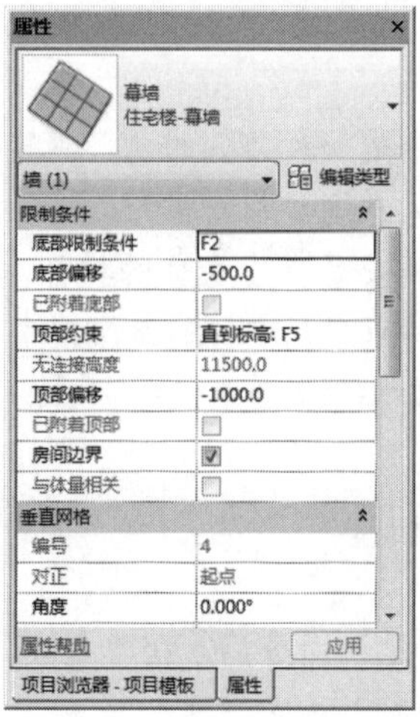

图 5-3

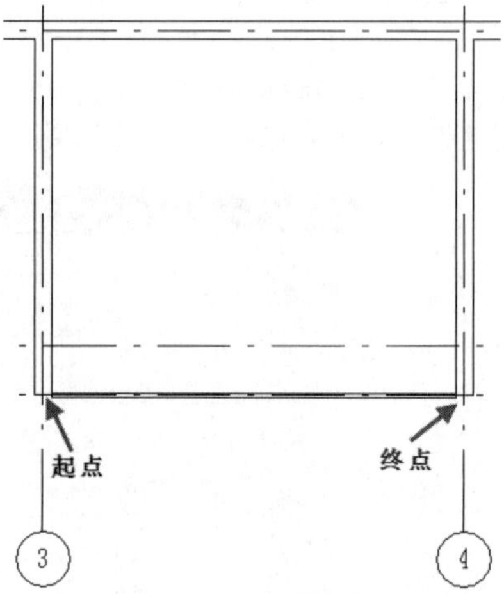

图 5-4

将幕墙的“底部限制条件”设置为哪个视图，就需要转换至该视图来创建幕墙。假如将“底部限制条件”设置为F1，就应到F1视图中执行绘制幕墙的操作。

也可不转换视图，就在当前视图中创建幕墙，但是幕墙的创建结果在该视图中为不可见的状态。需要转换到与“底部限制条件”相对应的视图中方可查看幕墙。为方便起见，应该在相对应的视图绘制幕墙。

提示：

如果没有特别的说明，建筑项目使用的单位通常为mm，在“项目单位”对话框中设置项目单位。

转换至立面视图，查看关于幕墙“底部偏移”与“顶部偏移”参数的设置效果，如图5-5所示。

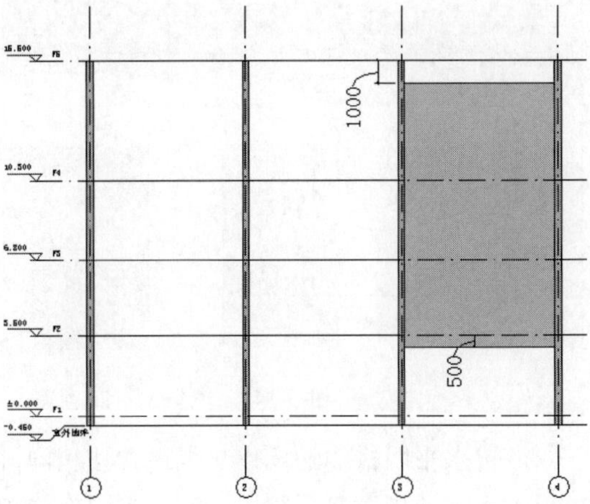

图 5-5

5.1.2 编辑幕墙

幕墙由幕墙嵌板、幕墙网格、幕墙竖梃几部分组成。幕墙绘制完成后，为其添加网格对其进行划分是编辑幕墙的主要操作。

1. 放置网格

单击状态栏上的“视觉样式”按钮，在调出的列表中选择“着色”选项，如图5-6所示。可以使模型按照所设置的材质颜色在视图中显示，幕墙的材质为玻璃，因此在视图中显示为蓝色。

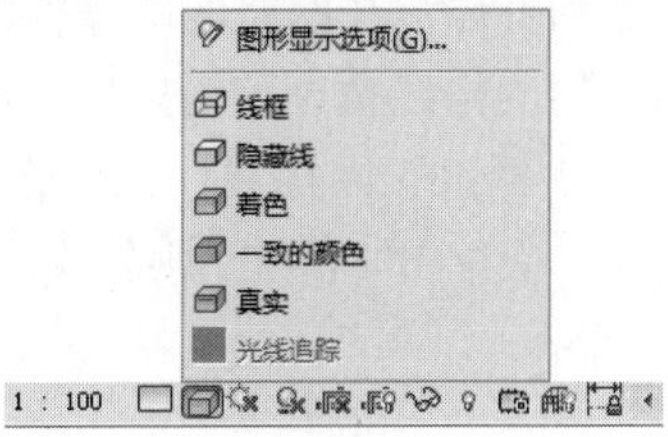

图 5-6

选择幕墙，单击状态栏上的“临时/隐藏隔离”按钮，在调出的列表中选择“隔离图元”选项，如图5-7所示，进入“临时隐藏/隔离”窗口，在视图中仅显示幕墙，如图5-8所示。

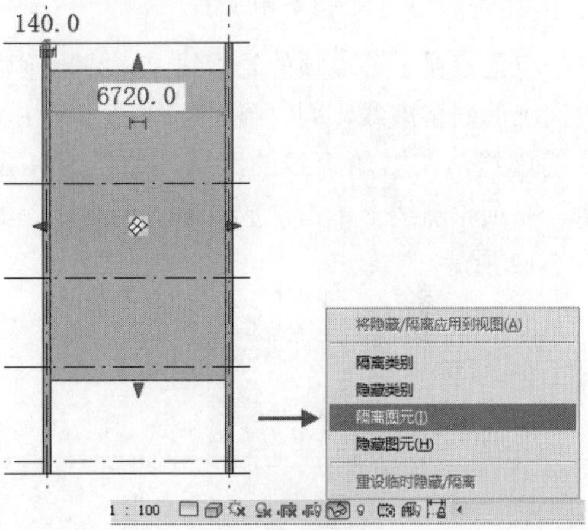

图 5-7

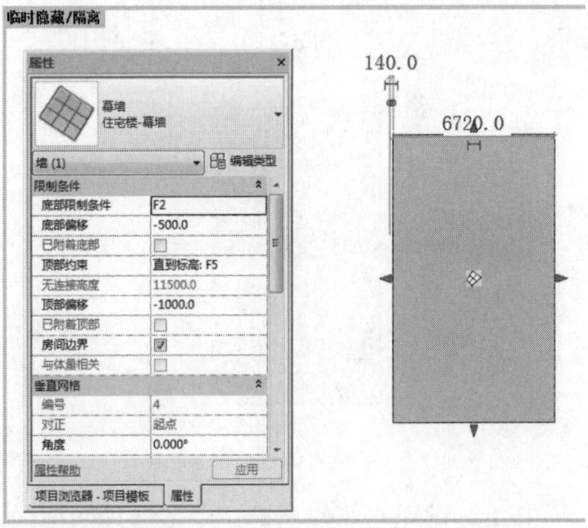

图 5-8

选择“建筑”选项卡，单击“构建”面板中的“幕墙网格”按钮，如图5-9所示。进入“修改|放置 幕墙网格”选项卡，如图5-10所示，单击“全部分段”按钮。

图 5-9

图 5-10

将鼠标置于幕墙顶的轮廓线上，显示垂直方向上的网格虚线，同时显示临时尺寸标注，注明虚线与左右轮廓线的距离，如图 5-11 所示。在顶轮廓线上单击，放置垂直网格线，如图 5-12 所示。

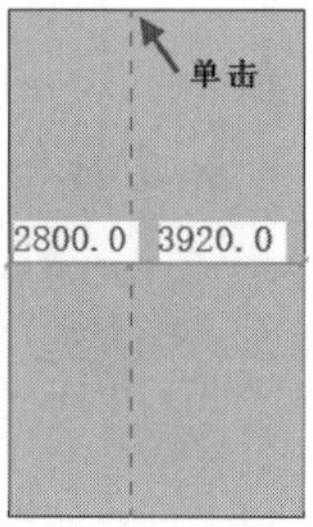

图 5-11

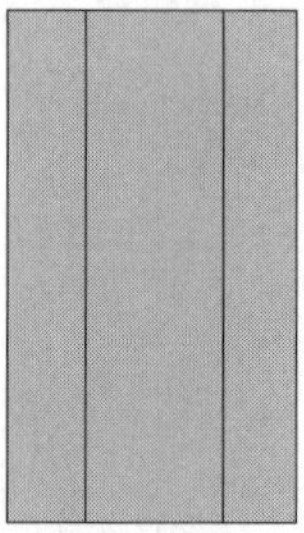

图 5-12

按 Esc 键退出编辑状态。单击选择网格线，显示临时尺寸标注。单击尺寸标注数字，进入在位编辑状态，修改尺寸参数以调整网格线的位置，如图 5-13 所示。

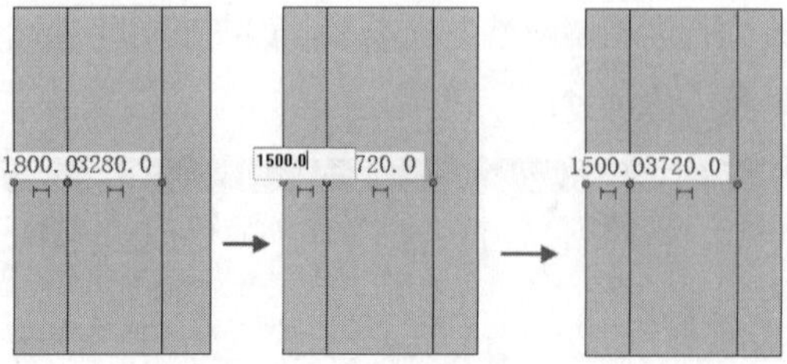

图 5-13

选择网格线，进入“修改 | 幕墙网格”选项卡，单击“修改”面板中的“修改”按钮，在选项栏上选择“约束”选项，将复制方向约束在水平方向上。向右移动鼠标，输入复制间距，如输入 500，按 Enter 键，完成复制网格线的操作，如图 5-14 所示。

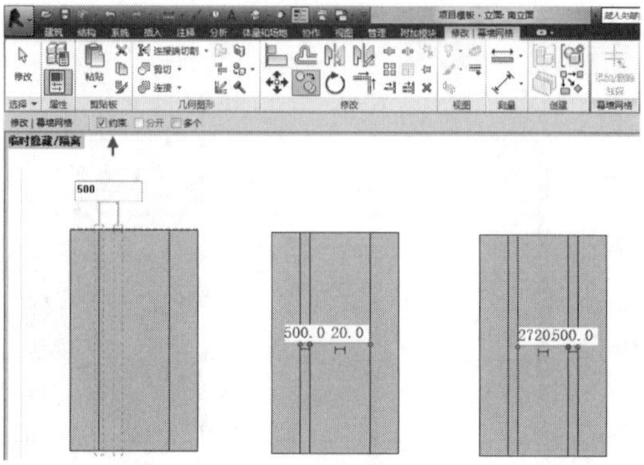

图 5-14

放置水平网格线的操作与上述方法相同，可以参考上述内容自行练习绘制水平网格线的操作，结果如图 5-15 所示。

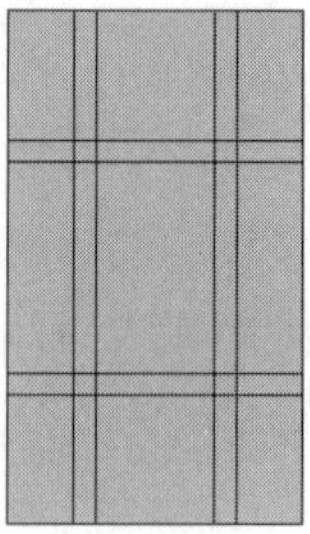

图 5-15

提示：

网格线之间的间距由用户自定义，在此仅以 500 为例，介绍复制网格线的操作方法。

以上是为幕墙添加网格线的操作方法，还可对已添加的网格线执行编辑操作，使其呈现其他样式。选择水平网格线，在“修改 | 幕墙网格”选项卡中单击“添加 / 删除线段”按钮，如图 5-16 所示。

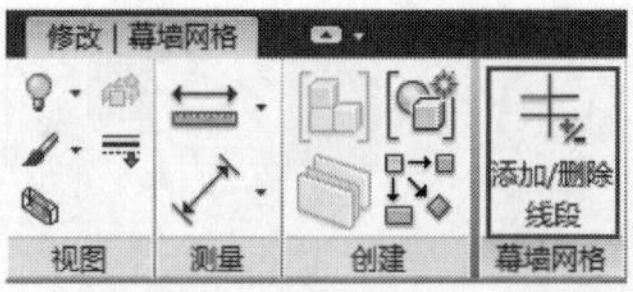

图 5-16

在水平网格线上单击需要删除的部分，如需要删除垂直网格线之间的水平网格线段，则单击该线段，被单击的水平网格线段被删除。同理，要删除水平网格线段之间的垂直线段，就单击需要删除的部分，该部分被删除，操作结果如图 5-17 所示。

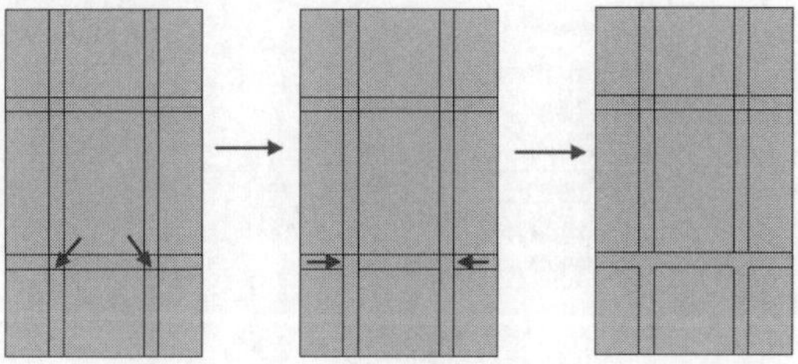

图 5-17　删除线段

重复上述操作，编辑线段后幕墙的显示样式如图 5-18 所示。通过启用幕墙编辑工具，可以对幕墙执行灵活的编辑修改，使其呈现用户想要的样式。

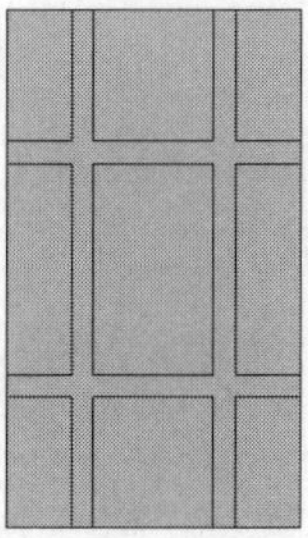

图 5-18

2．放置竖梃

选择“建筑”选项卡，单击“构建”面板中的“竖梃”按钮，可在幕墙网格上创建水平竖梃或者垂直竖梃。竖梃是竖梃轮廓沿着幕墙网格方向放样生成的实体模型。

在“修改 | 放置 竖梃”选项卡中单击“全部网格线”按钮，如图 5-19 所示。在“属性”选项板的类型列表中选择“矩形竖梃”，如图 5-20 所示。单击“编辑类型”按钮，调出“类型属性”对话框。其他参数保持默认设置，将“边 2 上的宽度”修改为 50，“边 1 上的宽度”修改为 0，如图 5-21 所示。单击“确定”按钮返回绘图区域。

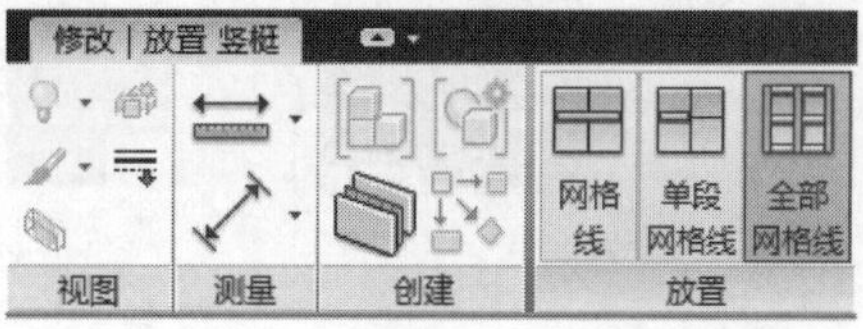

图 5-19

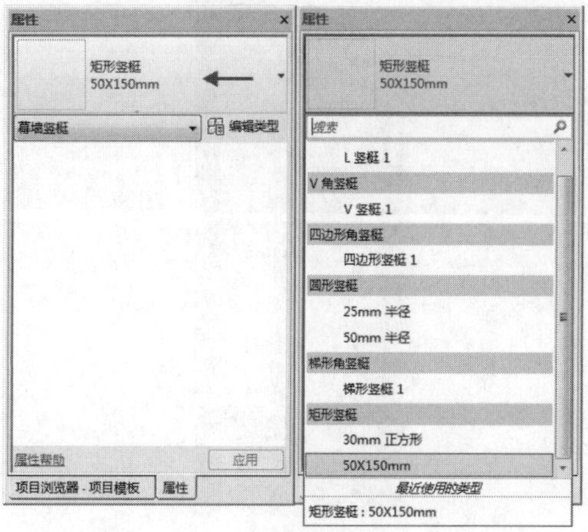

图 5-20

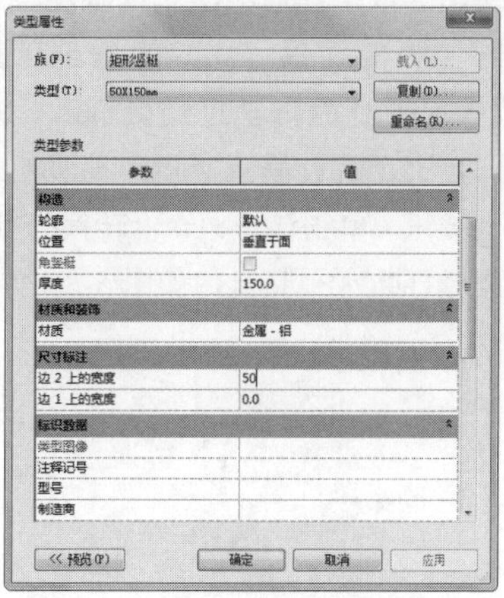

图 5-21

将鼠标置于幕墙上，幕墙上的所有网格线亮显，单击可在网格线上创建竖梃，如图 5-22

所示。转换至三维视图，观察竖梃的三维效果，如图 5-23 所示。

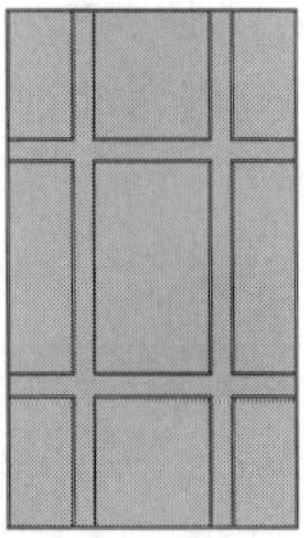

图 5-22

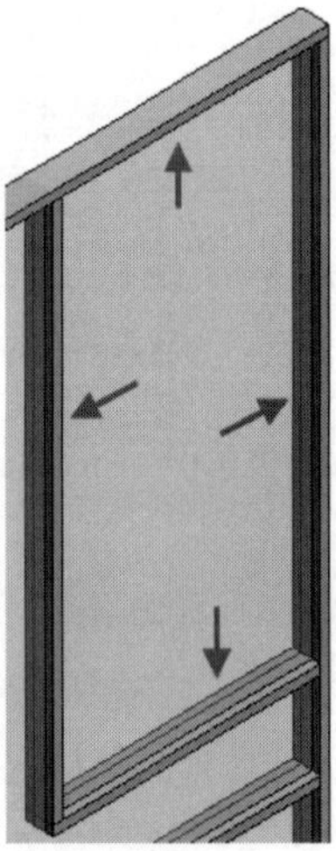

图 5-23

在绘图区域中向前滚动鼠标滚轮，放大视图，观察竖梃的连接方式。如图 5-24 所示，Revit 默认水平竖梃将垂直竖梃打断，打断方式可以自定义。选择垂直竖梃，在竖梃上显示一个十字按钮，单击该按钮，可转换打断方式，即垂直竖梃打断水平竖梃，如图 5-25 所示。

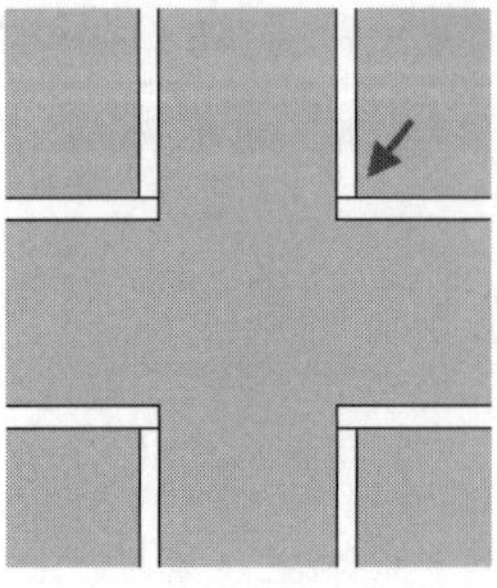

图 5-24

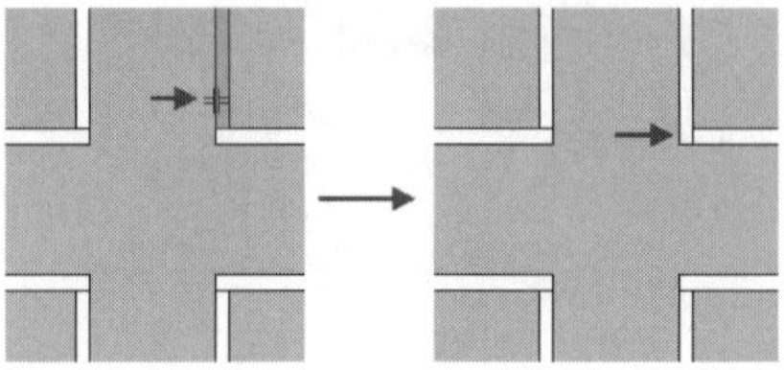

图 5-25

选择竖梃，右击，选择“连接条件”选项，在弹出的子菜单中显示有两种连接方式，分别为“结合”与“打断”，如图 5-26 所示。选择“结合”选项，为垂直竖梃打断水平竖梃；选择“打断”选项，为水平竖梃打断垂直竖梃。

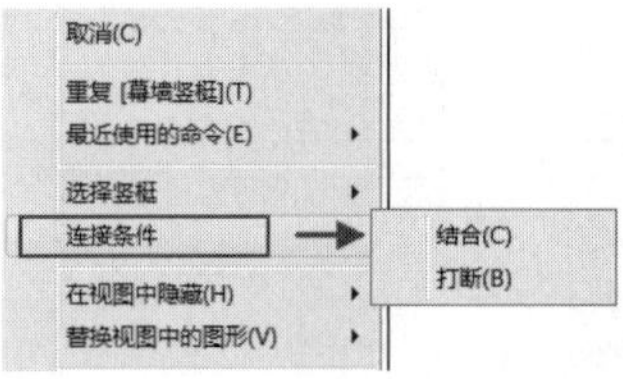

图 5-26

以上方法适合单独修改竖梃的连接方式，在批量修改时费时费力，还容易出现错误。将鼠标置于幕墙边界线上，待边界轮廓亮显，单击选中边界。接着单击“属性”选项板中的“类型属性”按钮，在“类型属性”对话框中单击“连接条件”按钮，在弹出的列表中显示了各种连接方式，如图 5-27 所示。选择连接方式，单击“确定”按钮返回绘图区域，系统自动更新幕墙竖梃的连接方式。

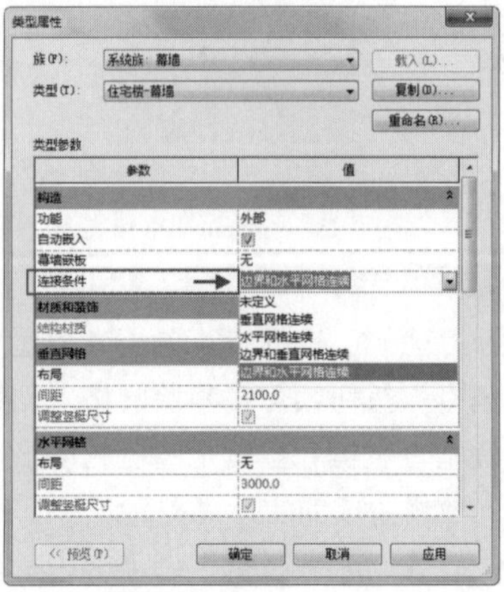

图 5-27

3. 编辑幕墙网格

通过修改幕墙的类型属性，可以批量生成幕墙网格，还可自动设置幕墙嵌板，生成幕墙竖梃。选择幕墙，进入其“类型属性”对话框。在“垂直网格”选项组中单击“布局”选项，在列表中选择“固定距离”，设置“间距”值。执行同样的操作，修改“水平网格”选项组的参数，如图 5-28 所示。

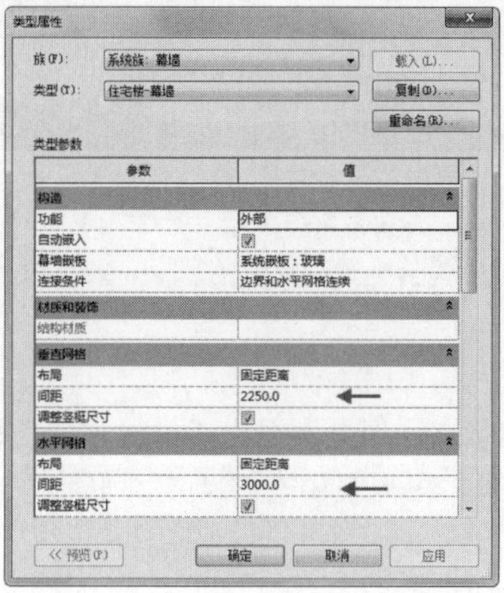

图 5-28

单击“确定”按钮返回绘图区域，幕墙按照所设置的参数生成网格线，如图 5-29 所示。观察网格线，发现水平方向上的网格线分布不是很平均，需要对其进行修改操作。

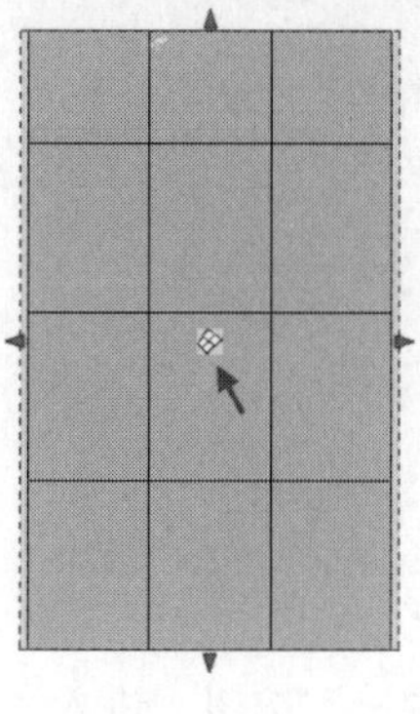

图 5-29

选中幕墙，单击位于中间的“配置轴网布局”按钮，进入编辑模式。在该模式下显示幕墙网格布局的 UV 坐标系以及坐标系角度与起始点偏移值，如图 5-30 所示。单击左下角的向上箭头按钮，可以向下调整水平网格线的位置，如图 5-31 所示。

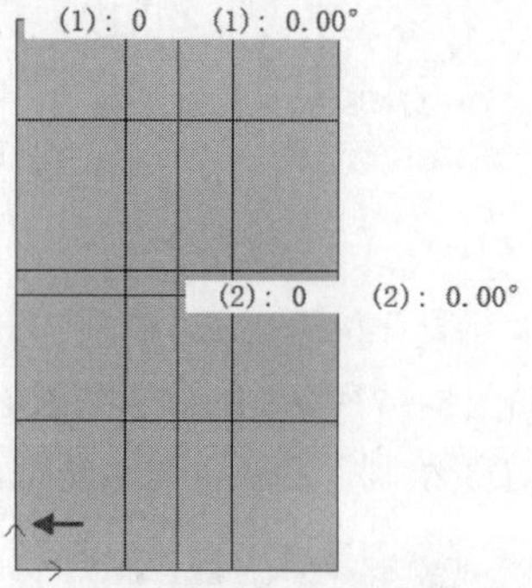

图 5-30

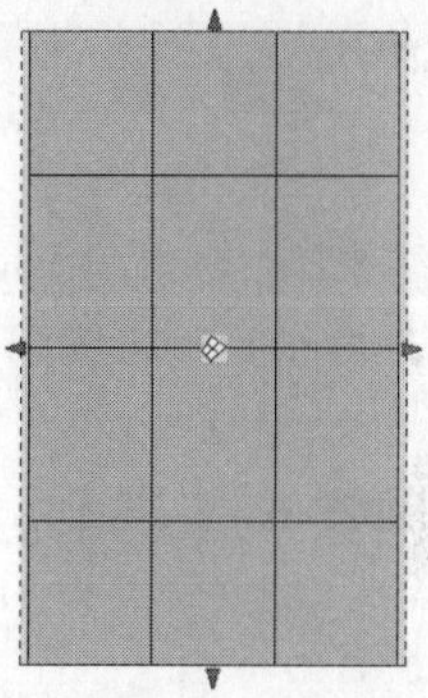

图 5-31

编辑幕墙的方式灵活多样，用户应多加练习，熟练运用创建及编辑幕墙的方法。

5.1.3　幕墙系统

嵌板、幕墙网格和竖梃组成幕墙系统，可以在任何体量面或常规模型面上创建幕墙系统，接着使用与幕墙相同的方法添加幕墙网格与竖梃。

1. 创建体量

因为幕墙系统在体量面上创建，所以先创建一个体量。

选择“体量和场地”选项卡，单击“概念体量”面板中的“内建体量”按钮，如图 5-32 所示。此时系统调出“体量 - 显示体量已启用”对话框，提醒用户新创建的体量将可见。

调出“名称”对话框，默认将体量名称设置为“体量 1”，如图 5-33 所示，用户可自定义名称。

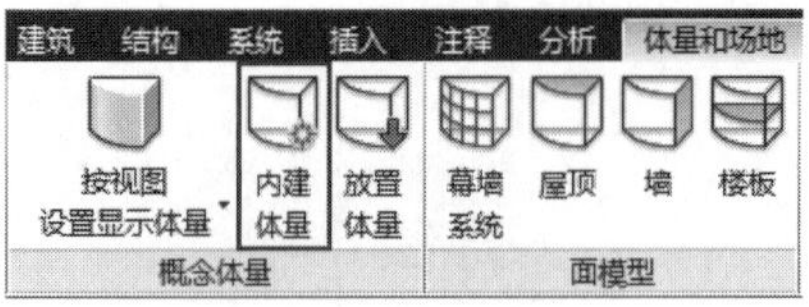

图 5-32

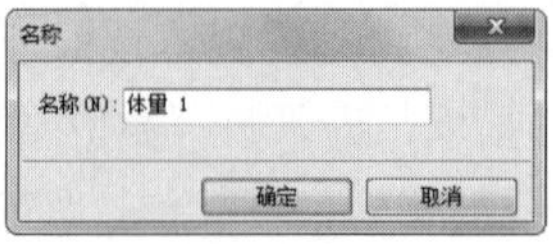

图 5-33

单击“确定”按钮，在“绘制”面板上选择绘图工具，如选择“矩形”，进入“修改 | 放置 线”选项卡，如图 5-34 所示。在 F1 视图中绘制矩形轮廓线，切换至 F2 视图，继续绘制一个矩形轮廓线。用户可以在“绘制”面板上自由选取绘制工具，创建不同样式的轮廓线。

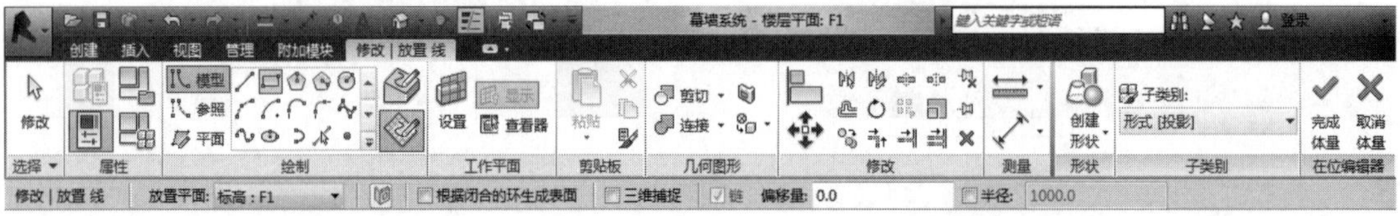

图 5-34

切换到三维视图，按一次 Esc 键，退出放置轮廓线的状态，但是不退出“内建体量”命令。按住 Ctrl 键选择两个矩形轮廓线，单击“创建形状”按钮，在列表中选择“实心形状”选项，如图 5-35 所示。

生成体量模型如图 5-36 所示，单击“完成体量”按钮退出命令。

图 5-35

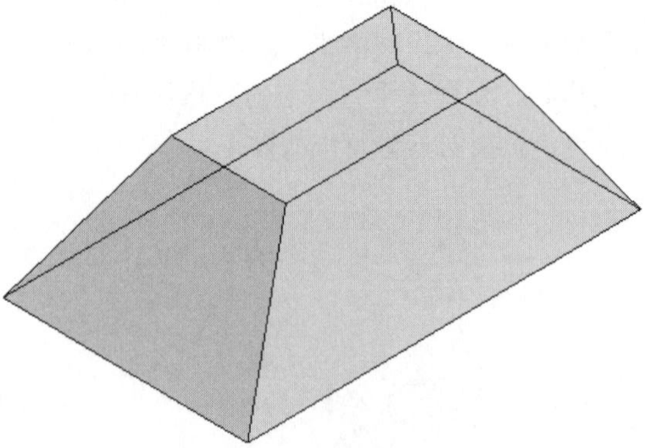

图 5-36

2. 创建幕墙系统

在“体量和场地”选项卡中单击“面模型”面板的“幕墙系统”按钮，进入“修改 | 放置面幕墙系统”选项卡，如图 5-37 所示。

默认在“多种选择”面板中单击“选择多个”按钮，在体量模型上单击选择面，单击“创建系统”按钮，可在选中的面上创建幕墙系统，如图 5-38 所示。

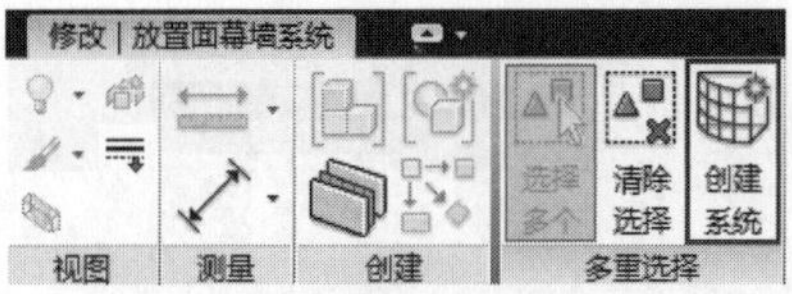

图 5-37

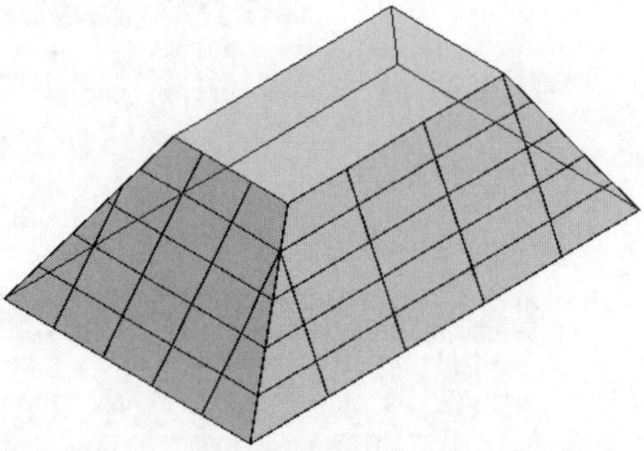

图 5-38

3. 编辑幕墙系统

选择幕墙系统，进入“修改 | 幕墙系统”选项卡，如图 5-39 所示。单击“编辑面选择”按钮，在幕墙系统上单击拾取面，接着单击“重新创建系统”按钮，可创建幕墙系统。

当对体量模型执行编辑修改操作后，如移动位置、改变形状大小等，选择幕墙系统，单击“面的更新”按钮，幕墙系统可随着体量模型的表面自动更新。

在“属性”选项板中显示幕墙系统的网格参数，修改选项参数，可以影响幕墙系统的显示样式。或者单击“编辑类型”按钮，调出“类型属性”对话框，在其中详细编辑幕墙系统构造、网格参数，如图 5-40 所示。

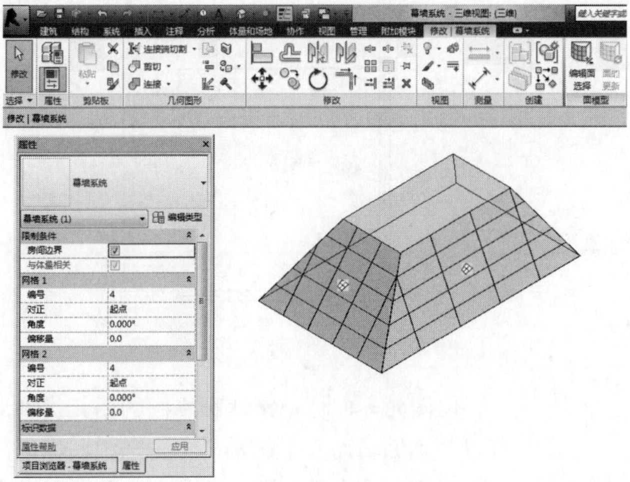

图 5-39

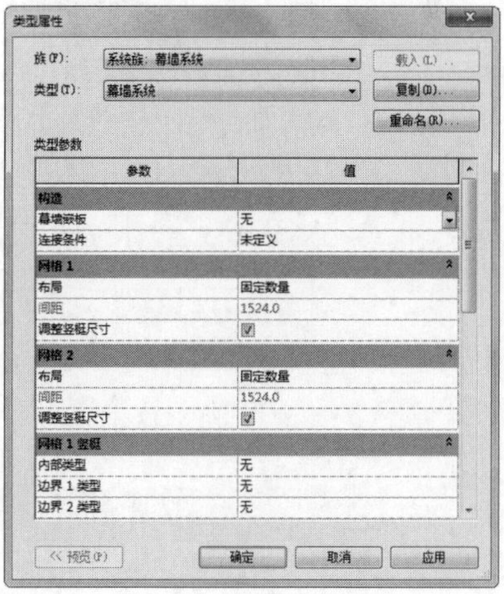

图 5-40

5.2 创建门

选择“建筑”选项卡，单击“构建”面板中的“门”按钮，如图 5-41 所示，可将门放置到建筑模型中。启用命令后进入“修改 | 放置门”选项卡，如图 5-42 所示。在“模式”面板中单击“载入族”按钮，可从外部载入“门”族。单击“在放置时进行标记”按钮，在放置门图元时可以创建门标记。

图 5-41

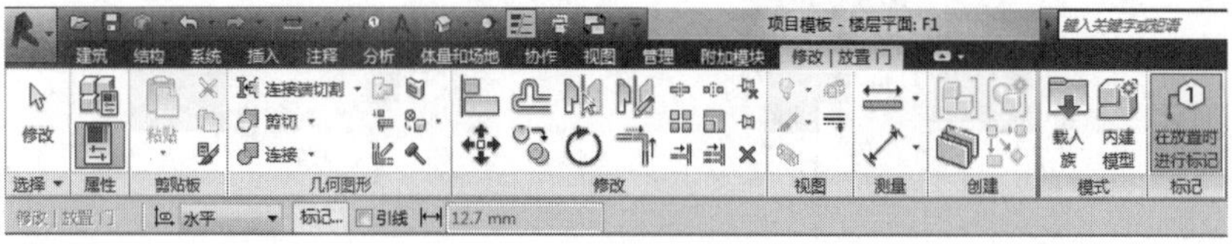

图 5-42

在“属性”选项板中选择门类型，项目模板默认包含一种门类型，即“平开门”，如图 5-43 所示。单击“类型属性”按钮，进入“类型属性”对话框。在“尺寸标注”选项组中设置平开门的“宽度”“高度”以及“厚度”，如图 5-44 所示。

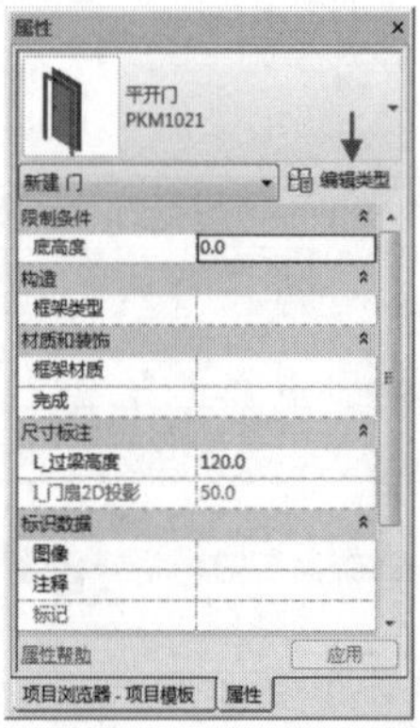

图 5-43

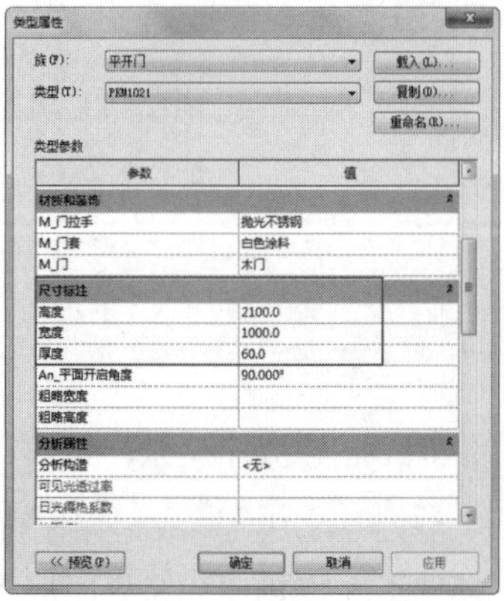

图 5-44

在墙体上单击，可在该点放置门图元。当门图元处于选中状态时，可以显示其临时尺寸标注，注明门与相邻轴线的间距。假如在“修改 | 放置门”选项卡中激活了“在放置时进行标记”命令，在放置门图元后也同时生成门标记，如图 5-45 所示。

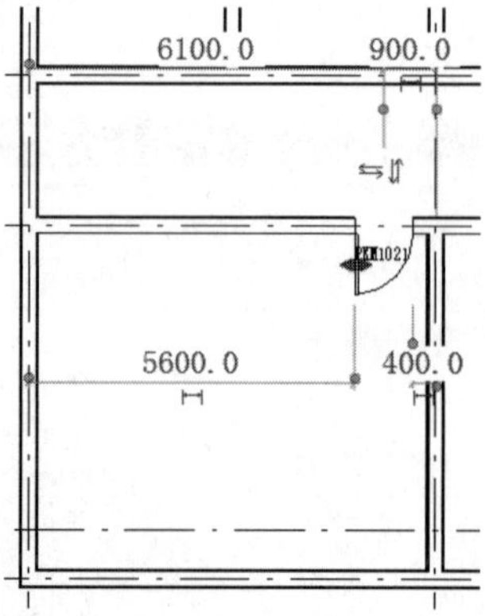

图 5-45

门图元与门标记是两种不同的图元类型，可以分别编辑而互不影响。单击选中门标记，移动鼠标，调整其位置，使其不与门图元发生遮挡，如图 5-46 所示。

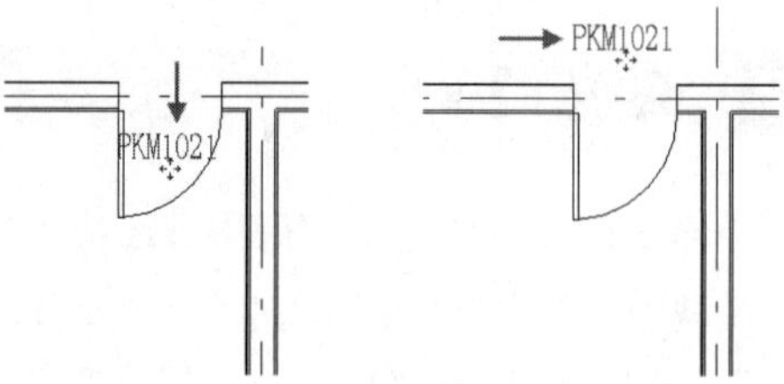

图 5-46

选中门图元，显示两个翻转按钮。单击由水平箭头组成的翻转按钮，可以调整门的开启方向，如图 5-47 所示。单击由垂直箭头组成的翻转按钮，可以翻转实例面，如图 5-48 所示。

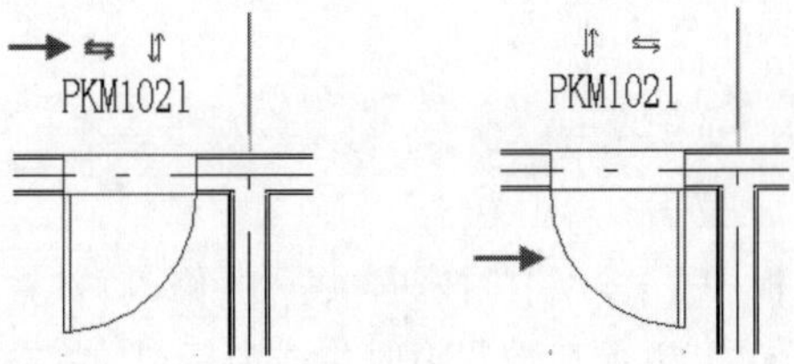

图 5-47

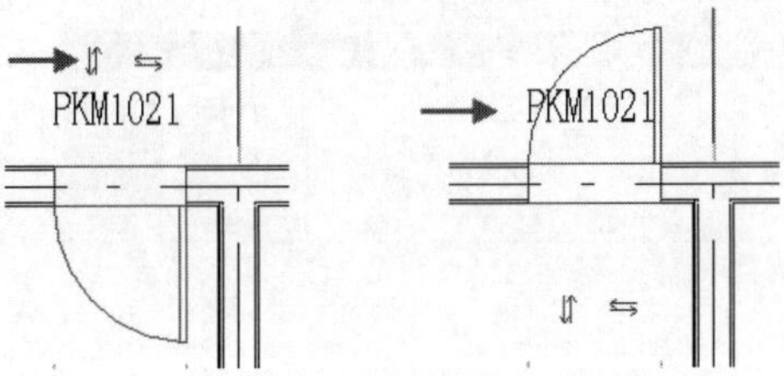

图 5-48

项目样板仅提供一个“平开门”族，在实际的绘图工作中远远不能满足需要，所以就需要从外部载入门族。选择“插入”选项卡，单击“载入族”按钮，如图 5-49 所示。调出“载入族”对话框，在其中选择门族，单击“打开”按钮，可将选中的门族载入项目中。

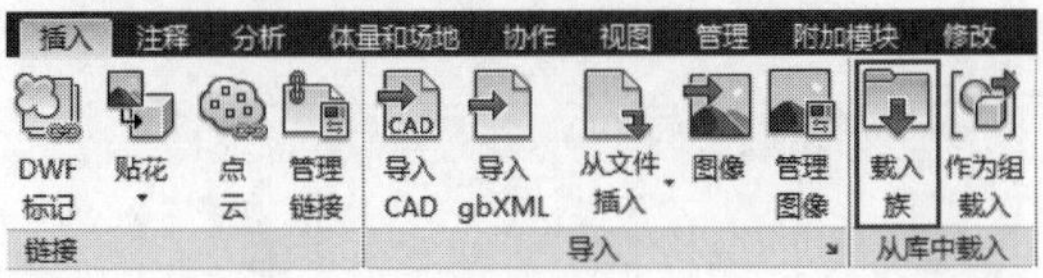

图 5-49

或者在门的“类型属性”对话框中单击“载入”按钮，如图 5-50 所示，同样可以执行“载入族”的操作。

载入门族后，启用“门”命令，在“属性”选项板中的门类型列表中查看并调用门族，如图 5-51 所示。调出门“类型属性”对话框，单击“复制”按钮，可以在选中的门族上复制一个新的门类型。接着在“尺寸标注”选项组中修改门的高度、宽度等参数，如图 5-52 所示。关闭对话框，可以将新创建的门图元放置于建筑模型中。

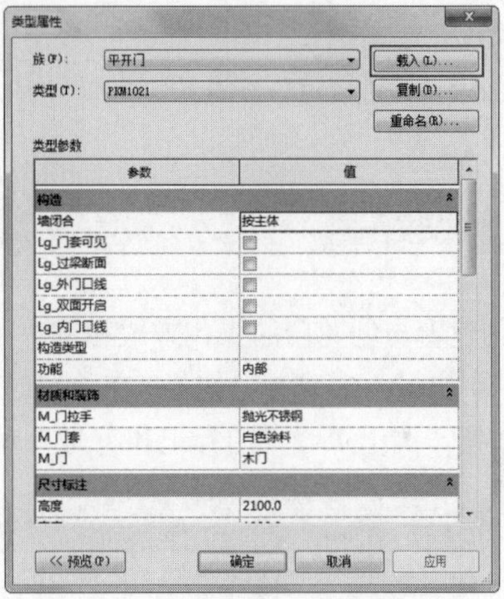

图 5-50

图 5-51

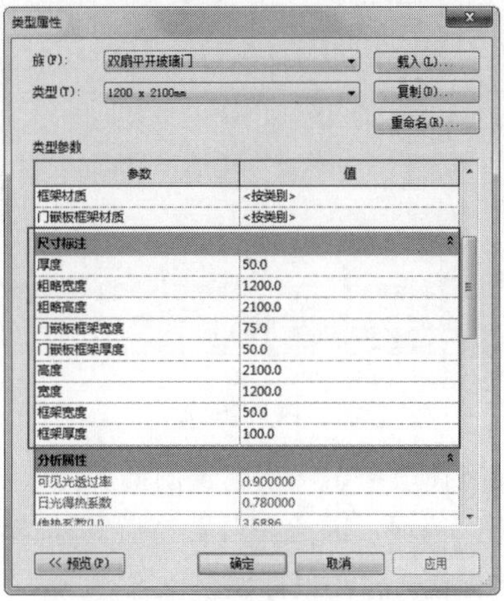

图 5-52

在需要调用相同类型但是不同尺寸的门图元时，以上方法可以适用。通过修改门的尺寸参数，灵活调用各不同尺寸的门图元。创建或修改门图元的方法比较简单，用户多加练习就可以掌握。

提示：
输入 DR，启用“门”命令。

5.3 创建窗

创建窗与创建门的操作方式相同。在“构建”面板中单击“窗”按钮，进入“修改 | 放置 窗”选项卡，如图 5-53 所示。选择“在放置时进行标记”选项，以便在放置窗时生成窗标记。单击“标记”按钮，调出“载入的标记和符号”对话框，在其中查看包括窗标记在内的标记和符号。

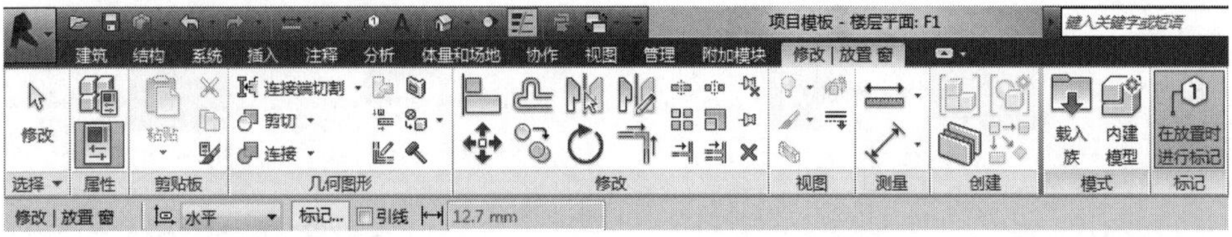

图 5-53

在“属性”选项板中选择窗类型，与放置门图元不同，在放置窗图元时，需要注意“底高度”值。“底高度”值表示窗台与楼层标高线之间的间距，如图 5-54 所示。

进入窗“类型属性”对话框，在“尺寸标注”选项组中设置窗的宽度、高度等参数，如图 5-55 所示。单击“确定”按钮返回绘图区域。

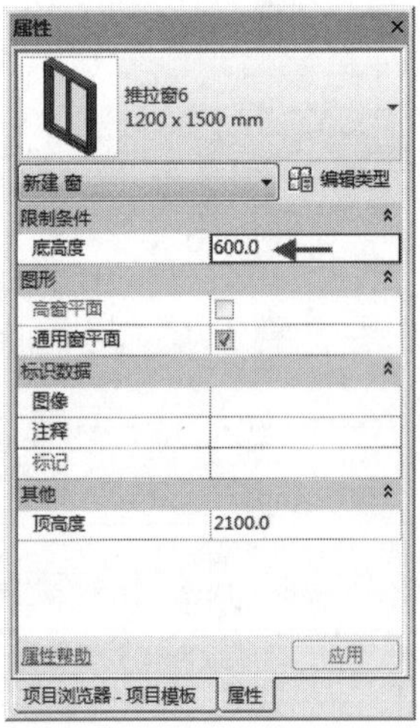

图 5-54

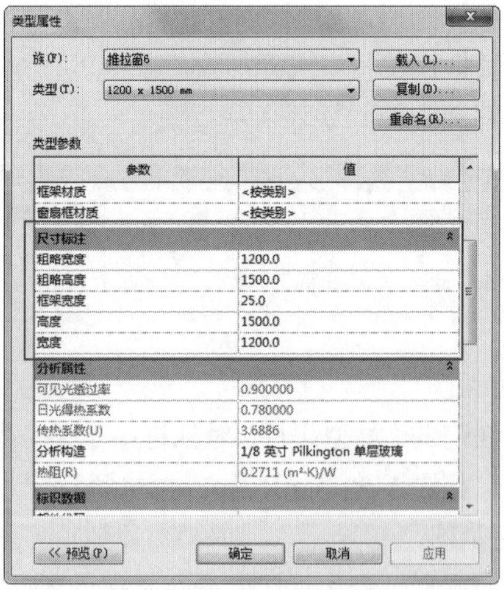

图 5-55 “类型属性”对话框

在墙体上单击，指定窗的插入点，放置窗的结果如图 5-56 所示。由于选择了“在放置时进行标记”选项，因此在放置窗后其标记也随之生成。窗标记常常与窗图元重叠，影响查看，单击选中标记，移动鼠标调整位置。

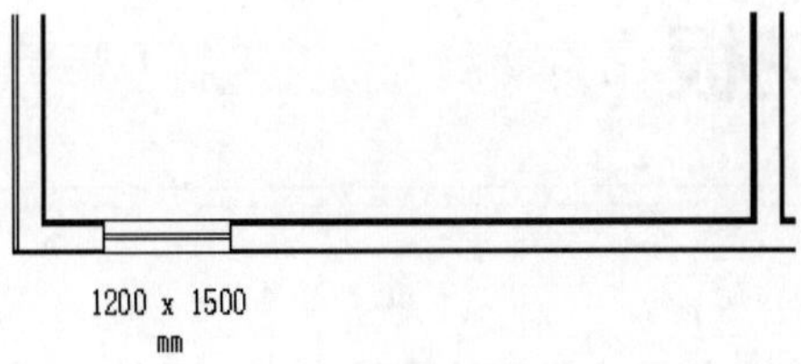

图 5-56

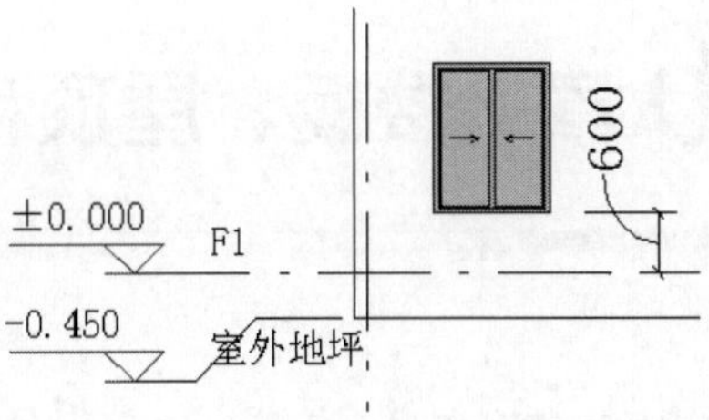

图 5-57

转换至立面视图，查看窗“底高度”值的设置效果。在“属性”选项板中设置“底高度”值为600，因此F1视图中窗台距离标高线的垂直高度为600，如图5-57所示。在“属性”选项板中修改“底高度”值，可以调整窗在垂直方向上与标高线的距离。

在“修改 | 放置窗”选项栏中选择“引线”选项，可以创建带引线的窗标记，如图5-58所示。选中引线，显示蓝色实心圆点，单击激活圆点，可以调整引线的显示样式。

与门图元类似，选择窗图元也可显示翻转符号，单击符号可翻转实例面或者开启方向。

在建筑模型中常常需要创建很多相同规格的窗图元，这时可以启用“镜像”命令或者“复制”命令来复制窗图元。选择窗图元，启用“镜像 - 拾取轴”命令，常常拾取墙中心线来作为镜像轴，此时可在轴的另一侧创建窗图元，如图5-59所示。参照平面、模型线也可作为镜像轴来使用，但是在执行“镜像”命令前首先要创建参照对象。

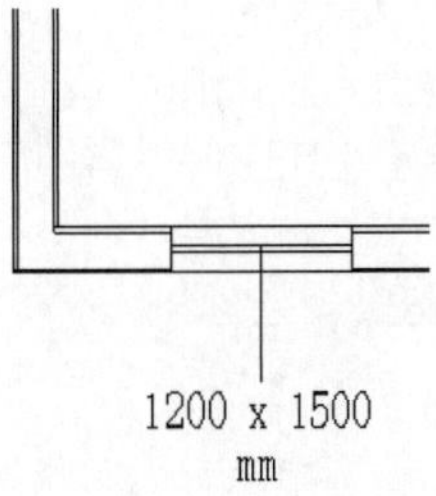

图 5-58

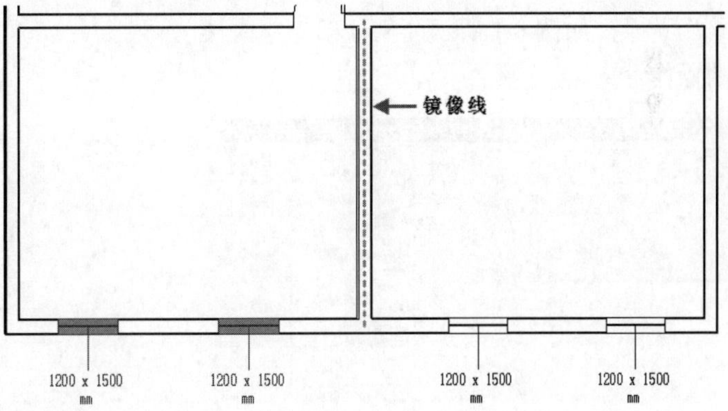

图 5-59

提示：

输入WN，启用“窗”命令。

第 6 章　楼板、屋顶和天花板

Revit 中的楼板、屋顶、天花板属于系统族，可根据草图轮廓或者类型属性中所定义的结构生成指定形状的楼板、屋顶和天花板。在“构建”面板中提供了创建楼板、屋顶与天花板的工具，本章介绍这些工具的使用方法。

6.1　楼板

楼板分为两种类型——室内楼板与室外楼板。在创建室内楼板时，可以通过拾取墙线来生成楼板边界线，并在边界线的范围内创建楼板。创建室外楼板则首先要绘制楼板轮廓线。

6.1.1　室内楼板

选择“建筑”选项卡，单击“构建”面板中的“楼板”按钮，在调出的列表中选择“楼板:建筑”选项，如图 6-1 所示，执行创建室内楼板的操作。

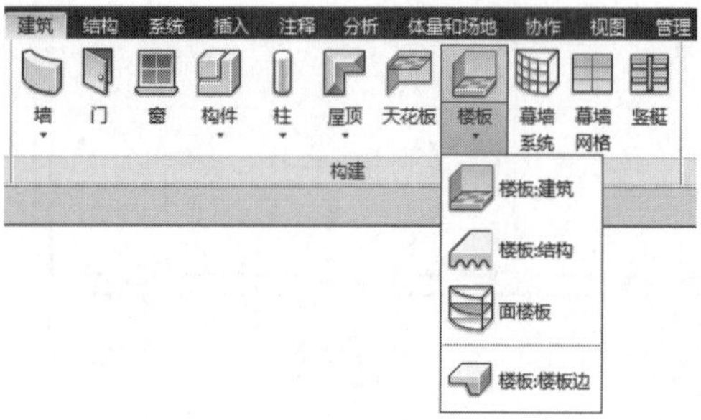

图 6-1

1. 设置楼板构造

在“属性”选项板中选择“混凝土120mm”的楼板类型，如图 6-2 所示，单击“类型属性”按钮，调出“类型属性”对话框，设置楼板的类型属性。

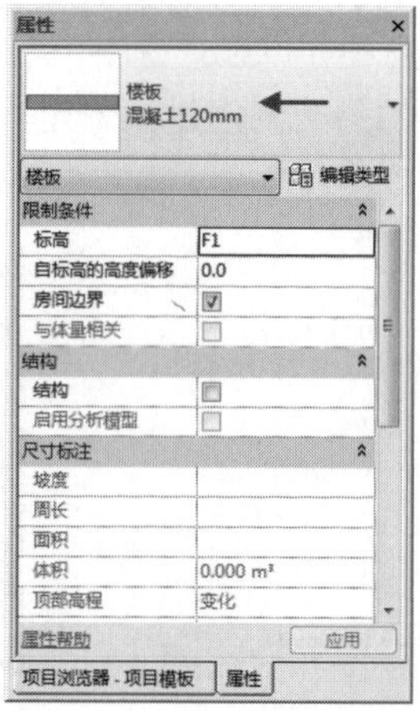

图 6-2

在该对话框中单击“复制”按钮，在“名称”对话框中设置新类型楼板的名称，依然以项目名称为楼板命名，如图 6-3 所示。根据项目的性质，可以将名称设置为办公楼、综合楼、写字楼等。

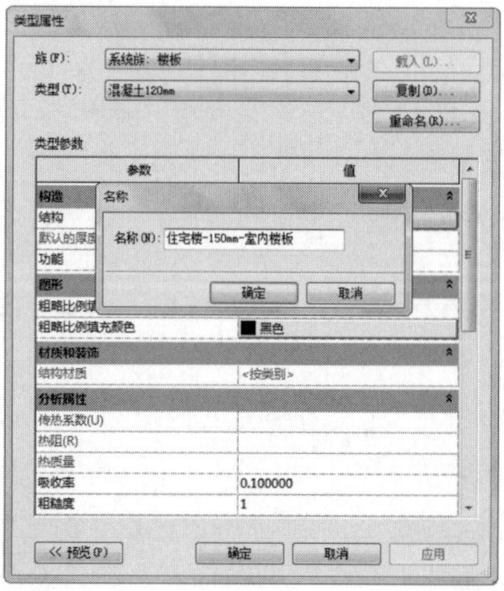

图 6-3

单击“确定”按钮返回“类型属性”对话框，单击“结构”选项后的“编辑”按钮，调出“编辑部件”对话框，如图 6-4 所示。在本书第 4 章中学习过设置墙类型参数的方法，设置楼板的类型参数与设置墙类型参数的方法相同。

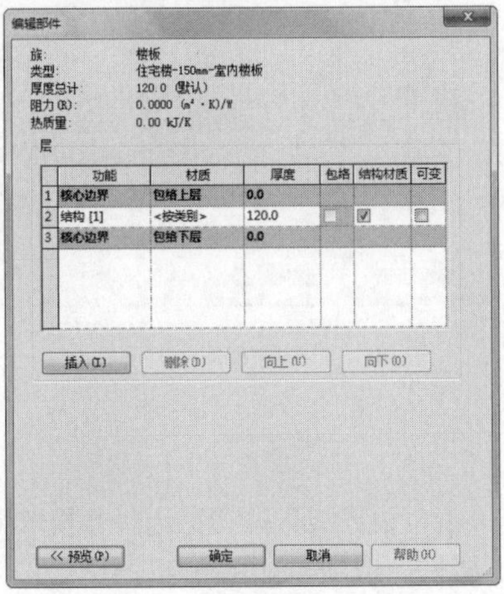

图 6-4

单击列表下方的“插入”按钮，在列表中插入两个新层。单击“向上”按钮，向上调整新层的位置，使其位于第 1 行与第 2 行之间。在第 1 行中“功能”单元格中单击，在列表中选择“面层 2[5]”选项。

在“材质”单元格中单击矩形按钮，调出“材质浏览器”对话框。选择“混凝土”材质，在列表中选择“混凝土 - 沙 / 水泥找平”材质，右击，选择“复制”选项，将材质副本命名为“住宅楼 - 沙 / 水泥找平”，如图 6-5 所示。保持参数不变，单击“确定”按钮关闭对话框，将其指定给“面层 2[5]”层。

选择第 2 行，将“功能”类型指定为“衬底 [2]”。在“材质浏览器”对话框中选择“混凝土 - 沙 / 水泥砂浆面层”材质，复制其副本，并命名为“住宅楼 - 沙 / 水泥砂浆面层”，如图 6-6 所示，将其指定为“衬底 [2]”层。

选择第 4 行，即“结构 [1]”层，在“材质浏览器”对话框中选择“混凝土 - 现场浇注混凝土”材质，复制材质副本，将副本材质命名为“住宅楼 - 现场浇注混凝土”，如图 6-7 所示，将材质指定给“结构 [1]”层。

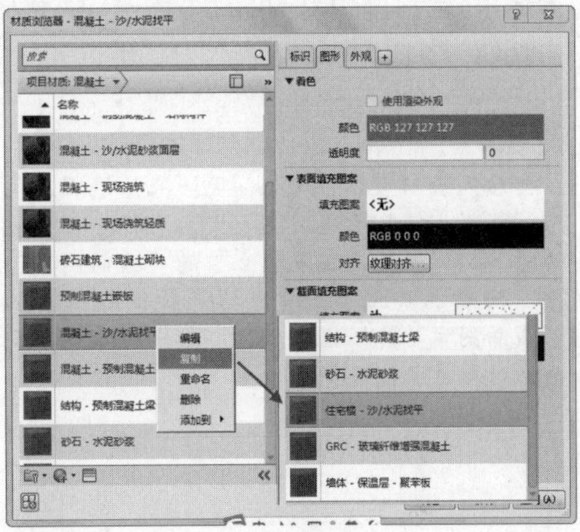

图 6-5

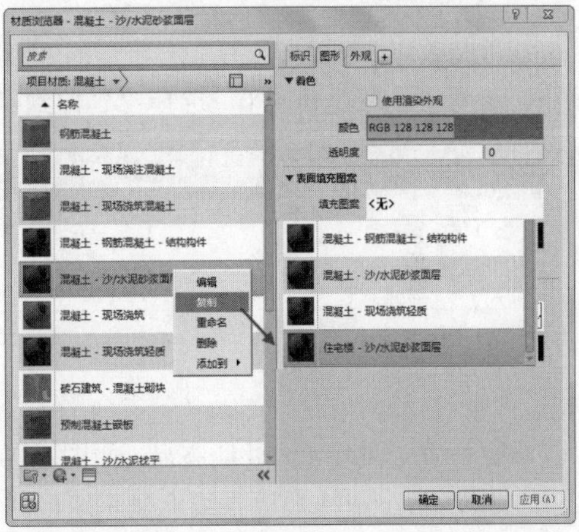

图 6-6

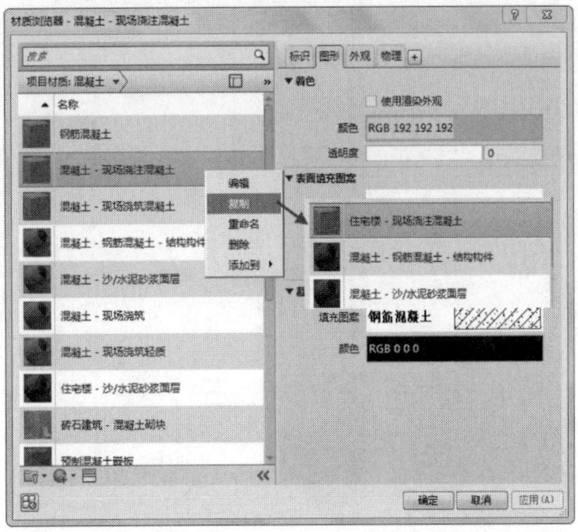

图 6-7

选择第1行中尾部的“可变”选项，依次更改各层的“厚度”值，如图6-8所示。单击“确定”按钮，返回“类型属性”对话框。

提示：

在材质列表中有“混凝土-现场浇注混凝土”与“混凝土-现场浇筑混凝土”两种名称相近的材质。“现场浇注混凝土”的“截面图案”为“钢筋混凝土”，“现场浇筑混凝土”的“截面图案”为“混凝土”。用户应该先区别两种材质再进行选择。

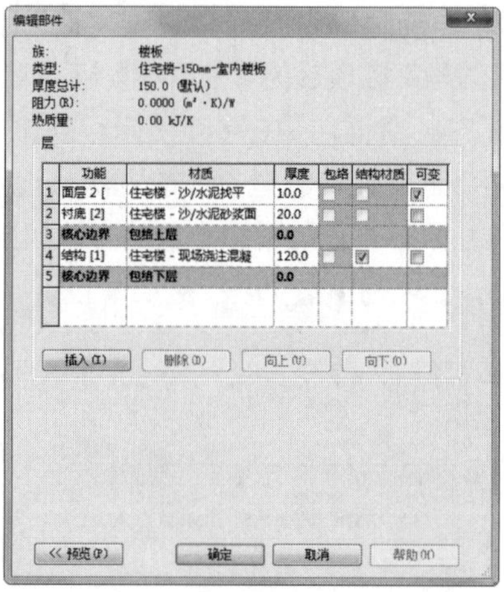

图 6-8

2. 绘制楼板

在“修改|创建楼层边界”选项卡的“绘制”面板中单击“边界线”按钮，选择“拾取墙”按钮，设置“偏移”值为0，选择“延伸到墙中（至核心层）”选项，如图6-9所示。

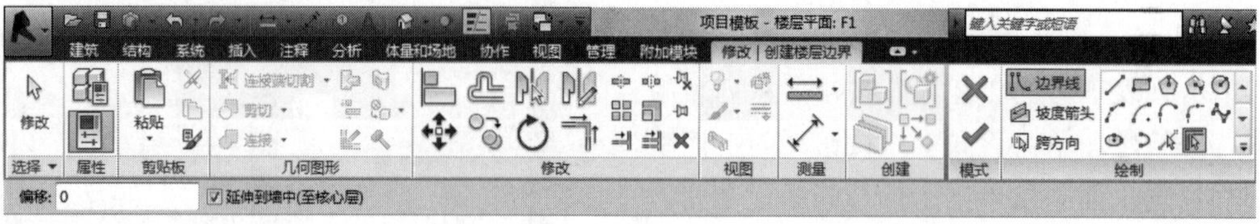

图 6-9

将鼠标置于外墙上，外墙亮显，如图6-10所示。单击，沿着外墙线生成洋红色的楼板边界线，如图6-11所示。在楼板边界线上显示“翻转”按钮，单击该按钮，可以切换边界线是沿外墙线还是内墙线显示。

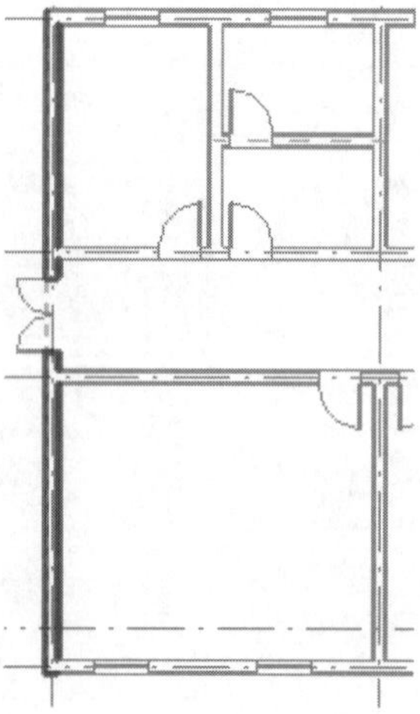

图 6-10

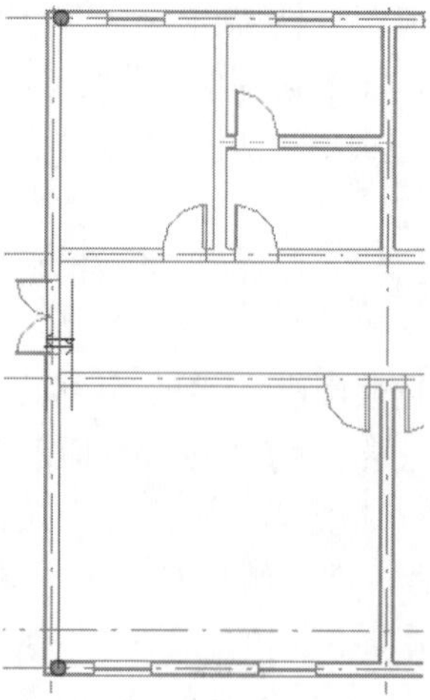

图 6-11

陆续单击墙体以生成楼板边界线，如图 6-12 所示，接着单击“模式”面板中的“完成编辑模式”按钮，完成创建楼板的操作。

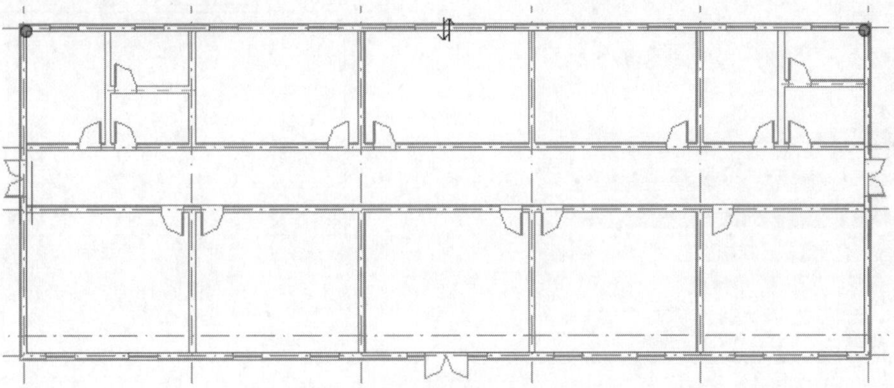

图 6-12

此时系统调出如图 6-13 所示的提示对话框，提醒用户是否希望连接几何图形并从墙中剪切重叠的体积，单击“是”按钮。在二维视图中楼板以蓝色的填充图案显示，如图 6-14 所示。

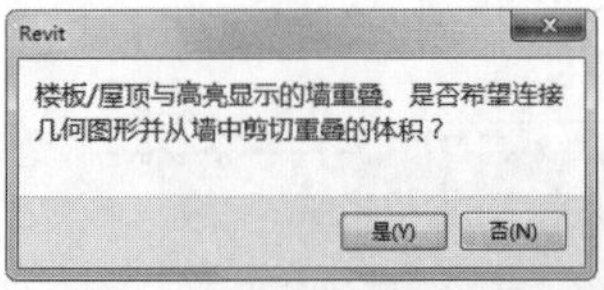
Revit
楼板/屋顶与高亮显示的墙重叠。是否希望连接几何图形并从墙中剪切重叠的体积？
是(Y)
否(N)

图 6-13

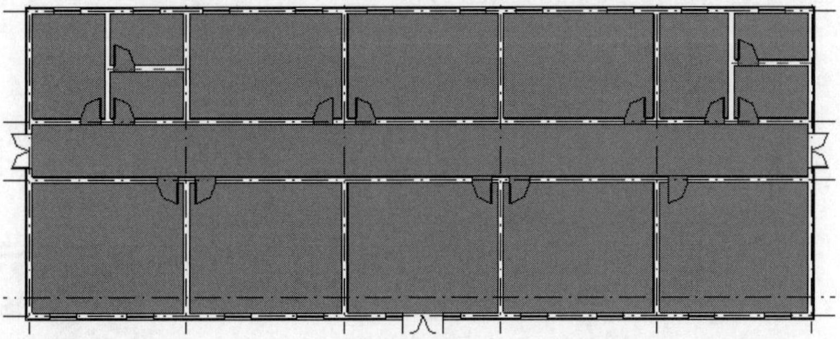

图 6-14

6.1.2 室外楼板

由于不能通过拾取墙体来生成楼板线，所以在创建室外楼板前，需要先定义楼板轮廓线。与创建室内楼板的方法相似，需要先设置室外楼板的类型属性。

启用“楼板”命令，在“属性”选项板中选择已经创建的“住宅楼 -150mm- 室外楼板”，单击“类型属性”按钮，进入“类型属性”对话框。单击“复制”按钮，在“名称”对话框中设置新楼板类型为“住宅楼 -150mm- 室外楼板”，如图 6-15 所示。

单击“结构”选项后的“编辑”按钮，调出“编辑部件”对话框。单击第 1 行“面层 2[5]”中“材质”单元格中的矩形按钮，调出“材质浏览器”对话框，选择已经创建的“住宅楼 - 现场浇注混凝土”材质，将其指定给“面层 2[5]”层，如图 6-16 所示。

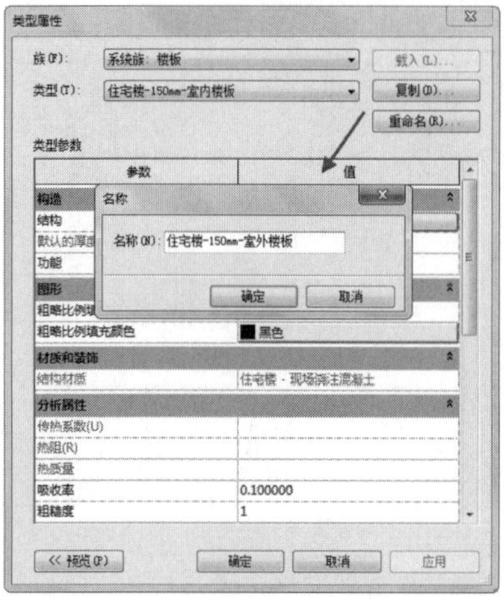

图 6-15

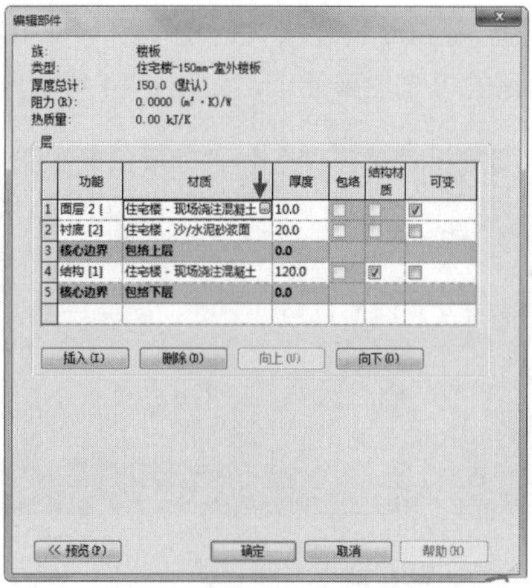

图 6-16

在“修改 | 创建楼层边界”选项卡的“绘制”面板中选择绘制方式为“边界线”，单击“矩形”按钮，如图 6-17 所示。在绘图区域中单击矩形的对角点，创建矩形轮廓线，如图 6-18 所示。

图 6-17

选择水平轮廓线，显示垂直轮廓线长度的临时尺寸标注。单击尺寸标注文字，修改标注数字，在空白区域单击，调整轮廓线长度的结果如图 6-19 所示。

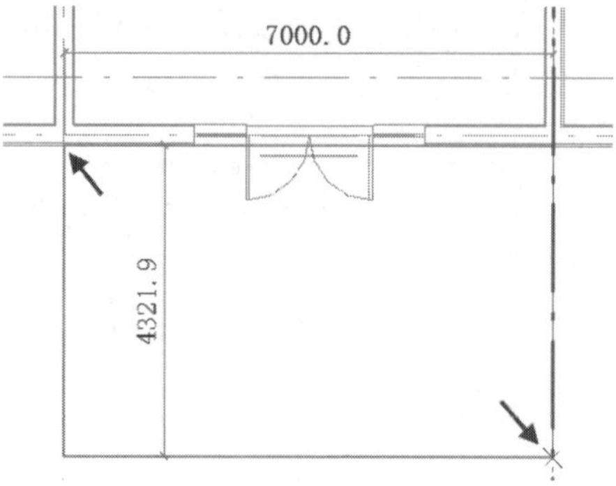

图 6-18

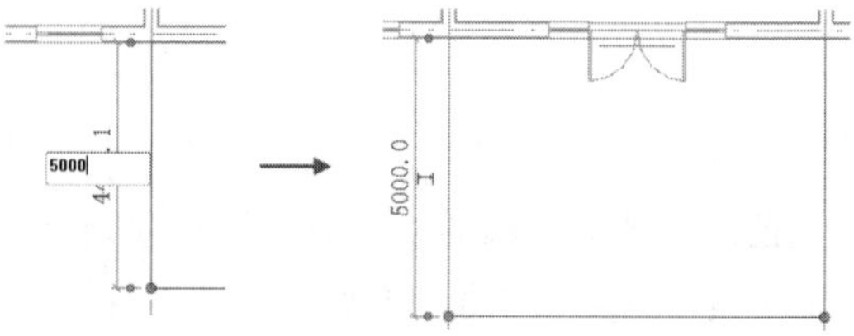

图 6-19

单击“完成编辑模式”按钮，创建室外台阶楼板的结果如图 6-20 所示。与室内楼板类似，室外楼板也以蓝色填充图案显示。

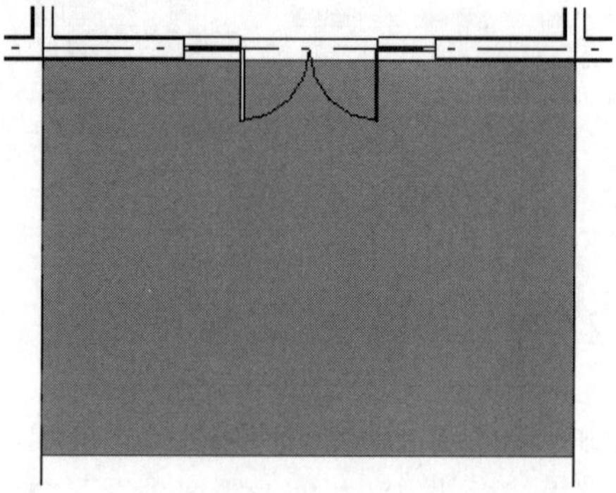

图 6-20

在“属性”选项板中设置楼板的“标高”，在这里将其设置为“室外地坪”，即楼板的标高点始于“室外地坪”标高，如图 6-21 所示。设置“自标高的高度偏移”值为 150，这是因为楼板的厚度为 150，假如设置为 0，则楼板会位于标高线之下。转换至立面视图观察楼板的立面效果，如图 6-22 所示。

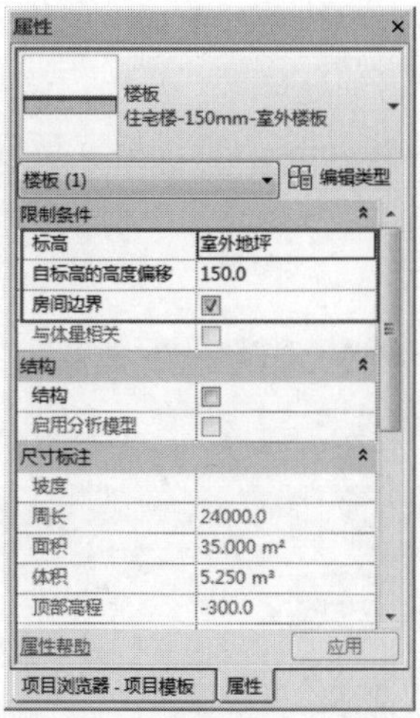

图 6-21

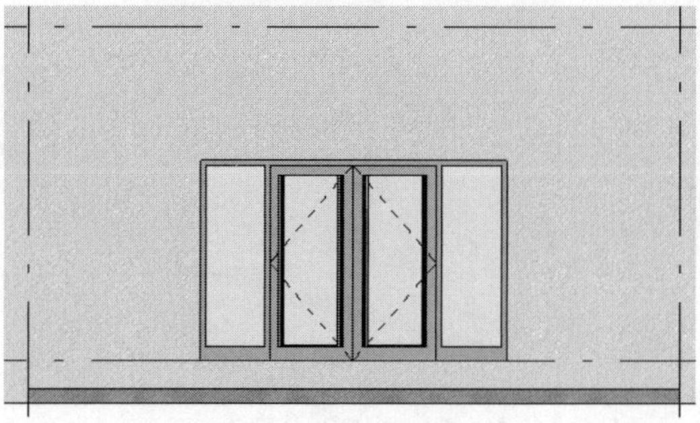

图 6-22

为了创建台阶效果，可以再次执行“楼板”命令，继续创建室外楼板。假如将台阶踏步的宽度设置为300，再次创建的楼板要比已有的楼板在垂直方向上减少600，在水平方向减少300。

因为在楼板的左、右两侧设置踏步，每踏步的宽度为300，因此在垂直方向上减少600。楼板在与门口相对的一侧设置踏步，踏步的宽度为300，因此在水平方向上减少300。

按照3级踏步来计算，应该创建3个楼板，按照上述的方法来设置尺寸，如图6-23所示。接着转换至立面视图，调整楼板的位置，如图6-24所示，可以完成以楼板来创建台阶踏步的操作。

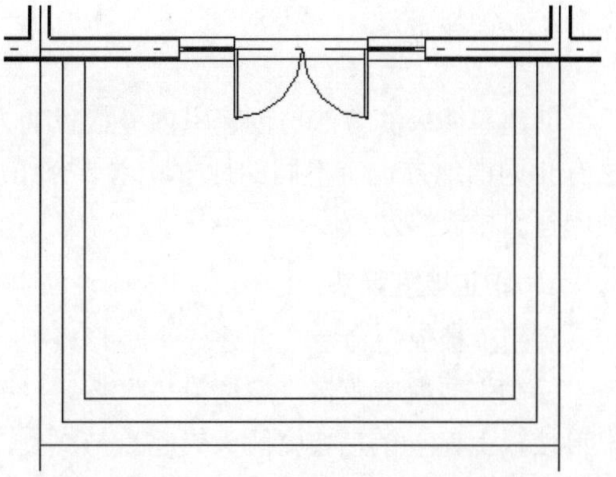

图 6-23

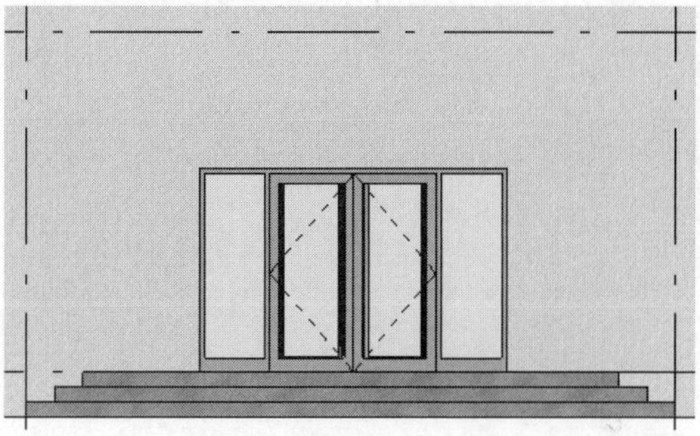

图 6-24

最后转换至三维视图来观察台阶的创建效果，如图6-25所示。通过绘制、编辑室外楼板，可以完成台阶模型的制作。运用室外楼板，还可以创建空调外机搁板、散水挑板等，读者可以运用本节所介绍的知识多加练习，以熟练地运用室外楼板创建模型。

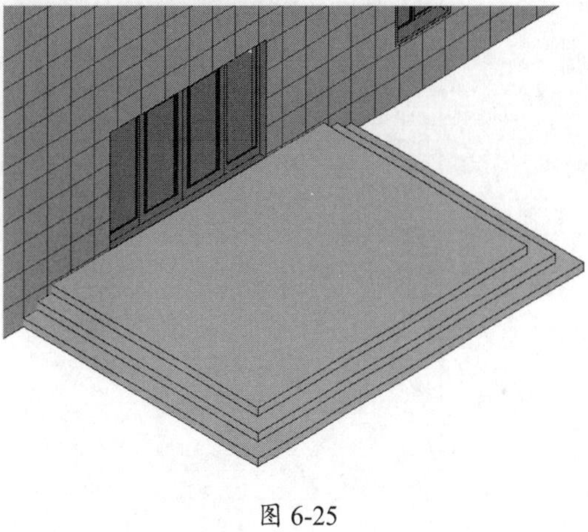

图 6-25

6.1.3 斜楼板

创建斜楼板的方法与创建室内外楼板的方法有相同的地方也有不同的地方，本节介绍3种创建斜楼板的方法。

1. 指定坡度箭头

启用“楼板”命令，创建一个矩形楼板。在“绘制”面板中单击“坡度箭头”按钮，在矩形楼板上单击指定坡度箭头的起点与终点，创建如图6-26所示的坡度箭头。

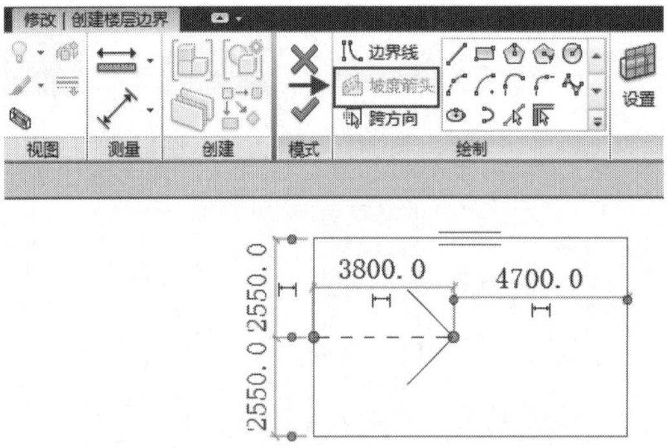

图 6-26

选择坡度箭头，在“属性”选项中设置“限制条件”参数。选择“指定”为“尾高”，设置“最低处标高”为F1，“尾高度偏移”值为0，“最高处标高”为F1，“头高度偏移”为600，如图6-27所示。系统根据所指定的箭头长度与首尾高自动计算坡度。

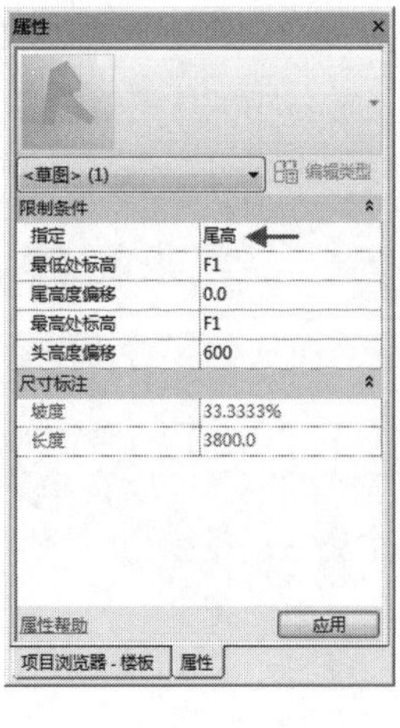

图 6-27

也可以在“指定”选项中选择“坡度”选项，设置“最低处标高”为F1，修改“坡度”值，如图6-28所示。系统根据坡度头、尾部位置和高度、“坡度角”值指定楼板坡度，如图6-29所示。

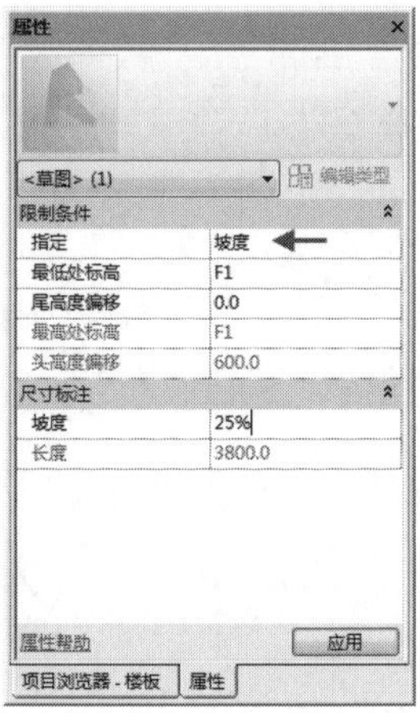

图 6-28

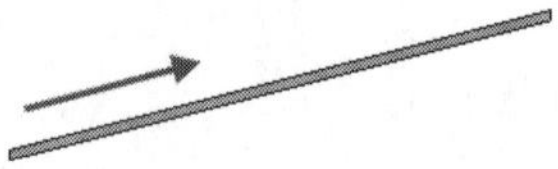

图 6-29

2. 设置两条平行边线高度

启用“楼板”命令，创建矩形楼板。选择左侧的楼板边线，在“属性”选项板中选择“定义固定高度”选项，设置“标高”为F1，“相对于基准的偏移”选项保持默认值，此时楼板边线显示为蓝色虚线，如图6-30所示。

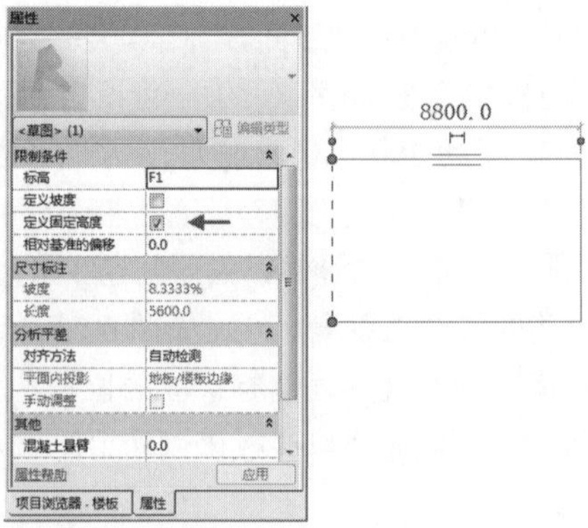

图 6-30

选择另一平行楼板边线，选择“定义固定高度”选项，设置“标高”为F1，设置“相对于基准的偏移”值为700，楼板边线也以蓝色虚线显示，如图6-31所示。

单击“完成编辑模式”按钮，创建斜楼板。

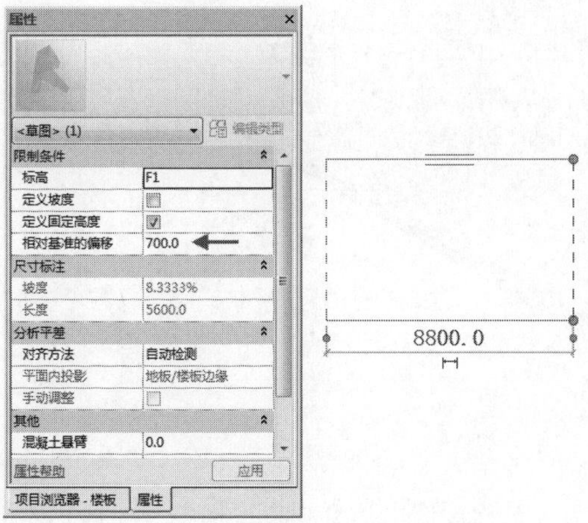

图 6-31

3. 设置单条边线高度与坡度

创建矩形楼板后，单击选择一侧的楼板边线。在“属性”选项板中选择“定义坡度”与“定义固定高度”选项，“相对基准的偏移”保持默认值，修改“坡度”值为30%，如图6-32所示。

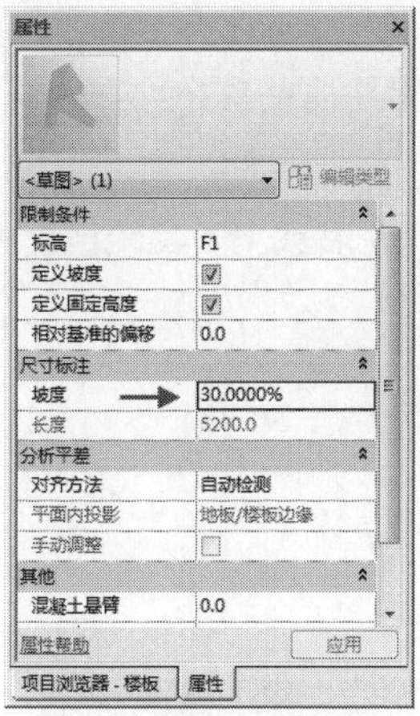

图 6-32

此时属性参数经修改后的楼板边线显示坡度符号，即一个直角三角形，并在边线的一侧显示坡度，如图6-33所示。

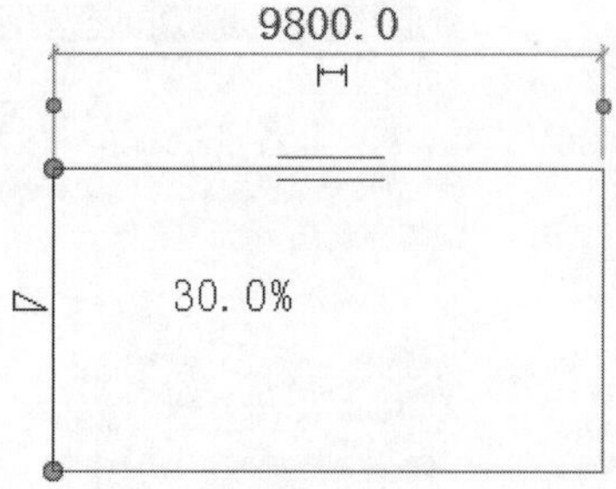

图 6-33

单击“完成编辑模式”按钮，完成创建斜楼板的操作。

6.1.4 楼板边

楼板边用来构造楼板水平边缘的形状。选择“建筑”选项卡，单击“构建”面板中的“楼板”按钮，在列表中选择“楼板：楼板边”选项，如图6-34所示。

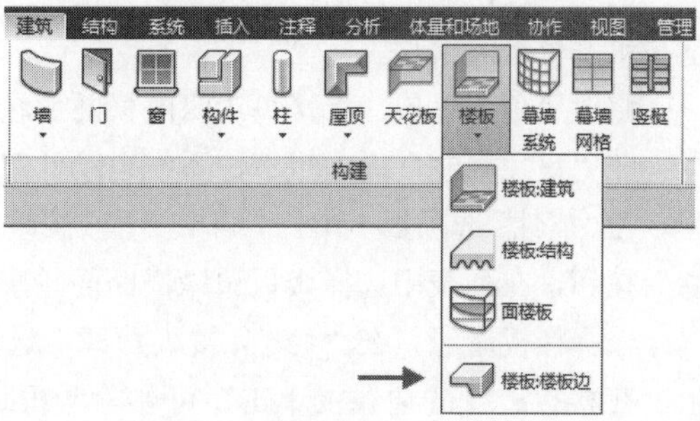

图 6-34

1. 创建楼板边缘

进入“修改|放置楼板边缘”选项卡，在“属性”选项板中选择楼板边缘的样式，将鼠标置于楼板上，高亮显示楼板的水平边缘或者模型线，单击放置楼板边缘。

单击连续边缘时，可创建一条连续的楼板边缘。假如楼板边缘的线段在角部相遇，可自动相互斜接，如图6-35所示。

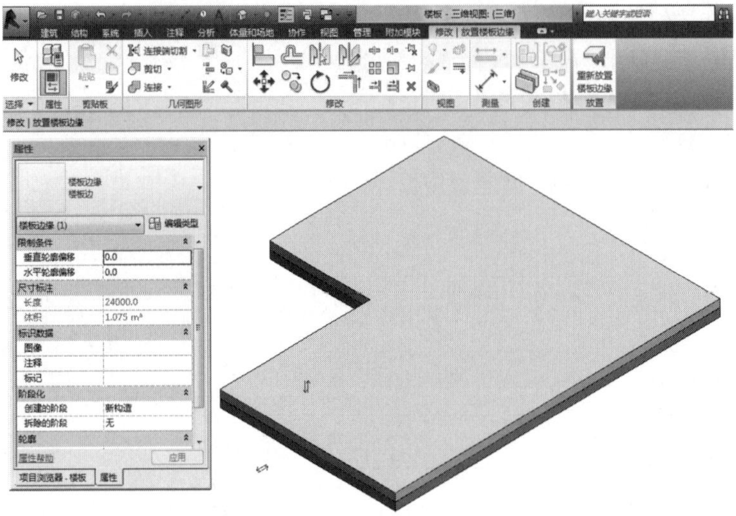

图 6-35

2. 编辑楼板边缘

选择楼板边缘，在“属性”选项板中单击楼板边缘名称，调出类型列表，选择其他样式的楼板边缘，可以替换选中的楼板边缘。

在“垂直轮廓偏移”与“水平轮廓偏移”选项中设置参数，调整楼板边缘相对楼板的垂直高度与水平位置的偏移。

修改“角度”值，将楼板边缘的横断面轮廓绕附着的楼板边旋转一定角度。

在“尺寸标注”选项组下，系统自动计算楼板边缘的“长度”和“体积”参数。

在“属性”选项板上单击“编辑类型”按钮，调出“类型属性”对话框，如图6-36所示。单击“轮廓”按钮，在列表中选择楼板边缘横断面轮廓。在“材质”选项中设置楼板边缘的材质。

选择楼板边缘，在“修改 | 楼板边缘”选项卡中单击“添加 / 删除线段”按钮，如图6-37所示，在楼板边缘的边线上单击，可删除楼板边缘。在没有楼板边缘的楼板边线上单击，可创建楼板边缘。

选择楼板边缘后可显示反转方向的符号，单击符号，可左右或上下反转楼板边缘方向。

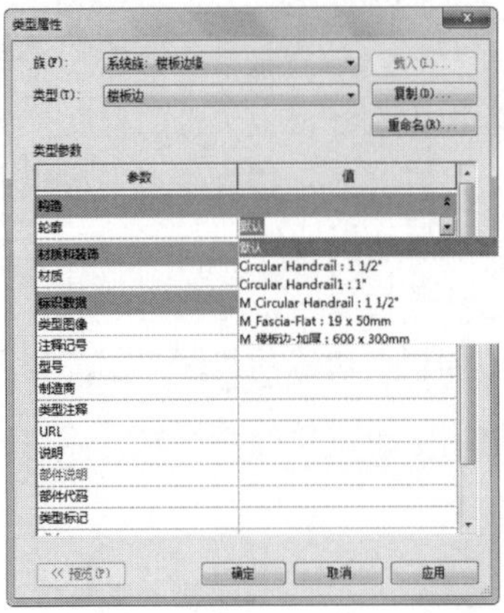

图 6-36

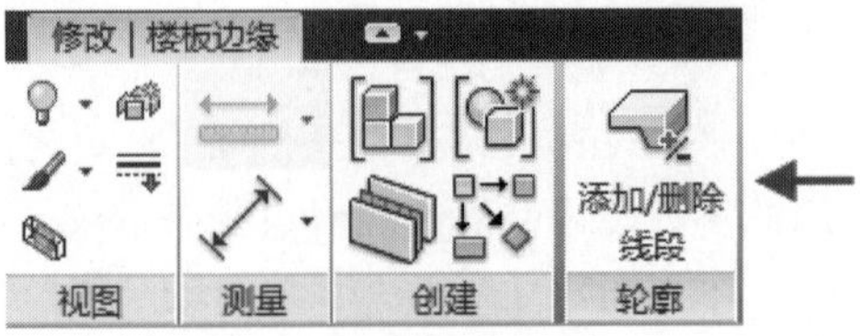

图 6-37

6.2 屋顶

Revit 提供了创建屋顶的工具，包括迹线屋顶、拉伸屋顶、面屋顶，还可以为屋顶添加构件，如底板、封檐板、檐槽，本节介绍创建屋顶及添加构件的操作方法。

6.2.1 迹线屋顶

在“构建”面板中单击“屋顶”按钮，在列表中显示了屋顶的类型及构件类型，如图 6-38 所示，选择“迹线屋顶”，进入编辑迹线屋顶的模式。

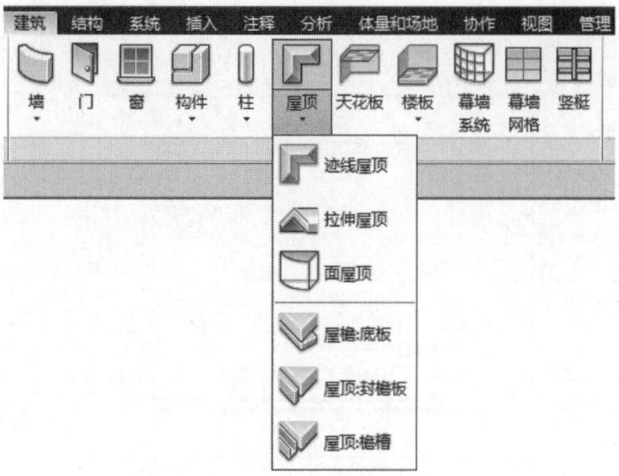

图 6-38

在“属性”选项板中选择屋顶类型，如图 6-39 所示。单击“编辑类型”按钮，进入“类型属性”对话框中设置屋顶的类型参数。

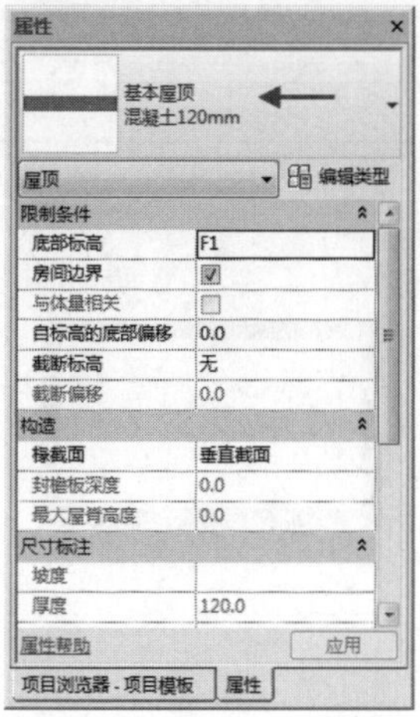

图 6-39

单击“复制”按钮，在“名称”对话框中设置屋顶新类型名称，如图 6-40 所示。单击“结构”选项后的“编辑”按钮，调出“编辑部件”对话框。单击“插入”按钮，在列表中插入两个新层。单击“向上”按钮，向上调整新层的位置。

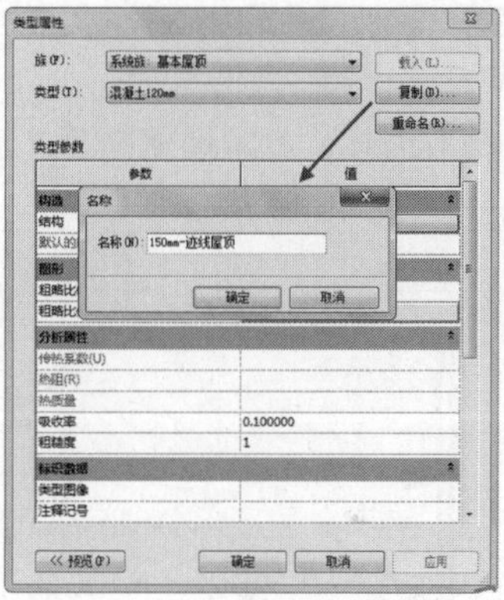

图 6-40

将第 1 行的“功能”设置为“面层 2[5]”，材质指定为“住宅楼 - 沙 / 水泥砂浆面层”，设置“厚度”值为 30，选择“可变”选项。

将第 2 行的“功能”设置为“涂膜层”，其他参数保持不变。更改第 4 行“结构 [1]”的材质为“住宅楼 - 现场浇注混凝土”，其他参数保持默认值，如图 6-41 所示。

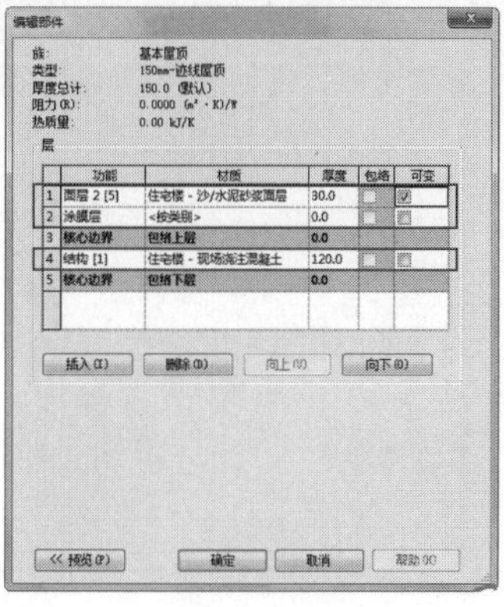

图 6-41

在“编辑部件”对话框中所选用的材质均为前面的操作设置，因为在同一个项目文件中开展绘图工作，所以项目文件会保存用户的设置参数。假如新建一个项目文件，就需要重新开始设置参数。

单击“确定”按钮关闭对话框，返回绘图区域。在“修改 | 创建屋顶迹线”选项卡的“绘制”面板中选择“边界线”方式，单击“拾取墙”按钮。选择“定义坡度”选项，选用默认的坡度值。保持“悬挑”的默认值为1200，如图6-42所示。

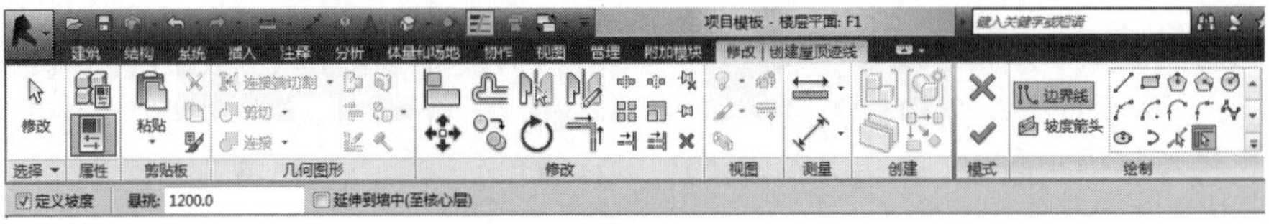

图 6-42

单击拾取墙体，此时墙体亮显，边界线显示在墙体的一侧，如图6-43所示。

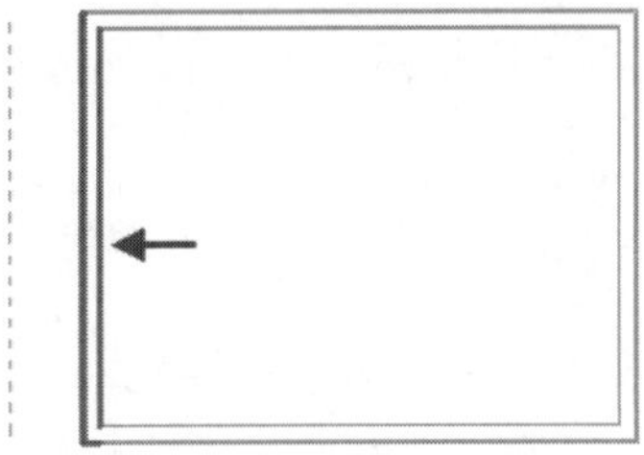

图 6-43

提示：

“悬挑”值说明拾取墙时生成的边界线位置与所拾取墙位置的偏移值。

单击，创建屋顶轮廓线。在轮廓线的一侧显示屋顶坡度符号，并标注坡度值，如图6-44所示。陆续单击墙体以生成屋顶边界线，如图6-45所示。

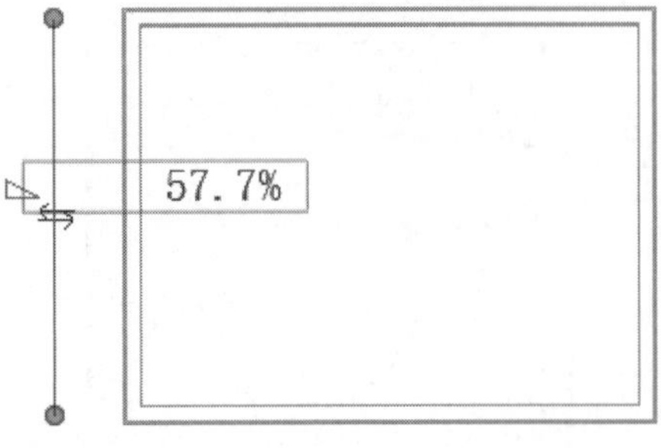

图 6-44

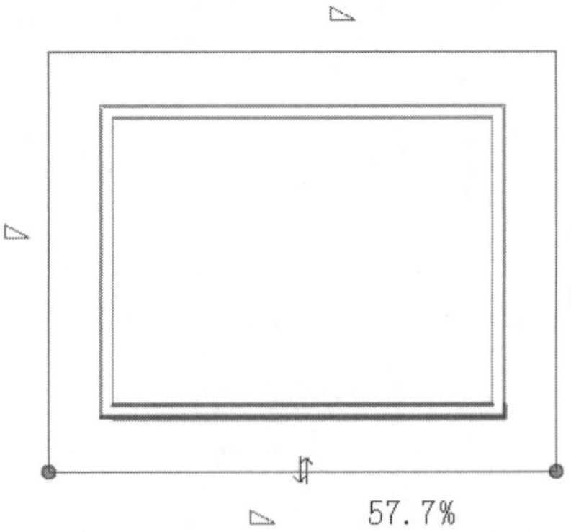

图 6-45

单击“完成编辑模式”按钮退出命令，观察迹线屋顶的二维样式，如图6-46所示。切换至三维视图，查看屋顶的三维模型，如图6-47所示。

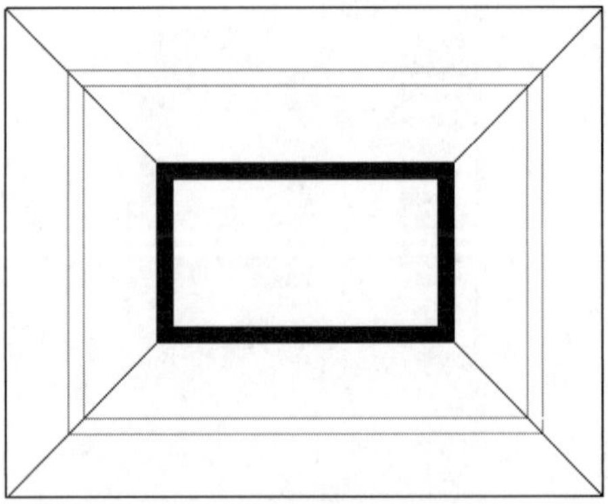

图 6-46

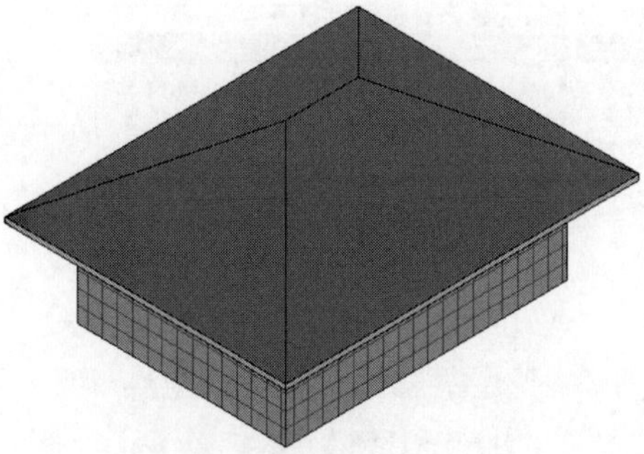

图 6-47

在创建屋顶时，应该注意“属性”选项板中“底部标高”与“自标高的底部偏移”的参数值。假设 F1 与 F2 之间的间距为 3500，在 F1 视图中绘制墙体，墙高度为 3500。创建屋顶时在 F1 视图中操作，此时“底部标高”值需要设置为 F2，而不是 F1。因为屋顶位于墙体的顶部，即 F2 标高之上。将“自标高的底部偏移”值设置为 0，如图 6-48 所示，屋顶与墙体的关系如图 6-49 所示。

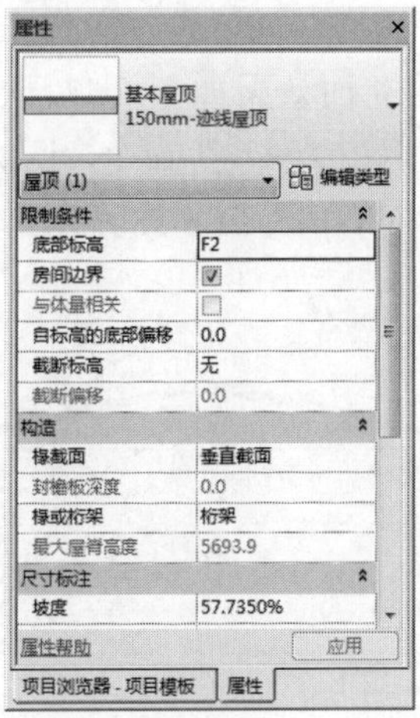

图 6-48

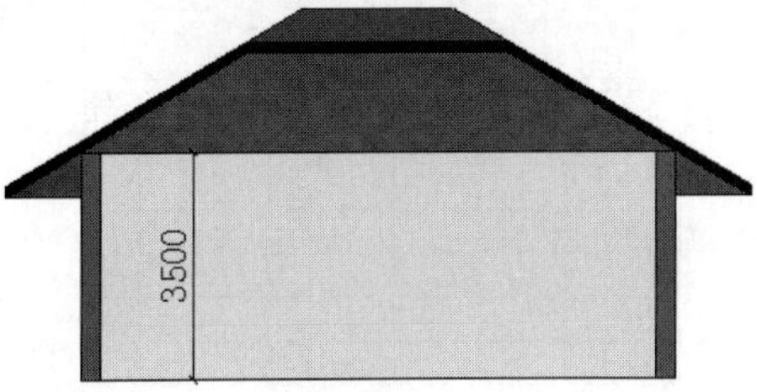

图 6-49

屋顶的二维图形必须要转换至 F2 视图才可见，因为其底部标高被设置为 F2。

6.2.2 拉伸屋顶

转换至南立面视图，在“构建”面板上单击“屋顶”按钮，在调出的列表中选择“拉伸屋顶”选项，进入创建拉伸屋顶的模式。

系统调出“工作平面”对话框，在“名称”选项中选择“轴网：A”，如图 6-50 所示。单击“确定”按钮，进入“屋顶参照标高和偏移”对话框，在“标高”选项中设置屋顶的顶标高，“偏移”值保持默认值，如图 6-51 所示，也可以为其指定参数，表示屋顶与底标高之间的间距。

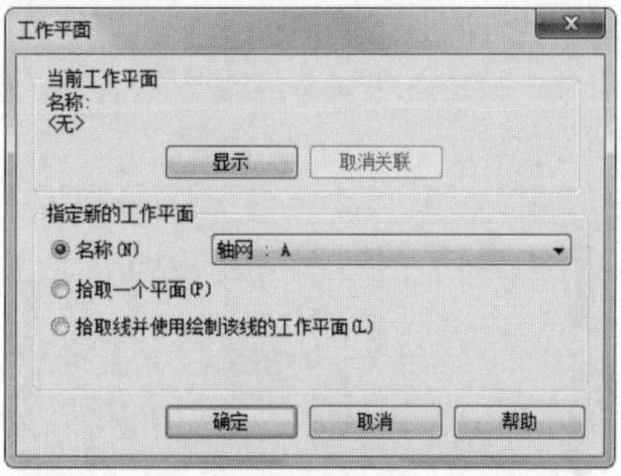

图 6-50

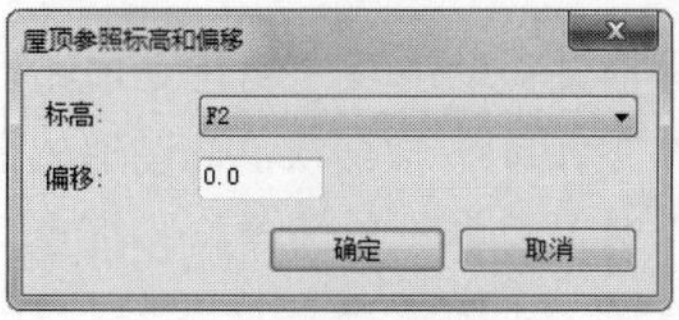

图 6-51

提示：

如果在平面视图中启用“拉伸屋顶”命令，在“工作平面”对话框中选择轴网名称后，系统会随后调出“转到视图”对话框，在其中选择要转换到的立面视图。

在“修改|创建拉伸屋顶轮廓”选项卡的“绘制”面板中单击“直线”按钮，选择“链”选项，如图 6-52 所示。

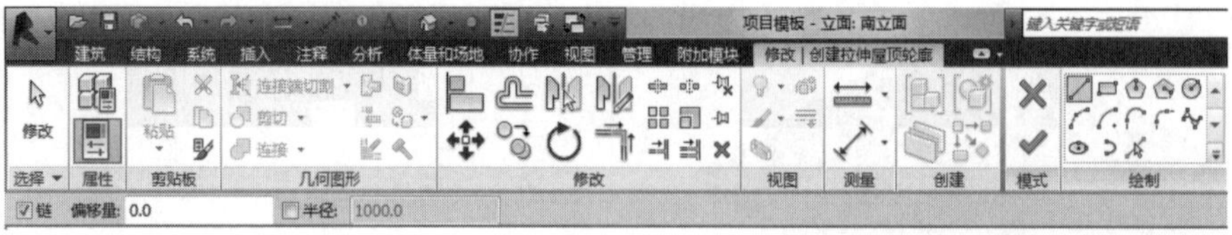

图 6-52

分别指定起点与终点，绘制高度为1200的辅助线段，如图6-53所示。接着以辅助线的端点为起点，在其左侧与右侧绘制斜线段，如图6-54所示。

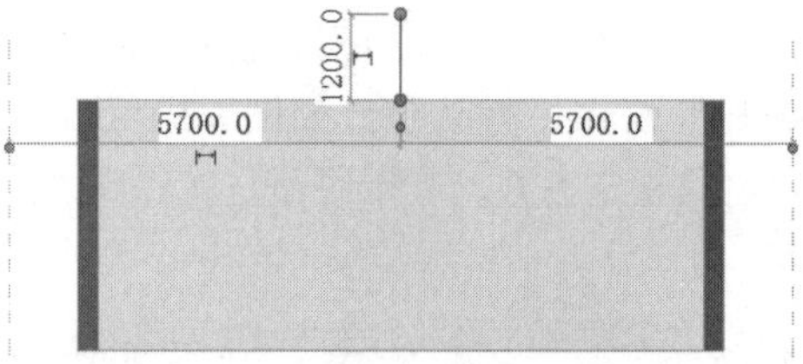

图 6-53

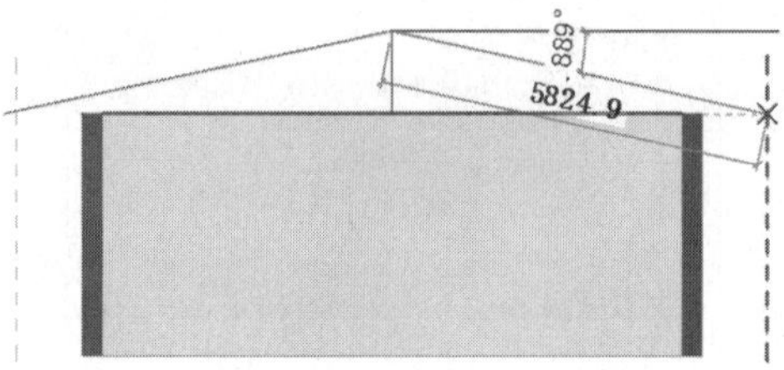

图 6-54

删除垂直辅助线段，创建屋顶轮廓线的结果如图6-55所示，按两次Esc键退出命令。在“属性”选项板中设置其“拉伸终点”值，如图6-56所示。这里的“参照标高”与“标高偏移”选项与“屋顶参照标高和偏移”对话框中的“标高”和“偏移”选项相同。

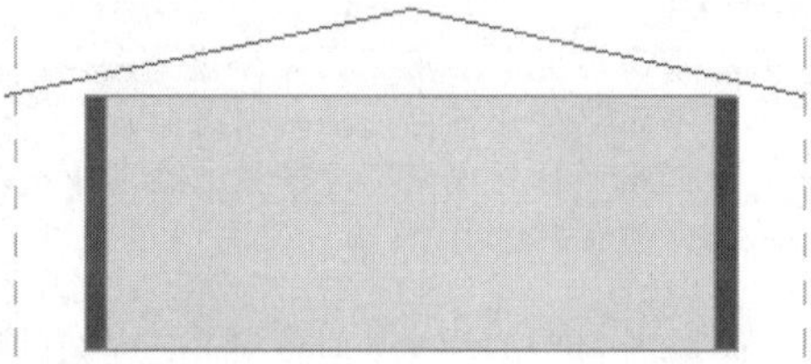

图 6-55

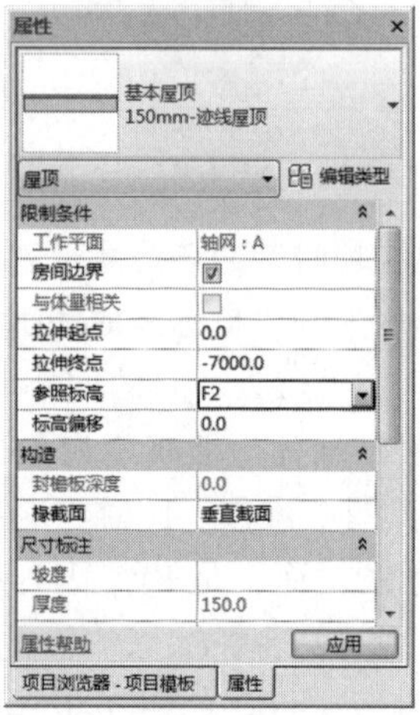

图 6-56

单击“完成编辑模式”按钮，退出命令，拉伸屋顶的立面效果如图6-57所示。转换至东立面图，启用“移动”命令，调整屋顶位置，使其与墙体对齐，如图6-58所示。

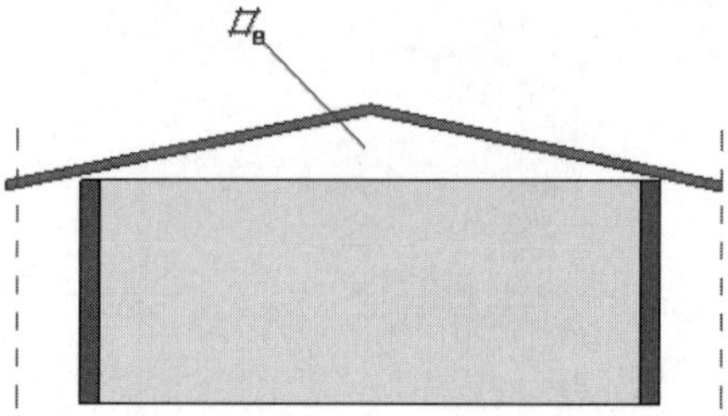

图 6-57　立面效果

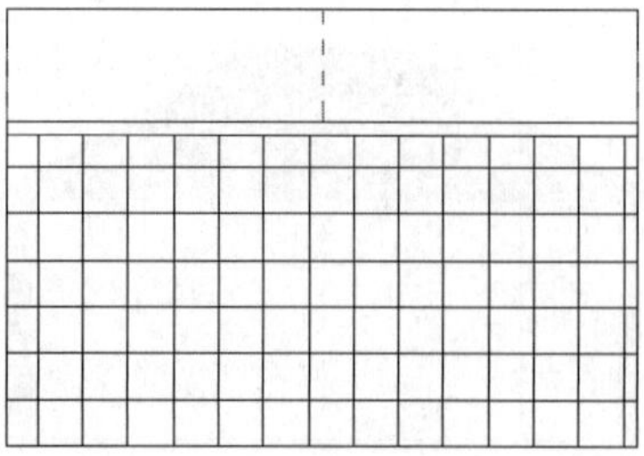

图 6-58

转换至三维视图，观察拉伸屋顶的创建效果，如图 6-59 所示。

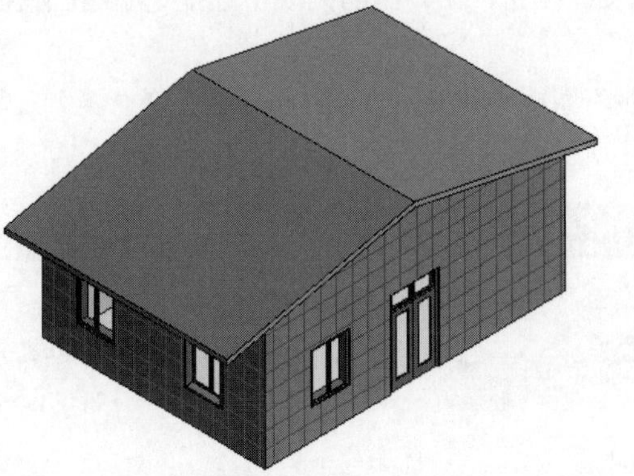

图 6-59

使用“拉伸屋顶”命令还可以创建平屋顶、弧形屋顶等，用户首先绘制拉伸轮廓线，接着指定拉伸距离，可以创造拉伸屋顶。

6.2.3 玻璃斜窗

“玻璃斜窗”是一种特殊类型的屋顶，既有屋顶的功能，又有幕墙的功能。选择创建完成的迹线屋顶或者拉伸屋顶，在“属性”选项板的“类型选择器”列表中选择“玻璃斜窗”选项，如图 6-60 所示。

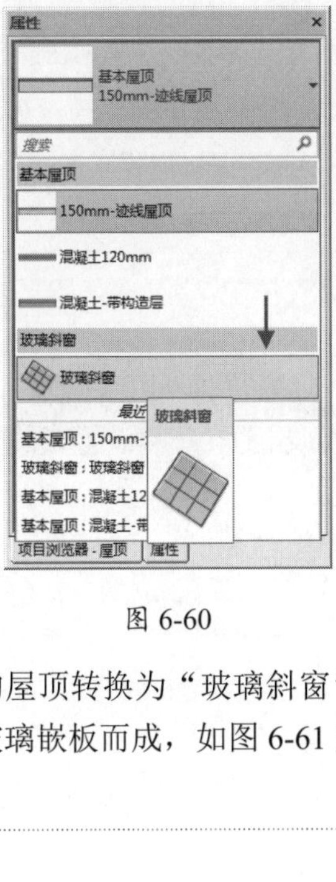

图 6-60

选中的屋顶转换为“玻璃斜窗”样式，一共由 4 块玻璃嵌板而成，如图 6-61 所示。

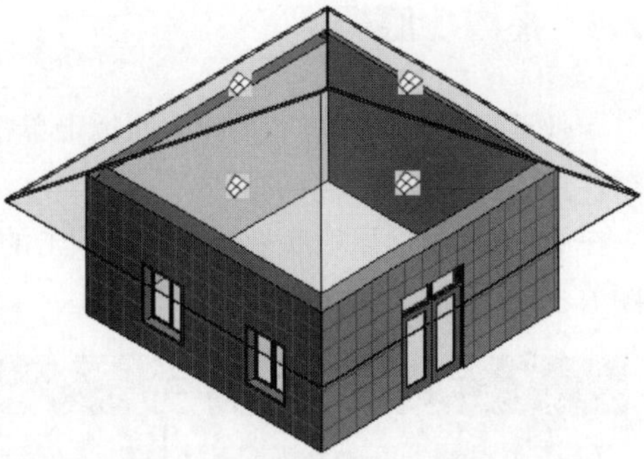

图 6-61

选择“建筑”选项卡，单击“构建”面板中的“幕墙网格”按钮，在玻璃嵌板边缘单击，插入新的网格线，如图 6-62 所示。

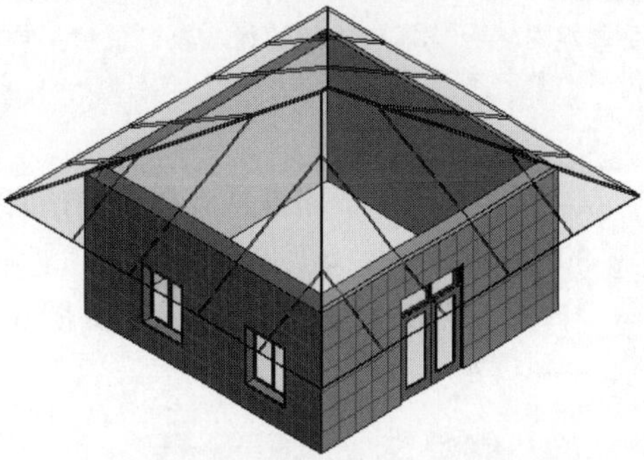

图 6-62

单击“竖梃”按钮，在“放置”面板中单击“全部网格线”按钮，在玻璃嵌板上单击，创建竖梃的结果如图 6-63 所示。

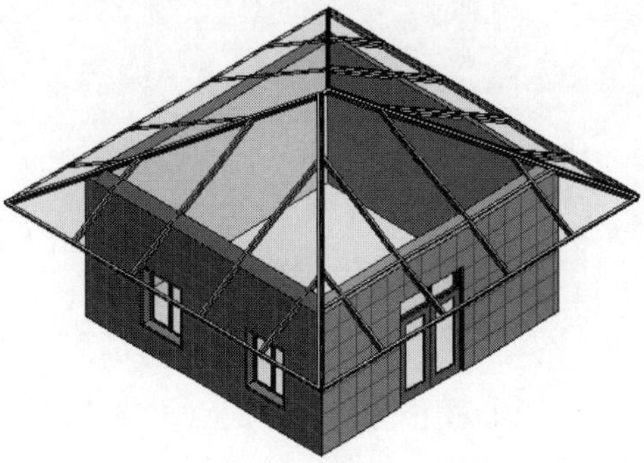

图 6-63

6.2.4 屋檐：底板

转换至平面视图，在“构建”面板上单击“屋顶”按钮，在调出的列表中选择“屋檐：底板”选项，进入创建屋檐底板的模式。

在“修改 | 创建屋檐底板边界”选项卡的“绘制”面板中单击“直线”按钮，选择“链”选项，如图 6-64 所示。

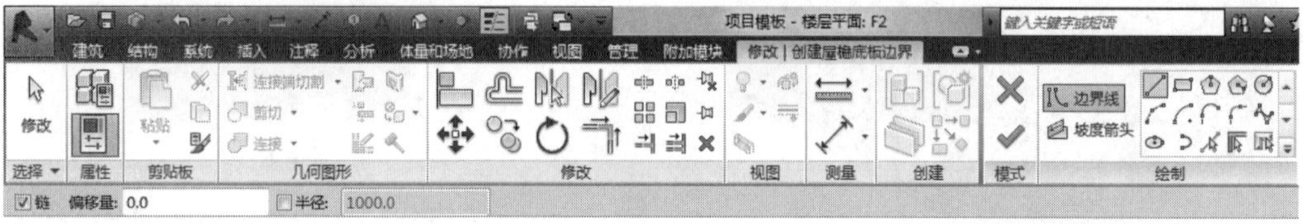

图 6-64

提示：

要创建与墙和屋顶相关联的檐底板，使用“拾取屋顶边”和“拾取墙”工具。要创建无关的檐底板，使用“线”工具。

在“属性”选项板中默认选择“屋檐底板 常规 -300mm”檐底板类型，分别设置其“标高”值与“自标高的高度偏移”参数值，如图 6-65 所示。

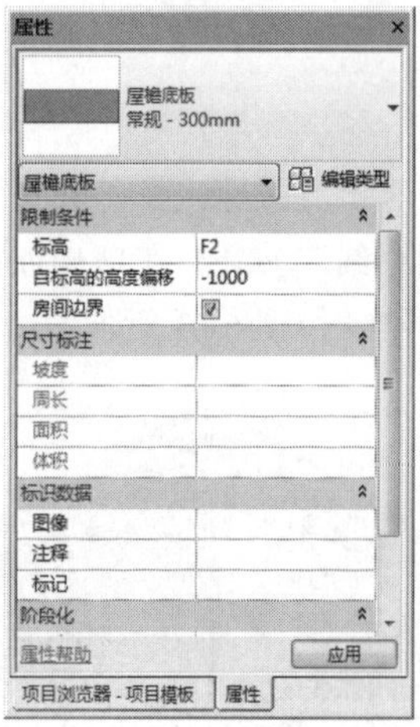

图 6-65

在平面视图中分别单击起点与终点，绘制檐底板的轮廓线，如图 6-66 所示。

单击“完成编辑模式”按钮，退出命令。转换至立面视图，观察檐底板的立面效果，如图 6-67 所示。接着转换至三维视图，查看檐底板的三维模型，如图 6-68 所示。按住 Shift 键，按住鼠标滚轮并拖曳，可以旋转视图。

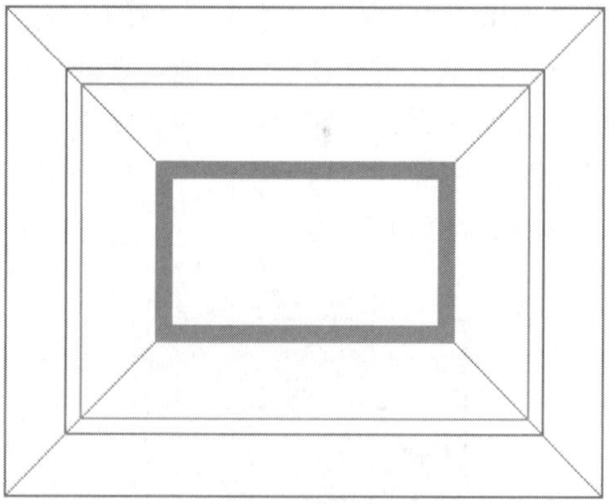

图 6-66

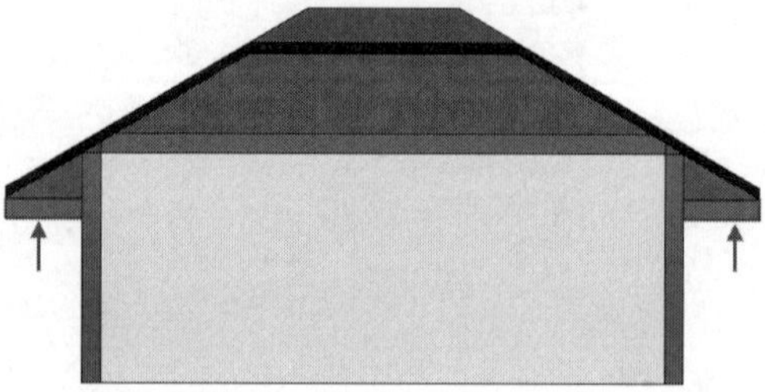

图 6-67

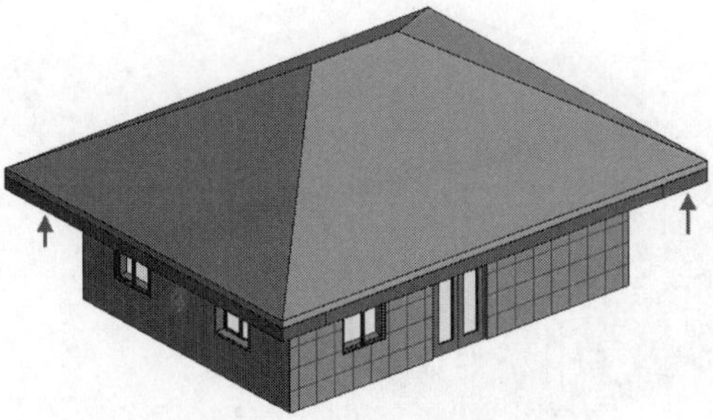

图 6-68

6.2.5　屋顶：封檐板

在“屋顶”命令列表中选择选择“屋顶：封檐板”命令，可以将封檐板添加到屋顶、檐底板或者其他封檐板的边缘，也可以添加到模型线。

在三维视图中添加封檐板。启用工具后，将鼠标置于屋顶轮廓线上，高亮显示屋顶轮廓线，如图 6-69 所示。单击可以放置封檐板，如图 6-70 所示。

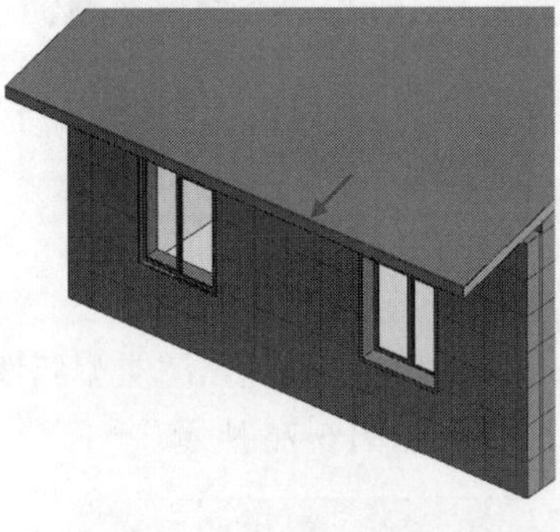

图 6-69

图 6-70

单击连续边时，可以创建一条连续的封檐板。假如封檐板的线段在角部相遇，可自动相互斜接，如图 6-71 所示。陆续单击拾取屋顶轮廓线，系统沿轮廓线创建封檐板，如图 6-72 所示。

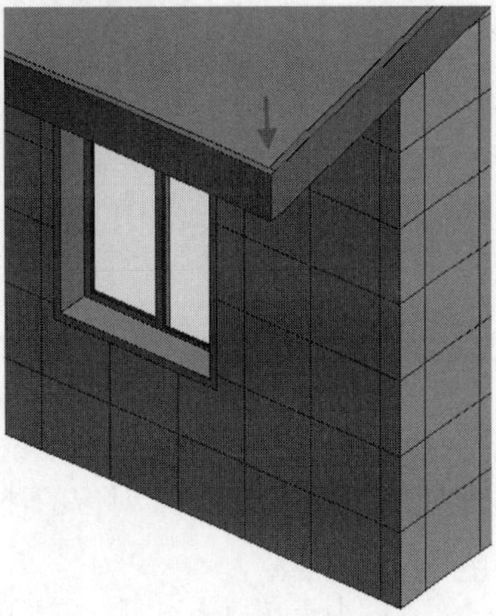

图 6-71

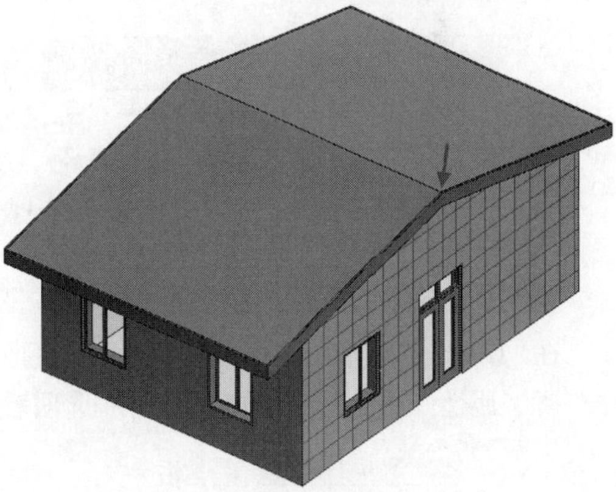

图 6-72

6.2.6　屋顶：檐槽

在“屋顶”命令选项列表中选择“屋顶：檐槽”选项，可将檐沟添加到屋顶、檐底板或者封檐板的边缘，或者直接添加到模型线。

将鼠标置于屋顶轮廓边，高亮显示轮廓线后单击，放置檐沟的结果如图 6-73 所示。

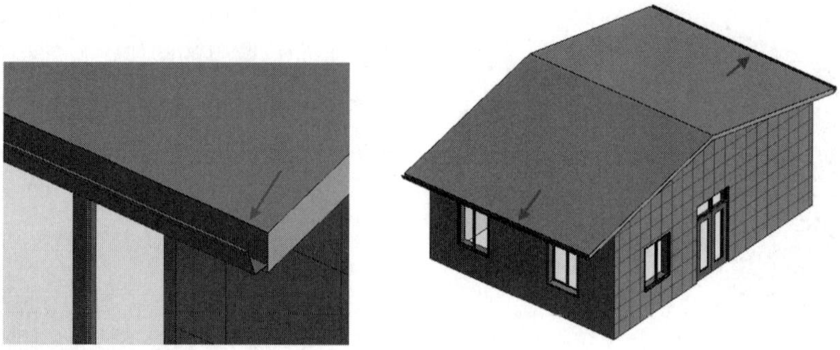

图 6-73

6.3 天花板

通过启用“构建”面板中的“天花板”工具，可以在天花板所在的标高之上，按照指定的距离创建天花板。假如在标高 1 对应的楼层平面视图中绘制天花板，则将在标高 1 之上按照指定的距离创建天花板。

在平面视图中天花板不可见，需要查看天花板，需要转换至与视图对应的天花板平面图。

启用“天花板”工具后进入“修改 | 放置 天花板”选项卡，单击“自动创建天花板”按钮，如图 6-74 所示。

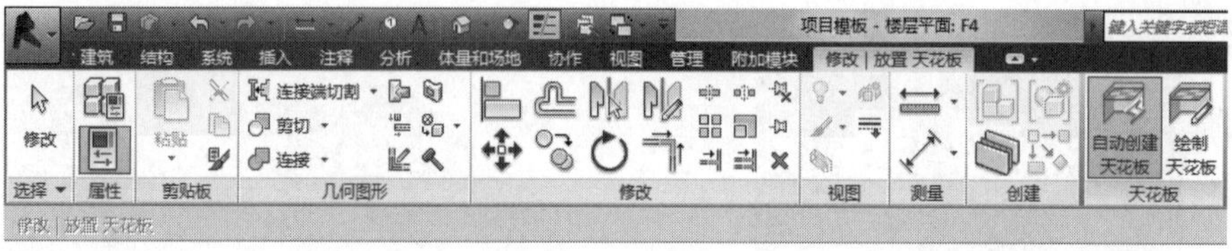

图 6-74

在“属性”选项板中选择项目模板默认的天花板类型，如图 6-75 所示，单击“类型属性”按钮。在“类型属性”对话框中单击“结构”选项后的“编辑”按钮，如图 6-76 所示。

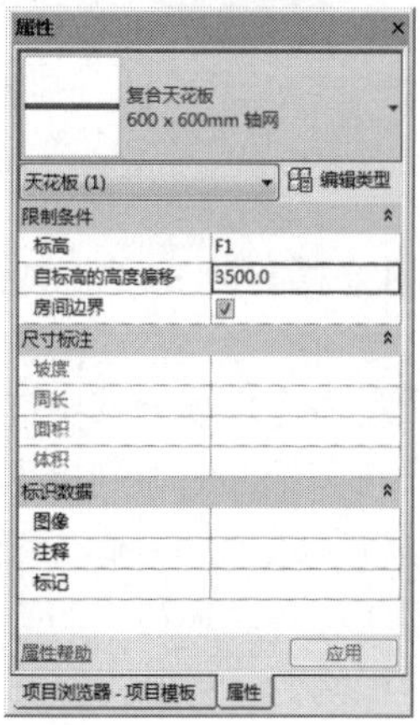

图 6-75

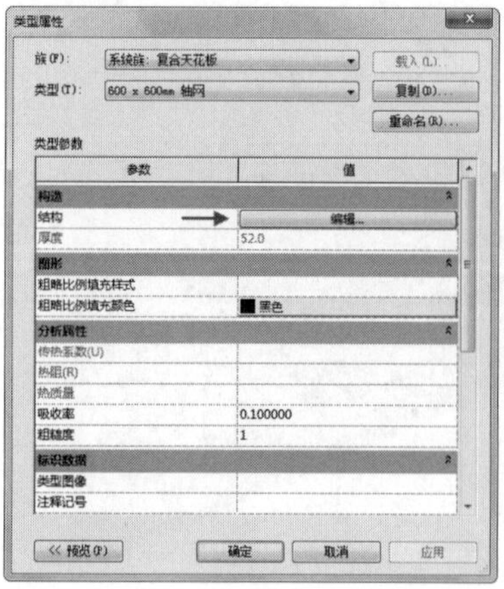

图 6-76

在“编辑部件”对话框中单击第4行“面层2[5]”层中的“材质”单元格，在“材质浏览器”对话框中选择“石膏板”材质。右击调出快捷菜单，选择“复制”选项，复制一个材质副本。为材质副本设置一个名称，如“住宅楼-石膏板”，如图6-77所示。

返回“编辑部件”对话框中，修改各层的“厚度”值，如图6-78所示，单击“确定”按钮关闭对话框。

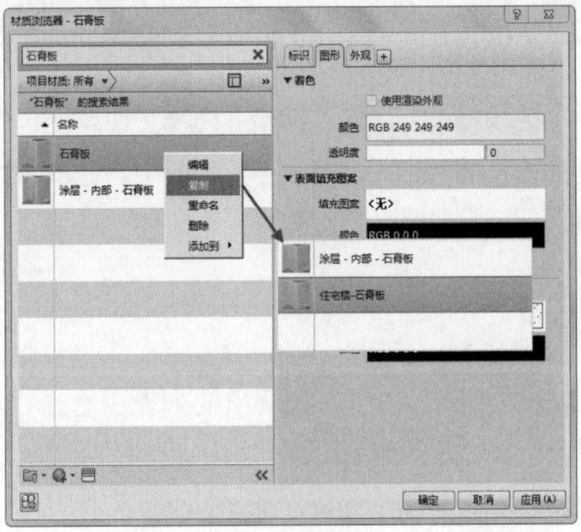

图 6-77

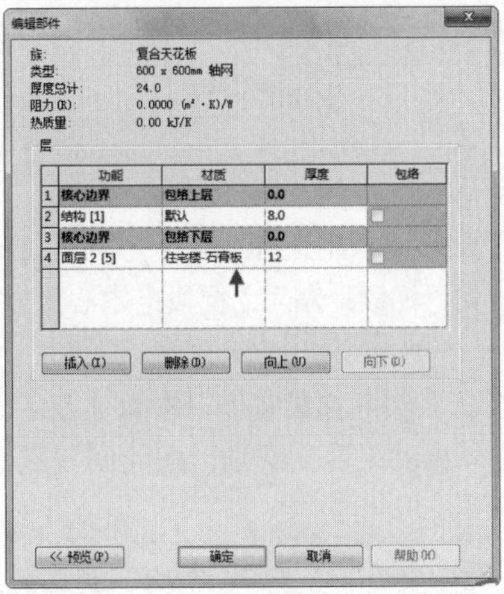

图 6-78

在绘图区域中任意单击房间内部，此时在左下角系统调出如图6-79所示的提示对话框，提示所创建的图元在当前视图中不可见。单击对话框左上角的“关闭”按钮，继续单击房间内部以创建天花板。创建完成后，按两次Esc键，退出命令。

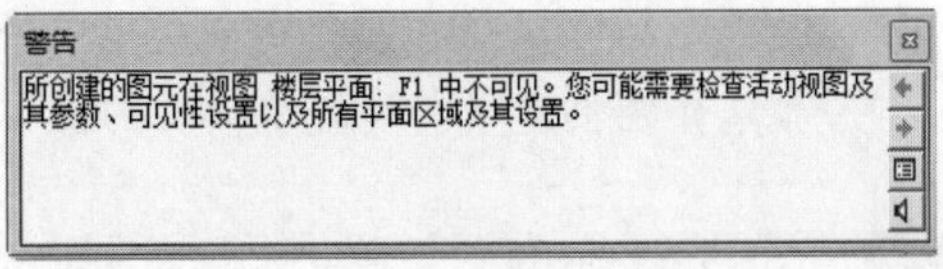

图 6-79

转换至三维视图查看天花板的创建效果。可以借助“过滤器”工具，在“过滤器”对话框中选择天花板选项，如图6-80所示，可以方便地在视图中查看选中的图形。

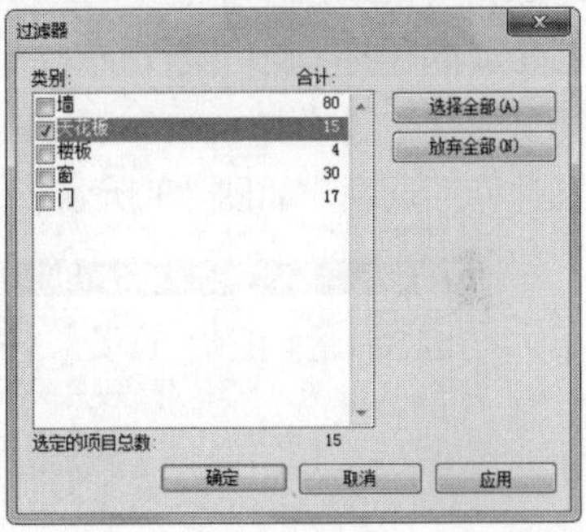

图 6-80

第 7 章　楼梯、坡道和洞口

Revit 提供了创建楼梯、坡道的工具，通过调用这些工具，可以创建各种不同类型的楼梯、坡道构件，并放置到建筑模型中。

本章介绍创建楼梯和坡道构件的操作方法。

7.1　添加楼梯

通过使用两种方式来添加楼梯，第一种是“楼梯（按构件）”，第二种是“楼梯（按草图）”。选择第一种方式，通过创建通用梯段、平台和支座构件，将楼梯添加到建筑模型中。选择第二种方式，通过绘制梯段的方式向建筑模型中添加楼梯。

7.1.1　楼梯（按构件）

选择“建筑”选项卡，在“楼梯坡道”面板中单击“楼梯”按钮，在调出的列表中选择“楼梯（按构件）”选项，如图 7-1 所示。

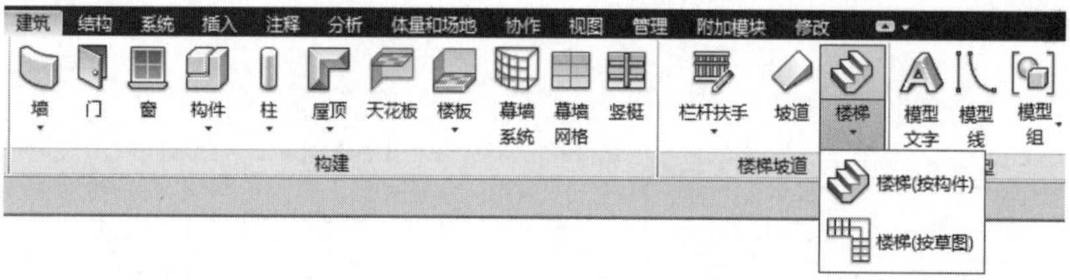

图 7-1

进入“修改 | 创建楼梯”选项卡，如图 7-2 所示。在“构件”面板中选择“梯段”方式，单击“直梯”按钮。“定位线”选项列表中提供了多种定位方式，如“梯段：左”“梯段：中心”“梯段：右”等，默认选择为“梯段：中心”。

“偏移量”为 0，表示梯段的中心点与绘制起点重合。“实际梯段宽度”参数值表示一个梯段的宽度，默认值为 1000，用户可自定义宽度值。选择“自动平台”选项，在绘制双跑楼梯时自动创建平台。

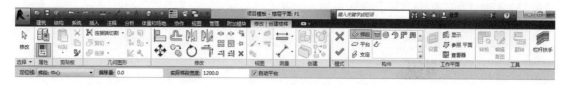

图 7-2

在“属性”选项板中提供了“整体式楼梯”“组合楼梯”“预浇注楼梯”供用户选择，默认选择为“整体式楼梯”。在“限制条件”选项组中设置“底部标高”及“顶部标高”后，系统自动计算“尺寸标注”选项组中的“所需踢面数”及“实际踏板深度”参数值，并显示结果，如图 7-3 所示。

在绘图区域中单击指定梯段的起点，向上移动鼠标，在垂直方向显示梯段的临时尺寸，右上角显示起点与梯段的角度值，在水平方向显示已经创建的踢面数及剩余的踢面数，如图 7-4 所示。用户通过预览文字提示，了解梯段的尺寸、踢面数等。

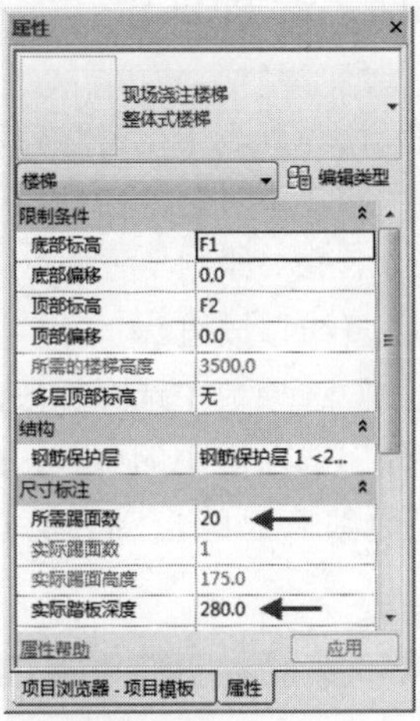

图 7-3

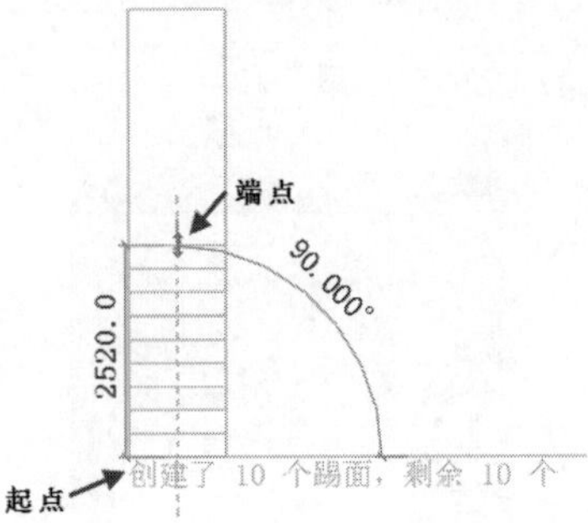

图 7-4

单击完成一个梯段的创建。此时仍处于放置梯段的命令中，创建完成的梯段上显示临时尺寸标注，标志其宽度、长度，如图 7-5 所示。向梯段的一侧移动鼠标，指定另一梯段的起点，如图 7-6 所示。

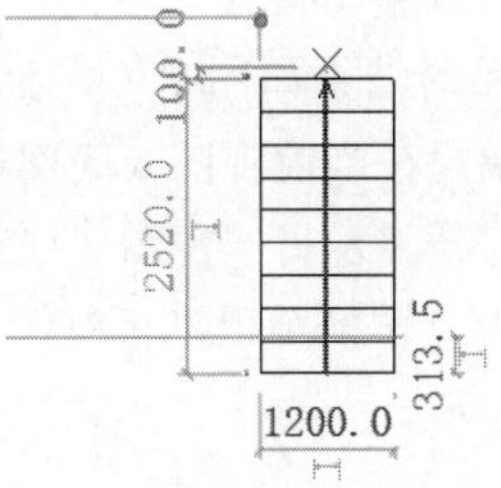

图 7-5

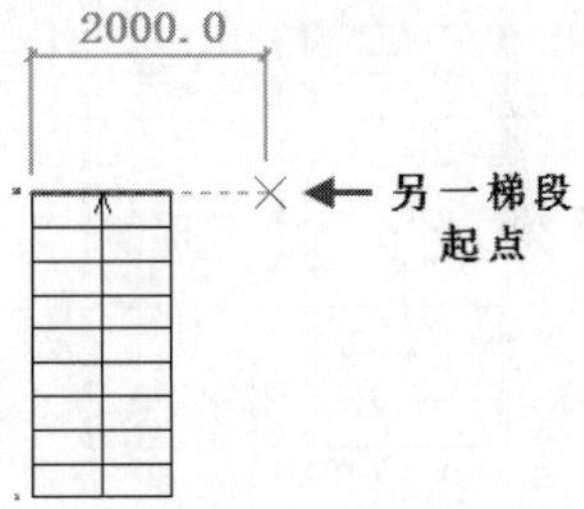

图 7-6

向下移动鼠标，此时可以预览休息平台及另一梯段的绘制结果，如图 7-7 所示。单击，指定梯段的终点，完成双跑楼梯的创建。在各梯段的起始踏步一侧，显示踏步编号，如图 7-8 所示。

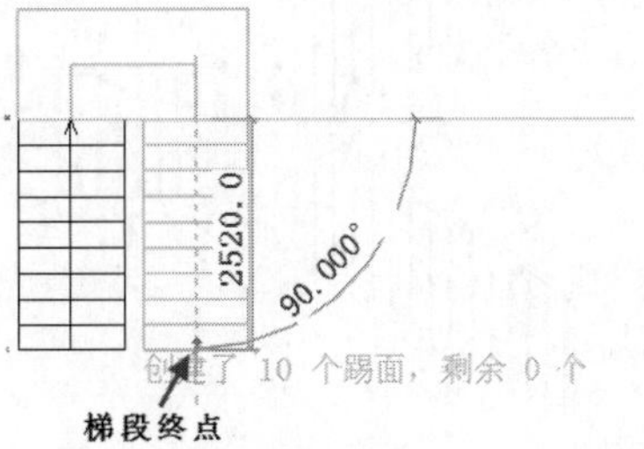

图 7-7

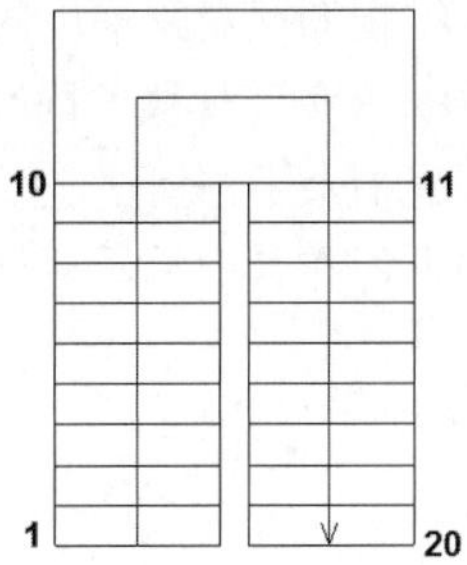

图 7-8

单击“完成编辑模式”按钮，退出命令，创建双跑楼梯的结果如图 7-9 所示。梯段的实线部分表示梯段在当前视图（底部标高 F1）的样式，虚线部分表示另一视图（顶部标高 F2）中梯段的投影。转换至顶部标高（F2）视图，梯段以实线显示。

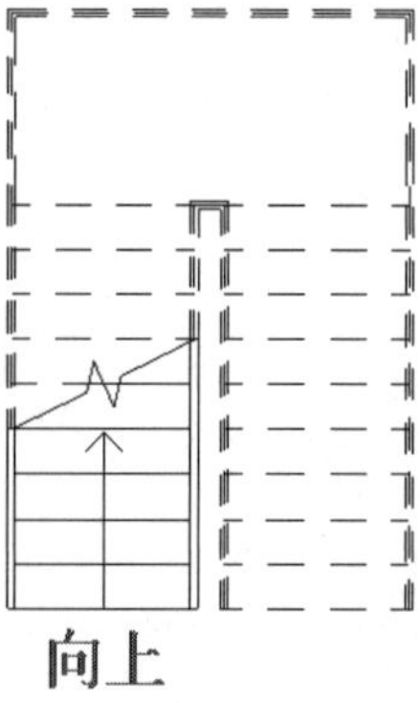

图 7-9

转换至立面视图，查看梯段的立面样式，如图 7-10 所示。

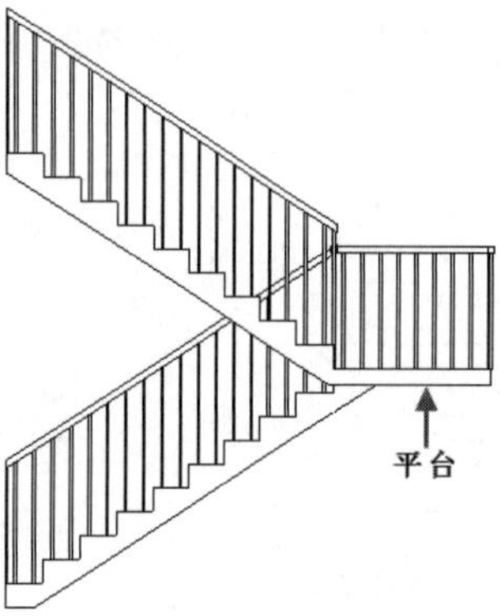

图 7-10

转换至三维视图，观察梯段的三维模型，如图 7-11 所示。在创建梯段的同时系统默认生成扶手栏杆，选择栏杆扶手，进入“修改 | 栏杆扶手”选项卡，在其中编辑栏杆扶手的属性参数。

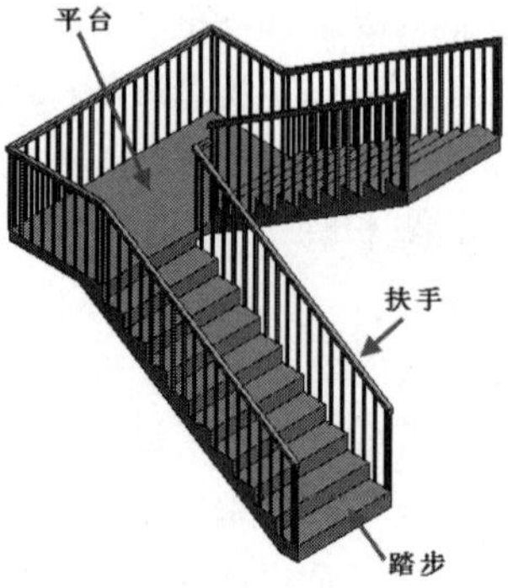

图 7-11

7.1.2 楼梯（按草图）

在“楼梯”命令列表中选择“楼梯(按草图)”选项，进入“修改 | 创建楼梯草图”选项卡，如图 7-12 所示。在“绘制”面板中选择“梯段”方式，单击“直线”按钮。

在“属性”选项板中选择梯段的样式，设置“限制条件”选项组中的参数，此时可观察到“所需踢面数”已经自动计算出来，如图 7-13 所示。

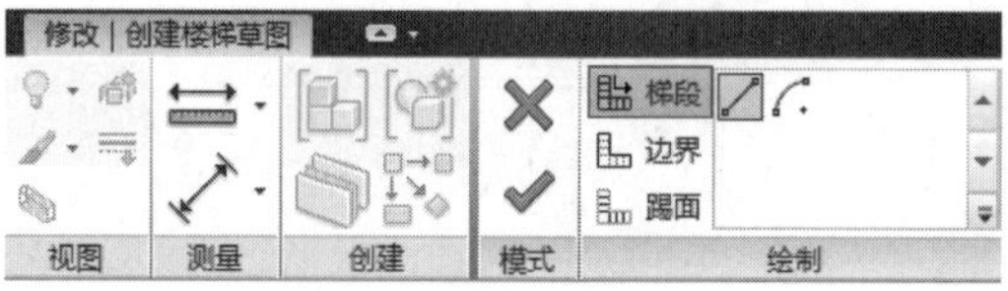

图 7-12

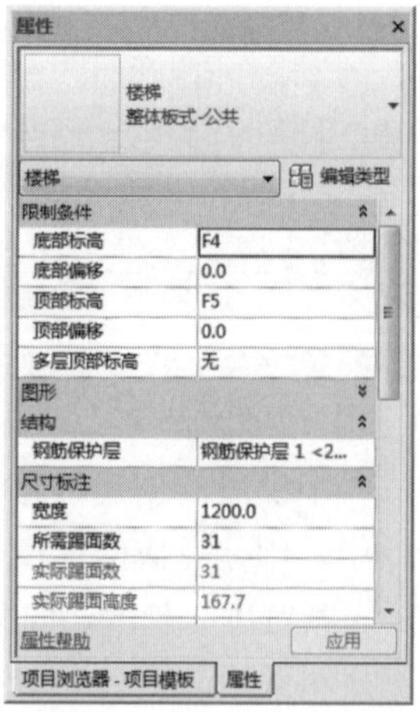

图 7-13

在绘图区域中单击指定梯段的起点，如图 7-14 所示。向上移动鼠标，单击指定梯段的端点，如图 7-15 所示。

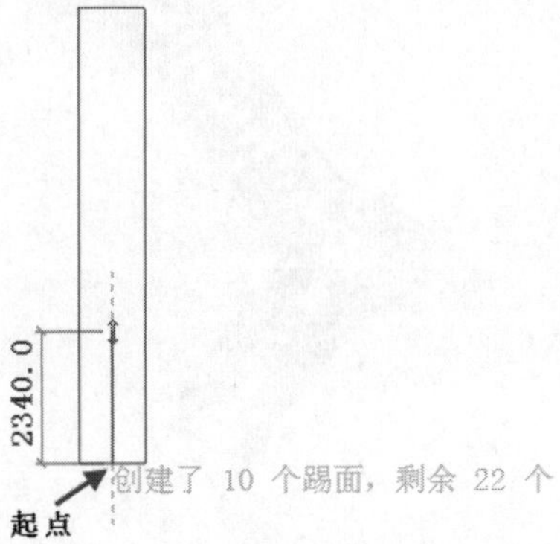

图 7-14

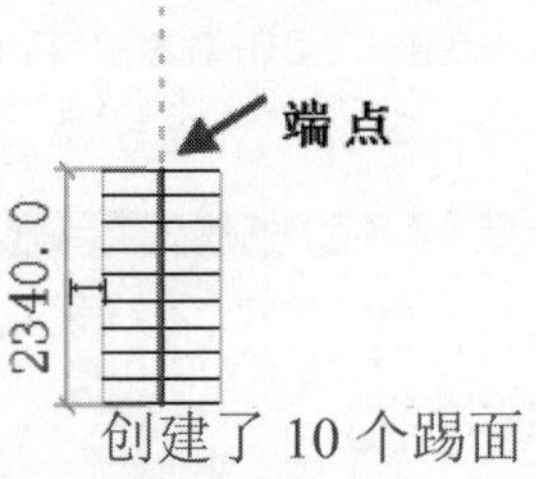

图 7-15

按下 Esc 键，退出放置梯段的操作，此时仍处于“梯段（按草图）”命令。向上移动鼠标并单击，以指定平台的转折点，如图 7-16 所示。此时开始绘制梯段，再次按 Esc 键，退出放置梯段，向右移动鼠标并单击，指定梯段起点，开始放置梯段的操作，如图 7-17 所示。

图 7-16

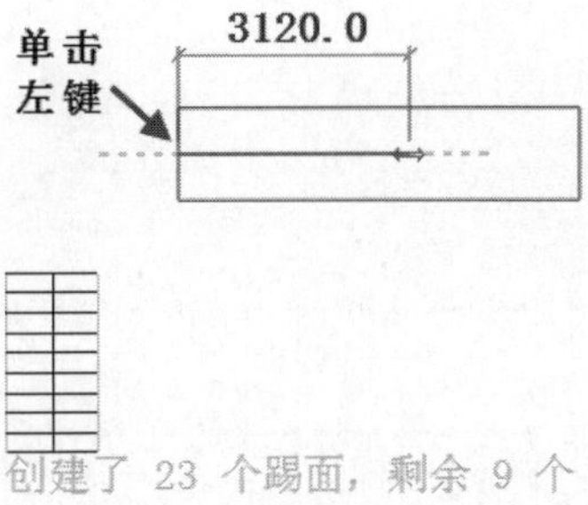

图 7-17

向右移动鼠标并单击，指定梯段的终点，完成另一梯段的放置，如图 7-18 所示。按 Esc 键，向右移动鼠标并单击，指定另一梯段的起点，如图 7-19 所示。

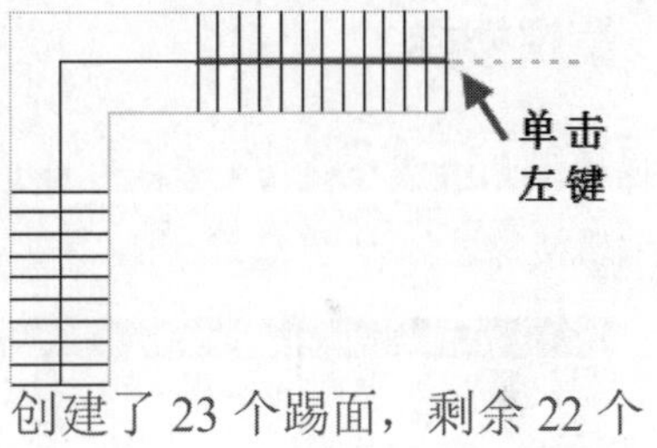

图 7-18

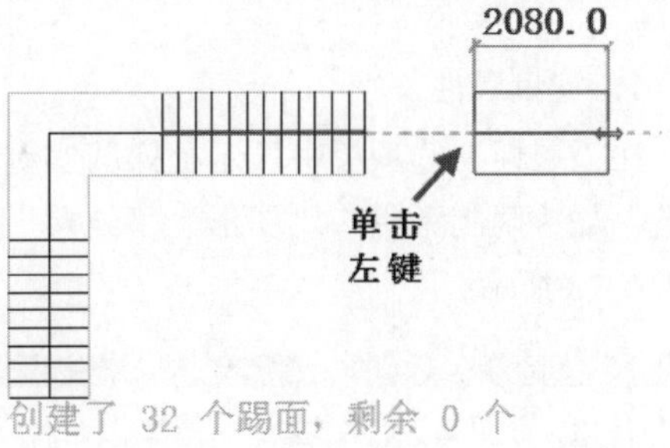

图 7-19

向右移动鼠标并单击，指定梯段的终点，完成梯段的放置。单击“完成编辑模式”按钮退出命令，通过指定方向来创建梯段的结果如图 7-20 所示。

转换至三维视图，观察梯段的三维样式，如图 7-21 所示。

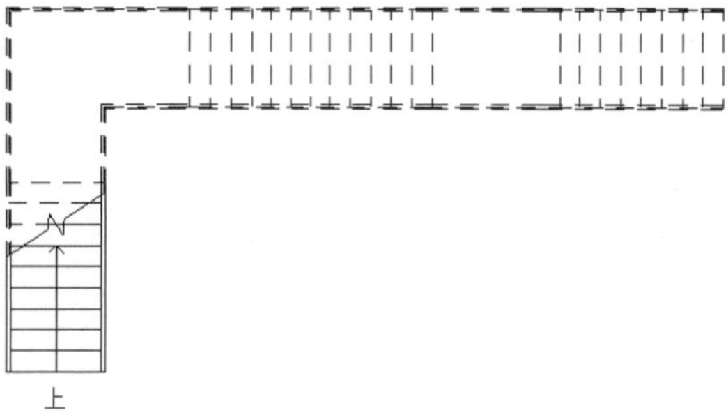

图 7-20

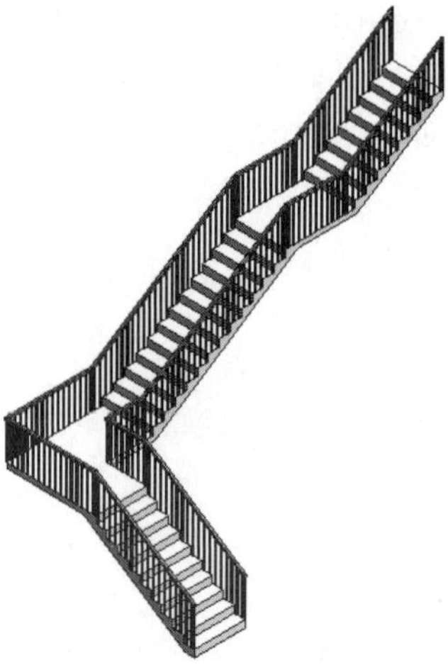

图 7-21

7.1.3 编辑楼梯

选择楼梯，进入“修改 | 楼梯”选项卡，如图 7-22 所示。单击“编辑草图”按钮，进入草图模式编辑楼梯。

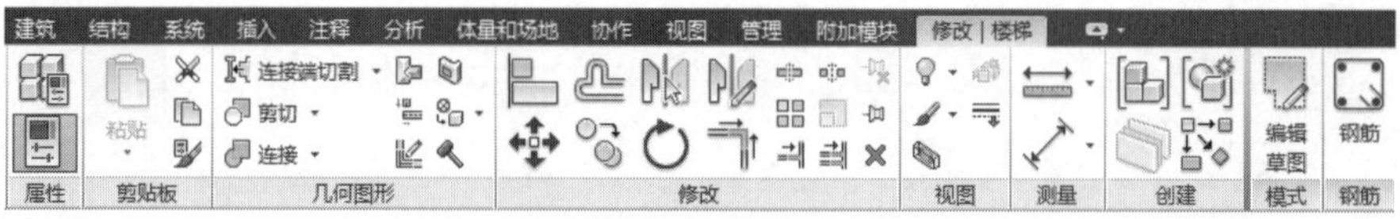

图 7-22

1. 实例属性

在“属性”选项板中显示楼梯的实例属性参数，如“限制条件”“图形”“结构”等，如图 7-23 所示。

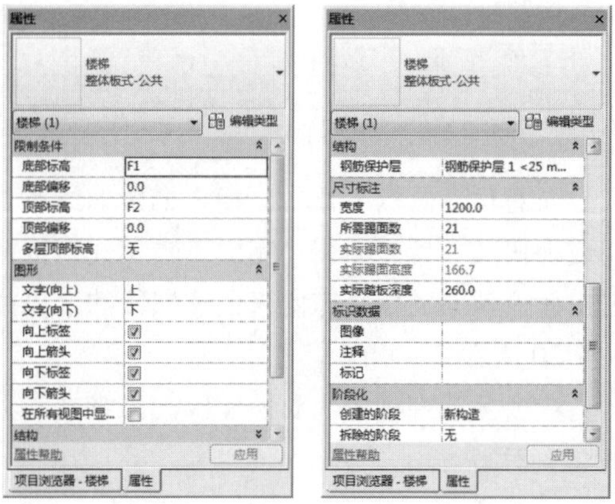

图 7-23

在“限制条件”选项组中设置楼梯底部、顶部高度参数。

在“图形”选项组中设置标记文字或者“向上 / 向下”箭头的显示或隐藏。

在“尺寸标注”选项组中设置楼梯梯段、踏板、踢面等的尺寸。其中，“实际踢面数”选项显示当前楼梯的实际踏步数，不可更改。

2. 类型属性

单击“属性”选项板上的“编辑类型”按钮，进入“类型属性”对话框，如图 7-24 所示。

在“计算规则”选项组中单击“编辑”按钮，打开“楼梯计算器”对话框，选择“使用楼梯计算器进行坡度计算”选项，按照建筑图形标准设置计算内部楼梯的经验公式。

在“构造”选项组中设置楼梯的结构参数，

如梯边梁延伸到楼梯基准标高之下的高度位置等。

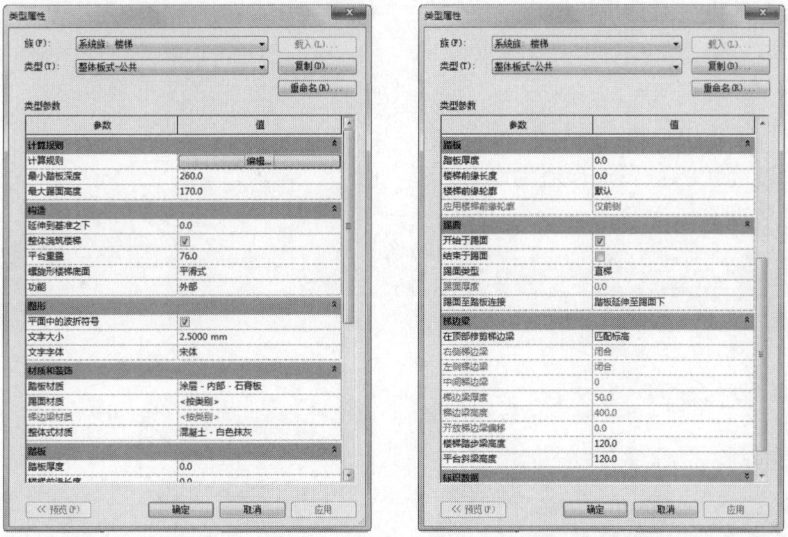

图 7-24

“图形”选项组中的参数用来控制楼梯在平面视图中文字的显示样式，如文字大小、文字字体。

在“材质和装饰”选项组中设置楼梯踏板材质、踢面材质等，单击选项后的矩形按钮，调出“材质浏览器”对话框，在其中修改材质参数。

“踏板”选项组中的参数用来控制踏板在楼梯中的显示样式，如踏板厚度、楼梯前缘长度等。

在“踢面”选项组中显示踢面的相关参数，如踢面类型、踢面厚度，以及踢面至踏板的连接方式等。

在“梯边梁”选项组中显示梯边梁的相关参数，在选择非整体式楼梯时，该选项组下的参数选项才高亮显示。

7.2 添加坡道

无障碍坡道是很多建筑物中不可缺少的构件之一，可以解决由于建筑物内外高差不同而产生的行动不便。使用 Revit 提供的“坡道”工具，可以创建多种样式的坡道。

7.2.1 直坡道

选择“建筑”选项卡，单击“楼梯坡道”面板中的“坡道”按钮，进入“修改 | 创建坡道草图”选项卡，如图 7-25 所示。

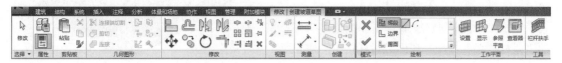

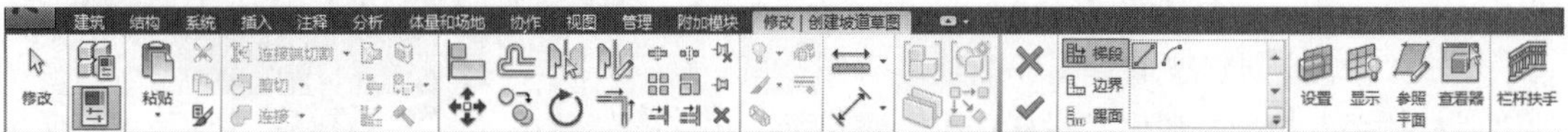

图 7-25

在“属性”选项卡中单击“编辑类型”按钮，进入“类型属性”对话框。单击“复制”按钮，在默认坡道类型的基础上复制一个新的坡道类型。

在“造型”选项中选择“实体”选项，更改“坡道最大坡度（1/x）”选项值为5，表示坡道高度为长度的1/5，如图7-26所示。

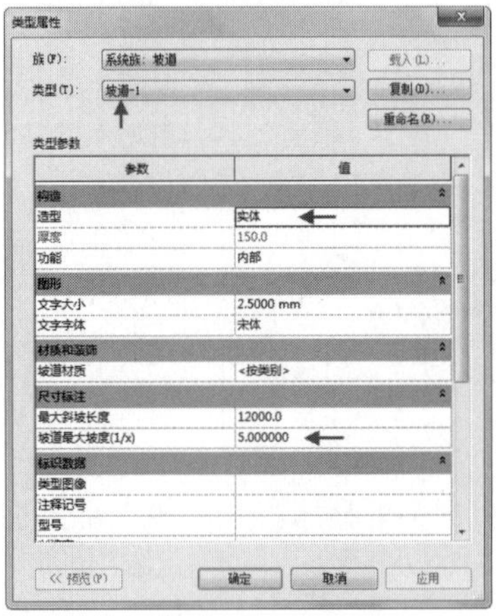

图 7-26

单击“确定”按钮关闭对话框，在“属性”选项板中设置“底部标高”“顶部标高”“宽度”参数，如图7-27所示。

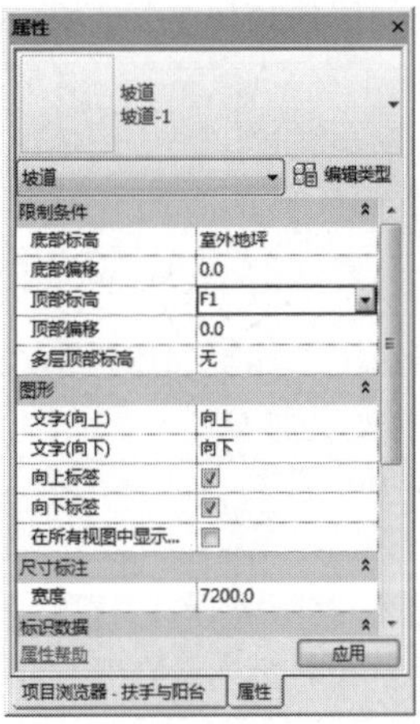

图 7-27

单击“修改 | 创建坡道草图”选项卡右侧的“栏杆扶手”按钮，调出“栏杆扶手”对话框，在其中选择“无”选项，如图7-28所示。在绘图区域中分别指定起点与终点，如图7-29所示，开始创建坡道模型。

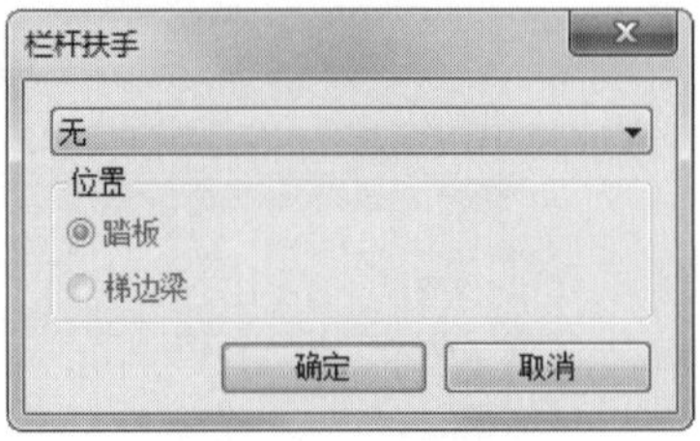

图 7-28

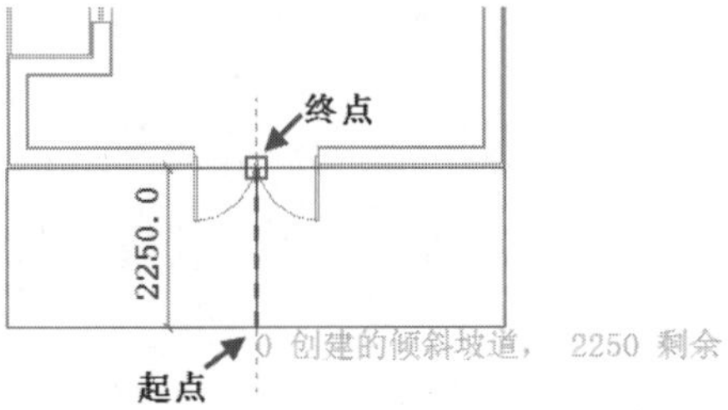

图 7-29

单击“完成编辑模式”按钮退出命令，创建坡道如图7-30所示，转换至三维视图，查看坡道的三维模型，如图7-31所示。

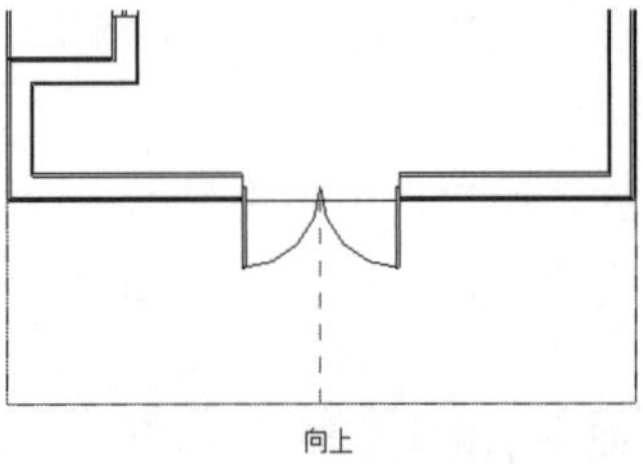

图 7-30

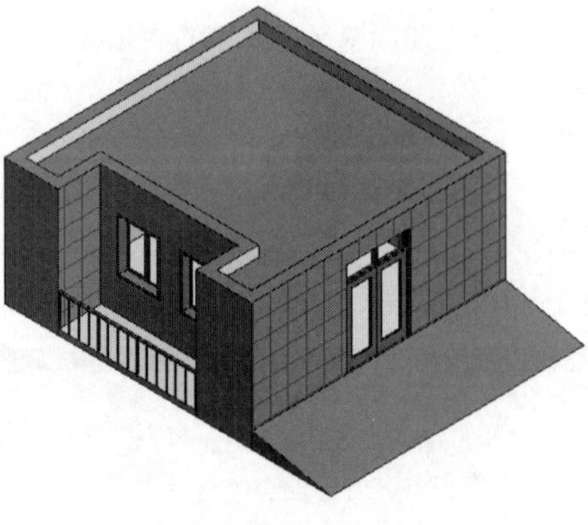

图 7-31

7.2.2　带平台的坡道

在创建坡道的过程中，通过综合运用“边界”工具和“踢面”工具，可以同时创建坡道平台，本节介绍具体的操作方法。

单击“坡道”按钮，在“属性”选项板中选择上一节创建的“坡道 -1”类型，并修改选项板中的各项参数，如图 7-32 所示。在绘图区域中单击指定起点与终点创建坡道，如图 7-33 所示。

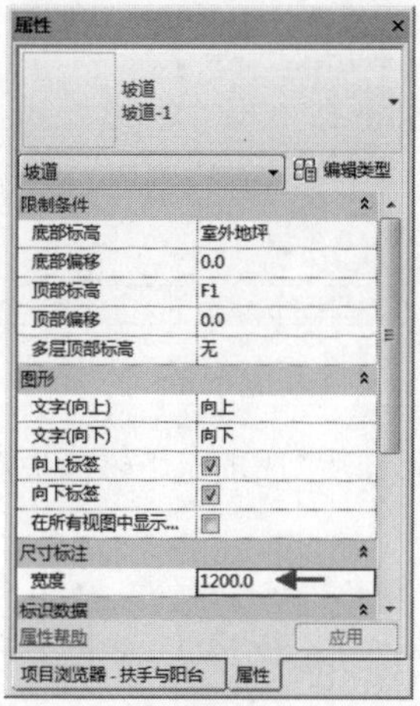

图 7-32

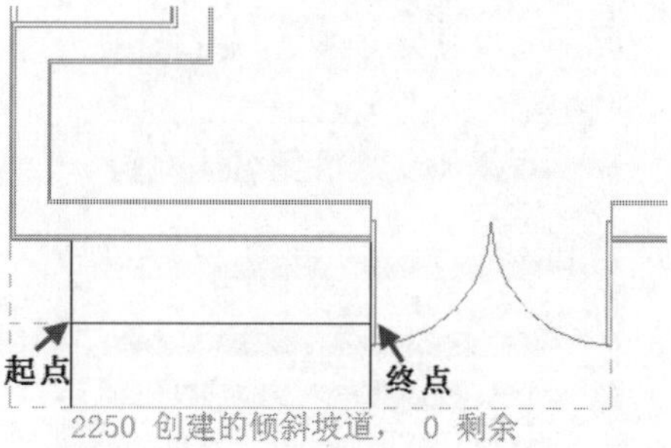

图 7-33

在“绘制”面板中单击“边界”按钮，绘制水平线段表示边界，如图 7-34 所示。单击“踢面”按钮，绘制垂直线段连接边界，如图 7-35 所示。完成坡道平台轮廓线的绘制。

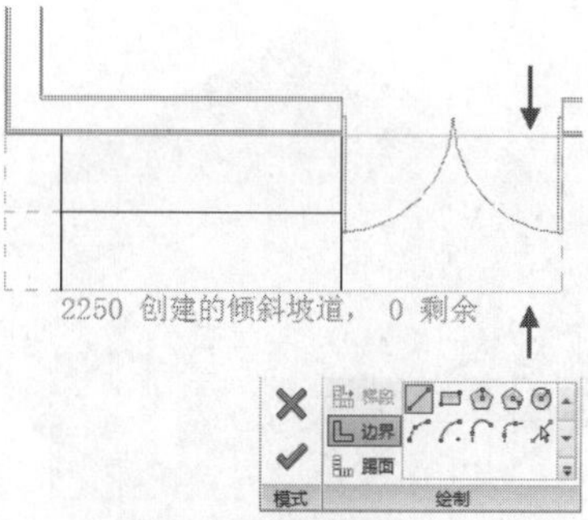

图 7-34

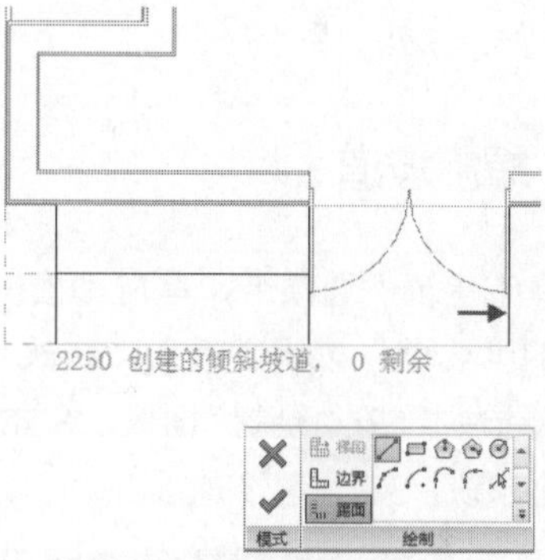

图 7-35

单击“完成编辑模式”按钮退出命令。在创建模型时同步生成栏杆扶手，选择靠墙的栏杆扶手，在键盘上按下 Delete 键将其删除，在平台的一侧没有自动生成栏杆扶手，创建带平台坡道的结果如图 7-36 所示。

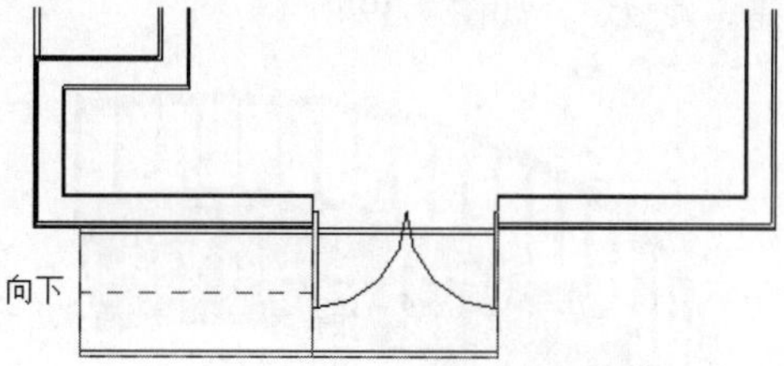

图 7-36

转换至三维视图，观察带平台坡道的三维样式，如图 7-37 所示。

提示：

在本节中，暂时保持栏杆扶手的默认创建样式，在讲解“创建栏杆”时，再介绍栏杆扶手的绘制方法。

图 7-37

7.2.3 螺旋坡道

选择“建筑”选项卡，单击“楼梯坡道”面板中的“坡道”按钮，进入“修改 | 创建坡道草图”选项卡，在“绘制”面板上单击“圆心 - 端点弧”按钮，如图 7-38 所示。

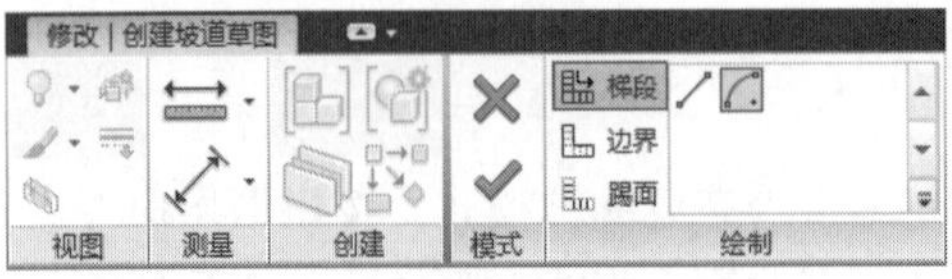

图 7-38 “修改 | 创建坡道草图”选项卡

单击指定圆弧的圆心，并移动鼠标，指定圆弧的半径，单击分别指定圆弧的起点与终点，创建螺旋坡道，如图 7-39 所示。

图 7-39

7.2.4 编辑坡道

选择坡道，进入“修改 | 坡道”选项卡。在“属性”选项板中修改参数，如图 7-40 所示，仅影响选中的坡道。在“限制条件”选项组中设置坡道的顶部和底部高度参数。“图形”选项组中的参数用来修改坡道在平面视图中文字与标签的显示样式。

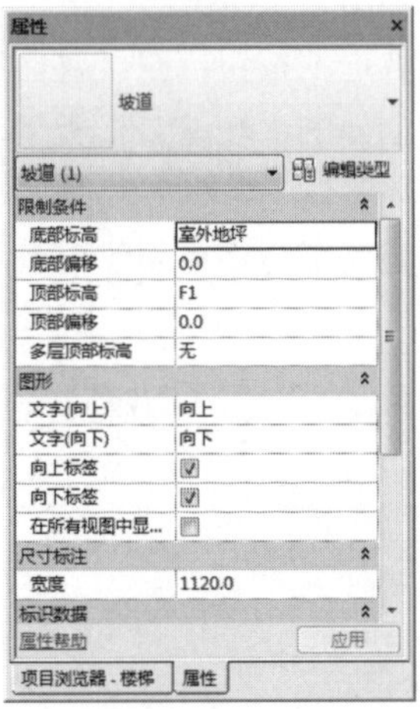

图 7-40

在“尺寸标注”选项组中修改坡道的“宽度”尺寸。

单击“编辑类型”按钮，打开“类型属性”对话框，如图 7-41 所示，在其中修改参数，可以影响与所选坡道类型相同的所有坡道。

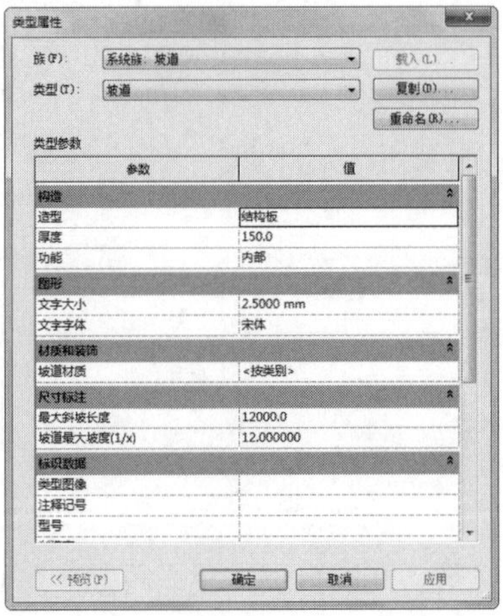

图 7-41

在“构造”选项组中设置坡道的“造型”样式、“厚度”值，以及“功能”形式。“图形”选项组中的参数用来控制文字标签的显示样式，即文字大小与字体。

在“材质和装饰”选项组中单击“坡道材质”选项后的矩形按钮，调出“材质浏览器”对话框，设置坡道的材质。在“尺寸标注”选项组中设置坡道的坡度。

7.3 扶手

Revit 有两种创建扶手的方式，一种方法是通过绘制扶手的路径，沿路径创建扶手；另一种方法是将栏杆放置在楼梯或者坡道上。

7.3.1 绘制路径创建扶手

选择“建筑”选项卡，单击“楼梯坡道”面板中的“栏杆扶手”按钮，在调出的选项列表中选择“绘制路径”选项，如图 7-42 所示，通过绘制路径来创建扶手。

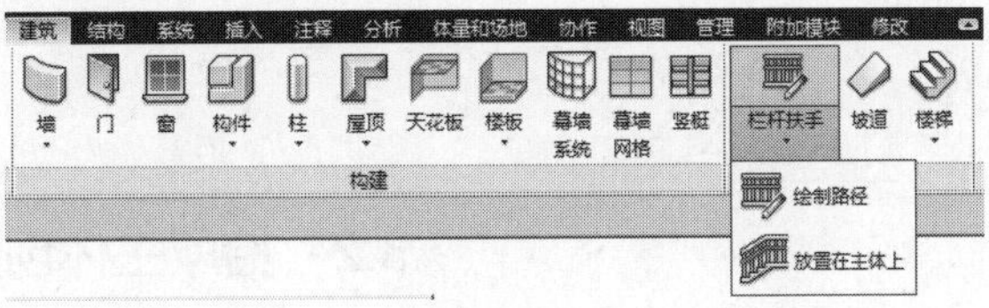

图 7-42

进入“修改|创建栏杆扶手路径”选项卡，在“绘制”面板中单击“直线”按钮，以创建直线路径。选择“选项”面板中的“预览”选项，可以预览栏杆的样式。选择“链”选项，如图 7-43 所示。

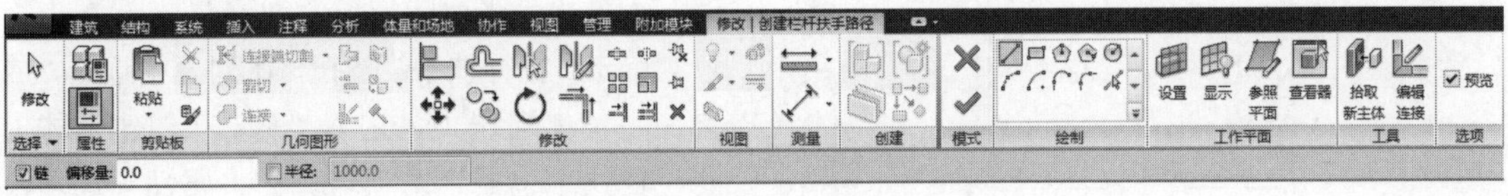

图 7-43

在“属性”选项板中提供了多种栏杆样式，选定样式后，设置“底部偏移”值，如图 7-44 所示。在绘图区域中单击，指定栏杆的起点，如图 7-45 所示。

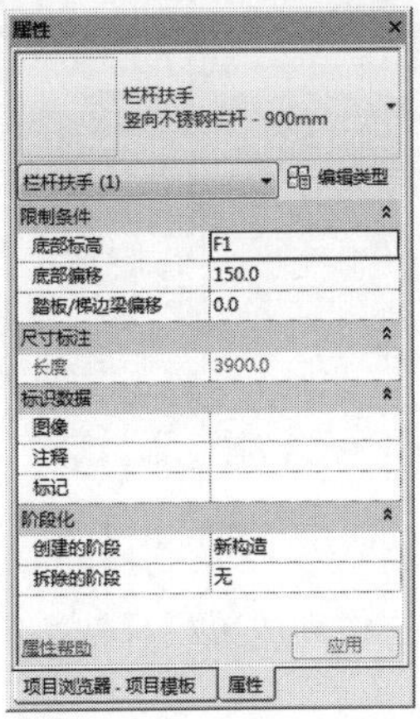

图 7-44

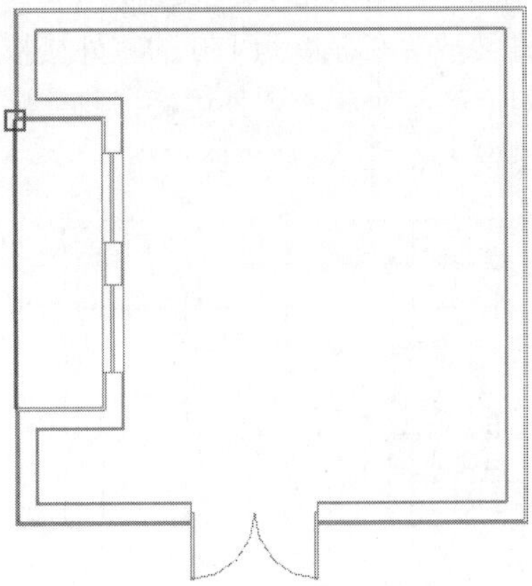

图 7-45

提示：

也可以将“底部偏移”值设置为0，结果是栏杆与底平面平齐。

移动鼠标，指定终点，如图7-46所示。单击“完成编辑模式”按钮退出命令。在栏杆图元上显示翻转按钮，单击调整栏杆的方向，如图7-47所示。

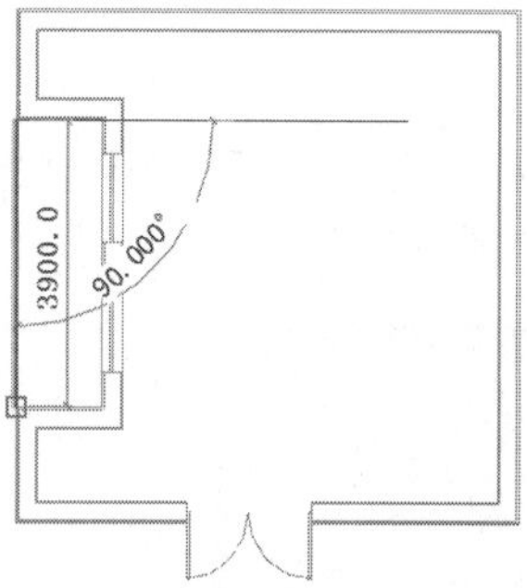

图 7-46

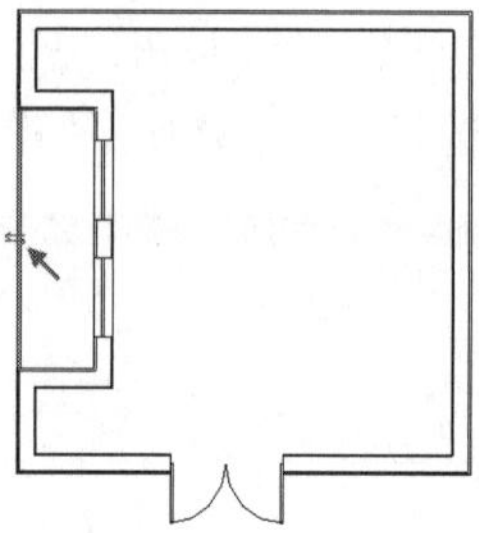

图 7-47

转换至立面视图，查看栏杆的立面效果。在前面介绍了将“底部偏移”值设置为150，这是因为栏杆被放置在厚度为150的室外楼板上，如图7-48所示。假如没有室外楼板，则将“底部偏移”值设置为0，使栏杆与地平面平齐。

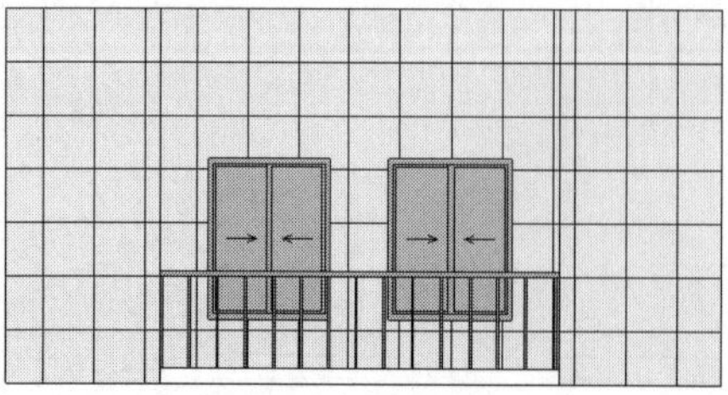

图 7-48

转换至三维视图，观察栏杆的三维模型，如图7-49所示。

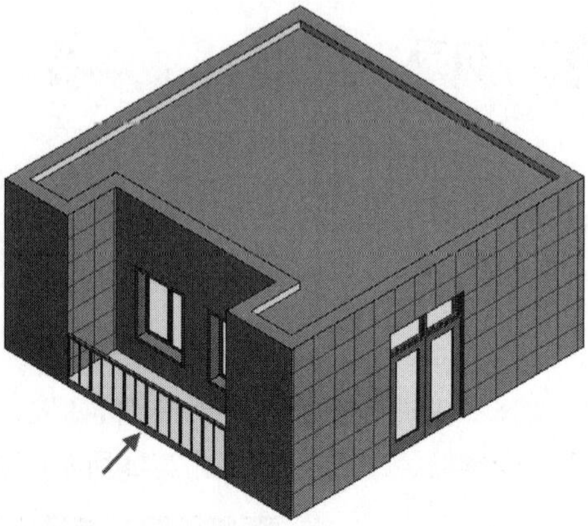

图 7-49

7.3.2 拾取主体创建扶手

在创建“带平台的坡道”时，将系统生成的栏杆删除，本节介绍综合运用创建栏杆扶手的两种方式，即“绘制路径”与“放置在主体上”，为“带平台的坡道”创建栏杆扶手。

单击“栏杆扶手”按钮，在列表中选择“放置在主体上”选项，进入“修改|创建主体上的栏杆扶手位置”选项卡。在“属性”选项板中选择栏杆扶手的类型，如图7-50所示。

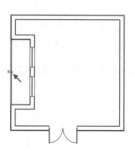

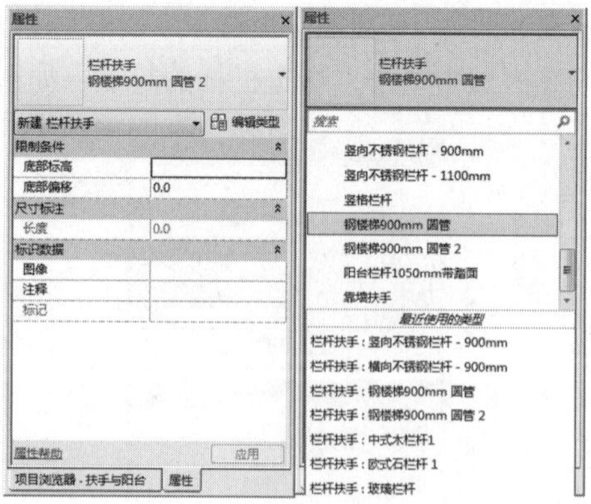

图 7-50

拾取坡道作为放置栏杆扶手的主体，如图7-51所示。

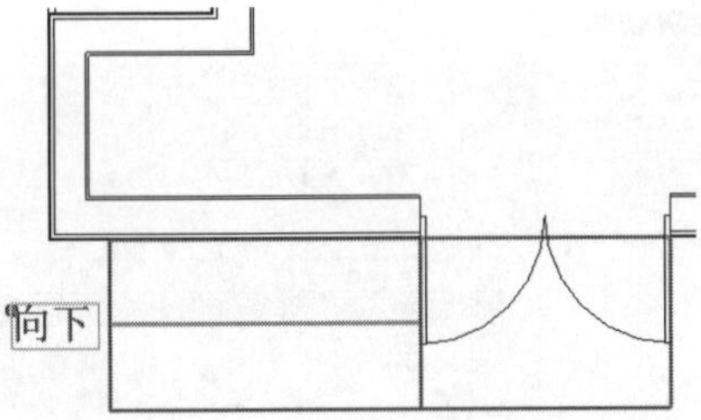

图 7-51

按 Esc 键退出命令，放置栏杆扶手的结果如图 7-52 所示。系统默认在主体的两侧创建栏杆扶手，选择靠门一侧的栏杆扶手，在键盘上按下 Delete 键将其删除，如图 7-53 所示。

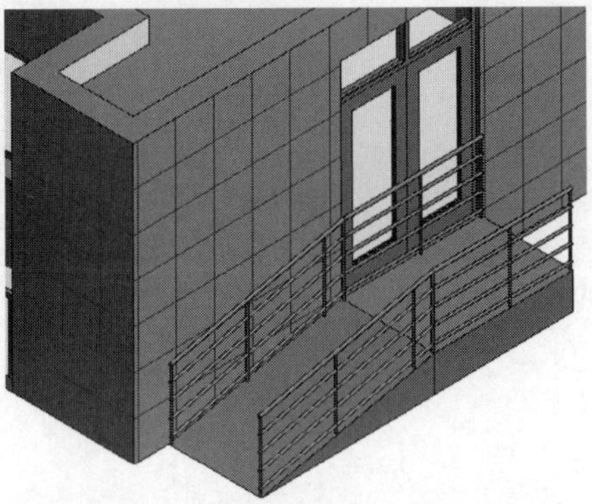

图 7-52

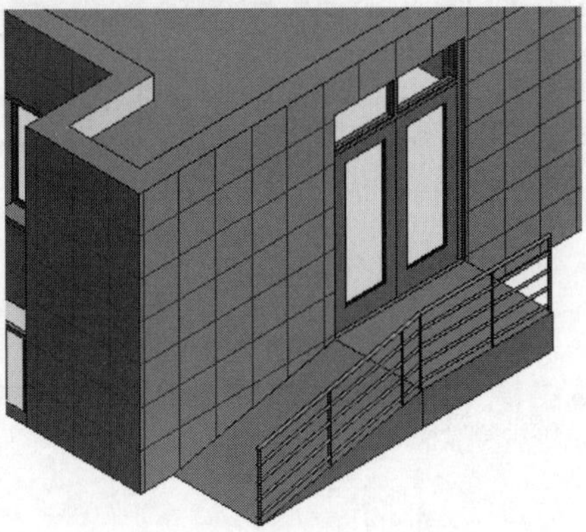

图 7-53

坡道平台一侧的栏杆扶手使用“绘制路径”方式来创建。在“坡道”列表中选择“绘制路径”，在坡道平台的一侧绘制路径，如图 7-54 所示。单击“完成编辑模式”按钮，放置栏杆扶手的结果如图 7-55 所示。

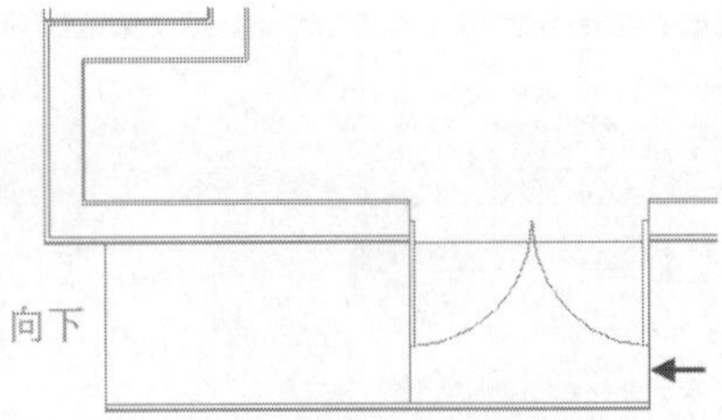

图 7-54

图 7-55

7.3.3　编辑扶手

选择栏杆扶手，进入“修改 | 栏杆扶手”选项卡，如图 7-56 所示。单击“编辑路径”按钮，进入草图模式，在其中修改栏杆的路径。单击“拾取新主体”按钮，指定楼板、坡道或者楼梯为主体来创建栏杆扶手。

需要删除应用到栏杆扶手的所有实例或类型修改，可以单击“重设栏杆扶手”按钮。

在“属性”选项板中修改“踏板 / 梯边梁偏移”选项中的参数值，可以调整栏杆扶手与主体的距离。在类型列表中选择其他样式的栏杆扶手，可更改选中的栏杆扶手的样式。

单击“编辑类型”按钮，调出“类型属性”对话框，如图 7-57 所示。在其中编辑修改类型参数，影响与选中扶手类型相同的所有扶手。

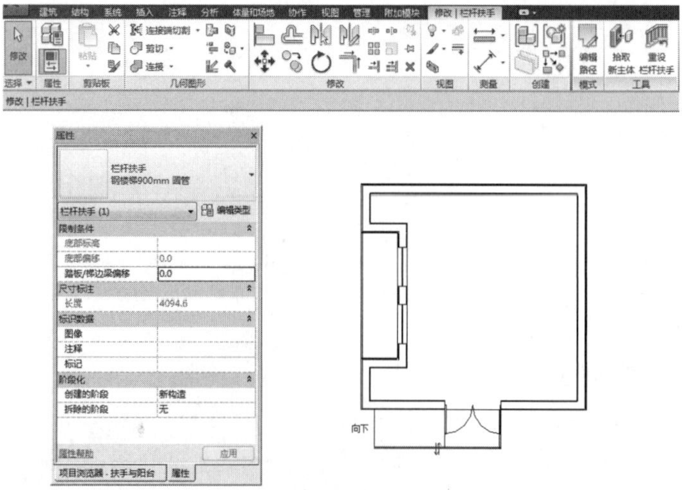

图 7-56

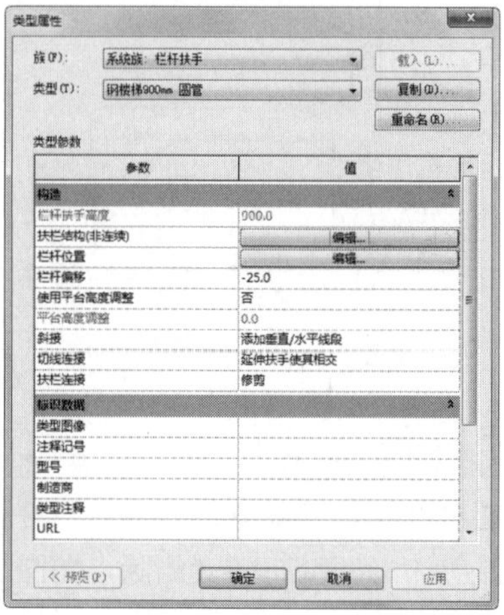

图 7-57

7.4 创建洞口

在“洞口”面板中提供了用来创建各种样式洞口的工具，启用工具可创建面洞口、墙洞口、竖井洞口等，本节介绍这些洞口的创建方法。

7.4.1 墙洞口

转换至立面视图，选择“建筑”选项卡，单击“洞口”面板上的“墙”按钮，如图 7-58 所示。

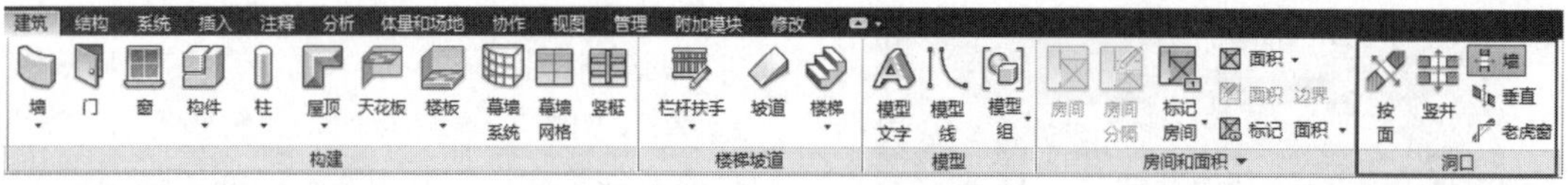

图 7-58

将鼠标置于墙体轮廓线，亮显轮廓线，如图 7-59 所示，单击选中墙体。在墙体上指定对角点，创建矩形洞口轮廓线，如图 7-60 所示。此时可以显示临时尺寸标注，注明洞口与周围墙体轮廓的间距。

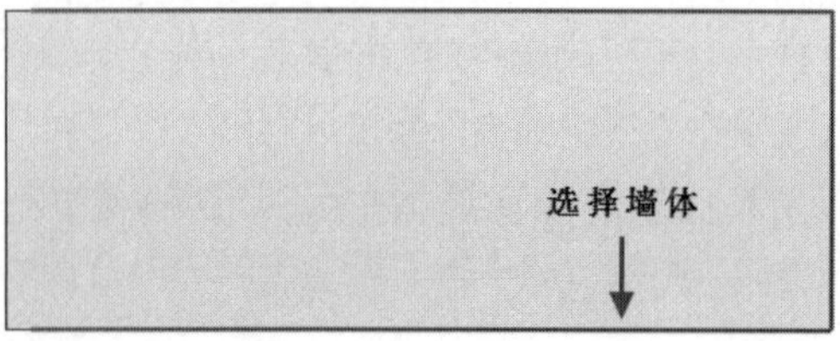

图 7-59

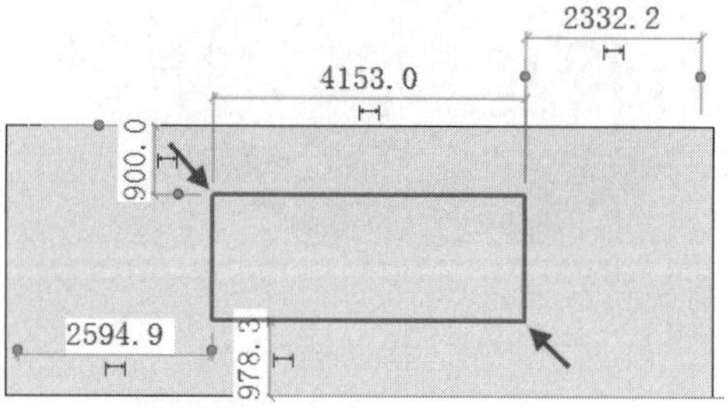

图 7-60

按 Esc 键退出命令，创建矩形洞口的结果，如图 7-61 所示。单击临时尺寸标注，进入临时编辑状态，修改标注文字，可以调整洞口的尺寸。转换至三维视图，观察洞口的三维样式，如图 7-62 所示。

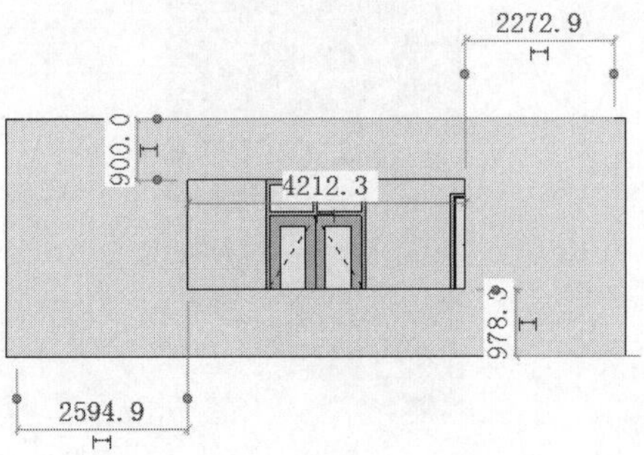

图 7-61

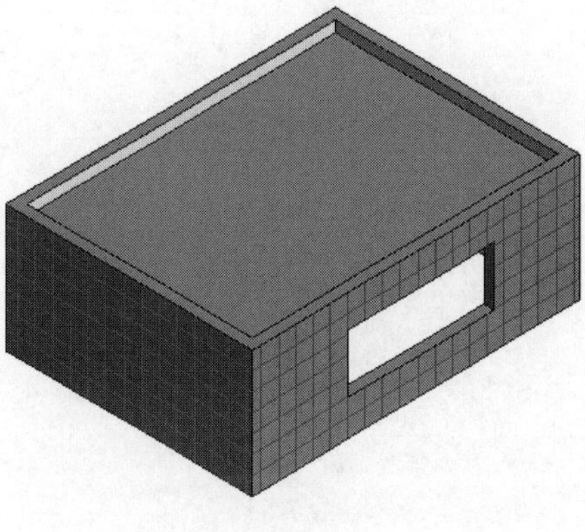

图 7-62

提示：

在立面视图中创建洞口后，可以直接显示与洞口相对的墙体及墙体上的门窗构件。

7.4.2 竖井洞口

在“洞口”面板中单击“竖井”按钮，可以创建一个跨多个标高的垂直洞口，对贯穿其间的屋顶、楼板和天花板进行剪切。

进入“修改 | 创建竖井洞口草图”选项卡，在“绘制”面板中选择“边界线”方式，单击“矩形”按钮，如图 7-63 所示。

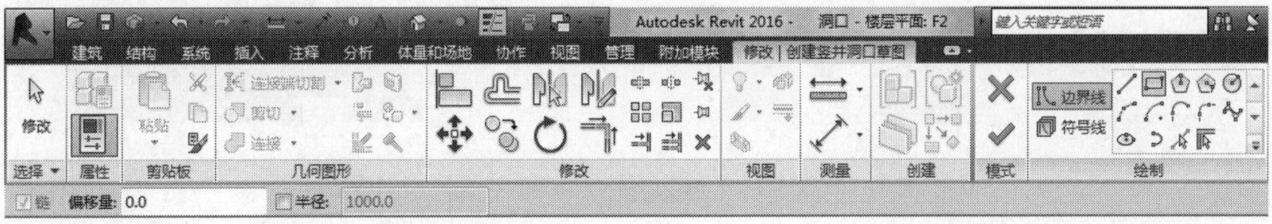

图 7-63

在“属性”选项板中设置“底部限制条件”（洞口起点）与“顶部约束”（洞口终点）参数，如图 7-64 所示。在绘图区域中单击矩形的对角点，创建洞口轮廓线，如图 7-65 所示。

图 7-64

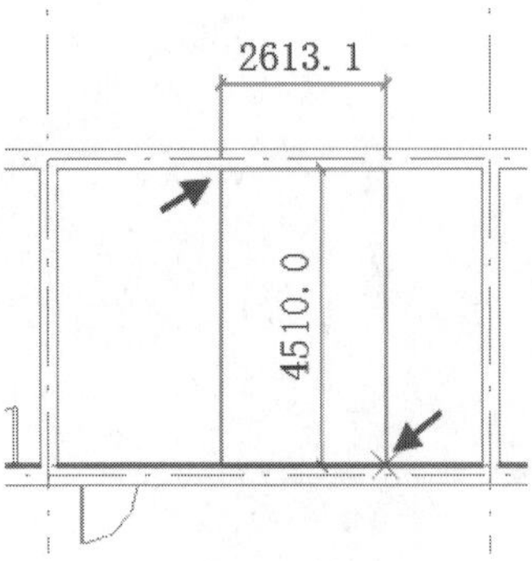

图 7-65

按 Esc 键完成轮廓线的创建，此时显示临时尺寸标注，标注洞口尺寸，如图 7-66 所示。单击尺寸标注文字，可修改洞口的大小。

单击“模式”面板中的“完成编辑模式”按钮，退出命令，创建洞口的结果，如图 7-67 所示。

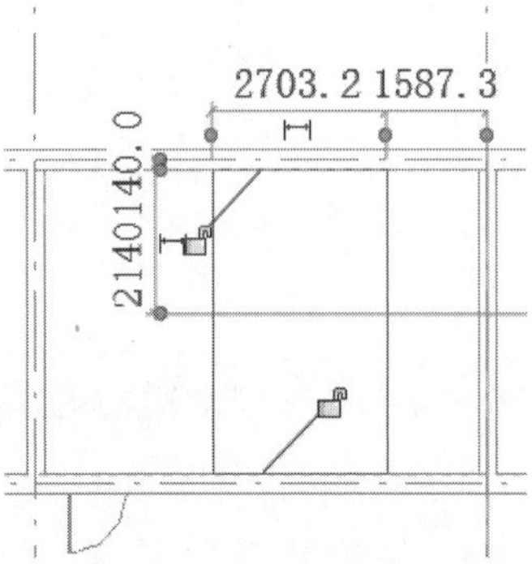

图 7-66

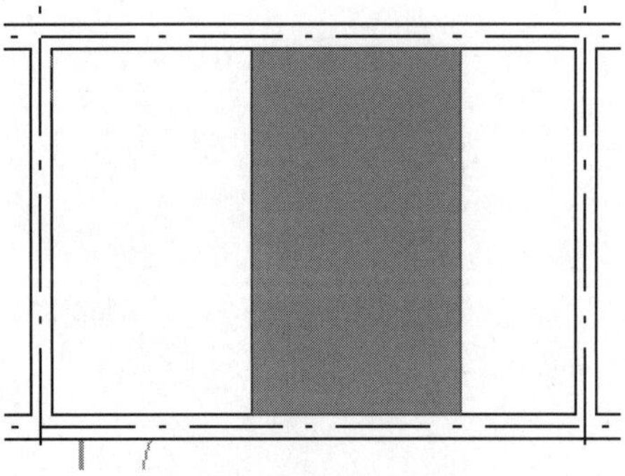

图 7-67

转换至三维视图，查看通过剪切天花板生成洞口的结果，如图 7-68 所示。

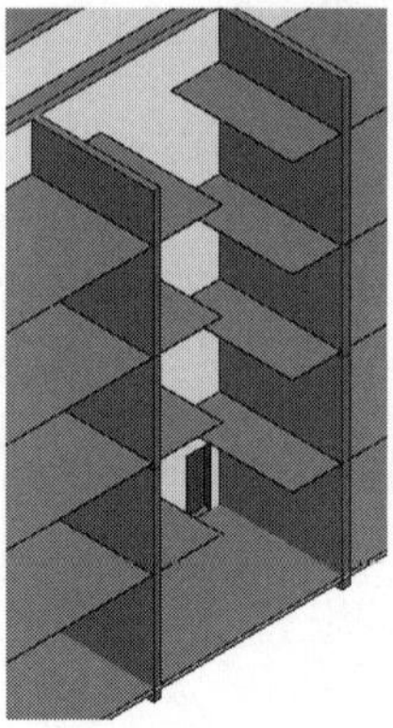

图 7-68

提示：

为了方便观察洞口的三维效果，故将其中一面外墙隐藏。

在“修改 | 创建竖井洞口草图”选项卡中单击“符号线”按钮，如图 7-69 所示。在洞口边界内绘制一条折线，如图 7-70 所示。完成创建洞口的操作后，转换至被洞口剪切的视图，均可查看到该折线。

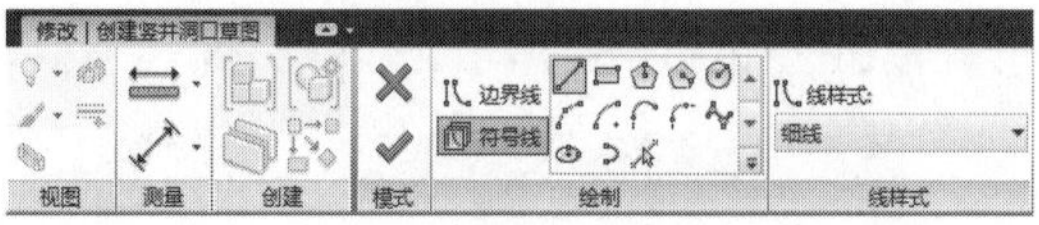

图 7-69

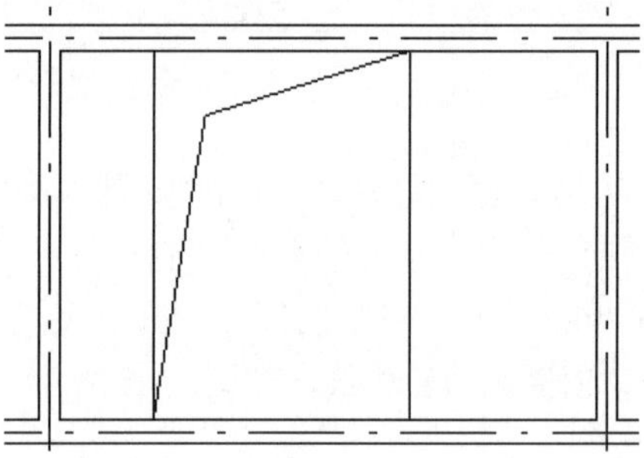

图 7-70

7.4.3 面洞口

在“洞口”面板中单击“按面”按钮，可创建一个垂直于屋顶、楼板或者天花板选定面的洞口。

在三维视图中单击屋顶，进入“修改 | 创建洞口边界”选项卡，在“绘制”面板中单击“圆形”按钮，如图 7-71 所示。

图 7-71

在屋顶上单击指定圆心的位置，移动鼠标，指定半径，按 Esc 键完成绘制轮廓线的操作，如图 7-72 所示。单击“完成编辑模式”按钮，退出命令，在屋顶上创建圆形洞口的结果如图 7-73 所示。

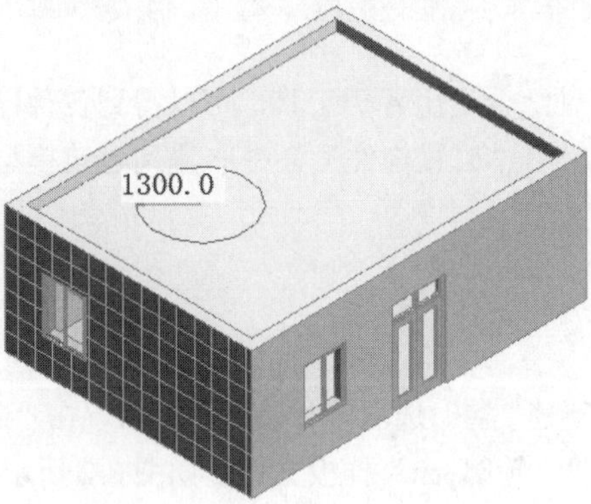

图 7-72

图 7-73

7.4.4　垂直洞口

在“洞口”面板中单击“垂直”按钮，可剪切一个贯穿屋顶、楼板或者天花板的垂直洞口。

启用命令后单击选定屋顶，进入“修改 | 创建洞口边界”选项卡，在“绘制”面板中单击“矩形”按钮。在屋顶上单击指定矩形对角点，创建洞口轮廓线，如图 7-74 所示。

单击“完成编辑模式”按钮，在屋顶上创建垂直洞口的结果，如图 7-75 所示。

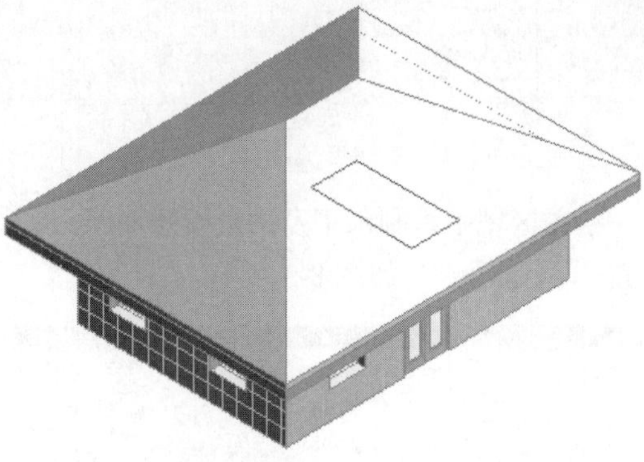

图 7-74

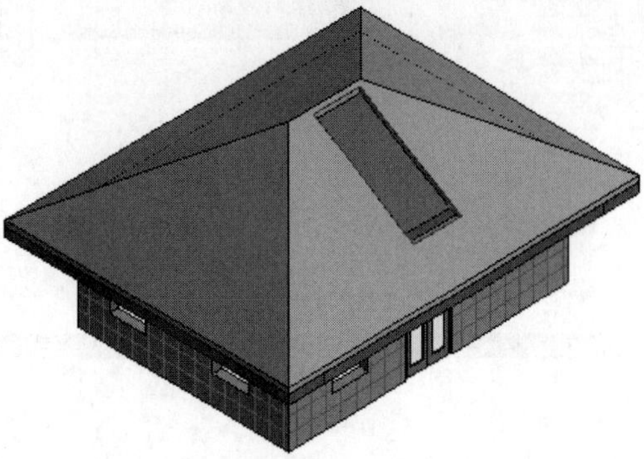

图 7-75

第 8 章　创建常用构件

建筑模型中需要添加各种类型的建筑构件，以辅助说明设计意图。常见的构件有室外构件，如台阶、散水等，室内构件包括卫浴装置、照明设备等，本章介绍创建常用构件的操作方法。

8.1　室内外构件

Revit 未提供专门的创建室内外构件的工具，通过综合运用各类工具，可以得到各种样式的室外构件，如台阶、散水等。而室内构件可以通过启用“放置构件”命令布置到建筑模型中。本节介绍创建室外构件及布置室内构件的操作方法。

8.1.1　台阶

单击“应用程序菜单”按钮，在列表中选择“新建 | 族”选项，如图 8-1 所示。在“新族 - 选择样板文件”对话框中选择 Profile.rft 样板文件，即“轮廓 .rft”样板文件，如图 8-2 所示。

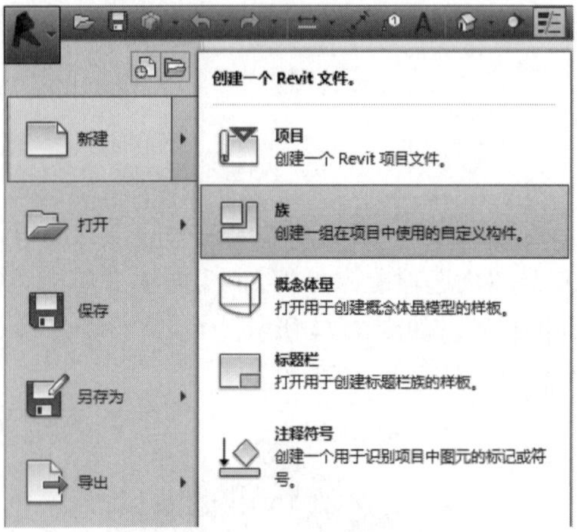

图 8-1

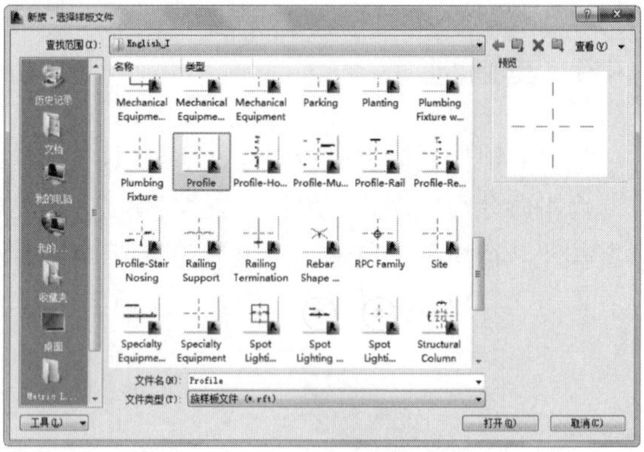

图 8-2

单击“打开”按钮，打开族编辑器，族样板默认在绘图区域中绘制水平及垂直参照平面。在“创建”选项卡中单击“直线”按钮，进入“修改 | 放置 线”选项卡，如图 8-3 所示。

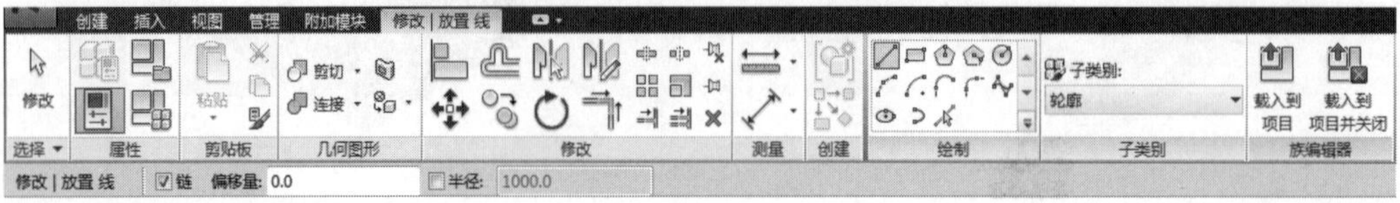

图 8-3

在绘图区域单击指定直线的起点与终点，绘制台阶轮廓线，如图 8-4 所示。执行“保存”命令，设置族名称为“三级室外台阶”，单击“保存”按钮保存族文件。单击“族编辑器”面板上的“载入到项目”按钮，将族文件载入当前项目。

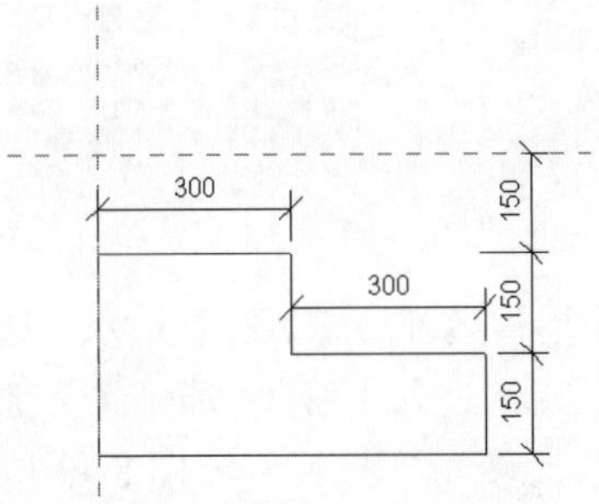

图 8-4

在“建筑”选项卡中单击“楼板”按钮，在列表中选择“楼板边”选项。在“属性”选项板上单击“编辑类型”按钮，进入“类型属性”对话框。

以现有楼板边类型为基础，单击“复制”按钮，在“名称”对话框中设置类型名称，单击“确定”按钮，创建新楼板边类型。在“轮廓”选项列表中选择新创建的“三级台阶轮廓”，单击“材质”选项后的“编辑”按钮，将“现场浇注混凝土”材质指定给楼板边，如图 8-5 所示。

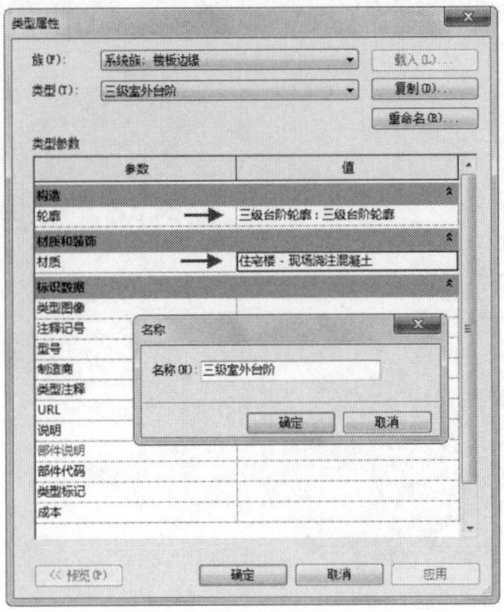

图 8-5

单击“确定”按钮关闭对话框，将鼠标置于楼板上侧水平边上，高亮显示楼板边，如图 8-6 所示。单击“确定”按钮，可按所设定的放样轮廓生成台阶，如图 8-7 所示。

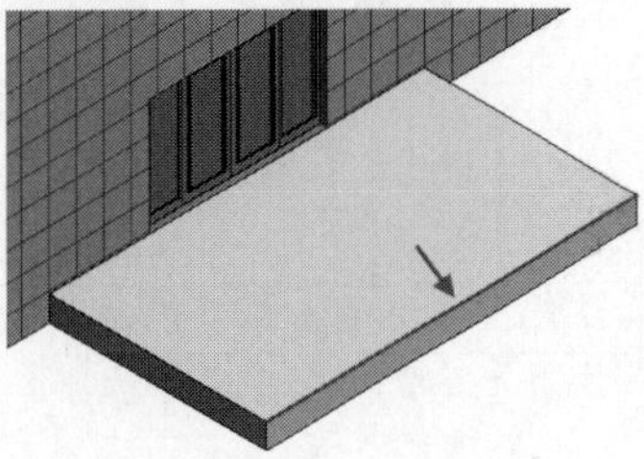

图 8-6

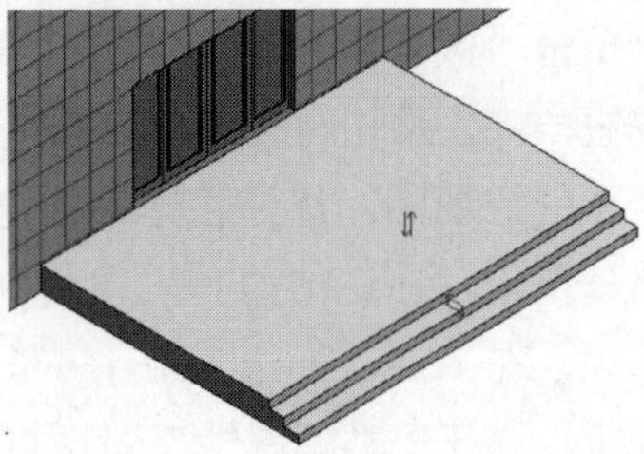

图 8-7

依次单击楼板左、右两侧的垂直楼板边，创建室外台阶的结果，如图 8-8 所示。

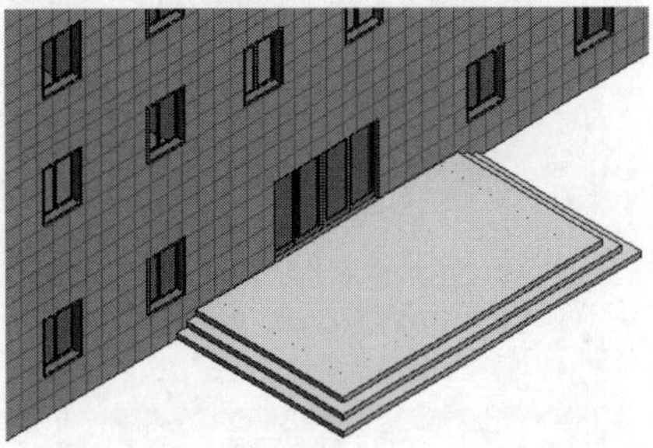

图 8-8

8.1.2 散水

执行“新建 | 族”命令，选择“轮廓 .rft”样板文件，打开族编辑器。在“创建”选项卡中单击“直线”按钮，如图 8-9 所示。首先绘制水平线段，再分别绘制左、右两侧的垂直线段，接着绘制斜线段连接垂直线段，绘制散水轮廓如图 8-10 所示。

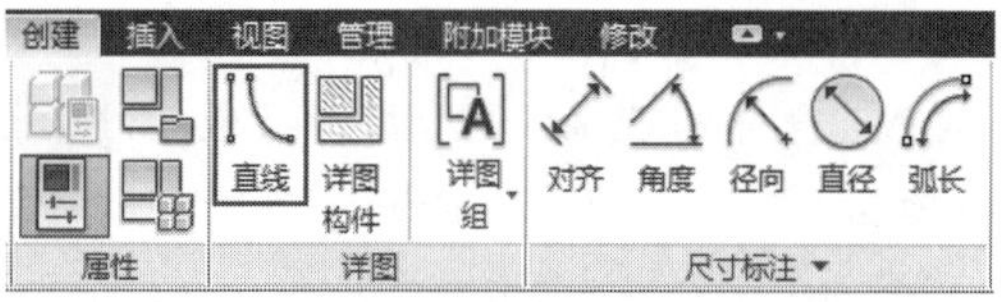

图 8-9

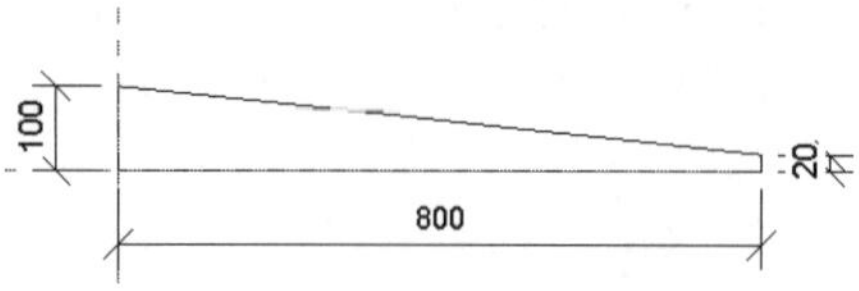

图 8-10

单击“保存”按钮，设置族名称为“散水轮廓”，单击“保存”按钮。单击“载入到项目中”按钮，将散水轮廓载入项目文件。

转换至三维视图，选择“建筑”选项卡，单击“墙”按钮，在调出的列表中选择“墙：饰条”选项，在“属性”选项板中单击“编辑类型”按钮，打开“类型属性”对话框。

单击“复制”按钮，在原有墙饰条类型的基础上复制新的饰条类型，并将其命名为“散水轮廓”。在“轮廓”列表中选择新建的“散水轮廓”，单击“材质”按钮，将“现场浇注混凝土”材质赋予散水，如图 8-11 所示。

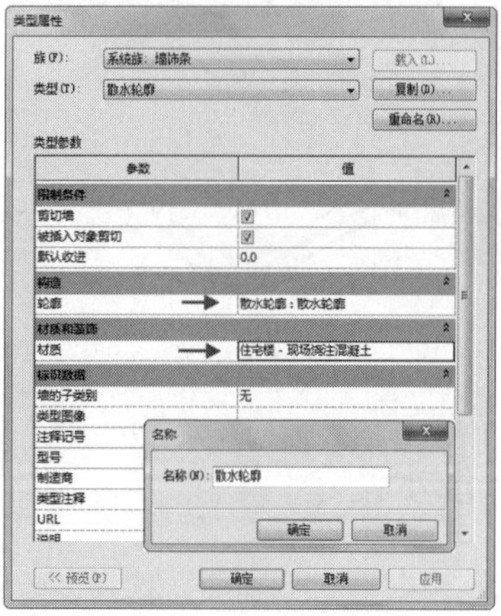

图 8-11

在“修改 | 放置 墙饰条”选项卡中单击“水平”按钮，如图 8-12 所示，沿墙水平方向放置墙饰条。

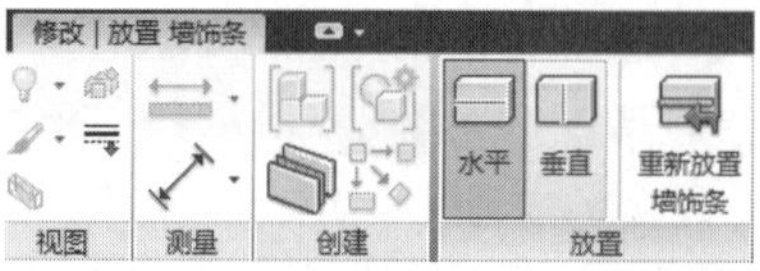

图 8-12

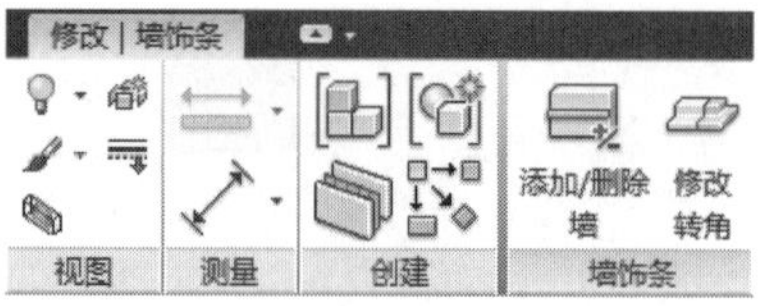

图 8-13

单击墙体底部边缘以放置散水。选择放置完成的散水，进入“修改 | 墙饰条”选项卡，单击“修改转角”按钮，如图 8-13 所示。单击散水截面，设置“转角角度”为 90°，散水转角连接的结果如图 8-14 所示。

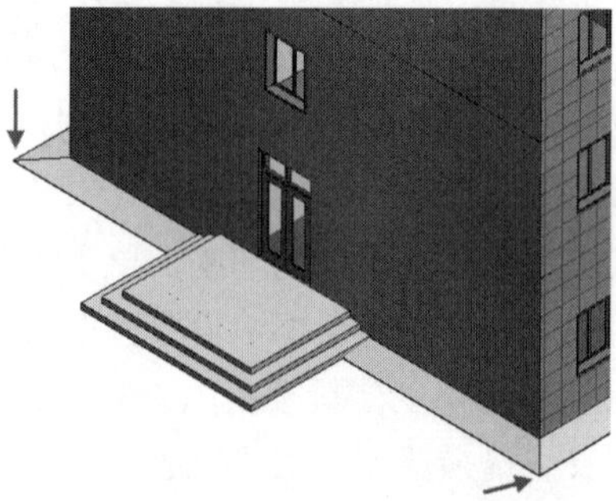

图 8-14

继续拾取墙体，为建筑模型创建散水的结果，如图 8-15 所示。

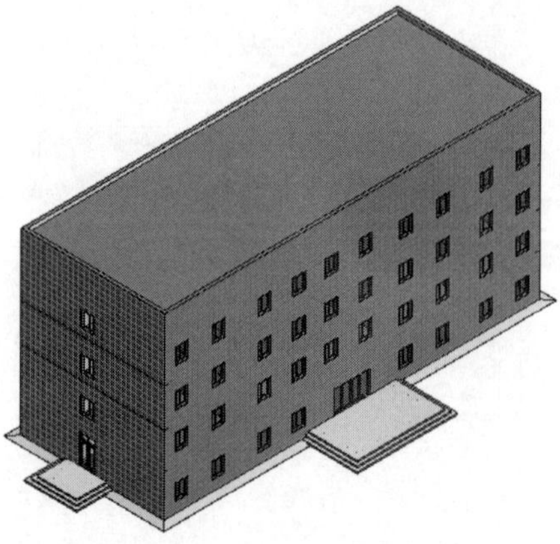

图 8-15

8.1.3　女儿墙

执行“新建 | 族”命令，选择“轮廓 .rft”样板文件，进入族编辑器。启用“直线”命令，绘制女儿墙轮廓线，如图 8-16 所示。执行“保存”命令，保存族文件。单击“载入到项目中”按钮，将其载入项目。

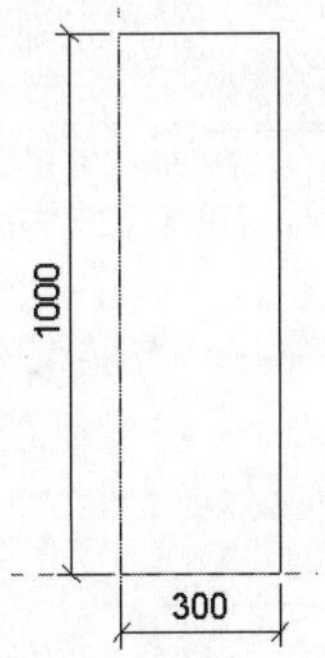

图 8-16

转换至“建筑”选项卡，单击“屋顶”按钮，在列表中选择“屋顶：封檐板”选项，如图 8-17 所示。

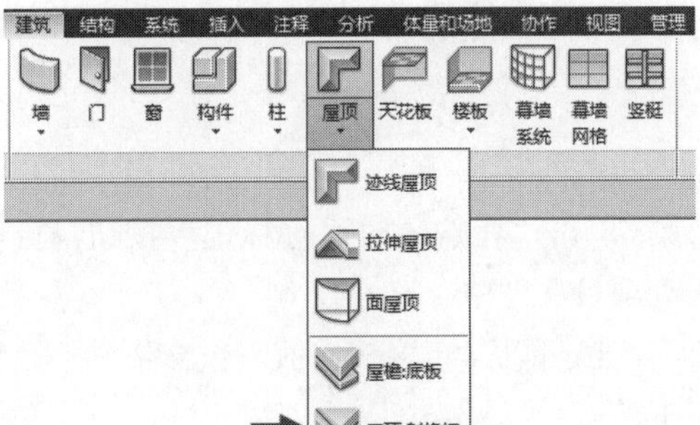

图 8-17

在“属性”选项板中单击“编辑类型”按钮，在“类型属性”对话框中以现有封檐带类型为基础，新建名称为“女儿墙”的封檐带。在“轮廓”选项表中选择“女儿墙”轮廓，修改“材质”为“现场浇注混凝土”，如图 8-18 所示。

单击屋顶边缘线，创建女儿墙的结果如图 8-19 所示。

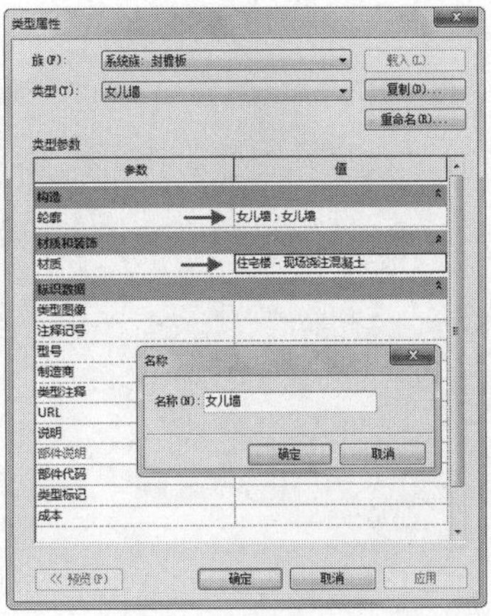

图 8-18

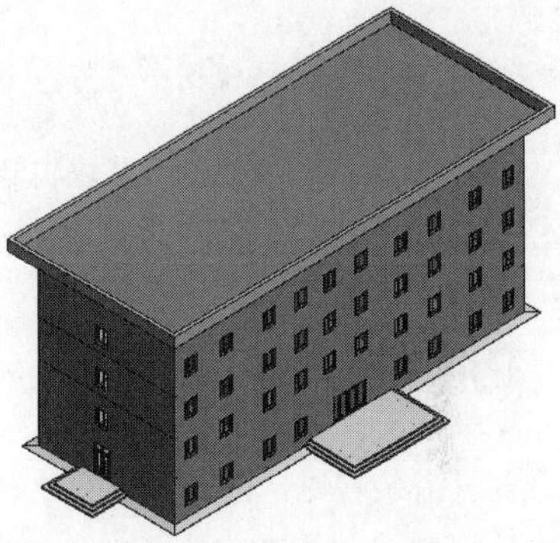

图 8-19

选择女儿墙，在“属性”选项板中修改“水平轮廓偏移”选项中的参数，如图 8-20 所示。设置为负值，表示将封檐带向内移动，如图 8-21 所示。

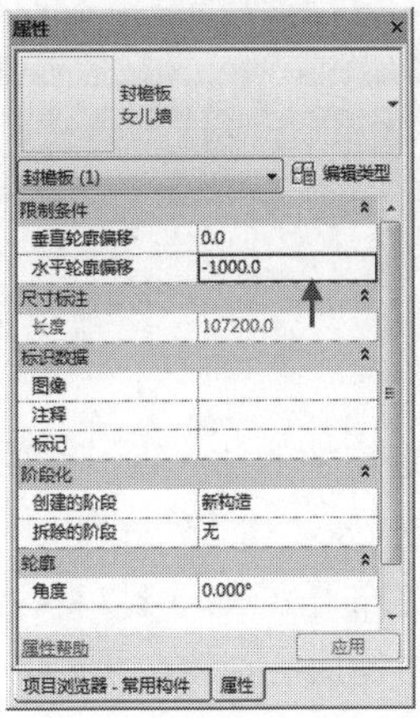

图 8-20

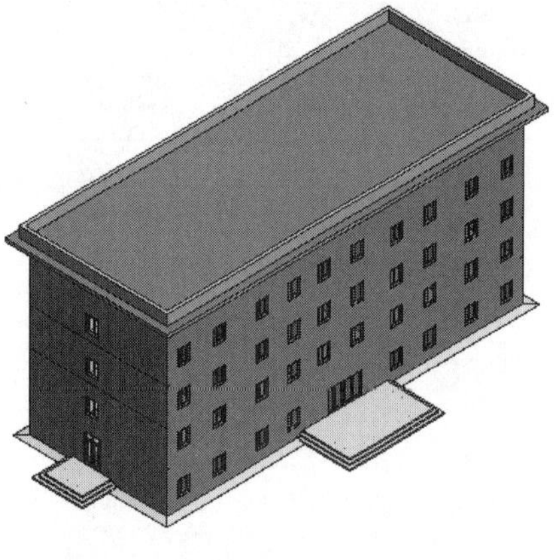

图 8-21

提示：

创建室外构件通常在三维视图中进行。不仅因为有些命令在三维视图中才可调用，如“墙：饰条”，更是因为在三维视图中可以同步观察构件模型的创建结果。

8.1.4 卫浴装置

在布置卫浴装置时，首先要执行“载入族”操作，才能启用“放置构件”工具，将构件布置到建筑模型中。

选择“建筑”选项卡，单击“构件”按钮，在选项列表中选择“放置构件”选项，如图 8-22 所示。在“属性”选项板中选择构件类型，如“座便器”，如图 8-23 所示。

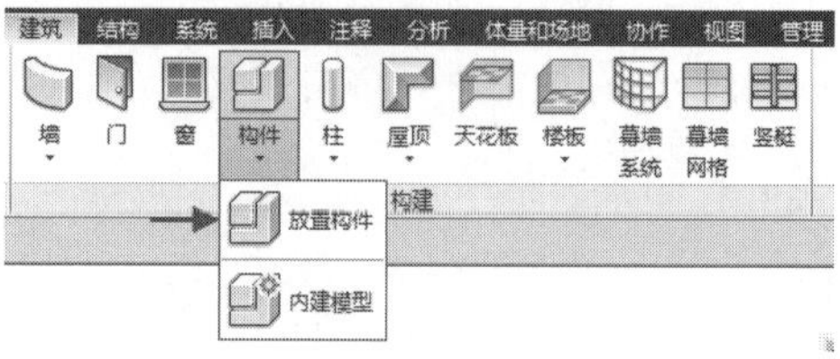

图 8-22

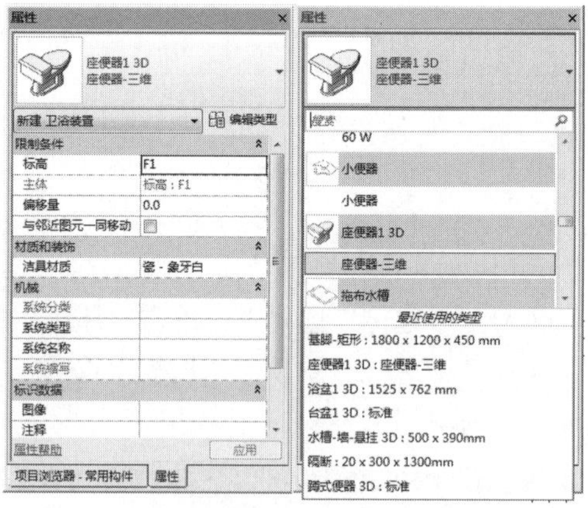

图 8-23

转入“修改 | 放置 构件”选项卡，如图 8-24 所示。单击“在放置时进行标记”按钮，可在放置构件的同时生成标记，但前提是要先将标记载入到项目文件中。

选择“放置后旋转”选项，在放置构件后旋转角度，也可以在布置构件前，按空格键，翻转构件的角度，待角度合适时，再将其放置到建筑模型中。

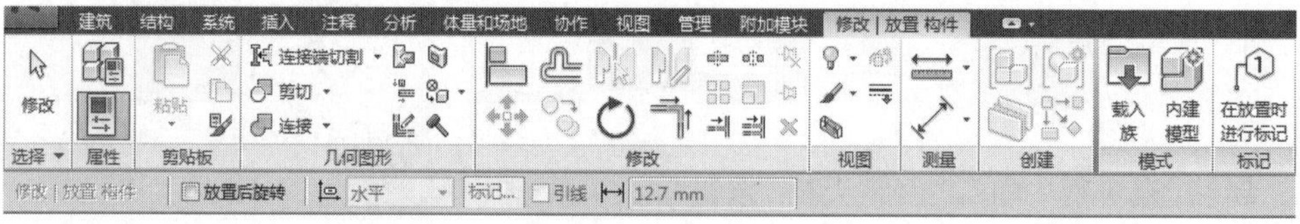

图 8-24

单击指定构件的插入点，完成布置构件的操作。可以连续单击以放置多个构件，如图 8-25 所示，按两次 Esc 键，退出命令。

参考上述布置方法，可以将各种类型的卫浴装置放置到建筑模型中。

选择布置完成的构件，通过编辑属性参数以改变位置或样式。选择厕所隔断，在“属性”选项板中显示隔断的“材质和装饰”和“尺寸标注”参数，如图 8-26 所示。

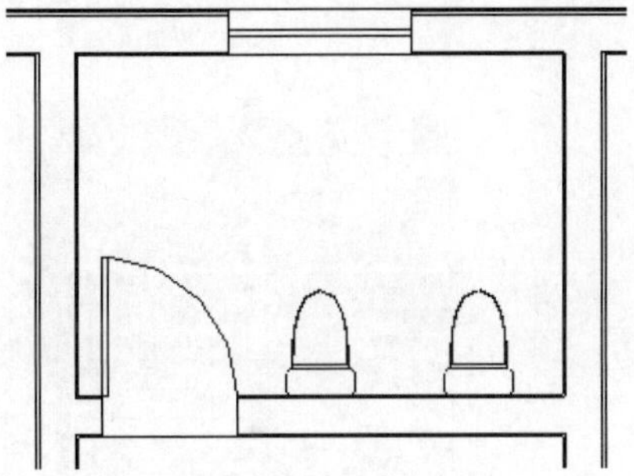

图 8-25

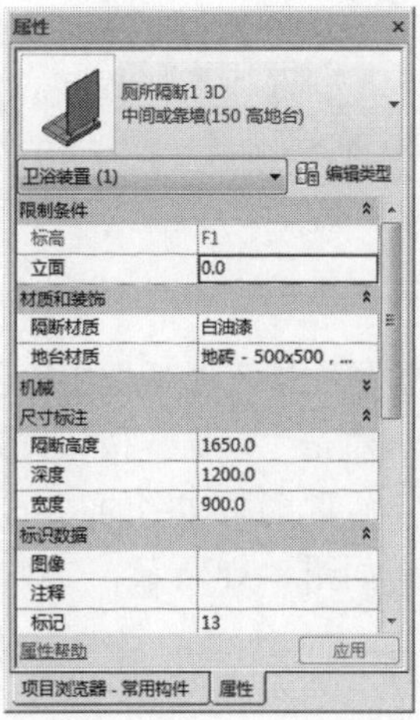

图 8-26

修改“尺寸标注”参数，如“宽度”“深度”等，单击“应用”按钮，可在平面视图中观察修改结果，如图 8-27 所示。继续执行“放置构件”命令，调入台盆、拖布池，布置卫生间的结果，如图 8-28 所示。

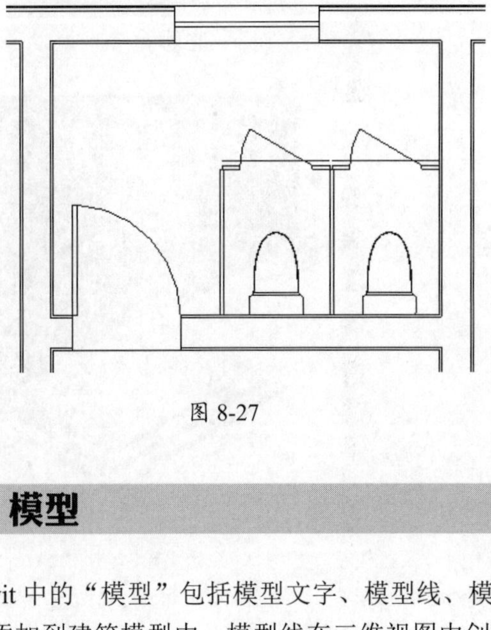

图 8-27

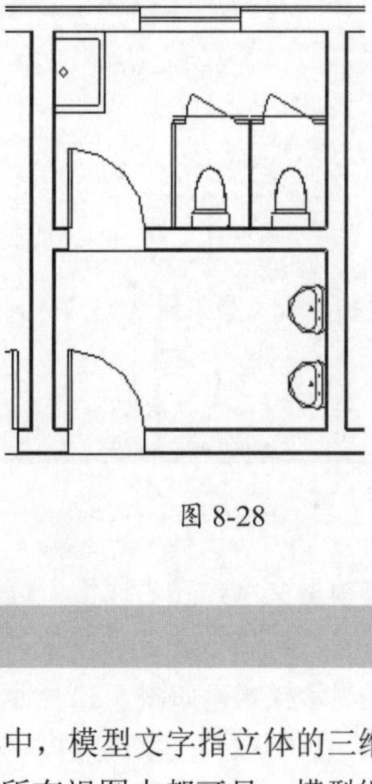

图 8-28

8.2 模型

Revit 中的“模型”包括模型文字、模型线、模型组。其中，模型文字指立体的三维文字，可将其添加到建筑模型中。模型线在三维视图中创建，但在所有视图中都可见。模型组包含多个图元，可执行整体复制、阵列操作。

8.2.1 模型文字

切换至立面视图，选择“建筑”选项卡，单击“模型”面板上的“模型文字”按钮，如图 8-29 所示。调出“工作平面”对话框，确认在该对话框中选择“拾取一个平面”选项，单击“确定”按钮，单击外墙墙面，将其指定为放置文字的平面。

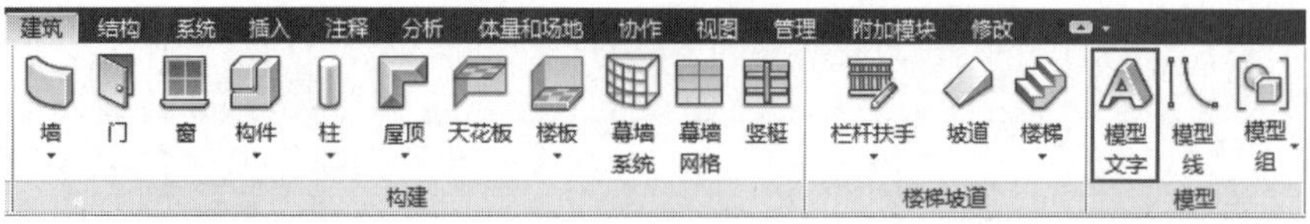

图 8-29

在“编辑文字”对话框中输入文字，如图 8-30 所示。单击“确定”按钮关闭对话框，在墙体立面上点取模型文字的基点，创建模型文字的结果，如图 8-31 所示。

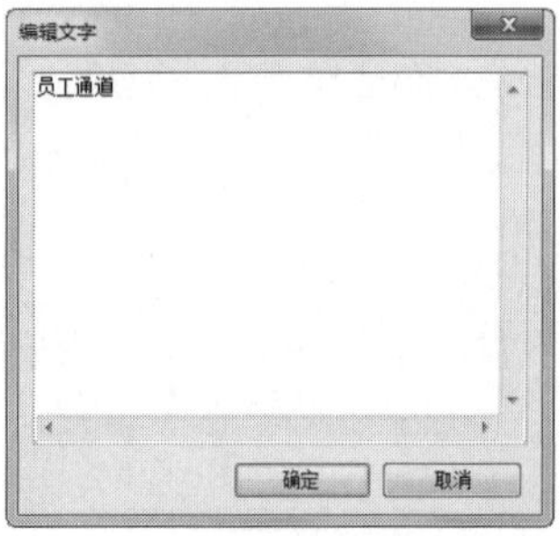

图 8-30

图 8-31

选择模型文字，在“属性”选项板上显示各项属性参数，修改各选项参数，可以更改模型文字的显示样式，如图 8-32 所示。修改“深度”参数，控制模型文字的厚度。单击“编辑类型”按钮，在“类型属性”对话框中修改文字的字体与字高。

转换至三维视图，观察模型文字的三维样式，如图 8-33 所示。

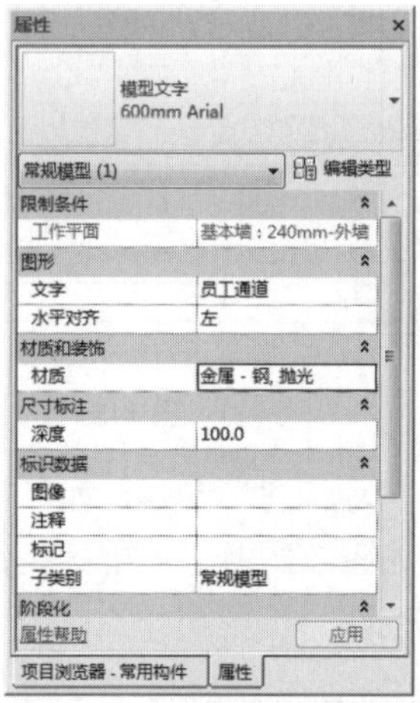

图 8-32

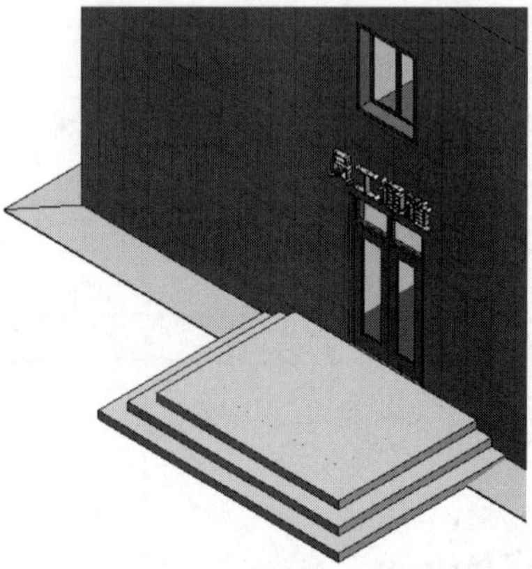

图 8-33

8.2.2　模型线

模型线可以作为辅助线段存在于三维空间中，并在项目的所有视图中都可见，可使用模型线表示建筑设计中的三维几何图形。

选择“建筑”选项卡，单击“模型”面板上的“模型线”按钮，如图 8-34 所示，进入“修改 | 放置线”选项卡。

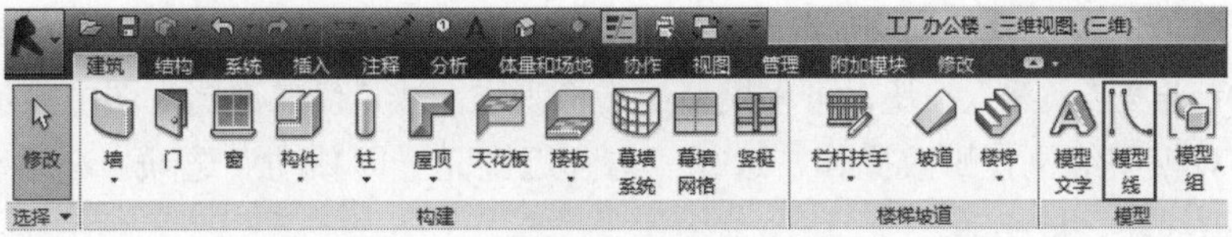

图 8-34

提示：

输入 LI，启用“模型线”命令。

在“绘制”面板中选择创建模型线的样式，如直线、矩形、内接多边形等。在“线样式”列表中指定线的样式，如图 8-35 所示。在选项栏中选择“放置平面”类型，选择“链”选项，绘制首尾相连的模型线。

图 8-35

在绘图区域中单击，指定模型线的各特征点，完成放置模型线的操作。选择不同的绘制方式，需要指定不同的点来放置模型线。如选择直线，通过单击指定起点与终点来放置模型线。选择矩形，指定矩形的起点与对角点放置模型线。选择圆形，指定圆心，移动鼠标，将弧半径拖曳到所需的位置，单击完成放置模型线的操作。如图 8-36 所示为在三维视图中创建的各种类型的模型线。

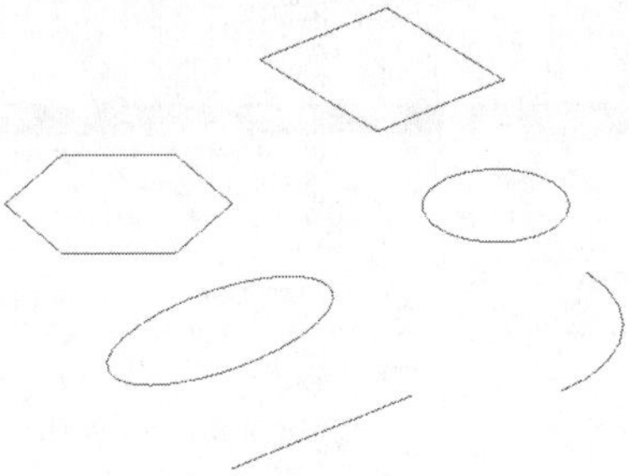

图 8-36

用户在放置模型线时，注意观察软件界面左下角状态栏中的文字提示，以便正确地操作。

转换至二维视图，可以查看模型线的二维样式，如图 8-37 所示。值得注意的是，必须在绘制模型线时所设置的“放置平面”中才能查看模型线的二维样式。如所设置的“放置平面”是“室外地坪”，则必须到“室外地坪”视图中去查看二维模型线。

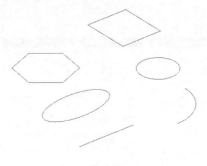

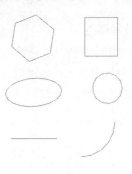

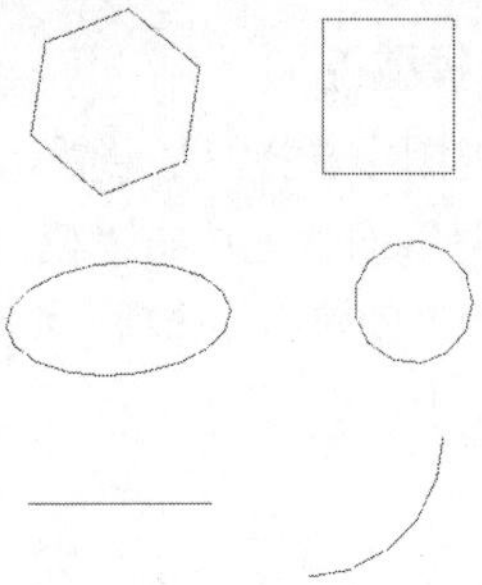

图 8-37

选择模型线，进入“修改|线”选项卡，如图8-38所示。单击“线样式”按钮，在列表中编辑线样式。单击“转换线”按钮，可将模型线转换为详图线，仅在详图视图中显示。在“属性”选项板中也可对模型线执行修改操作，选择“与邻近图元一同移动”选项，在移动模型线附近的图元时，模型线随之被移动。

选择模型线，显示临时尺寸标注，单击尺寸标注文字，修改标注文字，可更改模型线的长度。

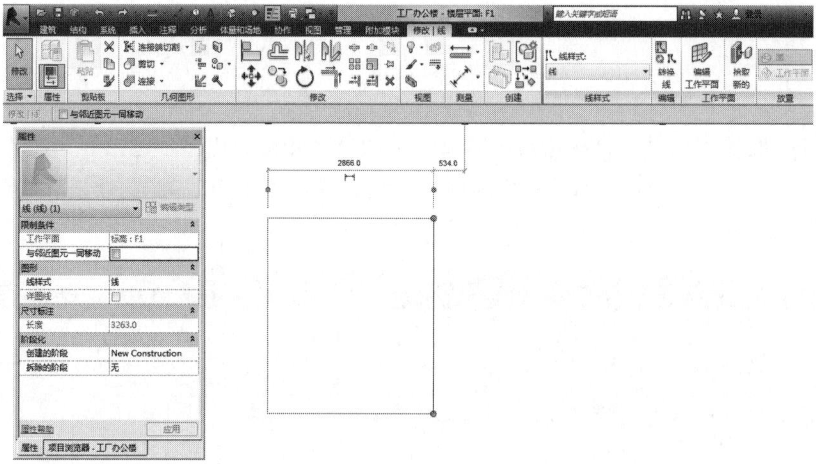

图 8-38

提示：

在二维视图中“编辑”面板上的“转换线”按钮亮显，在三维视图中该命令不可用。

8.2.3 模型组

启用“模型组”命令，可创建一组定义的图元或将一组图元放置到当前视图中。通过创建模型组，可将该组图元多次放置在一个项目或者一个族中。在需要创建表示重复布局或通用于许多建筑项目的实体时，对图元进行分组非常有用。

1. 创建模型组

在平面视图中选择卫浴装置，如图8-39所示，在“模型”面板上单击“模型组”按钮，在列表中选择“创建组”选项，如图8-40所示。

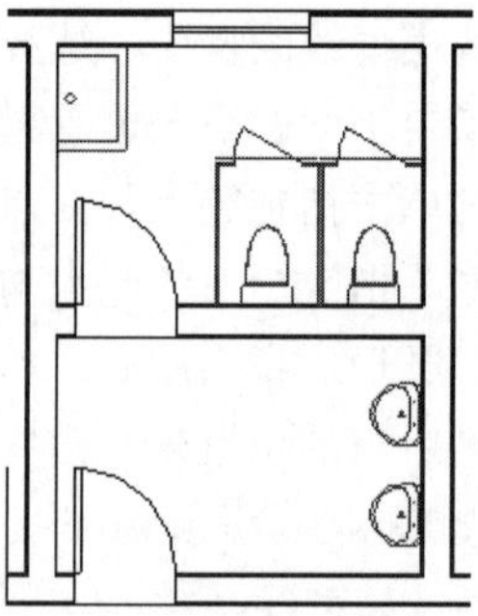

图 8-39

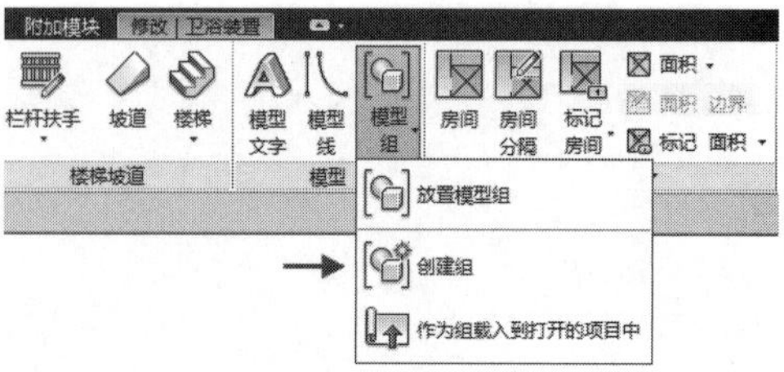

图 8-40

调出“创建模型组”对话框，在“名称”选项中设置组名称，如图 8-41 所示，单击“确定”按钮关闭对话框，完成创建模型组的操作。

在项目浏览器中单击展开“组”，在“模型”选项表中可以观察到新建的模型组，如图8-42所示。

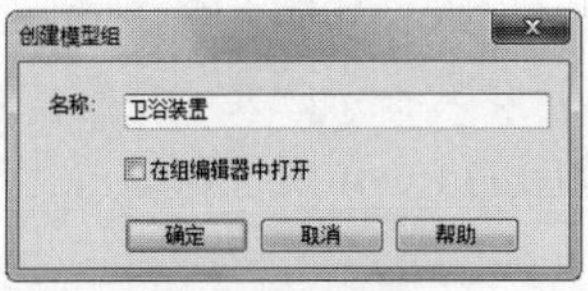

图 8-41

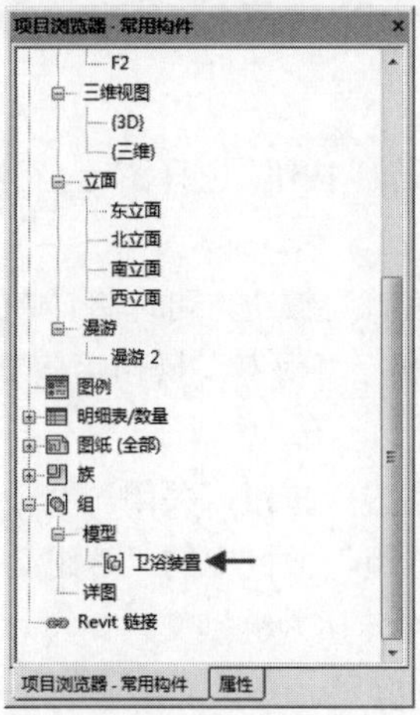

图 8-42

2．放置模型组

单击“模型组”按钮，在列表中选择“放置模型组”选项。在平面视图中单击指定放置点，可完成放置模型组的操作。建筑物中卫浴装置的布置常常是相同的，可以将卫浴装置创建成模型组，启用“放置模型组”命令，将其布置到建筑物的其他卫生间中，如图 8-43 所示。

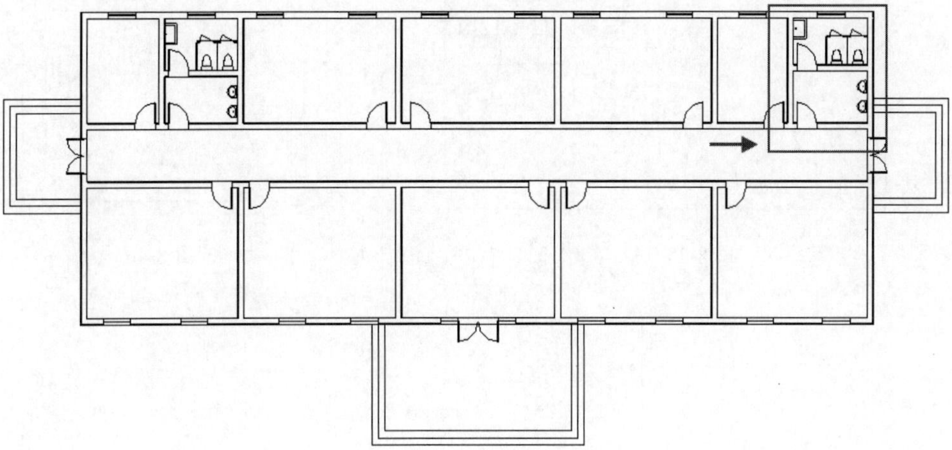

图 8-43

3．编辑模型组

选择模型组，进入“修改 | 模型组”选项卡，如图 8-44 所示。单击“编辑组”按钮，调出“编辑组”选项卡，如图 8-45 所示。单击选择模型组中的图元，可以对其执行编辑操作，如复制、移动等。

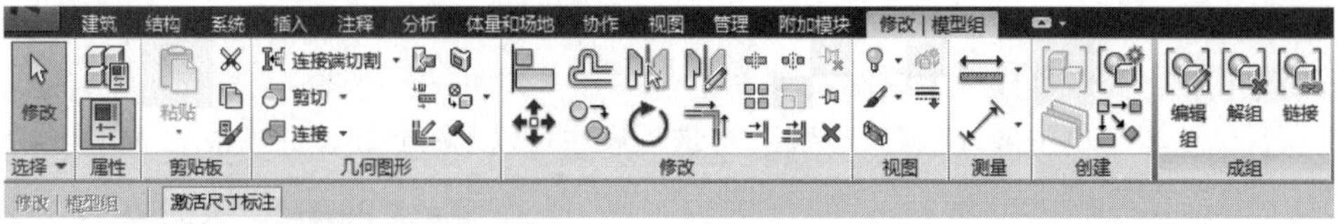

图 8-44

单击“添加”按钮，选择图元，可将图元添加到模型组中。要删除模型组中的图元，可单击“删除”按钮。

选择“附着”按钮，可以将详图组附着到模型组中。详图组包含视图专有图元，例如文字和填充区域。执行“附着”操作可将详图组与模型组关联起来。在放置模型组时，详图组也会随同放置。

单击“完成”按钮，关闭“编辑组”选项卡，调整图元位置，如图 8-46 所示。

单击“成组”面板中的“解组”按钮，可将组分解，恢复为各个图元。执行“链接”操作，可将选定的族转换为链接文件。可以基于选定的组来创建新的 Revit 模型，也可将选定的组替换为现有 Revit 模型。

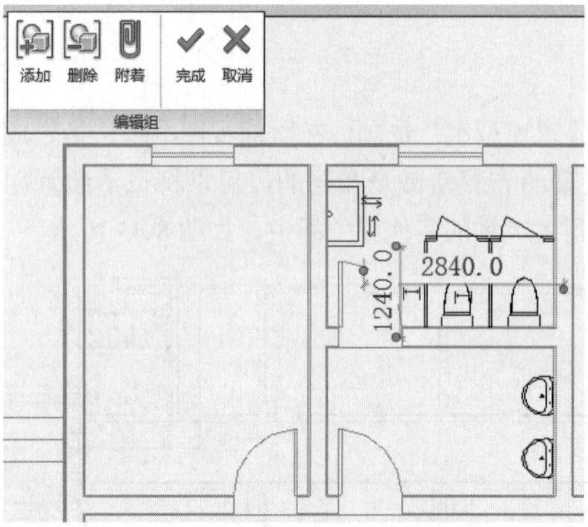

图 8-45

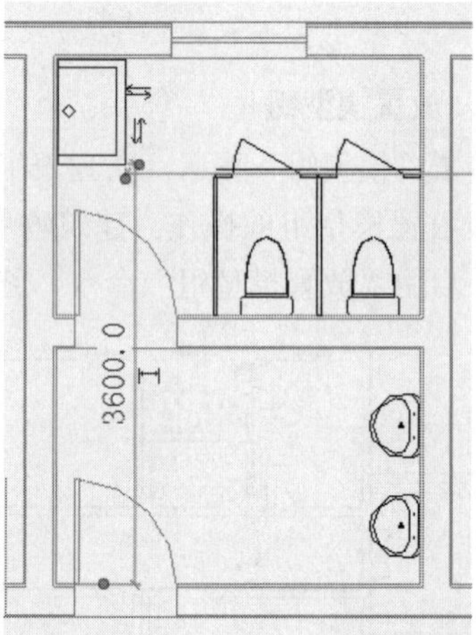

图 8-46

第9章 族

Revit 中的模型图元及注释图元都由各种族及其族类型组成。Revit 包含内容丰富的族库，用户在开展项目设计时可从族库中调用各类族。用户也可以到互联网中搜索下载更多的族资源，满足更多的使用需求。族参数均保持默认设置，通过修改实例参数或者属性参数，可以创建、修改各类族。

9.1 族基础

族应用灵活，属于一个族的不同图元的部分或者全部参数可能会有不同的值，但是参数（名称与含义）的集合是相同的。族的这些变体称为“族类型”或者“类型”。

9.1.1 族概述

族有两种形式，一种为系统族，另一种为载入族。系统族由 Revit 保存在项目文件中，如墙、楼板、天花板等，用来创建项目的基本图元。载入族是由用户创建，并存储为 .rfa 格式的族文件。使用 Revit 中的“载入族”工具，可载入族。载入族指门、窗、卫浴装置等，用来辅助项目设计的构件图元。

系统族不能删除，用户通过复制系统族，修改系统族的属性参数，可使系统族为自己所用。使用族编辑器，用户可自定义任何类别、任何形式的载入族。

族属于某一个对象类别，如墙、天花板、楼板等。定义族时需要指定族所属的对象类别。Revit 提供了多种样式的族样板文件，样板文件中设置了族类别及默认参数。选用不同的族文件，可以创建不同类别的族。Revit 可自动归类项目文件中的族，在项目浏览器的“族”列表中可以观察到。

Revit 模型类别族可分为独立个体的族和基于主体的族。独立个体的族可单独存在，不需要依附任何主体，如家具等。基于主体的族必须要依附于主体才可存在，如门窗依附于墙体。

9.1.2 族属性参数与类型参数

选择图元或者创建图元时，通过修改“属性”选项板或“类型属性”对话框中的参数，来分别修改图元的属性参数及类型参数。

以门图元为例，介绍族的类型与族参数。

选择门图元，在“属性”选项板中显示门的属性参数，如图 9-1 所示。修改“标高”“底高度”“框架材质”等属性参数，单击“应用”按钮后，可以修改选中的门图元的样式。未选中的门图元不受影响。

单击“编辑类型”按钮，调出“类型属性”对话框，如图 9-2 所示。在“族”选项中显示门图元所属的对象类别，如“双扇平开镶玻璃门 3- 带亮窗”。在“类型”选项中，显示族类型，如 1500×2600mm 是属于“双扇平开镶玻璃门 3- 带亮窗”族中的一个类型，该族还包含其他类型的门图元，如 1800×2600mm、2100×2600mm 等。

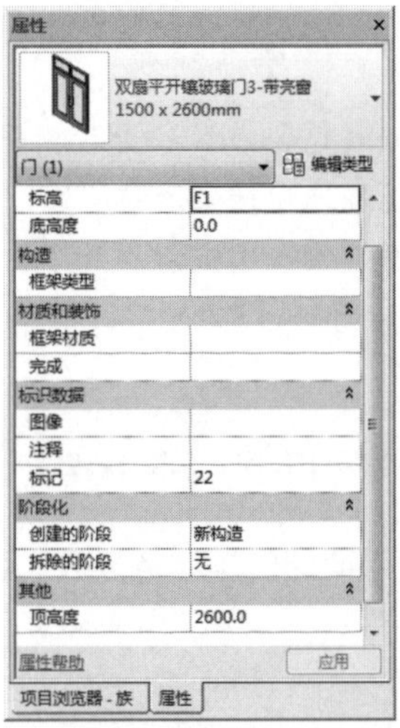

图 9-1

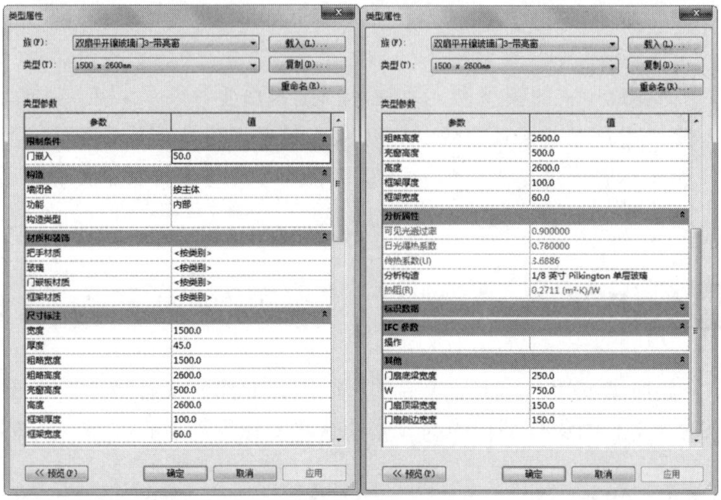

图 9-2

单击“载入”按钮，可将该族其他类型的图元载入到项目文件中。单击“复制”按钮，在选中的族类型基础上，复制一个类型副本。修改副本参数，可得到一个新的族类型。

单击“重命名”按钮，可更改选中的族类型名称。

在“类型参数”列表中修改各选项参数，可以修改“类型”选项中族类型的类型参数。项目文件中所有该族类型的图元样式随同修改，无论是处于选中状态或未选中状态。

单击“预览”按钮，弹出预览窗口，实时修改参数的同时，观察图元样式的修改结果。

9.1.3 项目中的系统族

在项目浏览器中单击展开“族”列表，在其中显示当前项目文件中所包含的系统族，如卫浴装置、场地、坡道等，如图 9-3 所示。

单击族名称前的 + 号图标，调出类型列表。在列表中显示族类型，如单击展开“墙”，在列表中显示“叠层墙”“基本墙”“幕墙”族，展开“叠层墙”族，显示其中包含的族类型，如 500mm- 叠层墙、叠层墙。选择族类型，右击调出快捷菜单，执行复制、删除、重命名等操作，如图 9-4 所示。

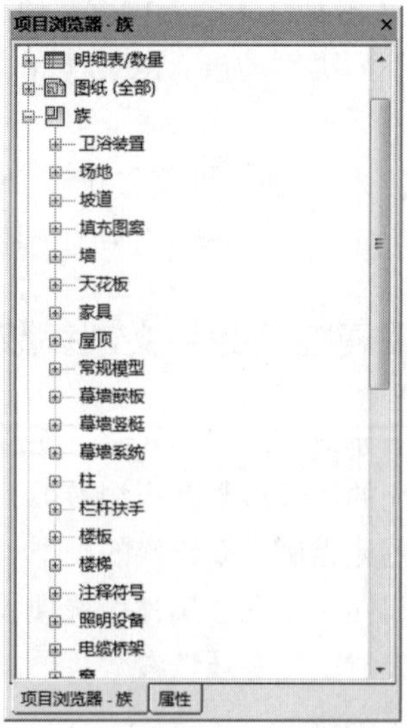

图 9-3

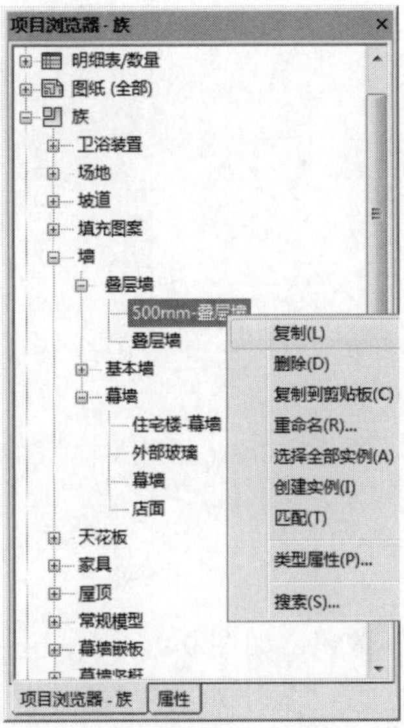

图 9-4

9.1.4　查看使用系统族类型的图元

在视图中选择图元，右击调出快捷菜单，选择“选择全部实例 | 在视图中可见”选项，如图 9-5 所示，与选中图元相同类型的其他图元，在当前视图中高亮显示。

选择“在整个项目中”选项，在项目文件各视图中该图元高亮显示。切换各视图，查看选中的图元。

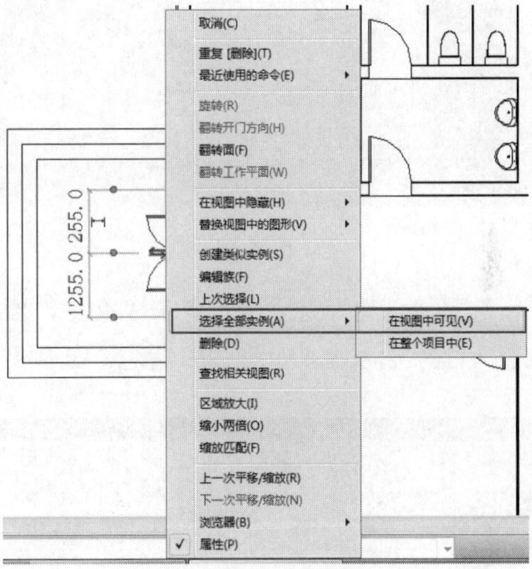

图 9-5

9.2　创建注释族

注释族通过提取模型族中的相关参数，为构件创建注释标记。在放置图元时，选择“在放置时进行标记”工具，可在放置图元时创建各类标记，这些标记属于注释族。

9.2.1　窗标记族

本节以创建窗标记族为例，介绍标记族的创建过程，其他类型标记族的创建可参考本节内容。

单击“应用程序菜单”按钮，在列表中选择“新建 | 族”选项，如图 9-6 所示。在“新族 - 选择样板文件”对话框中选择 Window Tag.rft 族样板文件，如图 9-7 所示，即“窗标记”族样板。

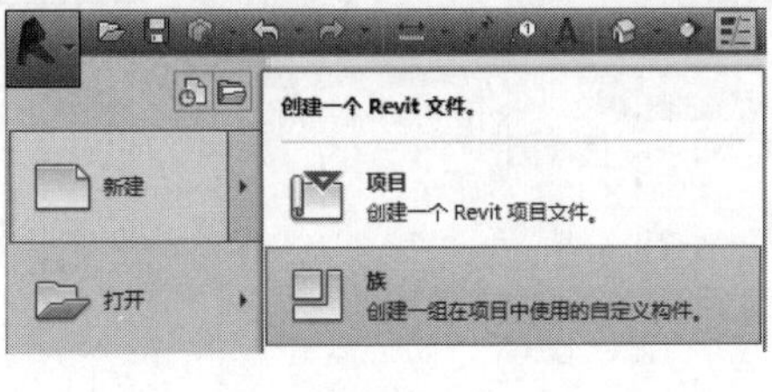

图 9-6

单击“打开”按钮，进入族编辑器。族样板默认在绘图区域中创建水平及垂直参照平面，如图 9-8 所示。

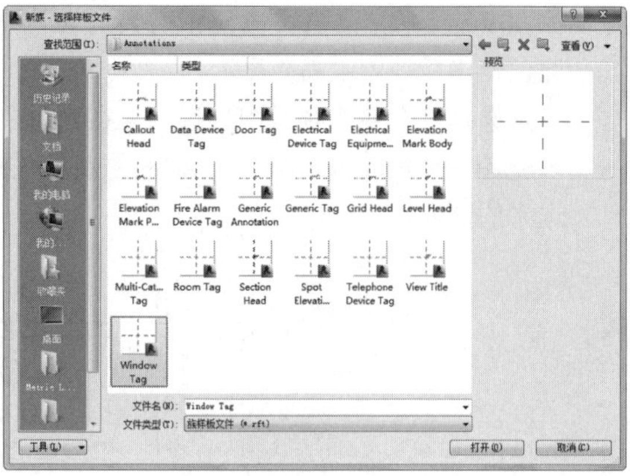

图 9-7

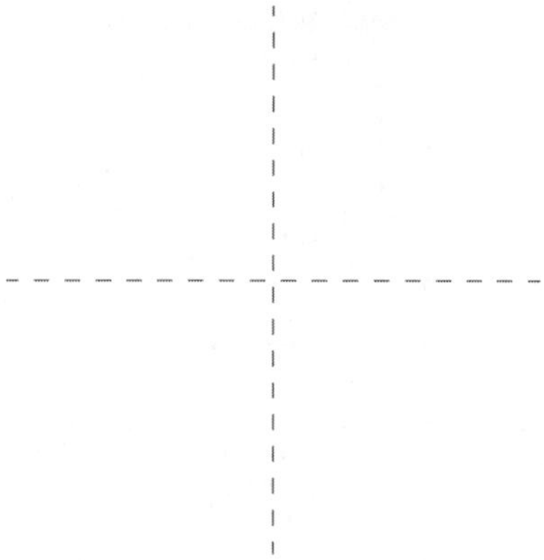

图 9-8

选择“创建”选项卡，单击“文字”面板上的“标签”按钮，如图 9-9 所示，进入“修改 | 放置 标签”选项卡，如图 9-10 所示。在“格式”面板中单击选择“居中对齐”“正中”对齐方式。

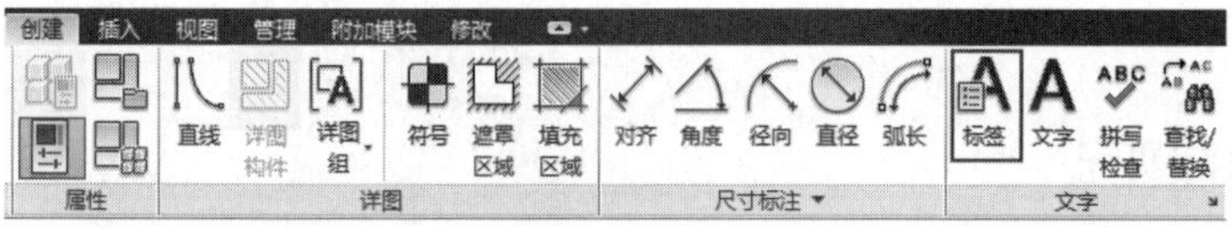

图 9-9

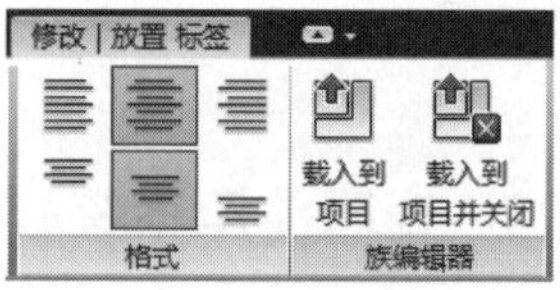

图 9-10

在“属性”选项板中单击“编辑类型”按钮，进入“类型属性”对话框。单击“复制”按钮，复制一个新的标签类型，设置名称为 3.5mm。接着分别修改“文字字体”与“文字大小”参数，如图 9-11 所示。

单击“确定”按钮返回绘图区域。单击参照平面的交点，调出“编辑标签”对话框。在“类别参数”列表中单击选择“类型名称”，单击中间的按钮，将参数添加到标签，如图 9-12 所示。

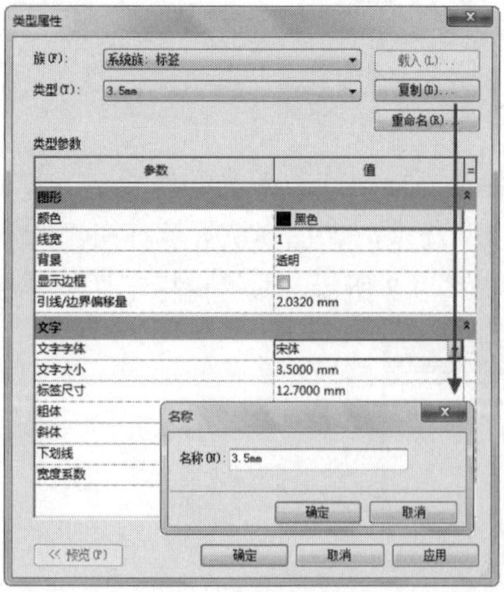

图 9-11

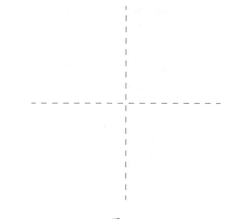

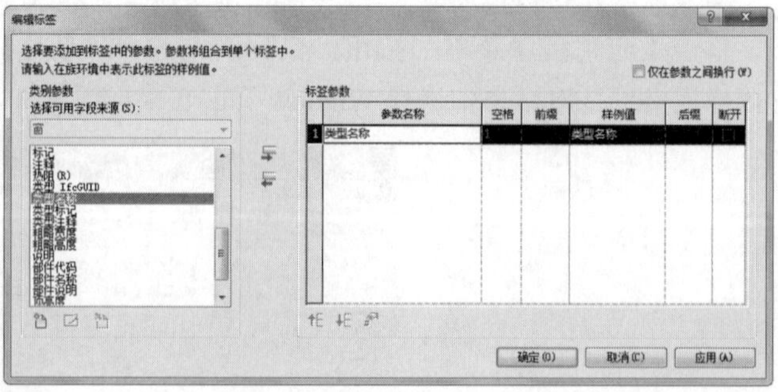

图 9-12

单击“确定”按钮，标签显示在绘图区域中。选中标签，启用“移动”工具，将标签移动至垂直参照平面的中间、水平参照平面的上方，如图 9-13 所示。

在“创建”选项卡的“详图”面板中单击“直线”按钮，进入“修改 | 放置 线”选项卡，在“绘制”面板中单击“矩形”按钮，如图 9-14 所示。

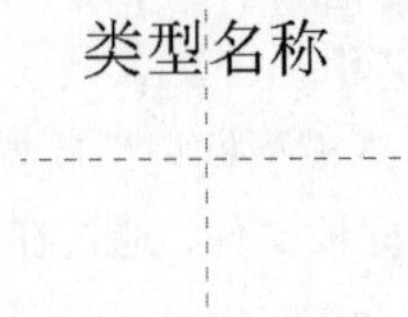

图 9-13

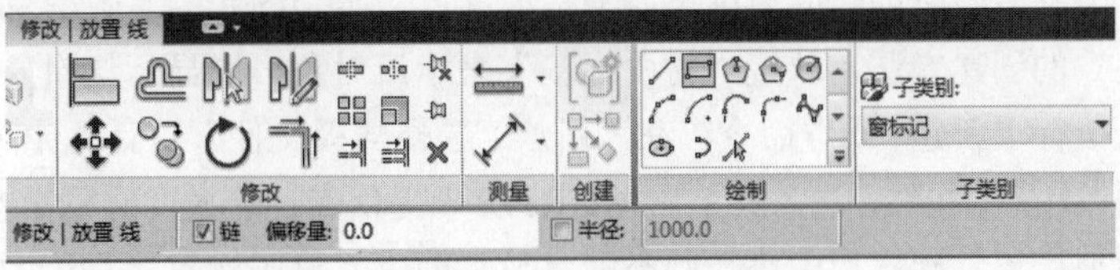

图 9-14

在绘图区域中绘制矩形框选标签，如图 9-15 所示。按 Esc 键退出命令，执行“保存”命令，存储窗标记族。在项目文件中执行“载入族”操作，将新建的窗标记族载入项目。在“载入的标记和符号”对话框中选择“窗标记族”为当前窗标记类型，在放置窗时，选择“在创建时进行标记”选项，在放置窗时创建窗标记，结果如图 9-16 所示。

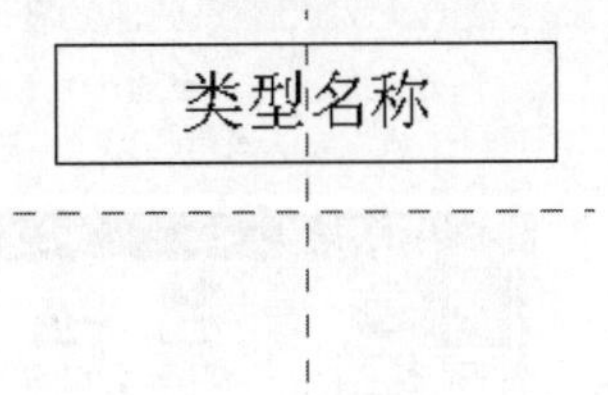

图 9-15

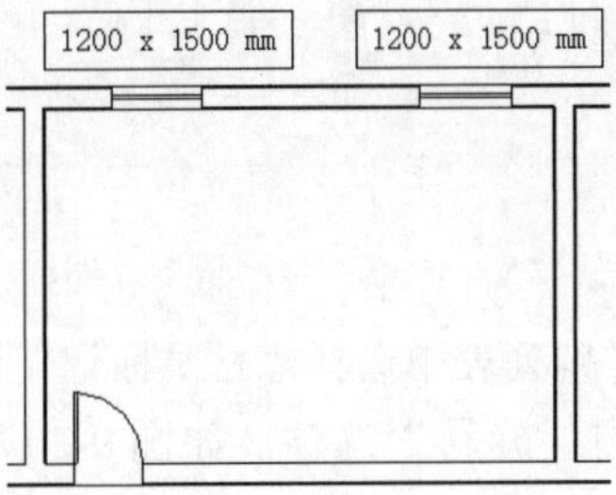

图 9-16

或者单击“族编辑器”面板中的“载入到项目”按钮，将当前族载入到选定的项目中。在族编辑器中，选择族，在“属性”选项板中显示族参数，如图 9-17 所示，修改参数以调整族。

编辑族后，要再次执行“保存”操作或者“载入族”操作，以更新族。

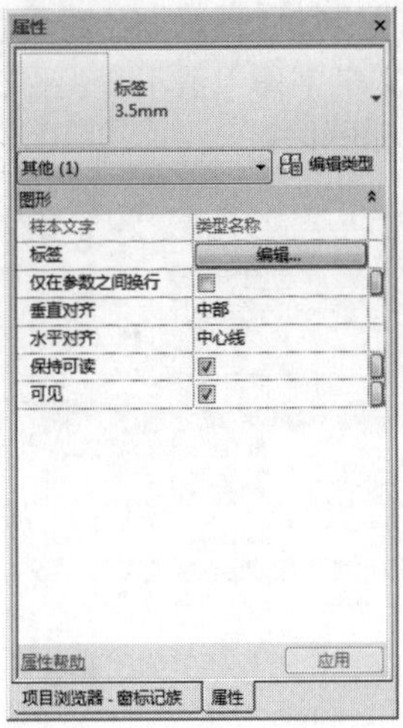

图 9-17

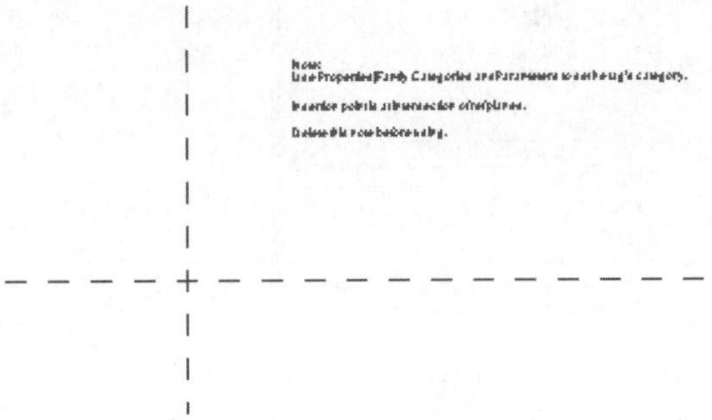

图 9-18

9.2.2 材质标签

上一节中所创建的窗标记用来提取“窗”类别图元的参数信息并进行标记。本节学习“材质标签”的创建方法，放置“材质标签”来标记对象，以显示该对象材质的名称。

执行“新建 | 族”命令，在“新族 - 选择样板文件”对话框中选择“常规模型标记”族样板，单击“打开”按钮，进入族编辑器。Revit 未提供专门创建“材质标签”的族样板文件，通过在“常规模型标记”族样板中修改族类别参数来创建“材质标签”。

在绘图区域中默认创建了相交的参照平面，并在参照平面的一侧输入红色的文字说明，如图 9-18 所示。选择说明文字，按 DE 键删除。

在“创建”选项卡中单击“族类别和族参数”按钮，如图 9-19 所示，调出“族类别和族参数”对话框。

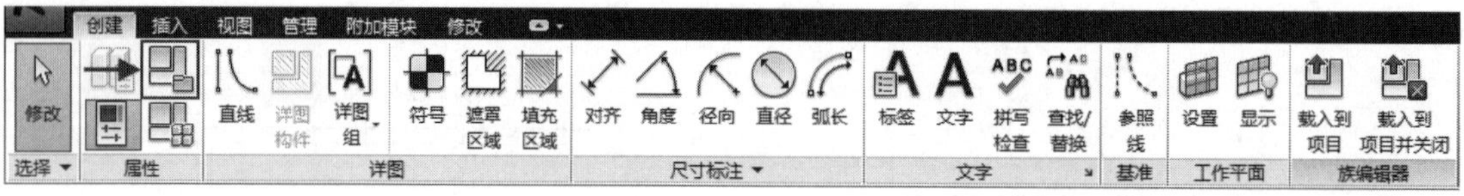

图 9-19

在族类别列表中选择“材质标记”选项，选择“随构件旋转”选项，如图 9-20 所示，材质标记可以跟随构件一起旋转。单击“确定”按钮关闭对话框。在“文字”面板中单击“标签”按钮，在“修改 | 放置 标签”选项卡中单击“左对齐”按钮，如图 9-21 所示。

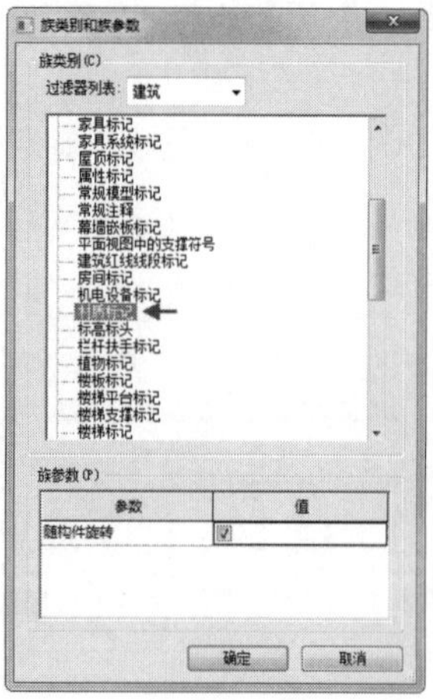

图 9-20

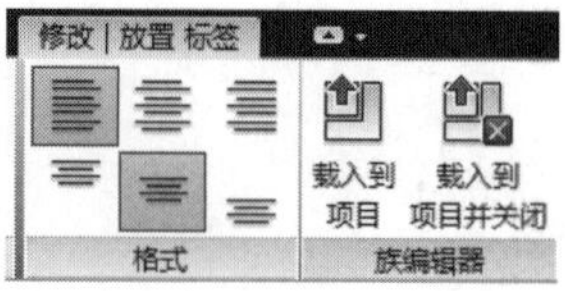

图 9-21

单击“属性”选项板上的“编辑类型”按钮，调出“类型属性”对话框。单击“复制”按钮，设置新类型名称为“材质标签”，新建一个标签类型。保持“文字字体”值不变，修改“文字大小”，如图 9-22 所示。

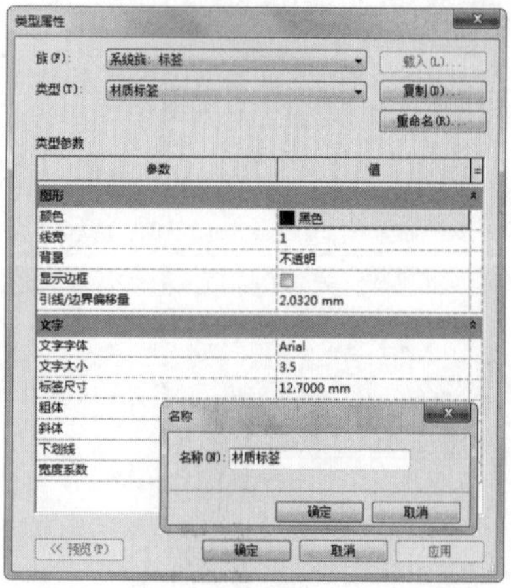

图 9-22

单击参照平面的交点，调出“编辑标签”对话框。在“类别参数”列表中选择“名称”选项，单击按钮将参数添加到右侧的“标签参数”表格中，如图 9-23 所示。

单击按钮，可将选中的标签参数从表格中删除。在“前缀”或“后缀”单元格中可以为标签添加前缀与后缀。

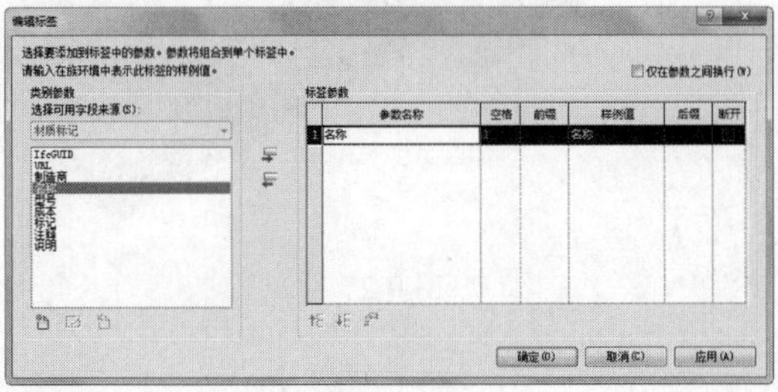

图 9-23

单击“确定”按钮，标签参数被放置在绘图区域中，启用“移动”工具，调整标签的位置，如图 9-24 所示。单击“载入到项目”按钮，进入指定项目的楼层平面图。在平面视图中拾取图元，可显示该图元的材质类型。单击指定材质标签引线的位置，创建材质标签。

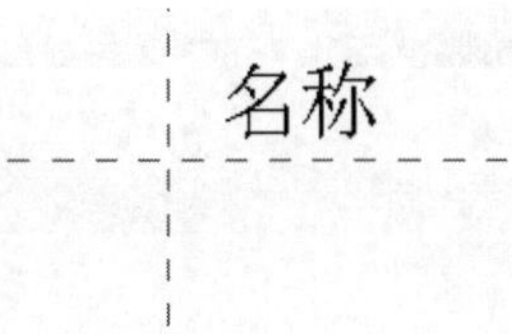

图 9-24

或者在项目文件中选择“注释”选项卡，单击“标记”面板上的“材质标记”按钮，单击任意对象，材质标签可显示该对象的材质名称，如图 9-25 所示。

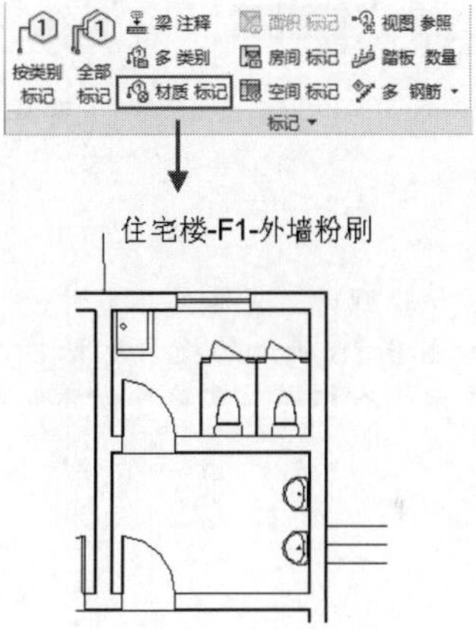

图 9-25

9.3 创建模型族

本节介绍创建模型族的操作方法，与创建注释族相似，选择由 Revit 提供的“常规模型”族样板来创建模型族。Revit 提供了创建模型族的工具，如拉伸、融合、放样、旋转等。

9.3.1 模型族建模方式

在族编辑器的“形状”面板中，提供了各种模型族的创建工具，如拉伸、融合等，本节介绍这些工具的使用方法。

1. 拉伸

“拉伸”工具用来通过拉伸二维轮廓来创建三维实心形状。

在“形状”面板中单击“拉伸”按钮，进入“修改 | 创建拉伸”选项卡，如图 9-26 所示，在“绘制”面板中提供了各种绘制拉伸轮廓的工具。在“属性”选项板中指定“拉伸终点”选项参数，即拉伸的厚度，默认值为 304.8，用户可自定义该参数。

综合运用各类绘制工具在绘图区域中创建拉伸轮廓，单击“完成编辑”按钮，完成拉伸操作，如图 9-27 所示。

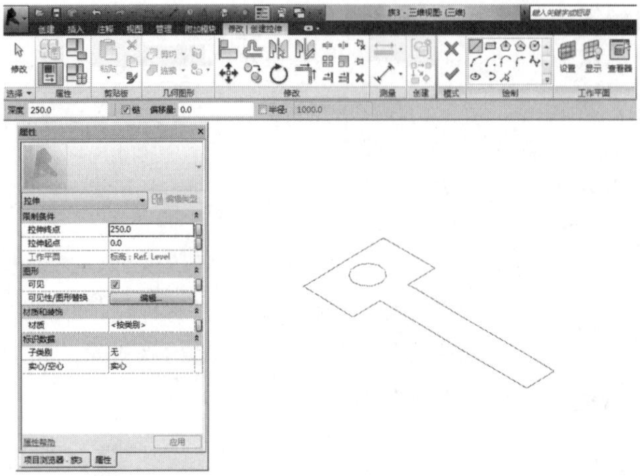

图 9-26

图 9-27

提示：

在绘制拉伸轮廓时，轮廓线不能相交，否则系统弹出如图 9-28 所示的提示对话框，提醒用户高亮显示的线相交，需要修改才能创建拉伸模型。

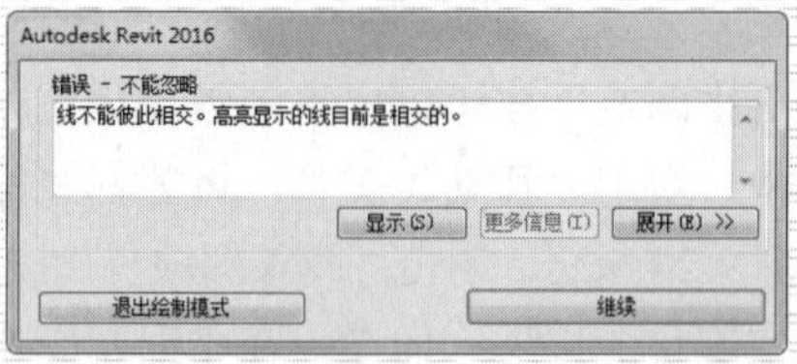

图 9-28

2．融合

“融合”工具用来创建实心三维形状，该形状将沿着其长度发生变化，从起始形状融合到最终形状。

在“形状”面板中单击“融合”按钮，在三维视图中绘制融合底部边界，如绘制一个六边形，如图 9-29 所示。接着单击“编辑顶部”按钮，进入“修改 | 编辑融合顶部边界”选项卡。

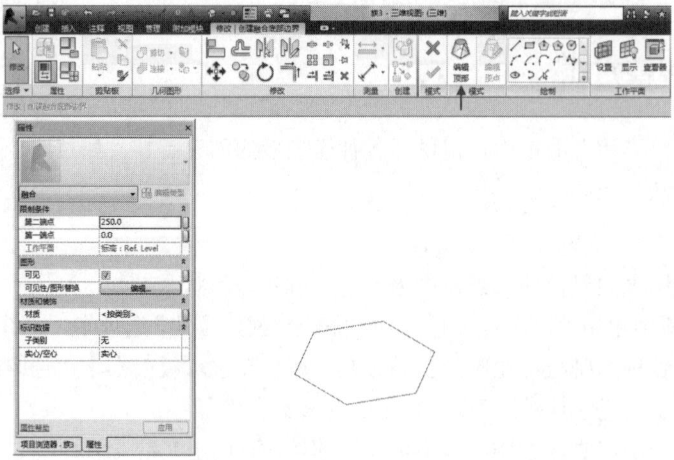

图 9-29

绘制顶部轮廓，如绘制一个圆形，如图 9-30 所示。单击“完成编辑模式”按钮，创建融合模型的结果如图 9-31 所示。

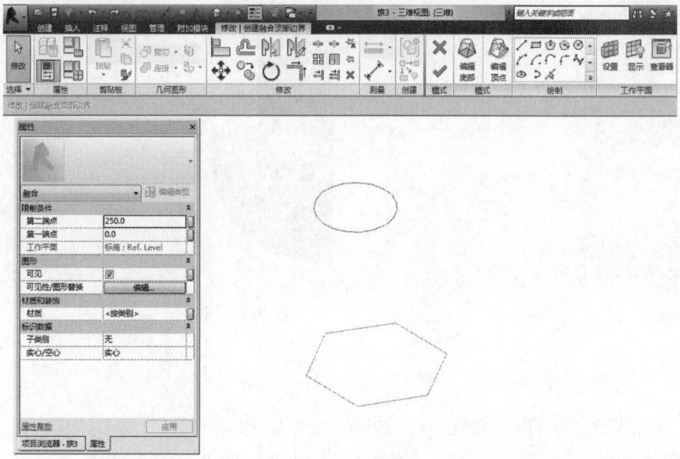

图 9-30

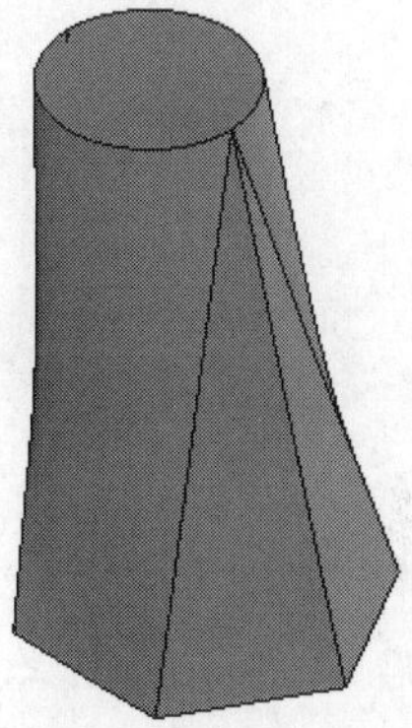

图 9-31

3. 旋转

“旋转”工具用来通过绕轴放样二维轮廓创建三维形状。

单击“形状”面板中的“旋转”按钮，进入“修改 | 创建旋转”选项卡。单击“边界线”按钮，旋转“绘制”面板中的绘制工具按钮，在绘图区域绘制二维轮廓。接着单击“轴线”按钮，在轮廓线的一侧绘制轴线，如图 9-32 所示。

单击“完成编辑模式”按钮，二维轮廓按照指定的角度绕轴线旋转，结果如图 9-33 所示。

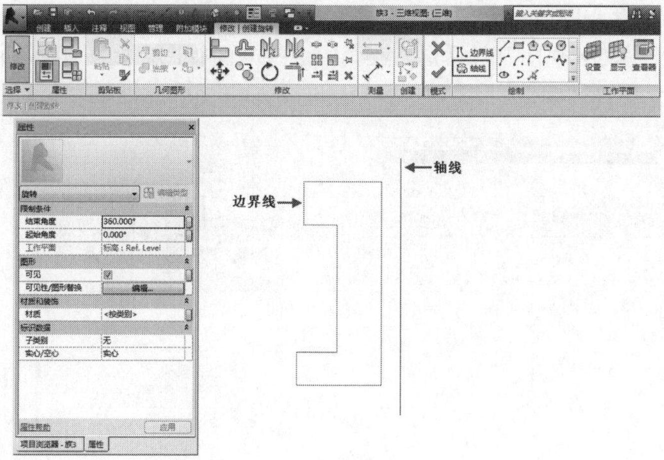

图 9-32

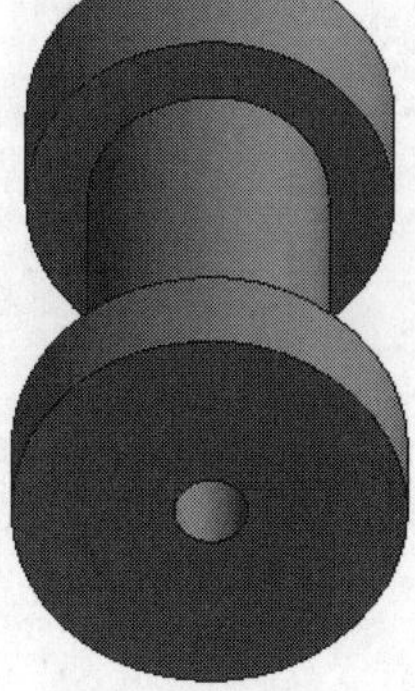

图 9-33

执行“旋转”操作得到的三维模型，在“属性”选项板中修改其“结束角度”与“起始角度”参数，如图 9-34 所示，更改其旋转效果。按照上述参数修改角度值后，二维轮廓仅绕轴旋转 1/4，并生成模型的 1/4，如图 9-35 所示。

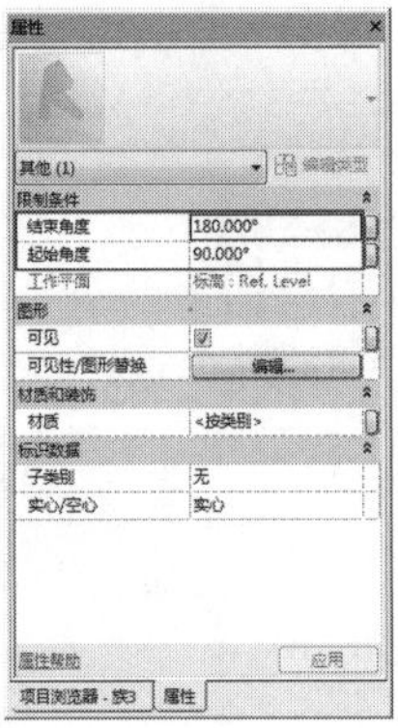

图 9-34

图 9-35

4. 放样

启用“放样”工具，可以通过沿路径放样二维轮廓，创建三维形状。

单击“形状”面板中的“放样”按钮，进入“修改 | 放样”选项卡，如图 9-36 所示，单击“绘制路径”按钮，开始绘制放样路径。

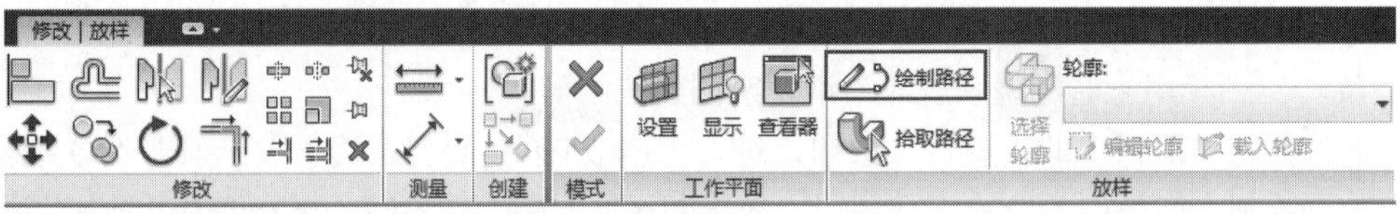

图 9-36

在“修改 | 放样 > 绘制路径”选项卡中单击“绘制”面板的“直线”按钮，在绘图区域绘制直线，如图 9-37 所示，以此作为放样轮廓线。

单击“编辑轮廓”按钮，打开“转到视图”对话框，在其中选择立面视图，如图 9-38 所示，单击“打开视图”按钮，转换到立面视图中。

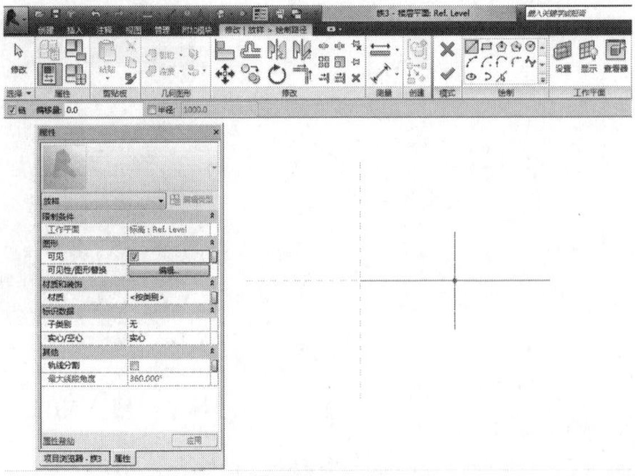

图 9-37`

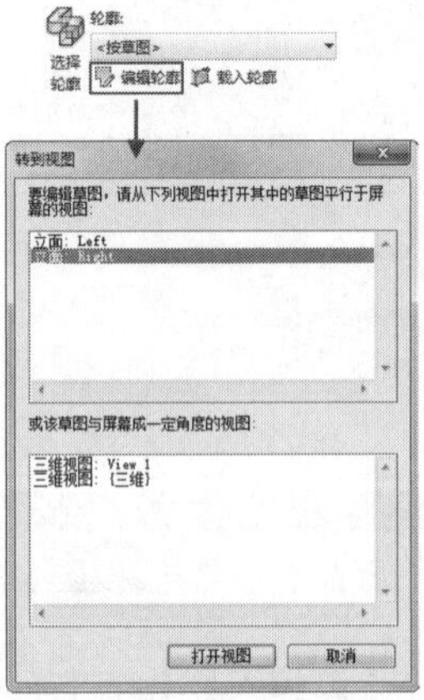

图 9-38

进入“修改 | 放样 > 编辑轮廓”选项卡，在轮廓线上绘制放样轮廓，如绘制一个圆形作为放样轮廓，如图 9-39 所示。单击“完成编辑模式”按钮，放样轮廓生成三维模型的结果，如图

9-40 所示。

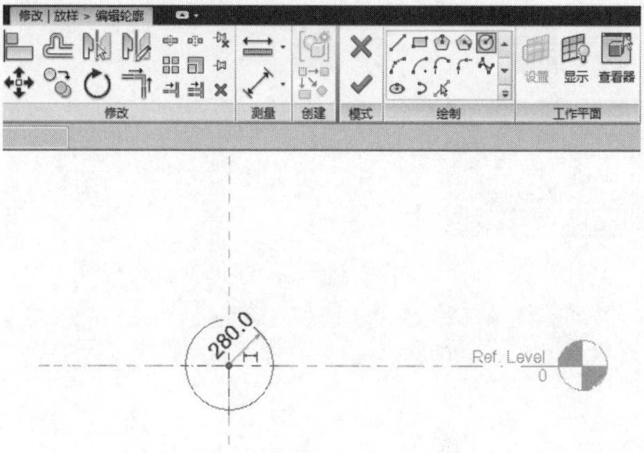

图 9-39

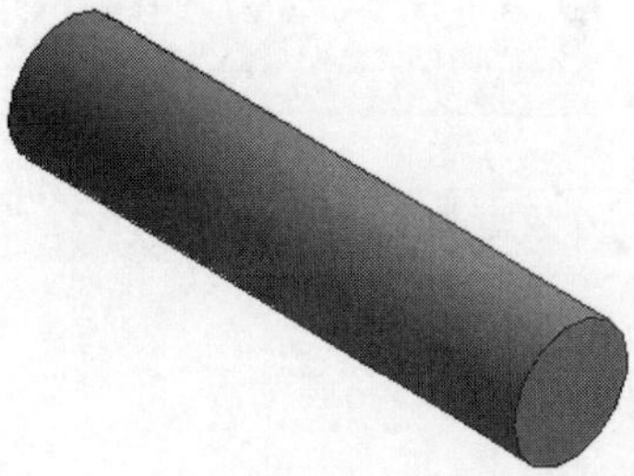

图 9-40

5．放样融合

启用“放样融合”工具，可以创建一个融合，以方便沿着定义的路径进行放样。

单击“创建”面板中的“放样融合”按钮，进入“修改 | 放样融合”选项卡，单击“绘制路径”按钮，如图 9-41 所示，开始绘制放样路径。

图 9-41

在“修改 | 放样融合 > 绘制路径”选项卡中单击“绘制”面板中的工具按钮，在绘图区域中绘制放样路径，如图 9-42 所示。单击“完成编辑模式”按钮，返回“修改 | 放样融合”选项卡。

此时，选项卡中的“选择轮廓 1”“选择轮廓 2”“编辑轮廓”等按钮高亮显示。单击“选择轮廓 1”按钮，再单击“编辑轮廓”按钮，调出“转到视图”对话框，在其中选择视图，如图 9-43 所示，单击“打开视图”按钮。

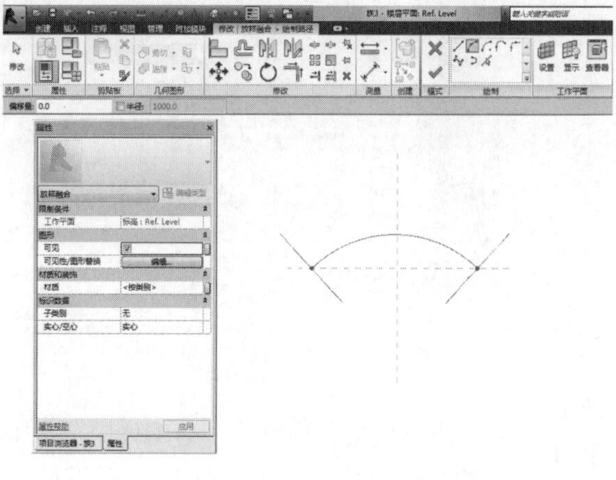

图 9-42

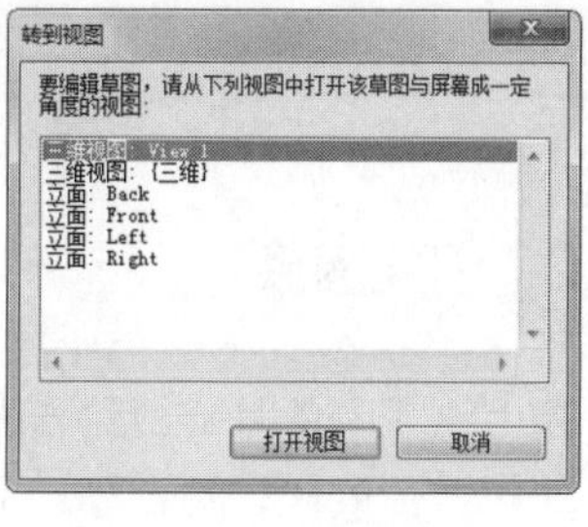

图 9-43

“绘制”面板上选择绘制工具，在参照平面上绘制轮廓线，如图9-44所示，单击“完成编辑模式”按钮结束绘制。接着单击“选择轮廓 2”按钮，再单击“编辑轮廓”按钮，转换至三维视图中，绘制轮廓 2，如图 9-45 所示。

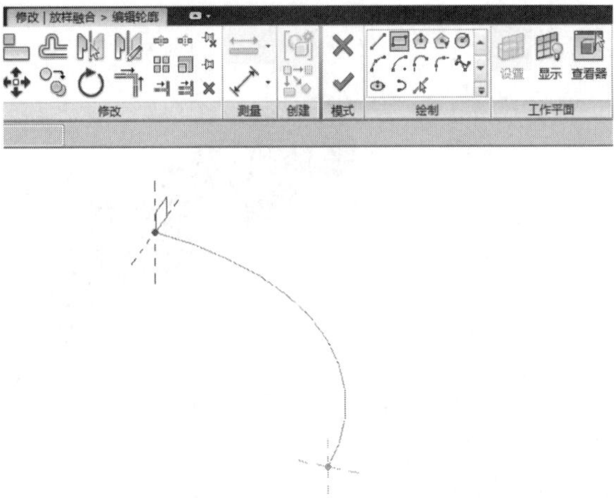

图 9-44

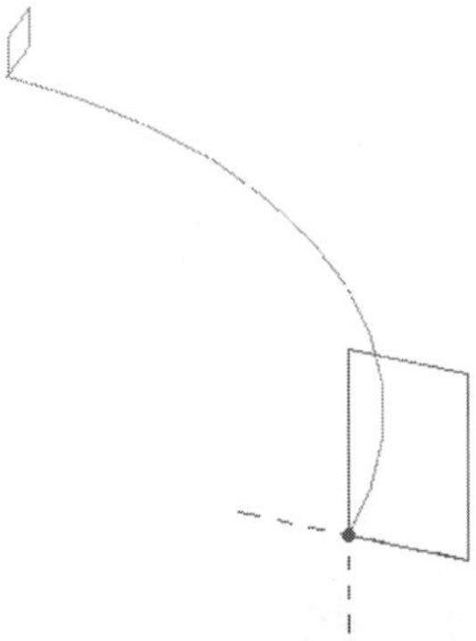

图 9-45

提示：

有时因为视图的视角问题，系统会提示当前角度过小，不能放置轮廓线。此时按住 Shift 键，并按住鼠标中键，移动鼠标，旋转视图，调整至合适的视角，就可以轻松地绘制轮廓线。

单击“完成编辑模式”按钮，创建放样融合模型，如图 9-46 所示。

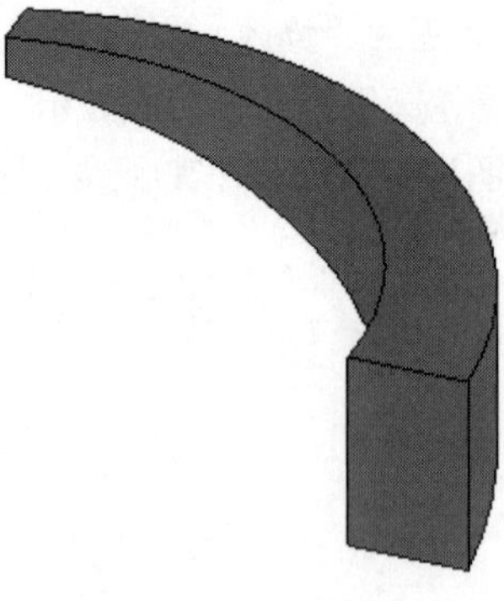

图 9-46

9.3.2 创建窗族

在上一节中学习了创建三维模型的各种工具，如拉伸、放样、融合等。本节综合运用前面所学知识，介绍在Revit中创建模型族（窗族）的操作方法。

执行“新建 | 族”命令，调出“新族 - 选择样板文件”对话框。选择如图 9-47 所示的族样板，即“基于墙的常规模型 .rft”族样板，单击“打开”按钮，进入族编辑器。

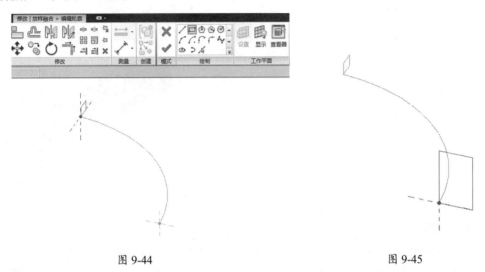

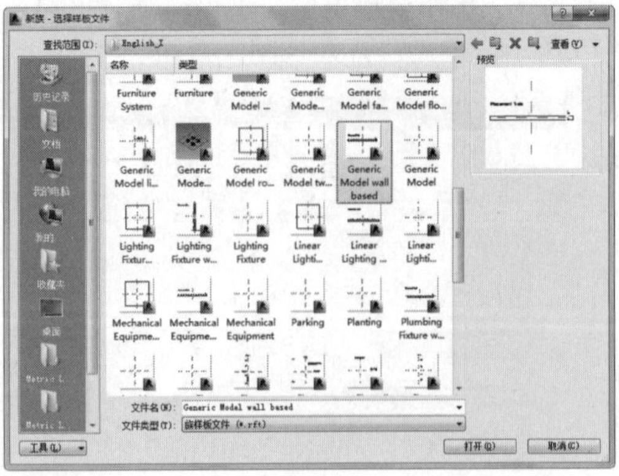

图 9-47

族样板文件模默认创建墙体以及水平、垂直的参照平面，如图 9-48 所示。不过在载入窗族时，主体墙是不会被载入的，主要在创建窗模型时提供参照作用。

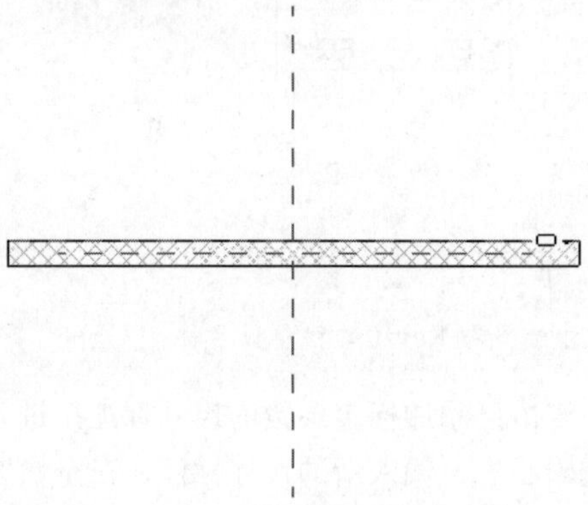

图 9-48

在楼层平面视图中选择“创建”选项卡，单击“族类别和族参数”按钮，调出“族类别和族参数”对话框。在列表中选择“窗”选项，选中“总是垂直”选项，如图 9-49 所示，设置窗垂直于墙。

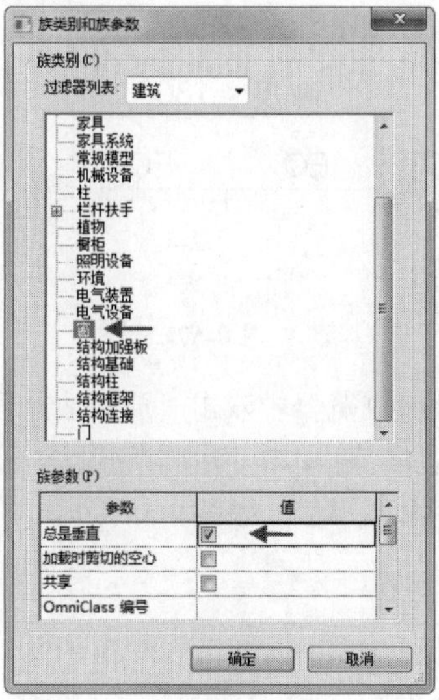

图 9-49

输入 RP，启用“参照平面”命令，在原有的垂直参照平面两侧绘制参照平面，且距离相等，如图 9-50 所示。

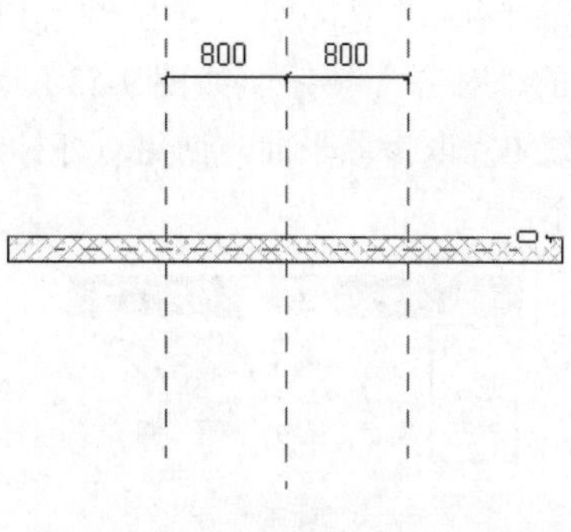

图 9-50

选择左侧的参照平面，在“属性”选项板中设置“名称”为“左”，选择“是参照”选项，在列表中选择“左”，如图 9-51 所示。选择右侧的参照平面，重复上述操作，在“属性”选项板中修改参数，如图 9-52 所示。

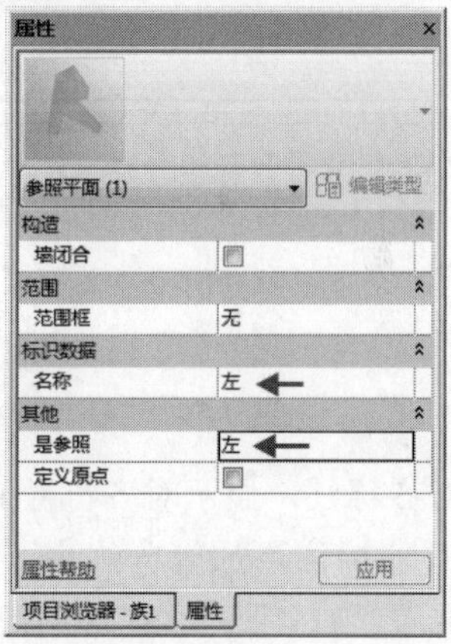

图 9-51

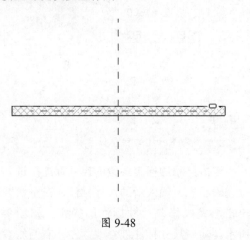

图 9-52

选择“注释”选项卡，单击“尺寸标注”面板中的“对齐”按钮，如图9-53所示。在绘图区域中点取参照平面，创建对齐标注如图9-54所示。

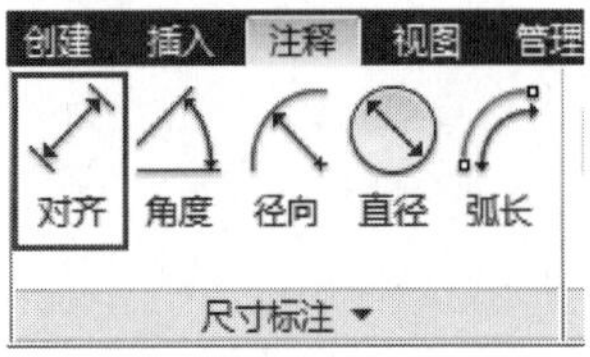

图 9-53

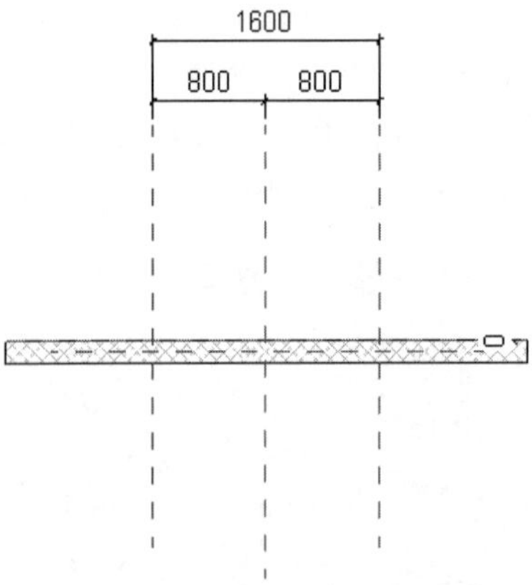

图 9-54

选择对齐标注，显示对齐符号EQ，单击符号，为尺寸标注添加等分约束，如图9-55所示。选择左、右参照平面之间的尺寸标注，在选项栏上调出“标签”选项列表，选择“宽度”选项，为尺寸标注添加“宽度”参数，此时尺寸标注显示标签名称，如图9-56所示。

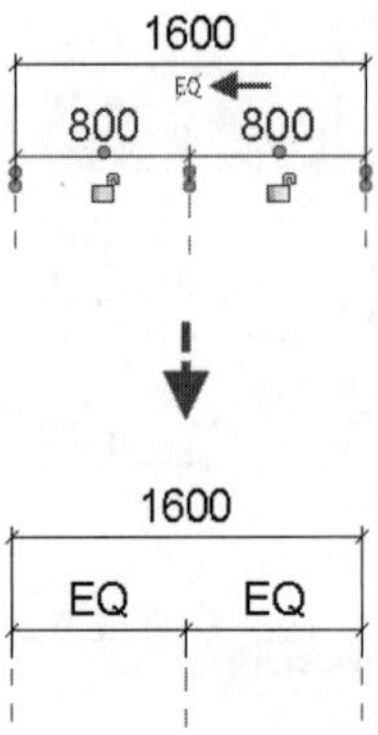

图 9-55

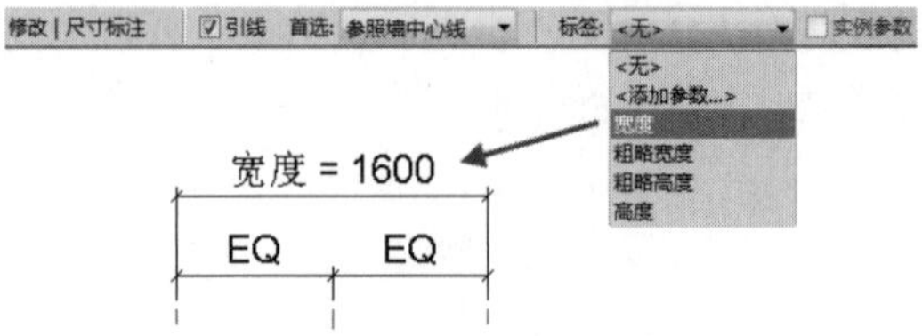

图 9-56

提示：

尺寸标签即Revit的族参数名称。

双击已添加标签参数的尺寸标注，进入在位编辑状态，输入新的尺寸标注，在空白区域单击，完成修改尺寸标注的操作，如图9-57所示。随着尺寸标注被修改，左、右两侧参照平面的位置随之修改。

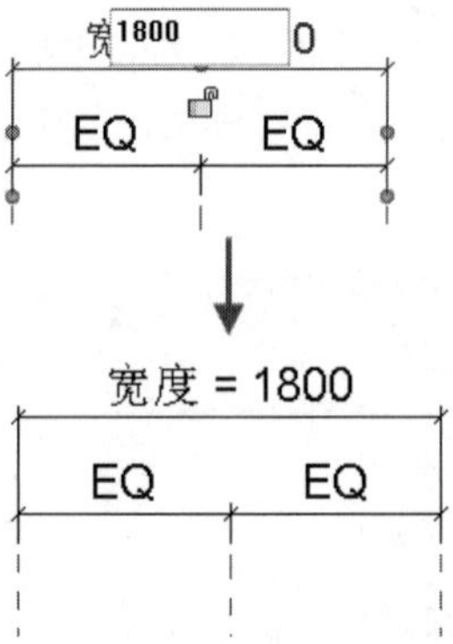

图 9-57

在项目浏览器中双击“放置边立面”，进入立面视图。输入RP，启用“参照平面”命令，绘制水平参照平面，如图9-58所示。

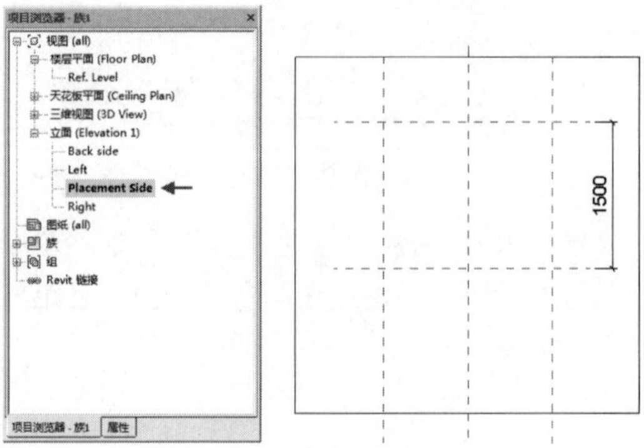

图 9-58

选择上侧参照平面，在“属性”选项板中设置“名称”为“顶”，在“是参照”选项中选择“顶”选项。选择下侧参照平面，设置“名称”为“底”，“是参照”为“底”，如图 9-59 所示。

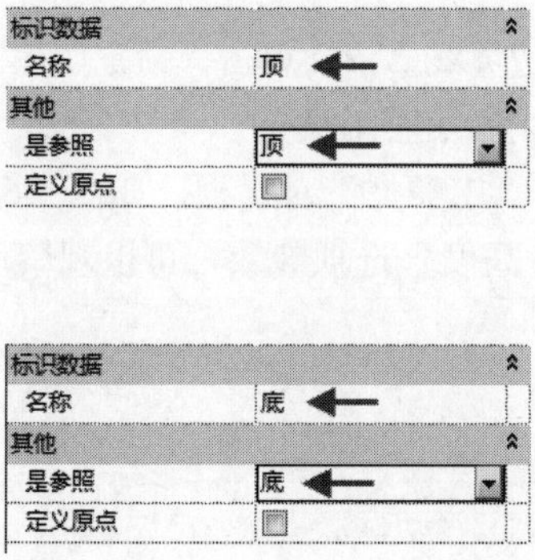

图 9-59

为顶参照平面与底参照平面创建对齐标注。选择标注，在“标签”选项列表中选择“高度”选项，为其添加“高度”标签，如图 9-60 所示。

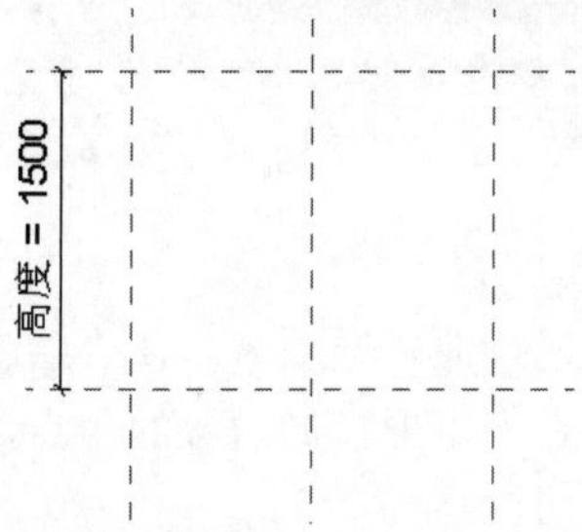

图 9-60

启用“对齐标注”命令，在底参照平面与墙底边缘线（即参照标高线）之间创建对齐标注，如图 9-61 所示。选择“尺寸标注”，在“标签”列表中选择“添加参数”选项，如图 9-62 所示。

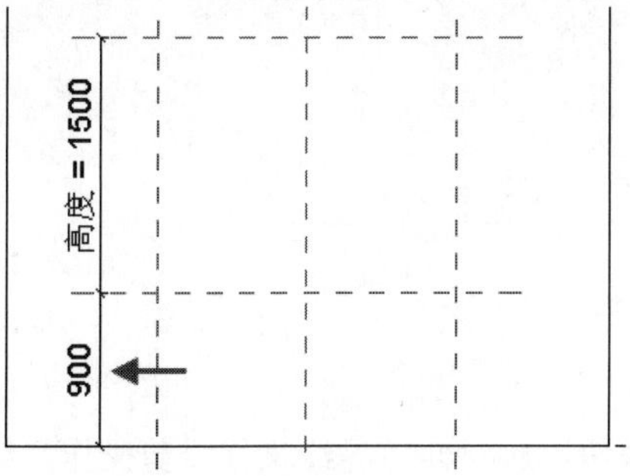

图 9-61

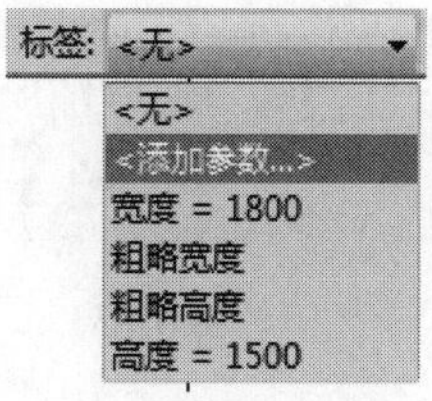

图 9-62

在“参数属性”对话框中设置“名称”为“窗台高度”，选择“参数分组方式”为“尺寸标注”，确认族参数为“类型”，如图 9-63 所示，单击“确定”按钮完成设置。

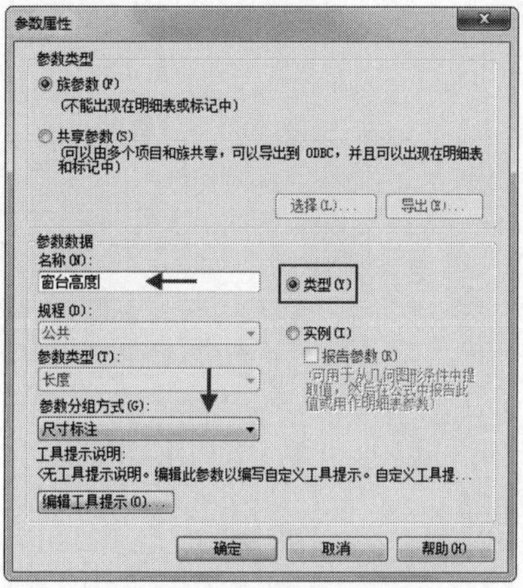

图 9-63

为尺寸标注添加“窗台高度”标签的结果如图 9-64 所示。

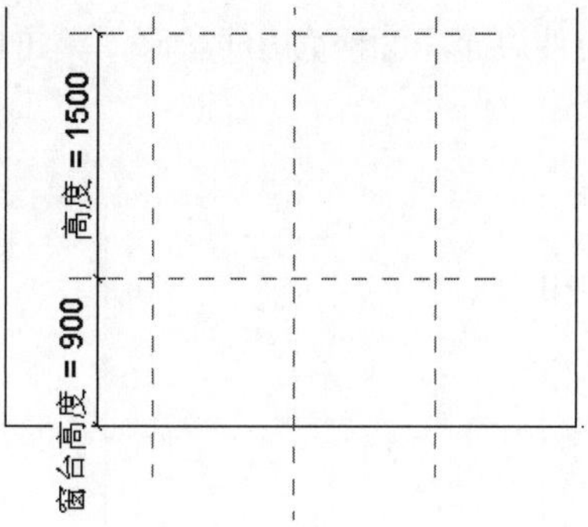

图 9-64

选择“创建”选项卡，单击“模型”面板中的“洞口”按钮，如图 9-65 所示。进入“修改 | 创建洞口边界”选项卡，在“绘制”面板中单击“矩形”按钮，如图 9-66 所示。

图 9-65

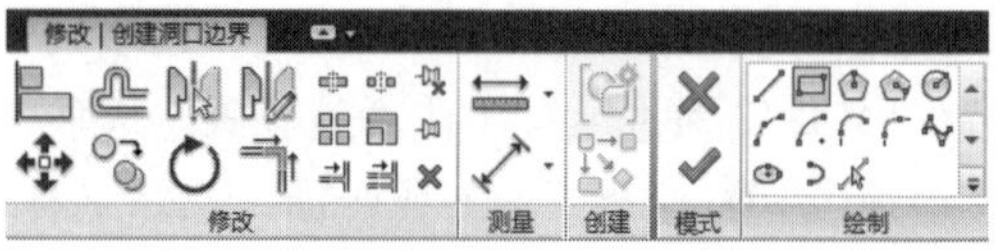

图 9-66

捕捉参照平面的交点作为矩形的角点，绘制矩形洞口边界线，依次单击“锁定”按钮，将洞口的位置锁定，如图 9-67 所示。单击“完成编辑模式”按钮，退出命令。

选择“创建”选项卡，单击“族类型”按钮，调出“族类型”对话框，如图 9-68 所示。通过修改“尺寸标注”列表中的“窗台高度”“宽度”“高度”选项参数，可以观察洞口位置的变化。

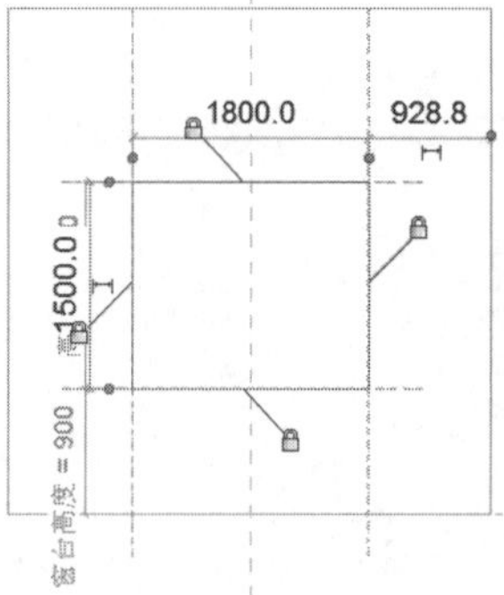

图 9-67

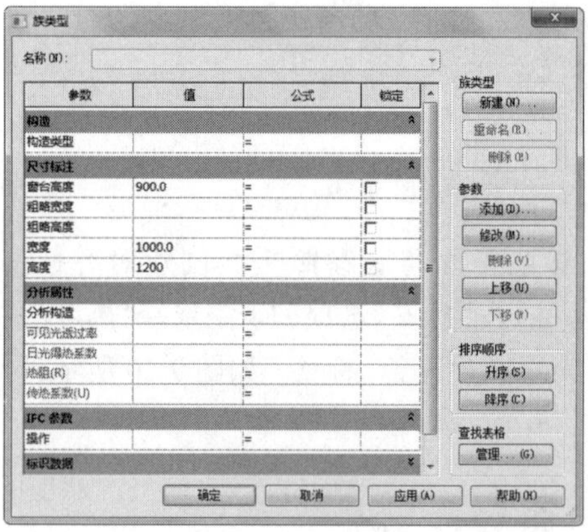

图 9-68

单击“形状”面板中的“拉伸”按钮，进入“修改 | 创建拉伸”选项卡。在“绘制”面板中单击“矩形”按钮，设置“偏移量”为 0，分别点取洞口角点为矩形拉伸边界的角点，创建拉伸边界，如图 9-69 所示。

在“绘制”面板中单击“拾取线”按钮，设置“偏移量”为 60，鼠标置于上一步所绘制的矩形拉伸边界，可预览虚线轮廓，单击创建轮廓线，如图 9-70 所示。

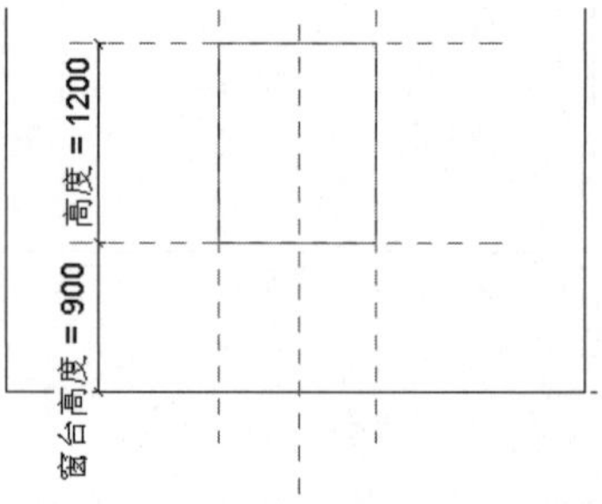

图 9-69

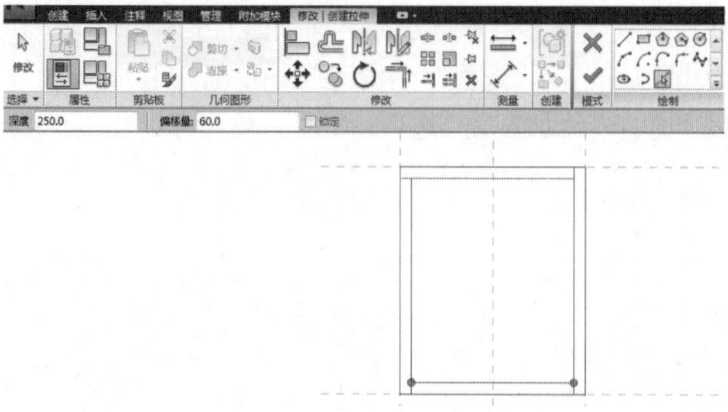

图 9-70

单击“修改”面板中的“修剪 / 延伸多个图元”按钮，对拉伸边界线执行修剪操作，结果如图 9-71 所示。切换至三维视图，单击“族类型”按钮，调出“族类型”对话框，在其中修改“尺寸标注”选项组中的参数，如图 9-72 所示，单击“应用”按钮，在视图中观察窗框宽度和高度的变化。

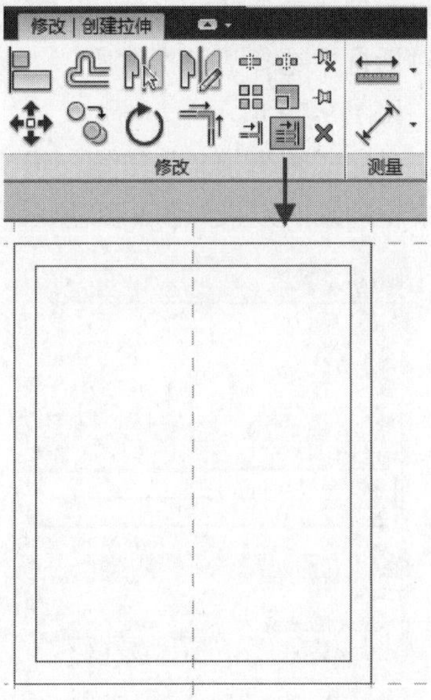

图 9-71

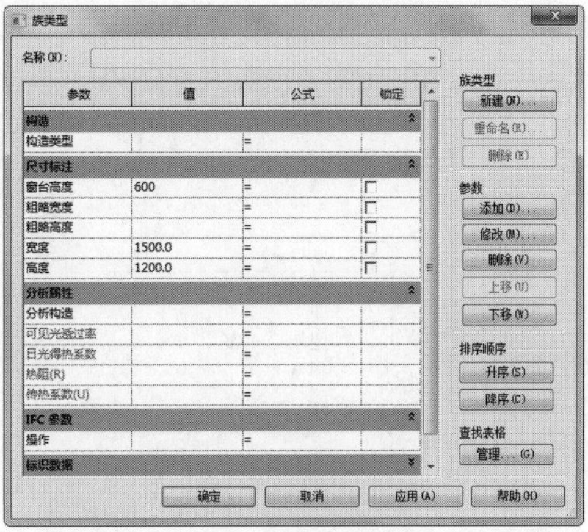

图 9-72

单击“确定”按钮关闭“族类型”对话框，窗模型的显示样式已发生变化，如图 9-73 所示。选择窗框，在“属性”选项板中设置“拉伸终点”与“拉伸起点”的参数，如图 9-74 所示，单击“材质”选项后的矩形按钮，调出“关联族参数”对话框。

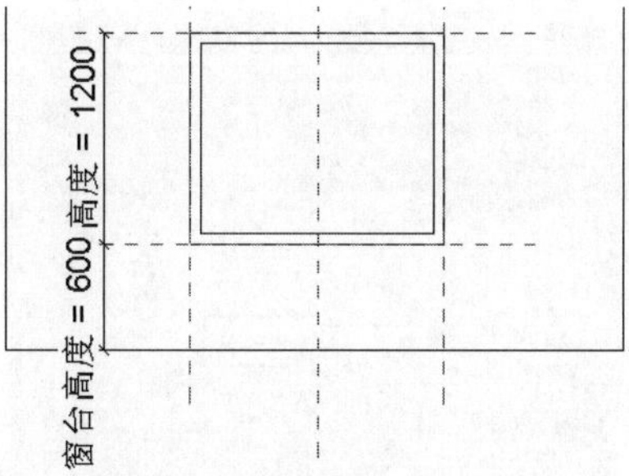

图 9-73

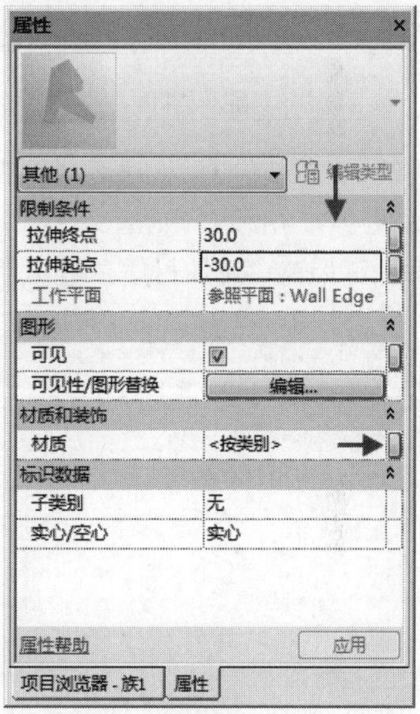

图 9-74

在“关联族参数”对话框中单击“添加参数”按钮，如图 9-75 所示。在“参数属性”对话框中设置“名称”为“边框材质”，如图 9-76 所示，单击“确定”按钮。

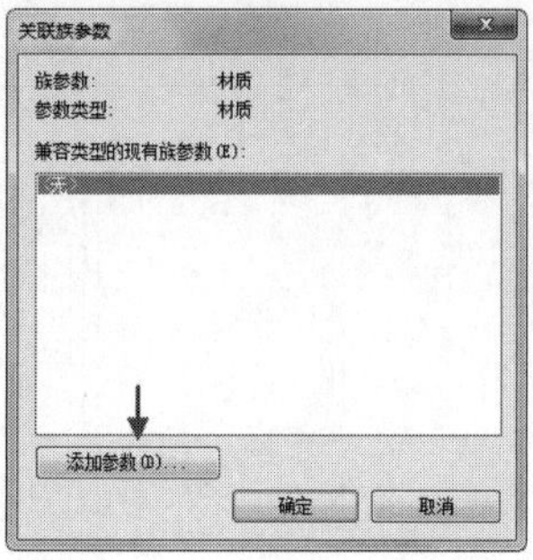

图 9-75

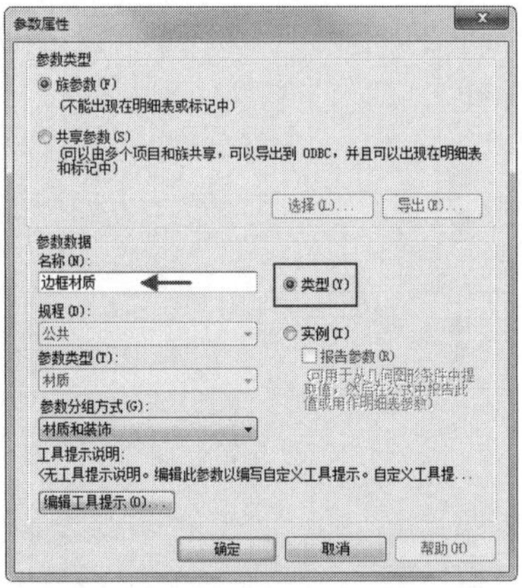

图 9-76

在“关联族参数”对话框中选择“边框材质”选项，如图 9-77 所示，单击“确定”按钮关闭对话框，可为窗口添加材质参数标签。

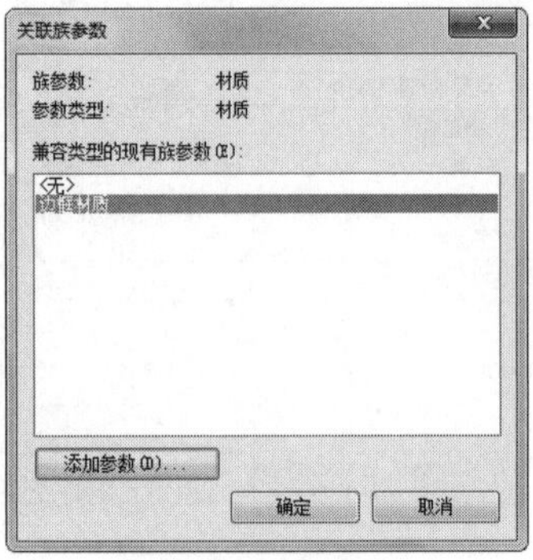

图 9-77

转换至三维视图，如图 9-78 所示，在“族类型”对话框中修改“尺寸标注”选项组参数，实时观察，窗框随尺寸大小的变化而变化。

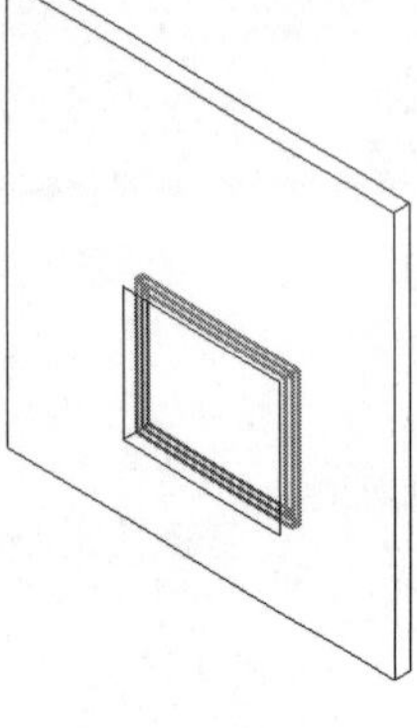

图 9-78

启用“拉伸”工具，综合运用“矩形”“拾取线”绘制方式，绘制窗扇轮廓线。在“属性”选项板中修改“拉伸终点”“拉伸起点”参数，单击“材质”选项后的矩形按钮，在“关联族参数”对话框中选择“窗框材质”，将其指定给窗扇，如图 9-79 所示。

单击“完成编辑模式”按钮，退出命令，绘制窗扇轮廓线的效果如图 9-80 所示。

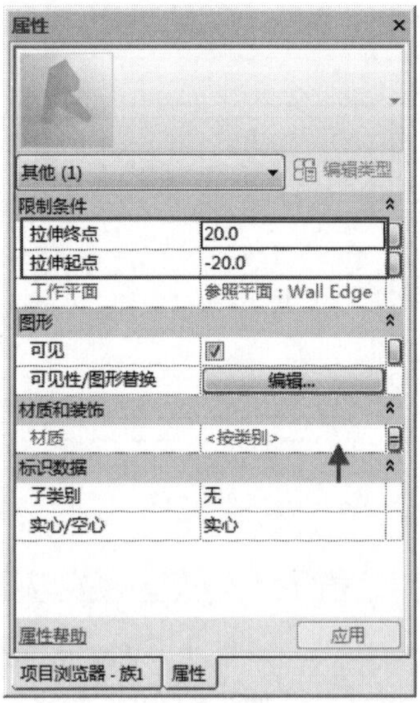

图 9-79

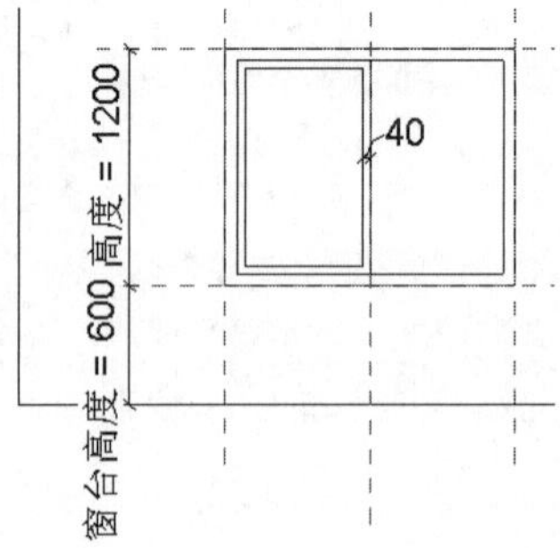

图 9-80

参考绘制左窗扇的方法，继续绘制右窗扇，如图 9-81 所示。继续启用“拉伸”工具，选择“矩形”绘制方式，在“属性”选项板中设置“拉伸终点”“拉伸起点”参数，单击“子类别”按钮，在列表中选择“玻璃”选项，如图 9-82 所示。

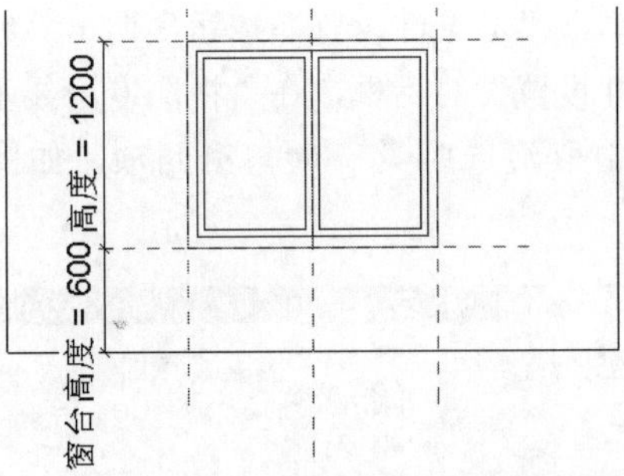

图 9-81

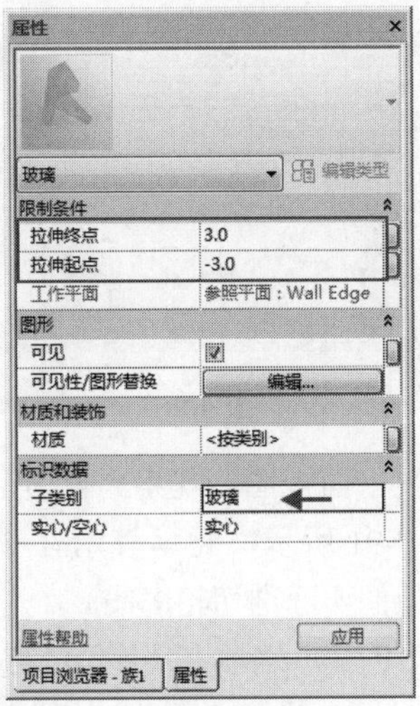

图 9-82

绘制左、右窗玻璃的结果，如图 9-83 所示，单击“完成编辑模式”按钮退出命令。输入 RP，在顶参照平面与底参照平面之间的中间位置绘制参照平面。启用“对齐标注”命令，创建对齐标注，并为尺寸标注添加等分约束，如图 9-84 所示。

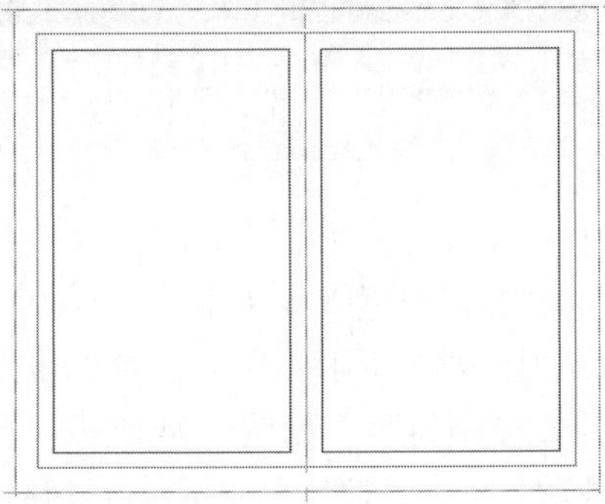

图 9-83

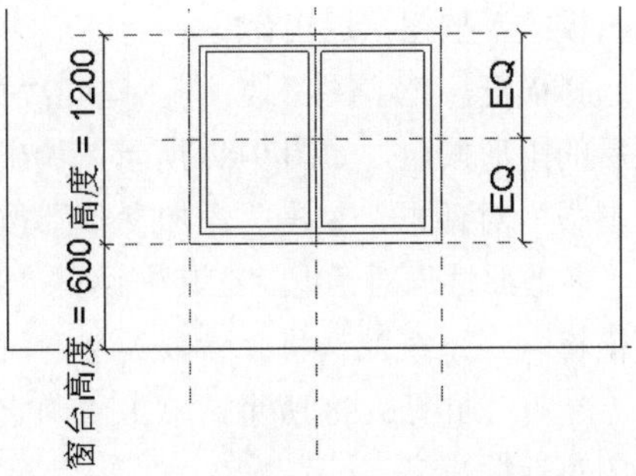

图 9-84

启用“拉伸”工具，在“属性”选项板中设置“拉伸终点”“拉伸起点”参数，在“材质”选项中添加“边框材质”，调出“子类别”列表，选择“框架 / 竖梃”选项，如图 9-85 所示。

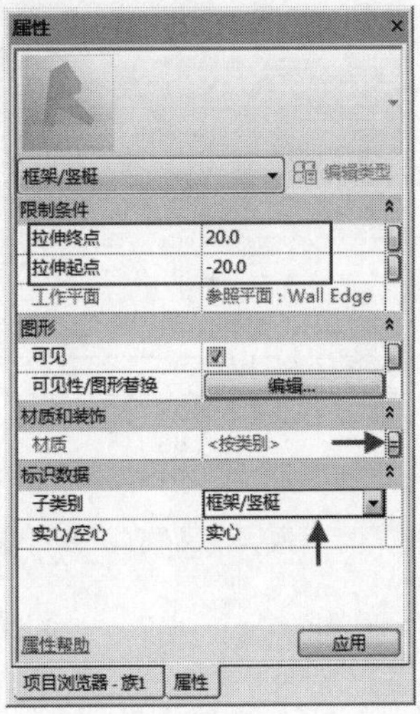

图 9-85

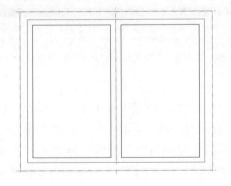

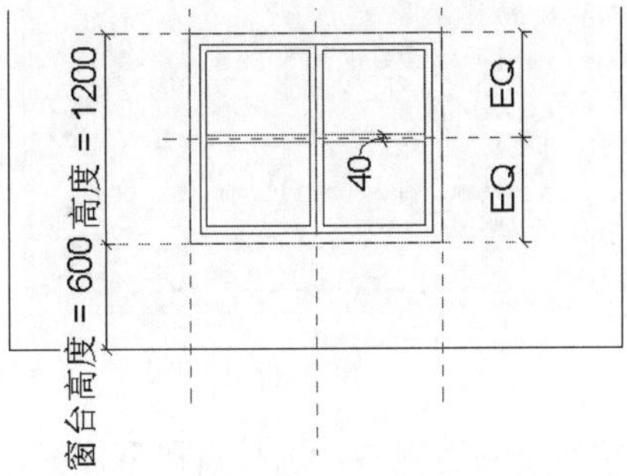

图 9-86

在“绘制”面板中选择合适的绘制工具，绘制横梃轮廓线，如图 9-86 所示。单击“完成编辑模式”按钮，退出命令。

选择横梃，在“属性”选项板中单击“可见”选项后的矩形按钮，如图9-87所示，调出“关联族参数”对话框。单击“添加参数”按钮，调出“参数属性”对话框。在其中设置“名称”为“横梃”，系统默认将“参数类型”设置为“是/否”，如图9-88所示，单击“确定”按钮关闭对话框。

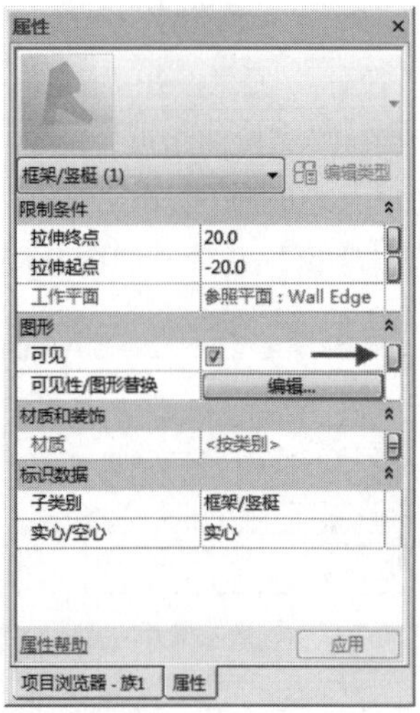

图 9-87

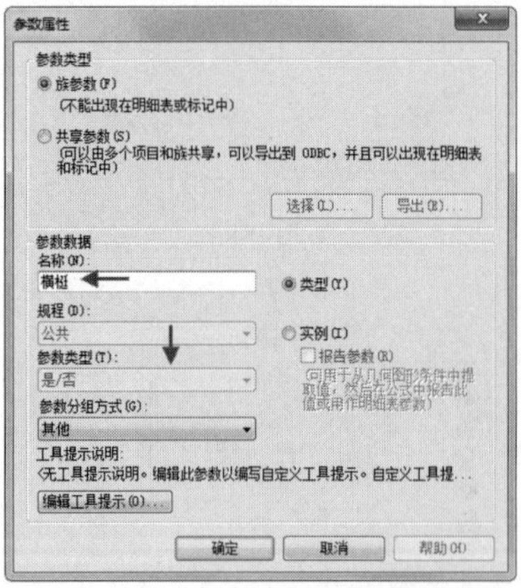

图 9-88

转换至立面视图，选择窗模型图元，进入“修改|选择多个”选项卡，如图9-89所示。为避免选到其他图元，可单击“过滤器”按钮，在调出的“过滤器”对话框中选择窗框及玻璃模型。

单击“可见性设置”按钮，调出“族图元可见性设置”对话框，在“视图专用显示”选项组中取消选中第一项与第四项，如图9-90所示。

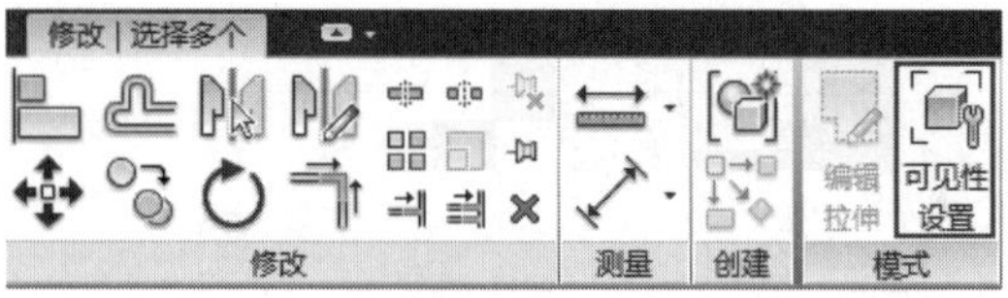

图 9-89

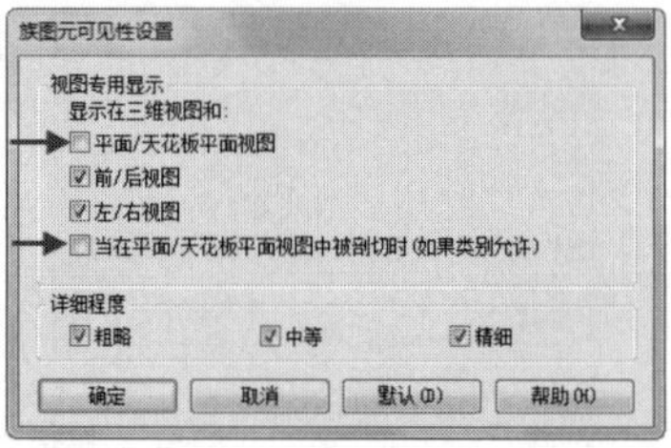

图 9-90

切换视平面视图，观察到窗模型以灰色显示，如图9-91所示，此举表示在平面视图中不显示模型的实际剖切轮廓线。

选择“创建”选项卡，单击“控件”按钮，如图9-92所示，进入“修改|放置 控制点”选项卡。

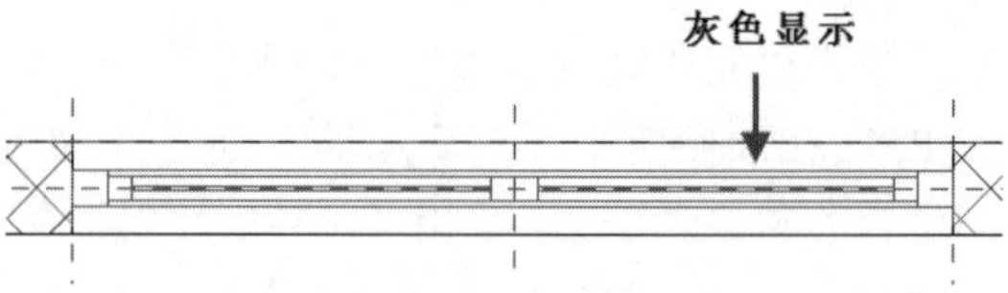

图 9-91

图 9-92

在“控制点类型”面板中单击“双向垂直”按钮，如图9-93所示，在窗位置单击，放置内外翻转控制符号，如图9-94所示。在调入窗模型后，单击“控件”按钮，可以翻转窗的方向。

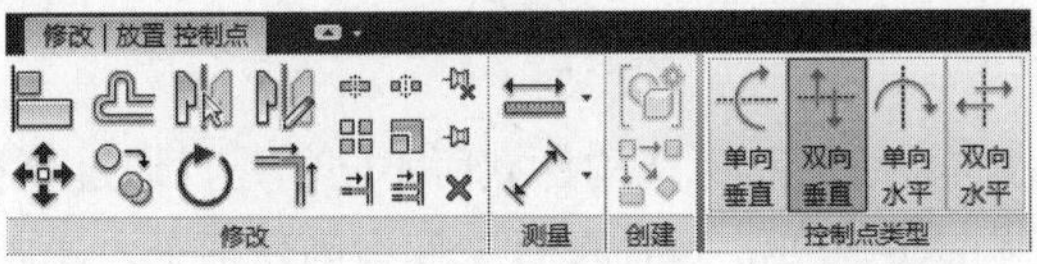

图 9-93

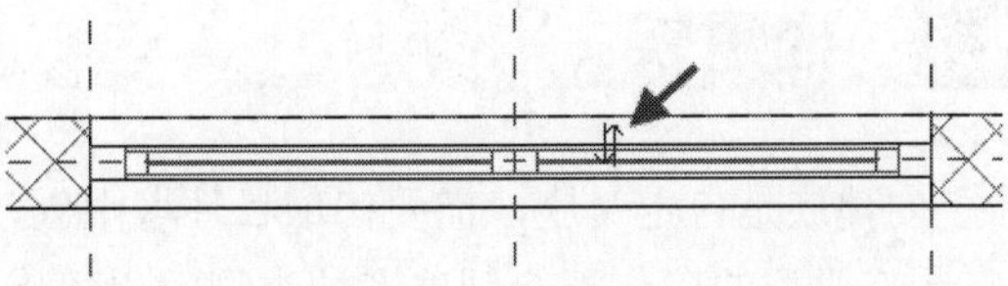

图 9-94

单击“族类型”按钮，调出“族类型”对话框。单击“新建”按钮，设置族名称 C-1、C-2，分别设置其“尺寸标注”选项组中的参数，记得要选择“横梃”选项，以确保横梃的可见性，分别如图 9-95 和图 9-96 所示。单击“确定”按钮关闭对话框。

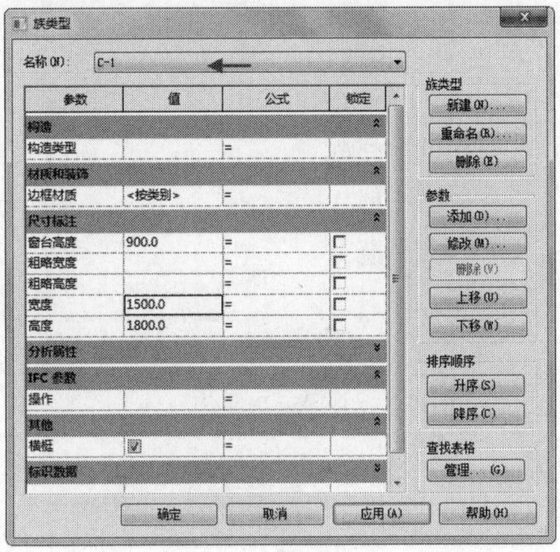

图 9-95

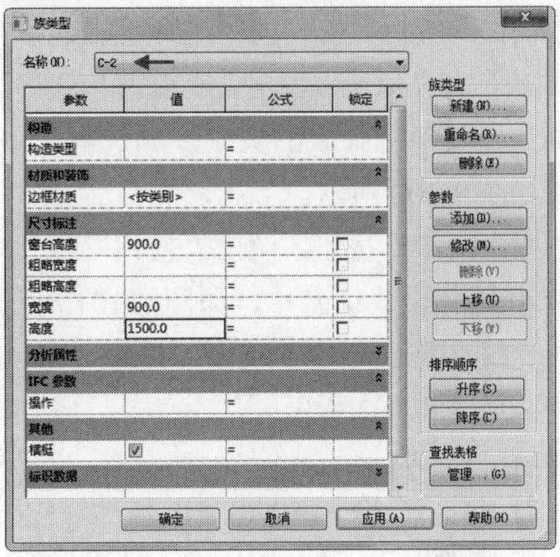

图 9-96

执行“保存”操作，保存族文件。单击“载入到项目”按钮，将窗族载入指定的项目中。在项目文件中启用“窗”命令，在“属性”选项板中可查看载入的窗族，并可预览窗族的三维样式，如图 9-97 所示。

将窗族放置在墙体上，其平面样式为四线窗样式，如图 9-98 所示，符合制图规范。在选择“放置时进行标记”选项后，创建窗可随同放置窗标记。

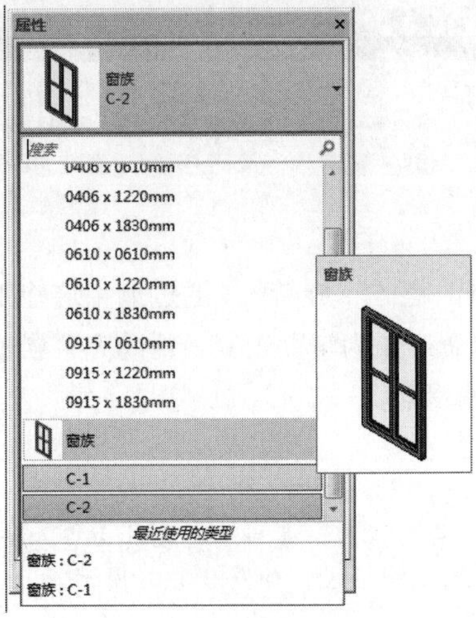

图 9-97

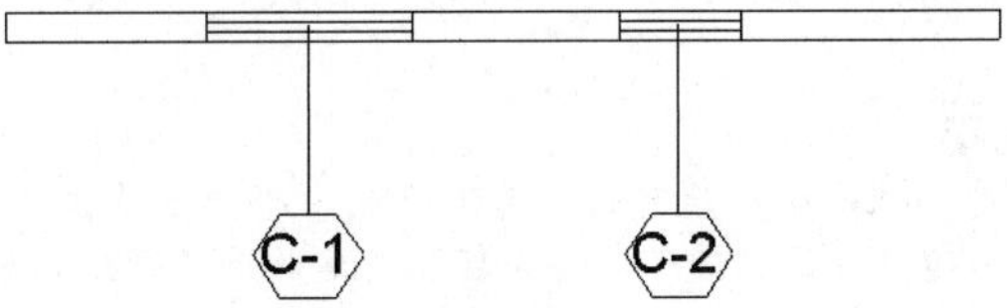

图 9-98

9.4 内建族

内建族是自定义族，需要在项目环境中创建，与系统族和标准构件族所不同的是，通过执行“复制”类型的操作不能创建多种类型的内建族。为满足需要，可在项目文件中创建多个内建族，但是也会降低软件的运行速度。

9.4.1 创建内建族

选择“建筑”选项卡，单击“构建”面板中的“构件”按钮，在列表中选择“内建模型”选项，如图9-99所示。调出“族类别和族参数”对话框，在其中选择族的类别，如选择“停车场”，如图9-100所示。

单击“确定”按钮，调出“名称”对话框，可以使用其中的默认名称，如图9-101所示，也可自定义名称。单击“确定”按钮，进入族编辑器，如图9-102所示。

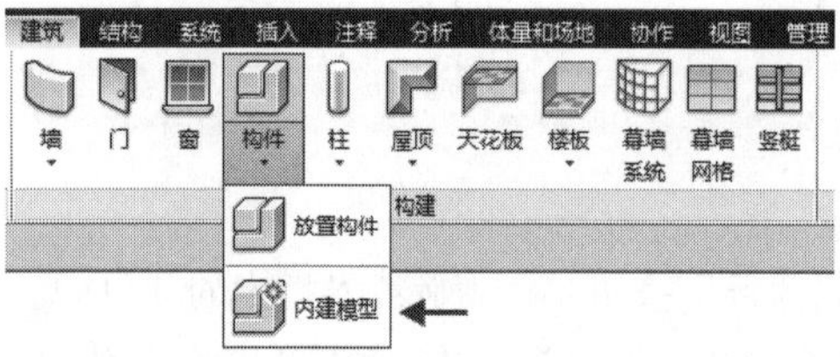

图 9-99

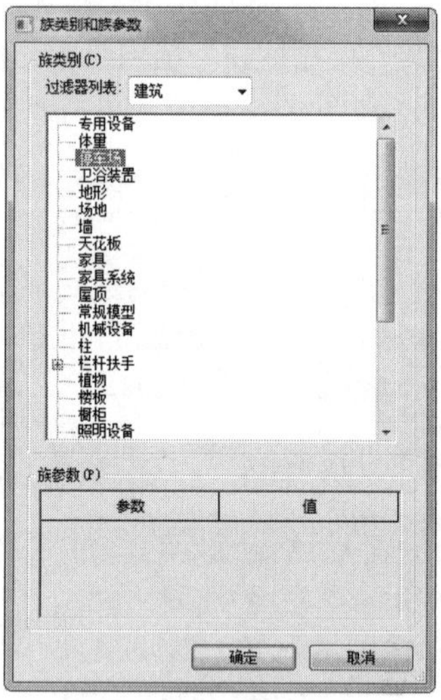

图 9-100

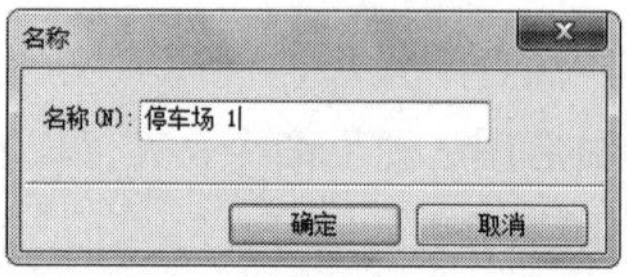

图 9-101

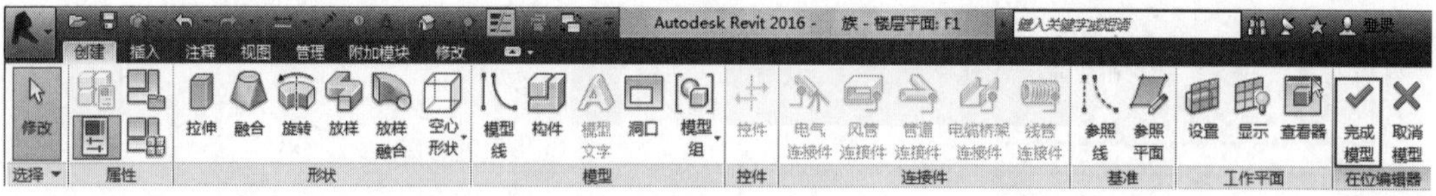

图 9-102

在“形状”面板中提供了各类创建族模型的工具，如拉伸、融合、旋转等，通过调用这些工具，完成创建族模型的操作。“属性”面板、“模型”面板中的命令作为辅助工具，帮助完善族模型。

族模型创建完成后，单击“完成模型”按钮，退出族编辑器。

提示：

内建族创建完成后可到项目浏览器中查看，单击展开“族”列表，选择族类别，可在其中查看新建的内建族。如创建了“停车场”内建族后，可到“停车场”族类别中查看，如图9-103所示。

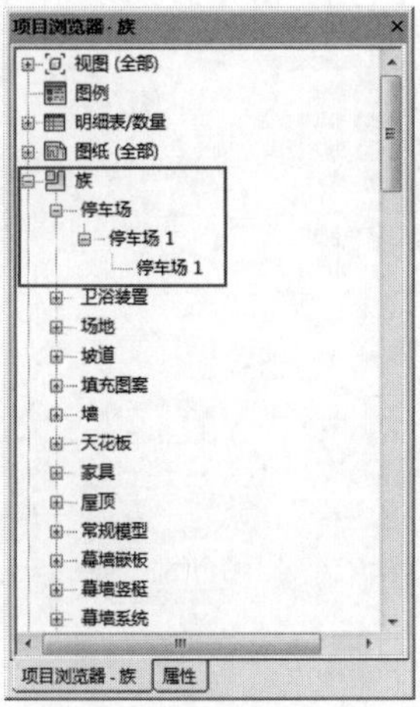

图 9-103

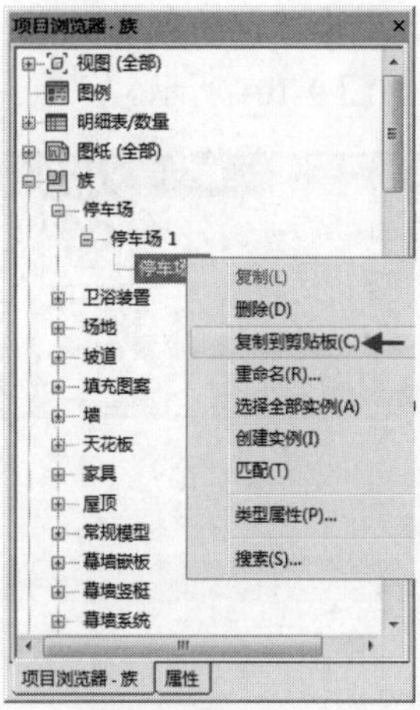

图 9-104

9.4.2　复制内建族

打开包含内建族的项目文件，在项目浏览器中选择内建族，右击，在快捷菜单中选择“复制到剪切板”选项，如图 9-104 所示。

转换到粘贴内建族的项目文件，单击“剪切板”面板中的“粘贴”按钮，在调出的列表中选择“从剪贴板中粘贴”选项，如图 9-105 所示。在绘图区域中指定点以放置内建模型。

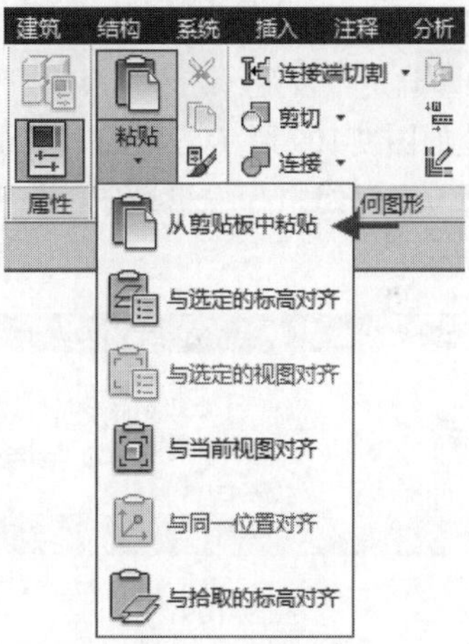

图 9-105

同时进入“修改 | 模型组”选项卡，如图 9-106 所示，在“修改”选项卡中，“对齐”“镜像”“移动”“旋转”按钮高亮显示，可以调用命令来编辑族模型。单击“完成”按钮退出命令。

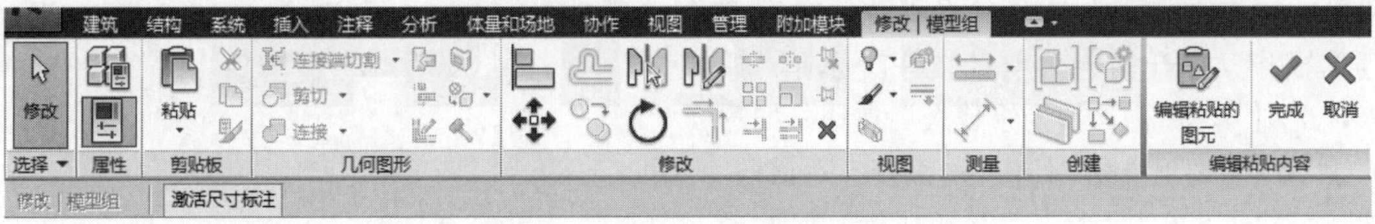

图 9-106

9.4.3　载入内建族

通过对内建族执行“创建组”操作，以作为组载入到其他项目文件中。

选择内建族，如选择停车场，进入“修改 | 停车场”选项卡，单击“创建组”按钮，如图

9-107 所示。调出“创建组”对话框，在其中设置名称，如图 9-108 所示。

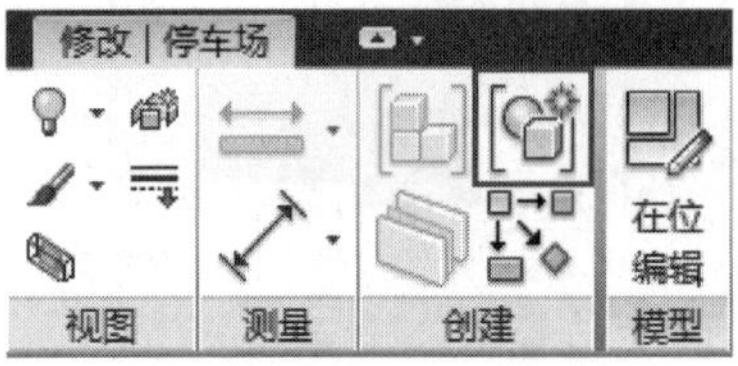

图 9-107

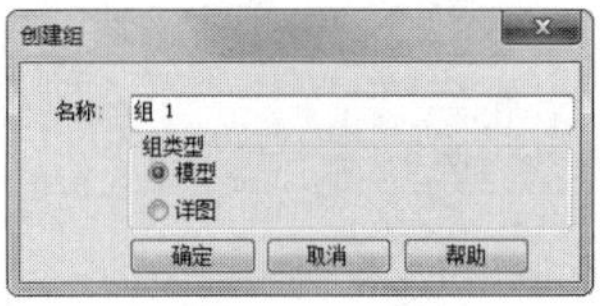

图 9-108

单击“确定”按钮，进入“修改 | 模型组”选项卡，如图 9-109 所示，单击“成组”面板中的按钮，可对组执行编辑操作，按 Esc 键退出命令。

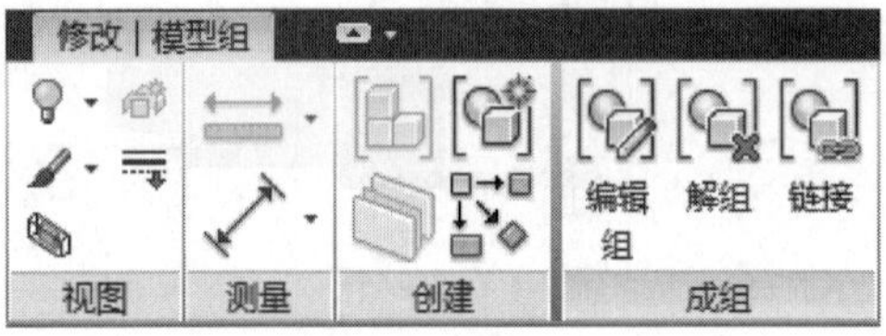

图 9-109

在项目浏览器中单击展开“组”，在“模型”类别中查看新建的组。选择组并右击，在菜单中选择“保存组”选项，如图 9-110 所示。

在“保存组”对话框中设置组名称及存储路径，单击“保存”按钮，关闭对话框完成存储操作。打开另一个项目文件，选择“插入”选项卡，单击“作为组载入”按钮，如图 9-111 所示，调出“将文件作为组载入”对话框，选择组文件，单击“打开”按钮载入组文件。

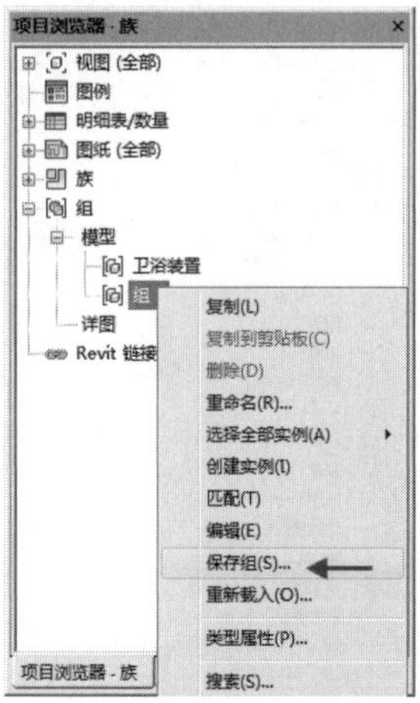

图 9-110

在项目浏览器中展开“组”，在“模型”列表中选择内建族组，右击，在菜单中选择“创建实例”选项，如图 9-112 所示，在绘图区域中单击点放置组。

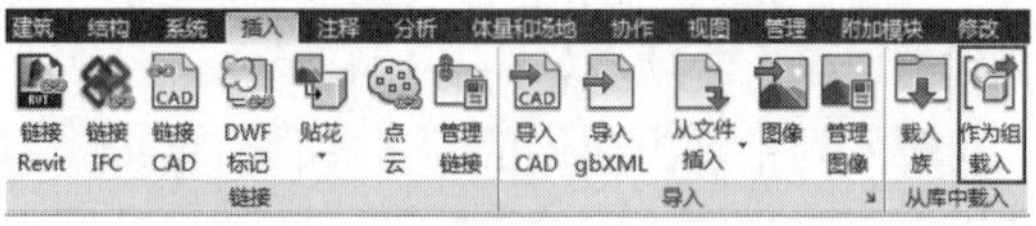

图 9-111

图 9-112

第 10 章 场地与构件

在 Revit“场地建模”面板中提供了创建场地与场地构件的工具，通过启用这些工具，可以创建地形表面、添加场地构件、帮助建筑师完成场地总图的布置。

本章介绍场地及场地构件的创建方法。

10.1 场地设置

新建一个项目文件后，在项目浏览器中单击展开“楼层平面”列表，在其中显示项目文件默认创建的平面视图及场地视图，如图 10-1 所示。

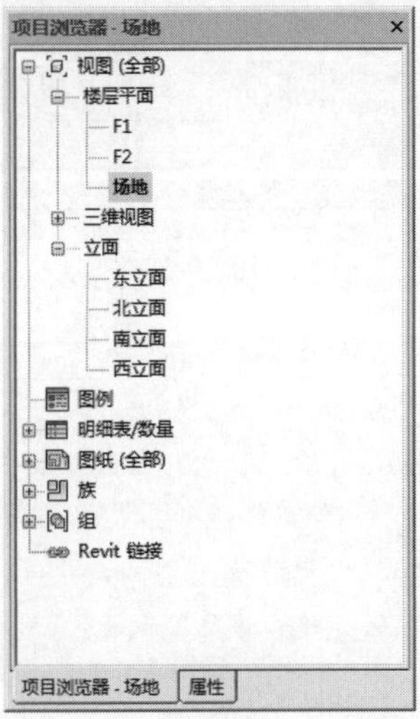

图 10-1

图 10-2

图 10-3

单击场地视图名称，进入该视图。选择“体量和场地”选项卡，单击“场地建模”面板右下角的“场地设置”按钮，如图 10-2 所示。调出“场地设置”对话框，如图 10-3 所示。

“间隔”选项：选择该项，可在平面视图中显示主等高线，默认设置主等高线高程间隔为 5000。

“经过高程”选项：设置主等高线的开始高程。将等高线的“间隔”设置为 5000，“经过高程”为 0，主等高线会显示在 -5000、0、5000 等 5000 整数倍的位置。

“附加等高线”列表：单击“插入”按钮，插入新列，在其中设置次等高线和重点高程的附加等高线的属性。“增量”表示次等高线高程间隔，默认值为 1000。在“开始”与“停止”选项中设置次等高线显示的高程值范围。在“范围类型”选项中选择“多值”，可按“增量”显示高程值范围内的所有等高线。选择“单一值”，则仅在“开始”选项中显示一条等高线。

在“子类别”选项中选择附加等高线的类别。

选择表行，单击“删除”按钮，删除选中行。

“剖面填充样式”选项：单击右侧的矩形按钮，调出“材质浏览器”对话框，如图10-4所示，在其中选择场地材质。材质的“截面填充图案”与剖面图中地形剖面的填充图案相同。

“基础土层高度”选项：默认为负值，用来指定剖面图中显示的土层深度。

“角度显示”选项：在列表中选择建筑红线标记上角度值的显示样式。

“单位”选项：设置角度值单位。

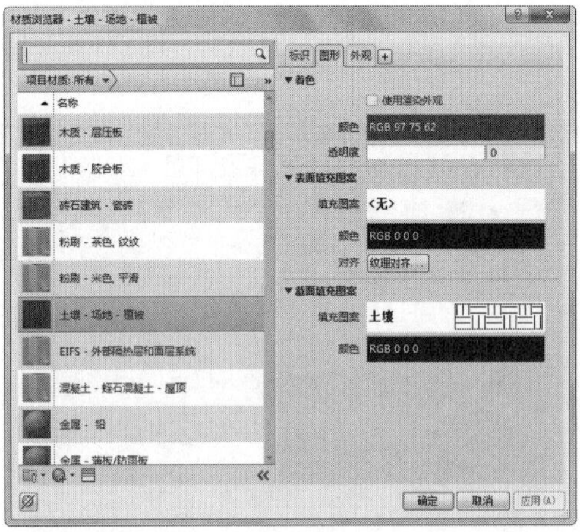

图 10-4

在“属性”选项板中单击“范围”选项组中“视图范围”选项后的“编辑”按钮，如图10-5所示，调出“视图范围”对话框。与其他的平面视图的视图范围相比较，场地视图的视图范围参数中设置很高的平面剖切位置，如图10-6所示，为的是可以看到完整的建筑俯视图，在其他平面视图中，建筑模型默认隐藏在地形表面下。

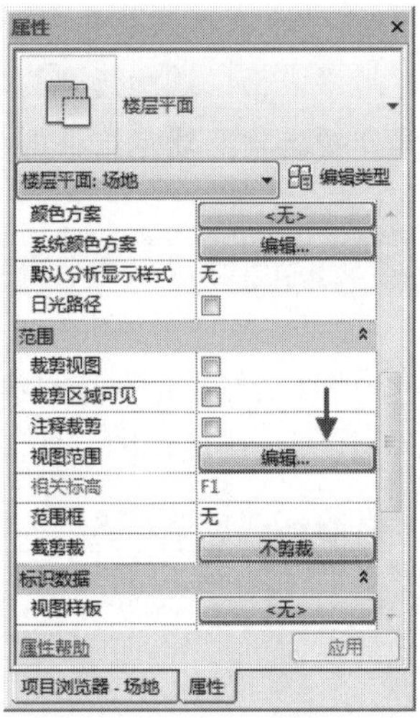

图 10-5

图 10-6

10.2 创建地形表面

在Revit中共有两种创建地形表面的方法，一种是通过放置点来创建，另外一种是根据来自其他来源的数据创建地形表面。本节分别介绍这两种创建方法的操作步骤。

10.2.1 放置点以创建地形表面

选择“体量和场地”选项卡，单击“场地建模”面板中的“地形表面”按钮，如图10-7所示，进入“修改 | 编辑表面”选项卡。

图 10-7

1. 创建地形表面

在“工具”面板中单击“放置点”按钮，通过在绘图区域放置点，以便定义地形表面。在选项栏中设置“绝对高程”的“高程”值，如将值设置为 -500，如图 10-8 所示。

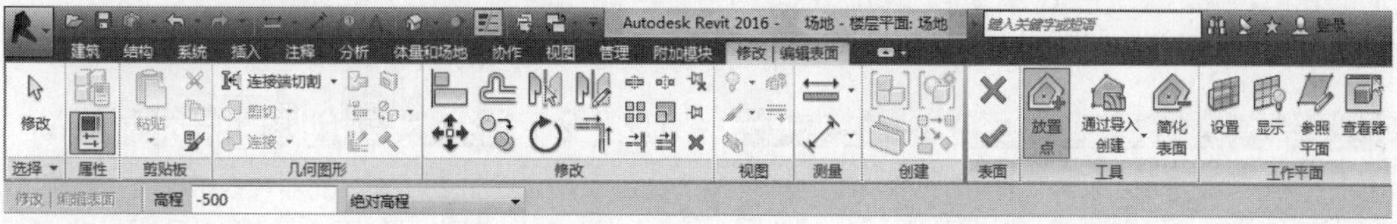

图 10-8

在绘图区域中单击指定点的位置，以形成一个封闭的区域，按 Esc 键完成操作，如图 10-9 所示。此时可修改“绝对高程”的“高程”值，如将值修改为 1000，在已定义的地形表面轮廓线内单击放置点，以创建地形表面轮廓线，如图 10-10 所示。此时在两个地形表面轮廓线之间显示线段，该线段为等高线。

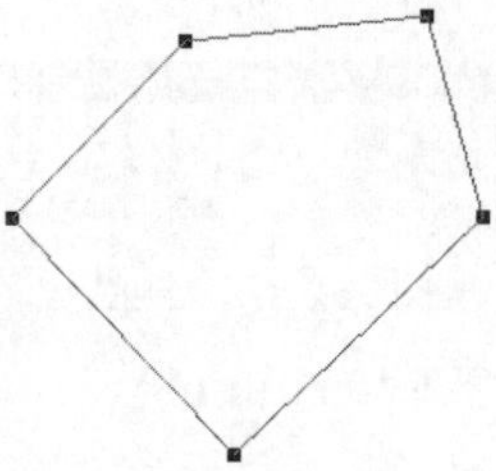

图 10-9

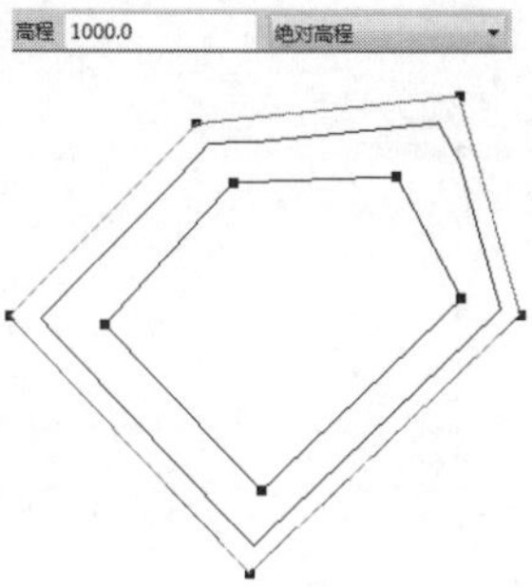

图 10-10

在“表面”面板中单击“完成表面”按钮，退出命令，完成地形表面的创建，如图 10-11 所示。在状态栏上单击“视觉样式”按钮，在列表中选择“着色”选项，观察地形表面的创建结果，如图 10-12 所示。

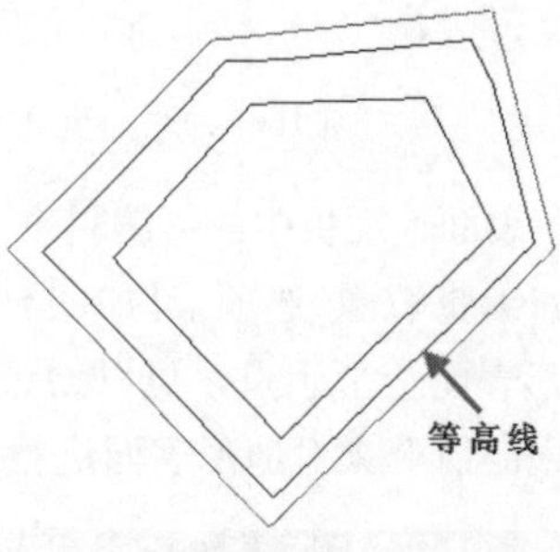

图 10-11

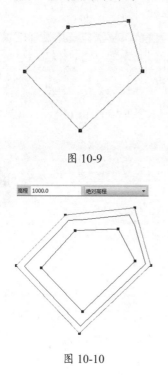

图 10-12

以上为简易地形表面的创建方法，用户还可通过指定“绝对高程”的“高程”值，放置点以形成地形表面。地形表面的材质在“场地设置”对话框中定义，也可后期修改。

2. 编辑地形表面

选择创建完成的地形表面，进入“修改|地形”选项卡，如图 10-13 所示。单击“属性”选项板中“材质”选项后的矩形按钮，调出“材质浏览器”对话框，在其中更改地形表面的材质。

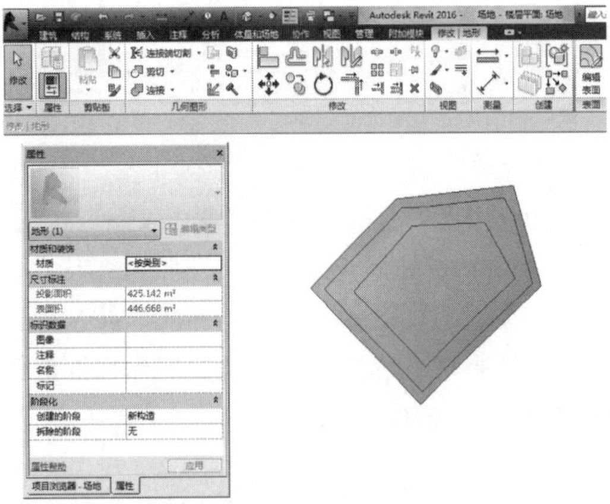

图 10-13

单击“表面”面板中的“编辑表面”按钮，进入“修改|编辑表面”选项卡，如图 10-14 所示。此时在地形表面上显示点，可以通过执行“工具”面板中的命令来对地形表面进行编辑。

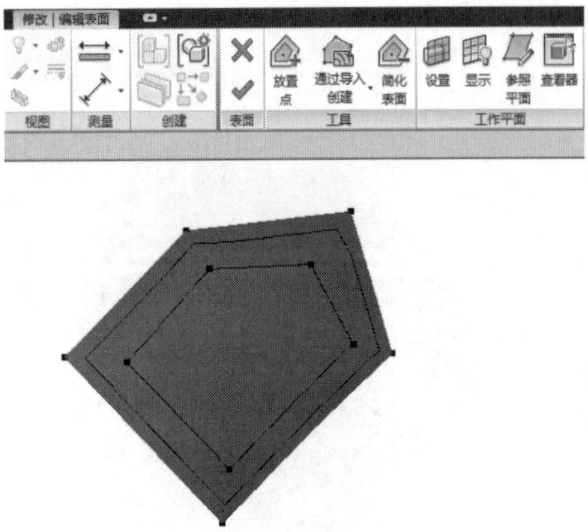

图 10-14

单击“简化表面”按钮，调出如图 10-15 所示的“简化表面”对话框，在其中设置“表面精度”值，数值越大，删除地形表面上的高程点越多，地形表面越平滑。

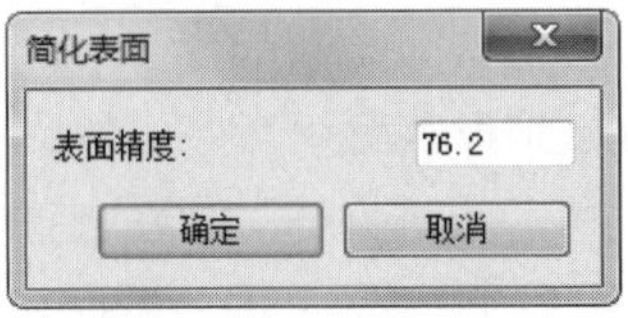

图 10-15

10.2.2 导入实例创建地形表面

通过根据以 DWG、DXF、DGN 格式导入的三维等高线数据，可以创建较为复杂的地形表面。Revit 可分析已导入的三维等高线数据并沿等高线放置一系列高程点。

选择“插入”选项，单击“链接”面板上的“链接 CAD”按钮，如图 10-16 所示。调出“链接 CAD 格式”对话框，在其中选择 DWG 文件，设置“定位”方式为“自动 - 中心到中心”，如图 10-17 所示。单击“打开”按钮，将图纸链接至 Revit 中。

图 10-16

图 10-17

提示：

选择“导入”面板中的“导入CAD”命令，也可将DWG文件导入至Revit中。

将DWG等高线文件导入至Revit中，结果如图10-18所示。选择“体量和场地”选项卡，单击“场地建模”面板中的“地形表面”按钮，进入“修改|编辑表面”选项卡。

单击“工具”面板中的“通过导入创建”按钮，在列表中选择“选择导入实例”选项，如图10-19所示。

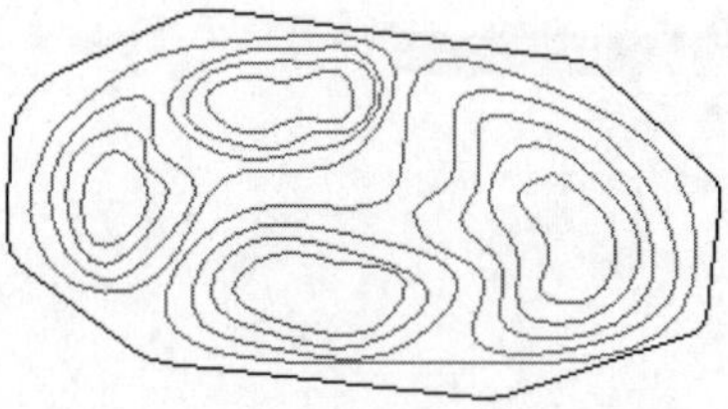

图 10-18

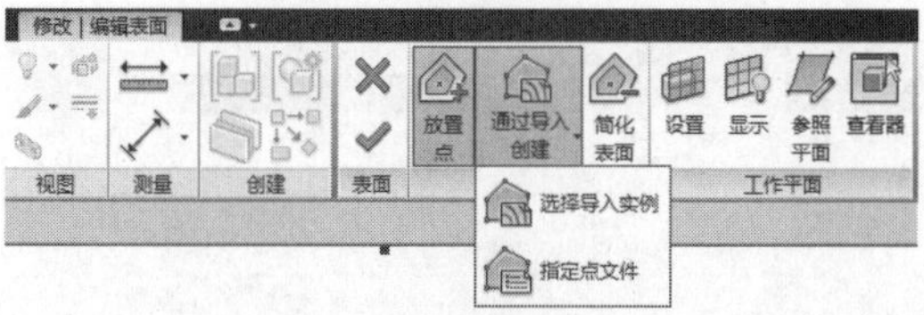

图 10-19

此时调出“从所选图层添加点”对话框，在其中选择要将等高点应用到的图层，如图10-20所示，单击“确定”按钮，系统可根据沿等高线放置的高程点来创建一个地形表面，如图10-21所示。

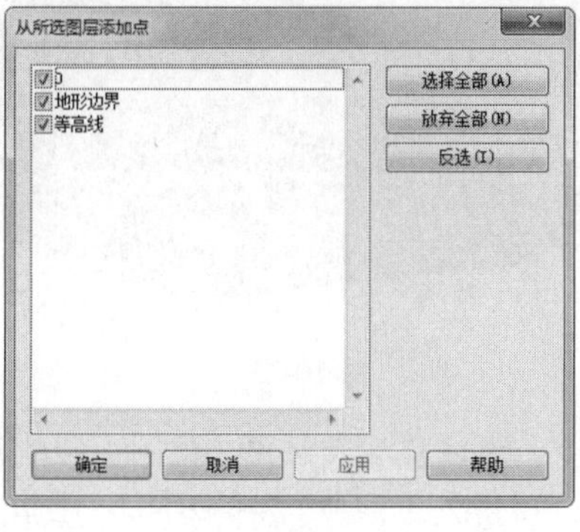

图 10-20

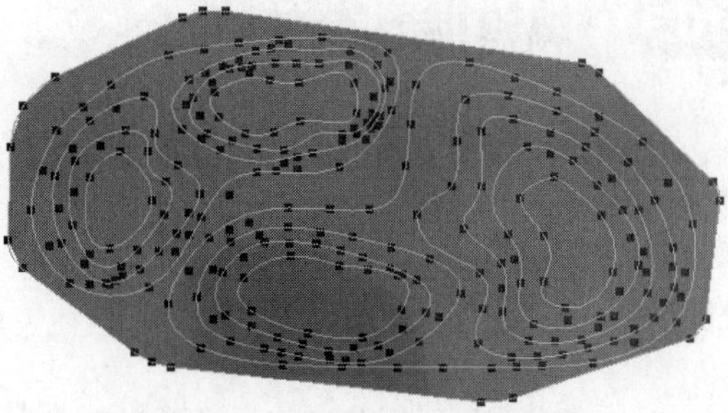

图 10-21

单击“表面”面板上的“完成表面”按钮，退出命令。

10.2.3　指定点文件创建地形表面

在“修改|编辑地形表面”选项卡中单击“通过导入创建”按钮，在列表中选择“指定点文件”选项，可根据点文件自动生成地形表面。

点文件通常来自土木工程软件，格式为CSV或TXE，使用高程点的规则网格来提供等高线数据。点文件必须包含X、Y、Z坐标数字作为文件中的第一个数值，而且必须用逗号分隔。

点的任何其他数值信息必须显示在X、Y、Z坐标值之后，假如点文件中有两个点的X和Y坐标值分别相等，Revit使用Z坐标值最大的点。

启用“指定点文件”命令后，调出“打开”对话框，在其中选择点文件。单击“打开”按钮。在“格式”对话框中指定用来测量点文件中的点的单位，单击“确定”按钮。

Revit根据点文件中的坐标信息生成点和地形表面。单击“表面”面板上的“完成表面”按钮，退出命令。

10.3 编辑地形表面

创建完成的地形表面经过编辑修改后，可呈现不一样的形式，本节介绍拆分、合并等编辑地形表面的操作方法。

10.3.1 拆分地形表面

对地形表面执行拆分操作后，可得到两个不同的表面，这两个表面可以独立编辑也不会相互影响。如更改其中一个地形表面的材质，另一地形表面的材质依然使用默认值。

选择“体量和场地”选项卡，单击“修改场地”面板中的“拆分表面”按钮，如图 10-22 所示，开始执行“拆分表面”操作。

图 10-22

在“修改 | 拆分表面”选项卡中单击“绘制”面板中的“直线”按钮，选择“链”选项，如图 10-23 所示，以便所绘制的轮廓线首尾相连。

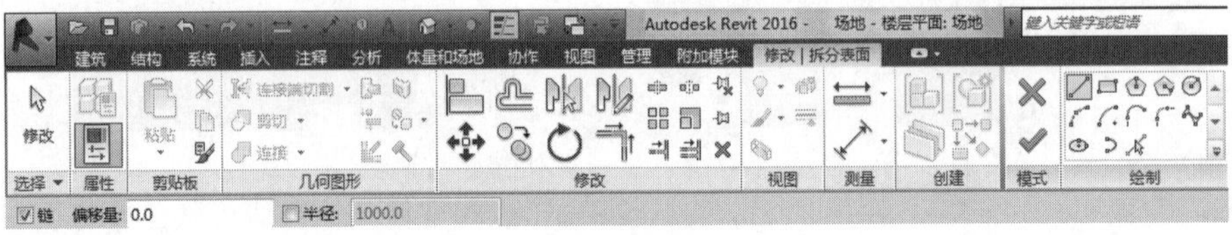

图 10-23

在地形表面上绘制拆分轮廓线，如图 10-24 所示。单击“表面”面板中的“完成表面”按钮，完成拆分表面的操作。已被拆分的地形表面呈现不同的颜色，以与另一个地形表面相区别，如图 10-25 所示。

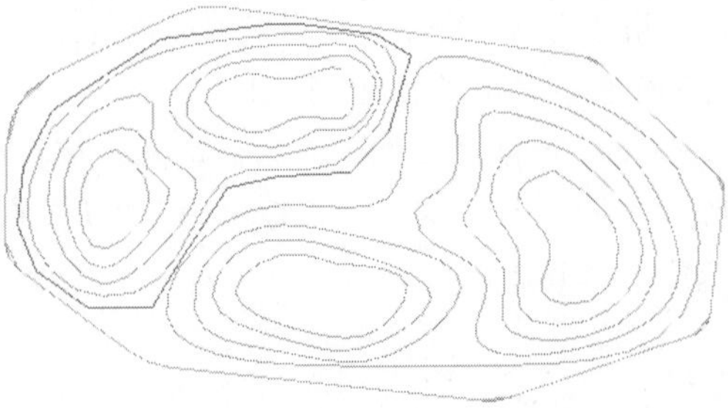

图 10-24

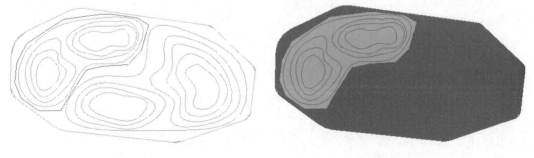

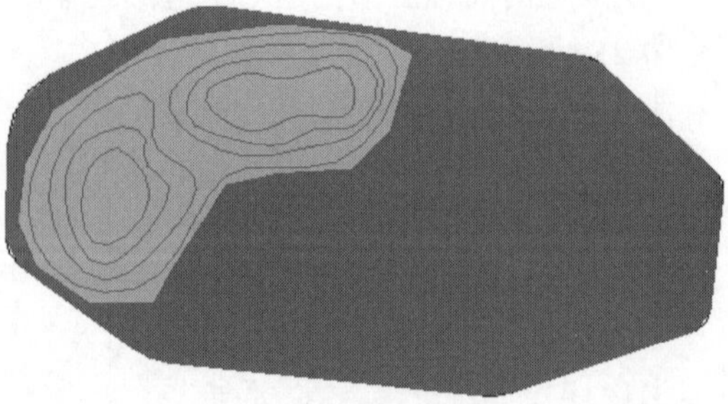

图 10-25

保持已拆分地形表面的选择状态，启用“移动”命令，可以移动其位置，如图 10-26 所示。选择拆分操作得到的地形表面，单击“编辑表面”按钮，可进入“修改 | 编辑表面”选项卡，对其进行编辑修改，如图 10-27 所示。

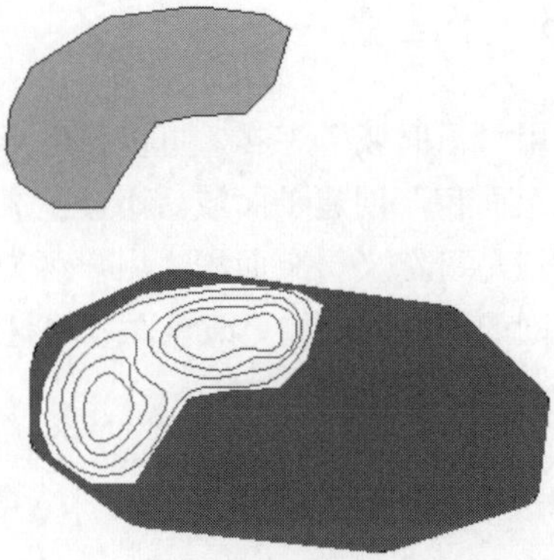

图 10-26

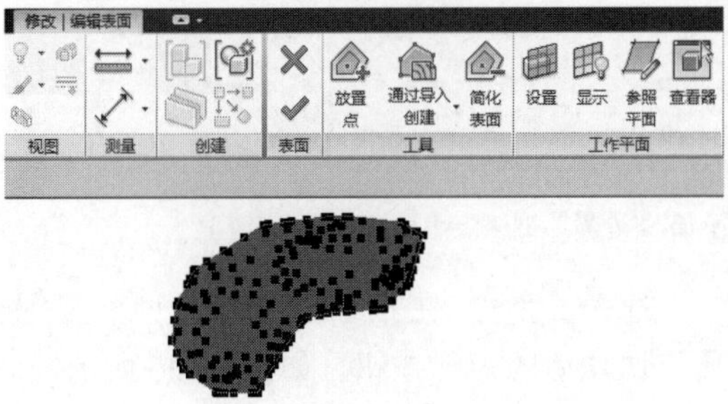

图 10-27

提示：

在绘制拆分轮廓线的时候，轮廓线不能与地形表面边界线相交。假如相交，在软件界面右下角调出如图 10-28 所示的提示对话框，提醒用户，当前线段相交，不能执行拆分操作。

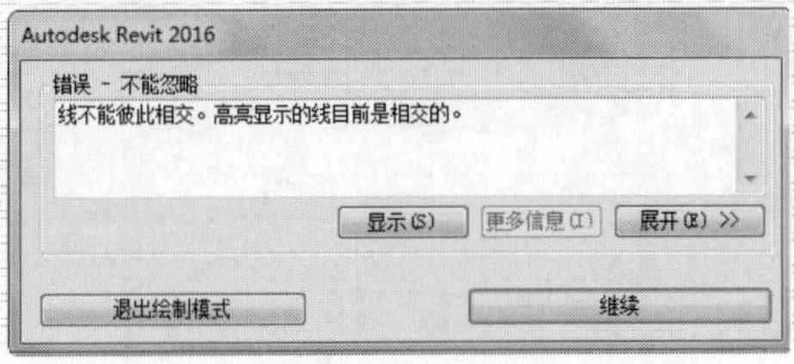

图 10-28

10.3.2　合并表面

通过将两个地形表面组合在一起，可以形成一个新的地形表面。可以通过合并操作，将已拆分的地形表面重新合并。

单击“修改场地”面板中的“合并场地”按钮，单击选择主表面，被选中的主表面显示为蓝色填充样式，如图 10-29 所示。接着单击待合并的子表面，可将这两个地形表面合并形成一个地形表面，如图 10-30 所示。

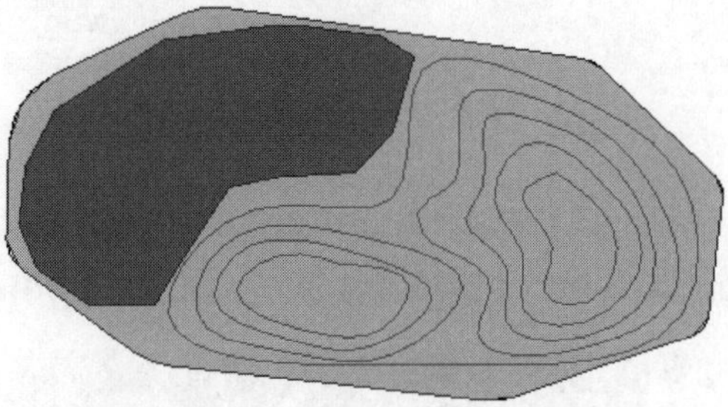

图 10-29

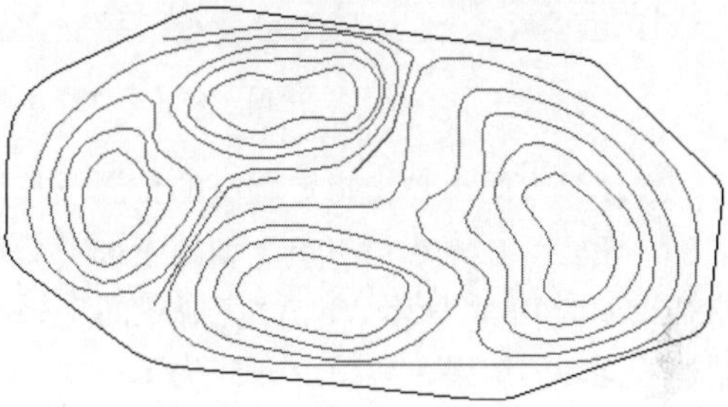

图 10-30

在执行合并操作时，两个表面不能彼此分离，如图 10-31 所示，否则在执行合并操作时，系统调出如图 10-32 所示的提示对话框，提醒两个表面应重叠或者共享边缘。

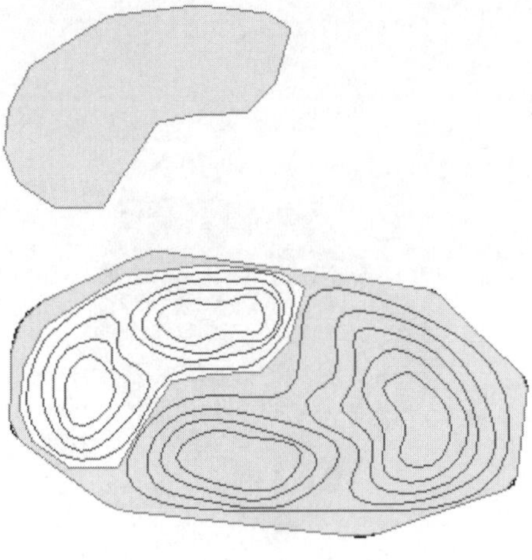

图 10-31

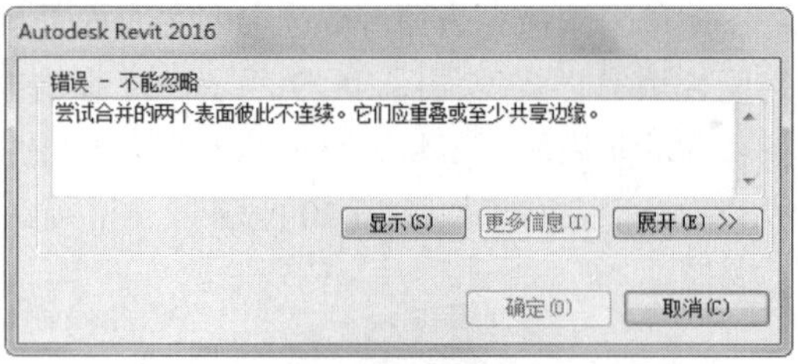

图 10-32

10.3.3 子面域

启用“子面域”工具，可以在地形表面内定义一个面积。创建子面域后不会生成单独的表面，但是可定义一个面积，用户可为该面积定义不同的属性，例如更改该面域的材质。

在“修改场地”面板中单击“子面域”按钮，进入“修改 | 创建子面域边界”选项卡，单击“绘制”面板中的“圆形”按钮，如图 10-33 所示。

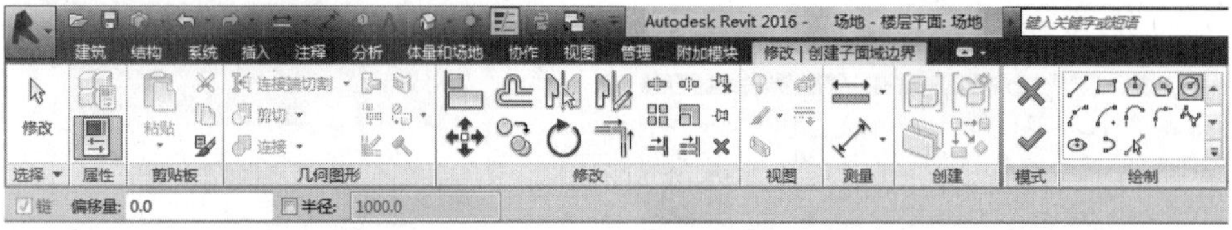

图 10-33 “修改 | 创建子面域边界”选项卡

在地形表面上单击指定圆心的位置，移动鼠标，指定半径大小后单击，创建子面域边界的结果如图 10-34 所示。单击“完成表面”按钮，创建子面域的结果，如图 10-35 所示。

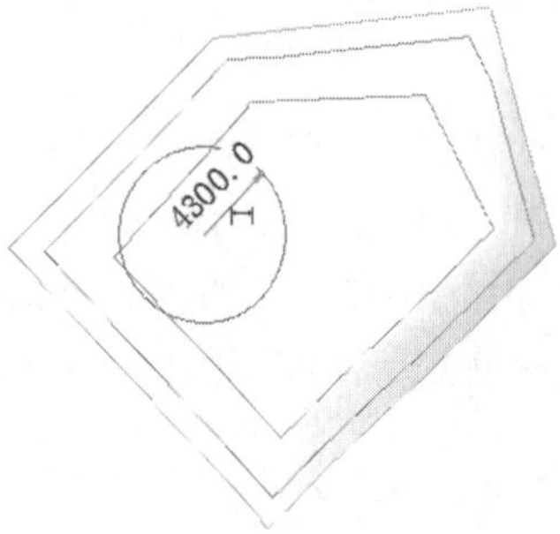

图 10-34

图 10-35

选择子面域，在“属性”选项板中单击“材质”选项后的矩形按钮，如图 10-36 所示，调出“材质浏览器”对话框，在其中修改子面域的材质。

图 10-36

启用“移动”命令，可以调整子面域在地形表面内的位置，如图 10-37 所示，但不能超出地形表面的边界线。

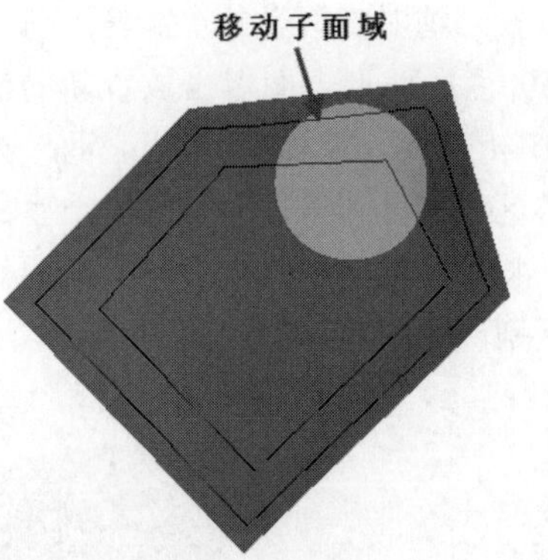
移动子面域

图 10-37

假如将子面域移动至地形表面边界线之外，如图 10-38 所示，系统调出如图 10-39 所示的提示对话框，提醒用户操作错误。

图 10-38

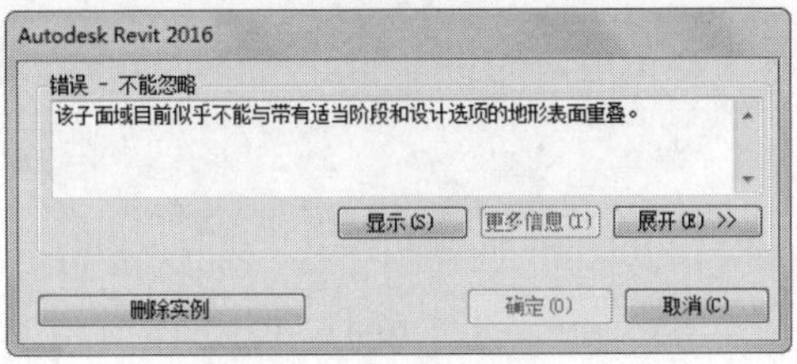
Autodesk Revit 2016
错误 - 不能忽略
该子面域目前似乎不能与带有适当阶段和设计选项的地形表面重叠。
显示(S)
更多信息(I)
展开(E) >>
删除实例
确定(O)
取消(C)

图 10-39

10.3.4　平整区域

启用“平整区域”工具，可以用来修改地形表面，以表面构造过程中进行的修改。在平整区域过程中，用户可以删除或者添加点，修改点的高程或者简化表面。

在“修改场地”面板中单击“平整区域”按钮，调出如图 10-40 所示的“编辑平整区域”对话框。

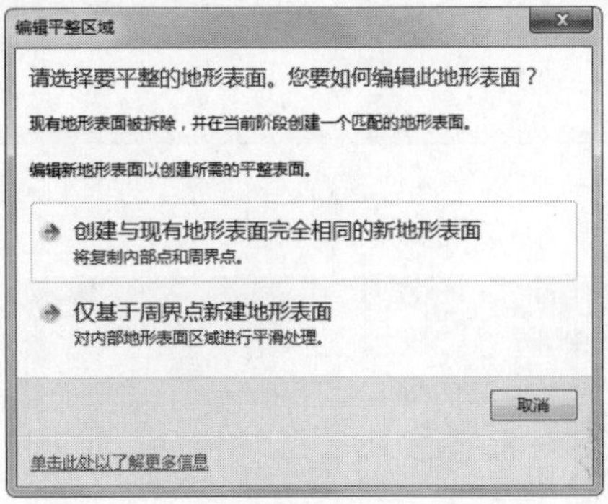
编辑平整区域
请选择要平整的地形表面。您要如何编辑此地形表面？
现有地形表面被拆除，并在当前阶段创建一个匹配的地形表面。
编辑新地形表面以创建所需的平整表面。
创建与现有地形表面完全相同的新地形表面
将复制内部点和周界点。
仅基于周界点新建地形表面
对内部地形表面区域进行平滑处理。
取消
单击此处以了解更多信息

图 10-40

“创建与现有地形表面完全相同的新地形表面”选项：复制原始地形表面的所有高程点，经手动编辑后创建新的设计地形表面。

“仅基于周界点新建地形表面”选项：仅复制原始地形表面边界上的高程点，中间的区域自动进行平滑处理，手动编辑高程点或者放置新的高程点后，创建新的设计地形表面。

启用“平整区域”工具后，在绘图区域中单击地形表面，进入“修改|编辑表面”选项卡，在地形表面上显示高程点，如图 10-41 所示。

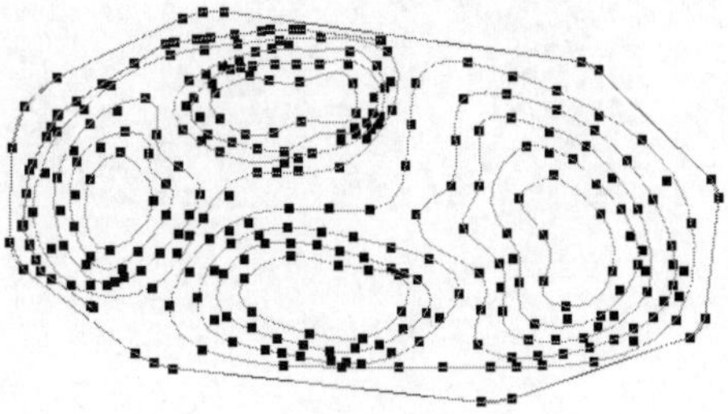

图 10-41

同时软件界面的右下角弹出如图 10-42 所示的提示对话框，提醒原始地形表面将被显示为删除，单击右上角的“关闭”按钮，将对话框关闭。

单击“选择”面板中的“过滤器”按钮，调出“过滤器”对话框，在其中“内部点”及“边界点”被同时选中，取消选择“内部点”选项，如图10-43所示，仅将“内部点”删除，单击“确定”按钮。

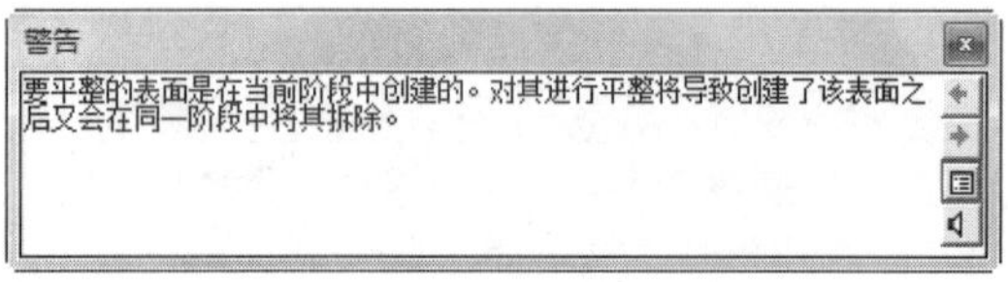

图 10-42

图 10-43

返回绘图区域，发现只有“内部点”被选中了，呈蓝色显示，如图10-44所示。按Delete键，将选中的点删除，如图10-45所示。

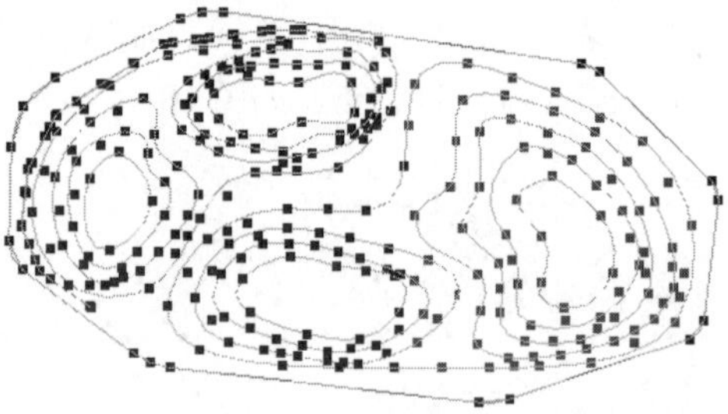

图 10-44

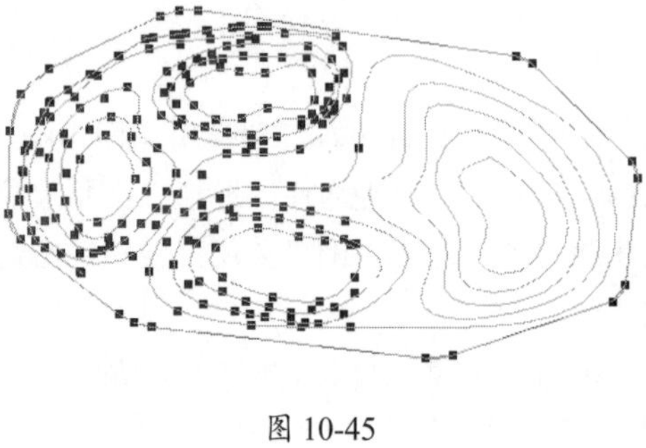

图 10-45

设置“绝对高程”的“高程”值，如将其设为500，在地形表面单击放置新的高程点，如图10-46所示。单击“完成表面”按钮，完成平整区域的操作。此时可选中新生成的地形表面，将其移动至一旁，观察其与原始地形表面的区别，如图10-47所示。

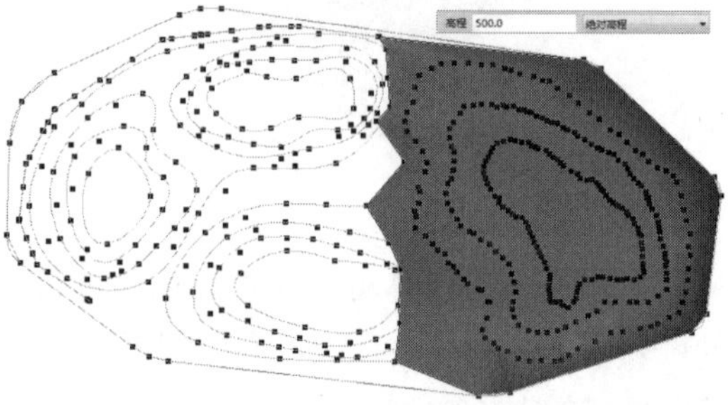

图 10-46

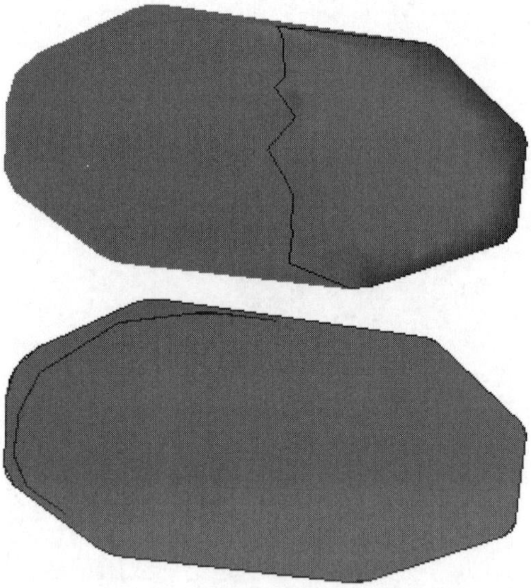

图 10-47

10.4 建筑红线

在地形表面上绘制建筑红线，用来划定项目范围。可以通过绘制或者输入距离和方向角表来创建建筑红线。

10.4.1 指定数据创建建筑红线

在“修改场地”面板中单击“建筑红线”按钮，调出如图10-48所示的“创建建筑红线”对话框，在其中选择“通过输入距离和方向角来创建”选项。

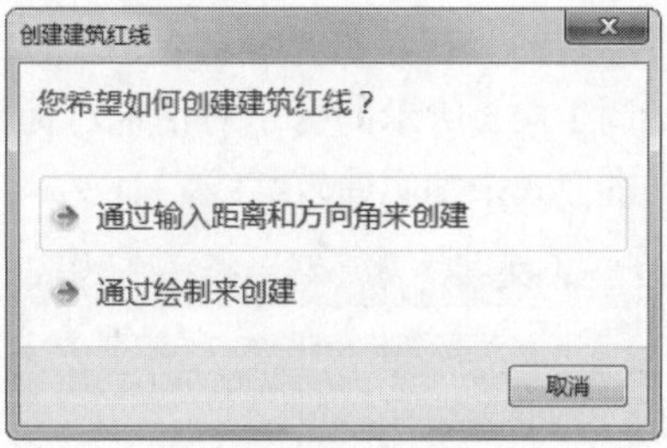

图 10-48

接着调出“建筑红线”对话框，在其中设置距离及方向角，如图10-49所示。单击“插入”按钮，插入新行，更改其中的“距离”“北/南”“承重”等参数，单击“删除”按钮，删除选中的行。“向上”“向下”按钮用来调整选中的表行的位置。

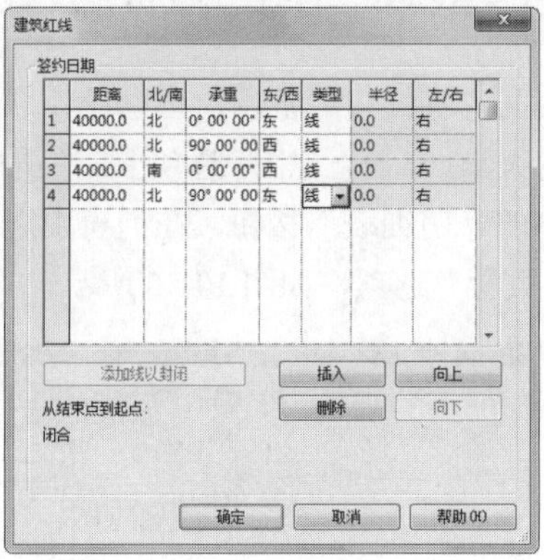

图 10-49

单击“确定”按钮，在地形表面上单击指定建筑红线的位置，创建建筑红线，如图10-50所示。接着便可在建筑红线的区域内开展项目设计工作。

假如在“建筑红线”对话框中所设置的“从结束点到起点”的值不是“闭合”，应单击“添加线以封闭”按钮，系统可闭合区域。

当开放的建筑红线在绘图区域中试图点取插入位置时，在界面右下角调出如图10-51所示的提示对话框，提醒开放的环不能计算面积。

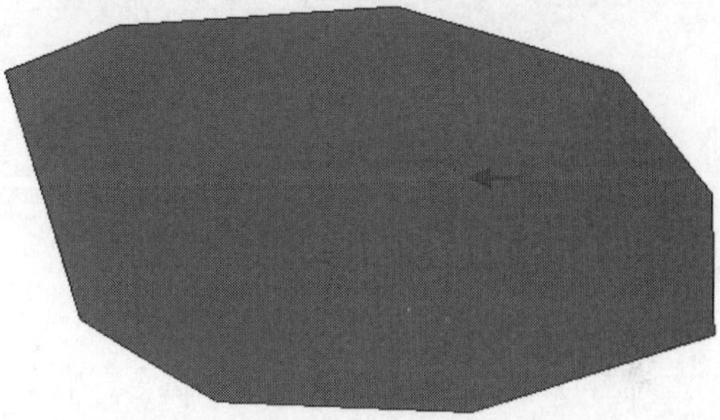

图 10-50

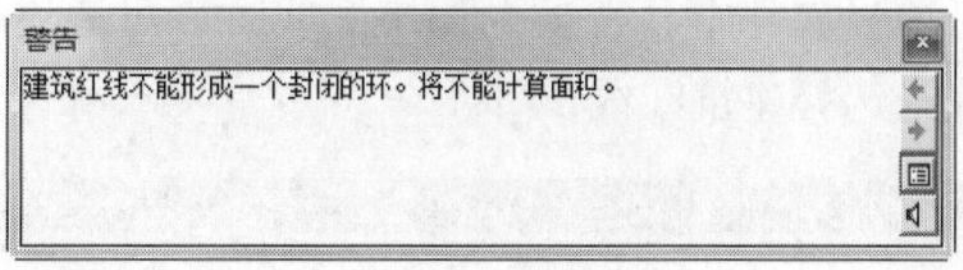

图 10-51

10.4.2 绘制建筑红线

启用“建筑红线”命令，在“创建建筑红线”对话框中选择“通过绘制来创建”选项，进入“修改|创建建筑红线草图”选项卡，如图10-52所示。在“绘制”面板中选择绘制建筑红线的方式，如选择“椭圆”。

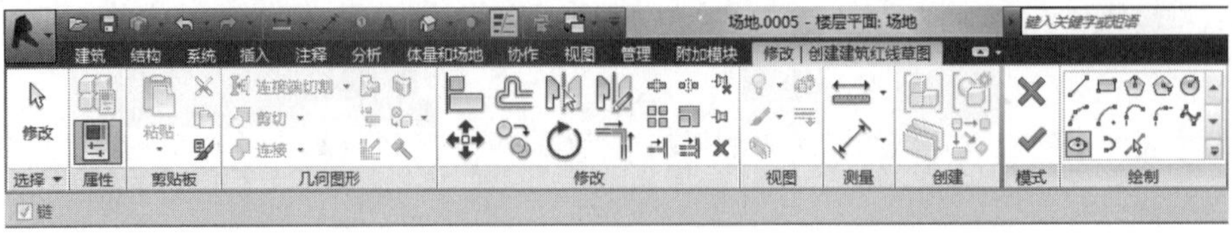

图 10-52

在地形表面中单击指定椭圆圆心及椭圆轴的位置，创建建筑红线如图 10-53 所示。

图 10-53

10.4.3 编辑建筑红线

选择绘制完成的建筑红线，进入“修改 | 建筑红线”选项卡，如图 10-54 所示。在“属性”选项板的“名称”选项中设置建筑红线的名称，当项目文件中存在多个建筑红线时，可通过名称来选择建筑红线。

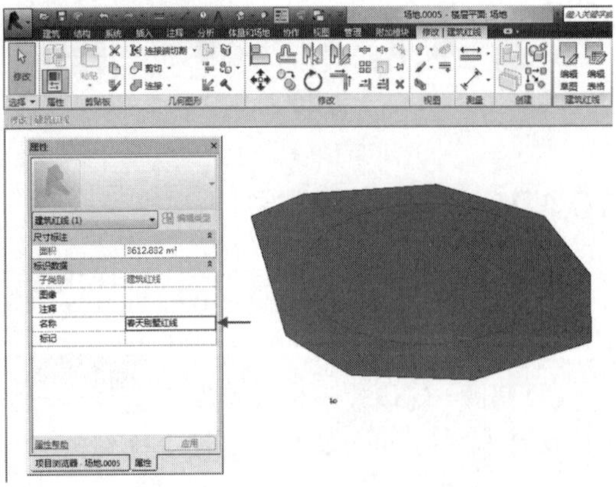

图 10-54

单击“编辑草图”按钮，进入“修改 | 建筑红线 > 编辑草图”选项卡，在其中重新编辑建筑红线的位置和形状，单击“完成编辑模式”按钮，返回“修改 | 建筑红线”选项卡。

单击“编辑表格”按钮，调出“建筑红线”对话框，在其中修改参数，单击“确定”按钮，完成编辑建筑红线的操作。

如果当前的建筑红线是“通过绘制来创建”的方式绘制的，在单击“编辑表格”按钮时，调出如图 10-55 所示的警示对话框，提醒无法使用表格形式来编辑建筑红线。

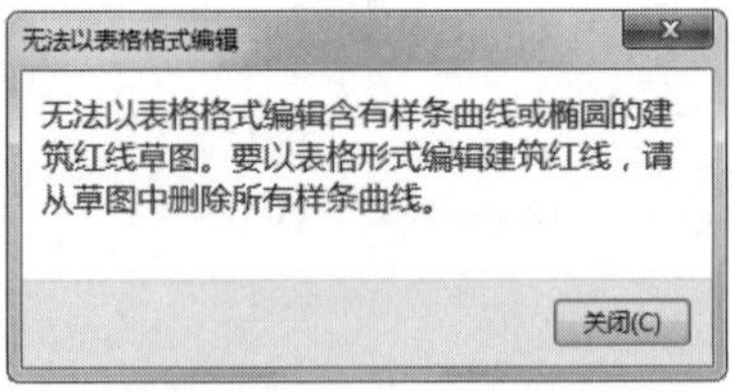

图 10-55

必须是使用“通过输入距离和方向角来创建”方式来创建的建筑红线，才可以使用“编辑表格”命令来编辑。

10.4.4 根据建筑红线统计用地面积

根据建筑红线的范围，可以统计规划用地面积的大小。选择“视图”选项卡，单击“创建”面板中的“明细表”按钮，在列表中选择“明细表 / 数量”选项，如图 10-56 所示。

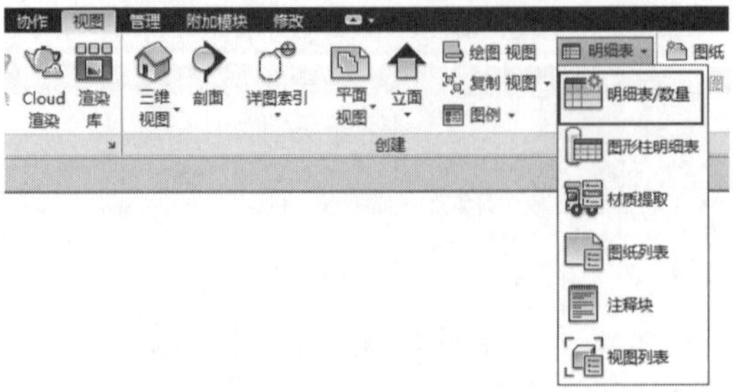

图 10-56

在“新建明细表”对话框的“类别”列表中选择“建筑红线”选项，并在“名称”选项中设置明细表的名称，如将名称设置为“规划建筑用地面积统计表”，如图 10-57 所示。

单击“确定”按钮，在“明细表属性”对话框的“可用的字段”列表中选择将要在明细表中显示的字段。如选择“名称”“面积”等字段，单击中间的“添加”按钮，可将其添加到右侧的“明细表字段”列表中，如图 10-58 所示。

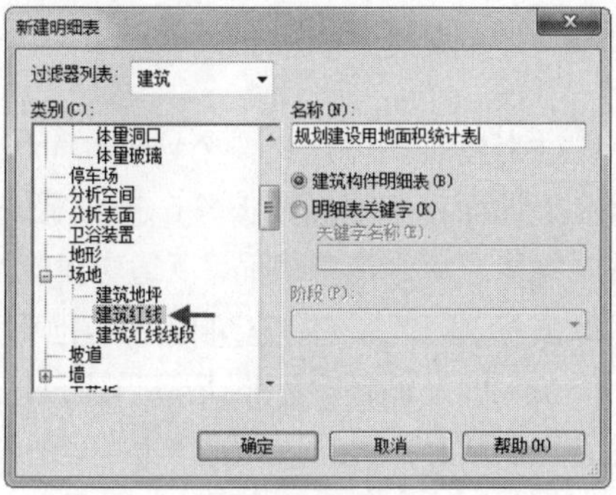

图 10-57

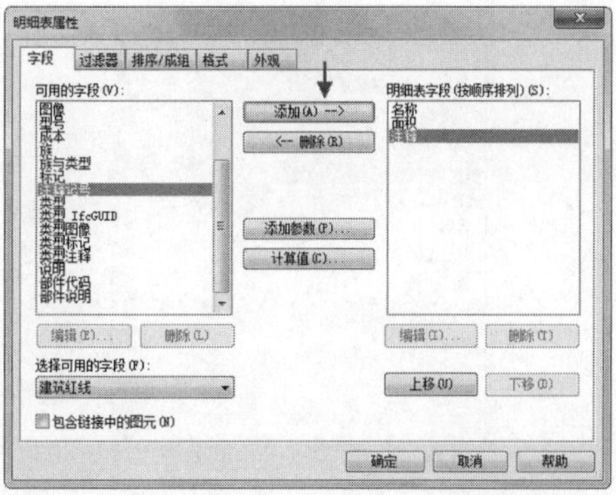

图 10-58

单击“确定”按钮，系统根据所设置的参数生成明细表，如图 10-59 所示。在“面积”表列中显示所选的建筑红线内的规划用地面积。

<规划建设用地面积统计表>		
A	B	C
名称	面积	注释
春天别墅红线	1600.00 m²	

图 10-59

10.5　建筑地坪

本节介绍添加、编辑建筑地坪的操作方法，以及通过创建明细表，计算建筑地坪土方量的方法。

10.5.1　添加建筑地坪

在添加建筑地坪前，需要先定义地形表面，接着在地形表面绘制闭合的环来添加建筑地坪。选择“体量和场地”选项卡，单击“场地建模”面板中的“建筑地坪”按钮，进入“修改 | 创建建筑地坪边界”选项卡，如图 10-60 所示。

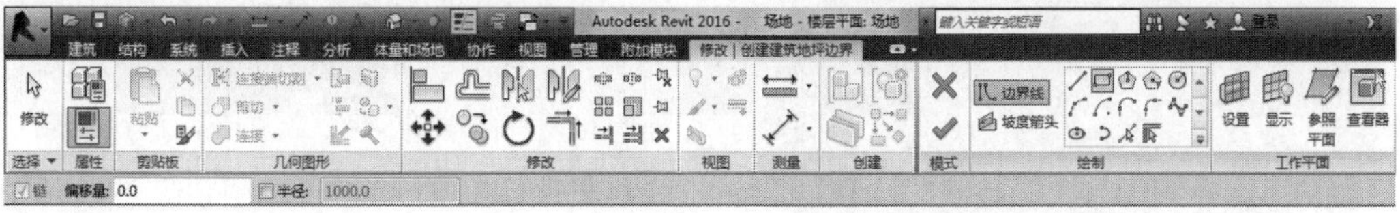

图 10-60

在“绘制”面板中选择“矩形”按钮，通过在地形表面绘制矩形来指定地坪轮廓。在“属性”选项板中选择地坪的类型，并设置“标高”及“自标高的高度偏移”的参数，如图 10-61 所示。

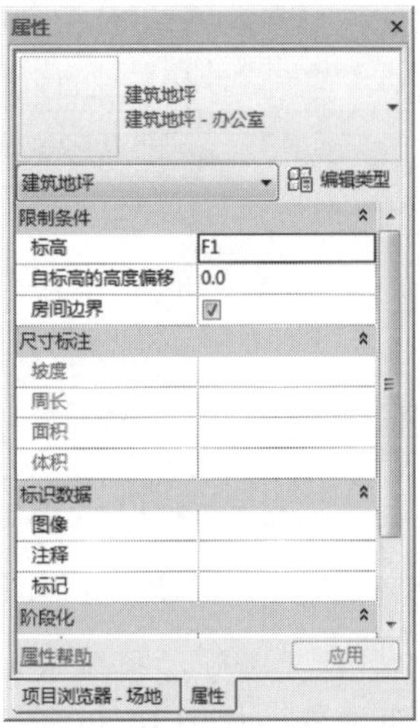

图 10-61

在地形表面上单击指定矩形的对角点，创建地坪矩形轮廓线的结果，如图 10-62 所示。

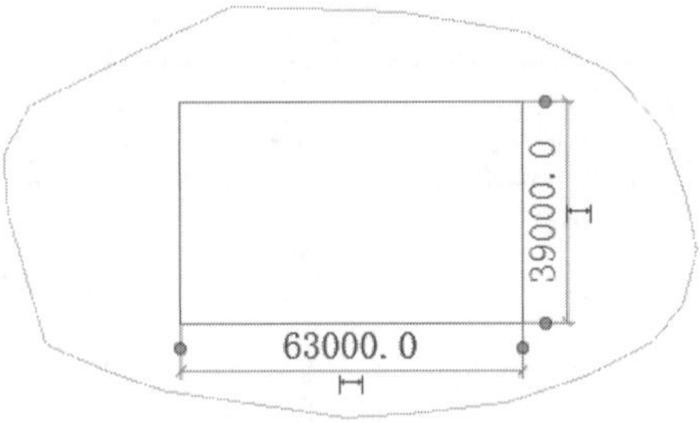

图 10-62

单击“模式”面板中的“完成编辑模式”按钮，退出命令，添加建筑地坪的结果如图 10-63 所示。转换至三维视图，观察到建筑地坪的地形表面已经自动附着到地坪的下方，如图 10-64 所示。

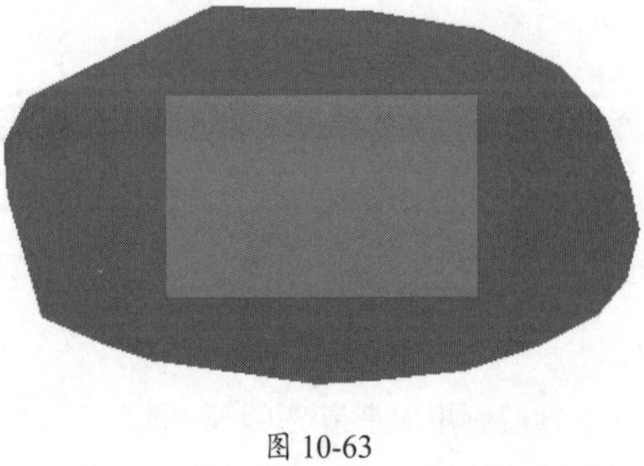

图 10-63

图 10-64

10.5.2 修改建筑地坪

通过为建筑地坪定义一个坡度，可以控制其相对于地面标高的高度偏移，接着系统会根据需要剪切或填充地形表面，以适应建筑地坪。

将鼠标置于已放置建筑地坪的地形表面上，按 Tab 键，循环显示图元，当建筑地坪边界线高亮显示时，单击选中建筑地坪，进入“修改 | 建筑地坪”选项卡，如图 10-65 所示。

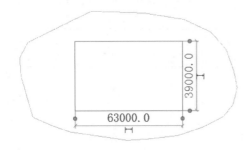

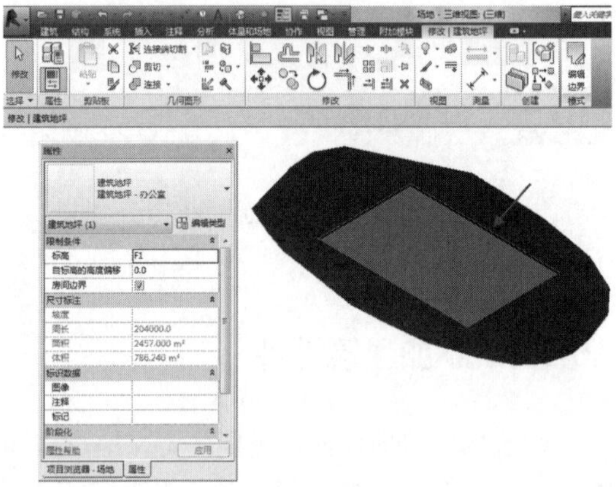

图 10-65

在“属性”选项板中显示建筑地坪的属性参数，单击“编辑边界”按钮，进入“修改 | 建筑地坪 > 编辑边界”选项卡，调用编辑工具对建筑地坪执行编辑修改。单击“坡度箭头”按钮，如图 10-66 所示，为建筑地坪指定坡度。

图 10-66

在建筑地坪轮廓线内指定坡度箭头的起点与终点，如图 10-67 所示，此时在“属性”选项板中显示坡度箭头的“限制条件”参数，设置“尾高度偏移”与“头高度偏移”参数，如图 10-68 所示。

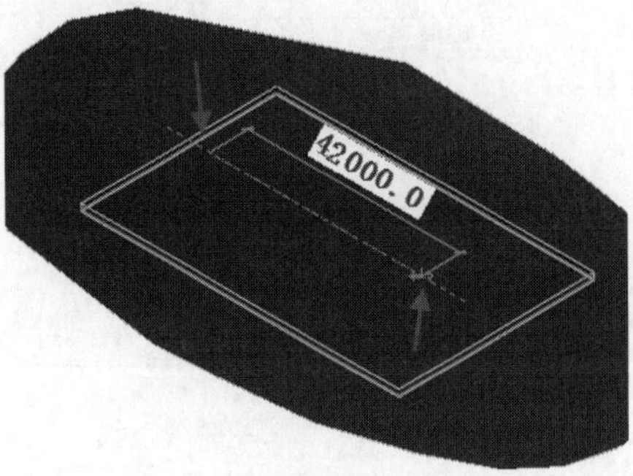

图 10-67

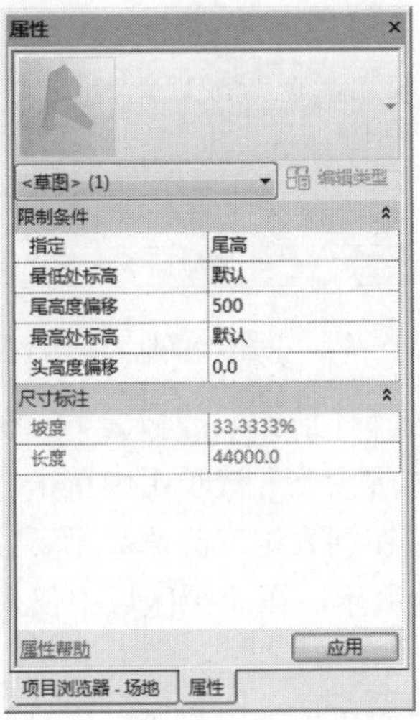

图 10-68

单击“完成编辑模式”按钮，退出命令，为建筑地坪添加坡度箭头的结果，如图 10-69 所示。转换至立面视图，观察添加坡度后建筑地坪立面样式的变化，如图 10-70 所示为未设置坡度前与设置坡度后的对比效果。

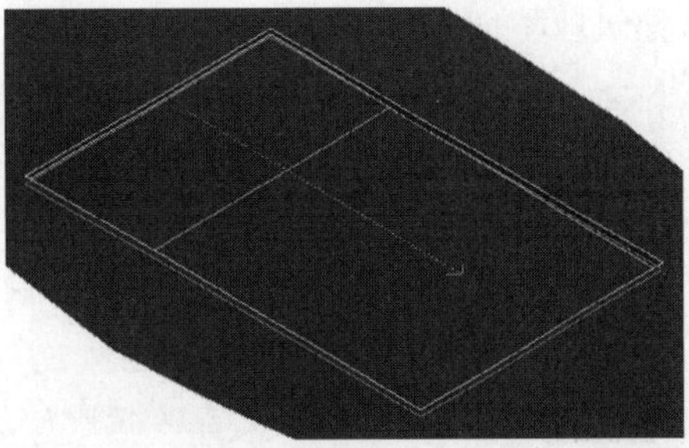

图 10-69

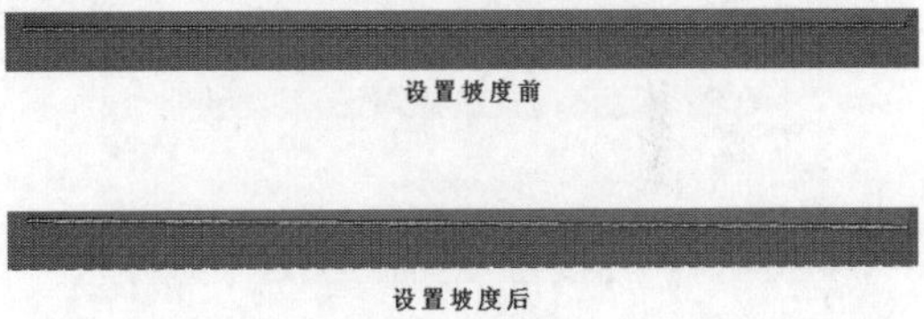

图 10-70

10.5.3 修改建筑地坪图元属性

选择建筑地坪，在“属性”选项板中显示地坪的实例属性，如图 10-71 所示。设置“标高”“自标高的高度偏移”等参数后，仅影响已选中的建筑地坪。

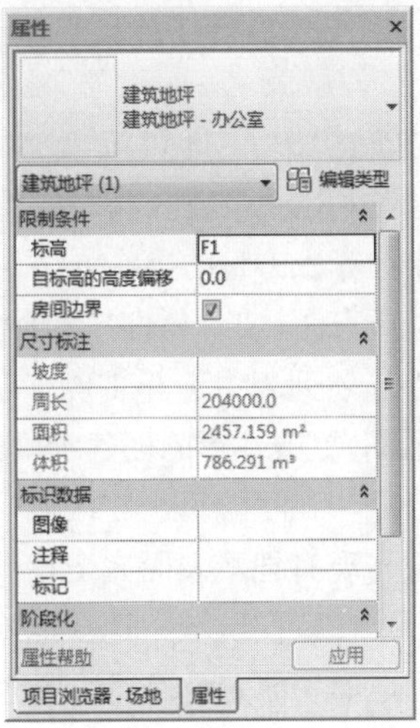

图 10-71

单击“编辑类型”按钮，调出“类型属性”对话框，如图 10-72 所示。单击“结构”选项后的“编辑”按钮，调出“编辑部件”对话框，修改建筑地坪的结构。

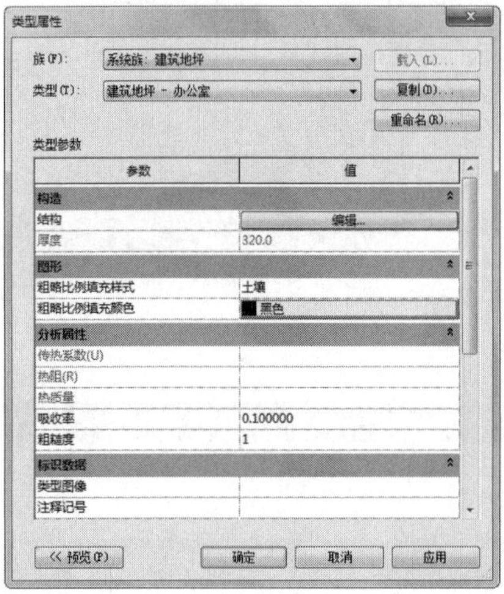

图 10-72

单击“粗略比例填充样式”选项后的矩形按钮，调出“填充样式”对话框，更改填充图案的类型。单击“粗略比例填充颜色”按钮，调出“颜色”对话框，修改填充图案的颜色。

在“吸收率”与“粗糙度”选项中自定义参数。通过在“类型属性”对话框中修改参数，影响与所选建筑地坪类型相同的所有地坪。

10.5.4 建筑地坪土方计算

创建建筑地坪后，即可统计挖填土方量。本节介绍通过利用“平整区域”及“建筑地坪”两个命令来计算土方量的操作方法。

选中地形表面，在“属性”选项板中的“创建的阶段”选项列表中选择“现有”选项，如图 10-73 所示，更改地形的创建阶段。启用“平整区域”命令，在“编辑平整区域”对话框中选择“创建与现有地形表面完全相同的新地形表面”选项。在绘图区域中选择地形表面，创建一个与原地形表面完全相同的新地形表面。

选择新地形表面，在“属性”选项板的“其他”选项组中“净剪切 / 填充”“填充”等选项暗显，且未进行计算，如图 10-74 所示。

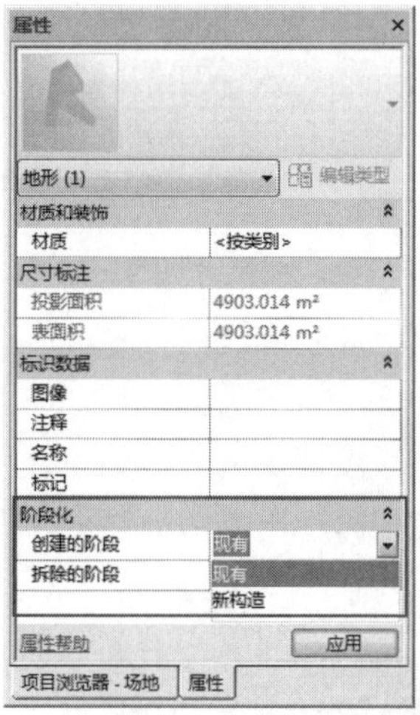

图 10-73

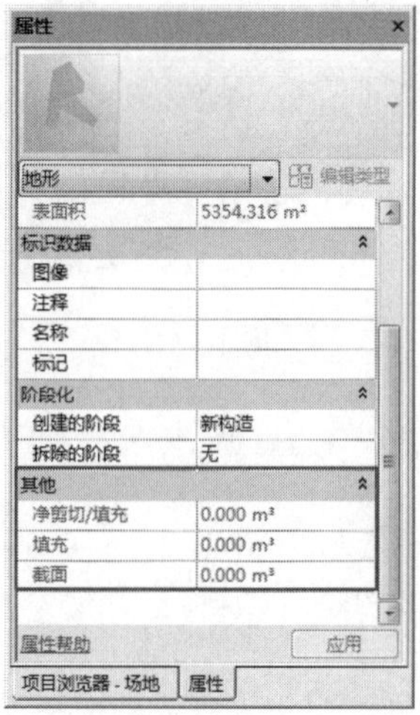

图 10-74

在未选择任何图元的情况下，在“属性”选项板的“阶段化”选项组中单击“阶段过滤器”选项，在列表中选择“显示新建”选项，如图 10-75 所示，在绘图区域中仅显示新建的地形表面。

启用“建筑地坪”命令，在地形表面创建建筑地坪。单击选择建筑地坪，在“属性”选项板的“其他”选项组中显示“净剪切 / 填充”“截面”面积的计算结果，如图 10-76 所示。

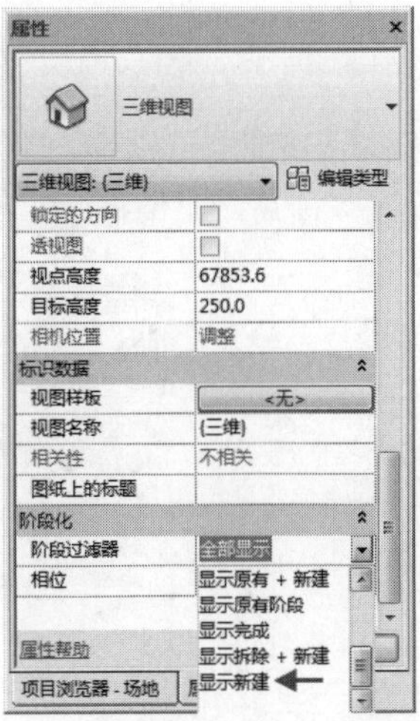

图 10-75

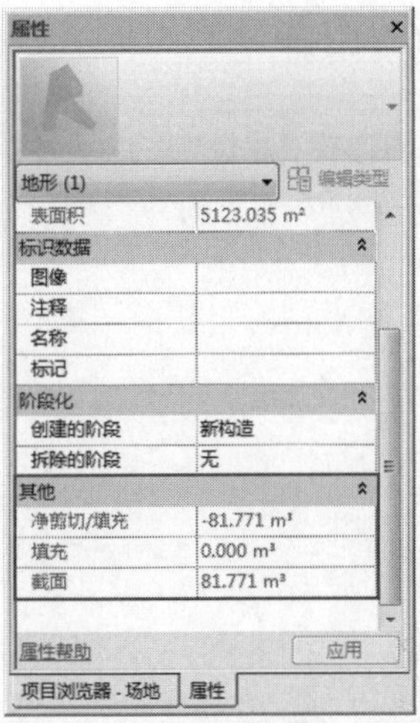

图 10-76

创建明细表，以表格的形式来显示土方的计算结果。选择“视图”选项卡，单击“创建”面板中的“明细表”按钮，在列表中选择“明细表 / 数量”选项，在“新建明细表”对话框的“类别”列表中选择“地形”选项，在“名称”选项中定义名称，如图 10-77 所示。

单击“确定”按钮，在“明细表属性”对话框中选择“净剪切 / 填充”“名称”等字段，如图 10-78 所示。

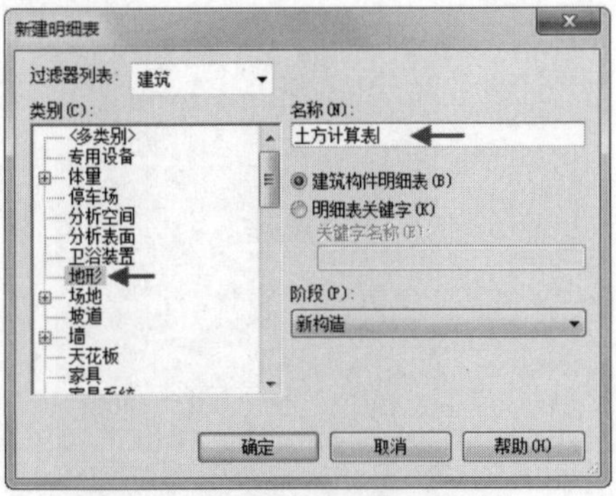

图 10-77

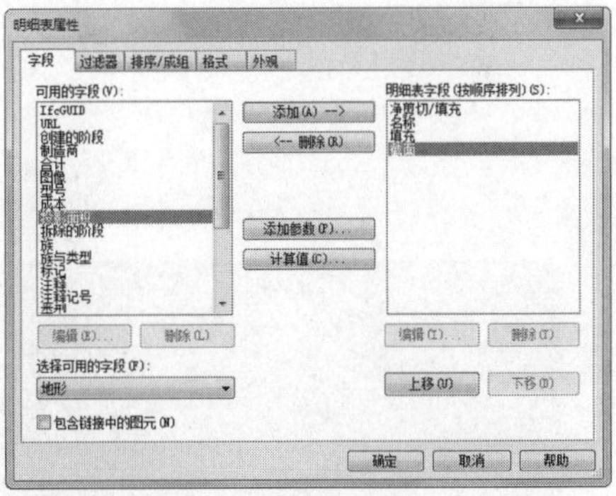

图 10-78

单击“确定”按钮，可按所设定的属性参数创建明细表，如图 10-79 所示。

〈土方计算表〉

A	B	C	D
净剪切/填充	名称	填充	截面
-81.77 m³		0.00 m³	81.77 m³
-1383.91 m³		0.00 m³	1383.91 m³

图 10-79

10.6 构件

本节介绍两种构件的布置方法，一种为场地构件，指数、人、车等，另一种为停车场构件，用来将停车位添加到地形表面中。

10.6.1 场地构件

单击“场地建模”面板中的“场地构件”按钮，进入“修改|场地构件”选项卡，如图10-80所示。在“属性”选项板中选择构件类型，如图10-81所示，并设置“标高”“偏移量”等参数值。

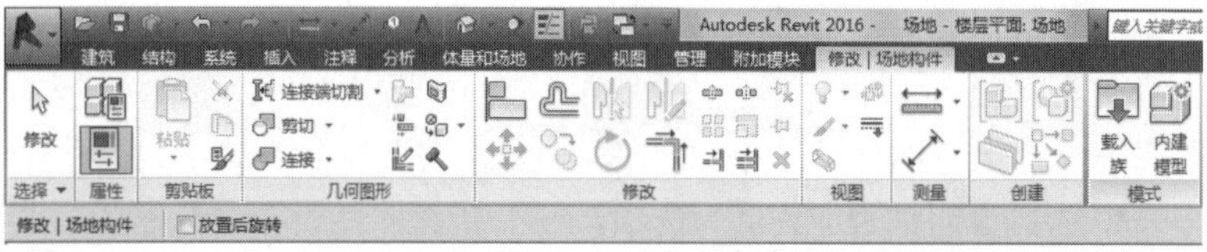

图 10-80

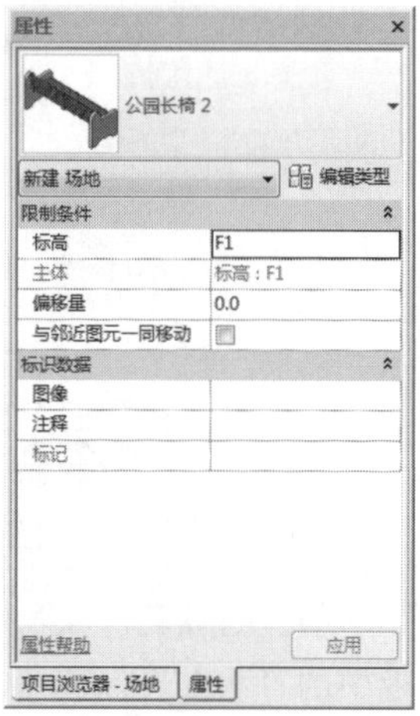

图 10-81

在地形表面上单击指定构件的插入点，放置构件的结果如图10-82所示。转换至三维视图，观察构件的三维效果，如图10-83所示。启用“复制”“移动”“旋转”等修改命令来编辑构件。

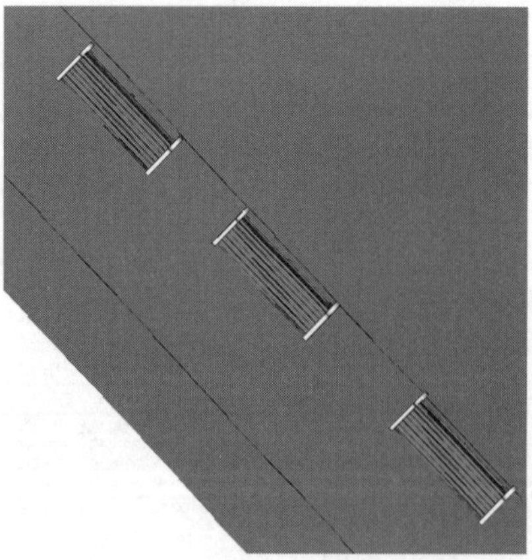

图 10-82

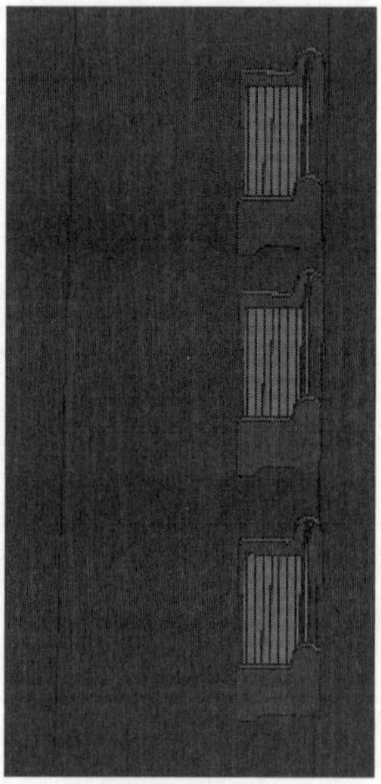

图 10-83

通过布置多种类型的构件，可以丰富画面，如图10-84所示。假如项目文件中没有场地构件，在启用“场地构件”时调出如图10-85所示的提示对话框，询问用户是否需要现在载入场地族。

图 10-84

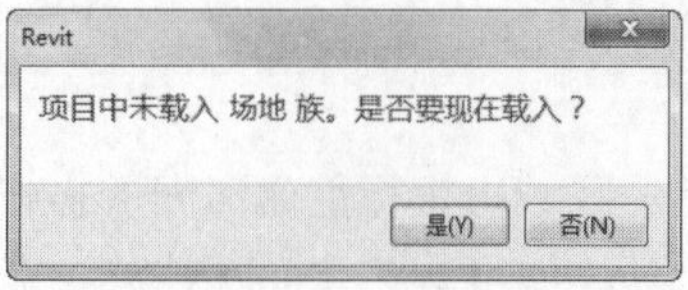

图 10-85

10.6.2　停车场构件

在“场地建模”面板中单击“停车场构件”按钮，在“属性”选项板中选择停车位的类别，如图 10-86 所示。在地形表面上单击指定停车位的插入点，完成放置停车位的操作。

重复单击，以插入多个停车位构件，或者按 Esc 键退出命令，通过启用“复制”“镜像”命令，在地形表面上复制已调入的停车位构件。

还可以重复执行命令，调入其他类型的停车场构件，如指示箭头在停车场中是一个特别重要的构件，在其中布置箭头，可以完善停车场的布置效果，如图 10-87 所示。

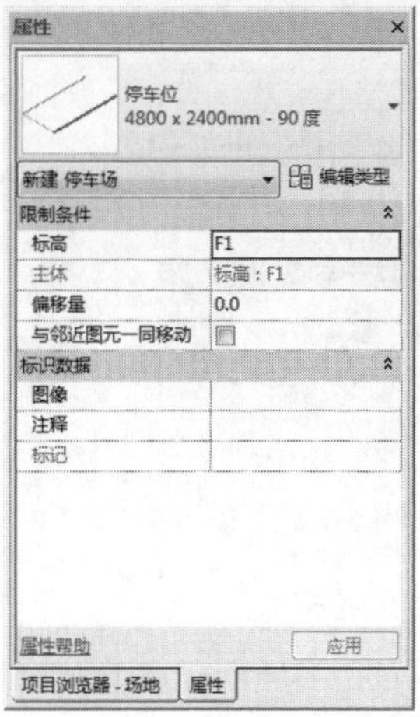

图 10-86

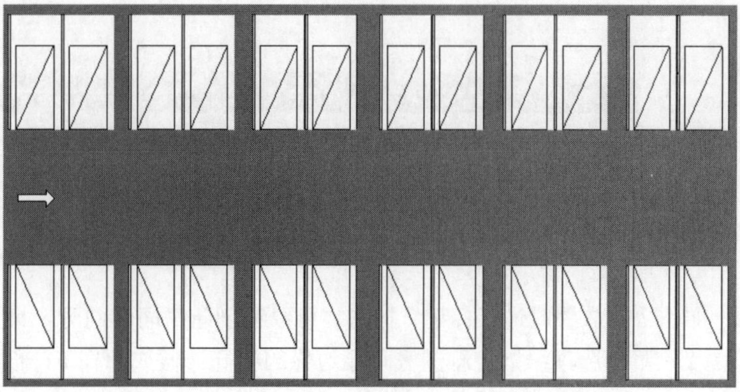

图 10-87

第 11 章 房间和面积

使用Revit的房间工具来创建房间，配合房间标记和明细表视图统计项目房间信息。“面积平面”工具用来创建专用面积平面视图，统计项目占地面积、套内面积以及户型面积等信息。还可以根据房间边界、面积边界自动搜索并在封闭空间内创建房间面积。

本章来介绍上述工具的使用方法。

11.1 房间

在封闭的区域内执行创建房间的操作，可以生成房间边界及放置房间标记。Revit 提供了编辑房间的工具，使用该工具可以对已创建的房间及标记执行编辑修改操作。

11.1.1 创建房间

Revit 默认只有在封闭的区域内才可创建房间对象，墙、柱、楼板、幕墙等图元都可作为房间边界。通过搜索闭合的“房间边界”，可在闭合房间边界区域内创建房间。还可以根据需要，在创建房间的时候标记房间名称及房间面积。

选择“建筑”选项卡，单击“房间和面积”面板中的“房间”按钮，如图 11-1 所示。进入如图 11-2 所示的“修改 | 放置 房间”选项卡，开始创建房间的操作。

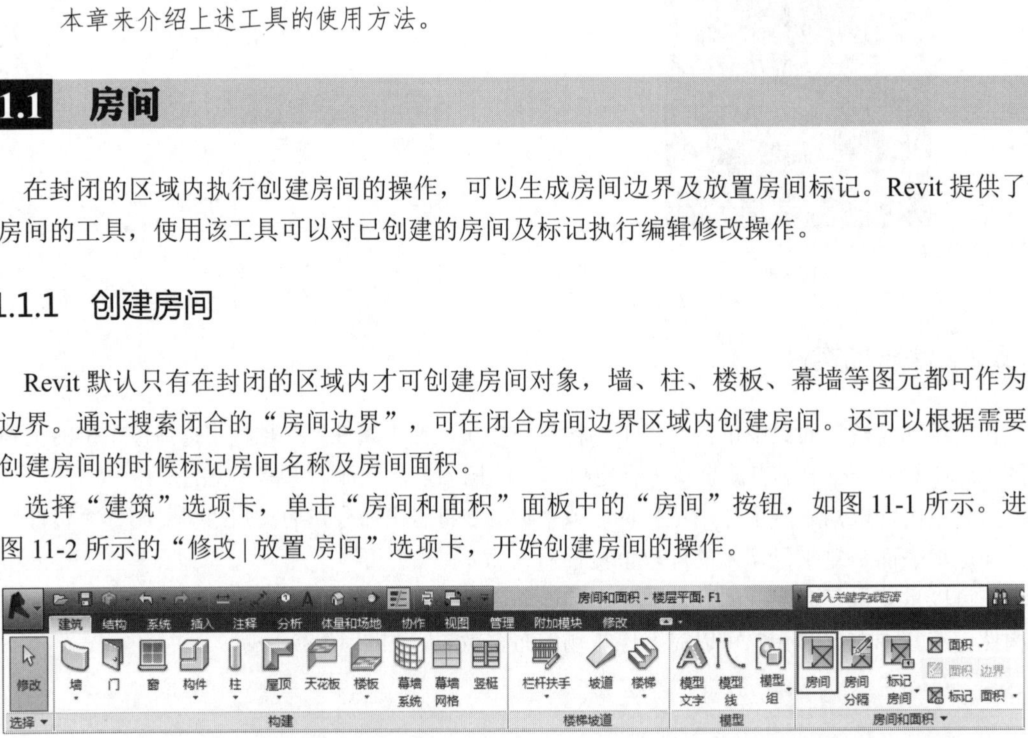

图 11-1

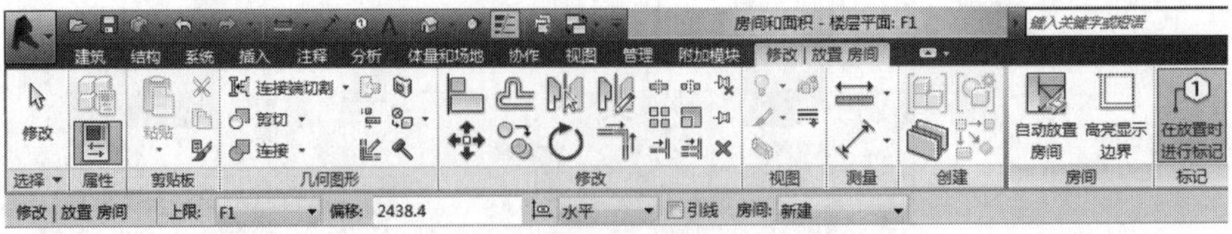

图 11-2

单击“在放置时进行标记”按钮，可以在创建房间的同时，标记房间名称。

“上限”选项：指定测量房间上边界的标高。假如想在 F1 平面添加一个房间，且要将该房间从 F1 扩展至 F2 或者偏移到 F2 上方的某个位置，即可将“偏移”值设置为 F2。

“偏移”选项：设置房间上边界与指定标高的偏移量。正值表示向“上限”标高上方偏移，负值表示向其下方偏移。

选择“引线”选项，在列表中显示 3 种样式供选择，分别是水平、垂直、模型，使房间标记带引线。

在“属性”选项板中选择“房间标记”样式，也可以在“限制条件”选项组中设置“上限”“高度偏移”等参数，与选项栏中的“上限”“偏移”参数相同。

将鼠标置于封闭的区域内，此时可以预览房间边界线，由于选择了“在放置时进行标记”选项，因此可同时预览房间名称标记，如图 11-3 所示。单击，完成创建房间的操作，如图 11-4 所示。按两次 Esc 键退出命令，创建完成的房间由边界、名称标记与面积标记组成，系统自动计算房间面积，并标注在名称标记的下方。

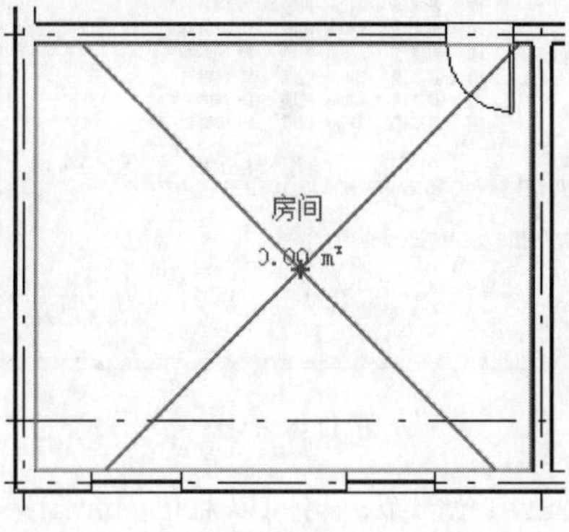

图 11-3

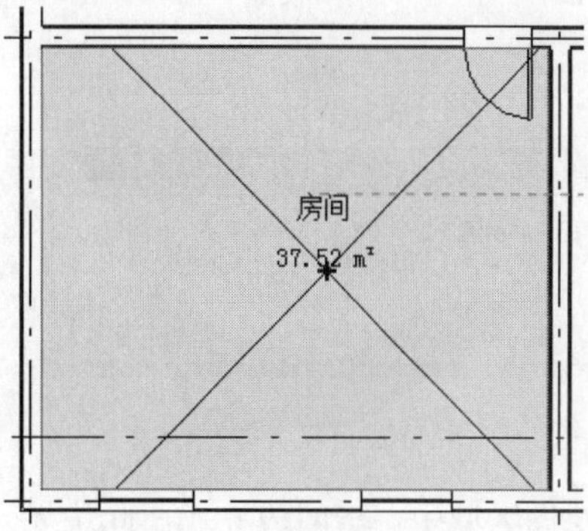

图 11-4

11.1.2　编辑房间

选择房间后，房间边界线以蓝色显示，如图 11-5 所示。同时进入“修改 | 房间”选项卡，如图 11-6 所示。在“属性”选项板中显示了房间的参数，如“上限”“高度偏移”等，修改参数以编辑房间。选择“名称”选项，选择选项列表中的名称，可将其赋予房间。

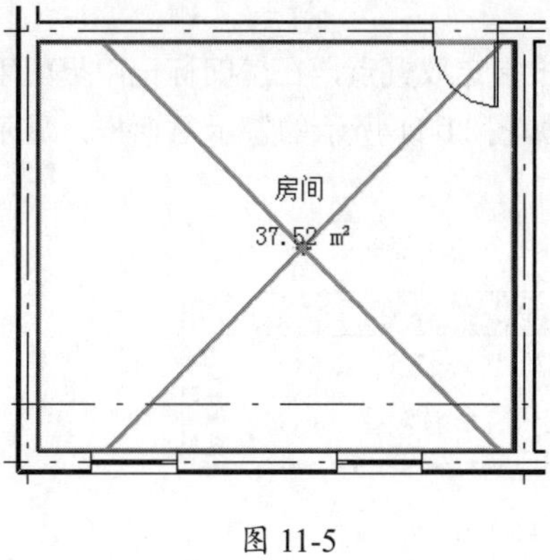

图 11-5

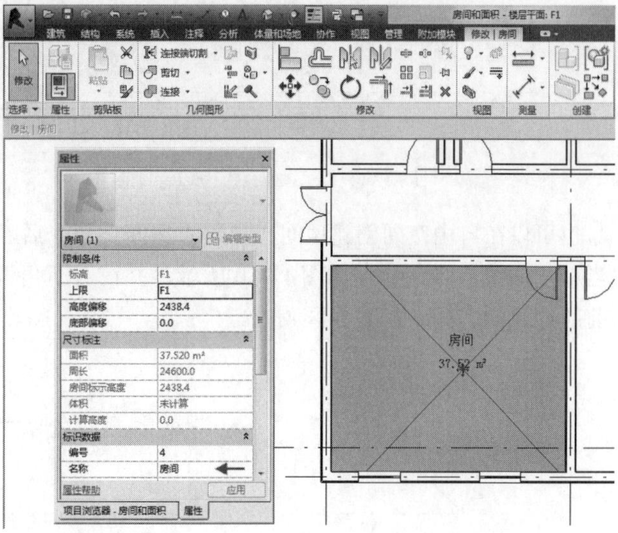

图 11-6

在“修改 | 放置 房间”选项卡中单击“自动放置房间”按钮，可以在视图中所有的封闭区域内创建房间。创建完毕后，调出如图 11-7 所示的提示对话框，提醒用户已自动创建房间。

单击“高亮显示边界”按钮，在绘图区域中以黄色显示所有房间的边界，调出警示对话框，单击“展开”按钮，展开警告列表，查看房间边界的属性参数，如图 11-8 所示。

图 11-7

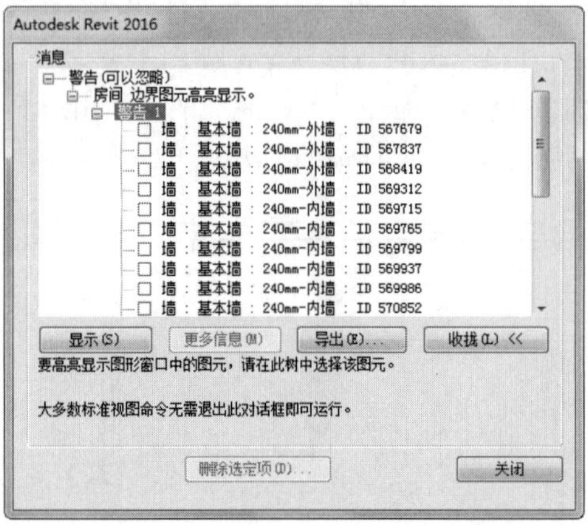

图 11-8

在绘图区域中，房间边界（在此边界为墙体）以黄色填充图案；房间以蓝色填充图案显示，如图 11-9 所示。单击提示对话框右上角的“关闭”按钮，关闭对话框，退出显示状态。

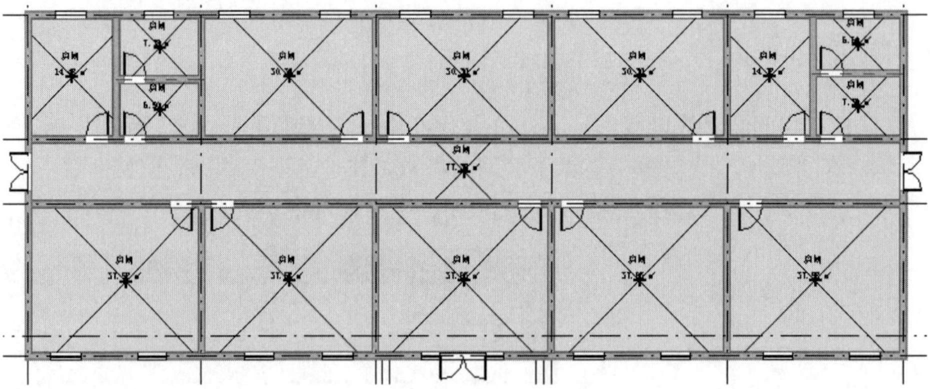

图 11-9

也可以在自由空间创建房间，启用“房间”命令后，单击指定放置点，在房间标记中提醒用户当前房间边界未闭合，如图 11-10 所示，并在右下角调出如图 11-11 所示的警示对话框，显示当前所创建的房间不在闭合区域中。

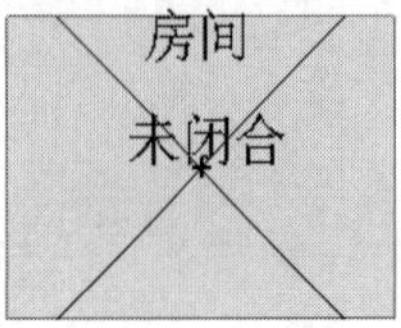

图 11-10

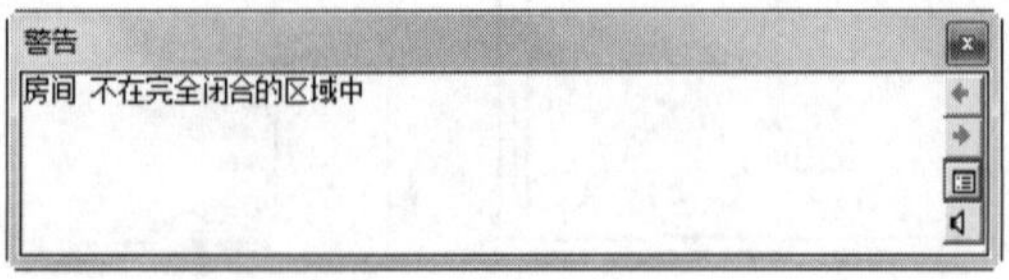

图 11-11

11.1.3　房间标记

房间标记用来标注房间的属性，如卧室、客厅或者办公室、仓库等。在创建房间时，可以选择在创建房间的同时放置标记，也可以仅仅创建房间。

在“修改|放置 房间”选项卡中取消选择“在放置时进行标记”选项，仅在指定的封闭区域内创建房间，选择房间，显示房间边界线，如图 11-12 所示。

选择“建筑”选项卡，在“房间和面积”面板中单击“标记房间”按钮，在列表中选择“标记房间”选项，如图 11-13 所示。

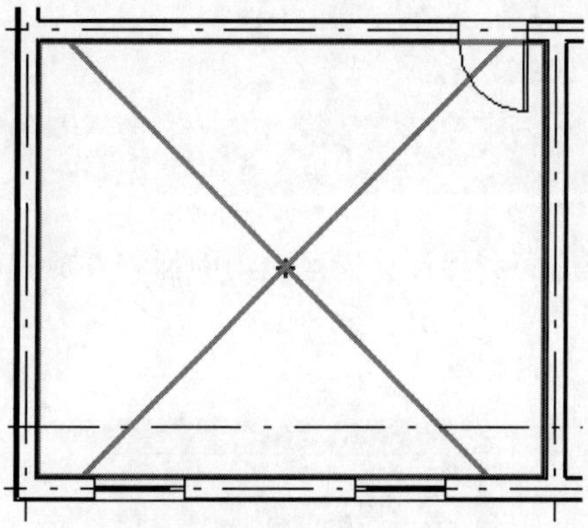

图 11-12

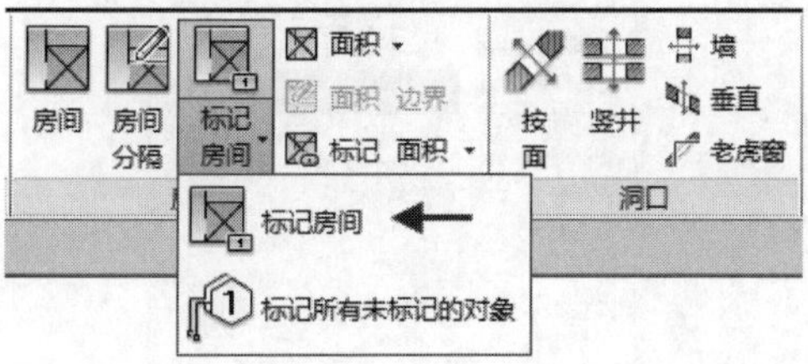

图 11-13

进入“修改|放置 房间标记”选项卡，选择“引线”选项，并设置引线方向为“水平”，如图 11-14 所示，为标记添加引线。在房间内单击，放置房间标记的结果，如图 11-15 所示。

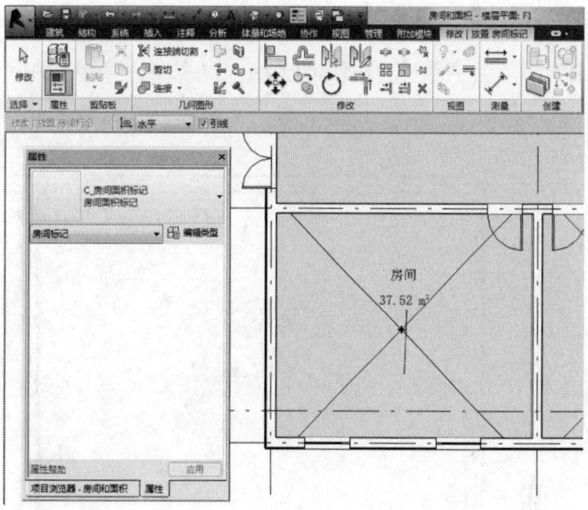

图 11-14

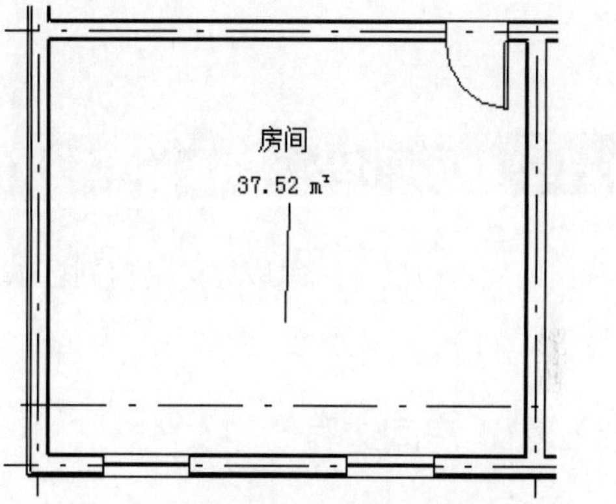

图 11-15

选择房间标记，进入“修改|房间标记”选项卡，在其中用来设置房间标记是否需要引线，以及引线的样式，如图 11-16 所示。可以在选项栏或者“属性”选项板中设置，效果相同。

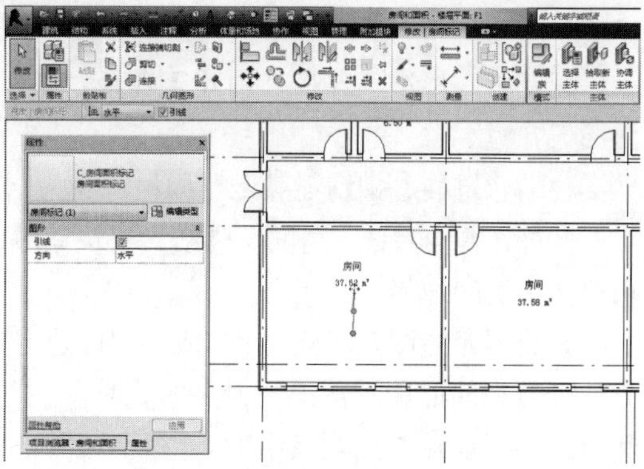

图 11-16

将鼠标置于已创建房间的边界内，在显示房间边界时，单击以选择房间。在房间名称标记上单击，进入在位编辑状态，此时输入新的房间名称，如图 11-17 所示，在空白区域单击，可完成修改操作，如图 11-18 所示。

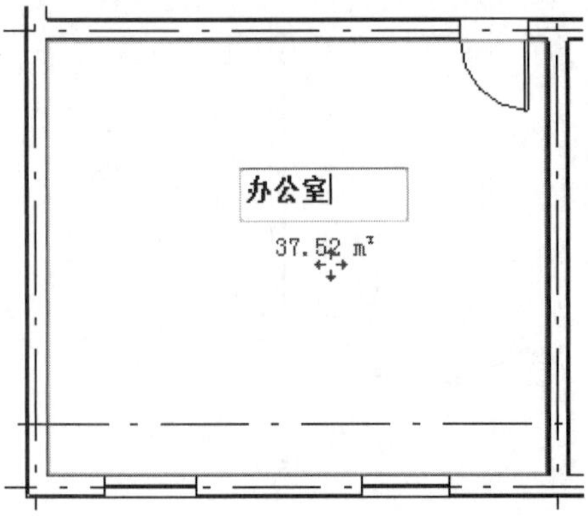

图 11-17

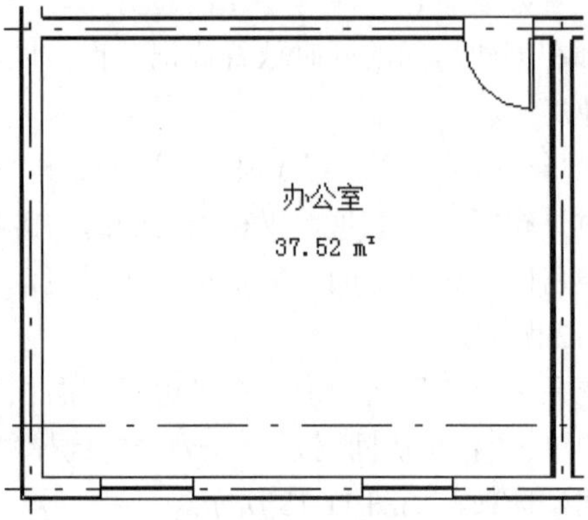

图 11-18

11.2 房间边界

创建房间后，房间边界定义房间区域，系统根据房间边界计算该区域内的面积并放置面积标记。

11.2.1 房间边界

Revit 基于房间边界来计算面积、体积、周长，可以作为房间边界的图元如下所述。

墙：幕墙、标准墙、内建墙、基于面的墙。

屋顶：标准屋顶、内建屋顶、基于面的屋顶。

楼板：标准楼板、内建楼板、基于面的楼板。

天花板：标准天花板、内建天花板、基于面的天花板。

柱：建筑柱、钢筋混凝土结构柱。

此外，幕墙系统、房间分隔线、建筑地坪，也可作为房间边界。

修改图元的图元属性，使其成为房间边界，方便计算房间面积。在绘制很多图元时，在与其对应的“属性”选项板中的“限制条件”选项组下显示“房间边界”选项，如图 11-19 所示，选中该选项，可使该图元作为房间边界。

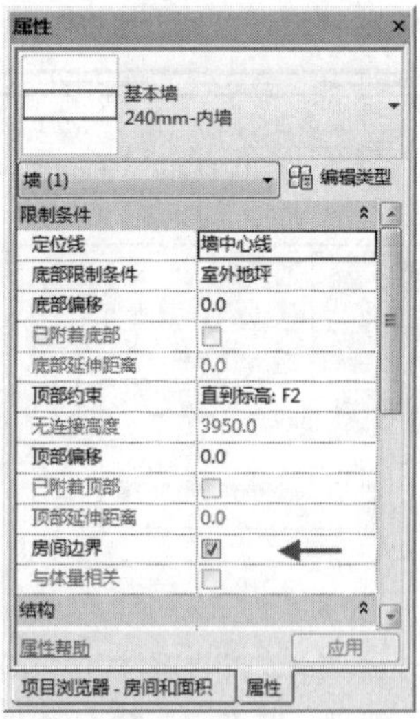

图 11-19

也可以选择已创建完成的图元，在“属性”选项板中选择“房间边界”选项。通常情况下，可以作为房间边界的图元在创建时都默认选中该选项。

11.2.2 房间分隔线

如果空间中已经包含有一个房间，使用房间分隔线工具，可以对房间边界进行再调整，在房间内再指定另一个房间，如客厅中的玄关区域。假如空间中没有房间，房间分隔线可以创建一个房间。

选择“建筑”选项卡，单击“房间和面积”面板中的“房间分隔”按钮，进入“修改|放置房间分隔”选项卡，如图11-20所示。在“绘制”面板单击“直线”按钮，通过绘制直线以创建分隔线。选择“链”选项，可以在绘制完成一段分隔线后，不退出命令，继续绘制下一段分隔线。

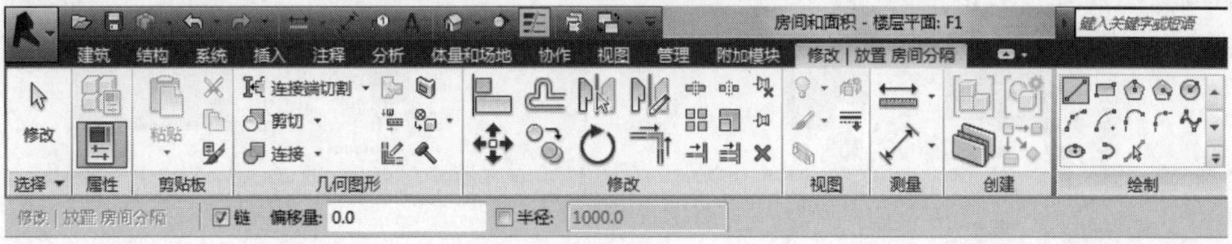

图 11-20

在房间中分别指定分隔线的起点与终点，完成绘制分隔线的操作。在已创建分隔线的房间内，系统自动根据所划分的区域来计算面积，并显示房间边界线，如图11-21所示。

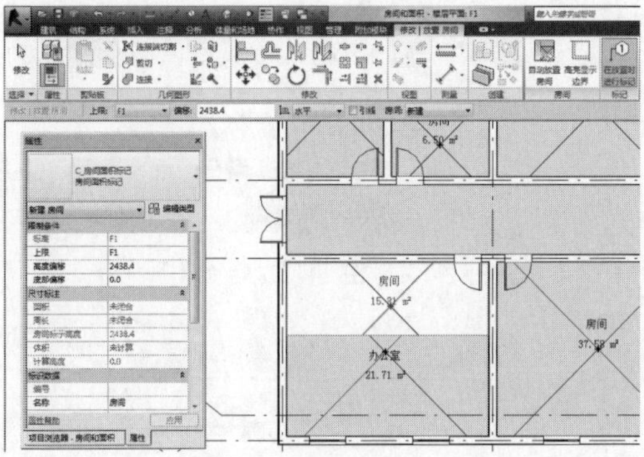

图 11-21

单击，指定房间标记的位置，按两次Esc键退出命令，通过绘制分隔线以划分房间区域的结果，如图11-22所示。

双击修改房间名称标记，标示房间的功能分区，如图11-23所示。

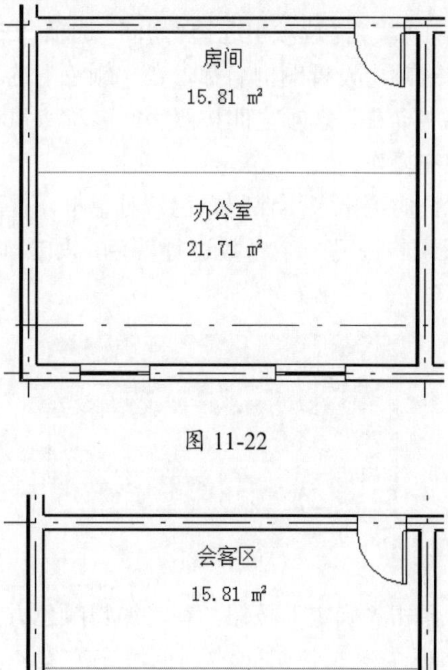

图 11-22

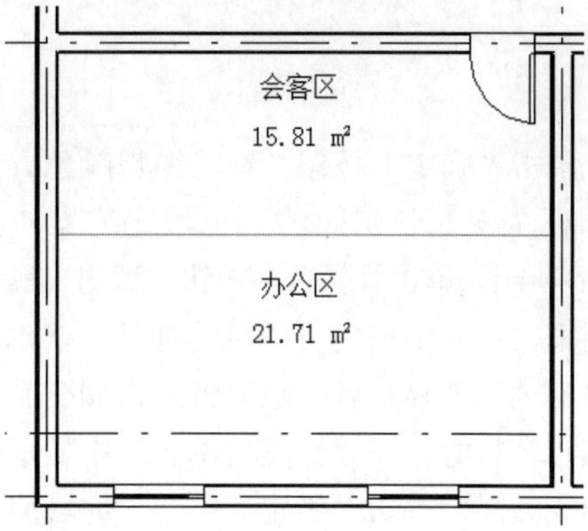

图 11-23

11.3 房间图例

通过为不同分区的房间填充颜色，可以方便识别房间的分布、范围。Revit 可以同时为不同的房间填充颜色，并创建颜色图例，清晰地显示房间的功能分区。

选择“建筑”选项卡，单击“房间和面积”面板名称右侧的向下实心箭头按钮，在列表中选择“颜色方案”选项，如图 11-24 所示，调出“编辑颜色方案”对话框。

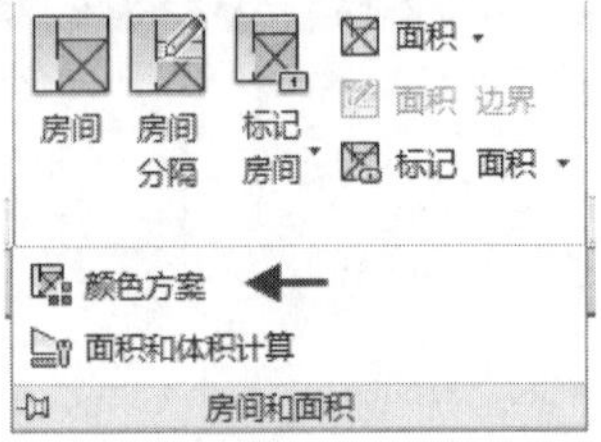

图 11-24

在“类别”选项中选择“房间”选项，在“标题”选项中设置图例名称，在“颜色”选项中选择“名称”选项，即按照房间名称来执行图案填充操作。

此时调出“不保留颜色”对话框，提醒用户系统将按另一个参数进行着色，如图 11-25 所示。

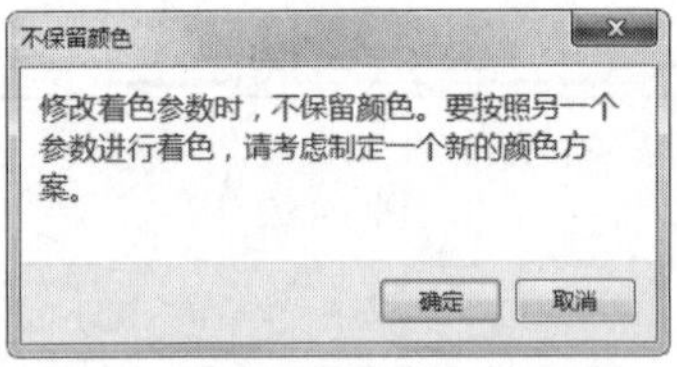

图 11-25

单击“确定”按钮，在“编辑颜色方案”对话框中生成各房间的颜色填充方案，如图 11-26 所示。单击“颜色”按钮，调出“颜色”对话框，在其中自定义颜色的种类。在“填充样式”列表中显示各类填充方式，如交叉线、土壤、塑料等。在“预览”单元格中显示颜色的填充效果。单击“确定”按钮，完成编辑颜色方案的操作。

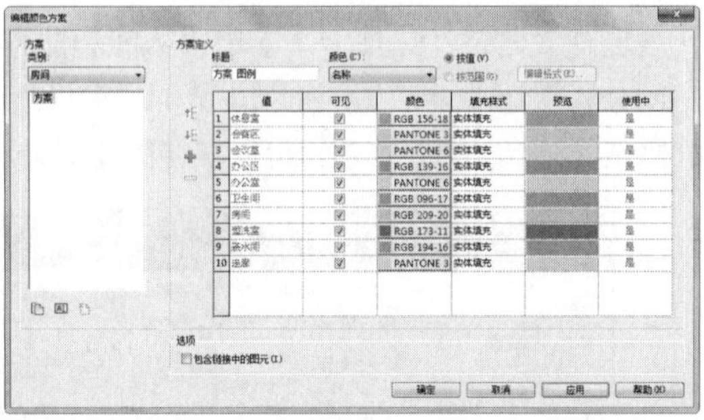

图 11-26

选择“注释”选项卡，单击“颜色填充”面板中的“颜色填充图例”按钮，如图 11-27 所示。在“属性”选项板中选择“颜色填充图例”的样式为 1，如图 11-28 所示，单击“编辑类型”按钮。

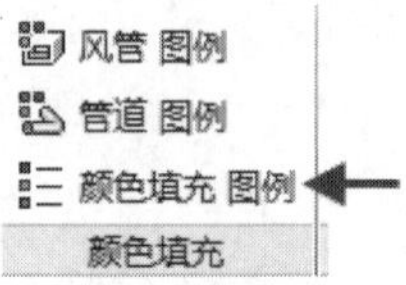

图 11-27

图 11-28

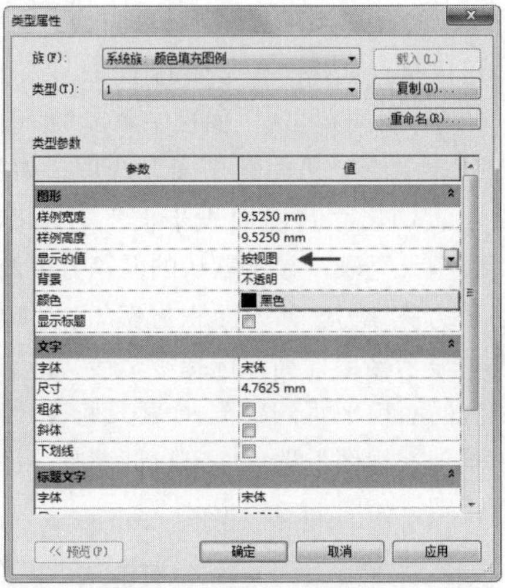

图 11-29

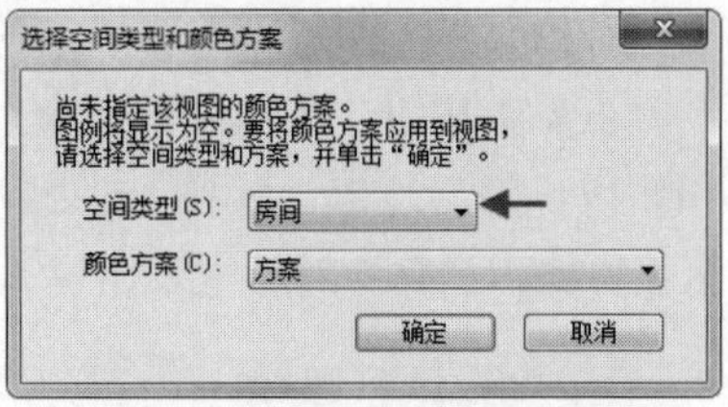

图 11-30

在“类型属性”对话框中单击“显示的值”按钮，在列表中选择“按视图”选项，如图 11-29 所示，在图例中仅显示当前视图中所包含的房间图例。单击“确定”按钮关闭对话框。

在绘图区域中的空白处单击，调出“选择空间类型和颜色方案”对话框。在“空间类型”选项中选择“房间”选项，如图 11-30 所示。

提示：

在“显示的值”选项中选择“全部”选项，即显示当前项目中所有的房间图例。

单击“确定”按钮关闭对话框，在平面视图的一侧单击指定颜色图例的放置点，创建房间图例的结果如图 11-31 所示。

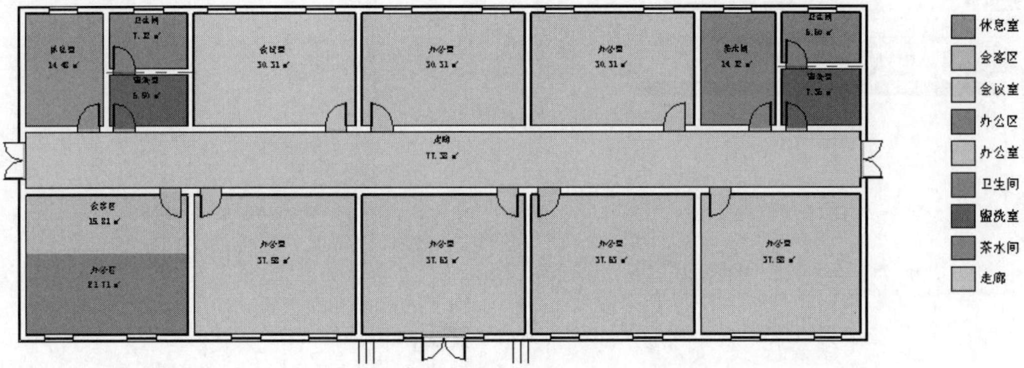

图 11-31

11.4　面积分析

建筑面积的范围比各房间的面积范围大，Revit 在封闭的边界线内计算面积。面积不一定以模型图元作为边界，可以自定义面积边界，也可以拾取模型图元作为边界。

11.4.1 面积方案

通过创建面积方案，可以分割空间关系，帮助分析建筑方案。Revit 默认创建两个面积方案，一个是总建筑面积，即建筑的总建筑面积；另一个是出租面积，即基于办公楼楼层面积标准测量法所测量的面积。

在“房间和面积”面板中单击“名称”右侧的向下实心箭头按钮，在调出的列表中选择“面积和体积计算”选项，如图 11-32 所示。调出“面积和体积计算”对话框。

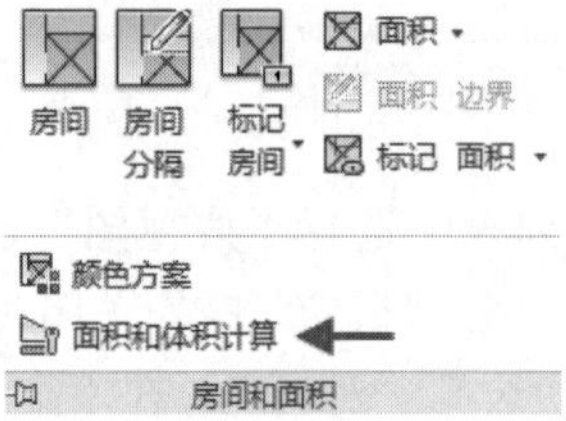

图 11-32

选择“面积方案”选项卡，在其中显示项目文件默认的面积方案。单击“新建”按钮，创建新的面积方案，如图 11-33 所示。用户可自定义“名称”“说明”选项中的参数。

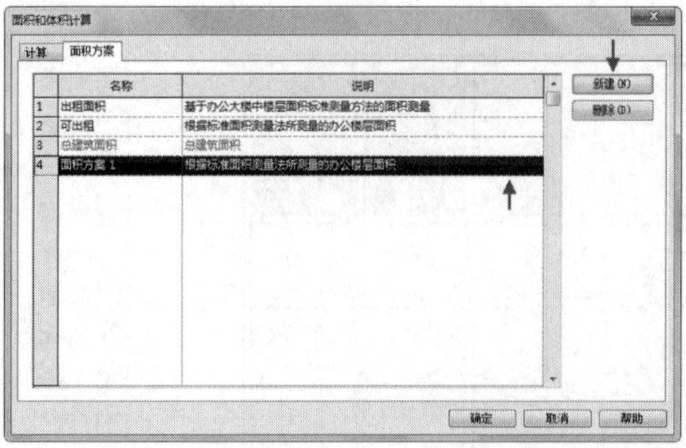

图 11-33

单击“确定”按钮，完成创建面积方案的操作。

11.4.2 创建面积平面

每一个面积平面都有各自的面积边界、标记及颜色方案，这是根据模型中面积方案和标高显示空间关系的视图。必须先创建面积方案，才可以执行创建面积平面的操作。

在“房间和面积”面板中单击“面积”按钮，在列表中选择“面积平面”选项，如图 11-34 所示。调出“新建面积平面”对话框，单击“类型”列表，显示默认的面积方案与新建的面积方案 1，选择“面积方案 1”选项。在列表中显示楼层标高，选择多个楼层，可以创建相应的面积平面。选择一个楼层标高，选择“不复制现有视图”选项，可以创建唯一的面积平面视图，如图 11-35 所示。

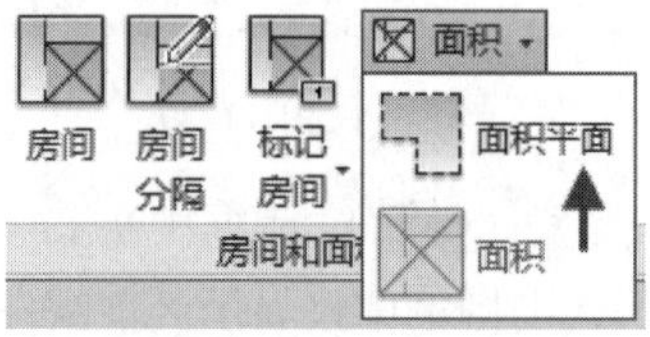

图 11-34

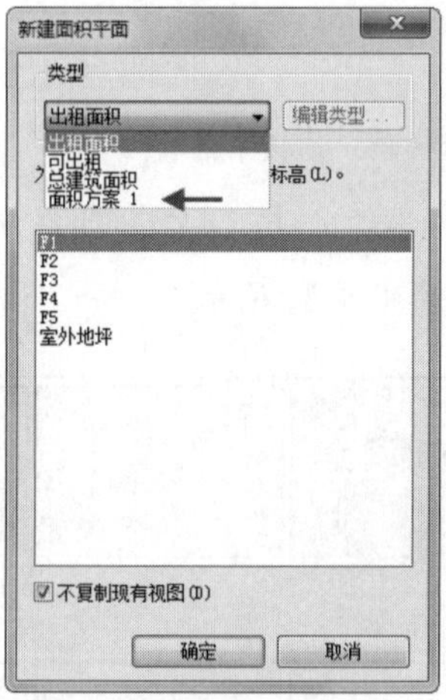

图 11-35

提示：

取消选中“不复制现有视图”选项，可以创建现有面积平面视图的副本。

单击“确定”按钮，调出如图 11-36 所示的提示对话框，单击“是”按钮，Revit 沿闭合的环形外墙放置边界线；单击“否”按钮，需要手动绘制面积边界线。

在项目浏览器中单击展开“面积平面”选项，在列表中显示所创建的面积平面视图，如图 11-37 所示。

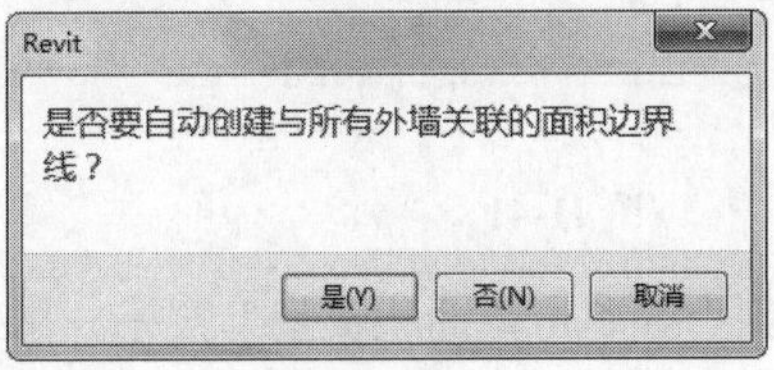

图 11-36

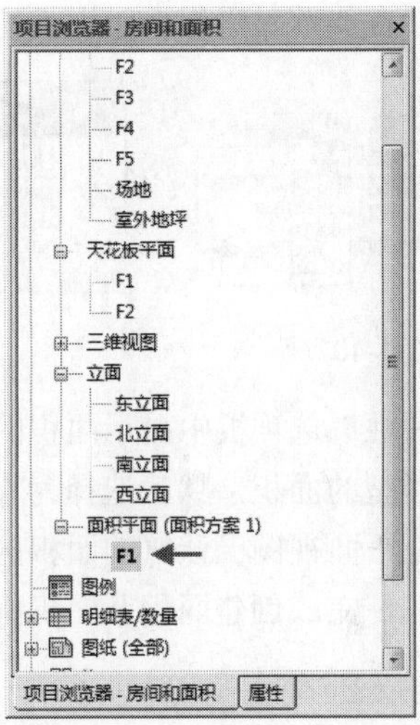

图 11-37

11.4.3 面积边界

在面积平面视图中，通过拾取墙或绘制边界线，定义面积边界。面积规则确定墙边界位置，例如墙中心线或者外墙面。

在“房间和面积”面板中单击“面积边界”按钮，如图 11-38 所示，进入“修改 | 放置 面积边界”选项卡，如图 11-39 所示。

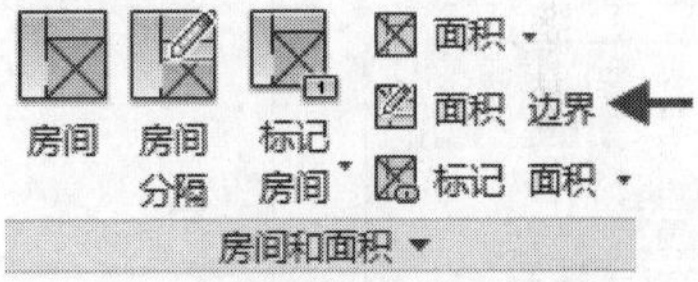

图 11-38

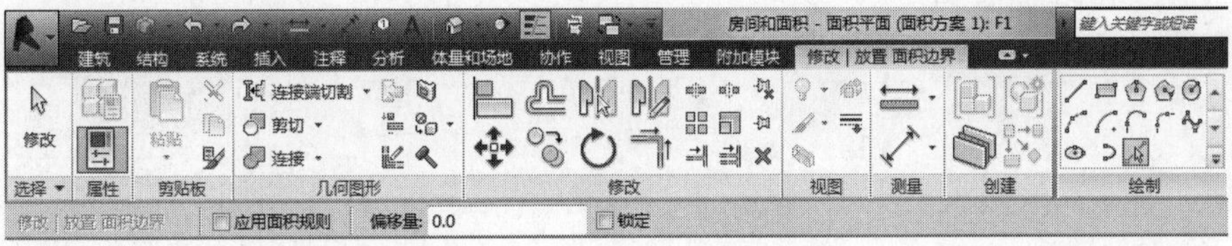

图 11-39

在“绘制”面板中单击“拾取线”按钮，取消选中“应用面积规则”选项，在“偏移”选项中设置参数，在绘图区域中拾取墙来定义面积边界。

或者在“绘制”面板中选择绘制边界的方式，如“直线”“矩形”等，通过指定边界的各点来绘制边界。

11.4.4 面积和面积标记

面积与面积标记彼此独立，可以单独创建，也可以一起创建。在生成面积平面后，“面积”列表中的“面积”按钮亮显，如图 11-40 所示。单击该按钮，进入“修改 | 放置 面积”选项卡，如图 11-41 所示。

单击“在放置时进行标记”按钮，即在创建面积时同时放置面积标记。

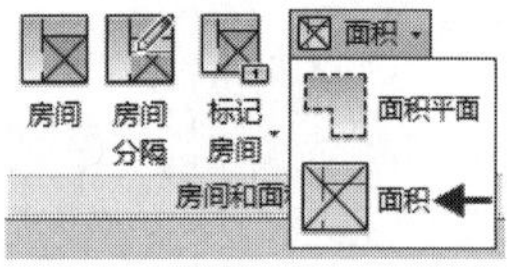

图 11-40

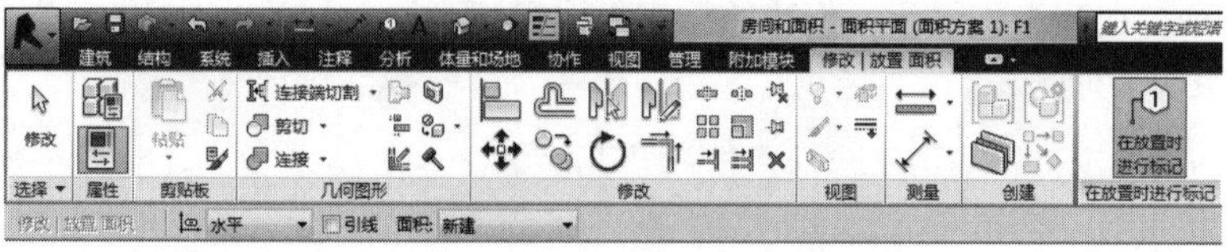

图 11-41

在“属性”选项板中显示面积的名称，默认为“面积”。单击“面积类型”按钮，在列表中显示各种类型的面积，默认选择为“建筑公共面积”，如图 11-42 所示。

此时在平面视图已计算的面积区域以填充图案显示，同时显示面积边界，单击指定面积标记的放置位置，完成创建面积及面积标记的操作，如图 11-43 所示。

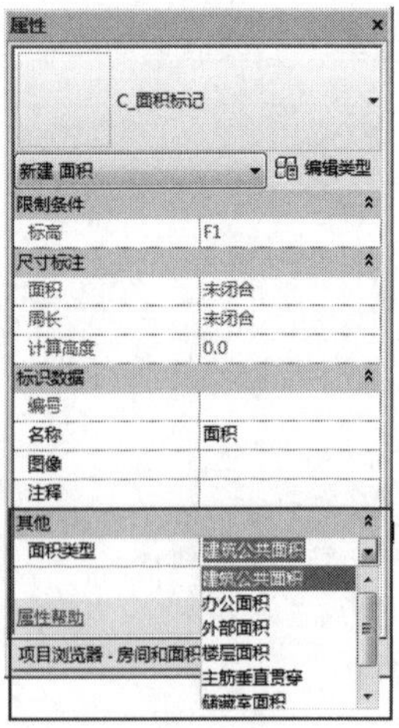

图 11-42

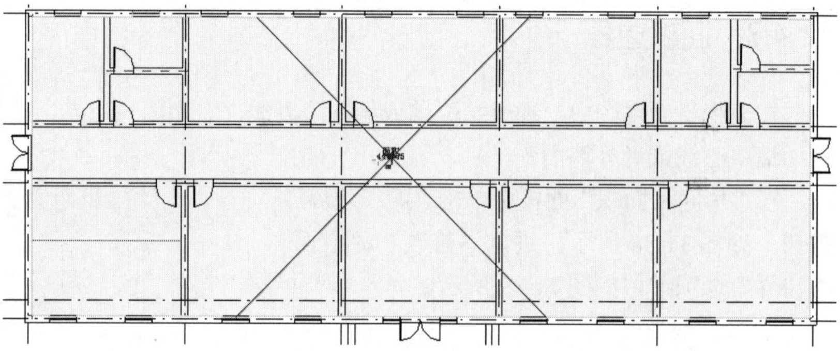

图 11-43

第 12 章 明细表视图

明细表用来统计项目文件中的各类图元对象，自动提取各种建筑构件、房间和面积、材质、注释等图元的属性参数来生成表格。可以在任何设计阶段创建明细表，明细表跟随项目修改而自动更新，不需要用户手动修改。本章介绍明细表的使用方法。

12.1 门窗统计

建筑模型中的门窗构件种类、尺寸、数量很多，需要对其进行统计，以方便计算工程量，制作预算表格及材料表。

使用明细表统计门窗，以表格的形式显示门窗的各类信息，如高、宽、数量等。

12.1.1 创建构件明细表

项目样板默认创建了窗明细表、门明细表，在项目浏览器中单击展开“明细表 / 数量”，在列表中显示默认创建的明细表，如图 12-1 所示。

双击窗明细表，转换至明细表视图，在窗明细表中显示了窗的各属性参数，包括高度、宽度、总数等，如图 12-2 所示。

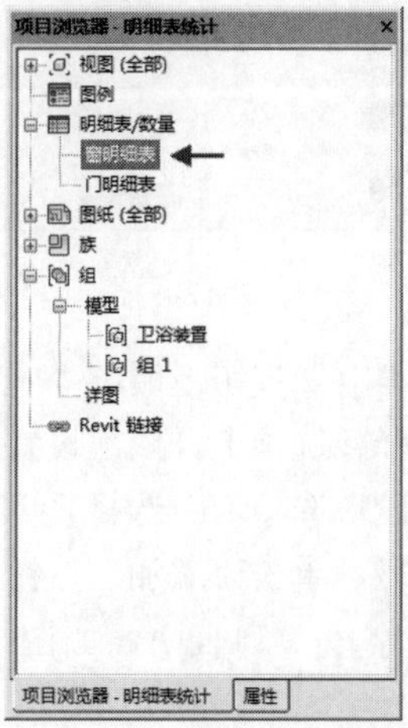

图 12-1

〈窗明细表〉

A	B	C	D	E	F	G	H
	洞口尺寸			樘数			
设计编号	高度	宽度	参照图集	总数	标高	备注	类型
1200 x 1500	1500	1200		18	F1		推拉窗6
1200 x 1500	1500	1200		22	F2		推拉窗6
1200 x 1500	1500	1200		22	F3		推拉窗6
1200 x 1500	1500	1200		22	F4		推拉窗6

图 12-2

用户可自定义明细表的显示样式，再对门窗进行统计。选择“视图”选项卡，单击“创建”面板中的“明细表”按钮，在列表中选择“明细表 / 数量”选项，如图 12-3 所示，调出“新建明细表”对话框。

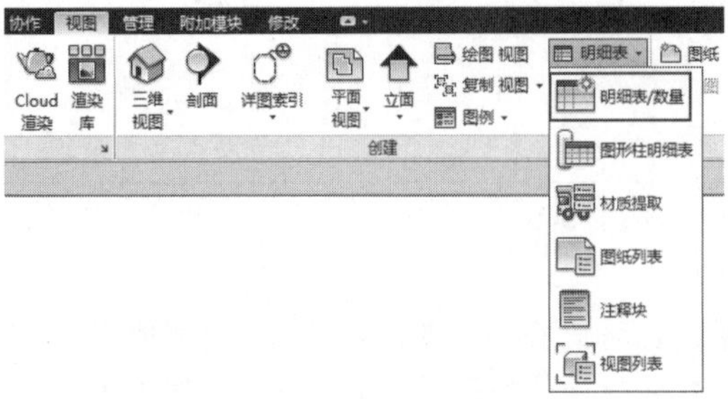

图 12-3

在“类别”列表中选择“窗”，表示创建的明细表要对窗执行统计操作。在“名称”选项中自定义明细表名称，如图 12-4 所示。

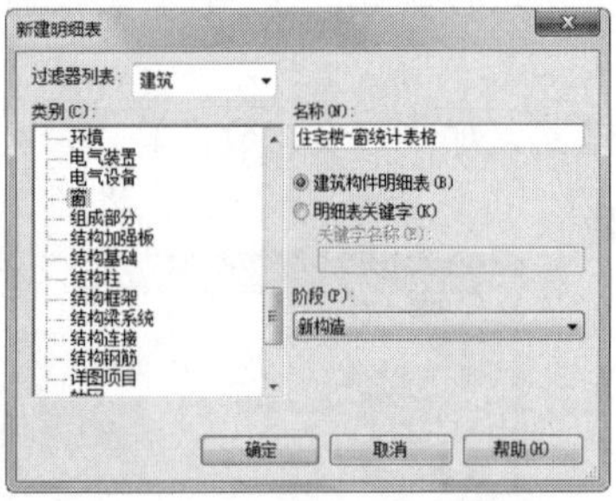

图 12-4

单击“确定”按钮，调出“明细表属性”对话框。选择各选项卡，依次设置明细表的属性。在“字段”选项卡中选择“可用的字段”列表中的字段，单击“添加”按钮，将其添加到“明细表字段”列表中，如图 12-5 所示。在列表中选择字段，单击“上移”“下移”按钮，调整字段在列表中的位置。从上至下的字段排列顺序，在明细表中显示为从左至右排列。

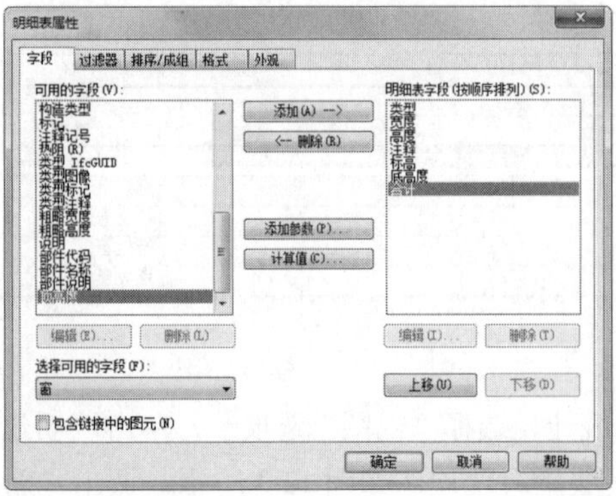

图 12-5

选择“排序 / 成组”选项卡，在其中设置窗在明细表的排列方式。在“排序方式”选项中选择“类型”选项，选中“升序”选项，默认选择“逐项列举每个实例”选项，如图 12-6 所示。表示在明细表中逐个列举每个窗的属性参数。

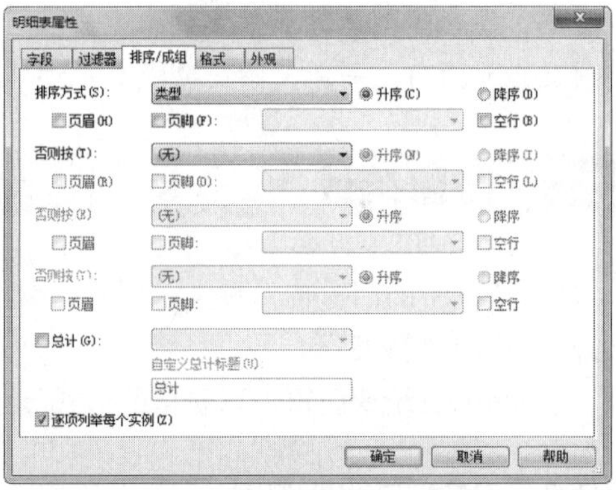

图 12-6

选择“外观”选项卡，在其中设置明细表的外观显示样式。选择“轮廓”选项，在列表中设置轮廓线的线型，在这里选择“宽线”。选择“显示标题”“显示页眉”选项，否则仅在明细表中显示窗的属性参数列表。

选择“标题”选项和“正文”选项，在列表中设置标题文字与正文文字的字体与字高，如图 12-7 所示。单击“确定”按钮关闭对话框，同时转换至明细表视图，在其中以新创建的明细表属性参数显示“住宅楼 - 窗统计表格”，如图 12-8 所示。

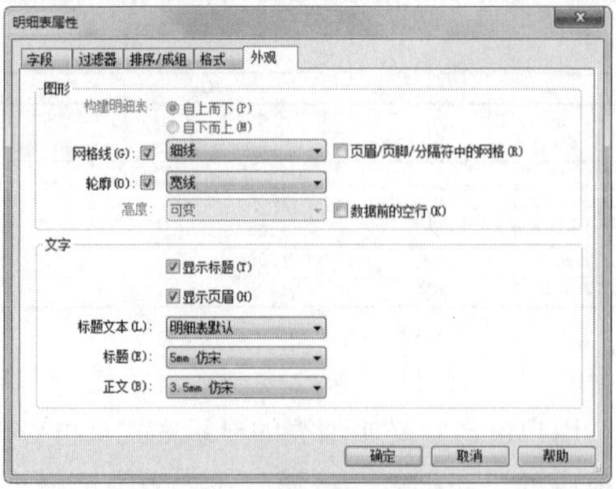

图 12-7

<住宅楼-窗统计表格>

A	B	C	D	E	F	G
类型	宽度	高度	注释	标高	底高度	合计
1200 x 1500 m	1200	1500		F1	600	1
1200 x 1500 m	1200	1500		F1	600	1
1200 x 1500 m	1200	1500		F1	600	1
1200 x 1500 m	1200	1500		F1	600	1
1200 x 1500 m	1200	1500		F2	1050	1
1200 x 1500 m	1200	1500		F2	1050	1
1200 x 1500 m	1200	1500		F2	1050	1
1200 x 1500 m	1200	1500		F2	1050	1
1200 x 1500 m	1200	1500		F3	1050	1
1200 x 1500 m	1200	1500		F3	1050	1
1200 x 1500 m	1200	1500		F3	1050	1
1200 x 1500 m	1200	1500		F3	1050	1
1200 x 1500 m	1200	1500		F4	1050	1
1200 x 1500 m	1200	1500		F4	1050	1
1200 x 1500 m	1200	1500		F4	1050	1
1200 x 1500 m	1200	1500		F4	1050	1
1200 x 1500 m	1200	1500		F1	600	1
1200 x 1500 m	1200	1500		F1	600	1
1200 x 1500 m	1200	1500		F1	600	1
1200 x 1500 m	1200	1500		F1	600	1
1200 x 1500 m	1200	1500		F1	600	1
1200 x 1500 m	1200	1500		F1	600	1
1200 x 1500 m	1200	1500		F1	600	1
1200 x 1500 m	1200	1500		F1	600	1
1200 x 1500 m	1200	1500		F1	600	1
1200 x 1500 m	1200	1500		F1	600	1
1200 x 1500 m	1200	1500		F1	600	1
1200 x 1500 m	1200	1500		F1	600	1
1200 x 1500 m	1200	1500		F1	600	1

图 12-8

此时在项目浏览器“明细表 / 数量”中显示新建的“住宅楼 - 窗统计表格”明细表。

12.1.2　编辑明细表

在“修改明细表 / 数量”选项卡中提供了编辑明细表的工具，如图 12-9 所示，调用工具可以编辑表格样式。

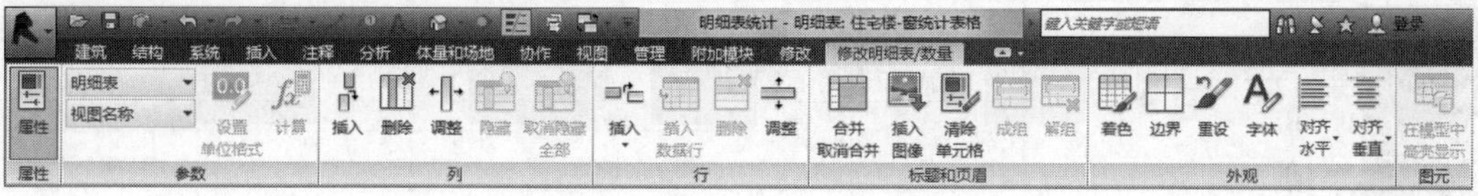

图 12-9

1．编辑列标题

在明细表中单击选择“宽度”单元格，向右单击拖曳至“高度”单元格，可同时选中两个单元格，单击“标题和页眉”面板中的“成组”按钮，如图 12-10 所示，可在两个单元格的上方显示一个空白单元格。

单击空白单元格，进入在位编辑状态，输入标题名称，如图 12-11 所示，按 Enter 键完成修改。

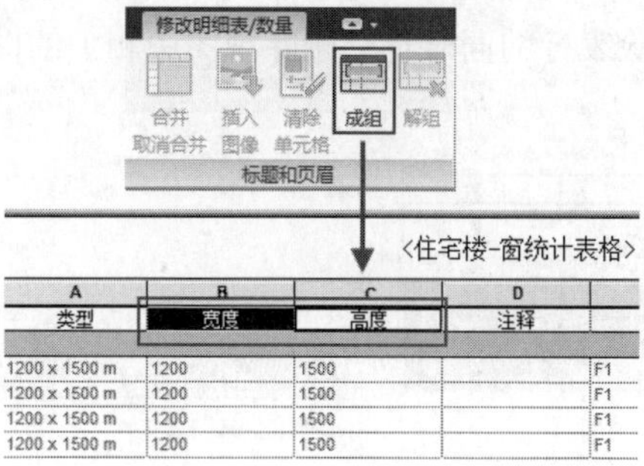

图 12-10

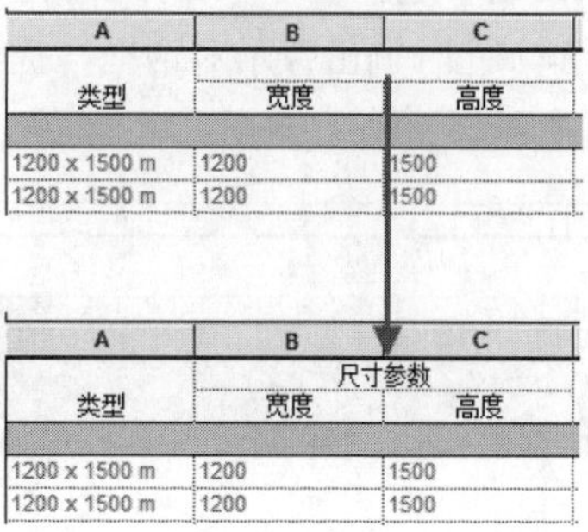

图 12-11

选择经“成组”操作后得到的单元格，单击“解组”按钮，可撤销“成组”操作，并删除在单元格中输入的标题名称。在标题栏单元格中单击，进入在位编辑状态，输入新的标题名称，如图 12-12 所示，按 Enter 键，完成编辑标题名称的操作。

<住宅楼-窗统计表格>						
A	B	C	D	E	F	G
类型	尺寸参数 宽度	高度	备注	视图	窗台高度	合计
1200 x 1500 m	1200	1500		F1	600	1
1200 x 1500 m	1200	1500		F1	600	1
1200 x 1500 m	1200	1500		F1	600	1
1200 x 1500 m	1200	1500		F1	600	1
1200 x 1500 m	1200	1500		F2	1050	1

图 12-12

2. 隐藏 / 取消隐藏表列

在明细表中选择表列，表列以黑色填充样式显示，单击“列”面板中的“隐藏”按钮，如图 12-13 所示，可隐藏选中的表列，如图 12-14 所示。

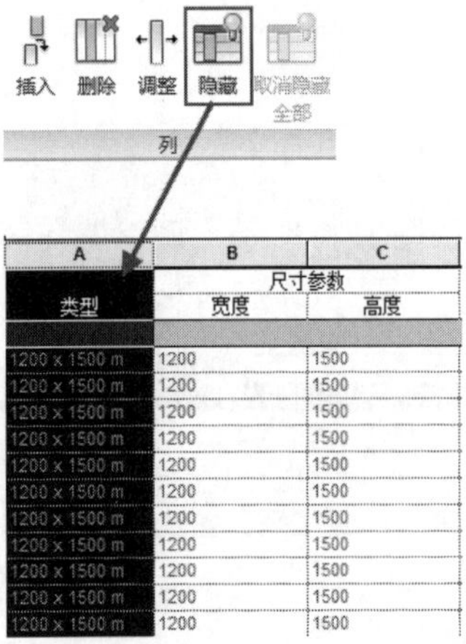
插入
删除
调整
隐藏
取消隐藏全部
列

A	B	C
类型	尺寸参数 宽度	高度
1200 x 1500 m	1200	1500
1200 x 1500 m	1200	1500
1200 x 1500 m	1200	1500
1200 x 1500 m	1200	1500
1200 x 1500 m	1200	1500
1200 x 1500 m	1200	1500
1200 x 1500 m	1200	1500
1200 x 1500 m	1200	1500
1200 x 1500 m	1200	1500
1200 x 1500 m	1200	1500
1200 x 1500 m	1200	1500

图 12-13

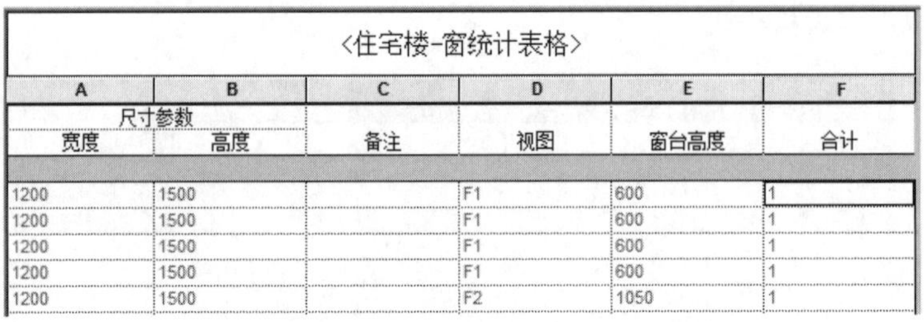

<住宅楼-窗统计表格>					
A	B	C	D	E	F
尺寸参数 宽度	高度	备注	视图	窗台高度	合计
1200	1500		F1	600	1
1200	1500		F1	600	1
1200	1500		F1	600	1
1200	1500		F1	600	1
1200	1500		F2	1050	1

图 12-14

执行隐藏表列操作后，“取消隐藏全部”按钮高亮显示，单击该按钮，取消隐藏操作，重新显示表列。

3. 删除行

在明细表中选择表行，表行以黑色填充样式显示，单击“行”面板中的“删除”按钮，如图 12-15 所示，此时调出警示对话框，提醒用户在删除表行的同时也会删除视图中相关的图形，如图 12-16 所示。

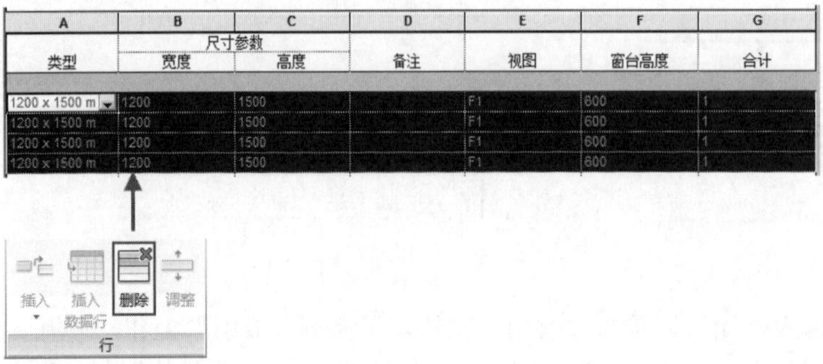
插入
插入数据行
删除
调整
行

A	B	C	D	E	F	G
类型	尺寸参数 宽度	高度	备注	视图	窗台高度	合计
1200 x 1500 m	1200	1500		F1	600	1
1200 x 1500 m	1200	1500		F1	600	1
1200 x 1500 m	1200	1500		F1	600	1
1200 x 1500 m	1200	1500		F1	600	1

图 12-15

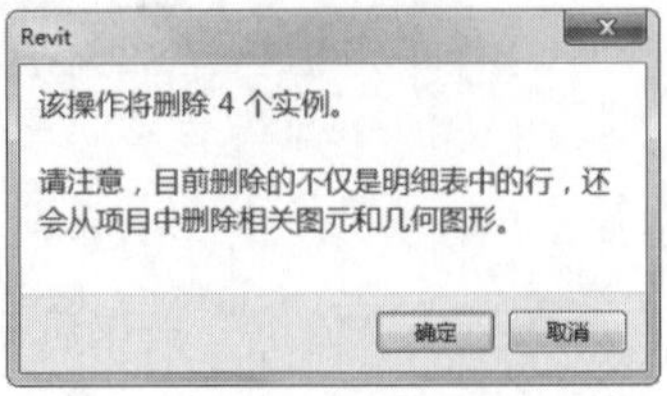
Revit
该操作将删除 4 个实例。
请注意，目前删除的不仅是明细表中的行，还会从项目中删除相关图元和几何图形。
确定
取消

图 12-16

单击“确定”按钮，删除表行与实例图元。单击“取消”按钮，关闭警示对话框返回明细表视图。删除表行后不可恢复，需要谨慎操作该项。

4．显示模型

选择表行，单击“在模型中高亮显示”按钮，如图 12-17 所示，可转换至当前已打开的视图中。在视图中高亮显示与表行参数相对应的窗图元，同时调出如图 12-18 所示的提示对话框，提醒用户通过单击“显示”按钮，以切换不同的视图查看选中的窗图元。

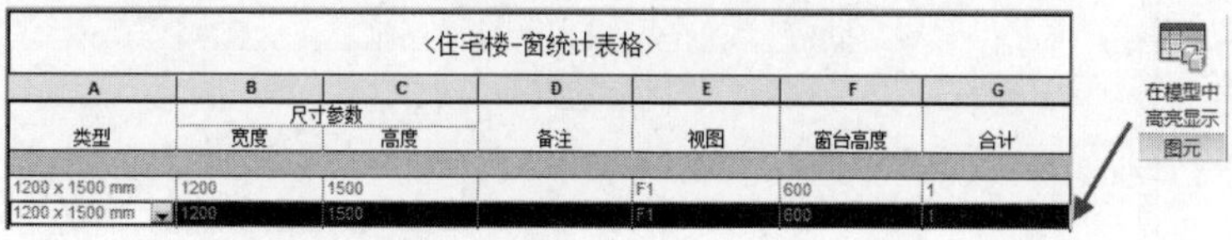

图 12-17

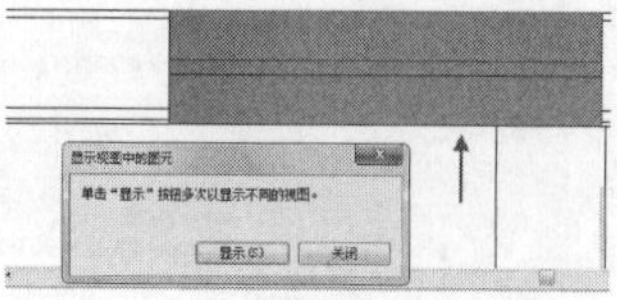

图 12-18

单击“关闭”按钮关闭对话框，可停留在当前视图。

在明细表视图中，“属性”选项板显示当前明细表的相关属性，如图 12-19 所示。单击“视图样板”选项后的矩形按钮，调出“应用视图样板”对话框，选择样板单击“确定”按钮，可应用到明细表视图。

“视图名称”选项中显示当前明细表的名称，修改名称，单击“应用”按钮，同步修改明细表中的标题文本。在“其他”选项组中显示明细表的各个属性，单击“编辑”按钮，调出“明细表属性”对话框，在其中修改属性参数。

如单击“字段”选项后的“编辑”按钮，在“明细表属性”对话框中添加“可用的字段”，单击“确定”按钮关闭对话框，可在明细表中添加字段，如图 12-20 所示。

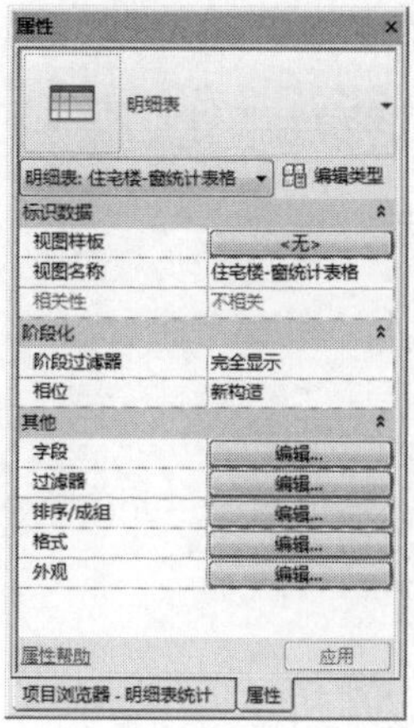

图 12-19

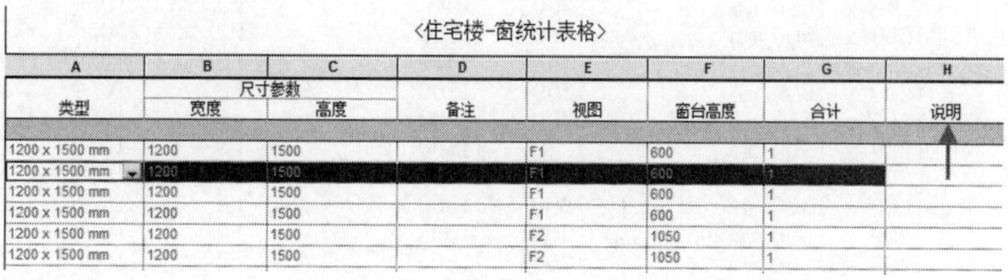

图 12-20

12.1.3 导出明细表

在明细表视图中单击“应用程序”按钮，选择“导出 | 报告 | 明细表”选项，如图 12-21 所示，调出“导出明细表”对话框，如图 12-22 所示。设置名称及存储路径，在“文件类型”选项中显示文本格式为 .txt，单击“保存”按钮，调出如图 12-23 所示的“导出明细表”对话框。

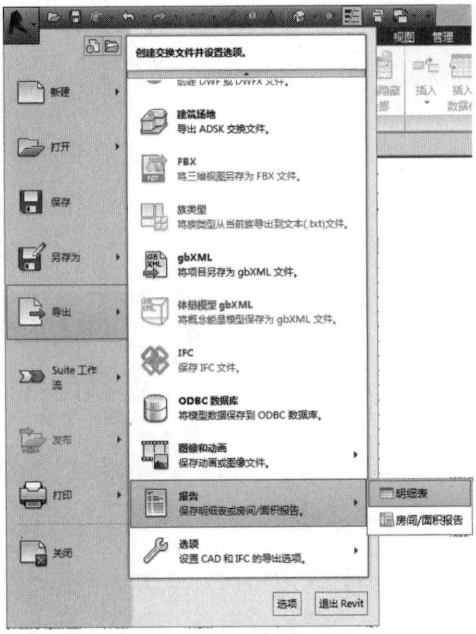

图 12-21

图 12-22

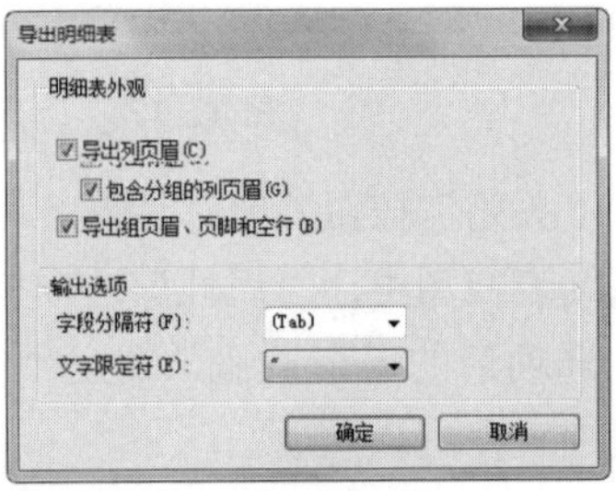

图 12-23 “导出明细表”对话框

在该对话框中设置明细表外观，以及“字段分隔符”“文字限定符”参数，通常情况下保持默认值。单击“确定”按钮，完成导出明细表的操作。

打开目标文件夹，双击明细表打开查看，如图 12-24 所示。

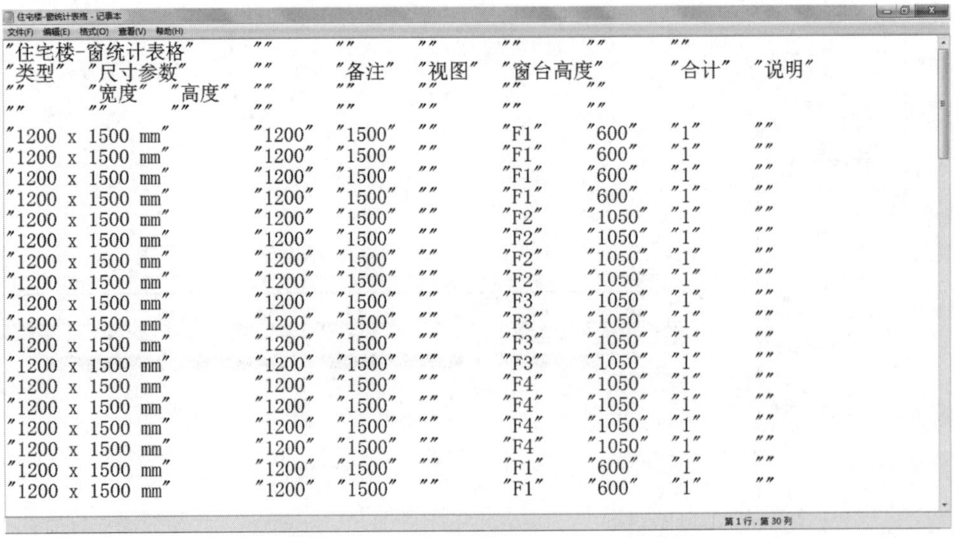


```
"住宅楼-窗统计表格"	""	""	""	""	""	""
"类型"	"尺寸参数"	""	"备注"	"视图"	"窗台高度"	"合计"	"说明"
""	"宽度"	"高度"	""	""	""	""
""	""	""	""	""	""	""

"1200 x 1500 mm"	"1200"	"1500"	""	"F1"	"600"	"1"	""
"1200 x 1500 mm"	"1200"	"1500"	""	"F1"	"600"	"1"	""
"1200 x 1500 mm"	"1200"	"1500"	""	"F1"	"600"	"1"	""
"1200 x 1500 mm"	"1200"	"1500"	""	"F1"	"600"	"1"	""
"1200 x 1500 mm"	"1200"	"1500"	""	"F2"	"1050"	"1"	""
"1200 x 1500 mm"	"1200"	"1500"	""	"F2"	"1050"	"1"	""
"1200 x 1500 mm"	"1200"	"1500"	""	"F2"	"1050"	"1"	""
"1200 x 1500 mm"	"1200"	"1500"	""	"F2"	"1050"	"1"	""
"1200 x 1500 mm"	"1200"	"1500"	""	"F3"	"1050"	"1"	""
"1200 x 1500 mm"	"1200"	"1500"	""	"F3"	"1050"	"1"	""
"1200 x 1500 mm"	"1200"	"1500"	""	"F3"	"1050"	"1"	""
"1200 x 1500 mm"	"1200"	"1500"	""	"F3"	"1050"	"1"	""
"1200 x 1500 mm"	"1200"	"1500"	""	"F4"	"1050"	"1"	""
"1200 x 1500 mm"	"1200"	"1500"	""	"F4"	"1050"	"1"	""
"1200 x 1500 mm"	"1200"	"1500"	""	"F4"	"1050"	"1"	""
"1200 x 1500 mm"	"1200"	"1500"	""	"F4"	"1050"	"1"	""
"1200 x 1500 mm"	"1200"	"1500"	""	"F1"	"600"	"1"	""
"1200 x 1500 mm"	"1200"	"1500"	""	"F1"	"600"	"1"
```

图 12-24

提示：

必须在明细表视图中，才可以执行“导出/报告/明细表”命令。

12.1.4　关键字明细表

在项目设计中，需要给某一类或者几类构件添加一个或几个共同的参数，并且这些参数既能在“属性”选项板中显示并被编辑，也能在明细表中统计并编辑。创建“关键字明细表”，可通过新建“关键字”控制构件图元的其他参数值，且该参数值可在“属性”选项板中编辑，也可在明细表视图中统计并编辑。

在平面视图中选择窗图元，在“属性”选项板的“标识数据”选项组中显示参数类型，分别为“图形”“注释”“标记”三项，如图 12-25 所示。通过创建“关键字明细表”，添加参数。

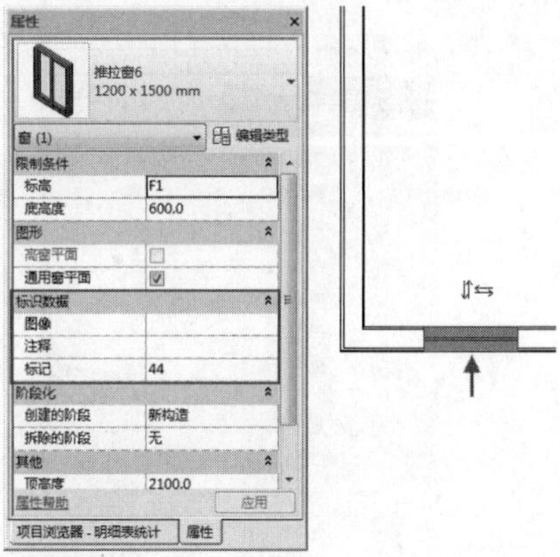

图 12-25

单击“视图”选项卡中“创建”面板的“明细表”按钮，在列表中选择“明细表/数量”选项，在“新建明细表”对话框中选择“窗”类别，选择“明细表关键字”选项，保持“关键字名称”为“窗样式”不变，如图 12-26 所示。

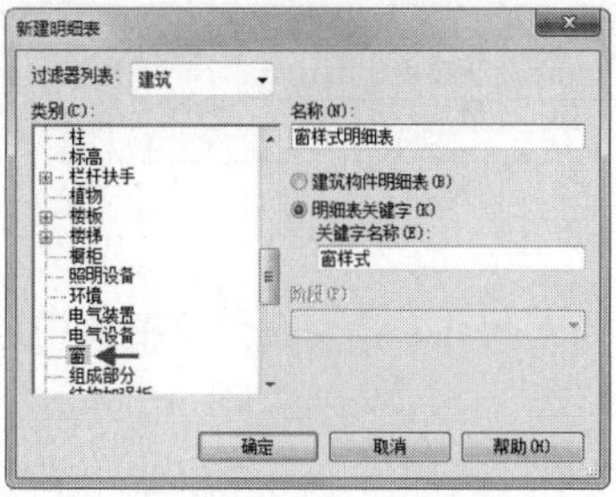

图 12-26

单击“确定”按钮，进入“明细表属性”对话框。在“可用的字段”列表中显示“注释”字段，单击“添加”按钮，将其添加至右侧的“明细表字段”列表中，如图 12-27 所示。

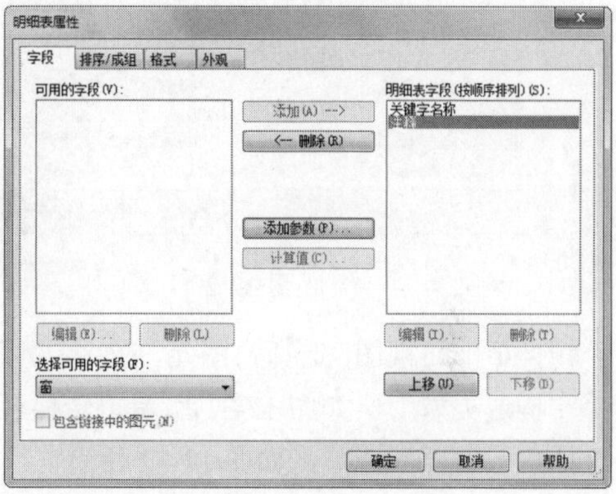

图 12-27

接着单击“添加参数”按钮，调出“参数属性”对话框。设置“名称”参数，选择“参数类型”为“文字”，“参数分组方式”为“标识数据”，如图 12-28 所示。单击“确定”按钮关闭对话框。

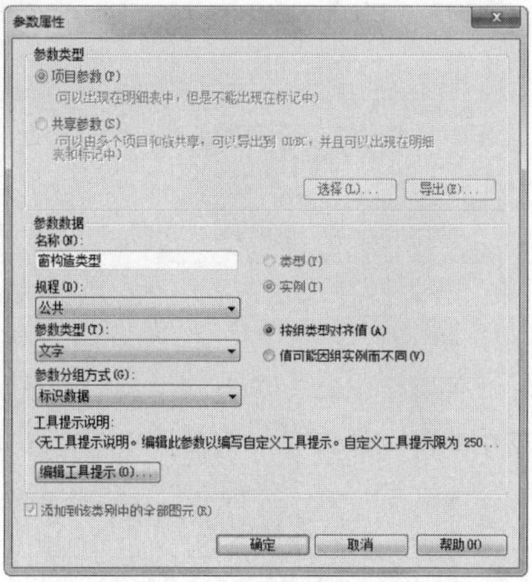

图 12-28

在“明细表属性”对话框的“明细表字段”列表中显示新添加的“窗构造类型”参数，如图 12-29 所示。单击“确定”按钮，转换至明细表视图。在其中显示所设置的可用字段，如图 12-30 所示。

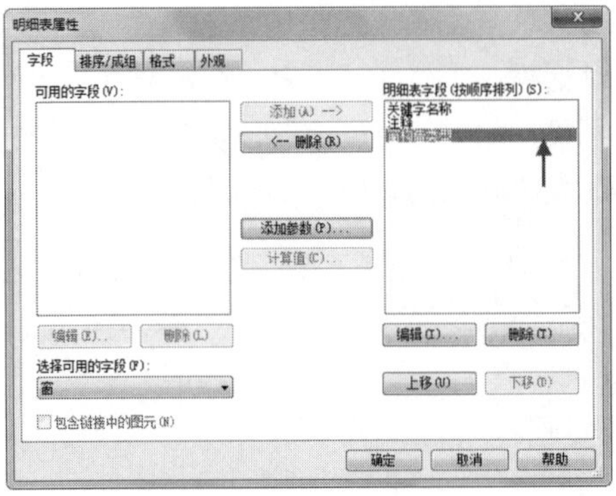

图 12-29

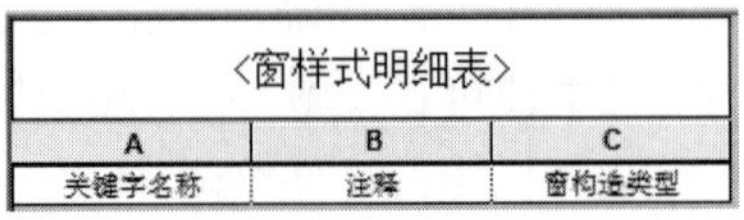

图 12-30

转换至平面视图，选择窗图元，在“标识数据”选项组中新添加了两项参数，分别是“窗样式”与“窗构造类型”，如图 12-31 所示。转换至明细表视图，选择单元格，右击，在快捷菜单中选择“插入数据行”选项，如图 12-32 所示。

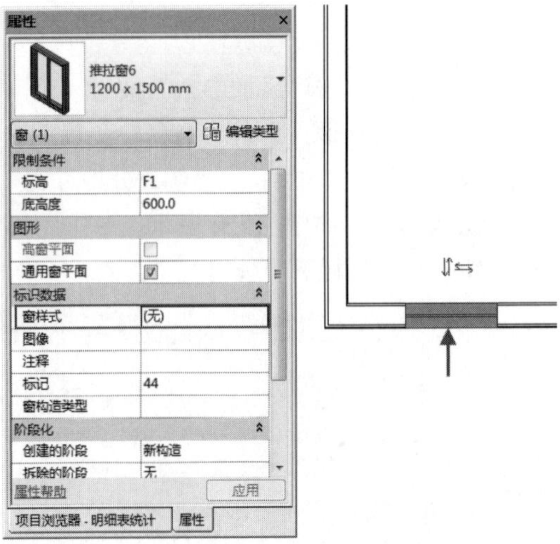

图 12-31

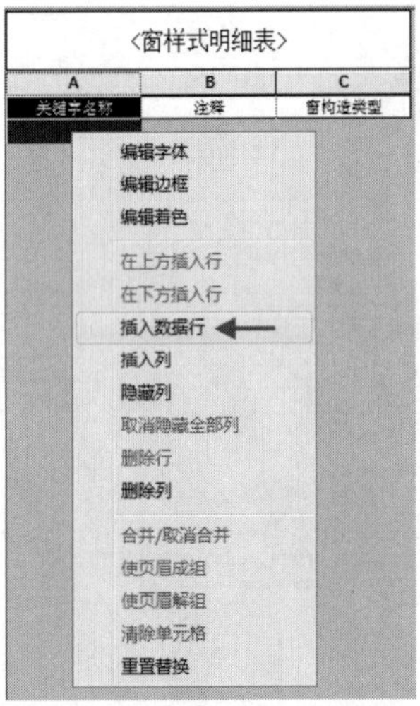

图 12-32

在“关键字名称”单元格中系统默认为其设置编号 1，如图 12-33 所示。在“窗构造类型”单元格中单击，进入在位编辑状态，输入窗构造类型名称，如图 12-34 所示。

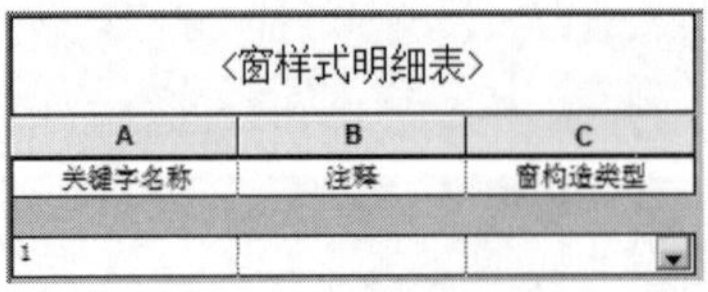

图 12-33

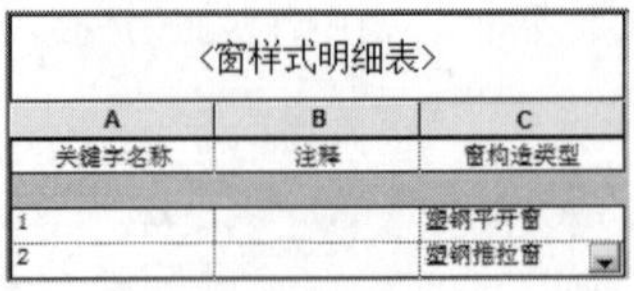

图 12-34

打开前一节创建的“住宅楼 - 窗统计表格”明细表，选择末列并右击，在快捷菜单中选择“插入列”选项，如图 12-35 所示，进入“选择字段”对话框。

在“可用的字段”列表中选择“窗样式”和“窗构造类型”选项，单击“添加”按钮，将其添加至右侧的列表中，如图 12-36 所示。

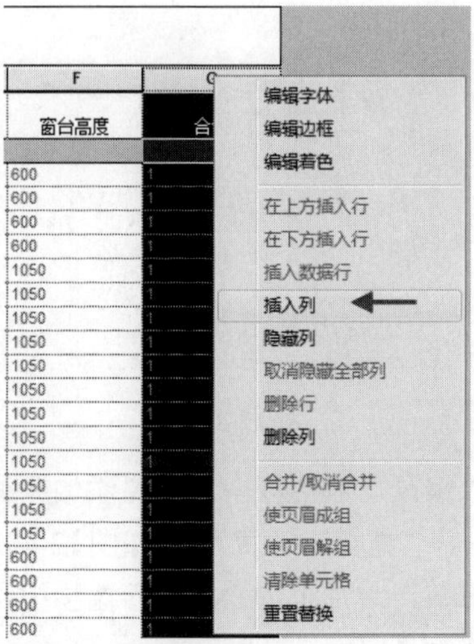

图 12-35

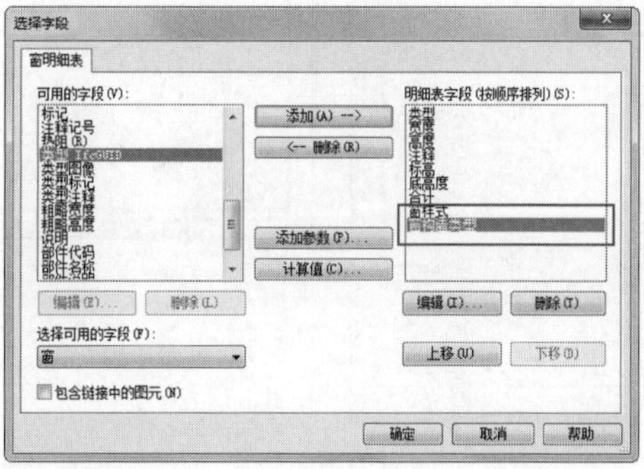

图 12-36

单击“关闭”按钮关闭对话框，新建两个表列，分别以所选的字段命名，如图 12-37 所示。在“窗样式”单元格中显示“（无）”，“窗构造类型”单元格空白。

<住宅楼-窗统计表格>

A	B	C	D	E	F	G	H	I
	尺寸参数							
类型	宽度	高度	备注	视图	窗台高度	合计	窗样式	窗构造类型
1200 x 1500 mm	1200	1500		F1	600	1	(无)	
1200 x 1500 mm	1200	1500		F1	600	1	(无)	
1200 x 1500 mm	1200	1500		F1	600	1	(无)	
1200 x 1500 mm	1200	1500		F1	600	1	(无)	
1200 x 1500 mm	1200	1500		F2	1050	1	(无)	
1200 x 1500 mm	1200	1500		F2	1050	1	(无)	

图 12-37

单击“窗样式”单元格，在列表中显示样式代码 1、2，选择代码，“窗构造类型”单元格随之显示与其相对应的类型属性参数。如选择 1，与其对应的“塑钢平开窗”显示在“窗构造类型”单元格中，如图 12-38 所示。

<住宅楼-窗统计表格>

A	B	C	D	E	F	G	H	I
	尺寸参数							
类型	宽度	高度	备注	视图	窗台高度	合计	窗样式	窗构造类型
1200 x 1500 mm	1200	1500		F1	600	1	1	塑钢平开窗
1200 x 1500 mm	1200	1500		F1	600	1	1	塑钢平开窗
1200 x 1500 mm	1200	1500		F1	600	1	1	塑钢平开窗
1200 x 1500 mm	1200	1500		F1	600	1	1	塑钢平开窗
1200 x 1500 mm	1200	1500		F2	1050	1	2	塑钢推拉窗
1200 x 1500 mm	1200	1500		F2	1050	1	2	塑钢推拉窗
1200 x 1500 mm	1200	1500		F2	1050	1	2	塑钢推拉窗
1200 x 1500 mm	1200	1500		F2	1050	1	2	塑钢推拉窗
1200 x 1500 mm	1200	1500		F3	1050	1	2	塑钢推拉窗
1200 x 1500 mm	1200	1500		F3	1050	1	2	塑钢推拉窗

图 12-38

切换到平面视图，选择窗图元，在“标识数据”选项组中显示“窗样式”与“窗构造类型”的参数，如图 12-39 所示。“窗构造类型”选项暗显，不可修改。通过修改“窗样式”选项值，“窗构造类型”参数随之修改，并影响明细表中的相关参数值。

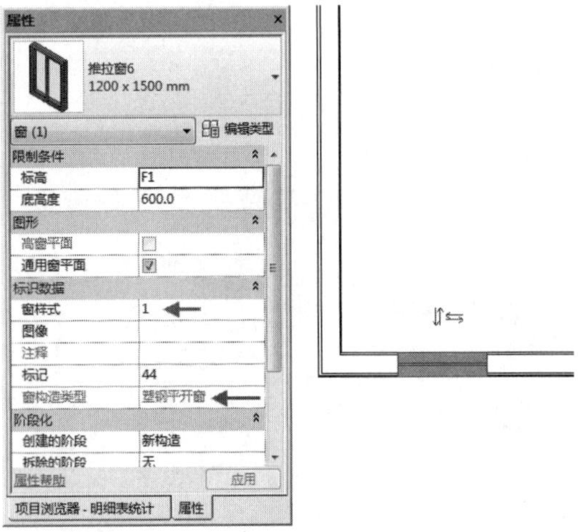

图 12-39

12.1.5 计算窗洞口面积

通过在明细表中添加公式，可以计算窗洞口的面积。

在“修改明细表/数量”选项卡中，单击“列”面板的“插入”按钮，如图12-40所示，调出“选择字段”对话框。单击中间的“计算值”按钮，如图12-41所示，调出“计算值”对话框。

图 12-40

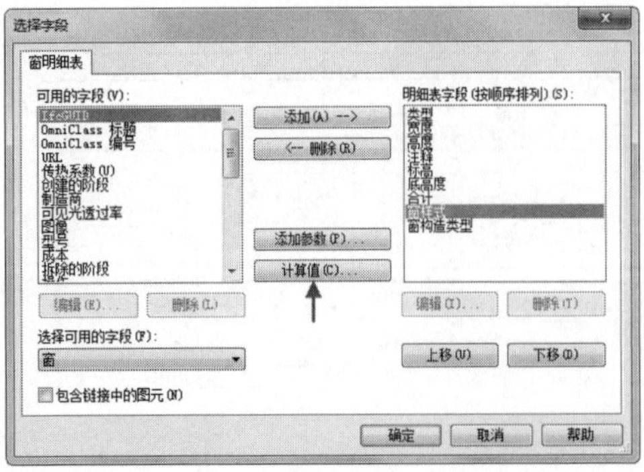

图 12-41

设置“名称”参数，选择“类型”为“面积”，单击“公式”选项后的矩形按钮，如图12-42所示，调出“字段”对话框。

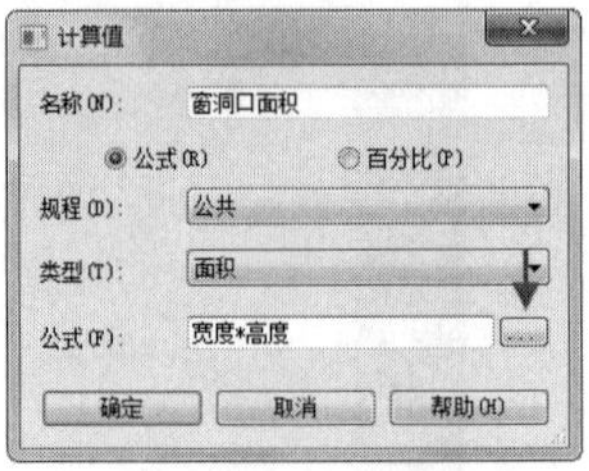

图 12-42

在“字段”对话框中选择要添加到公式中的字段——“宽度”和“高度”，如图12-43所示。在“计算值”对话框的“公式”选项中，设置计算公式为“宽度 * 高度”。

单击“确定”按钮返回“选择字段”对话框，设置“窗洞口面积”参数位于“明细表字段”列表的末尾，如图12-44所示，保证该字段显示在已有明细表的末列。

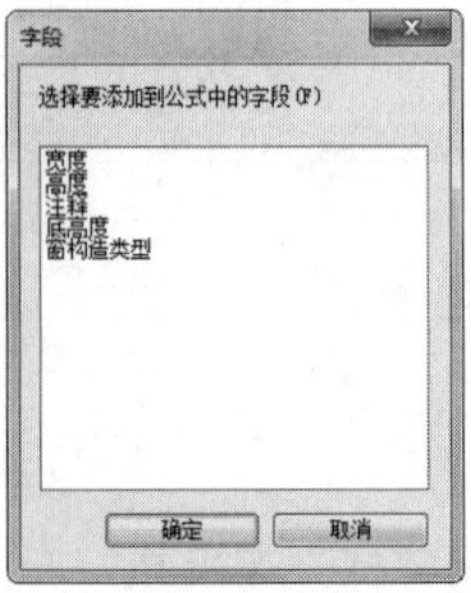

图 12-43

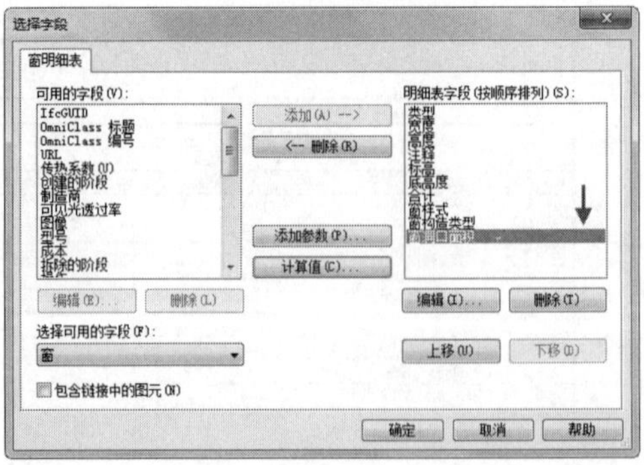

图 12-44

单击“确定”按钮关闭对话框，在明细表中新增一个数据列，以“窗洞口面积”字段命名，并自动计算窗洞口的面积，如图12-45所示。

<住宅楼-窗统计表格>									
A	B	C	D	E	F	G	H	I	J
	尺寸参数								
类型	宽度	高度	备注	视图	窗台高度	合计	窗样式	窗构造类型	窗洞口面积
1200 x 1500 mm	1200	1500		F1	600	1	1	塑钢平开窗	1.80 m²
1200 x 1500 mm	1200	1500		F1	600	1	1	塑钢平开窗	1.80 m²
1200 x 1500 mm	1200	1500		F1	600	1	1	塑钢平开窗	1.80 m²
1200 x 1500 mm	1200	1500		F1	600	1	1	塑钢平开窗	1.80 m²
1200 x 1500 mm	1200	1500		F2	1050	1	2	塑钢推拉窗	1.80 m²
1200 x 1500 mm	1200	1500		F2	1050	1	2	塑钢推拉窗	1.80 m²
1200 x 1500 mm	1200	1500		F2	1050	1	2	塑钢推拉窗	1.80 m²
1200 x 1500 mm	1200	1500		F2	1050	1	2	塑钢推拉窗	1.80 m²

图 12-45

12.2 统计墙材质

通过启用明细表中的“材质提取”工具，可统计指定对象的材质，并创建明细表格。

选择“视图”选项卡，单击“创建”面板中的“明细表”按钮，在列表中选择“材质提取”选项，如图 12-46 所示，调出“新建材质提取”对话框。

在“类别”列表中选择“墙”选项，设置“名称”，如图 12-47 所示。

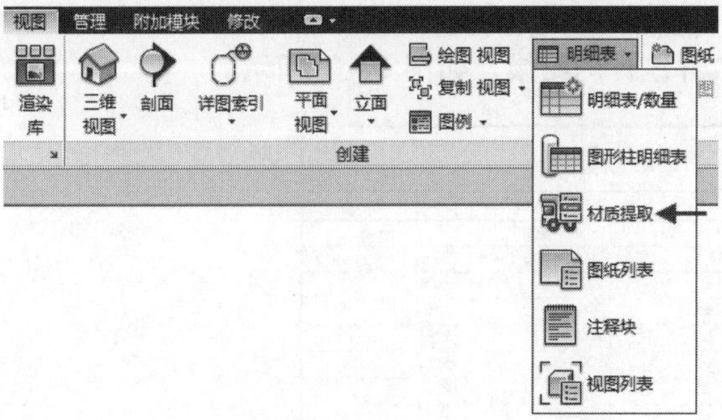

图 12-46

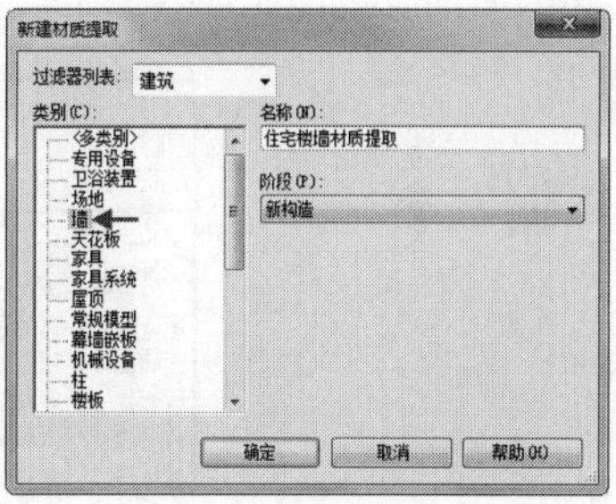

图 12-47

单击“确定”按钮进入“选择字段”对话框，在“可用字段”列表中选择字段，单击“添加”按钮，将其添加到“明细表字段”列表中，如图 12-48 所示。

单击“确定”按钮，进入“材质提取属性”对话框，选择“排序方式”为“材料：名称”，选择“升序”选项，默认选择“逐项列举每个实例”选项，保持不变，如图 12-49 所示，单击“确定”按钮。

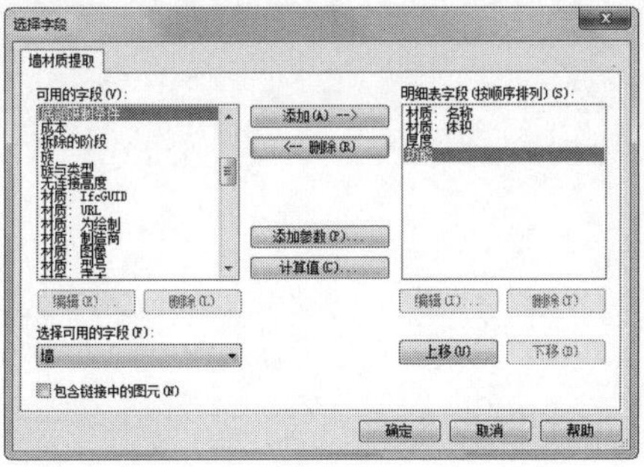

图 12-48

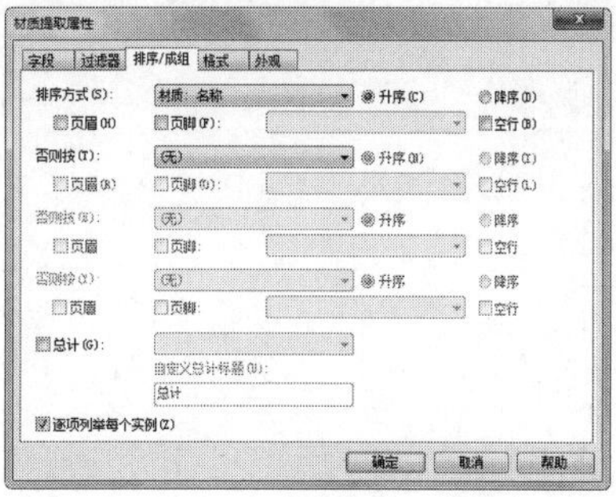

图 12-49

在“属性”选项板中单击“其他”选项组中“格式”选项后的“编辑”按钮，如图 12-50 所示，调出“材质提取属性”对话框。在“字段”列表中选择“材质：体积”选项，选择“计算总数”选项，如图 12-51 所示，单击“确定”按钮关闭对话框。

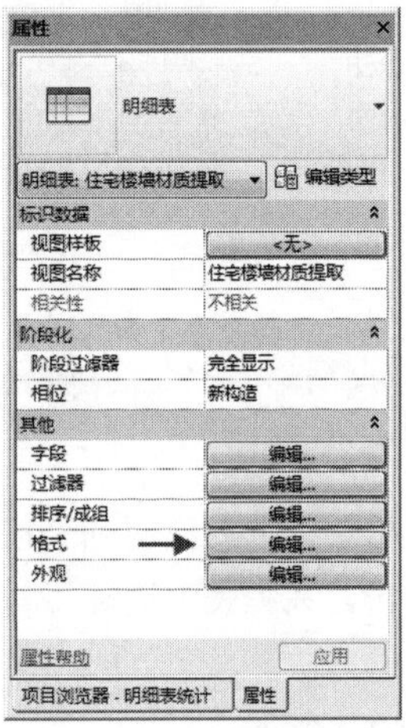

图 12-50

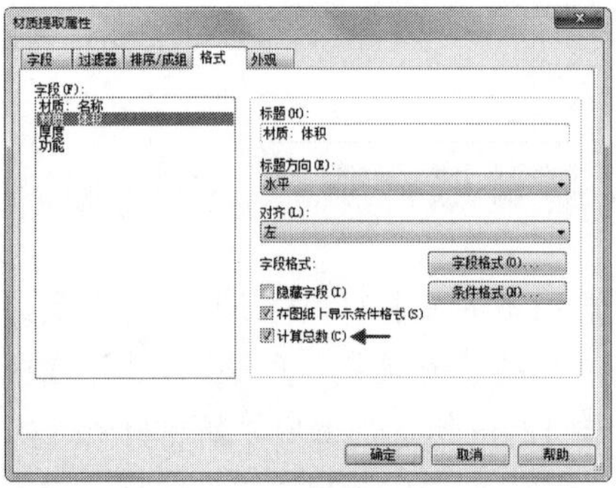

图 12-51

转入明细表视图，观察关于墙材质提取并统计的结果，如图 12-52 所示。

<住宅楼墙材质提取>

A	B	C	D
材质：名称	材质：体积	厚度	功能
住宅楼-F1-内墙粉刷	0.94 m³	300	外部
住宅楼-F1-内墙粉刷	0.44 m³	300	外部
住宅楼-F1-内墙粉刷	2.42 m³	300	外部
住宅楼-F1-内墙粉刷	0.94 m³	300	外部
住宅楼-F1-内墙粉刷	5.10 m³	280	内部
住宅楼-F1-内墙粉刷	4.95 m³	280	内部
住宅楼-F1-内墙粉刷	0.42 m³	300	外部
住宅楼-F1-外墙粉刷	0.49 m³	300	外部
住宅楼-F1-外墙粉刷	0.22 m³	300	外部
住宅楼-F1-外墙粉刷	1.21 m³	300	外部
住宅楼-F1-外墙粉刷	0.49 m³	300	外部
住宅楼-F1-外墙粉刷	0.42 m³	300	外部
住宅楼-F1-外墙衬底	0.66 m³	300	外部
住宅楼-F1-外墙衬底	3.63 m³	300	外部
住宅楼-F1-外墙衬底	1.47 m³	300	外部
住宅楼-F1-外墙衬底	1.25 m³	300	外部
住宅楼-F1-外墙衬底	0.55 m³	300	外部
砖石建筑 - 砖 - 截面	15.56 m³	300	外部
砖石建筑 - 砖 - 截面	15.56 m³	300	外部
砖石建筑 - 砖 - 截面	7.87 m³	300	外部
砖石建筑 - 砖 - 截面	4.68 m³	300	外部
砖石建筑 - 砖 - 截面	5.02 m³	300	外部

图 12-52

第13章 对象与视图管理

在项目浏览器中查看项目文件所包含的所有视图，包括平面视图、立面视图、三维视图等，通过分类及排列视图，方便用户查找视图。视图中包含各种各样的图元对象，管理对象样式，如线型、线宽、颜色等，控制不同的对象在视图中的显示样式。

13.1 对象管理

与AutoCAD使用“图层”来管理图元对象相似，Revit通过设立“对象类别”来管理图元对象。Revit的图元属于“族”，“族”属于不同的对象类别。如门实例属于“门”对象类别，每一个“门”对象，由“子类别”图元组成，如嵌板、把手、洞口、玻璃等，这些图元构成“门”实例。

管理“子类别”图元属性，可控制实例图元的显示样式。

13.1.1 设置线型与线宽

设置模型对象的线型与线宽属性，控制模型对象在平面视图或者截面视图中投影线或截面线的显示。

1. 线型

选择“管理”选项卡，单击“设置”面板中的“其他设置”按钮，在调出的列表中选择“线型图案”选项，如图13-1所示，调出“线型图案”对话框。

在该对话框中显示各类项目样板默认创建的线型，包括名称与线型预览图案，如图13-2所示。

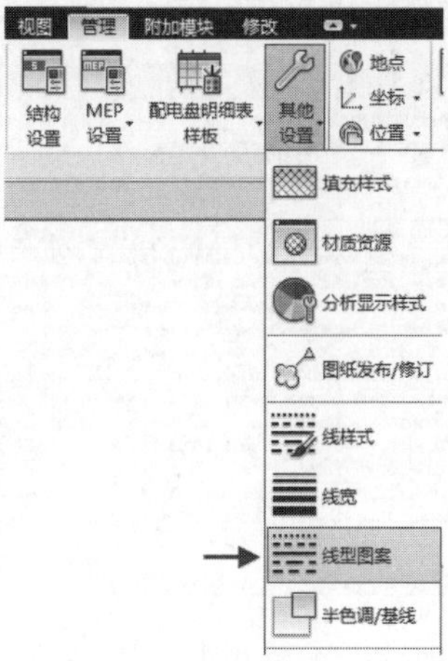

图 13-1

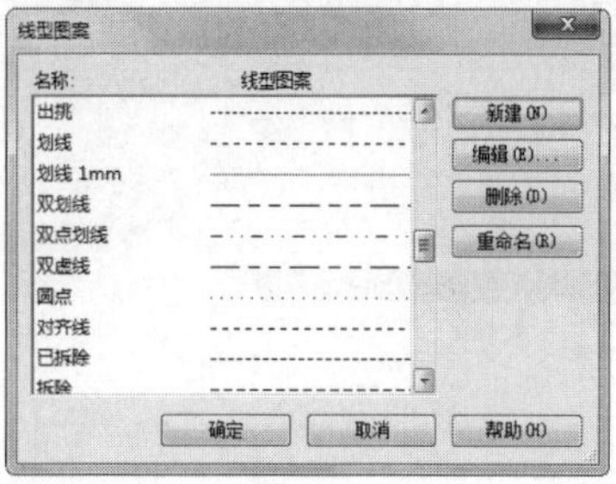

图 13-2

单击“编辑”按钮，调出如图13-3所示的“线型图案属性”对话框。在“名称”选项中设置参数，在图案列表中分别设置“类型”与“值”表列参数，控制线型图案的显示样式。

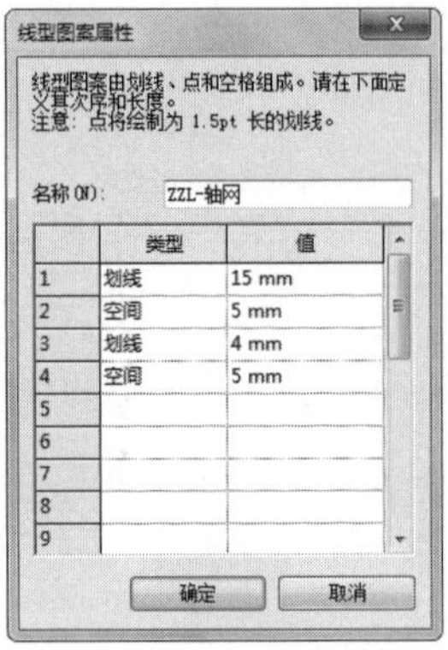

图 13-3

单击“类型”单元格，调出的列表中显示“划线”和“圆点”，表示线型图案只能以“划线”或“圆点”开始。“值”表列中的参数表示线型图案打印在图纸上的长度值。

在编号为2的表行设置线型图案参数。单击“类型”单元格，列表中显示“空间”选项。设置“值”单元格中的参数，指定划线与划线之间、或者点与点之间的间距。

编号为3的表行，在“类型”单元格中又提供“划线”“圆点”供用户选择。通过设置图案、图案之间的间距，来定义线型图案的显示样式。

单击“确定”按钮返回“线型图案”对话框，在其中显示新建的线型图案，以黑色填充图案显示。在“名称”表列下显示图案名称，在“线型图案”表列中可预览线型图案，如图13-4所示。单击“确定”按钮关闭对话框。

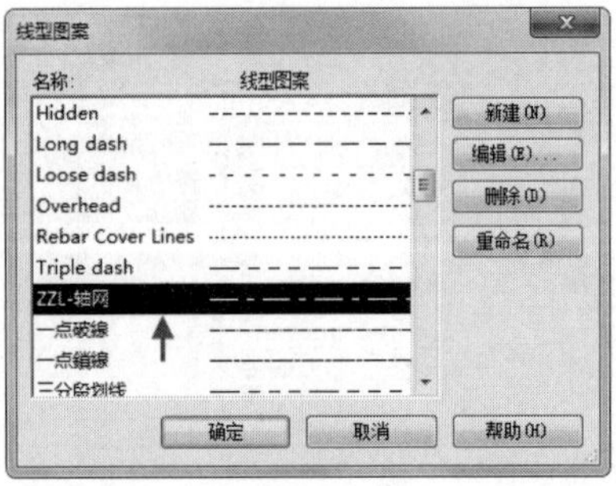

图 13-4

选择轴线，单击“属性”选项板中的“编辑类型”按钮，进入“类型属性”对话框。单击“轴线末段填充图案”按钮，在列表中选择新建的轴线线型图案，如图13-5所示，单击“确定”按钮关闭对话框，绘图区域中的轴线线型图案随之更新。

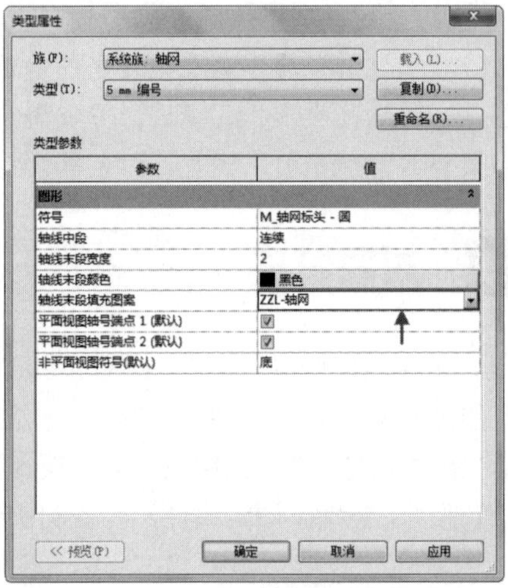

图 13-5

2. 线宽

在“设置”面板中单击“其他设置”按钮，在列表中选择“线宽”选项，调出“线宽”对话框，如图13-6所示。鼠标置于该对话框右侧的矩形滑块上，向下单击拖曳鼠标，查看16种模型线宽。在表格中显示不同比例的线宽，单击单元格，进入在位编辑模式，修改线宽。

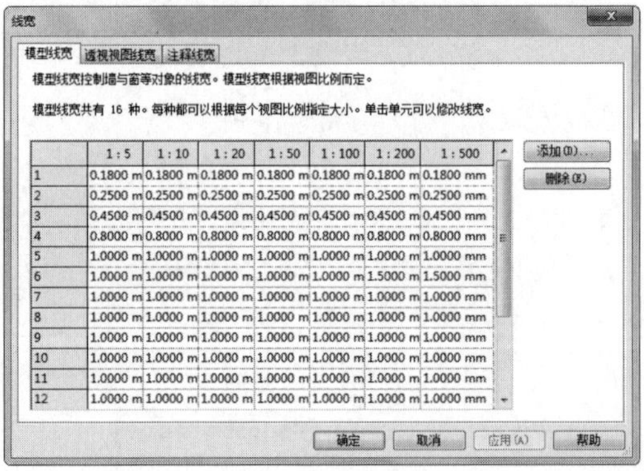

图 13-6

单击“添加”按钮，调出“添加比例”对话框。单击比例选项，在列表中选择视图比例，如选择1:25，如图13-7所示。单击“确定”按钮，在表格中新增名称为1:25的表列，修改各单元格中的线宽参数，单击“确定”按钮，完成添加新线宽的操作。

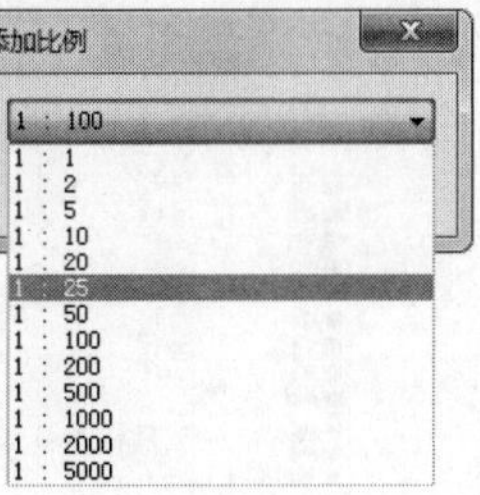

图 13-7

单击选择“透视图线宽”“注释线宽”选项卡，如图13-8所示，在其中设置线宽值，分别控制透视视图中对象的线宽，以及剖面和尺寸标注等的线宽。

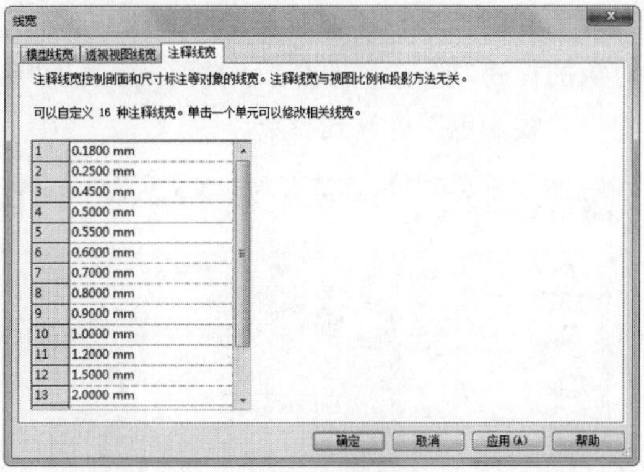

图 13-8

13.1.2 设置对象样式

启用“对象样式”工具，可控制模型对象在视图中的显示样式，或者隐藏指定的图元，使其在视图中不可见。

选择“管理”选项卡，单击“设置”面板中的“对象样式”按钮，如图13-9所示，调出“对象样式”对话框。

默认选择“模型对象”选项卡，如图13-10所示。使用Revit可开展多种类型的项目设计，如建筑、结构、机械等。单击“过滤器列表”，在列表中显示项目的分类。选择全部选项，可在列表中显示这些项目中包含的图元对象。

图 13-9

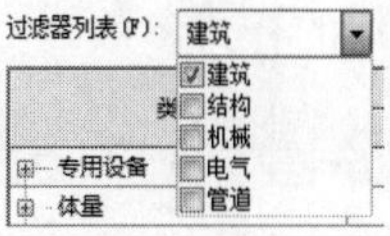

图 13-10

假如当前为建筑项目，则在列表中选中“建筑”选项，如图13-11所示，在列表中显示建筑项目中所需的对象类别。

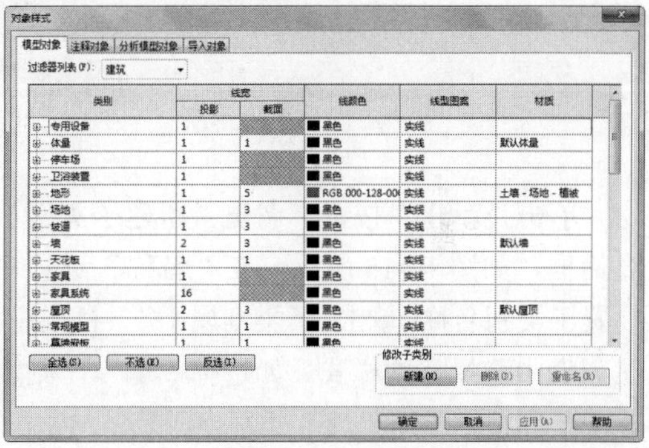

图 13-11

“类别”表列中显示各对象类别的名称，如“专用设备”“体量”“停车场”等。“线宽”表列由“投影”与“截面”表列组成，在“投影”表列中设置对象的视图投影线，在“截面”表列中设置对象的截面线宽。单击单元格，调出线宽列表，选择代号以选择线宽。显示为灰色填充图案的单元格，不可对其进行编辑。

“线颜色”表列显示对象在视图中的显示颜色，单击单元格，调出“颜色”对话框，选择颜色后单击“确定”按钮，修改对象颜色。

“线型图案”表列显示对象当前在视图中的线型样式，单击单元格，在列表中选择图案样式。

“材质”表列显示对象所使用的材质，单

击单元格后的矩形按钮，调出“材质浏览器”对话框，在其中为对象指定材质。

单击展开列表名称前的 + 号图标，在展开的列表中显示子类别。如展开“窗”，在列表中显示组成“窗”图元的各子类别，如“洞口”“玻璃”“窗台 / 盖板”等，如图 13-12 所示。可以在“线宽”“线颜色”“线型图案”表列中分别定义子类别的样式参数。

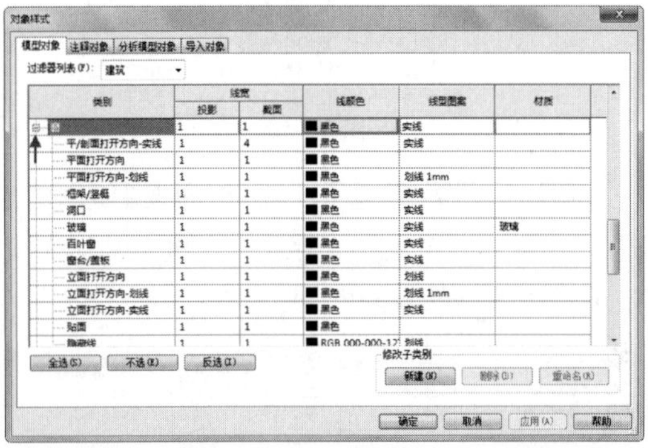

图 13-12

单击“新建”按钮，调出“新建子类别”对话框，如图 13-13 所示。在“名称”选项中设置子类别名称，单击“子类别属于”下拉按钮，在列表中选择类别样式。如选择“墙”，则新建子类别被归类至“墙”类别中。

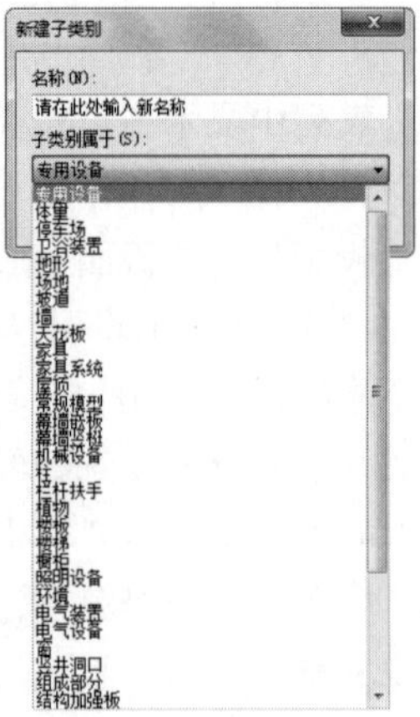

图 13-13

选择“注释对象”选项卡，如图 13-14 所示。在“过滤器列表”中选择选项，以决定列表的显示结果。通过更改“线宽”“线颜色”“线型图案”表列中的参数，控制注释对象，如剖面线、参照平面、参照线等在视图中的显示样式。

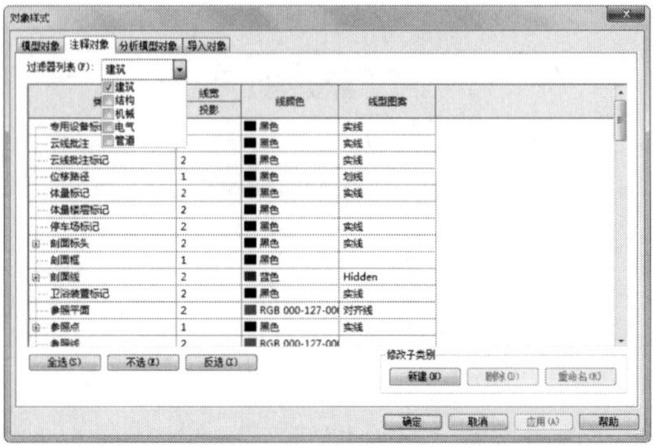

图 13-14

选择“分析模型对象”选项卡，如图 13-15 所示。在此取消使用“过滤器列表”，设置所有类型项目中都有可能用到的分析模型对象的样式。选定类别或者子类别，修改其“线宽”“线颜色”等样式参数。

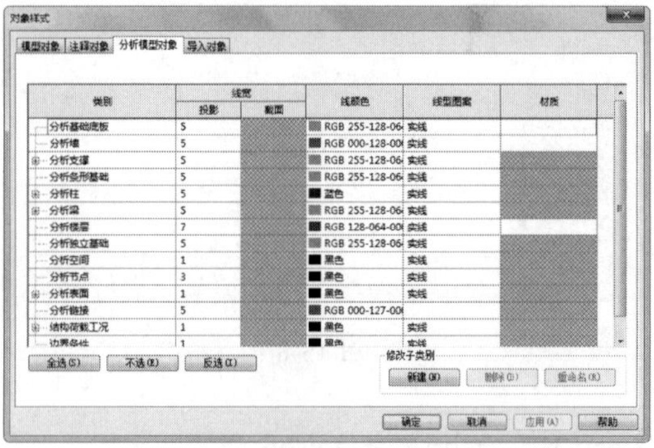

图 13-15

选择“导入对象”选项卡，在其中显示经过“导入”操作后，进入项目文件的外部图形文件。如将 DWG 文件导入至项目文件中，在该选项卡中便可显示导入的图纸，如图 13-16 所示。

单击展开图纸名称前的 + 号图标，显示该图纸所包含的所有图层，如图 13-17 所示。在“线宽”“线颜色”等表列中修改参数，可以控制导入的对象在视图中的显示样式。

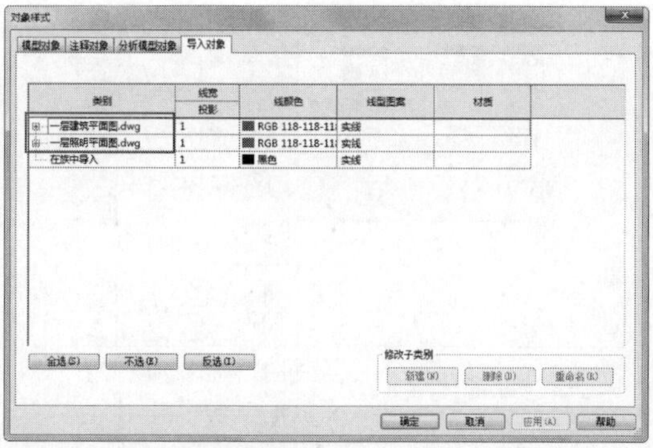

图 13-16

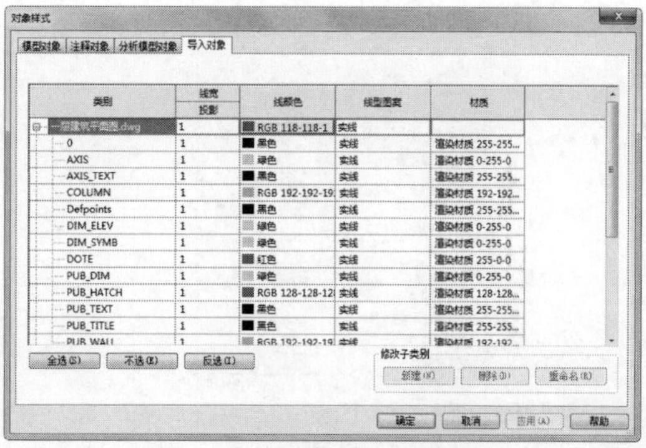

图 13-17

单击“确定”按钮关闭“对象样式”对话框，完成设置对象样式的操作。

13.2 视图控制

Revit 通过视图来查看项目文件，在项目浏览器中查看视图列表，双击视图名称可打开选定的视图。通过设置视图的显示比例、显示范围，从而控制视图中对象类别及子类别的可见性。

13.2.1 设置视图显示

观察建筑模型的三维样式，在底层分别设置了散水、台阶建筑构件，如图 13-18 所示。转换至 F1 视图，发现仅能看到台阶的平面样式，散水却被隐藏了，如图 13-19 所示。散水的标高为“室外地坪”，低于 F1，所以在 F1 视图中不可见。通过设置视图范围，使散水在 F1 视图中可见。

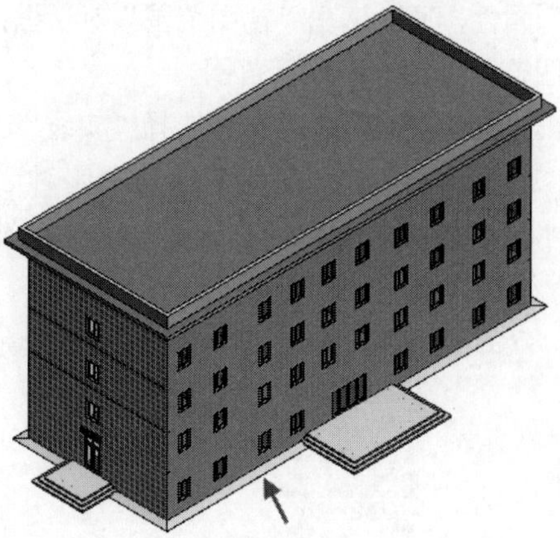

图 13-18

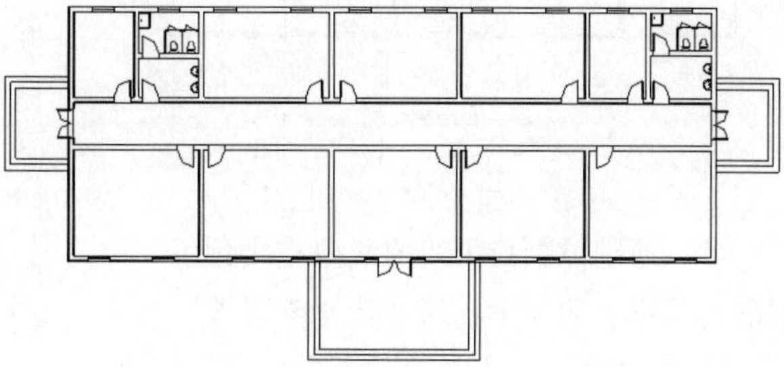

图 13-19

在“属性”选项板中单击“视图范围”选项后的“编辑”按钮，如图 13-20 所示，调出“视图范围”对话框。在“视图深度”选项组中设置“标高”为“标高之下（室外地坪）”，如图 13-21 所示。单击“确定”按钮关闭对话框。

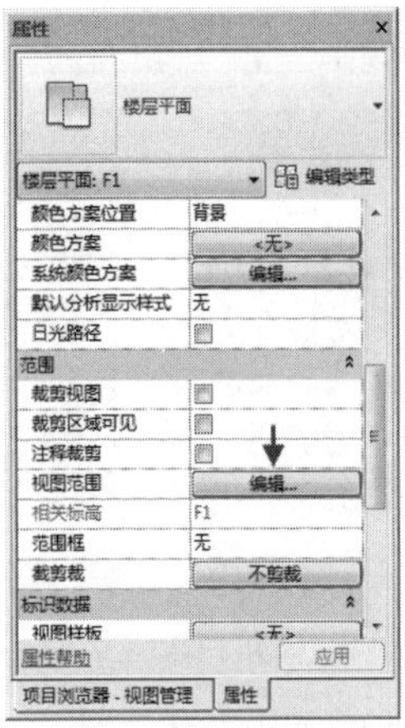

图 13-20

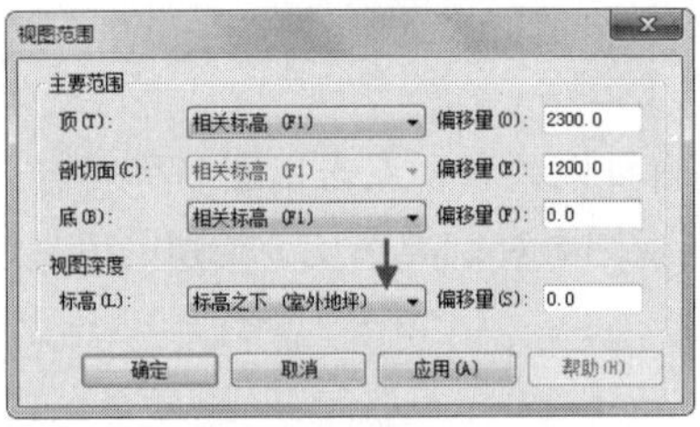

图 13-21

此时观察F1视图中的建筑模型，发现散水的投影以红色虚线显示，如图13-22所示。

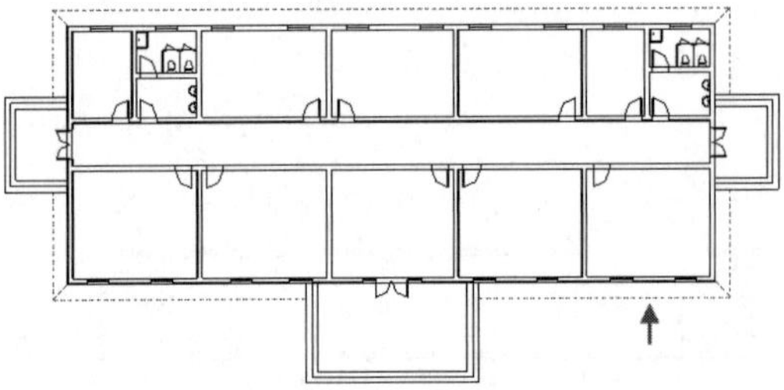

图 13-22

可以通过控制投影线的线型与线颜色，控制散水投影线的显示样式。选择“管理”选项卡，单击“设置”面板中的“其他设置”按钮，在调出的列表中选择“线样式”选项，如图13-23所示，调出“线样式”对话框。

单击展开“线”类别，选择“<超出>”类别，单击“线颜色”单元格，调出“颜色”对话框，选择黑色，如图13-24所示，单击“确定”按钮，返回“线样式”对话框。

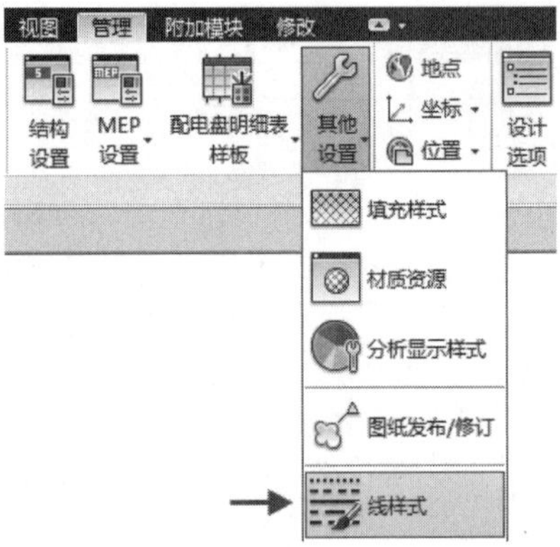

图 13-23

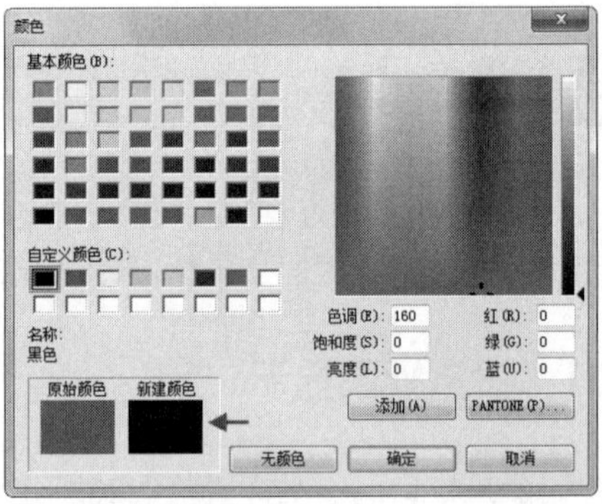

图 13-24

楼层平面视图与天花板平面视图均有“视图范围”属性，通过调出“视图范围”对话框，设置视图范围值，控制显示范围。

单击“线型图案”单元格，选择“实线”，如图13-25所示。单击“确定”按钮关闭对话框，散水投影线的显示样式发生了变化，如图13-26所示。

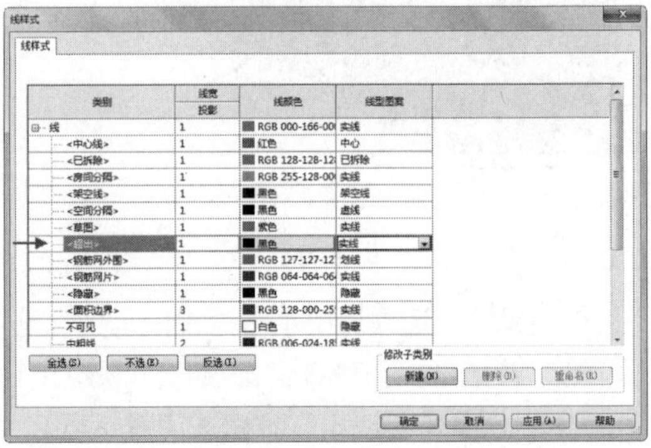

图 13-25

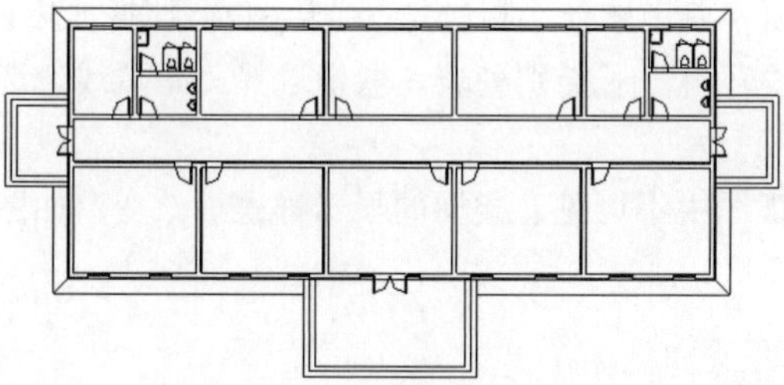

图 13-26

“视图范围”对话框由“主要范围”“视图深度”选项组组成。以建筑立面视图为例，如图 13-27 所示，介绍“视图范围”对话框中各选项参数的含义。

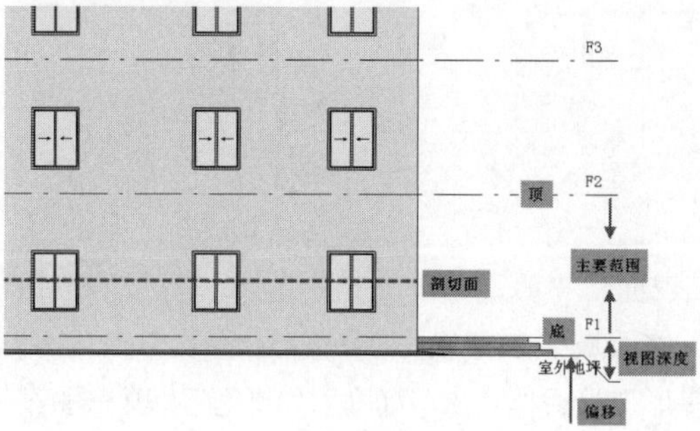

图 13-27

“主要范围”由“顶”“剖切面”“底”组成。“顶”与“底”指定视图范围的最高点与最低点的位置，“剖切面”确定视图中指定图元可视剖切高度的平面。这三个平面定义了视图范围的主要范围。

“视图深度”表示视图主要范围之外的附加平面，通过修改视图深度的标高，可以控制位于底剪裁平面之下的图元显示与否。默认标高与“底”相同，呈重合样式。

“底”标高不能超过“视图深度”的标高。“主要范围”与“视图深度”范围以外的图元在平面视图中不可见。

13.2.2　设置图元显示

在项目设计的过程中，需要绘制各种图元对象，其中有些图元主要提供辅助作用，可设置其显示样式，控制其显示/隐藏，在需要时显示，不需要时隐藏，既方便使用，又保持了画面的整洁。

选择“视图”选项卡，单击“图形”面板中的“可见性/图形”按钮，如图 13-28 所示，调出“可见性/图形替换”对话框。其由“模型类别”“注释类别”“分析模型类别”“导入的类别”“过滤器”选项卡组成。在“过滤器列表”中选择项目类型，在列表中显示各类相关的模型。

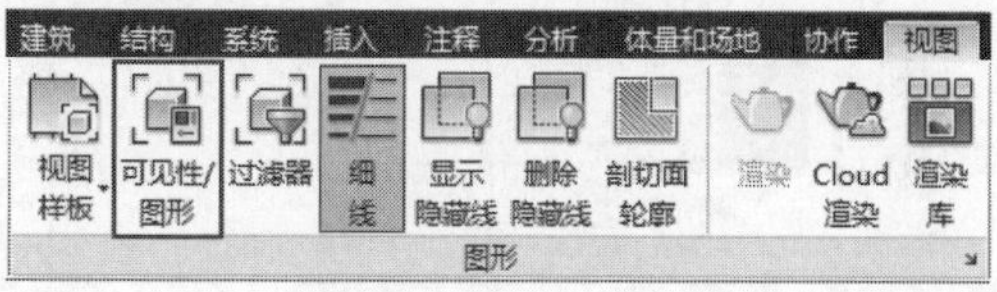

图 13-28

在“模型类别”选项卡中选择“建筑”选项，在“可见性”表列中显示各类建筑模型。选择模型名称，该模型在平面视图中可见。

1. 显示/隐藏子类别

单击“楼梯”名称前的 + 号图标，展开列表，在其中显示“楼梯”的子类别，如“剪切标记”“支撑”等，这些是组成“楼梯”的子类别。默认全部选择子类别，创建“楼梯”模型后，这些子类别在平面视图中全部显示，如图 13-29 所示。

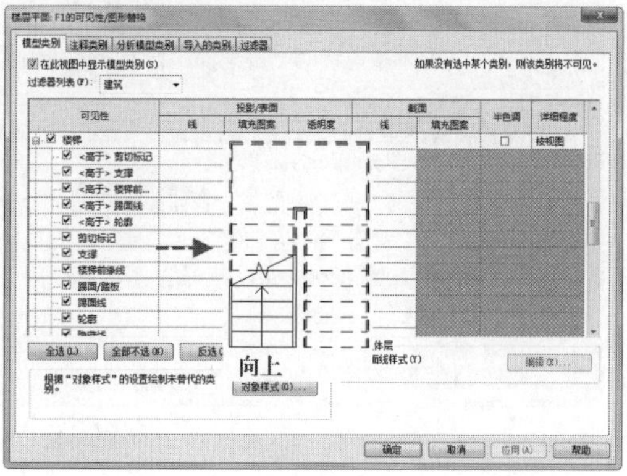

图 13-29

通过选择/取消选择子类别，可控制子类别图元在平面视图中的显示与否，从而影响对象的显示样式。在“楼梯”子类别列表中取消选择“< 高于 > 剪切标记”“< 高于 > 支撑”等选项。单击展开“栏杆扶手”，在子类别列表中取消选择“< 高于 > 栏杆扶手截面线”选项。展开“环境”子类别列表，取消选择“隐藏线”选项，如图 13-30 所示。

单击“确定”按钮，取消选择的子类别在平面视图中不可见，楼梯的显示样式被改变，如图 13-31 所示。

图 13-30

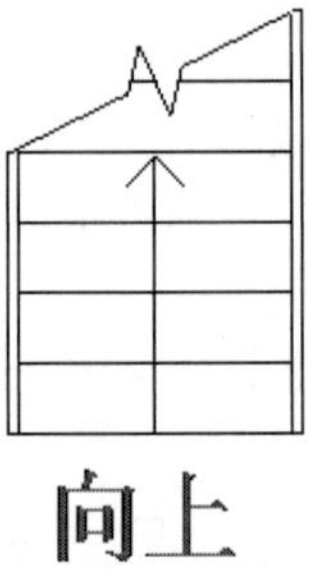

图 13-31

2. 替换样式

在“可见性”表列中选择模型类别，在“投影 / 表面”“截面”单元格中显示“替换”按钮，如图 13-32 所示，单击该按钮，调出相应的对话框，修改属性参数以影响对象显示样式。

单击“线”单元格中的“替换”按钮，调出“线图形”对话框。在“宽度”“颜色”“填充图案”选项中修改参数，如图 13-33 所示，单击“确定”按钮返回“可见性 / 图形替换”对话框。单击“应用”按钮，可查看设置效果，不必退出对话框。

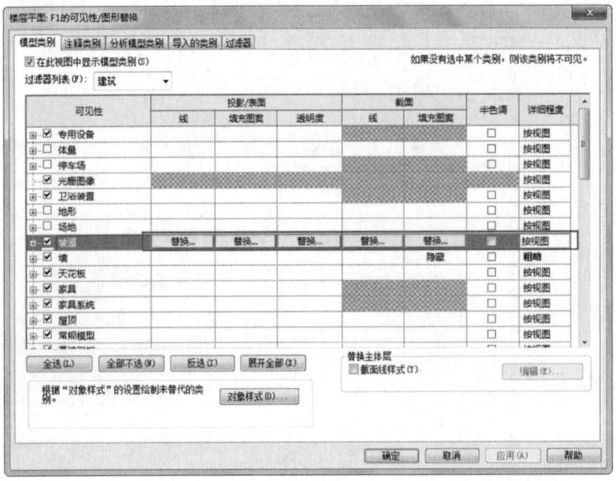

图 13-32

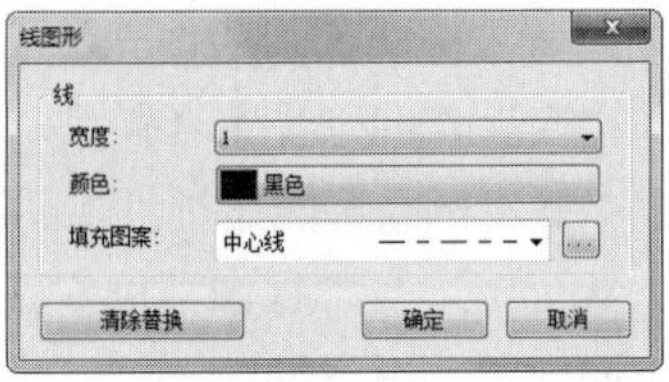

图 13-33

3. 设置“详细程度”

在“详细程度”单元格中设置视图的详细程度，可以控制选中的模型在视图中的显示样式。假如在“可见性 / 图形”对话框中“详细程度”参数与视图中“视图控制栏”中的“详细程度”参数不一致，模型的显示样式以“可见性 / 图形”对话框中所设置的参数为准。

以“墙”为例，在“可见性 / 图形”对话框中将其“详细程度”设置为“精细”，墙体在平面视图中的显示样式以“编辑部件”对话框中所设置的结构一致，如图 13-34 所示。此时无论视图的显示样式为“粗略”或“中等”，都不会影响墙体以“精细”样式显示。

选择“粗略”显示样式，墙体仅显示外墙线与内墙线，如图 13-35 所示，结构层轮廓线被隐藏。

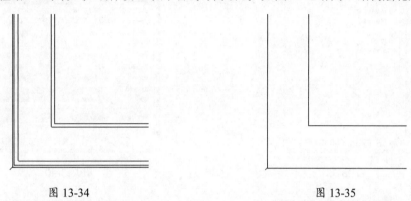

图 13-34

图 13-35

13.3 视图组织结构

在“浏览器组织”对话框中显示视图的组织结构，选择不同的组织结构，更改视图在项目浏览器中的显示样式，从而影响用户查看与管理视图的方式。

13.3.1 常用组织结构

选择“建筑”选项卡，单击“用户界面”面板中的“用户界面”按钮，在调出的列表中选择“浏览器组织”选项，如图 13-36 所示，调出“浏览器组织”对话框。

在该对话框中显示视图的组织结构，如 all、不在图纸上、全部等，如图 13-37 所示。

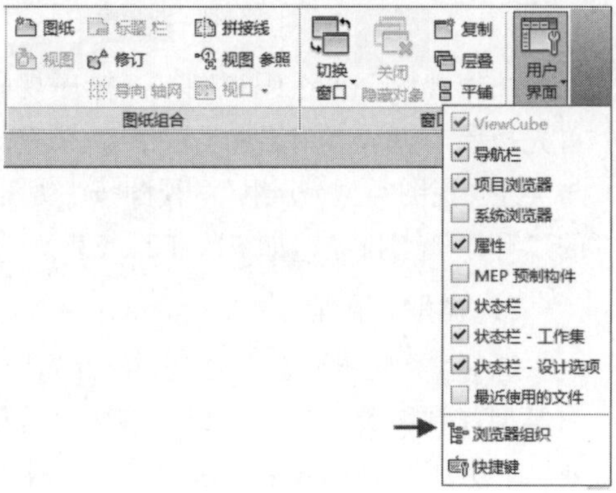

图 13-36

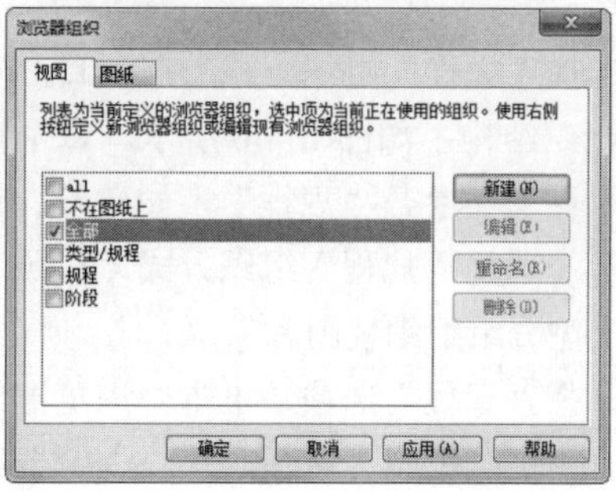

图 13-37

1. 全部

默认选择“全部”，项目浏览器中视图的组织结构如图 13-38 所示，显示所有的视图，并且按视图列表分类排序。单击视图名称前的 + 号图标，在展开的列表中显示子类别，如图 13-39 所示。

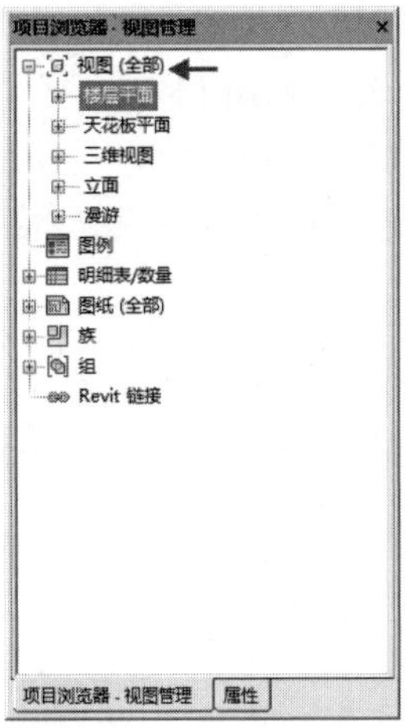

图 13-38

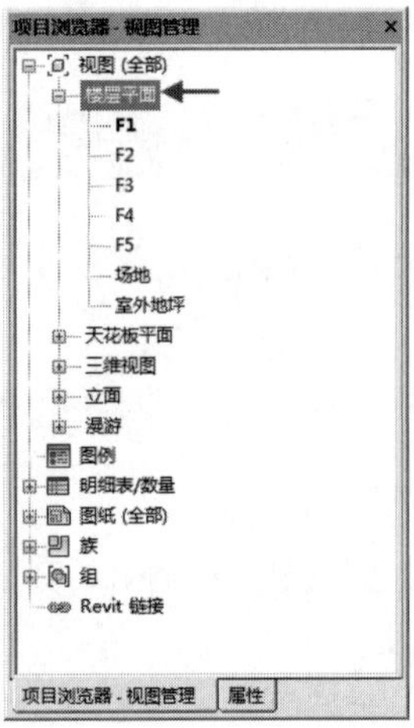

图 13-39

2. 规程

选择“规程”组织方式，在项目浏览中视图的组织结构，如图 13-40 所示。每个视图都有一个图形类参数“规程”，如建筑、结构、电气等。选择“规程”组织方式，按照专业和视图类型分组组织视图。

选择“规程”选项，单击“浏览器组织”对话框中的“编辑”按钮，在“浏览器组织属性”对话框中设置“成组条件”。单击“确定”按钮关闭对话框，查看项目浏览器中视图的组织方式，如图 13-41 所示。

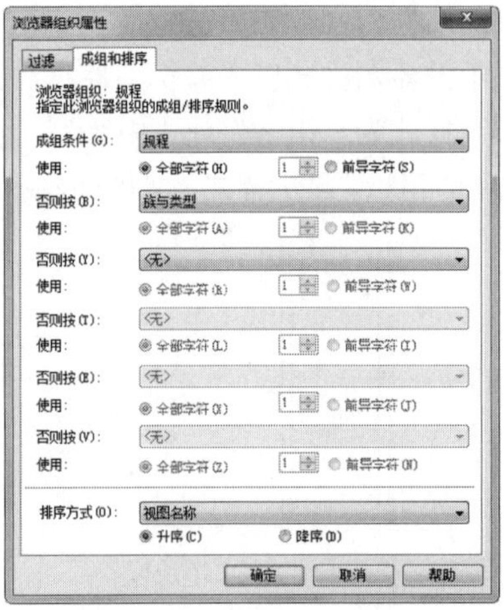

图 13-40

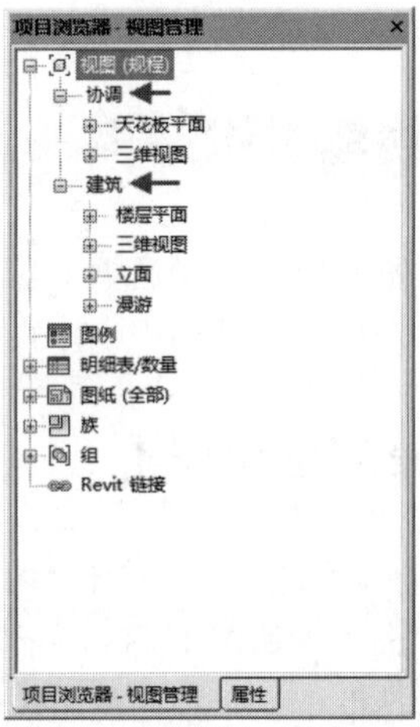

图 13-41

按“规程”来组织视图，其排序规则为：首先按照“规程（专业）”分组，接着按“族与类型（视图类型）分组”，视图按“视图名称”的“升序”来排序，如 F1、F2、F3。

3. 类型 / 规程

选择“类型 / 规程”组织方式，首先按照“族与类型（视图类型）”分组，再按“规程（专业）”分组，视图按名称以“升序”排列，如图 13-42 所示。

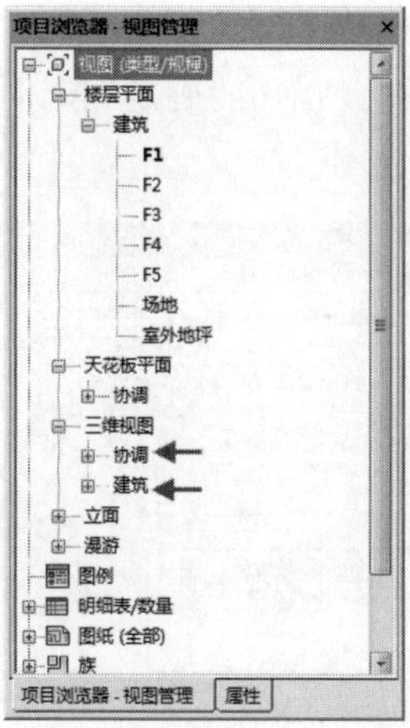

图 13-42

13.3.2 自定义组织结构

用户可自定义视图的组织形式。在“浏览器组织”对话框中单击“新建”按钮，在“创建新的浏览器组织”对话框中设置名称，如图13-43 所示。单击“确定”按钮，进入“浏览器组织属性”对话框。

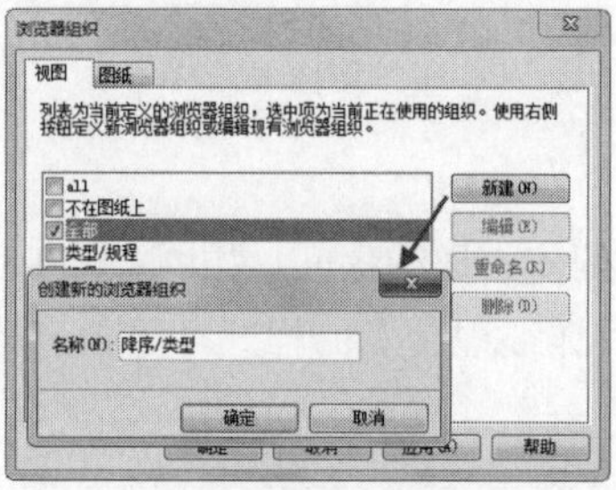

图 13-43

设置成组条件依次为“类型”“规程”，选择“排序方式”为“降序”，如图 13-44 所示。单击“确定”按钮，返回“浏览器组织”对话框。选择新建的组织形式，单击“确定”按钮关闭对话框。

在项目浏览器中观察视图排列方式的变化情况，如图 13-45 所示。

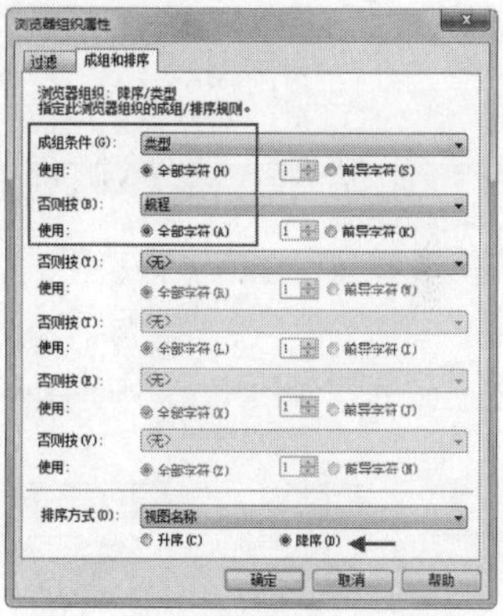

图 13-44

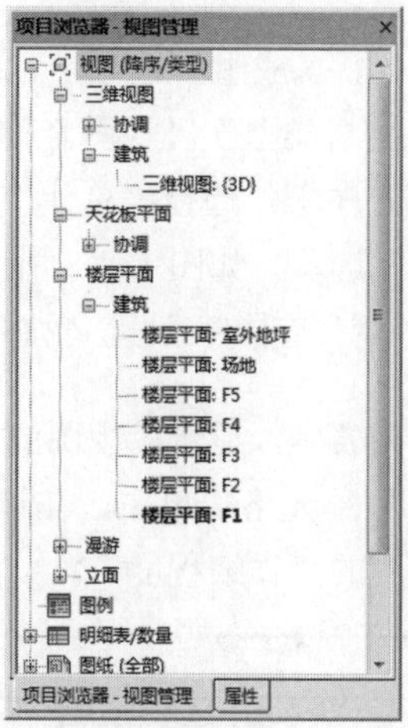

图 13-45

13.4 视图列表

创建视图明细列表，可以在列表中显示所有的视图及相关属性，如图纸名称、相关标高、详细程度等。某些视图属性可在视图明细表中编辑修改。

选择“视图”选项卡，单击“创建”面板中的“明细表”按钮，在列表中选择“视图列表”选项，如图 13-46 所示，调出“视图列表属性”对话框。

在该对话框中的“可用的字段”列表中选择“族与类型”“视图名称”等字段，单击“添加”按钮，将选中的字段添加到“明细表字段”列表中，如图 13-47 所示。

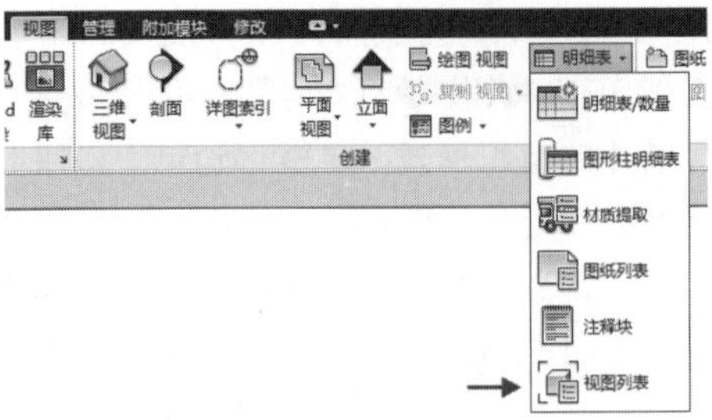

图 13-46

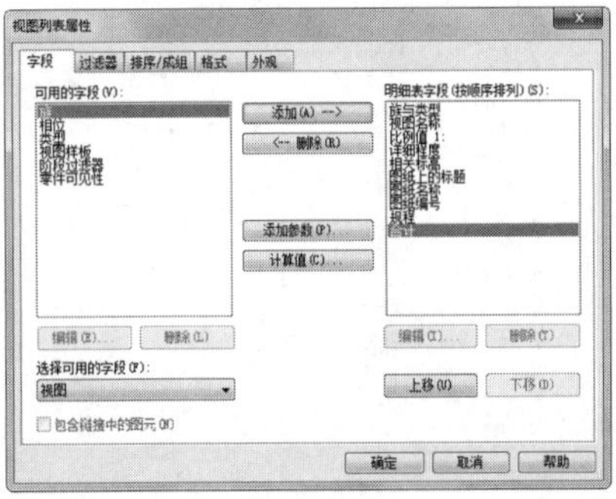

图 13-47

选择"排序 / 成组"选项卡，设置排序方式依次为"族与类型""视图名称"，设置排序方式为"升序"。选择"总计"及"逐项列举每个实例"选项，如图 13-48 所示。

选择"外观"选项卡，设置"轮廓"为"宽线"，分别设置"标题"与"正文"的字体与字高，如图 13-49 所示。单击"确定"按钮关闭对话框，进入明细表视图。

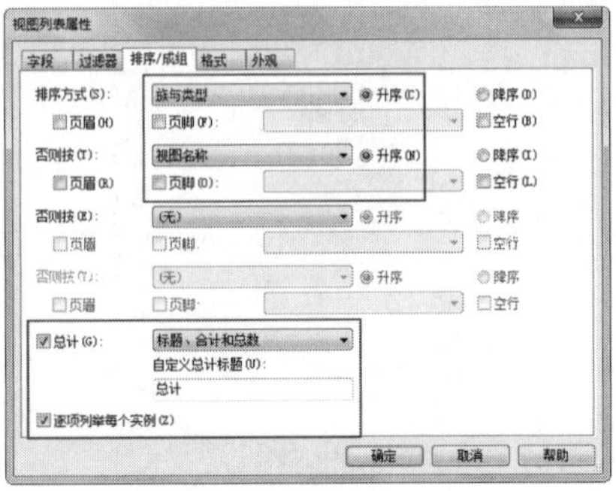

图 13-48

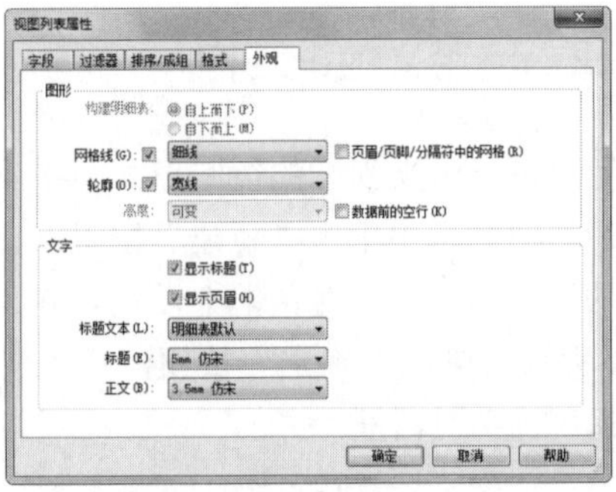

图 13-49

在视图列表中，显示各视图的属性，如视图名称、比例值、详细程度，如图 13-50 所示。在"详细程度"单元格中单击，在调出的列表中显示视图"详细程度"的样式，单击选择选项可更改指定视图的"详细程度"。

<视图列表>

A	B	C	D	E	F	G	H	I	J
族与类型	视图名称	比例值 1:	详细程度	相关标高	图纸上的标题	图纸名称	图纸编号	规程	合计
三维视图: 三维视	{3D}	100	精细					建筑	1
三维视图: 三维视	{三维}	100	中等					协调	1
天花板平面: 天花	F1	100	粗略	F1				协调	1
天花板平面: 天花	F2	100	粗略	F2				协调	1
楼层平面: 楼层平	F1	100	粗略	F1				建筑	1
楼层平面: 楼层平	F2	100	粗略	F2				建筑	1
楼层平面: 楼层平	F3	100	粗略	F3				建筑	1
楼层平面: 楼层平	F4	100	粗略	F4				建筑	1
楼层平面: 楼层平	F5	100	粗略	F5				建筑	1
楼层平面: 楼层平	场地	100	粗略	F1				建筑	1
楼层平面: 楼层平	室外地坪	100	粗略	室外地坪				建筑	1
漫游: 漫游	漫游 2		中等					建筑	1
立面: 立面	东立面	100	粗略					建筑	1
立面: 立面	北立面	100	粗略					建筑	1
立面: 立面	南立面	100	粗略					建筑	1
立面: 立面	西立面	100	粗略					建筑	1
总计: 16									

图 13-50

单击"规程"单元格，在列表中显示建筑、结构、电气等规程，选择选项，可以将指定的规程指定给选中的视图。

第 14 章　尺寸标注

尺寸标注由尺寸界线、尺寸标注线、记号标记、尺寸标注文字组成，是用来标注距离的视图专有图元。Revit 尺寸标注有两种样式，一种是临时尺寸标注，另一种是永久性尺寸标注。临时尺寸标注可以转换为永久性尺寸标注，更改尺寸标注，可以同步操纵模型。

14.1　永久性尺寸标注

在“注释”选项卡中，提供了多种类型的尺寸标注供用户使用，如对齐标注、线性标注、角度标注等。除了通过启用工具创建尺寸标注外，还可以将临时尺寸标注转换为永久性尺寸标注。

14.1.1　对齐标注

启用“对齐”标注，用于在平行参照之间或多点之间放置尺寸标注。

选择“注释”选项卡，单击“尺寸标注”面板中的“对齐”按钮，如图 14-1 所示，进入“修改 | 放置尺寸标注”选项卡。

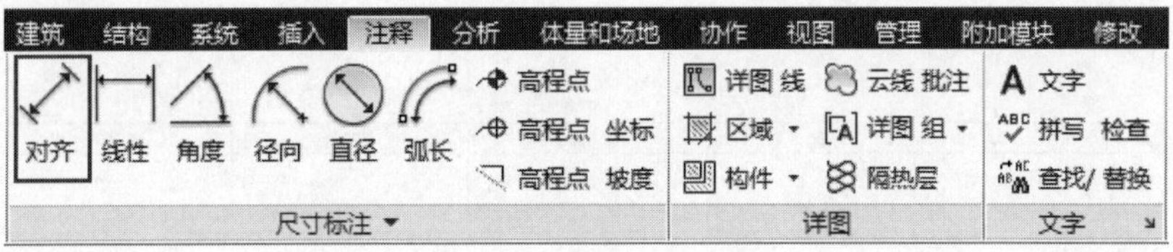

图 14-1

在选项栏中选择“参照墙中心线”，指定“拾取”方式为“单个参照点”，如图 14-2 所示。

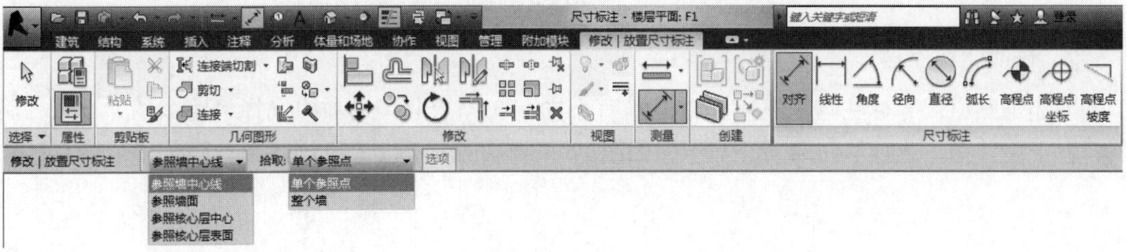

图 14-2

1．拾取“单个参照点”

在轴线上单击指定起始参照点，移动鼠标，在另一轴线上指定终止参照点，如图 14-3 所示。因为选择了“参照墙中心线”，所以参照点位于墙中心线上（轴线位于墙中心线上）。

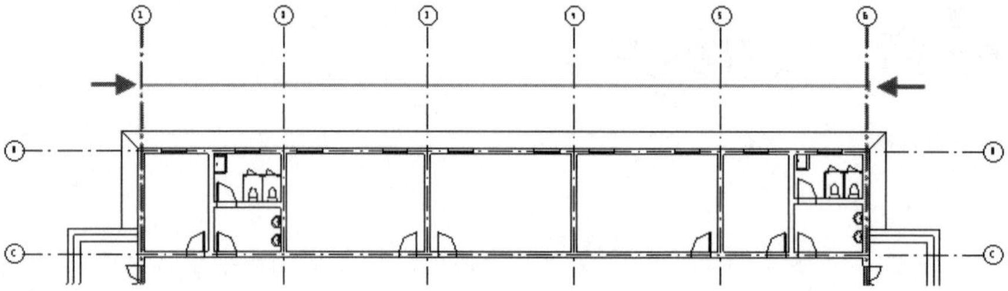

图 14-3

在空白位置单击，放置尺寸标注如图 14-4 所示。完成为平面视图创建第一道尺寸标注的操作。

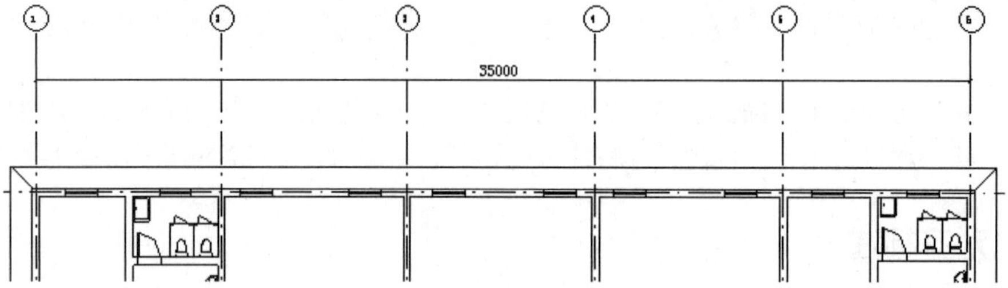

图 14-4

使用“对齐”工具创建第二道尺寸标注与上述操作相似，分别在轴线上拾取参照点，指定尺寸标注的放置点，可完成创建尺寸标注的操作，如图 14-5 所示。

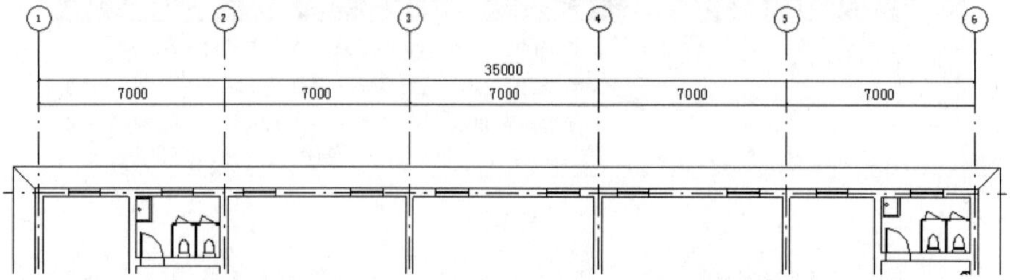

图 14-5

2. 拾取“整个墙”

创建第三道尺寸标注与上述操作方法稍有不同。在“拾取”选项中选择“整个墙”选项，将鼠标置于墙体上，此时整面墙高亮显示，如图 14-6 所示，表示以该段墙体为参照创建对齐标注。

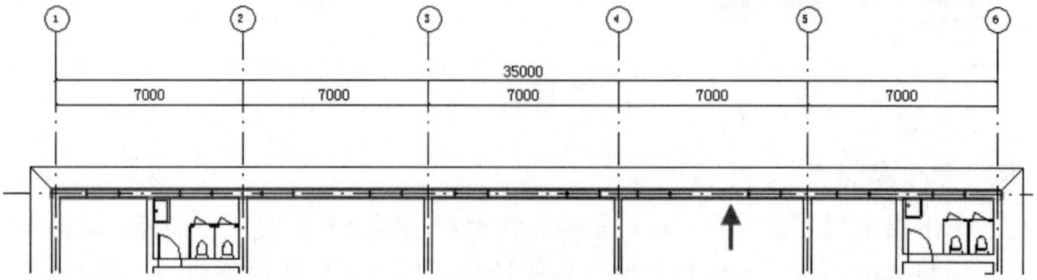

图 14-6

单击拾取墙体并向上移动鼠标，在空白位置单击，完成创建尺寸标注的操作。使用“拾取墙”

的方式创建尺寸标注，可以详细标注墙体上各图元在墙体上的尺寸关系。在为建筑平面视图标注第三道尺寸标注，即门窗的尺寸时，可以选择“整个墙”方式。通过拾取墙体，可轻松标注门窗的细部尺寸，如图 14-7 所示。

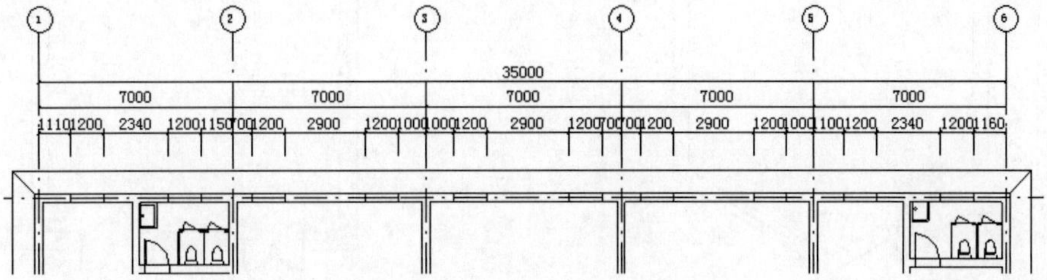

图 14-7

默认选择以“参照墙中心线”的方式选择参照点来创建对齐标注，如图 14-8 所示。选择“参照墙面”方式，可以拾取墙面线上的参照点来创建对齐标注，如图 14-9 所示。

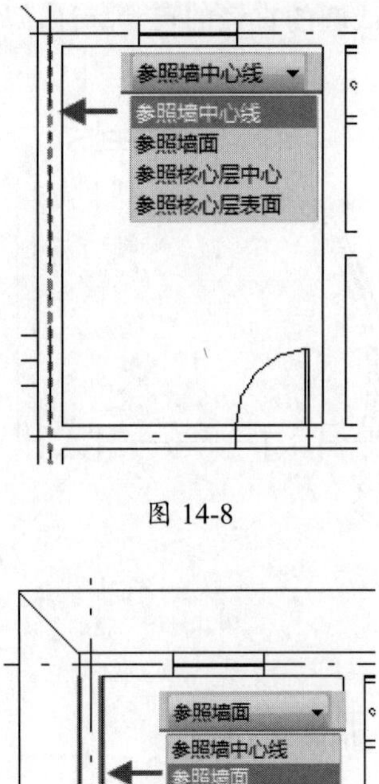

图 14-8

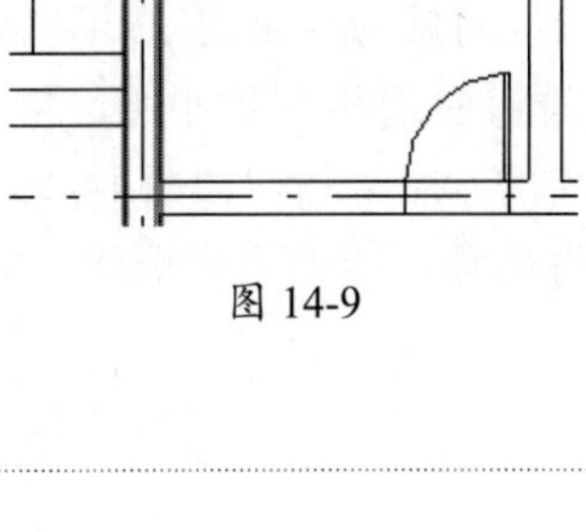

图 14-9

选择拾取方式为“整个墙”，选项后的“选项”按钮高亮显示，单击该按钮，调出“自动尺寸标注选项”对话框，如图 14-10 所示。在其中设置“选择参照”的方式，通常情况下保持默认值即可，用户也可以根据自己的需要来自定义参数。

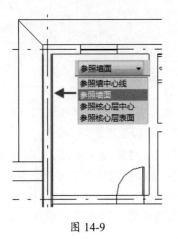

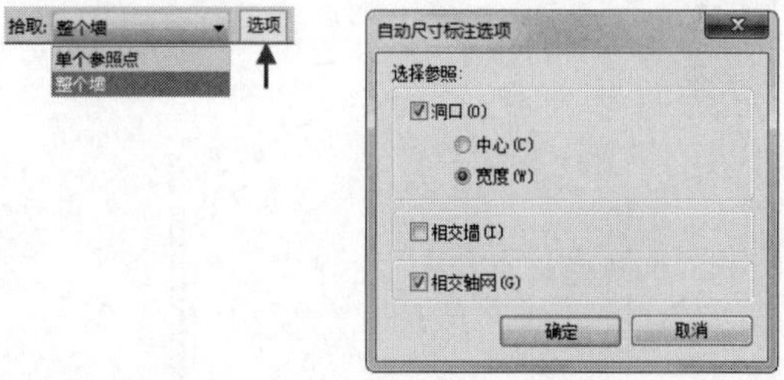

图 14-10

14.1.2　线性标注

在“注释”面板中单击“线性”按钮，进入“修改 | 放置尺寸标注”选项卡。单击指定参照点，在指定第二个参照点后，未指定尺寸标注的放置点前，按空格键，可以在水平与垂直尺寸标注之间切换。如图 14-11 所示为线性标注水平与垂直样式的创建结果。

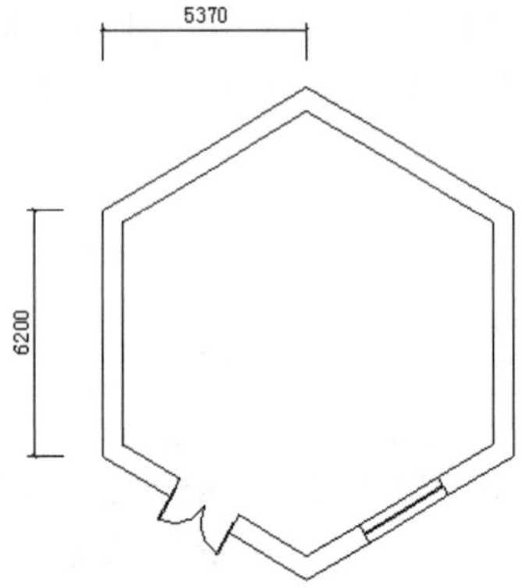

图 14-11

14.1.3 角度标注

在“注释”面板中单击“角度”按钮，进入“修改|放置尺寸标注”选项卡。在选项栏中选择“参照墙中心线”选项，依次拾取两面墙体的中心线，指定尺寸标注的放置位置，创建角度标注如图 14-12 所示。

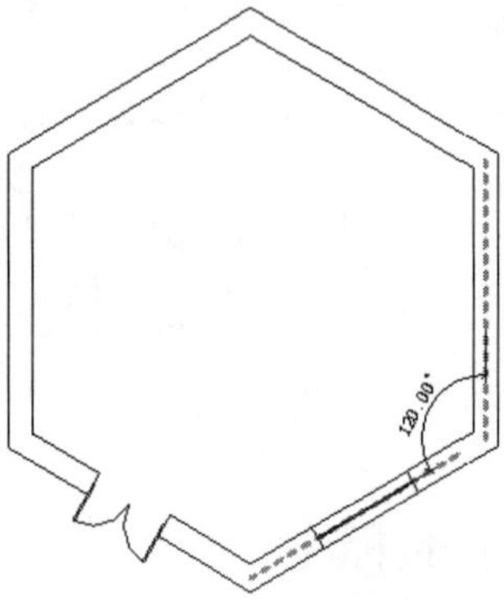

图 14-12

14.1.4 径向标注

在“注释”面板中单击“径向”按钮，进入“修改|放置尺寸标注”选项卡。在选项栏上选择“参照墙中心线”选项，选择一段弧，如弧墙，移动鼠标指定尺寸标注的放置位置，可以创建尺寸标注以测量内部曲线或圆角的半径，如图 14-13 所示。

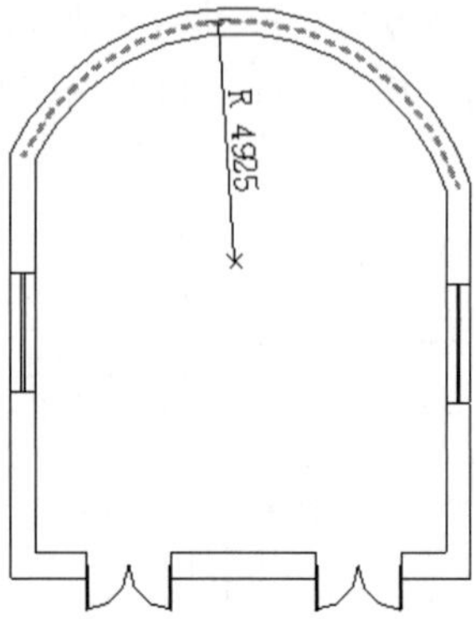

图 14-13

14.1.5 直径标注

在“注释”面板中单击“直径”按钮，进入“修改|放置尺寸标注”选项卡。选择一段弧，如弯曲墙，单击活动象限的空白处来放置一个表示圆弧或圆的直径的尺寸标注，如图 14-14 所示。

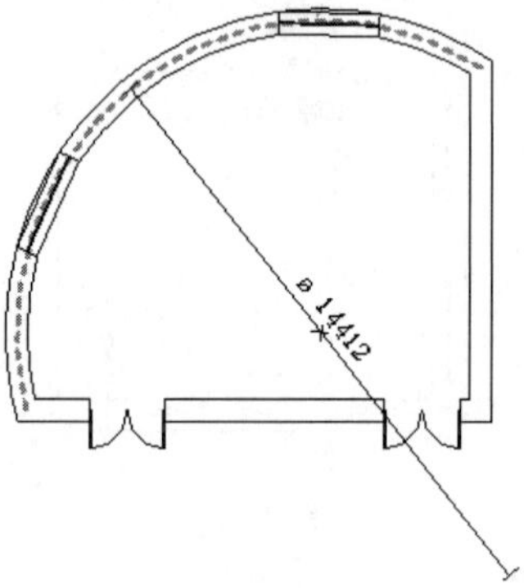

图 14-14

14.1.6 弧长标注

在“注释”面板中单击“弧长”按钮，进入“修改|放置尺寸标注”选项卡。选择尺寸标注将沿其测量长度的弧，如弯曲墙，如图 14-15 所示。单击选择与弯曲墙相交的参照，依次选择与弯曲墙相接的水平墙体，如图 14-16 所示，接着单击与弯曲墙相接的垂直墙体，如图 14-17 所示。

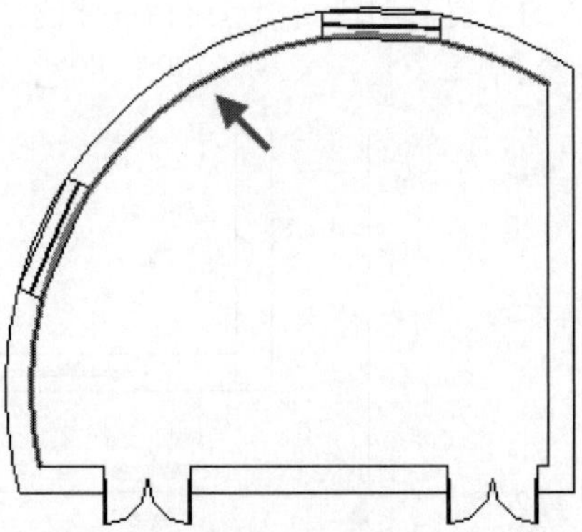

图 14-15

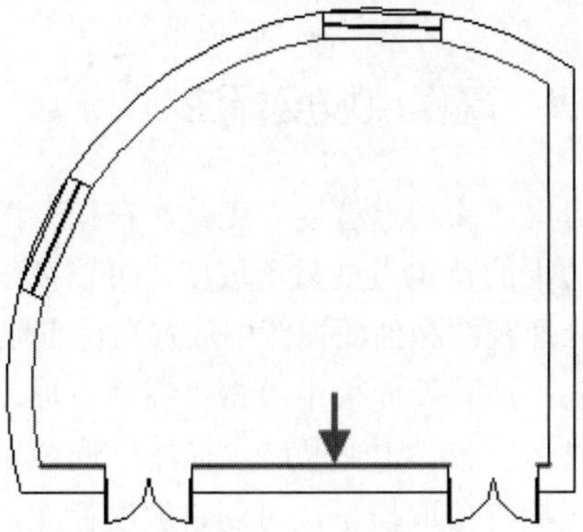

图 14-16

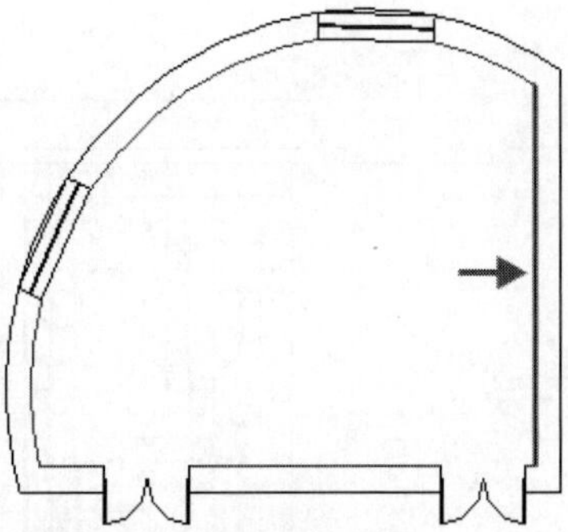

图 14-17

单击空白区域，放置一个尺寸标注，如图 14-18 所示，以便测量弯曲墙的长度。

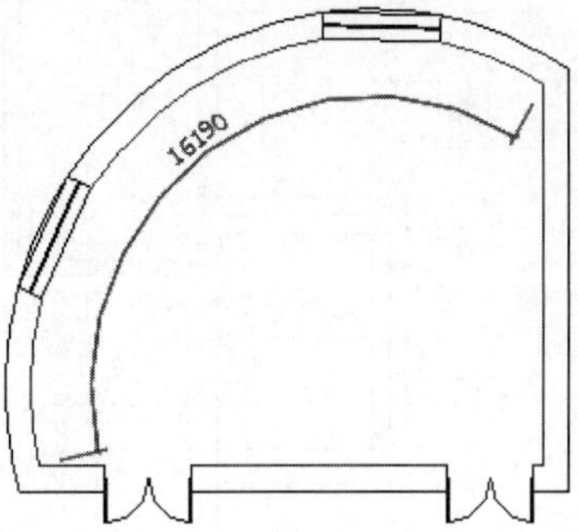

图 14-18

14.1.7　高程点标注

在“注释”面板中单击“高程点”按钮，进入“修改 | 放置尺寸标注”选项卡。在选项栏上分别选择“引线”和“水平段”选项，如图 14-19 所示，在绘制高程点标注时，可同步生成引线与水平线段。

可以在平面视图、立面视图、三维视图中放置高程点。高程点一般用来获取坡道、公路、地形表面，以及楼梯平台的高程点。

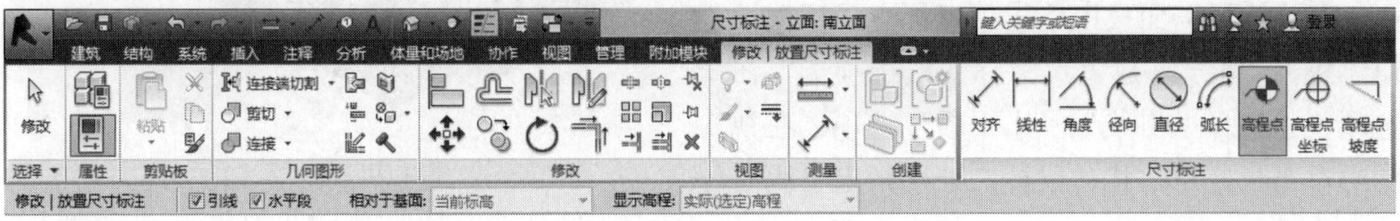

图 14-19

在立面视图中单击女儿墙以放置高程点，移动鼠标并单击，确定引线的方向即位置，移动鼠标，绘制水平段，单击完成创建高程点标注的操作，如图 14-20 所示。

在平面视图中启用“高程点”工具，可以测量台阶的高程，如图 14-21 所示。

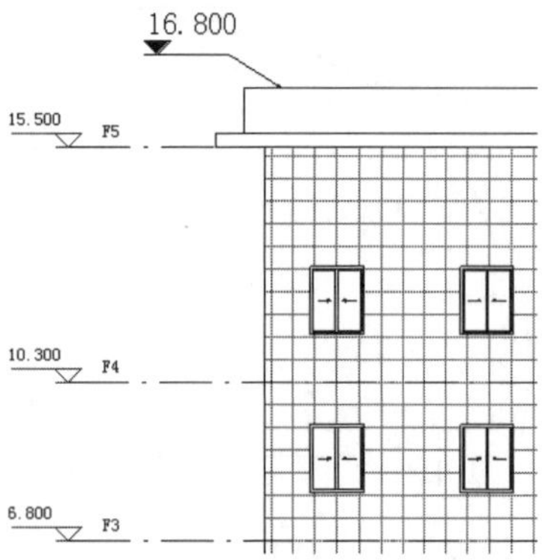

图 14-20

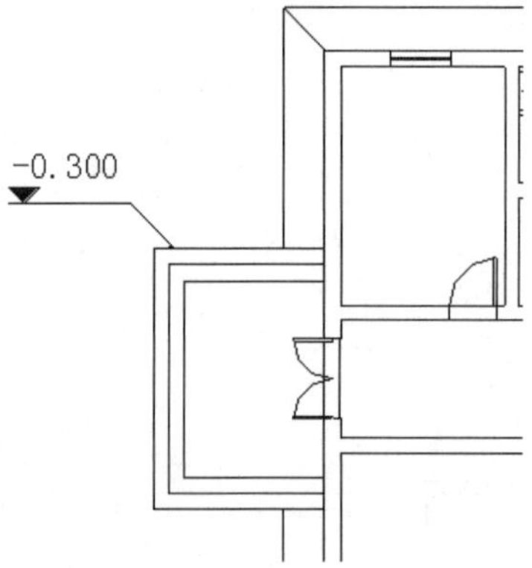

图 14-21

14.1.8 高程点坐标标注

高程点坐标标注用来显示项目中指定点的“北 / 南”“东 / 西”坐标。启用“高程点坐标”工具，可在楼板、墙、地形表面和边界线上放置高程点坐标，也可以将高程点坐标放置在非水平表面和非平面边缘上。

在“注释”面板中单击“高程点坐标”按钮，进入“修改 | 放置尺寸标注”选项卡，在选项栏上选择“引线”“水平段”选项，在视图中单击指定点，移动鼠标，分别指定引线与水平段的位置，创建高程点坐标标注的结果如图 14-22 所示。

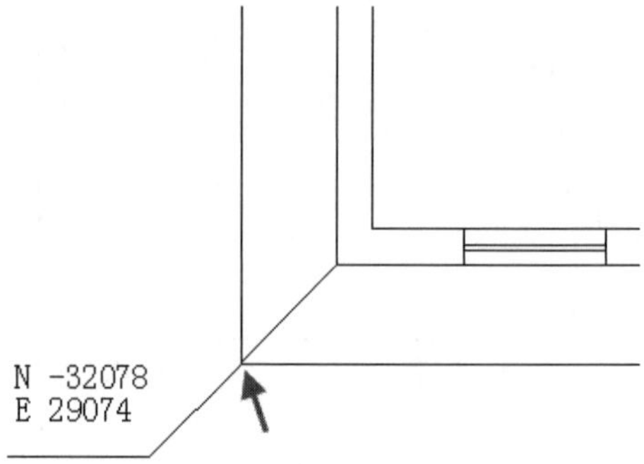

图 14-22

14.1.9 高程点坡度标注

启用“高程点坡度”工具，在模型图元的面或边上的特定点处显示坡度，可以在平面视图、立面视图和剖面视图中放置高程点坡度。

在“注释”面板中单击“高程点坡度”按钮，进入“修改 | 放置尺寸标注”选项卡。在绘图区域中拾取模型，可创建坡度标注，如图 14-23 所示。假设选中的模型无坡度，则尺寸标注文字显示为“[无坡度]”。

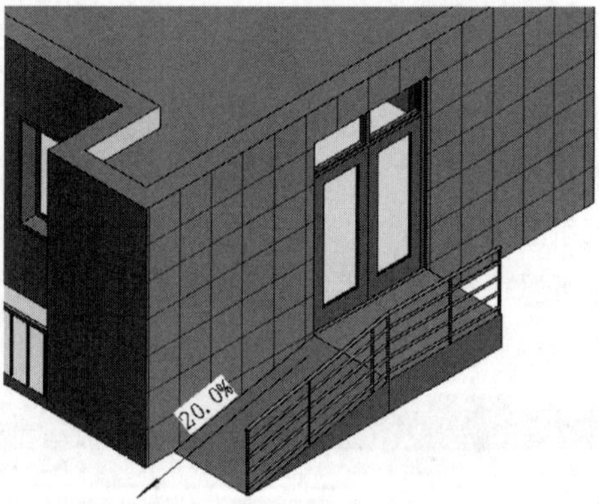

图 14-23

14.2 编辑尺寸标注

编辑尺寸标注的方式有，编辑尺寸界线、鼠标控制、编辑尺寸标注文字等，本节介绍这几种编辑方式的运用方法。

14.2.1　编辑尺寸界线

观察平面视图中的尺寸标注，发现使用“对齐”标注命令创建的尺寸标注未标注外墙与轴线之间的间距，如图 14-24 所示。此时通过编辑尺寸界线，可在原有尺寸标注的基础上增加尺寸界线，标注轴线与外墙线的间距。

选择尺寸标注，尺寸标注呈蓝色显示，并在尺寸标注文字的下方显示“解锁”符号，如图 14-25 所示。

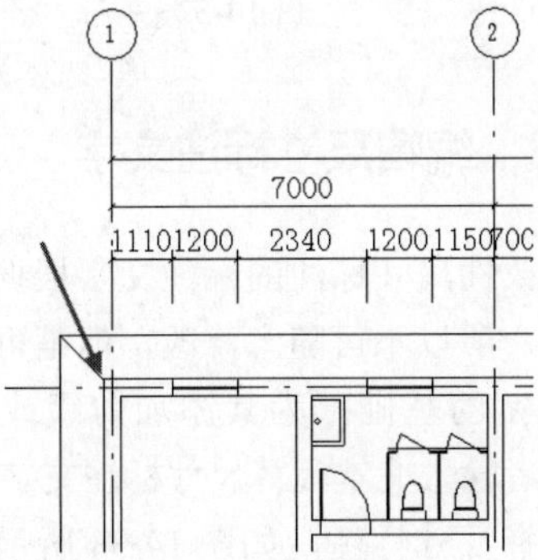

图 14-24

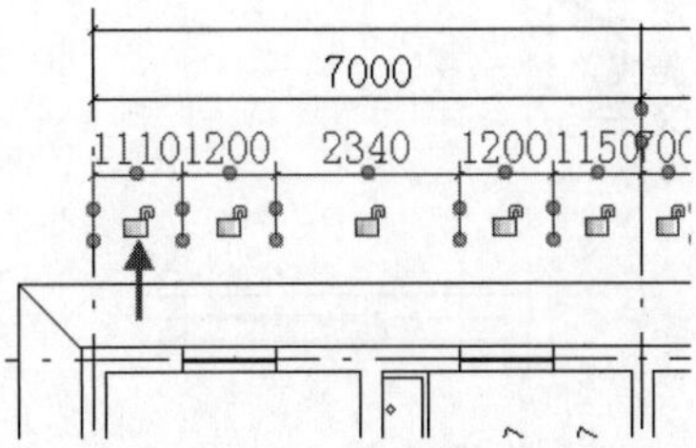

图 14-25

进入“修改 | 尺寸标注”选项卡，单击“编辑尺寸界线”按钮，如图 14-26 所示。

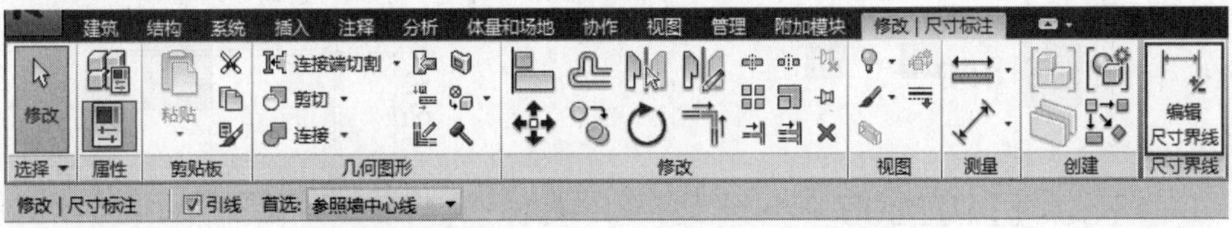

图 14-26　“修改 | 尺寸标注”选项卡

此时随光标移动有一条灰色的尺寸界线，移动鼠标，在外墙线上指定参照点，如图 14-27 所示，单击完成标记尺寸界线的操作，创建轴线与外墙线间距的尺寸标注，如图 14-28 所示。

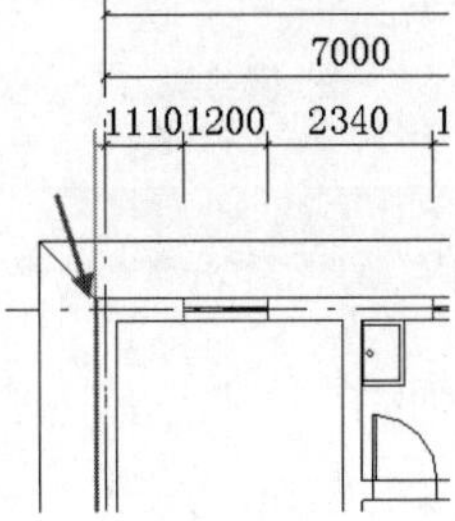

图 14-27

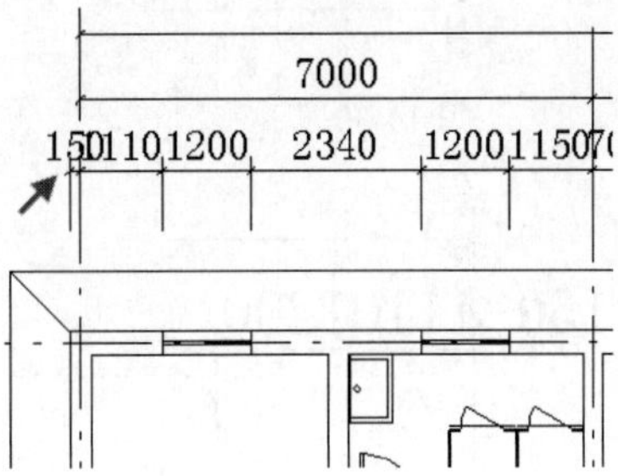

图 14-28

在空白处单击，按 Esc 键退出命令。

提示：

仅对齐标注与线性标注，适用于上述编辑方法。

14.2.2 鼠标编辑

选择尺寸标注，单击激活尺寸标注文字下方的蓝色圆形实心点，如图 14-29 所示，可以拖曳文字以调整其位置。当尺寸线空间不够时，尺寸标注文字会与相邻的标注文字重叠，影响标注效果。

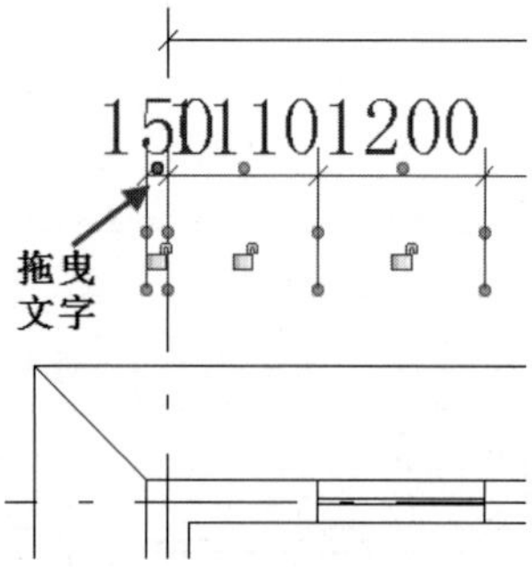

图 14-29

选择文字并拖曳至一侧后，默认绘制引线连接尺寸线与标注文字，如图 14-30 所示。取消选择选项栏上的“引线”选项，可取消绘制引线的操作，如图 14-31 所示。

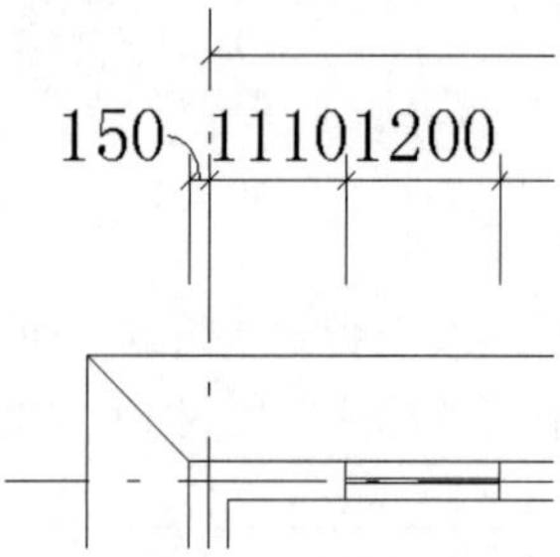

图 14-30

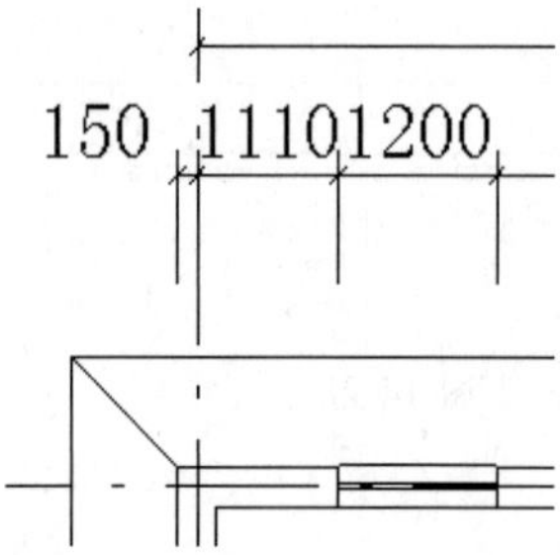

图 14-31

通常情况下保持引线的显示，以注明尺寸标注文字所标注的区域，如图 14-32 所示。

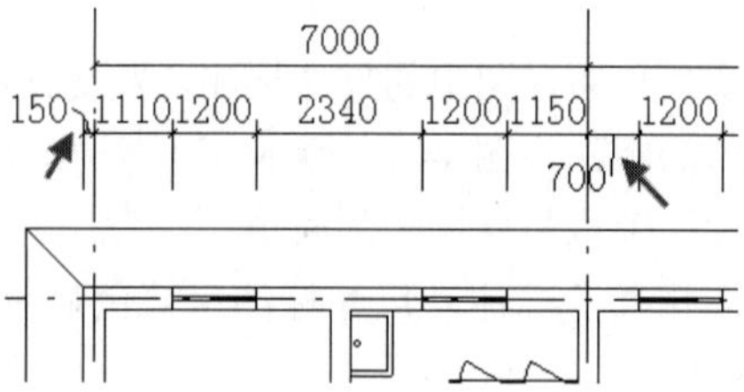

图 14-32

14.2.3 编辑尺寸标注文字

永久性尺寸标注的标注文字根据实际情况来提取，所以不可随意修改，但是可以在尺寸标注文字的基础上为其添加前缀或者后缀文字，或者输入文本代替尺寸标注文字。

选择尺寸标注，如图 14-33 所示，在尺寸标注文字上双击，调出“尺寸标注文字”对话框。在“前缀”选项中输入文字，如图 14-34 所示，单击“确定”按钮关闭对话框。

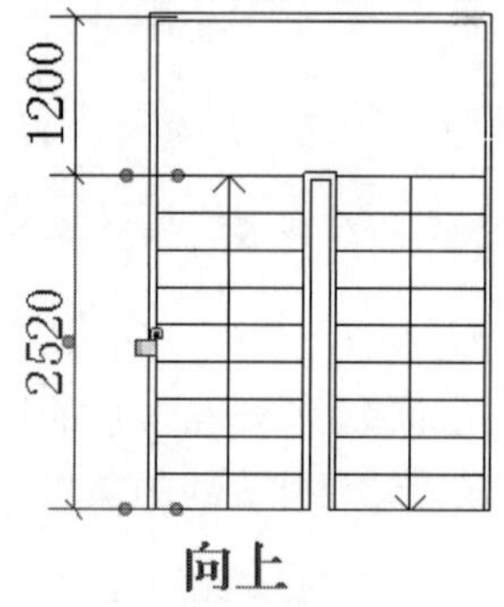

图 14-33

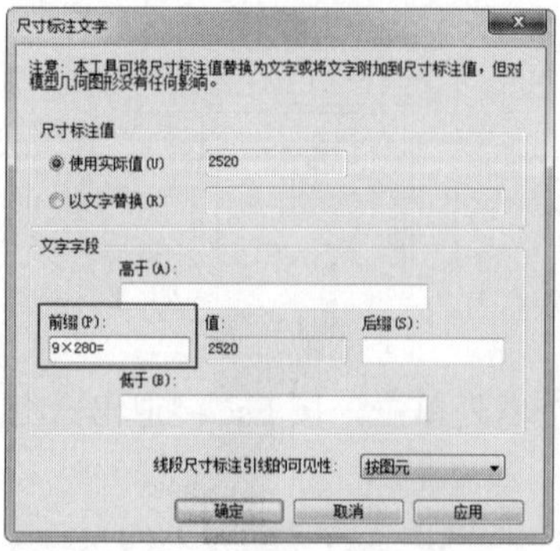

图 14-34

为尺寸标注添加前缀的结果如图 14-35 所示。在“尺寸标注文字”对话框中选择“以文字替换”选项，输入标注文字，可以文字代替尺寸标注数字，如图 14-36 所示。

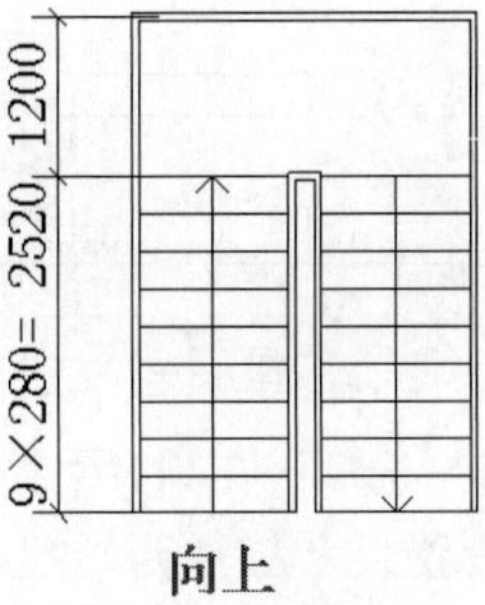

图 14-35

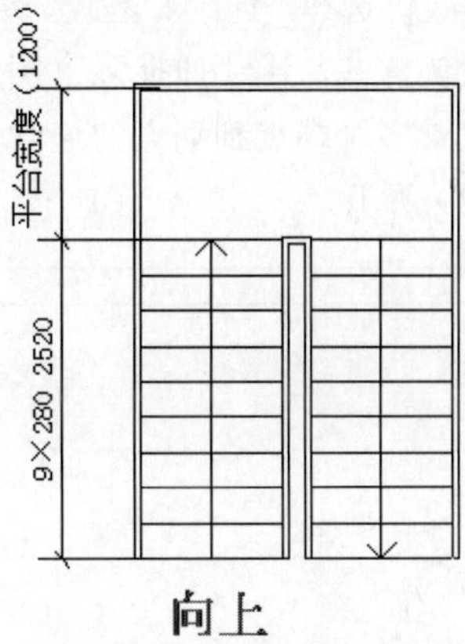

图 14-36

14.3 尺寸标注样式

项目样板文件为各类尺寸标注设置了标注样式，样式内容包括尺寸标注的图形与文字两大部分。其中图形属性包括尺寸记号、线宽、尺寸标注线、尺寸界线等，文字属性包括文字大小、文字字体、文字背景等。通过更改标注样式参数，控制尺寸标注的显示样式。

选择线性标注，单击“属性”选项板中的“编辑类型”按钮，如图 14-37 所示，打开“类型属性”对话框，如图 14-38 所示。在“类型参数”列表中包含 3 个选项组，分别是“图形”“文字”和“其他”，通过设置各选项的参数，从而调整尺寸标注样式。

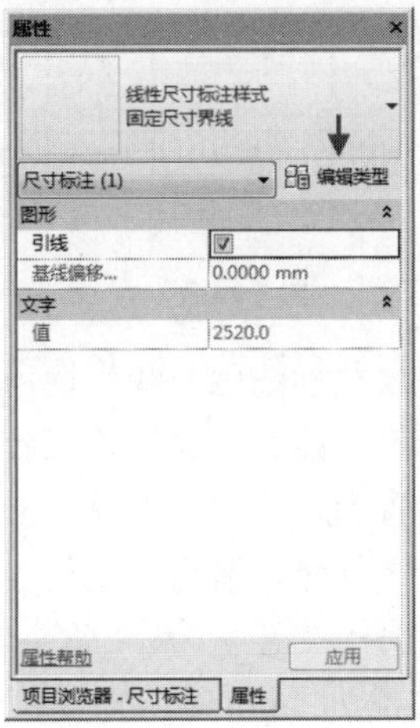

图 14-37

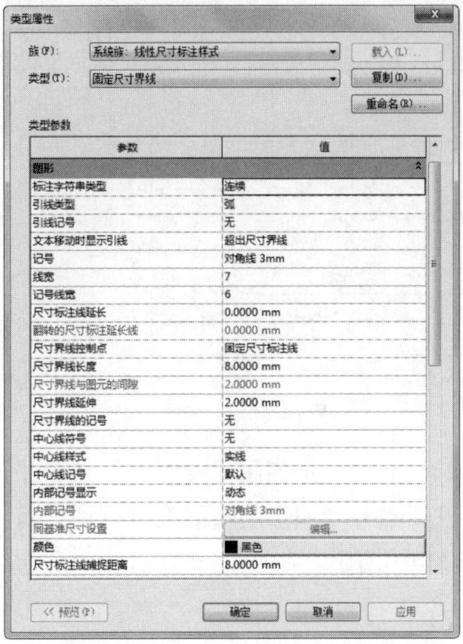

图 14-38

1. “图形”选项组

“标注字符串类型”选项：在选项列表中提供了3种形式供选择，连续、基线、纵坐标。

连续：默认样式，连续捕捉多个图元参照点后，单击放置多个端点到端点的连续尺寸标注，如图14-39所示。

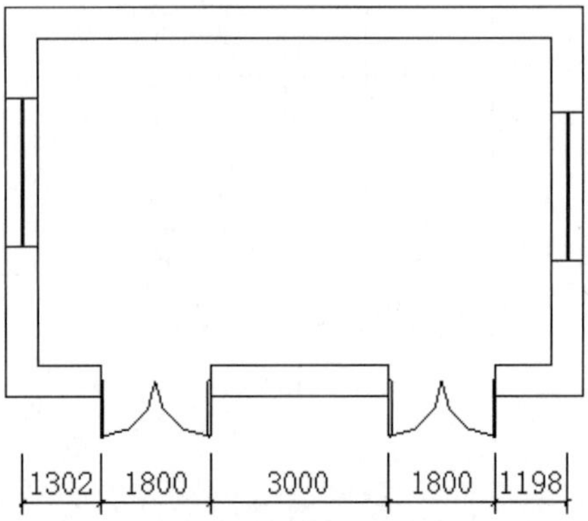

图 14-39

基线：连续单击捕捉多个图元参照点，单击放置以第一个参照点尺寸界线为基线开始测量的堆叠尺寸标注，如图14-40所示。

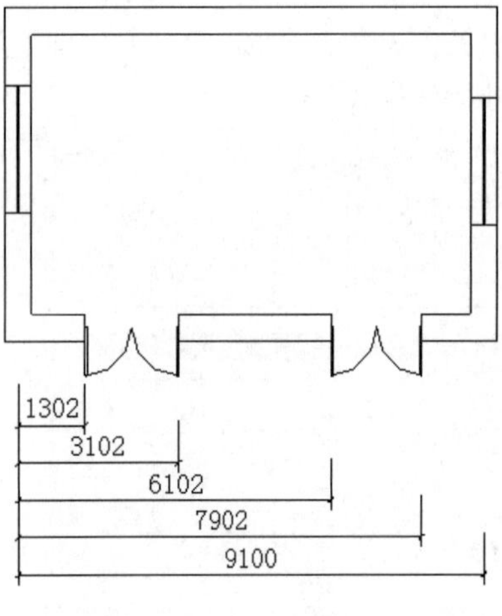

图 14-40

纵坐标：单击指定各图元参照点，放置带有尺寸标注原点开始测量的值的尺寸标注字符串，如图14-41所示。

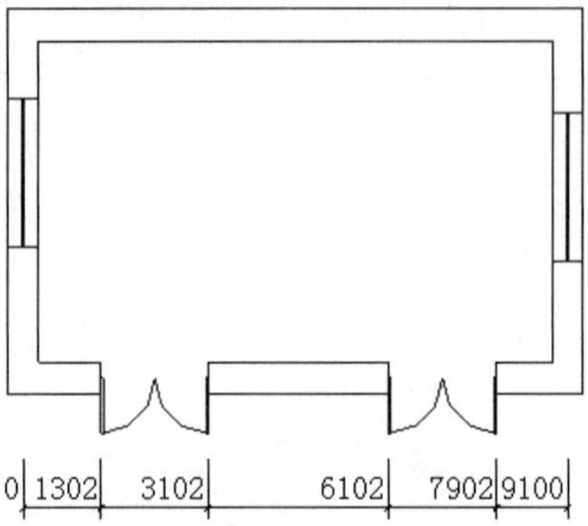

图 14-41

“记号”选项：在列表中提供多种记号样式，用来设置尺寸标注两端尺寸界线和尺寸线交点位置的记号样式，默认选择“对角线3mm”。

“线宽”选项：在选项列表中选择线宽代号，设置尺寸标注线的线宽。

“记号线宽”选项：单击调出选项列表，选择线宽编号，为记号指定线宽。

“尺寸标注线延长”选项：延长线指尺寸标注两端尺寸线延伸超出尺寸界线的长度，如图14-42所示，默认值为0mm。

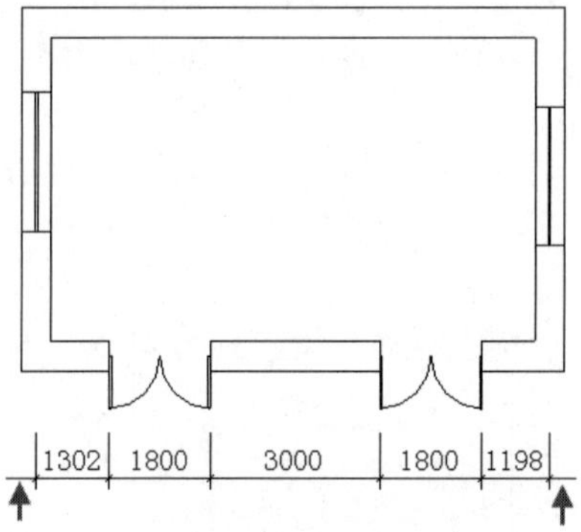

图 14-42

“翻转的尺寸标注延长线”选项：在“记号”选项中选择“箭头”类型的记号，该项可编辑，用来设置当标注空间不够，需要将箭头置于尺寸界线之外时，箭头外侧尺寸线为延长线的长度。如选择“记号”为“箭头30度”，设置标注延长线为3mm时，角度标注的效果如图14-43所示。

记号	箭头 30 度
线宽	2
记号线宽	5
尺寸标注线延长	0.0000 mm
翻转的尺寸标注延长线	3.0000 mm

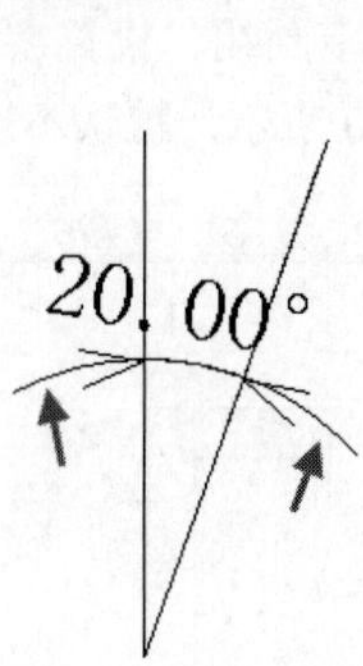

图 14-43

“尺寸界线控制点”选项：在选项中提供了两种样式供选择，默认选择“固定尺寸标注线”，另外一种是“图元间隙”。

“固定界线控制点”选项：在“尺寸界线长度”选项中设置参数值，控制尺寸界线端点与图元的距离，如图 14-44 所示。

尺寸界线控制点	固定尺寸标注线
尺寸界线长度	8.0000 mm

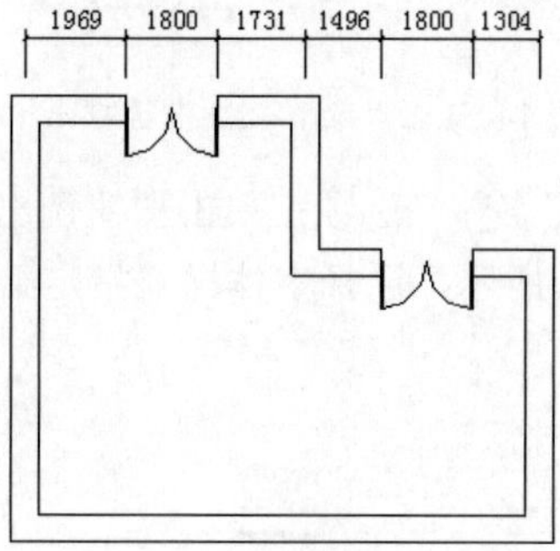

图 14-44

图元间隙：在“尺寸界线与图元的间隙”选项中设置参数值，使无论标注的图元距离多远，尺寸界线端点到图元之间的间距不变，如图 14-45 所示。

尺寸界线控制点	图元间隙
尺寸界线长度	8.0000 mm
尺寸界线与图元的间隙	5.0000 mm

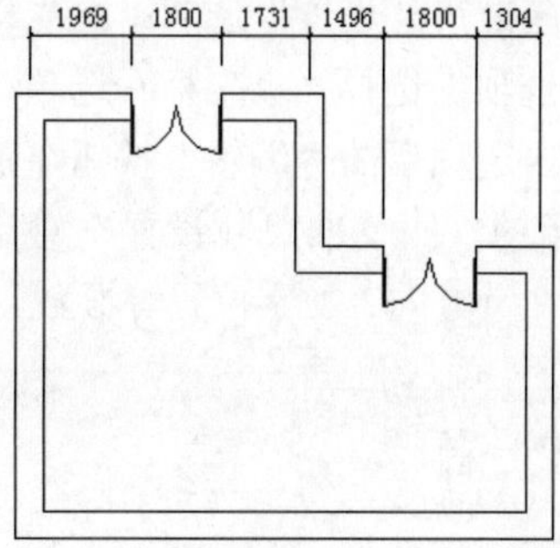

图 14-45

“尺寸界线延伸”选项：默认值为 2mm，控制尺寸界线超出尺寸线的长度，如图 14-46 所示。

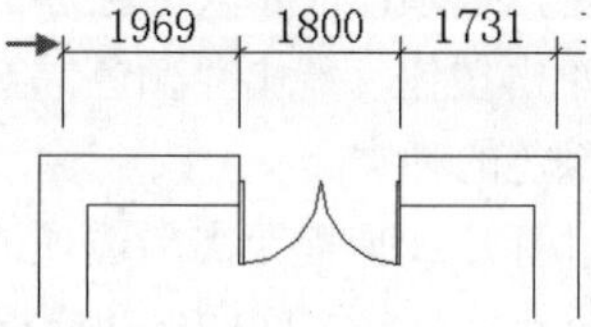

图 14-46

“中心线符号”“中心线样式”“中心线记号”选项：在创建尺寸标注时，选择“参照墙中心线”选项，在该选项中设置尺寸界线上方显示的中心线符号的图案、线型图案和末端记号，如图 14-47 所示。

中心线符号	可调三角形符号
中心线样式	实线
中心线记号	默认

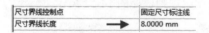

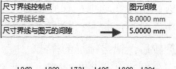

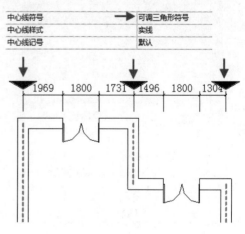

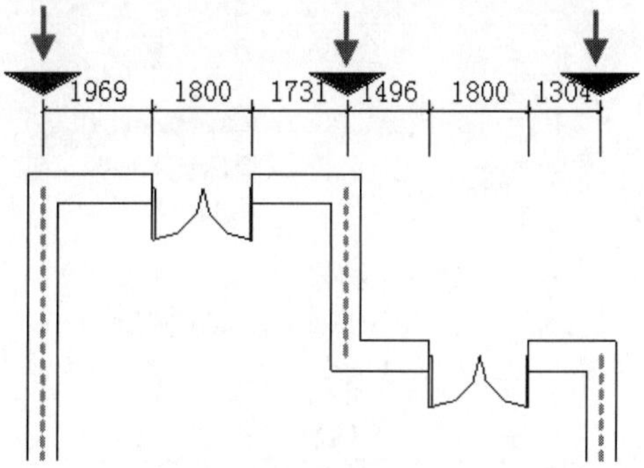

图 14-47

“内部记号”选项：在“记号”选项中选择“箭头”类型的记号，该项可编辑，用来设置尺寸翻转后，记号标记的样式。

“同基准尺寸设置”选项：在“标注字符串类型”选项中选择“纵坐标”选项，该项可编辑。单击选项后的“编辑”按钮，调出如图14-48所示的“同基准尺寸设置”对话框，在其中设置文字方向、文字位置等参数。

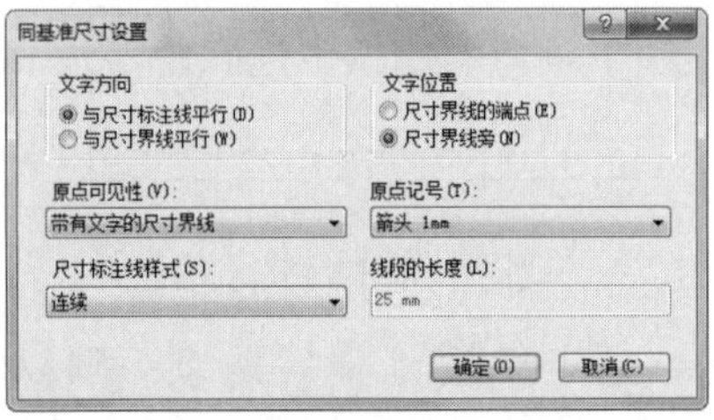

图 14-48

“颜色”选项：显示尺寸标注的颜色，默认黑色。单击按钮，调出“颜色”对话框，在其中选择颜色的种类。

“尺寸标注线捕捉距离”选项：设置等间距堆叠线性尺寸标注之间的自动捕捉距离。

2. “文字”选项组

修改“文字”选项组中的各项参数，控制标注文字的显示样式，如图14-49所示。

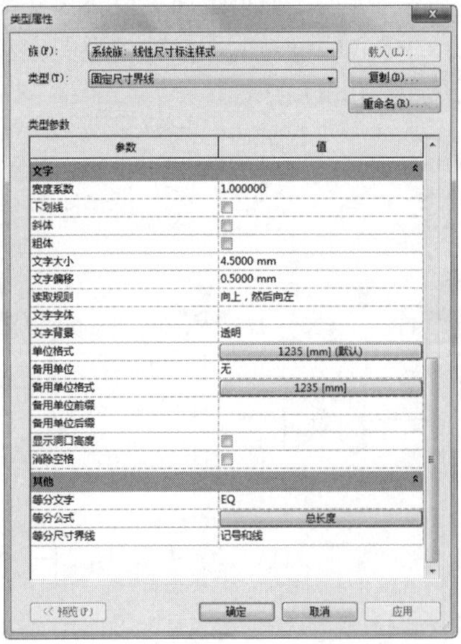

图 14-49

“宽度系数”选项：设置文字的宽高比，默认值为1。

“下画线”“斜体”“粗体”选项：选择选项，为标注文字添加下画线、设置字体为斜体，并加粗，如图14-50所示，默认不选择这三项。

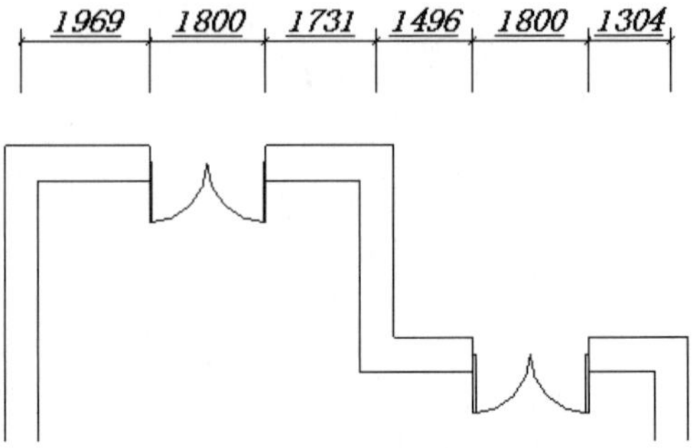

图 14-50

“文字大小”选项：设置标注文字的大小。

“文字偏移”选项：设置文字相对于尺寸线的偏移距离。

“读取规则”选项：在列表中选择标注文字的读取规则，如图14-51所示。

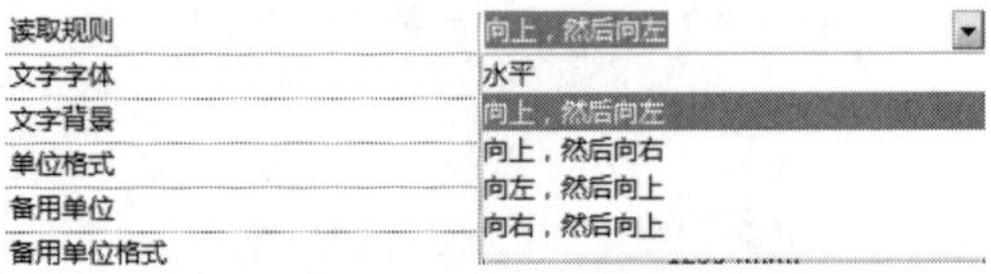

图 14-51 “读取规则”选项表

“文字字体”选项：单击按钮调出列表，如图14-52所示，选择字体样式指定给尺寸标注文字。

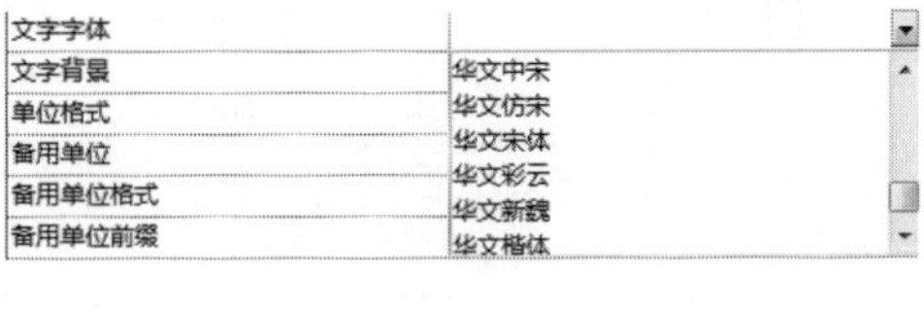

图 14-52

“文字背景”选项：设置文字背景的显示样式，有两种样式供选择——“透明”与“不透明”。

“单位格式”选项：单击选项后的按钮，调出如图14-53所示的“格式”对话框。默认选择“使用项目设置”选项，该对话框中各选项暗显不可编辑，表示使用项目的单位格式。取消选择“使用项目设置”选项，可修改格式参数。

图 14-53

单击“类型属性”对话框左侧的“复制”按钮，可以在已有尺寸标注类型的基础上复制新的类型，并自定义名称与参数。单击“重命名”按钮，重命名指定的尺寸标注。

选择“注释”选项卡，单击“尺寸标注”面板名称右侧的向下实心箭头按钮，在调出的列表中显示各尺寸标注样式命令，如图 14-54 所示。单击按钮，调出“类型属性”对话框，在其中设置标注样式的参数。设置方法可以参考本节内容的介绍，各类型尺寸标注样式的设置方法几乎完全相同。

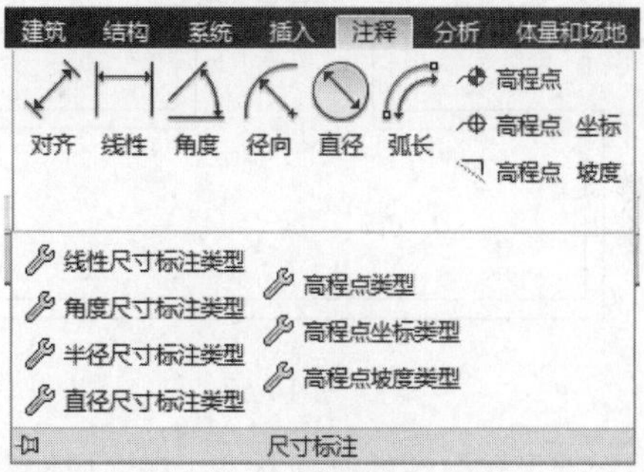

图 14-54

14.4 限制条件

尺寸标注的限制条件有两种类型，一种是“锁定/解锁”条件，另一种是“相等/不相等”条件。本节介绍这两种限制条件的使用方法。

14.4.1 锁定/解锁

选择尺寸标注，在尺寸线的下方显示一个“解锁”标记符号，如图 14-55 所示，单击符号，转换为“锁定”标记符号，如图 14-56 所示，可创建限制条件。

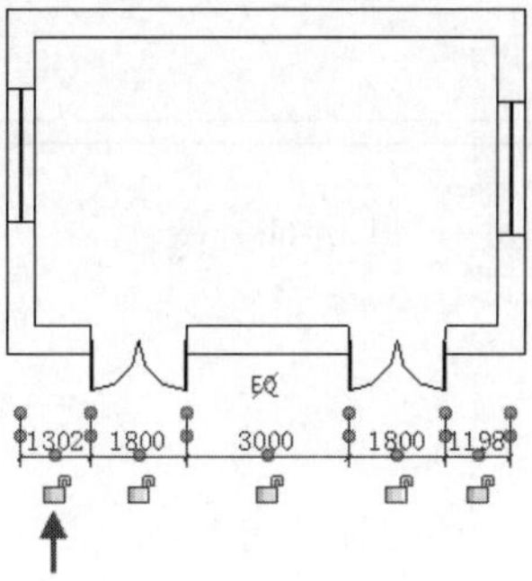

图 14-55

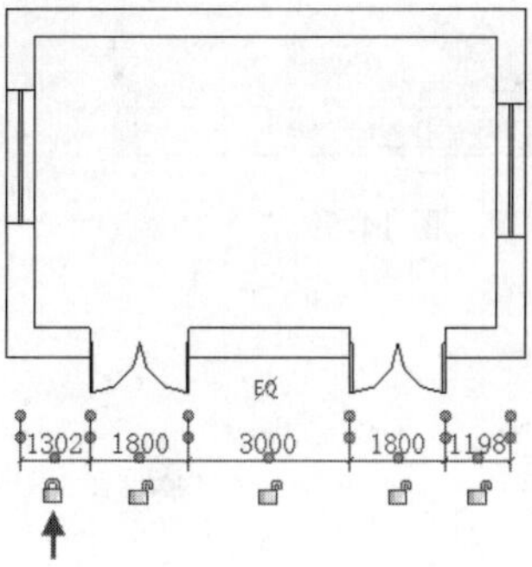

图 14-56

如为门与墙之间的尺寸标注创建“锁定”限制条件，这段距离被锁定，门与墙的距离不可更改。选择门，对其执行“移动”操作无效。

再次单击“锁定”符号，解除限制条件，门的距离可重新指定。

14.4.2 相等 / 不相等

选择尺寸标注，在尺寸标注文字上方显示“不相等”符号，如图 14-57 所示，表示各尺寸标注间距不相等。单击“不相等”符号，图元自动调整位置，使左右间距相等，反映到尺寸标注中的结果是，尺寸标注文字显示为 EQ，即相等符号的显示样式，如图 14-58 所示。

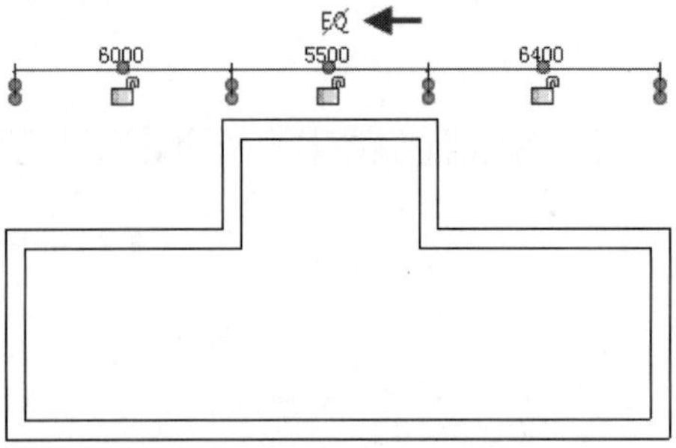

图 14-57

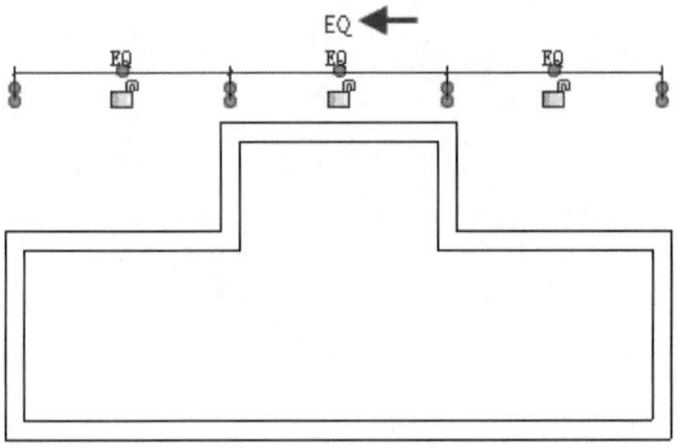

图 14-58

保持尺寸标注的选择状态，在“属性”选项板中单击“等分显示”按钮，在列表中选择“值”选项，如图 14-59 所示，可修改尺寸标注的等分显示样式为尺寸标注文字，如图 14-60 所示。

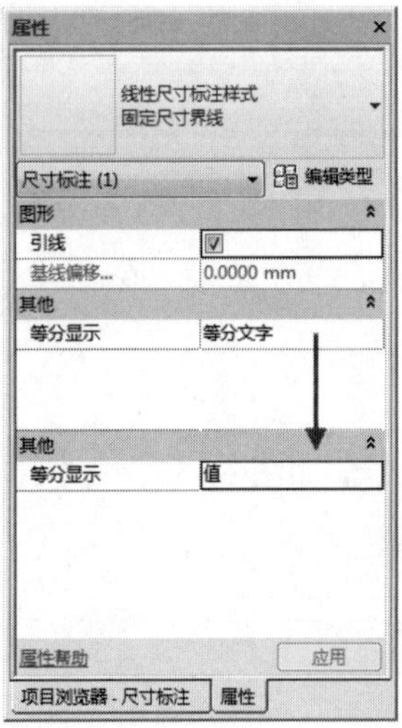

图 14-59

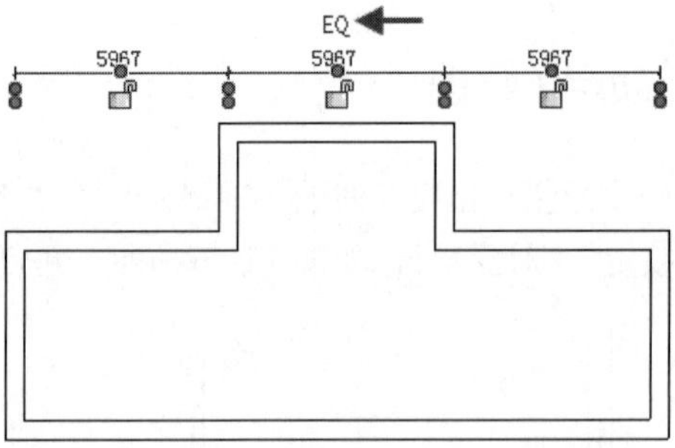

图 14-60

第 15 章　文字注释

Revit 在“注释”选项卡中提供了多种注释工具，包括尺寸标注、详图、文字、标记、符号，上一章已介绍了尺寸标注的相关知识，本章介绍关于文字注释工具的使用方法，包括文字、标记、符号等。

15.1　文字

与 AutoCAD 相似，Revit 也可绘制文字标注。AutoCAD 将创建单行文字与多行文字的命令分开，但是在 Revit 中，启用“文字”工具后，用户可选择创建单行文字或多行文字。

15.1.1　创建文字

选择“注释”选项卡，单击“文字”面板中的“文字”按钮，如图 15-1 所示，进入“修改 | 放置 文字”选项卡，如图 15-2 所示。

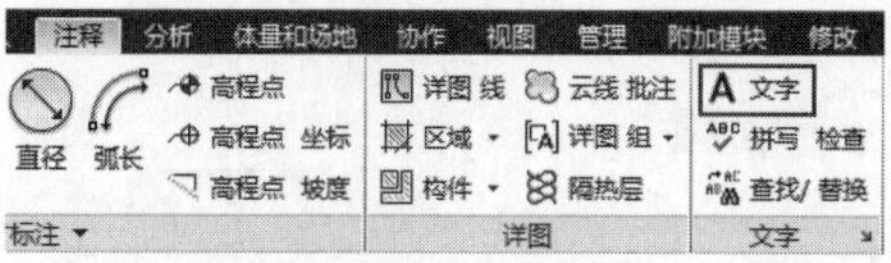

图 15-1

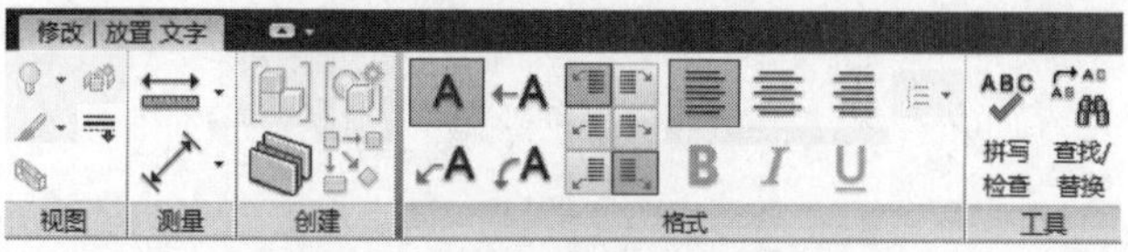

图 15-2

1．单行文字

在绘图区域中单击，进入在位编辑状态，在文本框中输入文字，在文本框以外的空白区域单击，完成输入单行文字的操作，如图 15-3 所示。

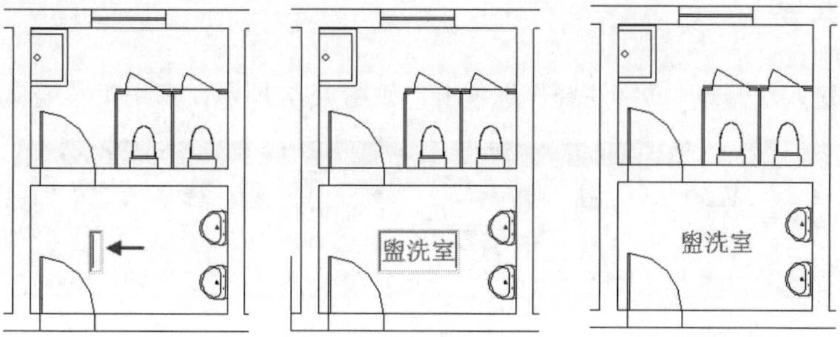

图 15-3

2．多行文字

系统默认单击起点后输入单行文字，如果想要输入多行文字，可以在绘图区域中指定矩形的对角点，绘制矩形框，在其中输入文字，在空白区域单击，创建换行文字，如图 15-4 所示。

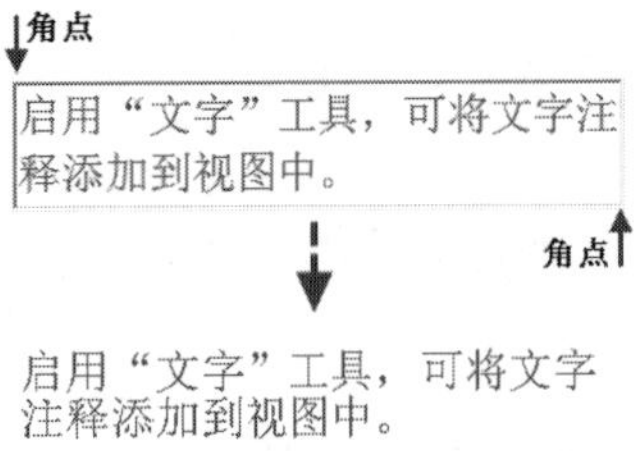

图 15-4

3. 引线文字

“修改 | 放置 文字”选项卡的“格式”面板中提供了创建引线文字的工具。

“一段”引线工具：将一条直引线从文字注释添加到指定的位置。第一次单击指定要指向的图元或位置，移动鼠标，单击可指定文字注释的位置，如图 15-5 所示。

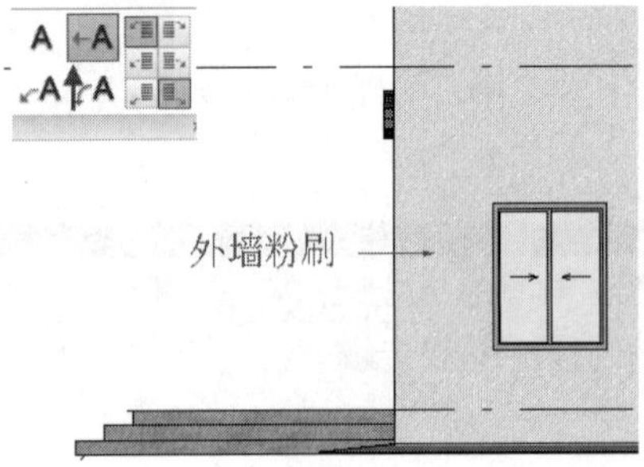

图 15-5

“二段引线”工具：添加由两条直线段构成的一条引线。在绘图区域中单击指定要标注的图元或位置，移动鼠标，单击指定引线中弯头的位置，移动鼠标再次单击，指定注释文字的位置，绘制结果如图 15-6 所示。

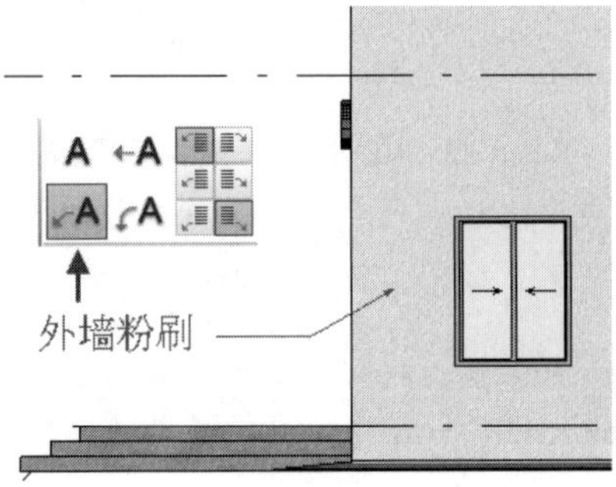

图 15-6

“曲线形”工具：将一条弯曲引线从文字注释添加到指定的位置。首先单击指定要指向的图元或位置，移动鼠标，单击指定文字注释的位置，绘制结果如图 15-7 所示。

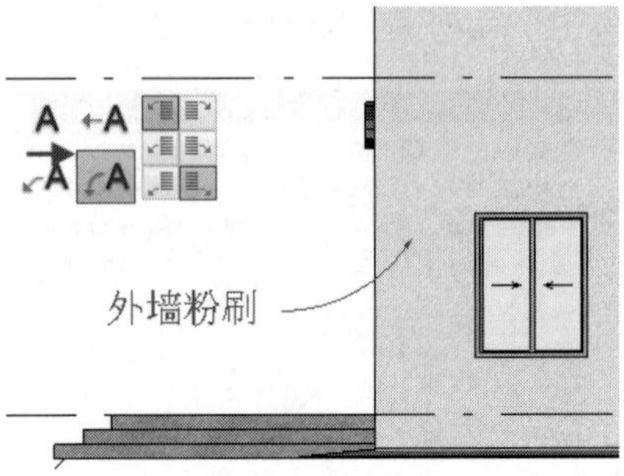

图 15-7

15.1.2 编辑文字

选择文字，进入“修改 | 文字注释”选项卡，如图 15-8 所示，启用工具编辑文字。

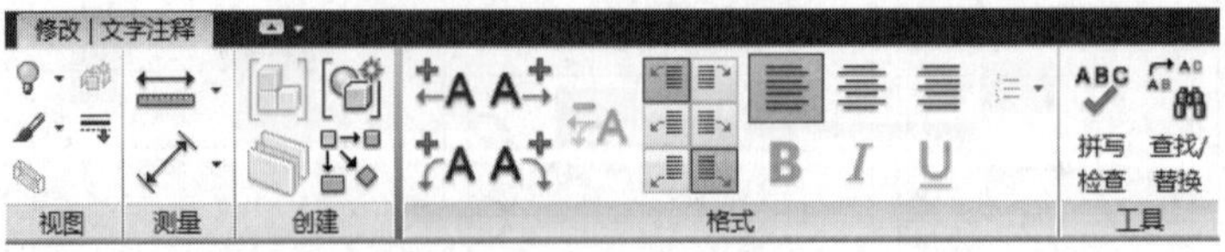

图 15-8

1. 删除 / 添加引线

选择引线文字，单击“格式”面板中的“删除最后一条引线”工具，删除引线仅剩文字。

选择文字，单击“添加左直线引线”工具、“添加右直线引线”工具、“添加左弧引线”工具、“添加右弧引线”工具，可为文字添加指定的引线。

选择多行引线文字，单击“格式”面板中的“左上引线”“左中引线”“左下引线”等按钮，可调整引线端点位置，如图 15-9 所示。

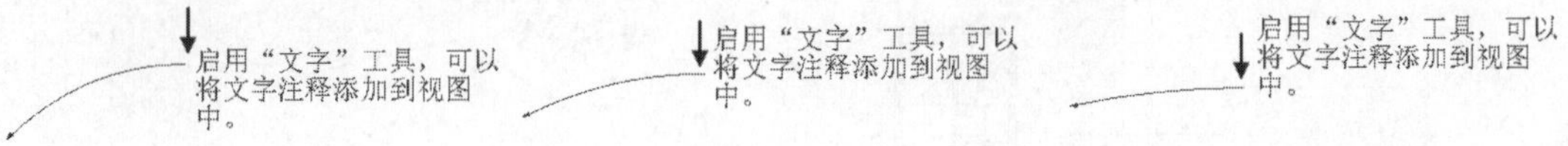
启用“文字”工具，可以将文字注释添加到视图中。
启用“文字”工具，可以将文字注释添加到视图中。
启用“文字”工具，可以将文字注释添加到视图中。

图 15-9

2．编辑文字格式与内容

选择文字，单击“格式”面板中的对齐工具按钮，设置文字的对齐方式。默认选择“左对齐”方式，分别单击“居中对齐”“右对齐”按钮，可更改文字的对齐方式，如图 15-10 和图 15-11 所示。

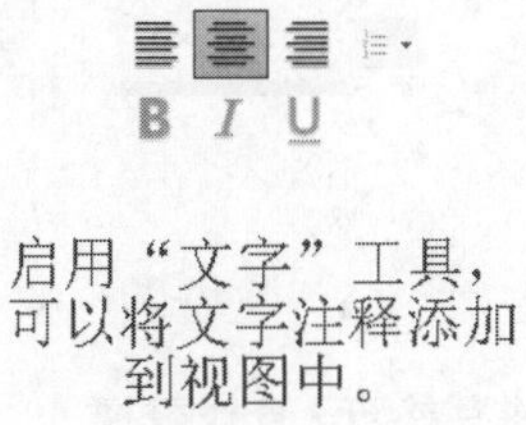
B I U
启用“文字”工具，
可以将文字注释添加
到视图中。

图 15-10

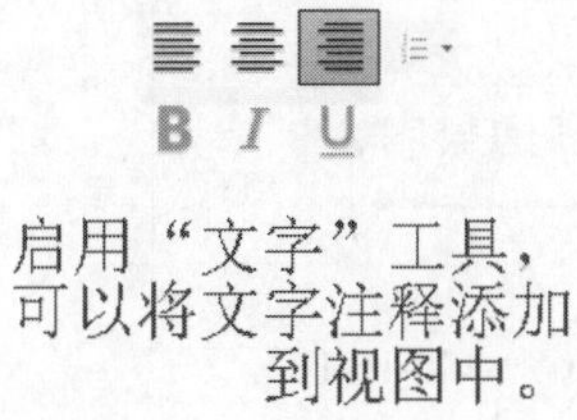
B I U
启用“文字”工具，
可以将文字注释添加
到视图中。

图 15-11

文字内容的显示样式可以自定义，但是在绘制完成标注文字后，不可更改其文字显示样式。在输入标注文字前，首先选择文字样式，如“粗体”“斜体”“下画线”，输入的文字可按所设定的样式显示，如图 15-12 所示。

B I U
编辑文字格式与内容
B I U
编辑文字格式与内容
B I U
编辑文字格式与内容

图 15-12

在输入文字的过程中，单击“段落格式”工具，在调出的列表中选择段落格式，如图 15-13 所示。默认选择第一项“无”，可将“项目符号”“数字”“小写字母”“大写字母”样式指定给段落。以“数字”样式显示的段落文字，如图 15-14 所示。

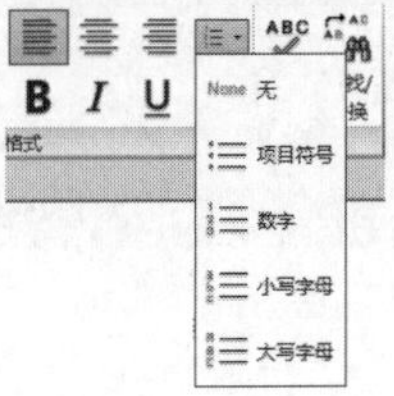
B I U
格式
None 无
项目符号
数字
小写字母
大写字母

图 15-13

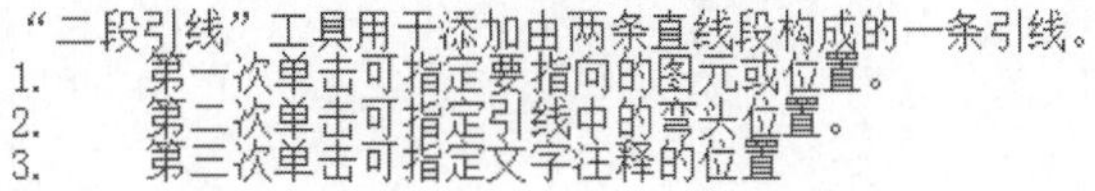
“二段引线”工具用于添加由两条直线段构成的一条引线。
1.　第一次单击可指定要指向的图元或位置。
2.　第二次单击可指定引线中的弯头位置。
3.　第三次单击可指定文字注释的位置

图 15-14

3．鼠标编辑

选择引线文字，显示各种类型的控制柄，如图 15-15 所示。单击左上角的“拖曳”符号，单击拖曳，调整标注文字的位置，如图 15-16 所示。

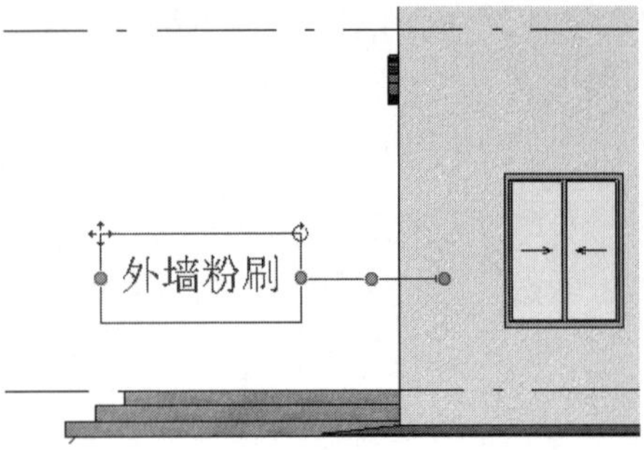
外墙粉刷

图 15-15

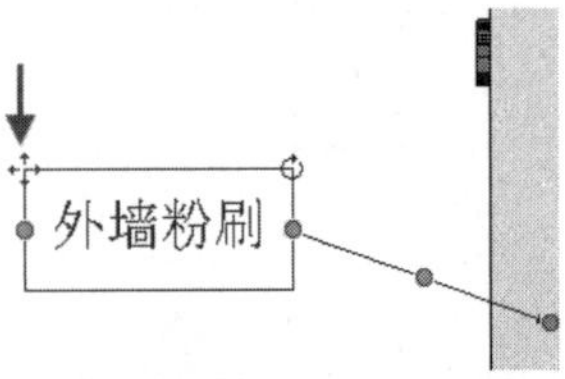
外墙粉刷

图 15-16

单击右上角的“旋转”按钮，单击拖曳，旋转标注文字，如图 15-17 所示。单击激活引线中点的实心圆点，单击拖曳，调整中点的位置以改变引线的显示样式，如图 15-18 所示。

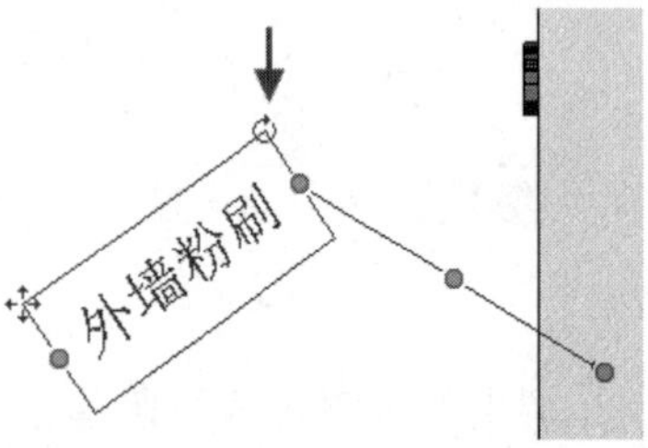
外墙粉刷

图 15-17

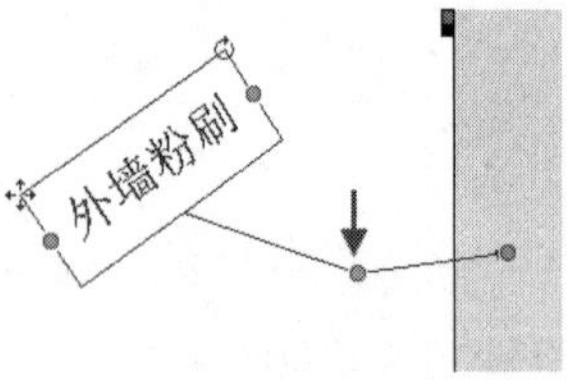
外墙粉刷

图 15-18

单击激活引线箭头的实心圆点，单击拖曳，调整箭头的位置，如图 15-19 所示。单击激活文本框上的实心圆点，单击拖曳，调整文本框的宽度，更改文字的显示样式，如图 15-20 所示。

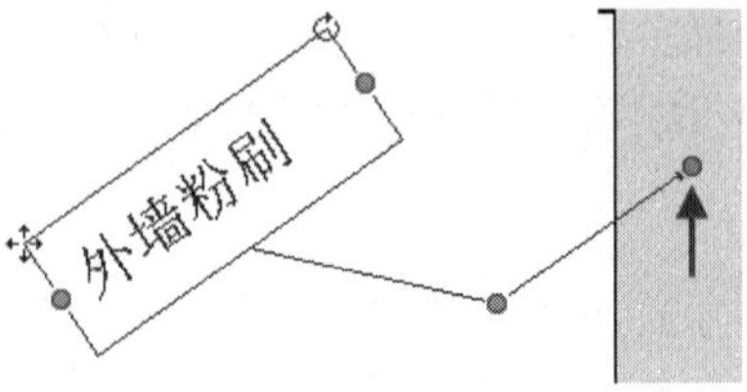
外墙粉刷

图 15-19

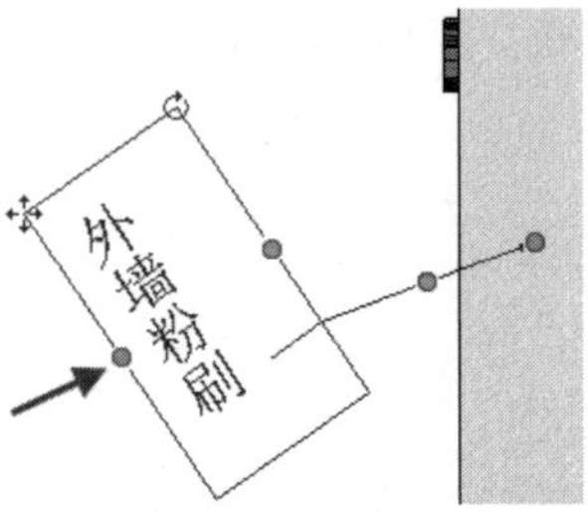
外墙粉刷

图 15-20

4．拼写检查 / 查找替换

在“工具”面板中单击“拼写检查”按钮，可对选择集、当前视图或图纸中的文字注释进行拼写检查。选择文字启用“拼写检查”工具，系统调出如图 15-21 所示的提示对话框，提醒已对选中的内容完成检查。单击“是”按钮，继续对其他部分执行拼写检查操作，直至调出如图 15-22 所示的对话框，提醒用户已完成拼写检查。单击“关闭”按钮关闭对话框。

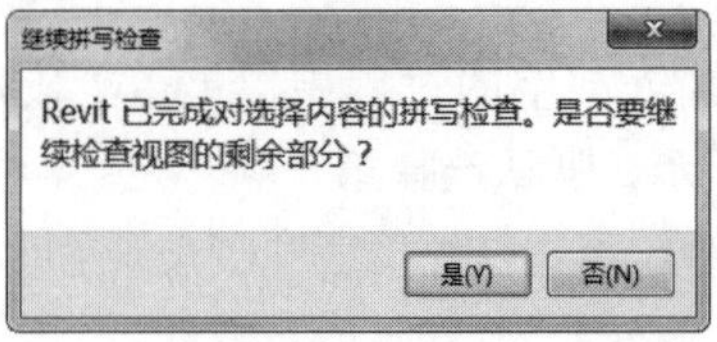
继续拼写检查
Revit 已完成对选择内容的拼写检查。是否要继续检查视图的剩余部分？
是(Y)
否(N)

图 15-21

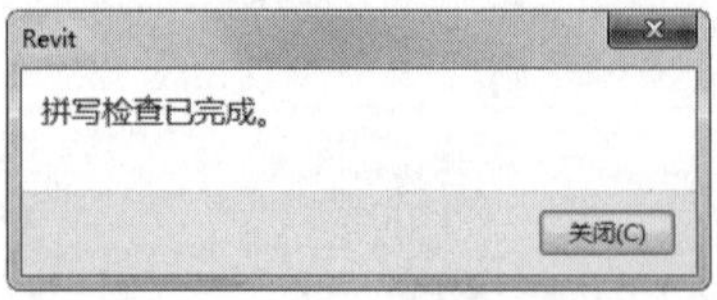
Revit
拼写检查已完成。
关闭(C)

图 15-22

单击“查找 / 替换”按钮，调出如图 15-23 所示的“查找 / 替换”对话框。在“查找”“替换为”文本框中分别输入文字，在“范围”选项组中设置查找范围，单击“查找全部”按钮，可将查找结果显示在列表中。

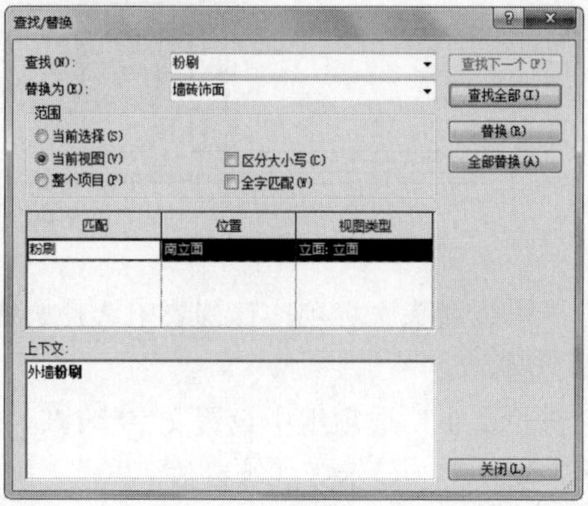

图 15-23

单击“替换”按钮，可按所设置的参数替换文字标注，如图 15-24 所示。

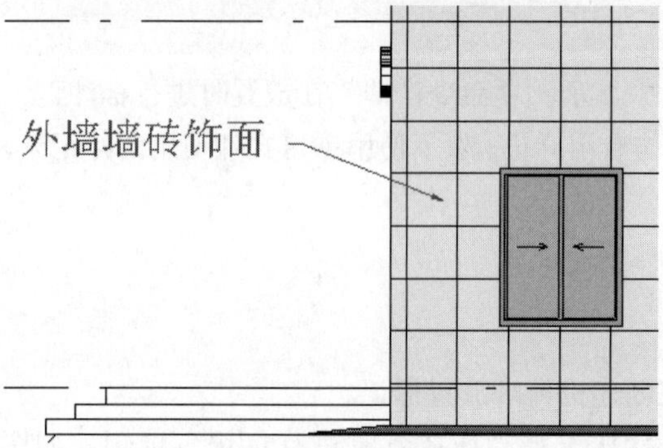

图 15-24

5．“属性”选项板

选择引线文字，在“属性”选项板中显示属性参数，如图 15-25 所示。选择“弧引线”选项，将弧引线指定给选定的文字。在“左侧附着”“右侧附着”“水平对齐”选项中设置对齐位置，默认选择“保持可读”选项。

在类型列表中显示各类型文字样式，如图 15-26 所示，选择其中一项，可更改选中的标注文字的样式。

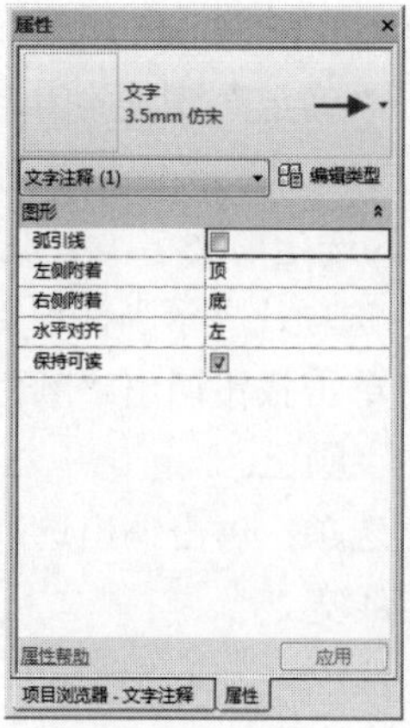

图 15-25

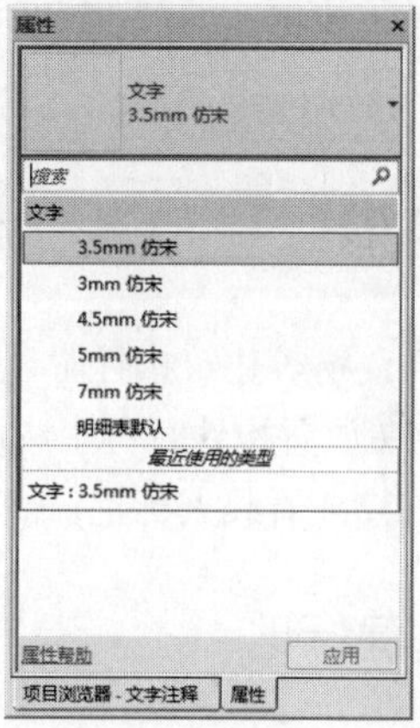

图 15-26

6．类型属性

在“属性”选项板中单击“编辑类型”按钮，调出“类型属性”对话框，如图 15-27 所示。

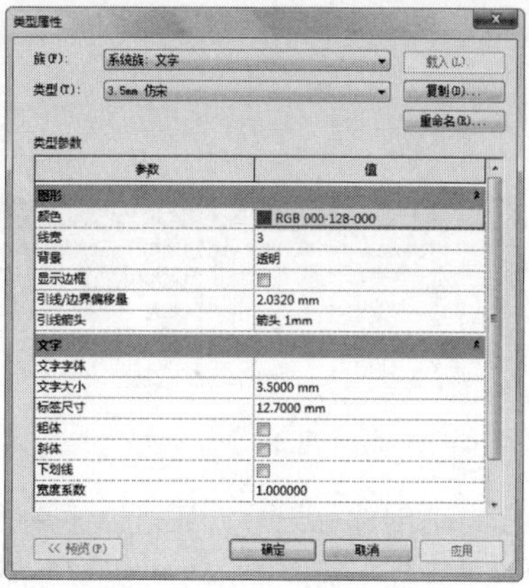

图 15-27

单击“复制”按钮，调出“名称”对话框，设置名称单击“确定”按钮关闭对话框，可在原有文字类型的基础上新建类型副本。单击“重命名”按钮，为选定的文字类型重新指定名称。

“颜色”选项：显示当前项目文件中文字标注的颜色，单击按钮调出“颜色”对话框，在其中更改文字颜色。

“线宽”选项：单击调出选项列表，选择线宽代号指定线宽。

“背景”选项：选择“透明”或“不透明”背景指定给文字标注。

“显示边框”选项：选择选项，绘制完成的标注文字显示边框，如图 15-28 所示。

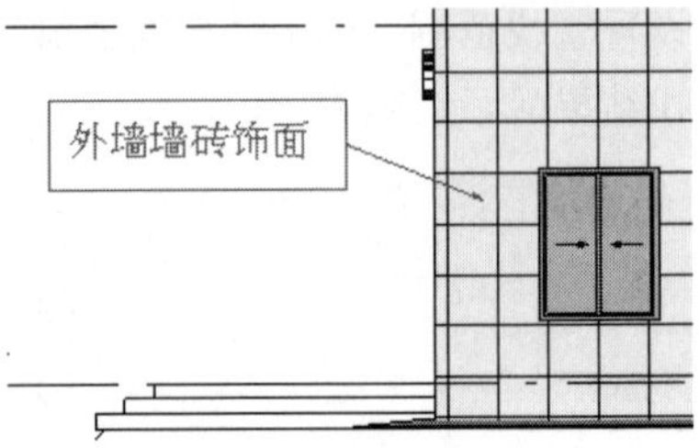

图 15-28

“引线箭头”选项：在列表中选择引线箭头的类型。

在“文字”选项组中设置文字字体、文字大小，以及文字显示样式等参数，单击“确定”按钮关闭对话框，属于该类型的标注文字随之更新。

15.2 标记

在创建门、窗等建筑构件时，在“标记”面板中显示一项命令，即“在放置时进行标注”。选择该选项，在放置构件时可生成用来注释该构件的专用标记。除了使用项目文件使用的标记外，用户还可以创建或者载入标记。

15.2.1 创建标记

通过执行“在放置时进行标注”命令，可以在创建构件时放置标记。

如在放置“门”图元时，在“标记”面板上默认选择“在放置时进行标记”选项，如图 15-29 所示，完成创建门图元后，门标记也一起被放置于门图元附近，如图 15-30 所示。

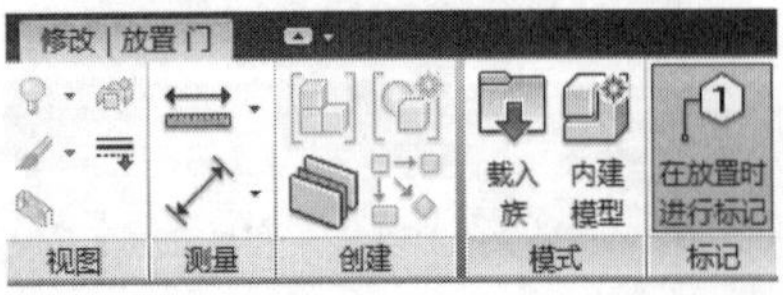

图 15-29

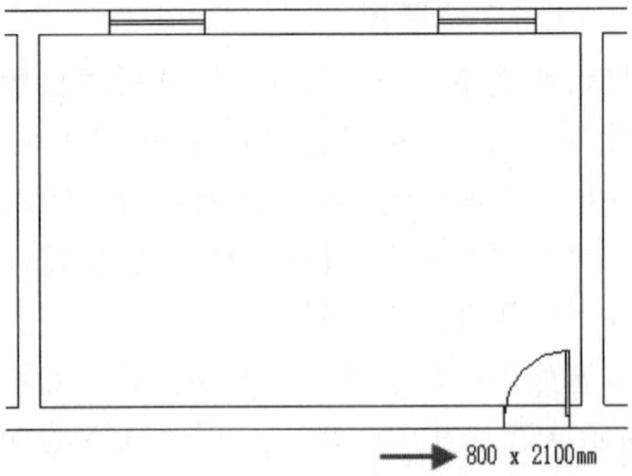

图 15-30

除了自动创建标记外，还可以手动为指定的图元创建标记。

选择“注释”选项卡，在“标记”面板中显示各类标记工具，如“按类别标记”“全部标记”等，如图 15-31 所示。

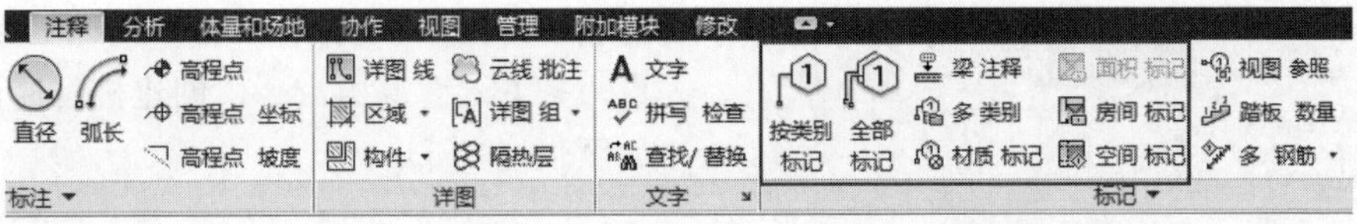

图 15-31

1. 按类别标记

单击“按类别标记”按钮，进入“修改 | 标记”选项卡，如图 15-32 所示，根据图元类别将标记附着到图元中。在选项栏中设置标记引线的方向，选择“引线”选项，所创建的标记通过引线与图元相连。

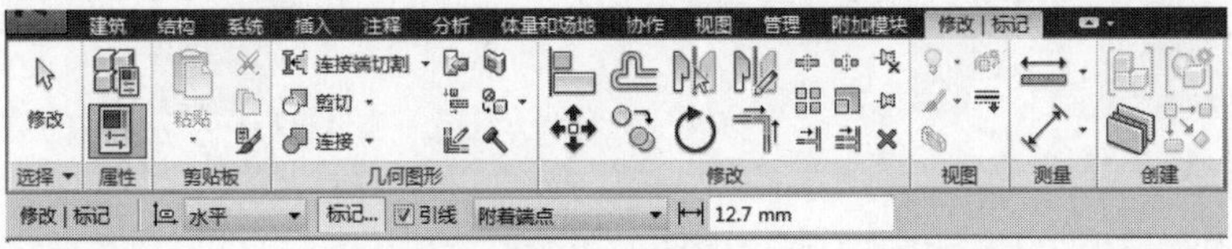

图 15-32

单击“标记”按钮，调出“载入的标记和符号”对话框，如图 15-33 所示，在其中查询已载入的标记类型。假如为选定的图元创建标记时项目文件中没有该类型标记，系统调出如图 15-34 所示的“未载入标记”对话框，提醒用户载入该类别标记。

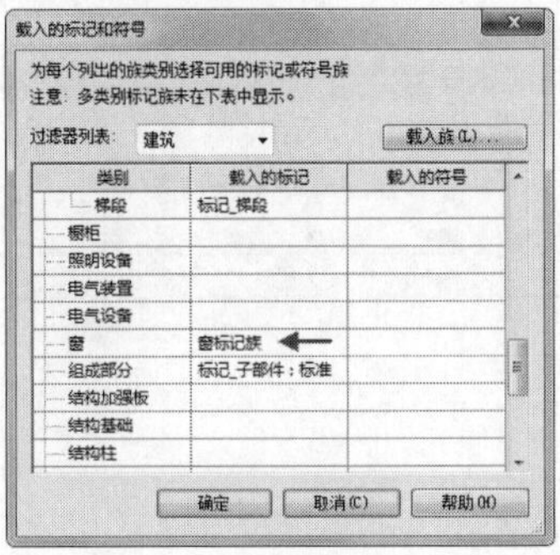

图 15-33

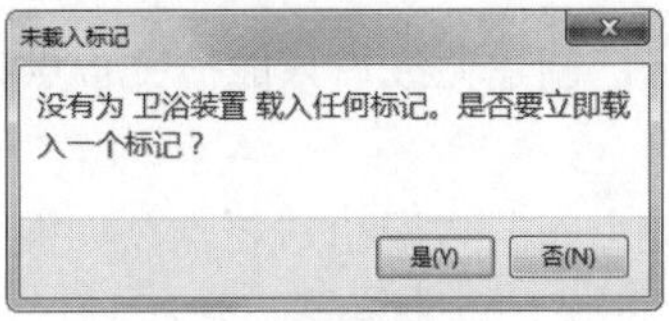

图 15-34

在绘图区域中单击选择目标图元，可为其创建专用标记，如图 15-35 所示。

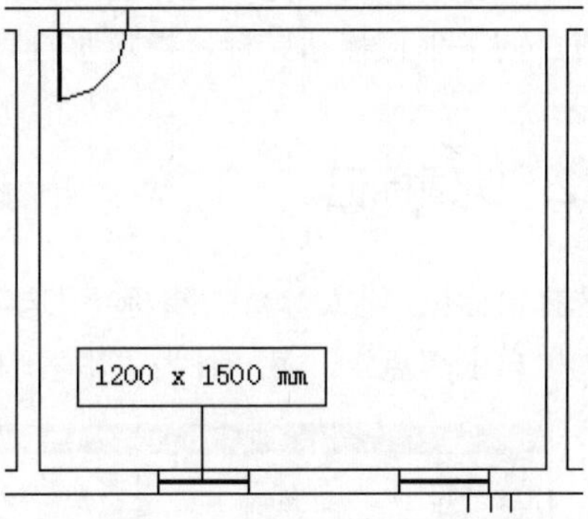

图 15-35

2. 全部标记

单击“全部标记”按钮，用于一步将标记添加到多个图元中。在启用该工具之前，应将所需要的标记族载入到项目中，接着在二维视图中放置标记。

启用工具后，调出如图 15-36 所示的“标记所有未标记的对象”对话框。在其中选择标记方式，默认选择“当前视图中的所有对象”，在列表中显示当前项目文件中所包含的所有标记类型。

选择需要标记的类型，可以按住 Ctrl 键选择多个，单击“确定”按钮，按照所设定的条件放置标记。

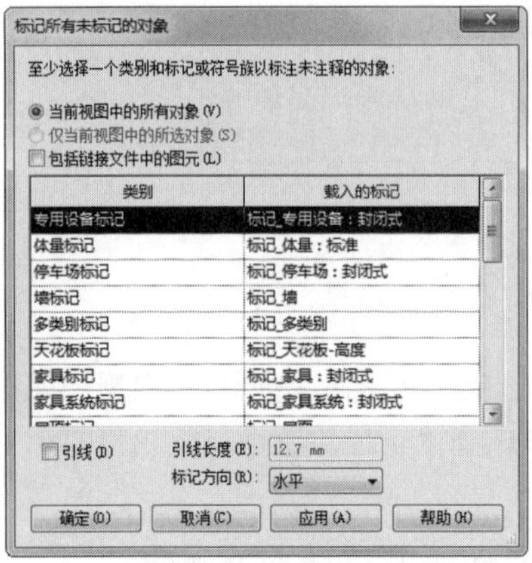

图 15-36

3．材质标记

选择“材质标记”工具，用来为选定的图元材质创建说明标记。在“修改|标记材质”选项卡中选择“引线”选项，在图元上单击指定起点，向下垂直移动鼠标，指定垂直直线段的端点，向右移动鼠标，指定水平直线段的端点，按Esc键退出命令，创建材质标记的结果如图15-37所示。

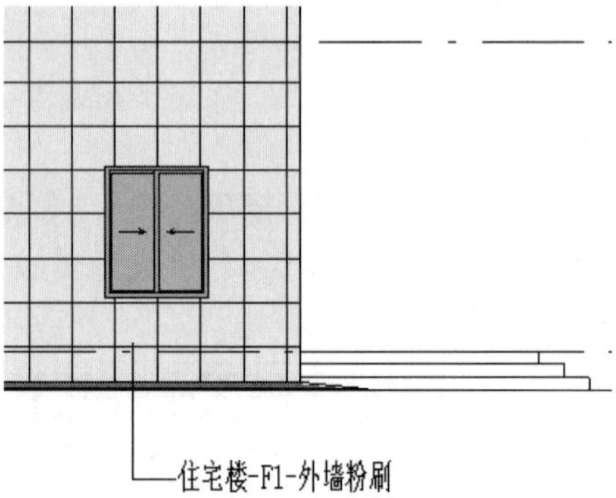

图 15-37

材质标记中所显示的材质基于“材质浏览器”对话框中“标识”选项卡的“说明”字段的值。

15.2.2 编辑标记

选择窗标记，进入“修改|窗标记”选项卡，如图15-38所示。在选项栏中设置引线端点的位置，一种为“自由端点”，另一种为“附着端点”。

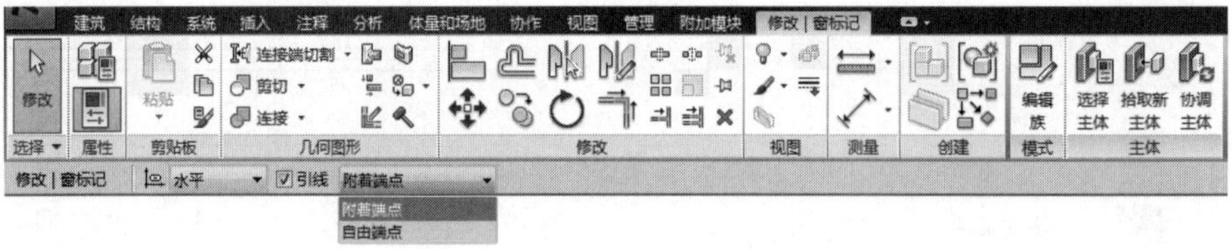

图 15-38

1．控制引线

“自由端点”样式：在创建标记时自定义引线的起点、折点、端点位置，创建完成后可以自由拖曳位置。

“附着端点”样式：通过自动捕捉引线起点来创建标记，创建完成后只能拖曳折点和标记位置，引线起点不能调整。

选择引线端点样式为“附着端点”的标记，显示“移动”符号以及引线折点，如图15-39所示。单击标记下方的“移动”符号，移动鼠标调整标记的位置。单击激活引线折点，移动折点可调整引线的位置。

当选择引线端点样式为“附着端点”的标记时，可显示“移动”符号、引线端点、引线折点，激活引线端点，可调整端点的位置。

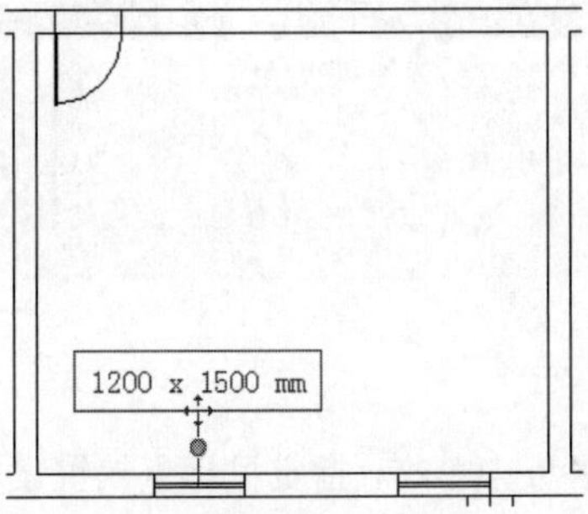

图 15-39

在“属性”选项板中选择/取消选择“引线”选项，可控制是否显示引线连接标记与图元，在“方向”选项中设置引线的方向，如图 15-40 所示。设置效果与选项栏中各参数的控制效果相同。

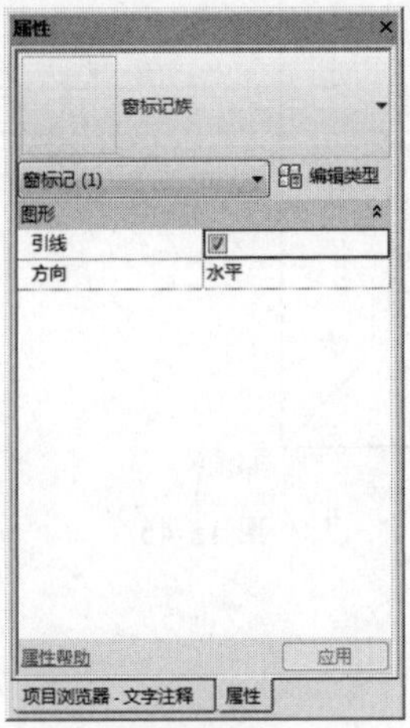

图 15-40

2. 更新标记主体

选择多个标记时单击“主体”面板中的“选择主体”按钮，可为所有标记类型选择主体。

选择标记，单击“拾取新主体”按钮，单击另一个主体图元，可将标记指定给选定的图元。

启用“协调主体”工具，可在“协调主体”选项板中列出以链接模型为主体且因链接模型中的修改而需要查阅的标记与图元。当链接模型发生变化时，以其为主体的标记或基于面的图元可能会变得孤立。通过使用“协调主体”工具可识别孤立图元并将这些图元删除，或者选择新主体。

15.2.3　载入标记

在放置标记时有时候会调出“未载入标记”对话框，提醒用户某种类型的标记未载入。通过载入标记，使该类型标记在项目文件中可用。

载入标记的操作方法如下所述。

（1）在“未载入标记”对话框中单击“是”按钮，调出“载入族”对话框，选择族文件，单击“打开”按钮载入族。

（2）在“载入的标记和符号”对话框中单击“载入族”按钮。

（3）选择“插入”选项卡，单击“从库中载入”面板中的“载入族”按钮。

15.3　符号

启用“符号”工具，可将坡度符号、坐标索引、指北针等符号放置到项目视图中，还可制作明细表，统计项目文件中所包含的符号类型及数量。

15.3.1　创建符号

选择“注释”选项卡，单击“符号”面板中的“符号”按钮，如图 15-41 所示，进入“修改 | 放置 符号”选项卡，如图 15-42 所示。

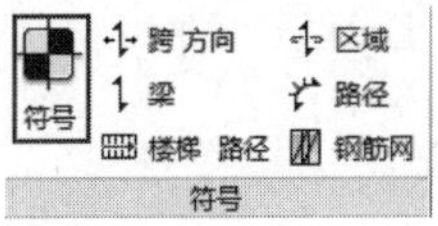

图 15-41

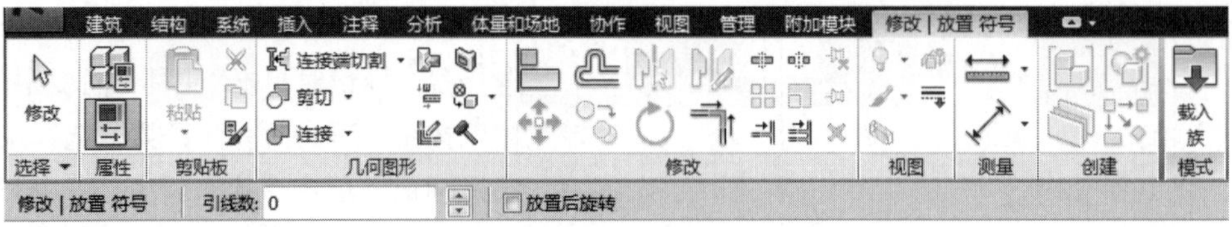

图 15-42

1. 创建符号

在“属性”选项板中选择符号类型，在类型列表中提供各种样式的符号以供选择，如排水符号、可调三角形符号等，如图15-43所示。

选择指北针符号，在平面视图的右上角单击放置符号，如图15-44所示。

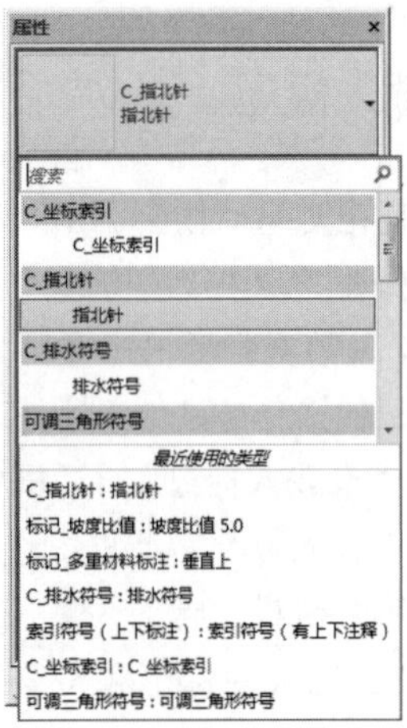

图 15-43

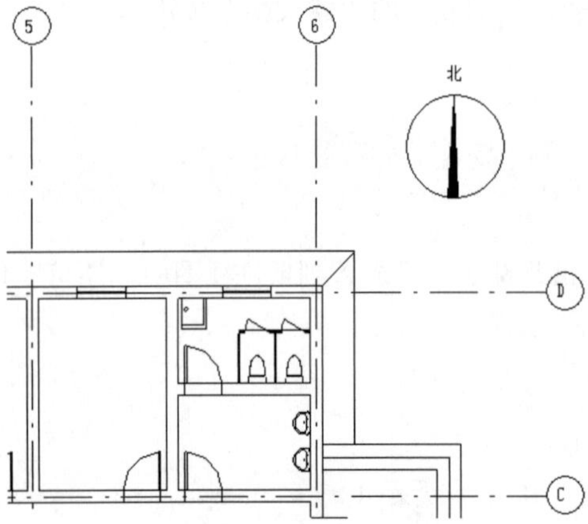

图 15-44

在“属性”选项板中选择“索引符号”，在绘图区域中单击，指定目标点放置索引符号。按空格键，可90°翻转索引符号。新建的索引符号未带任何标注文字，选择符号，显示？符号，如图15-45所示。单击问号，进入在位编辑状态，输入标注文字，如图15-46所示。

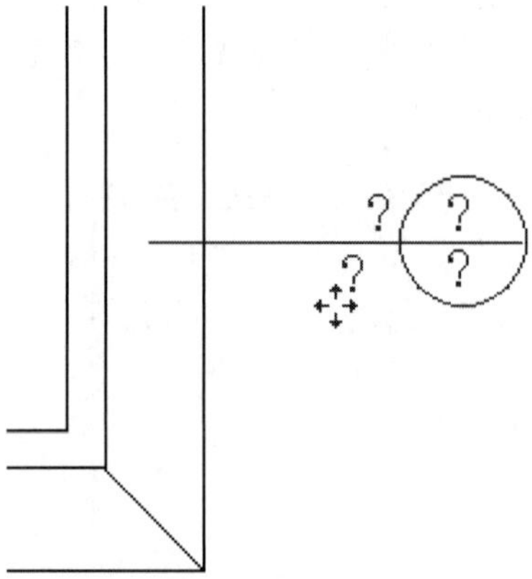

图 15-45

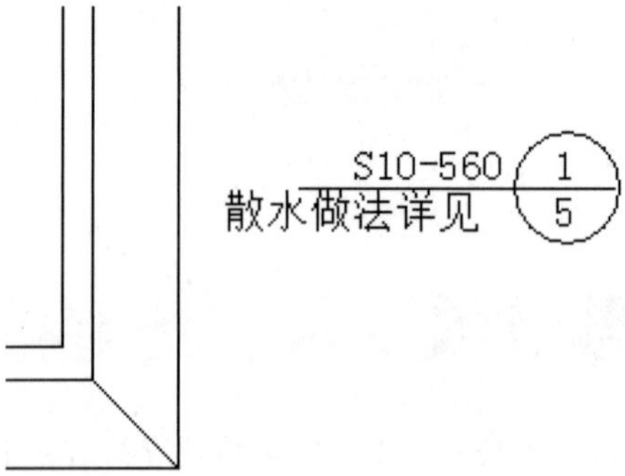

图 15-46

输入文字后，索引符号的引线长度变短，不能与被索引图元相连。在索引符号的“属性”选项板中，显示“引线长度”的默认值为25，修改参数值，如图15-47所示。单击“应用”按钮，可修改符号的引线长度，如图15-48所示。

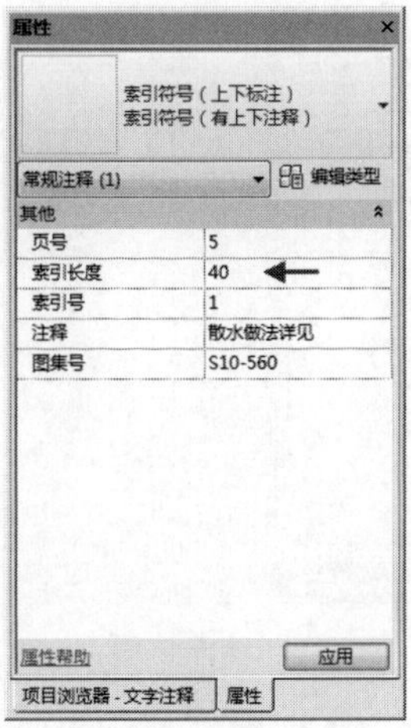

图 15-47

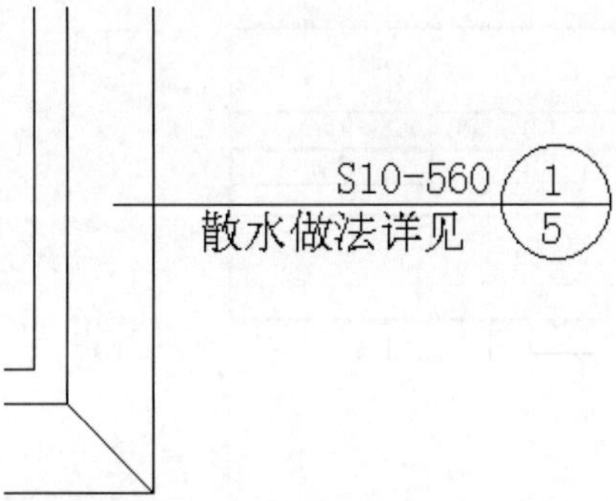

图 15-48

2. 编辑符号

选择符号，进入“修改|常规注释”选项卡。单击“引线”面板中的“添加引线”“删除引线”按钮，可添加/删除引线。单击激活符号中的“移动”符号，移动鼠标，可调整符号的位置。

在“属性”选项板中修改符号的各属性值，可以编辑符号的属性参数。单击“编辑类型”按钮，调出“类型属性”对话框，在其中可新建、重命名符号类型，或者修改符号的类型属性。

15.3.2 注释块明细表

创建注释块明细表，在表格中列举符号的类型及其相关属性。选择“视图”选项卡，单击“创建”面板中的“明细表”按钮，在调出的列表中选择“注释块”选项，如图 15-49 所示。

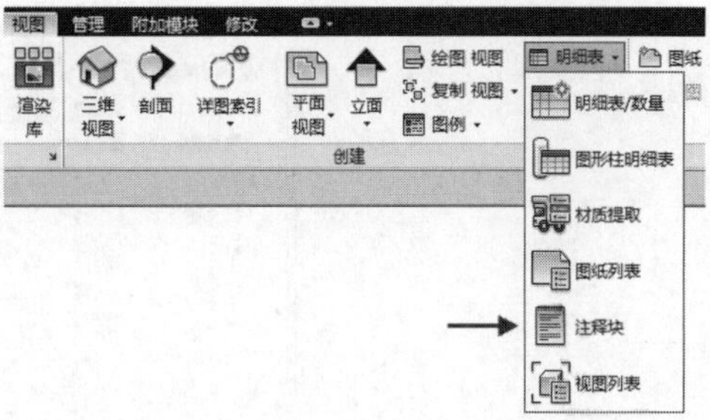

图 15-49

在“新建注释块”对话框中选择符号的类型，如选择“索引符号”选项，并在“注释块名称”中设置明细表名称，如图 15-50 所示。

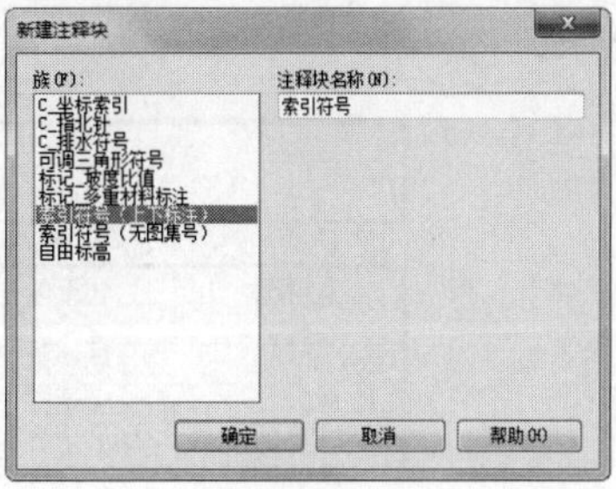

图 15-50

单击“确定”按钮进入“注释块属性”对话框，分别在“字段”与“排序/成组”选项卡中设置明细表格式，如图 15-51 和图 15-52 所示。接着在“外观”选项卡中取消选择“数据前的空行”选项，同时设置“标题”与“正文”的字高与字体，单击“确定”按钮关闭对话框。

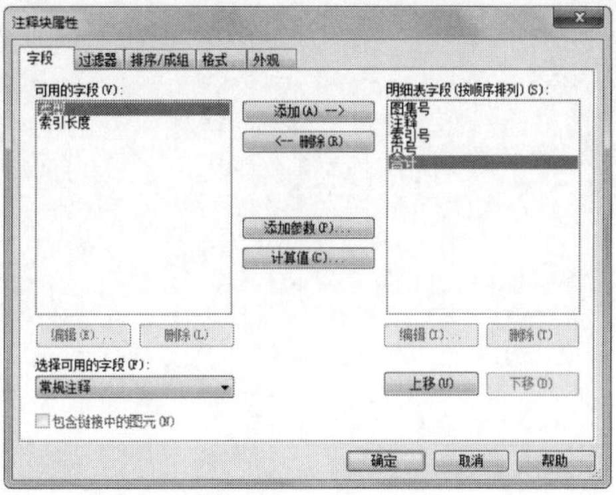

图 15-51

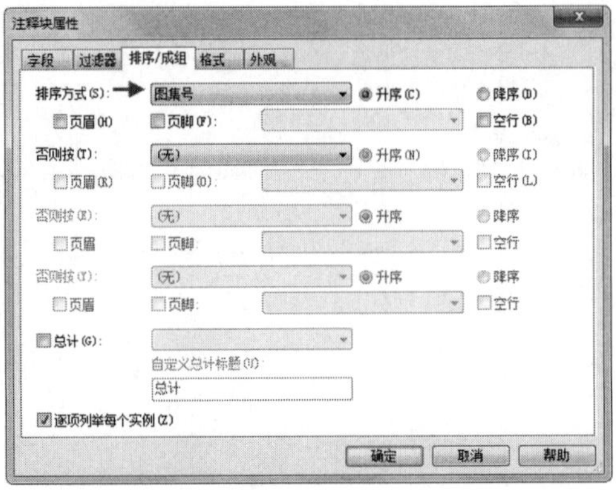

图 15-52

转入明细表视图，在明细表中列举了各类索引符号的名称、图集号、索引号等参数，如图 15-53 所示。

<索引符号>				
A	B	C	D	E
图集号	注释	索引号	页号	合计
				1
Q01-200	墙体做法详见	1	3	1
S10-560	散水做法详见	1	5	1
TJ15-600	台阶做法详见	2	5	1

图 15-53

第16章 布图与打印

将创建完成的各类图纸打印输出，可用于交流设计成果、保存设计资料。本章介绍在Revit中布图及打印输出图纸的操作方法。

16.1 图纸布图

将各视图布置到图纸上，再为图纸指定标题栏，完成布图设置后，才可执行打印输出的操作。

16.1.1 创建图纸

选择“视图”选项卡，单击“图纸组合”面板中的“图纸”按钮，如图16-1所示，调出“新建图纸”对话框。在该对话框中选择标题栏的样式，如选择A0，如图16-2所示，单击“确定”按钮，进入图纸视图。

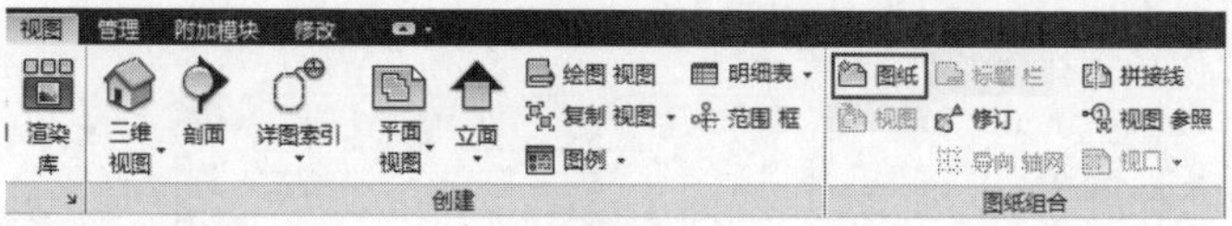

图16-1

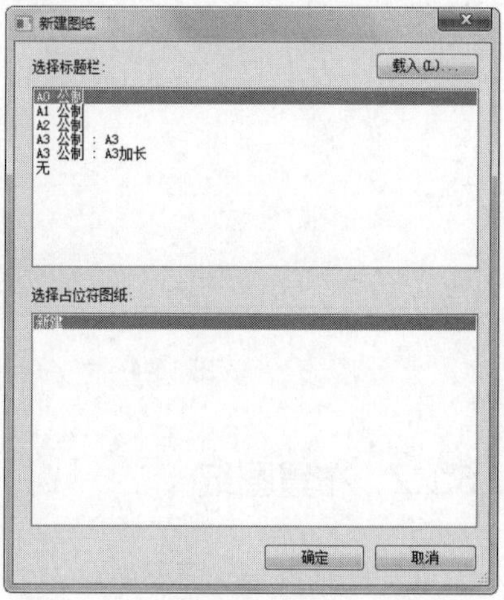

图16-2

提示：
在“新建图纸”对话框中显示项目样板默认的标题栏样式，单击“载入”按钮，载入外部标题栏以供使用。

项目样板默认在“图纸（全部）”中创建两个图纸视图，即“001-总平面图”与“002-一层平面图”，新建的图纸视图以“003-未命名”来命名，如图16-3所示。右击，在快捷菜单中选择“重命名”选项，为视图设置新名称。在绘图区域中显示A0标题栏，如图16-4所示。

图 16-3

图 16-4

16.1.2 布置图纸

在“图纸组合”面板中单击“导向轴网”按钮，调出“指定导向轴网”对话框。在该对话框中设置名称，如图 16-5 所示，单击“确定”按钮关闭对话框。在绘图区域中显示覆盖整个图纸标题栏的视图定位网格，如图 16-6 所示。选择定位网格，在边界线显示 4 个蓝色实心夹点，单击激活夹点，移动夹点可调整边界线的位置，更改定位网格的范围。

在“属性”选项板的“导向间距”选项中设置定位网格的间距，在“名称”选项中设置定位网格的名称。

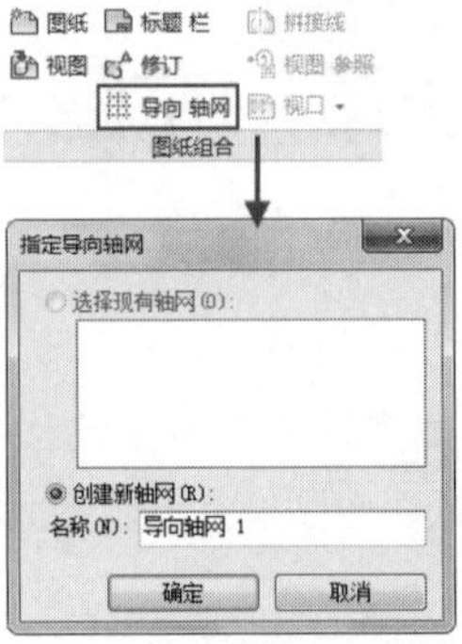

图 16-5

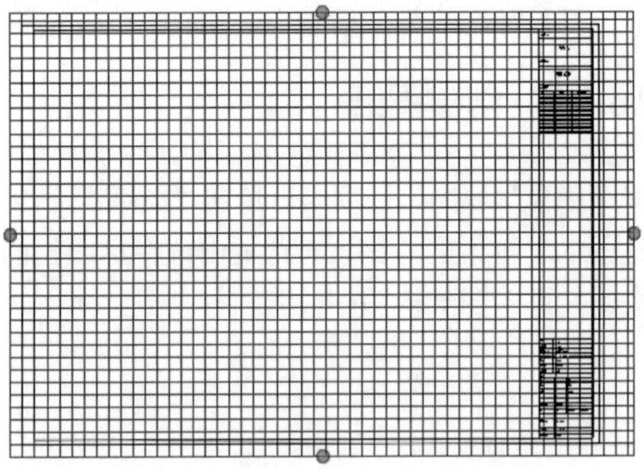

图 16-6

单击“放置视图”按钮，调出如图 16-7 所示的“视图”对话框，选择视图名称，单击“在图纸中添加视图”按钮。在绘图区域中显示视口边框，在标题栏上单击，指定“楼层平面：F1”的放置点。

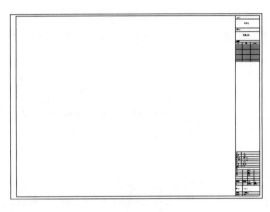

图 16-7

选择“楼层平面：F1”，启用“移动”工具，选定 A 轴线与 1 轴线的交点为基点，移动视图，拾取网格交点为目标点，调整视图的位置如图 16-8 所示。

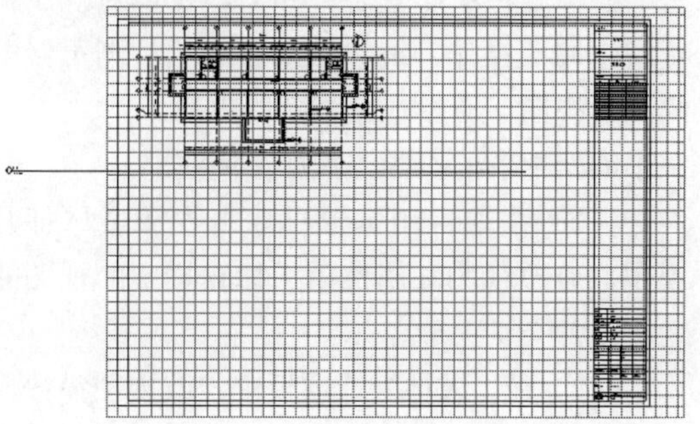

图 16-8

在放置视口的同时，Revit 自动提取视图信息，在视口的左下角创建视口标题，如图 16-9 所示。选择视口标题，在“属性”选项板中单击“编辑类型”按钮，调出“类型属性”对话框。在“类型参数”列表中设置“标题”“线宽”“颜色”的参数，取消选择“显示延伸线”选项，如图 16-10 所示。

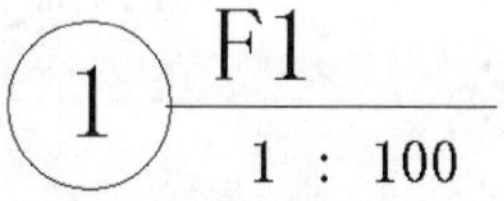

图 16-9

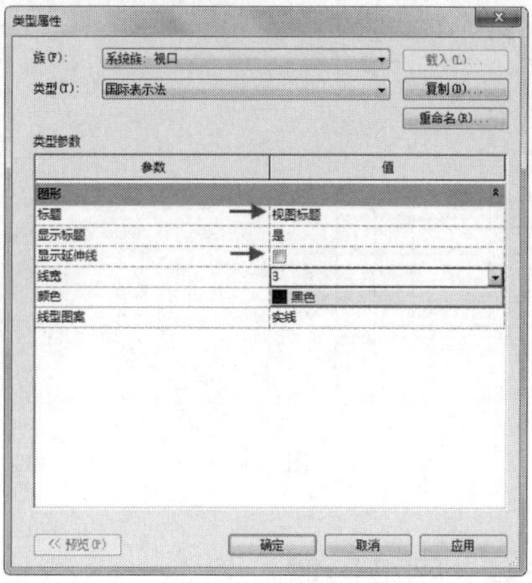

图 16-10

单击“确定”按钮关闭对话框。在“属性”选项板的“视图名称”选项中设置名称，如图 16-11 所示。单击“应用”按钮，调出提示对话框，询问用户是否重命名相应的标高和视图，单击“是”按钮，可重命名相关的标高与视图。单击“否”按钮，直接修改视图名称。视图名称的修改结果，如图 16-12 所示。

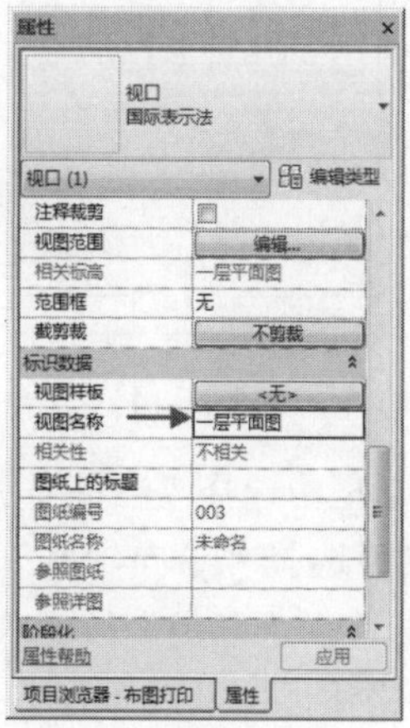

图 16-11

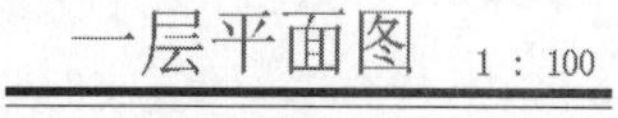

图 16-12

选择视图名称，将其拖曳至视图下方后释放鼠标。

重复上述的操作方法，继续以定位网格为基准布置图纸，如图 16-13 所示。不选择任何图元，单击“属性”选项板中“可见性/图形替换”选项后的“编辑”按钮，如图 16-14 所示，调出“可见性 / 图形替换”对话框。

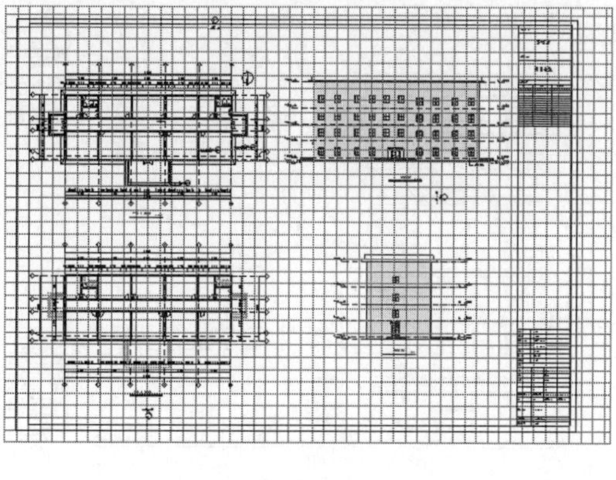

图 16-13

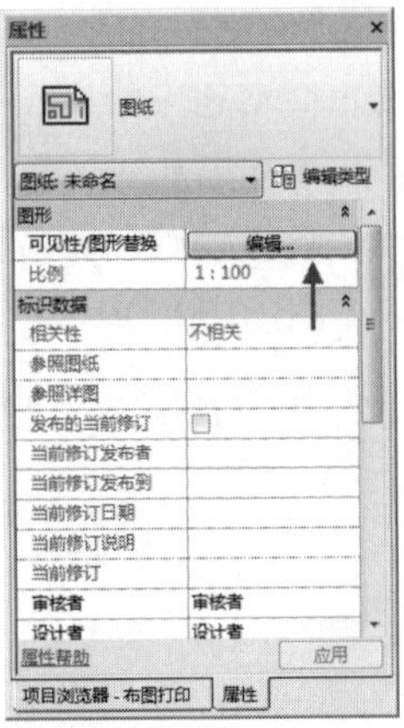

图 16-14

在该对话框中选择“注释类别”选项卡，在列表中取消选择“导向轴网”选项，如图16-15所示，单击“确定”按钮关闭对话框。隐藏定位网格后，图纸的布置效果如图16-16所示。

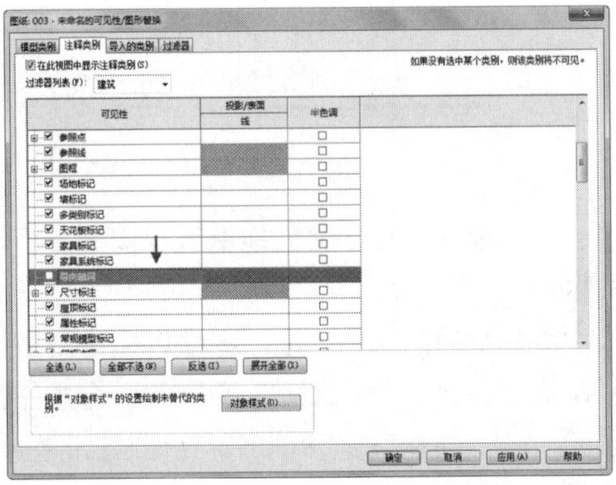

图 16-15

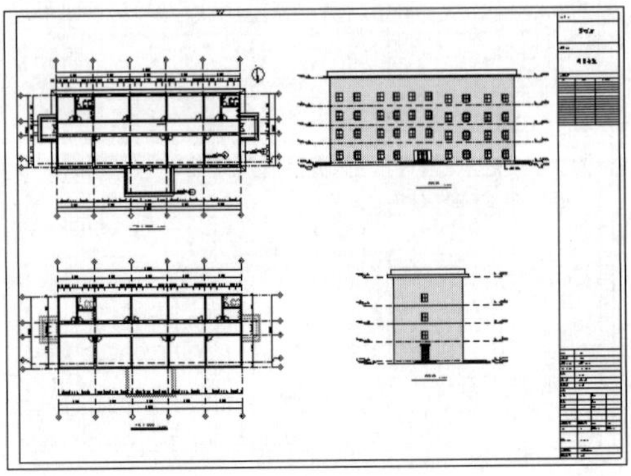

图 16-16

16.1.3 编辑视图

在标题栏中布置各视图后，可以对视图执行编辑修改操作，编辑结果影响项目浏览器中的原始视图，原始视图将随同更新。

编辑视图的操作方法如下所述。

（1）在项目浏览器中双击视图名称打开视图，修改视图某属性后，标题栏中的视图随之更新。

（2）在“属性”选项板中修改视图参数，同时影响标题栏中的视图，以及项目浏览器中的原始视图。

（3）单击标题栏中的视图，进入“修改|视口”选项卡，如图16-17所示，单击“激活视图”按钮，进入编辑模式。在编辑模式下，高亮显示选中的视图，其他未选中的视图灰显，如图16-18所示。编辑结果影响原始视图。

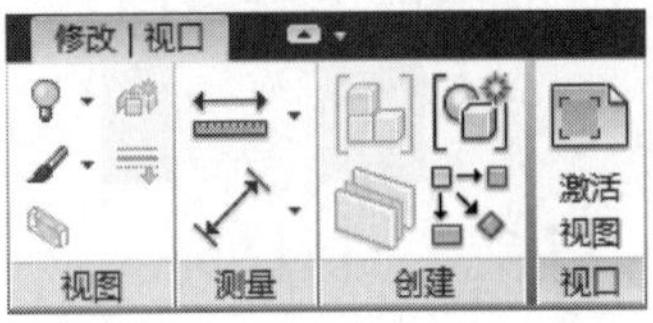

图 16-17

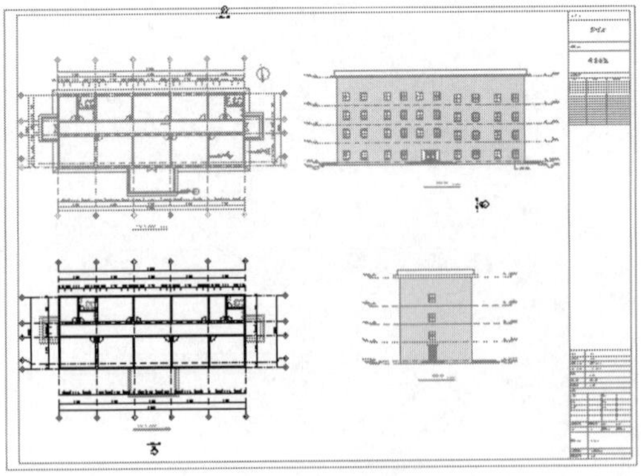

图 16-18

16.1.4 图纸设置

选择标题栏，在“属性”选项板中单击展开“标识数据”“其他”选项卡，如图16-19所示，在“审核者”“设计者”“绘图者”等选项中输入参数，单击“应用”按钮，可将所设置的参数显示在标题栏右侧的参数标签中。

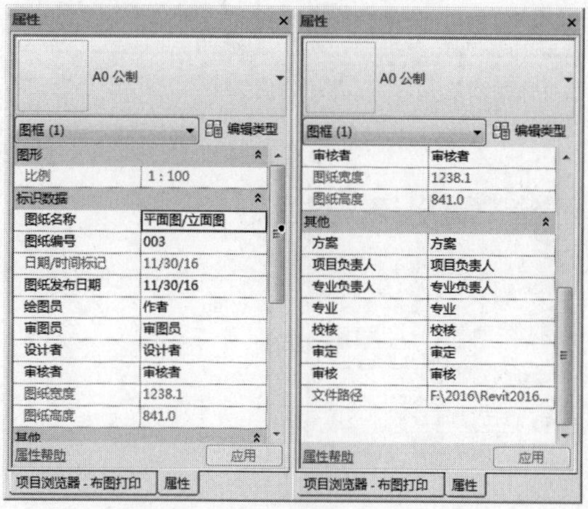

图 16-19

选择“管理”选项卡，单击“设置”面板中的“项目信息”按钮，打开“项目属性”对话框。在“其他”选项组中设置“项目发布日期”“项目状态”等参数，如图 16-20 所示，单击“确定”按钮关闭对话框，完成项目信息的设置。系统根据所设置的参数，联动更新标题栏中相关字段的参数。

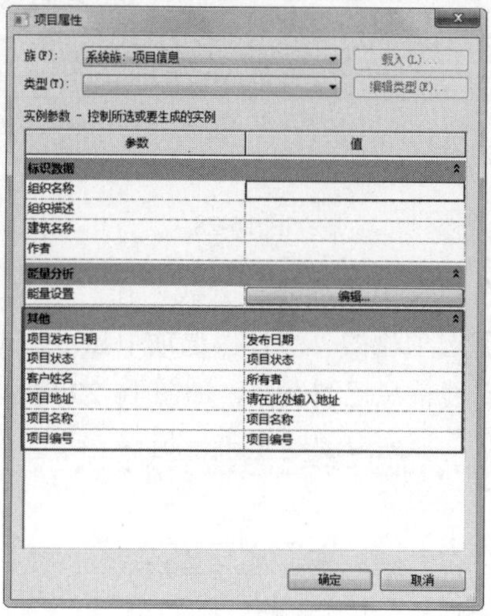

图 16-20

16.1.5　图纸发布 / 修订

单击“图纸组合”面板中的“修订”按钮，如图 16-21 所示，可输入有关图纸修订的信息，或者在发布时标记修订。用户可修改修订的编号方案，并且控制图形中的每个修订的云线、标记的可见性。

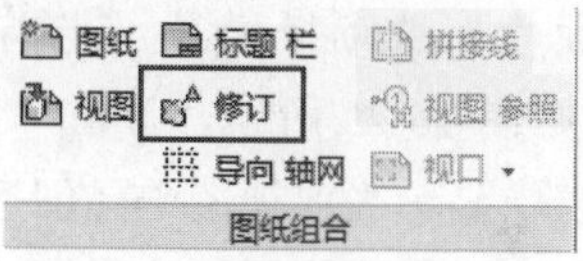

图 16-21

启用“修订”工具后，调出“图纸发布 / 修订”对话框。在该对话框中默认创建一个信息，根据修订情况，用户可以选择在原有信息的基础上修改，或者新建一个信息。

单击“添加”按钮，在列表中新建一个信息。接着依次修改原有信息及新建信息的参数，如图 16-22 所示。单击“确定”按钮关闭对话框。

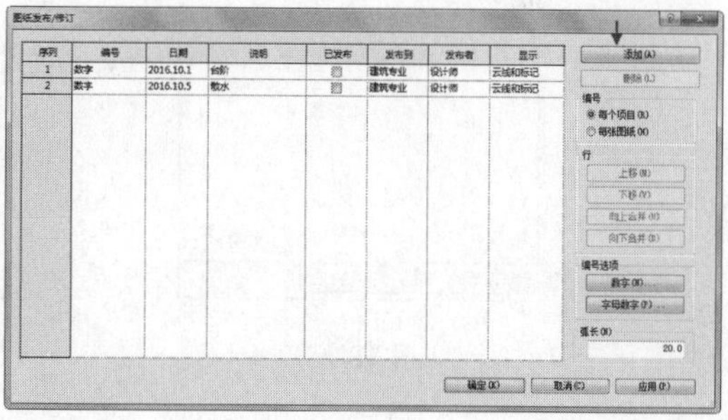

图 16-22

转换至 F1 视图，选择“注释”选项卡，单击“详图”面板中的“云线 批注”按钮，如图 16-23 所示，进入“修改 | 创建云线批注草图”选项卡。

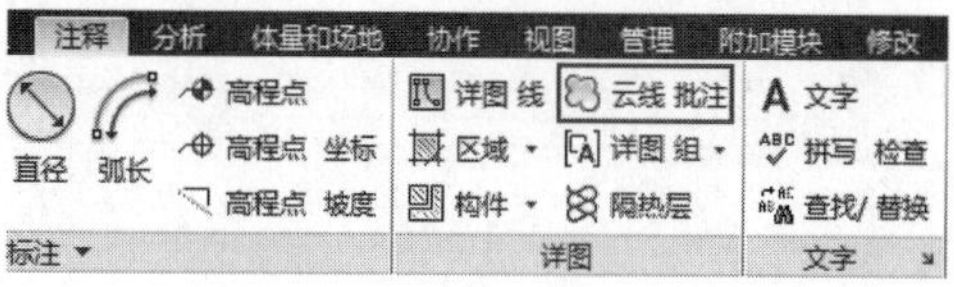

图 16-23

在“绘制”面板上单击“直线”按钮，选

择“链”选项，确保绘制的云线首尾相连，如图 16-24 所示。

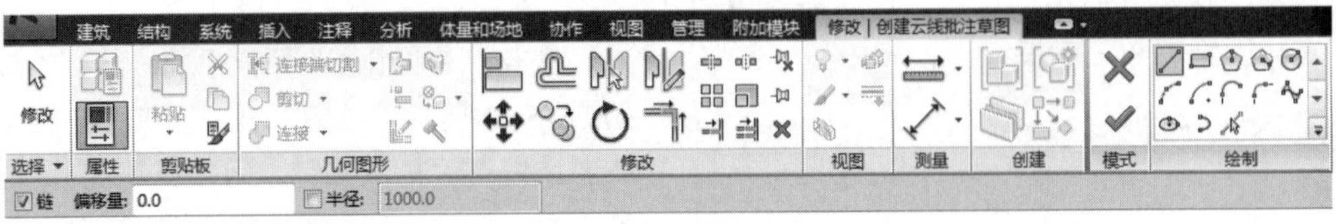

图 16-24

在“属性”选项板中显示当前修订云线的信息，如图 16-25 所示，单击“修订”按钮，在列表中显示当前视图中已创建的修订信息。在视图中的指定位置创建修订云线，如图 16-26 所示。单击“完成编辑模式”按钮，退出命令。

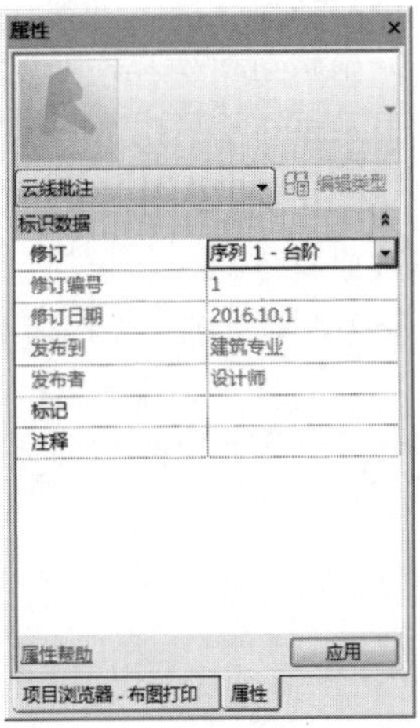

图 16-25

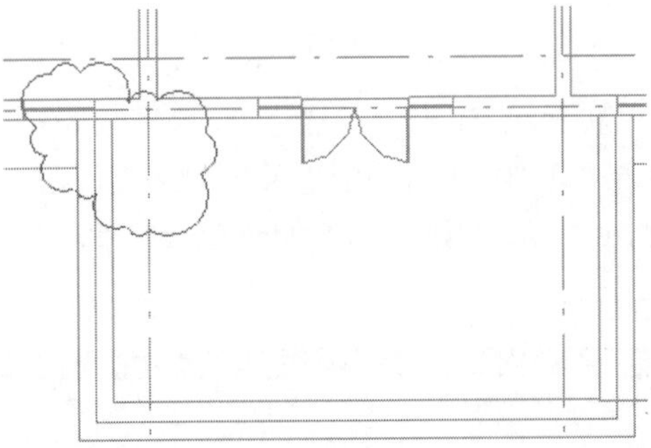

图 16-26

重复上述操作，绘制“序列 2- 台阶”修订云线，如图 16-27 所示。修订云线绘制完成后，可发布修订信息。

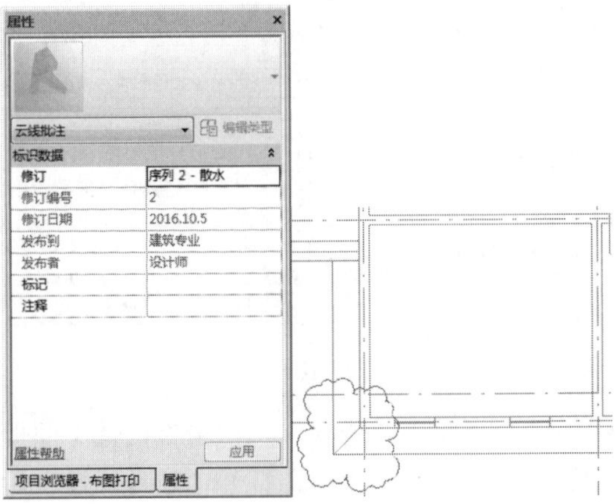

图 16-27

单击“图纸”面板中的“修订”按钮，再次调出“图纸发布 / 修订”对话框。在“已发布”单元格选择该项，如图 16-28 所示。单击“确定”按钮关闭对话框，完成发布修订信息的操作。

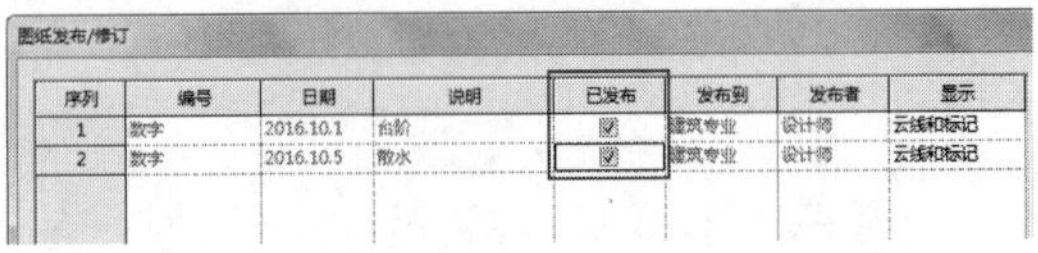

图 16-28

在视图中选择修订云线，在“修改 | 云线批注”选项栏的“修订”选项中显示被选中的修订云线信息已被发布，如图 16-29 所示。

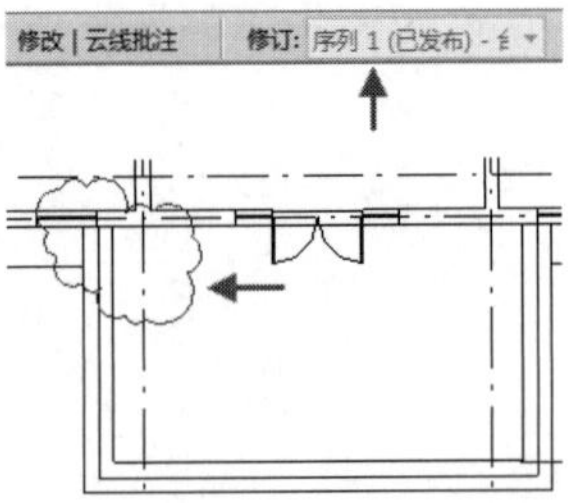

图 16-29

转换至图纸视图，在标题栏右侧的修订栏中，显示发布的修订信息，如图 16-30 所示，由编号、日期、发布者组成。

在“图纸发布 / 修订”对话框中单击“显示”单元格，调出显示样式列表，如图 16-31 所示，用户可选择修订信息在图纸中的显示样式，默认选择“云线和标记”。

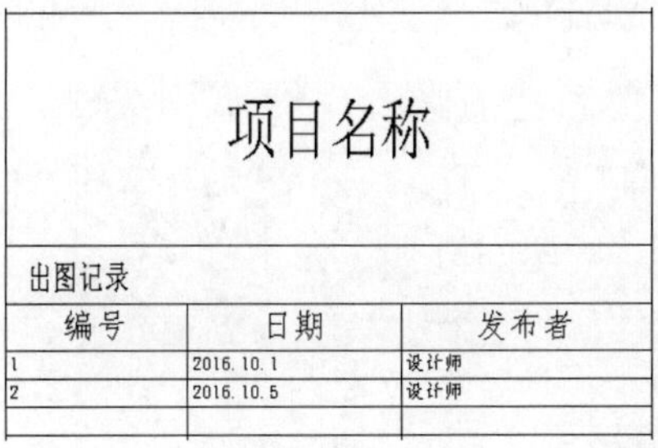

图 16-30

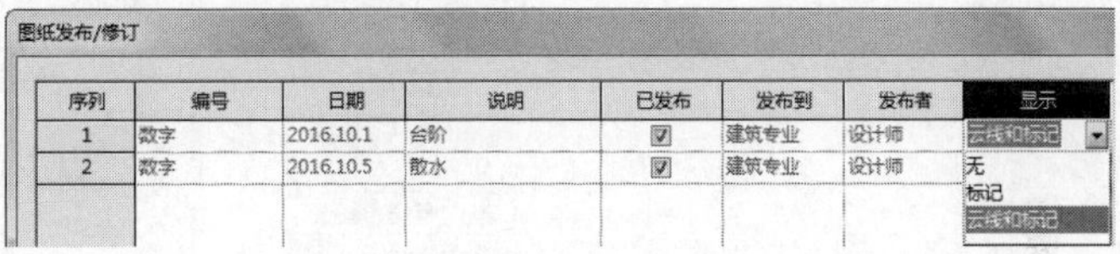

图 16-31

16.2 打印

完成图纸布图后，即可打印图纸。单击“应用程序菜单”按钮，在调出的列表中选择“打印”选项，如图 16-32 所示，调出“打印”对话框，如图 16-33 所示。

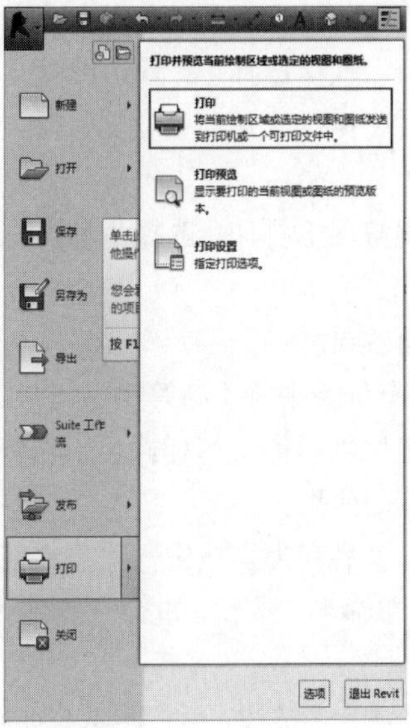

图 16-32

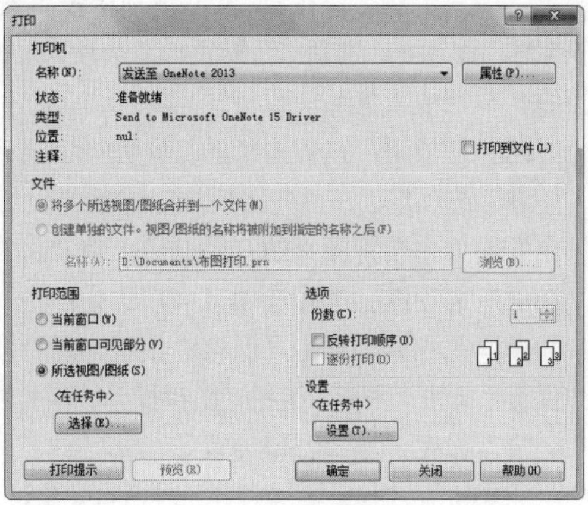

图 16-33

“打印机”选项组：在选项列表中显示计算机中已有的打印机，在“状态”“类型”“位置”选项中显示打印机的信息。

“打印到文件”选项：选择选项，“文件”选项组下的“名称”选项可编辑。单击选项后的“浏览”按钮，调出“指定前缀和扩展名”对话框。在其中设置打印文件的名称及保存路径，在“文件类型”选项中选择打印文件的类型，单击“保存”按钮，可将图纸打印到文件中。

“打印范围”选项组：默认选择“当前窗口”，仅打印当前窗口中所有的图元。选择“当前窗口可见部分”选项，打印当前窗口中能见到的图元。选择“所选视图 / 图纸”选项，单击“选择”按钮，调出如图 16-34 所示的“视图 / 图纸集”对话框。选择对话框下方“显示”选项组中的“图纸”选项，在列表中显示图纸类型，选择图纸，单击“确定”按钮，所选的图纸将被打印输出。

“选项”选项组：设置打印“份数”，选择“反转打印顺序”选项，将从最后一页开始打印。

单击“设置”按钮，调出如图 16-35 所示的“打印设置”对话框。

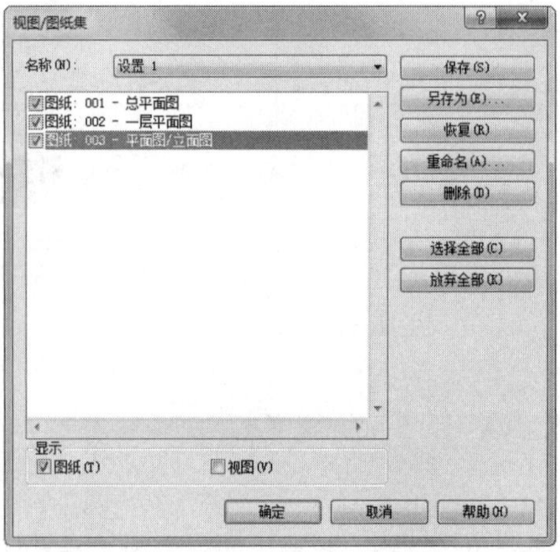

图 16-34

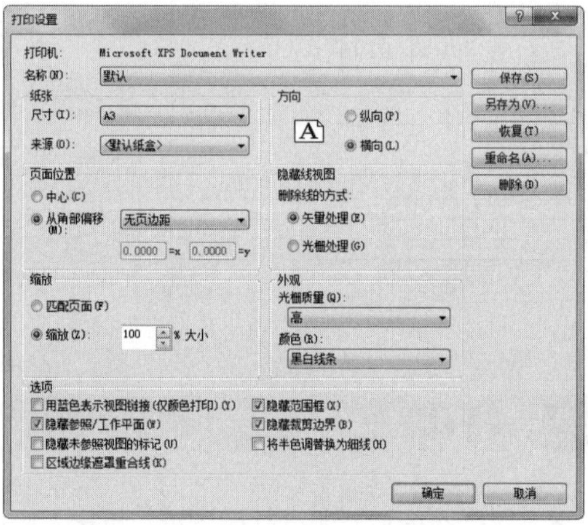

图 16-35

“打印机”选项：显示打印机名称为“默认”，即在“打印”对话框中所选择的打印机。

“纸张”选项组：在“尺寸”列表中选择纸张尺寸，“来源”默认选择“< 默认纸盒 >”。

“页面设置”选项组：选择“中心”选项，图纸居中打印。选择“从角部偏移”选项，在列表中选择“用户定义”，在 =x、=y 选项中设置偏移距离。

“缩放”选项组：选择“匹配页面”选项，根据纸张的大小调整图形打印。选择“缩放”选项，在后面的文本框中设置缩放比例。

“方向”选项组：设置图纸的打印方向，选项左侧预览方向效果。

“外观”选项组：在“光栅质量”选项中设置图纸的质量，有低、中等、高等类型可供选择。在“颜色”选项中设置图纸的打印颜色，有“黑白线条”“灰度”“彩色”等样式可供选择。

“选项”选项组：选择选项，可按选定的选项定义图纸的打印效果。

参数设置完成后，单击“保存”按钮，保存打印设置；单击“另存为”按钮，可重命名打印设置并保存；单击“恢复”按钮，撤销操作，恢复默认值；单击“重命名”按钮，重命名打印设置；单击“删除”按钮，删除打印设置。

单击“确定”按钮，返回“打印”对话框。在该对话框中单击“确定”按钮，可将图纸打印输出。

第 17 章　建筑表现

使用 Revit 的渲染工具可以生成建筑模型富有真实感的图像，更好地表现建筑设计效果，也可以导出三维视图，将文件载入另一个常用的三维软件 3ds Max 中渲染、出图。

通过创建相机、日光研究，可以使渲染的图像更富质感，接近照片的显示效果。本章介绍 Revit 建筑表现的各部分知识的应用方法。

17.1 渲染

为模型指定“渲染外观”材质，控制模型的渲染效果。可以从外部文件中调入图像文件，附着在模型上，达到装饰模型的效果。本节介绍设置渲染材质，以及为模型制作贴花的操作方法。

17.1.1 材质

在创建模型的过程中所设置的材质用于显示平面、立面、剖面、三维视图中模型的表面与截面样式，不影响渲染效果。需要设置材质的“渲染外观”，才可以将材质显示在渲染效果中。

选择“管理”选项卡，单击“设置”面板中的“材质”按钮，如图 17-1 所示，调出“材质浏览器”对话框，如图 17-2 所示。

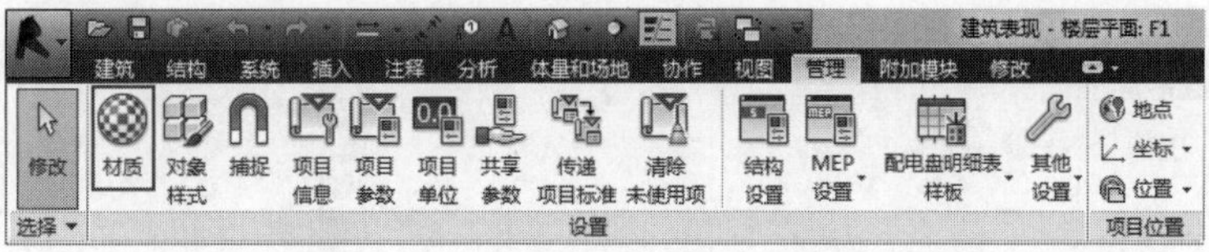

图 17-1

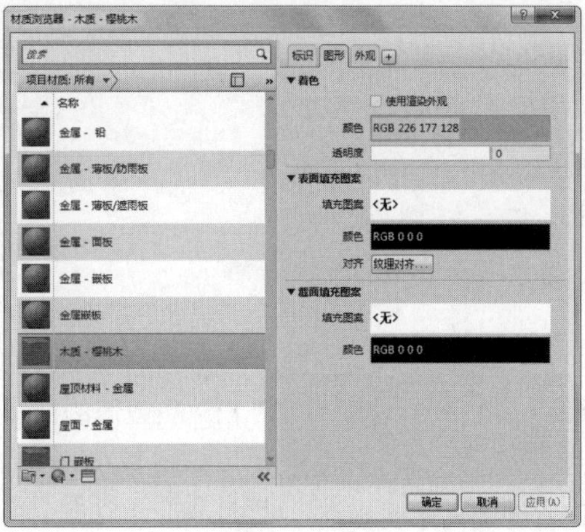

图 17-2

该对话框的左侧为材质列表，右侧为材质的参数选项面板，默认显示“标识”“图形”和“外观”选项卡，如图 17-3 所示。单击“外观”选项卡名称后的 + 号图标，在调出的列表中显示“物理”“热量”选项卡的名称，单击可转换至该选项卡。

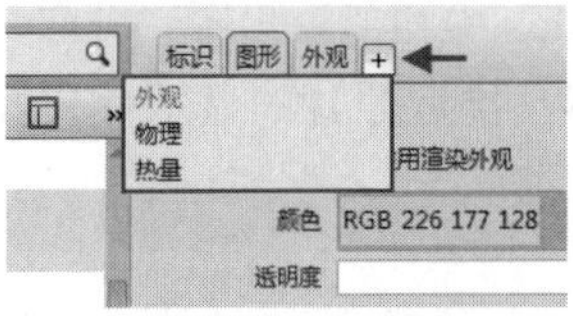

图 17-3

1. 材质列表

（1）材质搜索

在顶部的“搜索”选项栏中输入材质名称，单击选项后的“搜索”按钮，可以在列表中显示搜索结果。如在创建墙体材质时，均在材质名称前设置了前缀“住宅楼”，此时输入“住宅楼”，可在列表中显示与之相关的材质，如图 17-4 所示，这也就是为材质设置指定名称的好处，可以在众多的材质中寻找需要的材质。

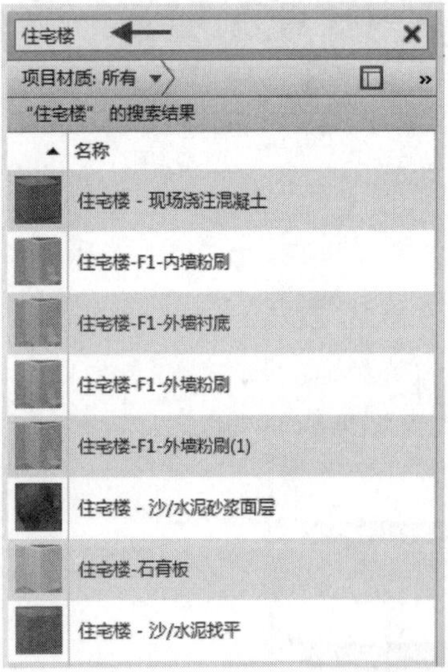

图 17-4

（2）材质名称

单击“项目材质”按钮右侧的向下实心箭头按钮，在调出的列表中显示各类材质名称，如玻璃、补墙板等，选择其中一项，如选择“塑料”，如图 17-5 所示，在列表中显示所有类型的塑料材质，如图 17-6 所示。

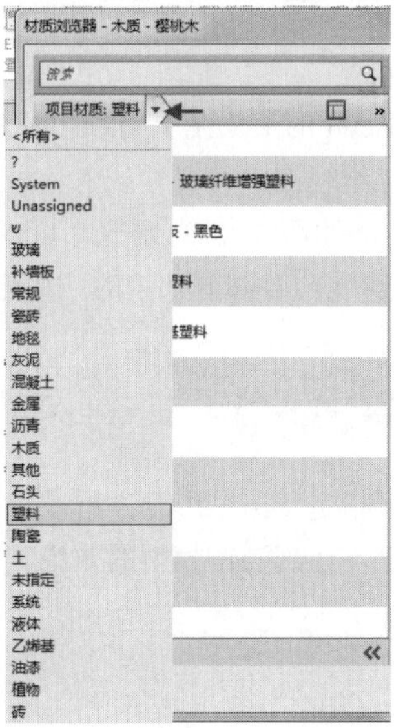

图 17-5

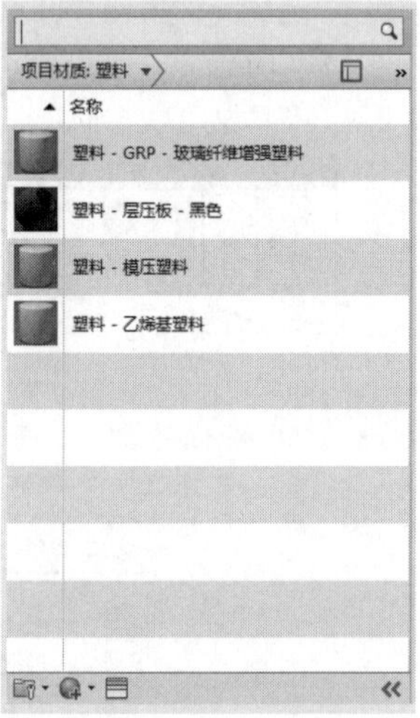

图 17-6

（3）更改视图样式

单击材质列表右上角的向右双箭头按钮，弹出“更改您的视图”按钮，单击该按钮，调出如图 17-7 所示的列表，在列表中显示了“文档材质”“查看类型”“排序”等选项的视图方式。

在列表中分别更改“查看类型”“排序”“缩略图大小”的显示方式，材质列表可以按照所设定的样式显示，如图 17-8 所示，方便用户查看材质缩略图及材质名称。

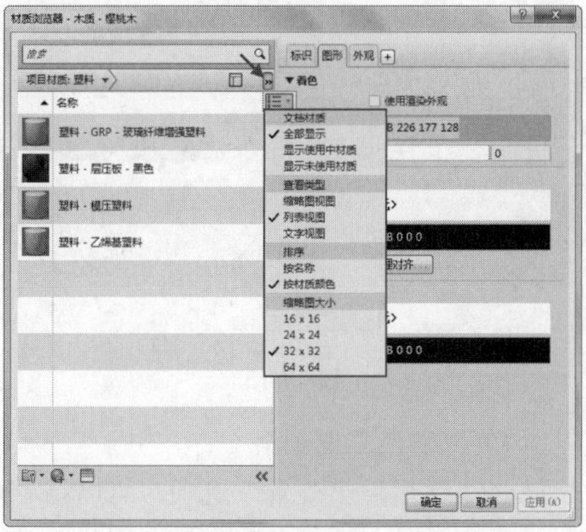

图 17-7

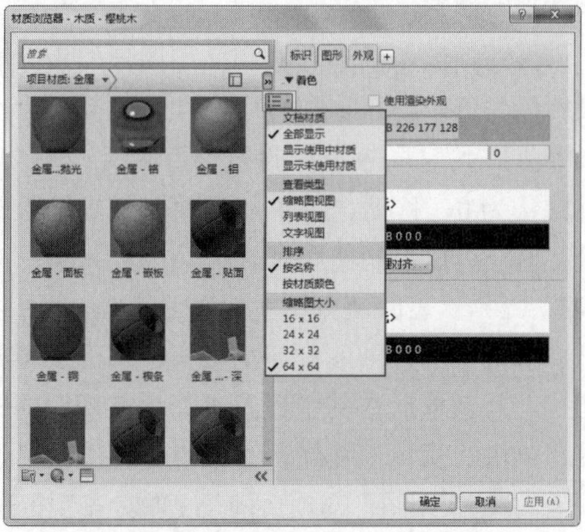

图 17-8

（4）编辑材质

在材质列表中选择材质，调出快捷菜单，在其中显示各编辑选项，如“复制”“重命名”“删除”等，如图 17-9 所示，选择选项，对材质执行相应的操作。

单击材质列表左下角的“创建并复制材质”按钮，在列表中选择选项，可以新建或复制材质，如图 17-10 所示。复制材质后，新材质的名称在源材质名称的基础上添加“（1）”，材质属性参数与源材质一致，可以分别修改材质名称与材质属性。

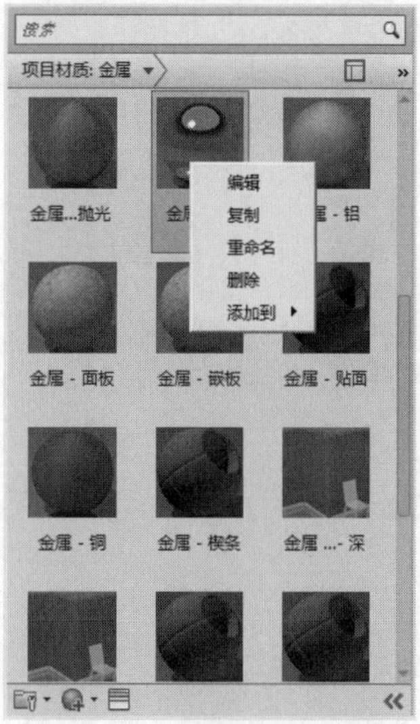

图 17-9

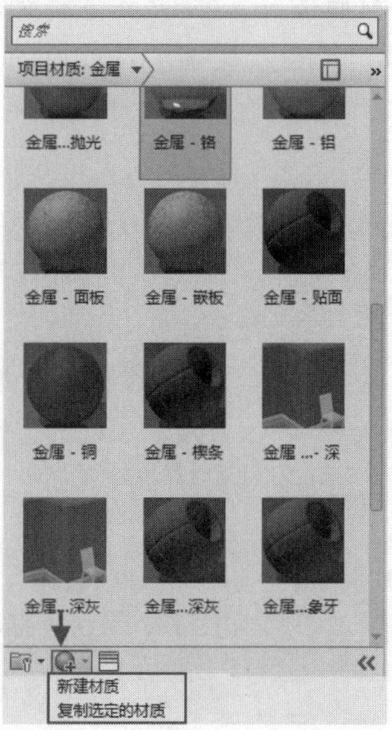

图 17-10

在列表中选择材质，按 Delete 键，可将其删除。

（5）打开 / 关闭材质编辑器

单击材质列表右下角的向左双箭头按钮，可以将材质编辑器隐藏，如图 17-11 所示。再次单击该按钮，又可打开材质编辑器。

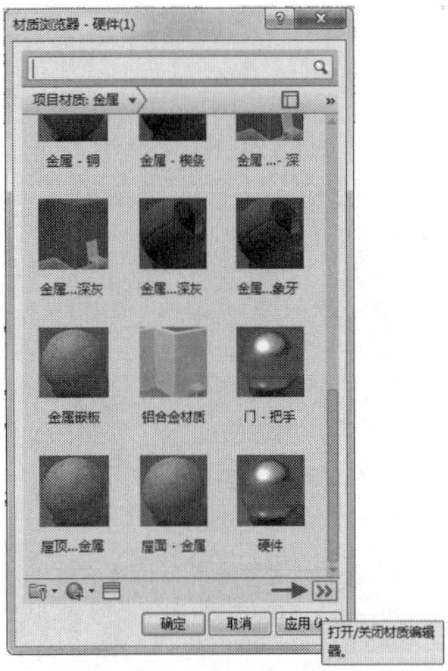

图 17-11

2. “标识”选项卡

选择“标识”选项卡，在“名称”选项中显示选中材质的名称，在“说明信息”选项组中显示材质的相关说明及材质类别，如图 17-12 所示。单击“类别”选项后的向下实心箭头按钮，调出材质列表，在其中可选择其他类型的材质。

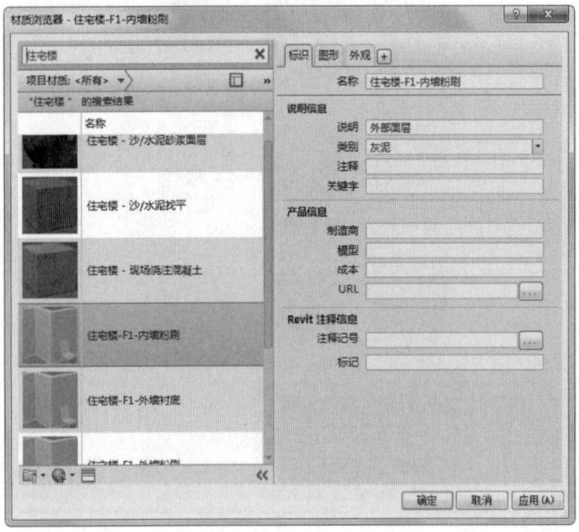

图 17-12

3. “图形”选项卡

选择“图形”选项卡，如图 17-13 所示，在其中设置模型图元在三维、平立剖视图、详图等视图中表面和截面的颜色和填充图案显示。

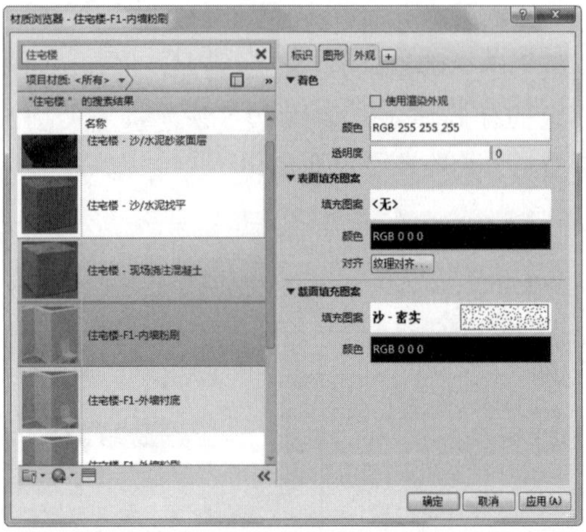

图 17-13

（1）“着色”选项组

选择“使用渲染外观”选项，可以将“外观”选项卡中的材质颜色赋予模型图元，“颜色”RGB 值自动更新，“透明度”显示为灰色，并且不能调整。

该选项组中的参数控制模型图元的表面显示颜色与透明度。单击“颜色”按钮，调出“选择颜色”对话框，在其中设置颜色属性。“透明”值默认为 0，移动选项中的滑块，或者输入透明度值，可以控制透明度。

（2）“表面填充图案”选项组

单击“填充图案”后的按钮，调出“填充样式”对话框，在其中设置表面填充图案的样式。单击“颜色”按钮，更改填充图案的显示颜色。单击“对齐”选项后的“纹理对齐”按钮，在调出的对话框中会显示出方向箭头，单击方向箭头，可以对齐表面填充图案的纹理。

（3）“截面填充图案”选项组

单击“填充图案”后的按钮，在“填充样式”对话框中设置截面填充样式，在该对话框中只能选择“绘图”样式的填充图案，填充图案可以随着绘图比例的改变而做相应的调整。

4. “外观”选项卡

选择“外观”选项卡，如图 17-14 所示，其中的参数设置决定了模型渲染的最终效果。

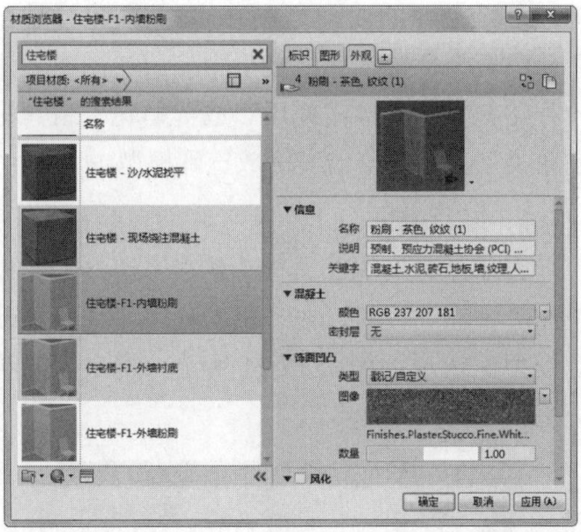

图 17-14

单击选项卡左上角的“替换此资源”按钮，如图 17-15 所示，调出“资源管理器”对话框。在左侧的列表中单击选中“外观库”选项，在选项列表中选择材质名称，如选择“混凝土”，可在右侧的列表中显示所有混凝土类型的材质。选中材质，单击选项后的矩形按钮，如图 17-16 所示，可将该资源替换“外观”选项卡中的当前资源。

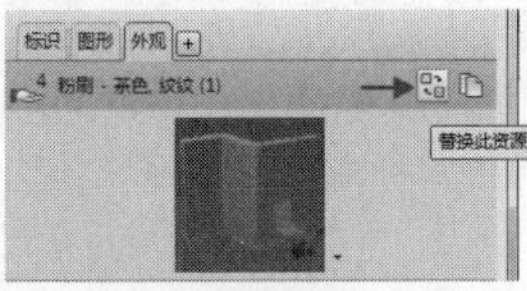

图 17-15

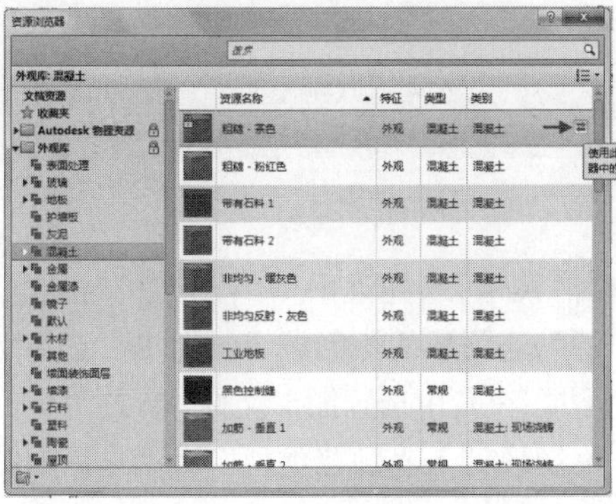

图 17-16

单击“关闭”按钮关闭对话框，在“外观”选项卡中的材质同步更新，并在“信息”选项组中显示替换材质的基本信息，如图 17-17 所示。

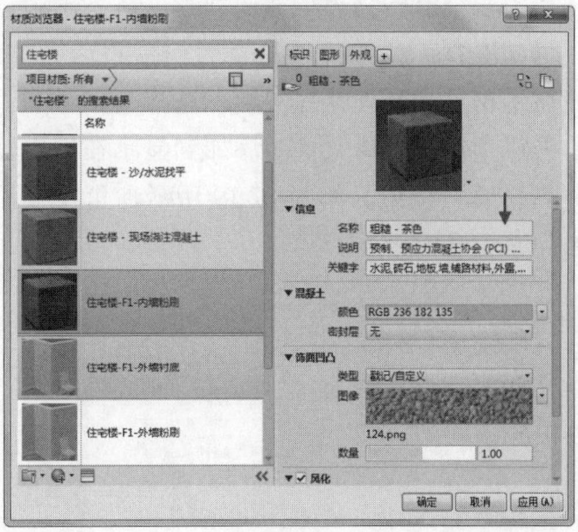

图 17-17

“混凝土”选项组中显示图案的颜色以及“密封层”样式。单击“颜色”按钮，修改材质的显示颜色。单击“密封层”按钮，在调出的列表中选择“密封层”样式。

在“饰面凹凸”选项组中设置图像的样式与类型，单击“图像”选项后的按钮，调出“纹理编辑器”对话框，显示当前所编辑纹理的纹理类型，如图 17-18 所示。假如已经创建嵌套纹理，将会显示一个下拉列表显示纹理的整个嵌套结构，从中选择一个嵌套纹理进行编辑。

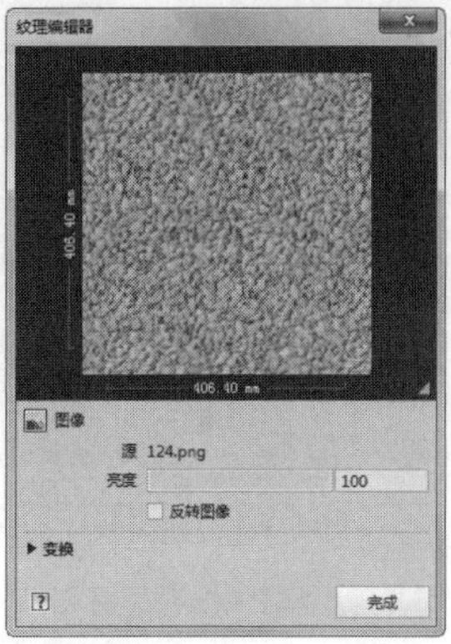

图 17-18

5. “物理”选项卡

单击“外观”选项卡名称右侧的 + 号图标，

在调出的列表中选择“物理”选项，调出“资源浏览器”对话框。在该对话框的左侧单击展开其中一个材质物理特性选项组，在列表中选择材质类型，如选择“混凝土/标准”，在右侧显示材质的物理特性参数。选择其中一项，单击选项后的“将此资源添加到显示在编辑器中的材质”按钮，如图17-19所示，可将其添加到编辑器中。

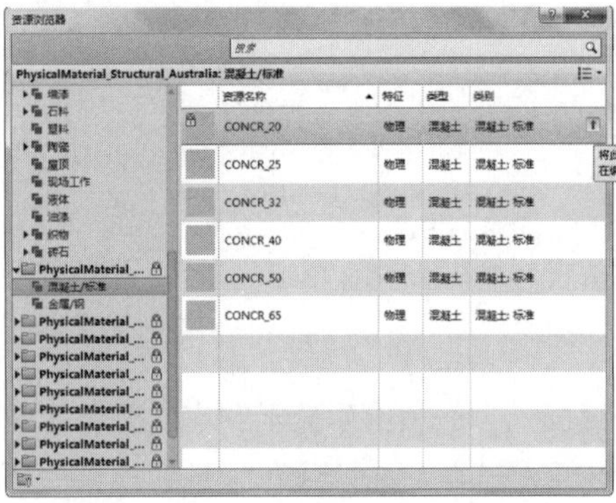

图17-19

同时，材质编辑器显示“物理”选项卡，如图17-20所示，在各选项组中显示所添加的材质物理特性。

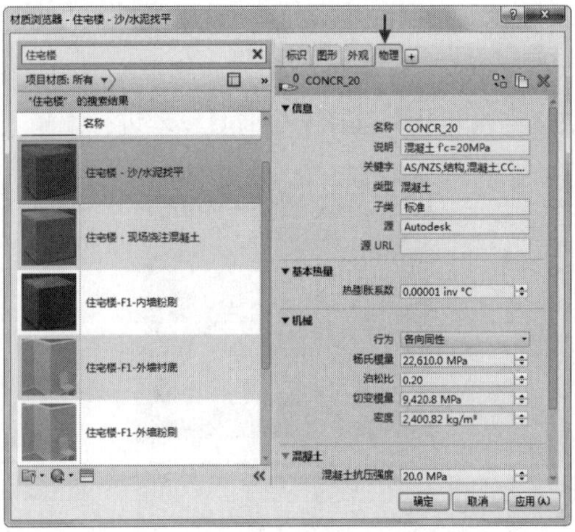

图17-20

17.1.2 贴花

将贴花放置在模型上，经过渲染操作后，可以显示贴花的纹理。在Revit中，放置贴花之前需要为每幅在建筑模型中使用的图像创建一种贴花类型，接着使用“放置贴花”工具将贴花类型（图像）的实例放置到模型中。

1. 贴花类型

选择“插入”选项卡，单击“链接”面板中的“贴花”按钮，在调出的列表中选择“贴花类型”选项，如图17-21所示，调出“贴花类型”对话框。

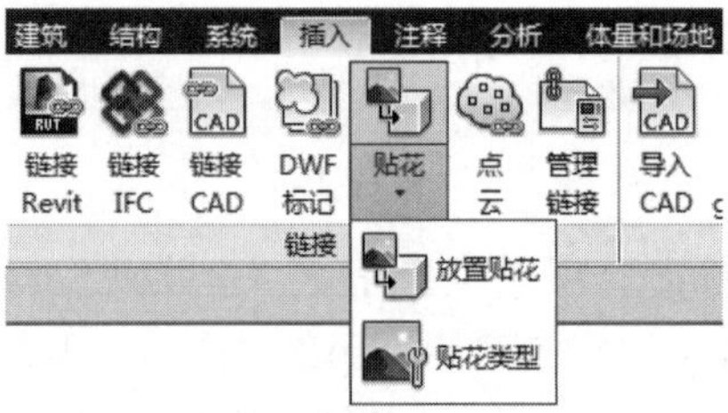

图17-21

单击左下角的“新建贴花”按钮，在调出的“新贴花”对话框中设置贴花的名称，如图17-22所示。

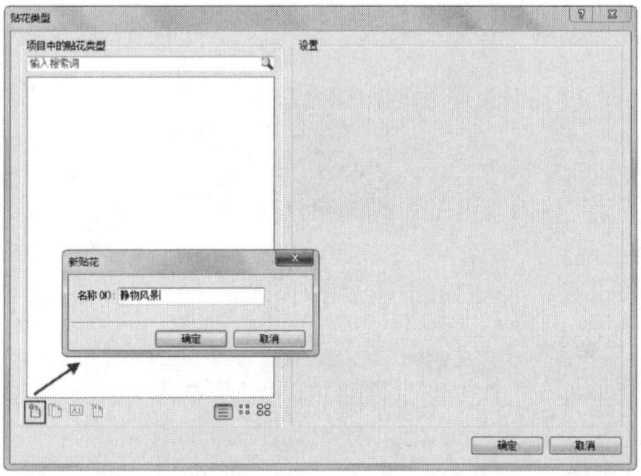

图17-22

单击“确定”按钮返回“贴花类型”对话框，单击“源”选项后的矩形按钮，调出“选择文件”对话框。在其中选择图形文件，单击“打开”按钮，将图像调入“贴花类型”对话框，如图17-23所示。

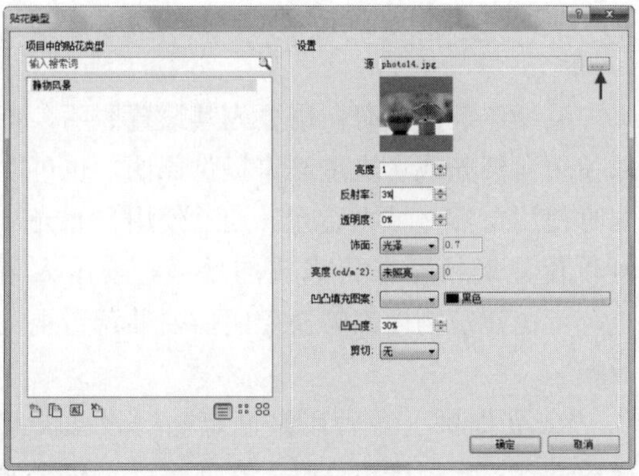

图 17-23

用户可设置贴花的属性参数，如“亮度”“反射率”“透明度”等，单击“确定”按钮，关闭对话框完成创建贴花类型的操作。

2. 放置贴花

在“贴花”选项列表中执行“放置贴花”命令，进入如图 17-24 所示的“修改 | 贴花”选项卡。在选项栏中显示了默认的贴花宽度与高度值，选择“固定高度比”选项，不可随意更改宽高值。

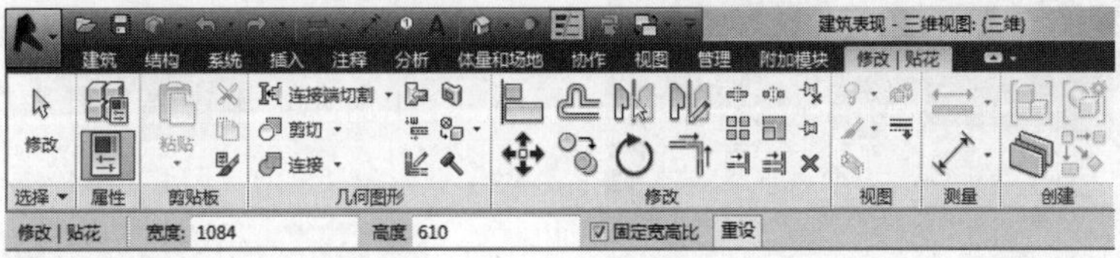

图 17-24

在“属性”选项板中显示当前的贴花类型，单击“编辑类型”按钮，进入“类型属性”对话框。单击“贴花属性”选项后的“编辑”按钮，如图 17-25 所示，进入“贴花类型”对话框，显示贴花的属性参数，在其中编辑修改参数，如图 17-26 所示。

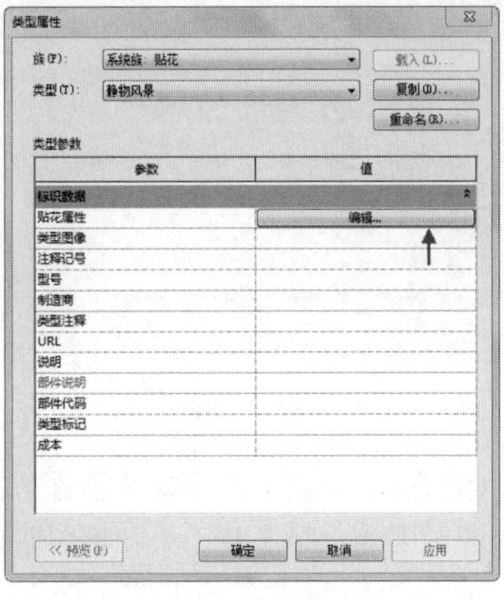

图 17-25

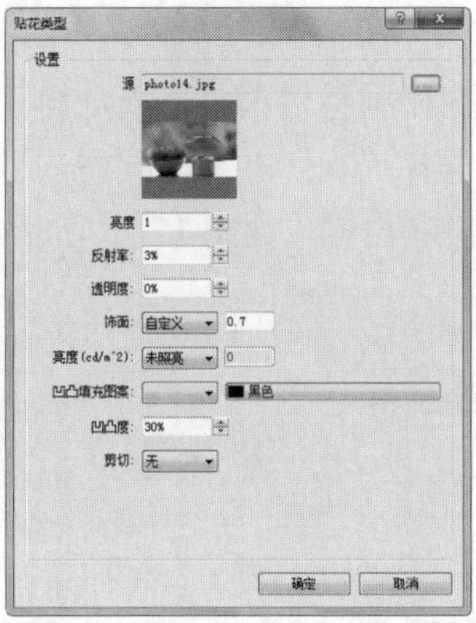

图 17-26

切换至立面视图，在墙面上单击指定贴花的位置，可以在该点放置贴花。默认贴花显示为一个占位符（带对角线的矩形），如图 17-27 所示。

在选项栏中取消选中“固定宽高比”选项，单击激活贴花轮廓线夹点，通过调整夹点的位置，改变贴花的宽高值，如图 17-28 所示。

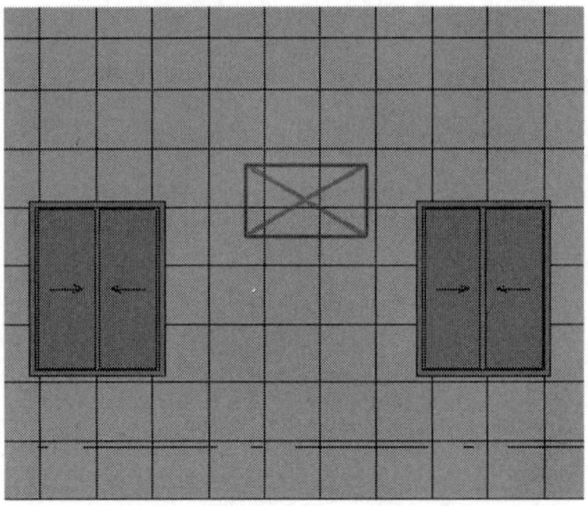

图 17-27

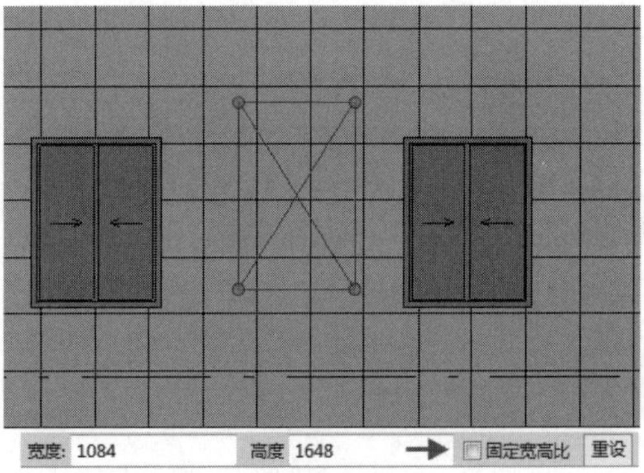

图 17-28

在视图控制栏中单击“视觉样式”按钮，在列表中选择“真实”选项，在该视图模式中可以显示贴花内容，如图 17-29 所示。

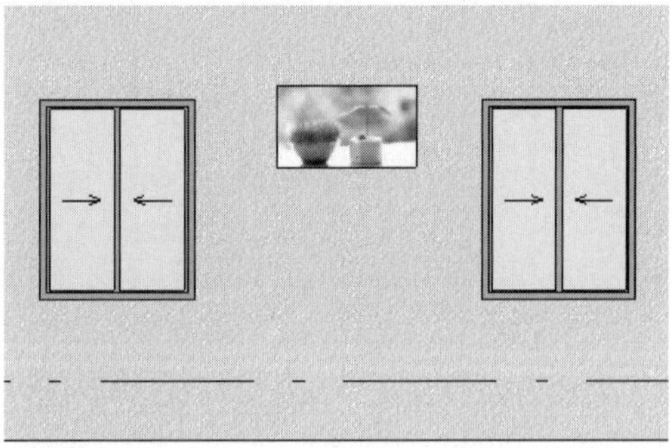

图 17-29

提示：

或者对模型执行渲染操作，也可以显示贴花图案。

17.1.3 创建照明设备

渲染建筑模型时，需要为其设置照明，可以使用自然光或者人造光来提供照明，也可以同时使用自然光域人造光。通过使用自然光，可以使建筑模型获得真实的效果。使用人造光，可在建筑物内部解决照明需要并营造视觉效果。

Revit 提供了各种用来创建照明设备的族样板文件，选择样板文件，在此基础上执行编辑修改操作，可以创建符合使用需求的照明设备。

单击应用程序菜单按钮，在列表中选择“新建”|“族”选项，如图 17-30 所示，调出“新建 - 选择样板文件”对话框。该对话框中显示了各种类型的族样板文件，单击选择样板文件，如图 17-31 所示，单击“打开”按钮，进入族编辑器。

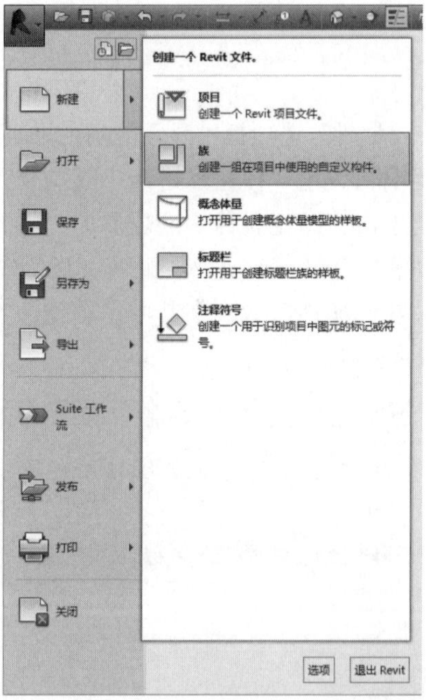

图 17-30

在绘图区域中显示样板默认包含的参照平面及光源，因为选择了基于天花板照明设备，所以显示作为照明设备的主体天花板，如图 17-32 所示。

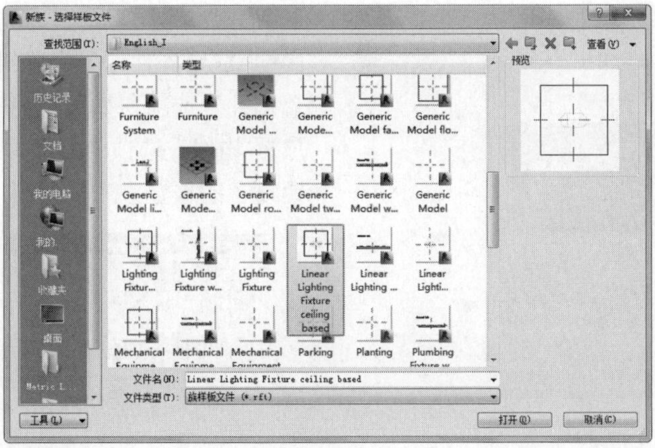

图 17-31

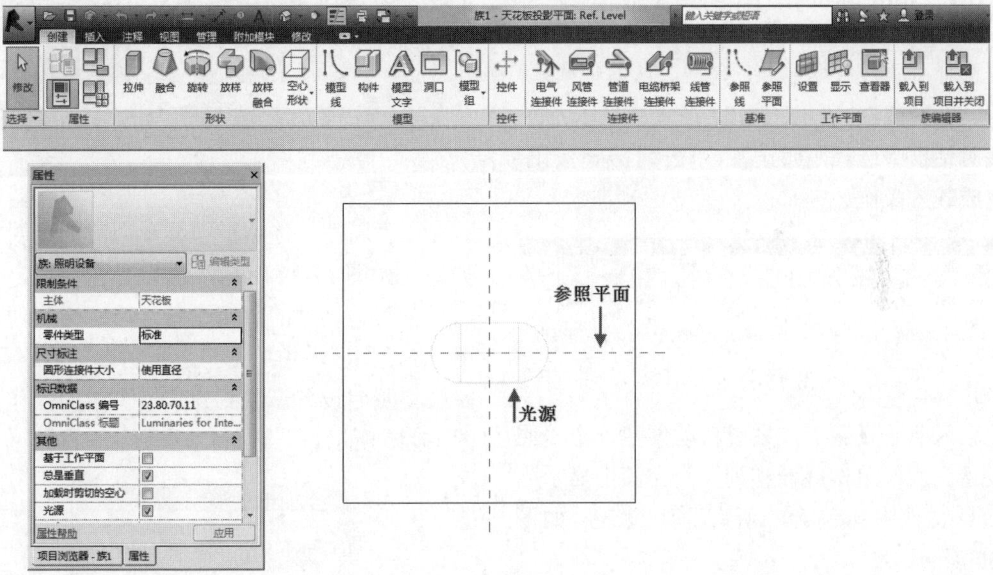

图 17-32

单击选择光源，进入“修改|光源”选项卡，单击“光源定义”按钮，如图 17-33 所示，打开“光源定义”对话框。在其中设置光源的发光形状及光线分布样式，单击图标按钮，在该对话框的预览框中显示效果，如图 17-34 所示。单击“确定”按钮，关闭对话框完成设置操作。

执行“另存为”|“族”命令，对照明设备执行存储操作。

提示：

选择光源后，在“属性”选项板中显示其属性参数，单击“光源定义”选项后的“编辑”按钮，调出“光源定义”对话框。

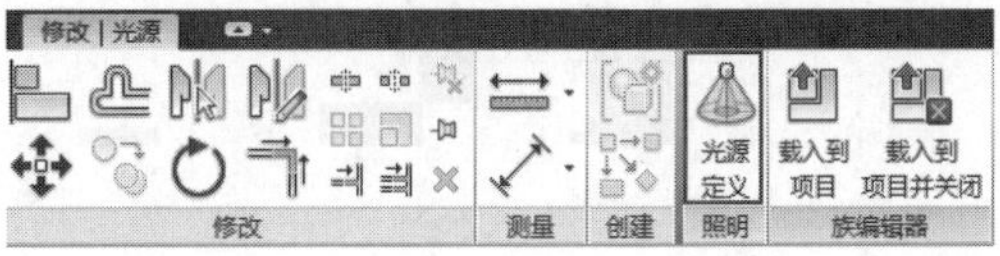

图 17-33

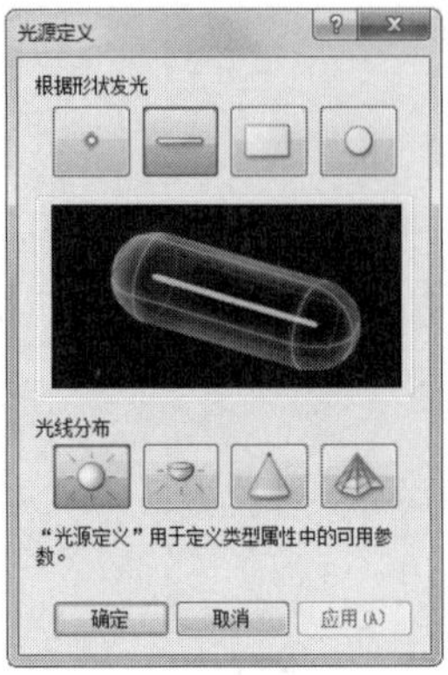

图 17-34

17.1.4 添加照明设备到建筑模型中

选择"插入"选项卡，单击"从库中载入"按钮，如图17-35所示，调出"载入族"对话框。在该对话框中选择照明设备，单击"打开"按钮，可完成载入操作。

图 17-35

载入照明设备后，系统自动创建一个"照明设备"族，单击展开族列表，在其中显示当前项目文件中所包含的所有照明设备，如图17-36所示。

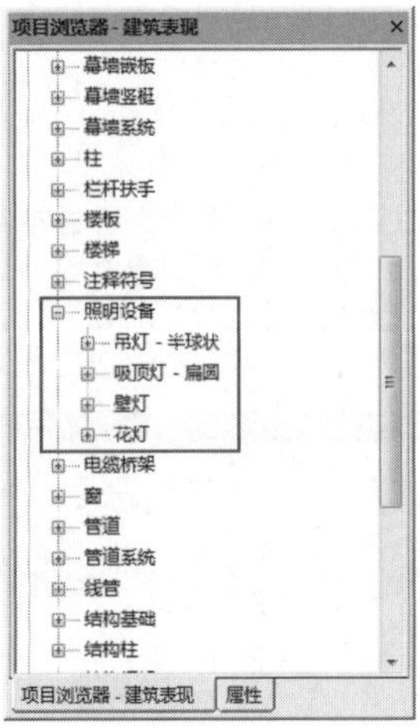

图 17-36

选择"建筑"选项卡，单击"构建"面板中的"放置构件"按钮，在调出的列表中选择"放置构件"选项，如图17-37所示。进入"修改 | 放置 构件"选项卡，选择"放置在面上"为照明设备的放置方式，如图17-38所示。

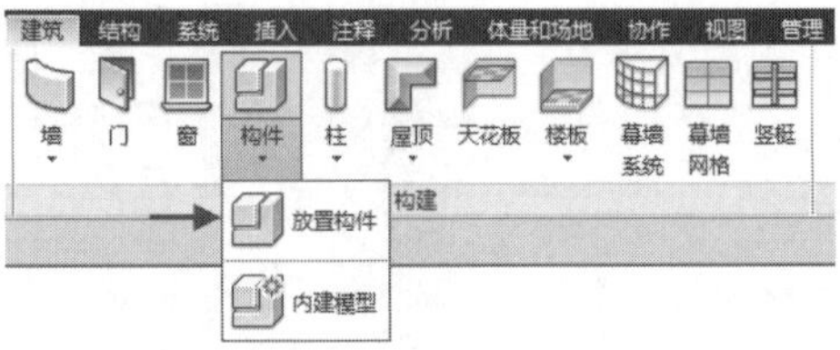

图 17-37

图 17-38

在"属性"选项板中显示当前的照明设备类型，如图17-39所示。选择名称选项，在列表显示其他类型的照明设备，单击选中便可调用。在绘图区域中单击指定照明设备的放置点，完成将照明设备添加到建筑模型中的操作，如图17-40所示。

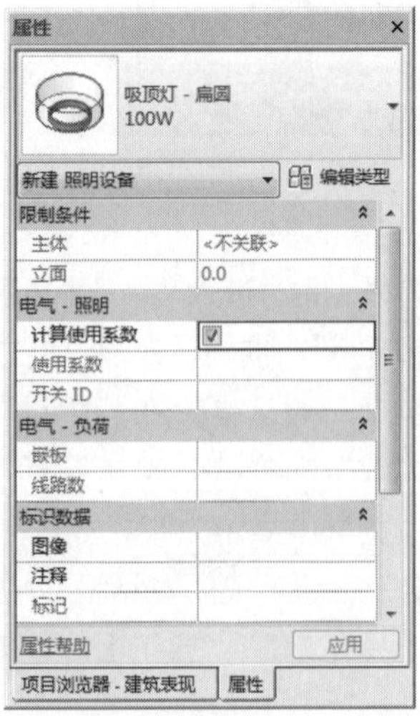

图 17-39

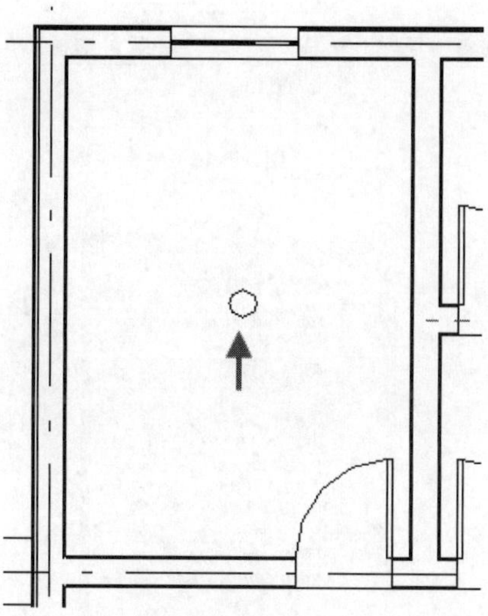

图 17-40

在添加照明设备时，应该了解一些基础知识。如在放置基于天花板的照明设备时，应该打开天花板投影平面视图。放置基于墙的照明设备，要打开一个剖面或立面视图。在放置落地灯或者吸顶灯时，就要打开一个楼层平面视图或剖面视图。

17.1.5　创建三维视图

切换至平面视图，选择“视图”选项卡，单击“创建”面板中的“三维视图”按钮，在调出的列表中选择“相机”选项，如图 17-41 所示。

图 17-41

在选项栏中选择“透视图”选项，表示在创建相机的同时也生成透视图。默认的“偏移量”为 1750，即相机的高度为 1750mm，如图 17-42 所示。

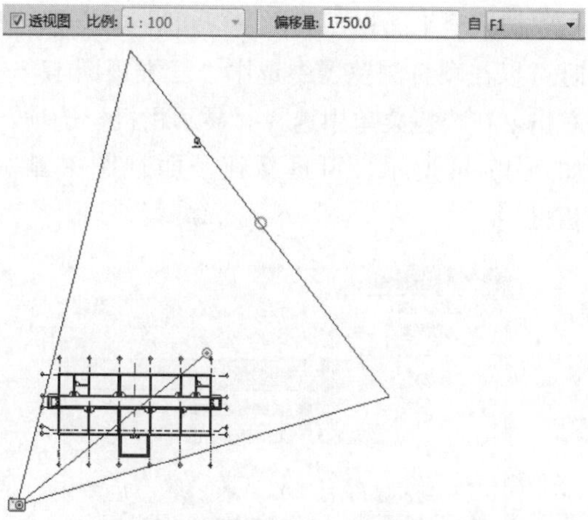

图 17-42

单击指定相机的放置点，向上移动鼠标，在目标点单击，放置相机并生成三维视图。

在项目浏览器中单击“三维视图 1”，转换至透视图。选择视图边框，显示 4 个蓝色实心夹点，单击激活夹点，移动鼠标调整夹点的位置，可以控制透视图的显示范围，如图 17-43 所示。

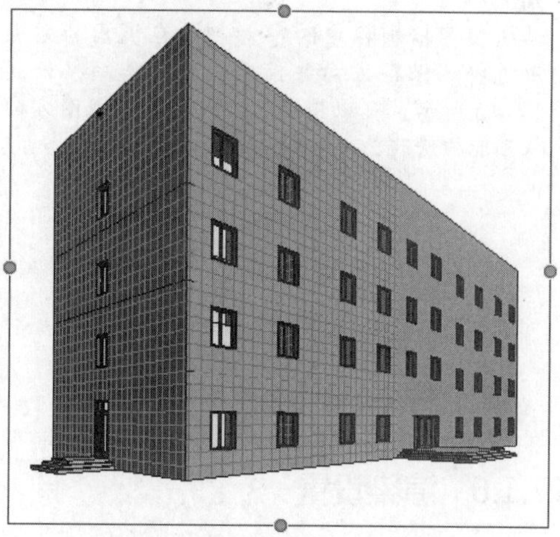

图 17-43

系统自动生成的透视图常常不能在边框内完全显示模型，所以需要手动调整视图边框的大小。假如发现透视图的效果不理想，再次切换至平面视图，调整相机的位置，可以更改透视图的显示效果。

切换至平面视图后，发现相机被隐藏。此时可以在项目浏览器中选中“三维视图 1”，右击，在快捷菜单中选择“显示相机”选项，如图 17-44 所示，可重新在平面视图中显示相机。

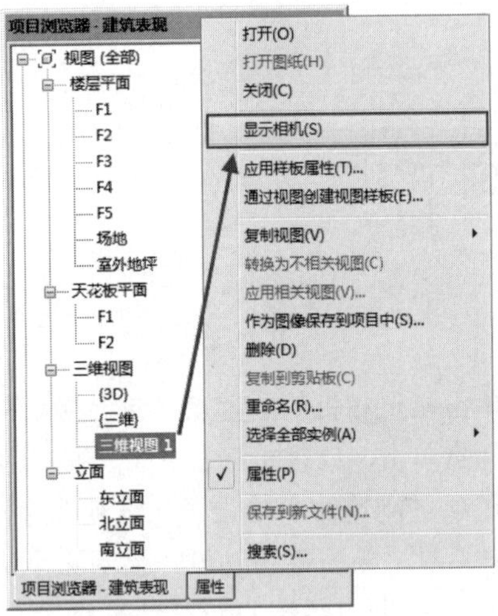

图 17-44

提示：

单击视图控制栏中的按钮，在调出的列表中选择“保存方向并锁定视图”选项，如图 17-45 所示，可以锁定三维视图，其视图方向将不能被修改。

图 17-45

17.1.6 渲染设置

执行渲染设置操作，可以根据所需图像的质量及计算机的性能来定义参数，以使渲染过程顺利进行，并得到高质量的渲染图像。

在视图控制栏中单击“显示渲染对话框”按钮，如图 17-46 所示，调出“渲染”对话框，如图 17-47 所示。

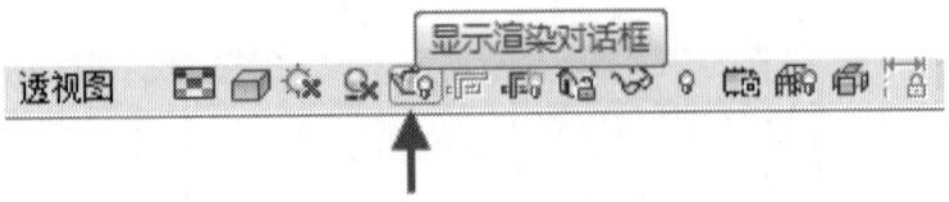

图 17-46

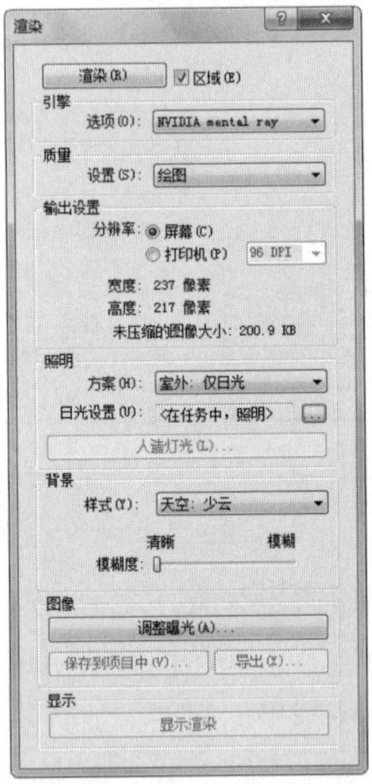

图 17-47

（1）渲染区域

选择“区域”选项，在透视图中显示红色的矩形边框，选中边框，在边框上显示蓝色的实心夹点，激活夹点，移动鼠标调整矩形边框的大小，边框范围定义了渲染区域。

（2）渲染质量

选择“设置”选项，在列表中提供了多种类型的渲染质量，如绘图、低、中、高等。从上往下，随着成像质量变高，对于计算机的性能要求也更高，渲染时间更长。

选择“编辑”选项，调出“渲染质量设置”对话框，如图 17-48 所示。在“设置”选项中选择渲染质量类型，在列表中设置图像精确度、反射度、折射度参数，单击“确定”按钮关闭对话框。

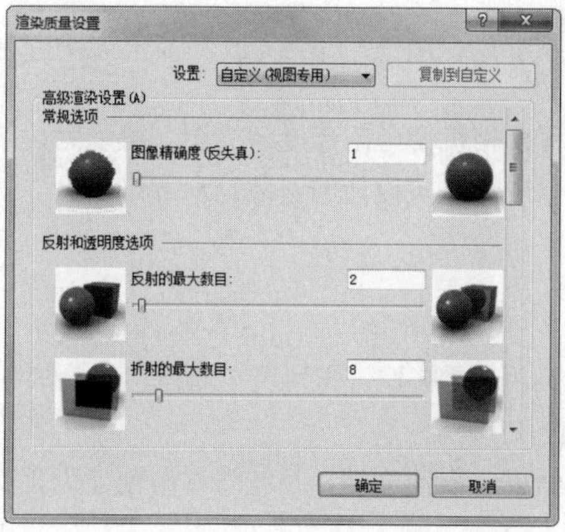

图 17-48

（3）输出设置

在“分辨率”选项中提供了“屏幕”“打印机”两种类型供选择，选择“打印机”选项，单击右侧的分辨率选项按钮，在列表中选择分辨率，图像的尺寸也随之更改。

（4）渲染照明

选择“方案”选项，在列表中提供了多种照明方案，如日光、日光和人造光、仅人造光等。

选择“仅人造光”照明方案，“人造灯光”按钮亮显，单击该按钮，调出“人造灯光”对话框。在其中控制渲染图像的人造灯光，可创建灯光组并将照明设备添加至灯光组中，可对灯光组或各个照明设备执行暗显、打开、关闭操作。

选择“仅日光”选项，单击“日光设置”选项后的矩形按钮，调出“日光设置”对话框，如图 17-49 所示。在其中设置日光的方位角、仰角等参数。

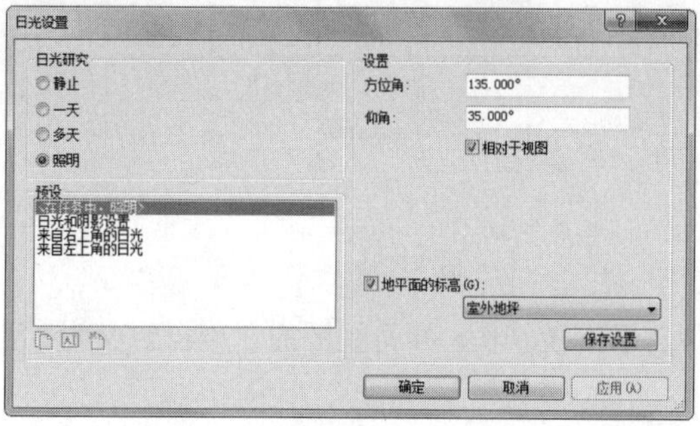

图 17-49

（5）渲染背景

在“样式”选项列表中提供包括少云、无云、多云等渲染背景，调整“模糊度”选项中滑块的位置，可以控制背景的清晰度。

单击“渲染”按钮，开始对三维视图执行渲染操作。渲染完毕后，单击“调整曝光”按钮，调出“曝光控制”对话框，如图 17-50 所示，在该对话框中调整曝光参数从而改善渲染图像。

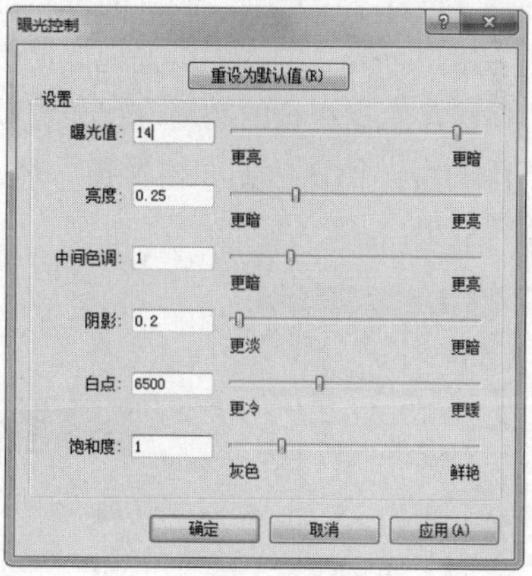

图 17-50

单击“保存到项目中”按钮，调出“保存到项目中”对话框，如图 17-51 所示，设置图像名称，单击“确定”按钮，将图像存储至项目中，可以到项目浏览器中查看。

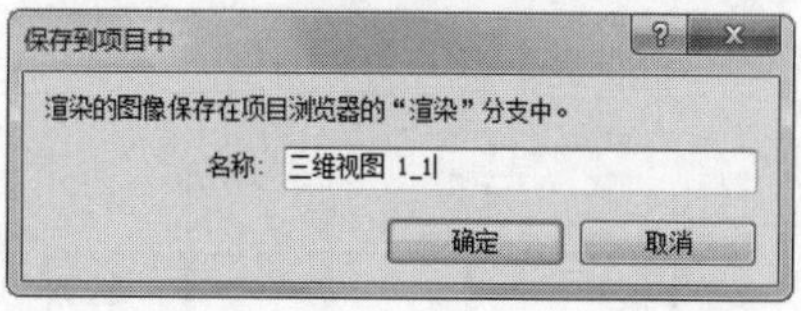

图 17-51

单击“导出”按钮，调出“保存图像”对话框，设置图像名称及保存路径，单击“确定”按钮完成存储操作。

提示：

在开始渲染图像之前，一定要通过放置相机创建透视图，因为 Revit 只可以渲染三维视图。

17.2 漫游

在透视视图中，为相机添加一条路径，沿着路径移动相机便可创建漫游视图。可以为建筑模型创建室外漫游与室内漫游，通过沿着路径漫游，得以观察建筑设计的整体与局部细节。

17.2.1 创建漫游路径

选择“视图”选项卡，单击“创建”面板中的“三维视图”按钮，在列表中选择“漫游”选项，如图 17-52 所示。进入“修改 | 漫游”选项卡，如图 17-53 所示。

选择“透视图”选项，漫游的每帧画面都为透视结果。取消选择，系统将漫游创建为正交三维视图，用户可为三维视图设置视图比例。

“偏移量”指相机的高度，在放置帧的过程中，可以随时更改“偏移量”，常见于相机上升或者下降的漫游图像，如在楼梯口、休息平台和楼上位置设置不同的高度，可以实现上楼、下楼的漫游效果。

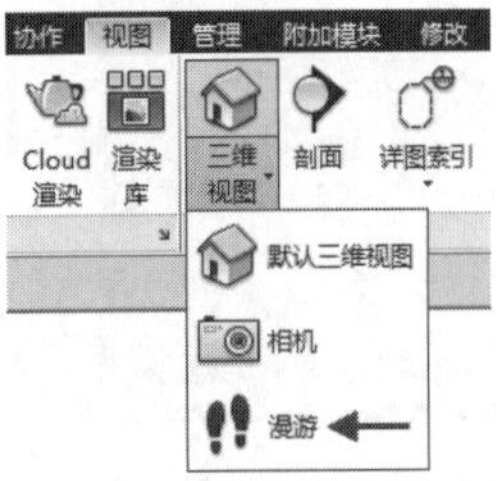

图 17-52

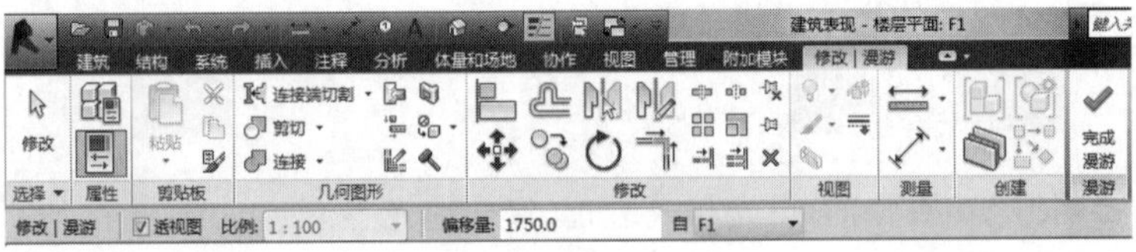

图 17-53

在视图中单击开始放置帧的操作，移动鼠标，再次单击以放置另外一个帧，在两个帧之间显示漫游路径，如图 17-54 所示。帧放置完成后，单击“完成漫游”按钮，退出命令，创建漫游路径的结果，如图 17-55 所示。

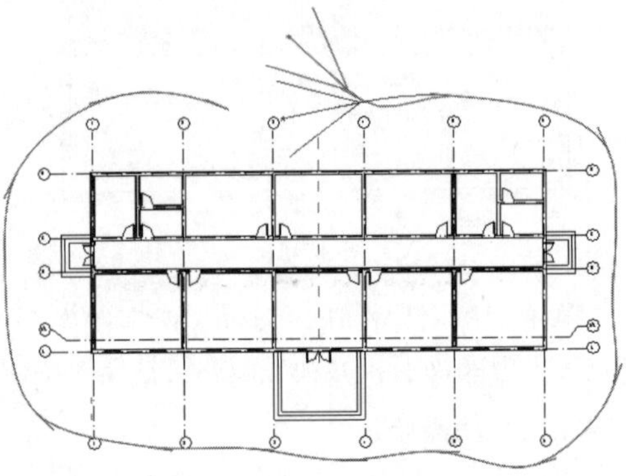

图 17-54

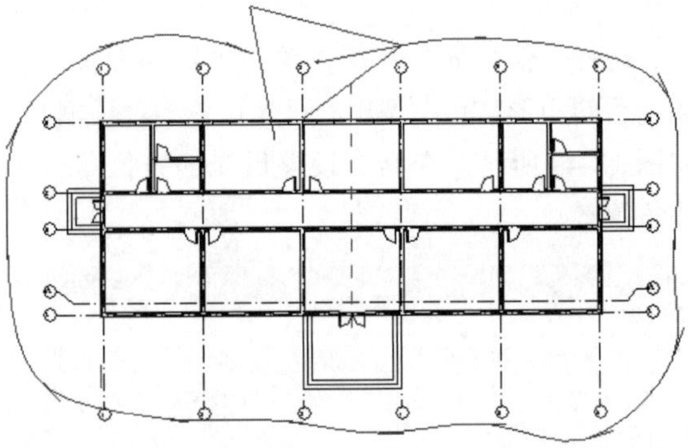

图 17-55

系统在项目浏览器中创建“漫游”分支，在其中显示漫游视图，并将视图的名称自定义为“漫游 1”，如图 17-56 所示。

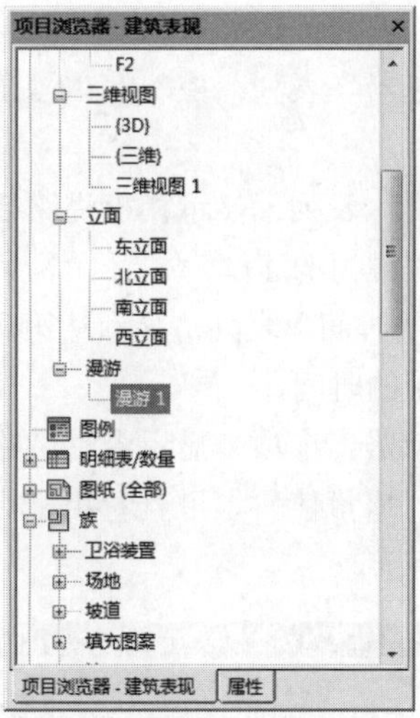

图 17-56

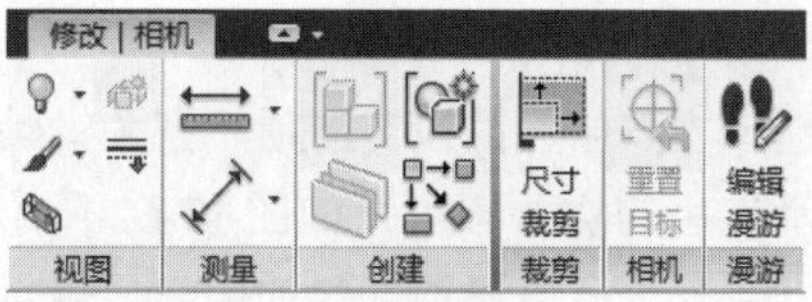

图 17-58

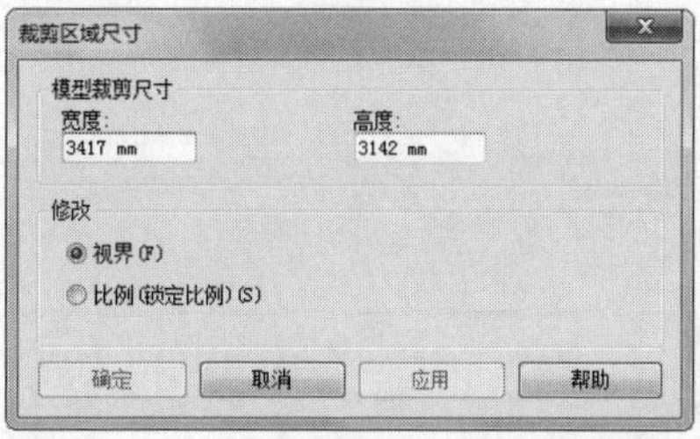

图 17-59

17.2.2 编辑漫游

1. 编辑漫游视图

转换至漫游视图，选择视图边框，如图 17-57 所示。进入“修改 | 相机”选项卡，单击“尺寸裁剪”按钮，如图 17-58 所示，调出“裁剪区域尺寸”对话框，如图 17-59 所示。修改“宽度”与“高度”选项值，可以控制视口边框的大小。

单击激活视口边框上的蓝色夹点，移动夹点调整视口边框的大小。

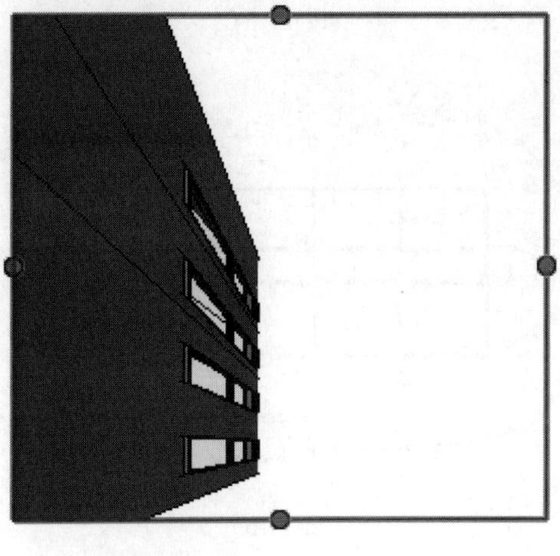

图 17-57

2. 编辑路径

在项目浏览器中选择漫游视图，右击，在菜单中选择“显示相机”选项，可以在平面视图中显示相机，并进入“修改 | 相机”选项卡。单击“编辑漫游”按钮，进入“编辑漫游”选项卡，如图 17-60 所示。

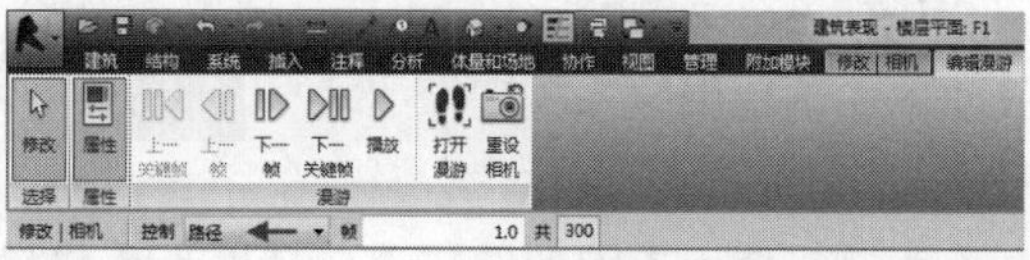

图 17-60

在“控制”选项中选择“路径”，在路径中每个关键帧的位置显示蓝色的实心圆点。单击激活实心圆点，移动鼠标，通过更改圆点的位置将路径拖曳到所需的位置，如图 17-61 所示。

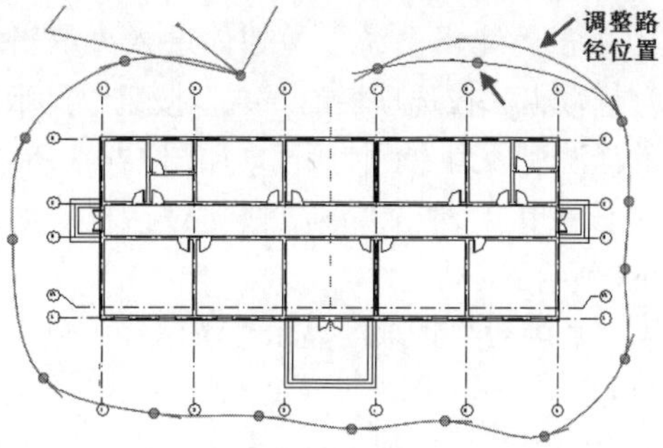

图 17-61

3. 添加 / 删除关键帧

选择“添加关键帧”选项，在关键帧的位置显示红色的实心圆点，如图17-62所示。在路径上单击，可以添加红色的圆点，表示已在路径上添加了一个关键帧。选择“删除关键帧”选项，单击红色圆点将其删除，删除选中的关键帧。

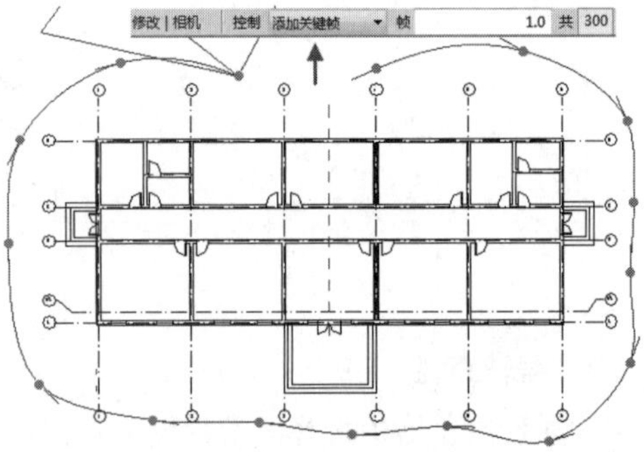

图 17-62

4. 编辑相机

在“控制”选项中选择“活动相机”选项，将相机拖曳至关键帧，相机可自动捕捉关键帧。在“帧”选项中输入关键帧的编号，相机可移动至指定的帧。

当相机位于关键帧的位置并且处于活动状态时，可拖曳修改相机的目标点和远剪裁平面。假如相机仅处于活动状态，则只可以修改远剪裁平面。

17.2.3 漫游帧

转换至漫游视图，在“修改 | 相机”选项卡中单击“编辑漫游”按钮，进入“编辑漫游”选项卡。在选项栏的“共”按钮中显示默认的漫游视频为300帧画面，如图17-63所示，单击该按钮，调出“漫游帧”对话框，如图17-64所示。

“总帧数”选项：显示漫游路径中包含的帧总数。

“关键帧”表列：显示漫游路径中关键帧的总数。

“帧”表列：显示关键帧的帧。

“加速器”表列：控制帧在漫游播放时的速度。

“速度”表列：显示相机沿路径移动时，通过每个关键帧的速度。

“已用时间”表列：显示从第一个关键帧开始时已用的时间。

“指示器”选项：显示沿漫游路径的帧分布，设定“增量值”，可查看相机指示符，如图17-65所示。

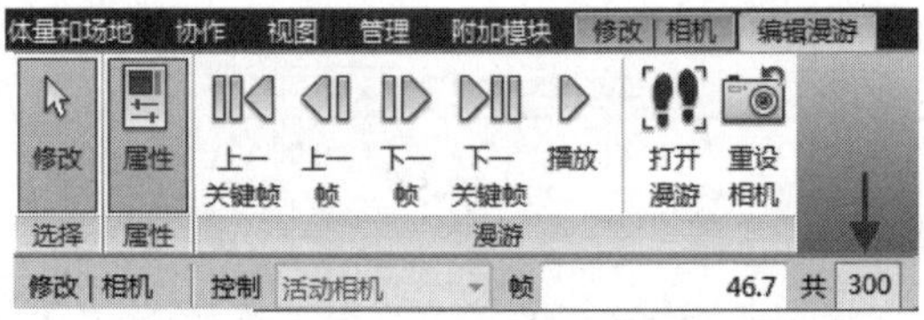

图 17-63

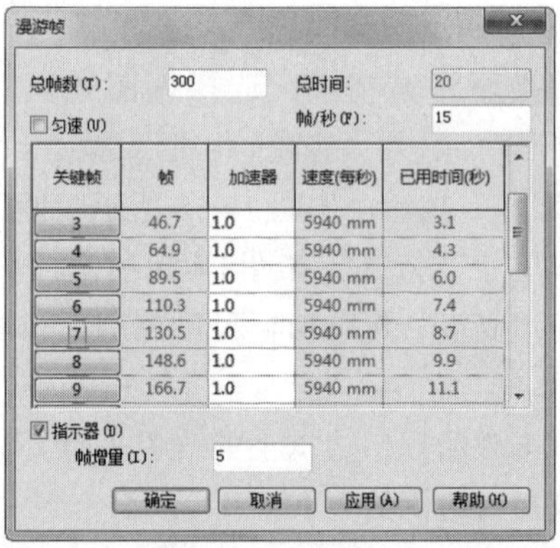

图 17-64

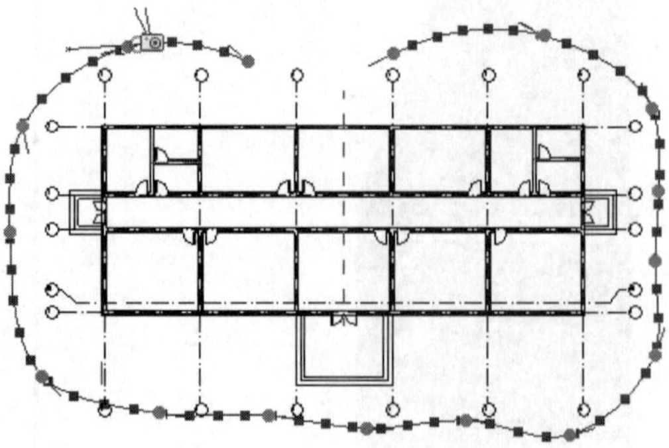

图 17-65

相机沿整个漫游路径移动的速度保持匀速

不变，用户通过减少或者增加帧总数、每秒帧数，可以修改相机的移动速度。

取消选择“匀速”选项，在“加速器”表列中为指定帧设置参数值，可以修改帧的漫游速度。加速器的有效值范围为0.1~10。

17.2.4　漫游播放

在“编辑漫游”选项卡中单击“漫游”面板中的“播放”按钮，可以在漫游视图中漫游视频。单击“上一关键帧”按钮，可跳到上一个关键帧画面，单击“下一关键帧”按钮，跳至下一个关键帧画面。

单击“上一帧”按钮，可跳到上一帧画面。单击“下一帧”按钮，可跳到下一帧画面。在“帧”选项中输入帧编号，可以从指定帧开始播放漫游视频。

按Esc键退出播放操作，弹出如图17-66所示的提示对话框，单击“是”按钮，停止播放。

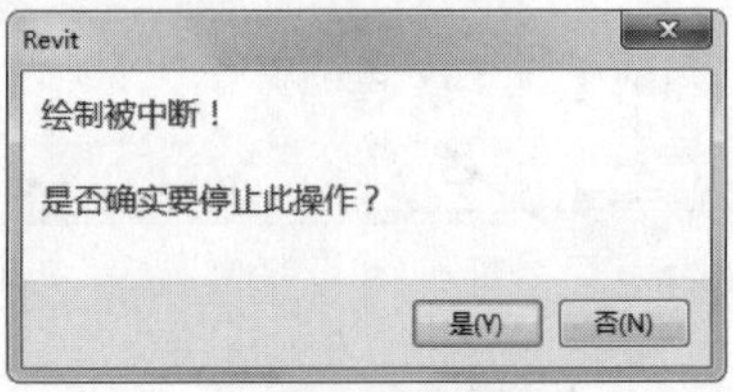

图 17-66

17.2.5　导出漫游

将漫游导出为AVI文件或者图像文件，方便随时调取。在将漫游导出为图像文件时，每个帧都会保存为单个文件，通过设置帧范围，导出指定的帧。

单击应用程序菜单按钮，选择“导出”|“图像和动画”|“漫游”选项，如图17-67所示，调出“长度/格式”对话框，如图17-68所示。

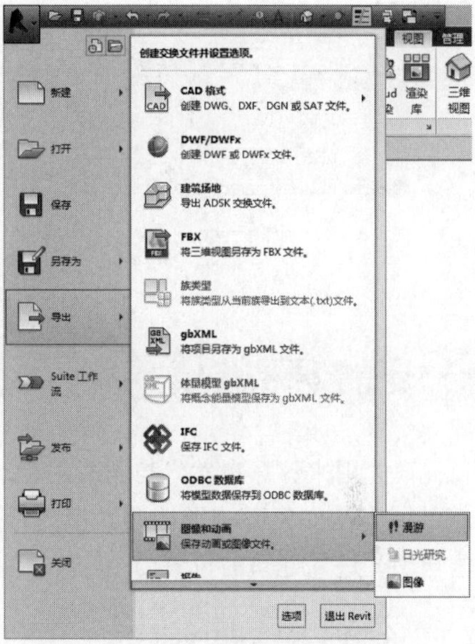

图 17-67

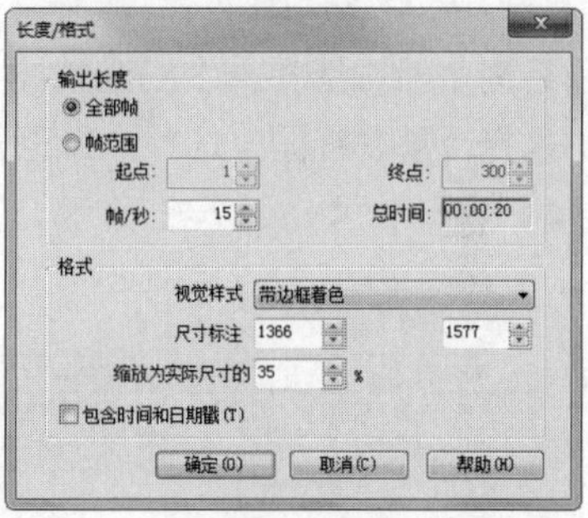

图 17-68

“全部帧”选项：输出所有的帧。

“帧范围”选项：在“起点”与“终点”选项中设置帧范围，仅导出该范围的帧。

“帧/每秒”选项：修改每秒的帧数时，“总时间”也会自动更新。

在“格式”选项组中设置“视觉样式”类型，以及帧的尺寸等参数，单击“确定”按钮。在“导出漫游”对话框中设置文件名称及保存路径，单击“保存”按钮，调出“视频压缩”对话框。

在“压缩程序”选项中选择已安装的视频压缩程序或者选择“全帧（非压缩的）”选项，如图17-69所示。单击“确定”按钮，开始输出过程。

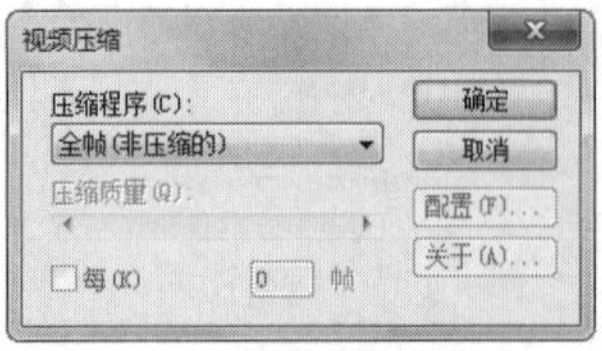

图 17-69

在软件界面左下角的进度指示器中显示输出过程，如图 17-70 所示，单击“取消”按钮，可以取消导出操作。

图 17-70

17.3 日光研究

日光研究用来计算自然光与阴影对建筑和场地的影响。室内日光研究用来显示来自地形与周围建筑的阴影是如何影响场地的。室内日光研究用来显示在一天中的特定时间和一年中的特定时间内自然光进入建筑的位置。

17.3.1 创建日光研究视图

1. 复制/重命名视图

在项目浏览器中选择一个三维视图，右击，在列表中选择“复制视图”选项，弹出子菜单，选择“复制”选项，如图 17-71 所示。

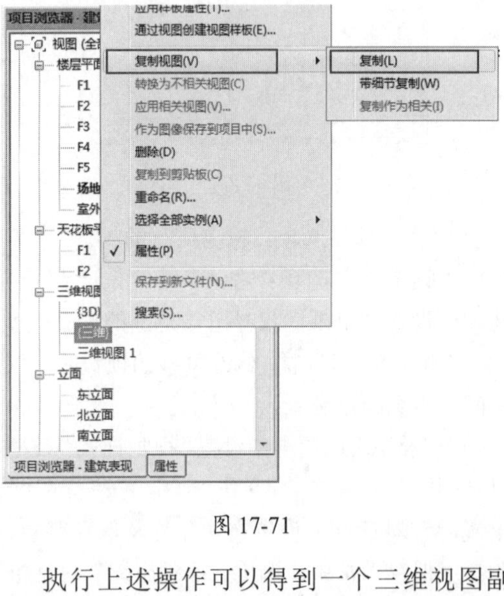

图 17-71

执行上述操作可以得到一个三维视图副本，选择视图副本，按F2键，在“重命名视图”对话框中设置视图名称，如图 17-72 所示，单击“确定”按钮，完成创建日光研究视图的操作。

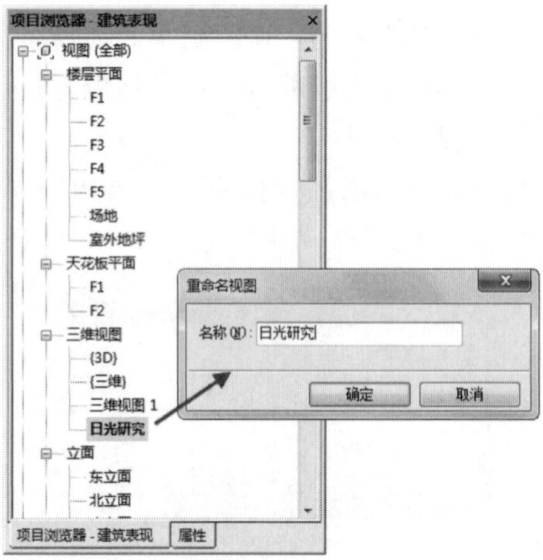

图 17-72

也可以选择剖面视图作为日光研究的基础，操作方法参考上述内容。

2. 项目方向

默认视图的方向为“项目北”，在创建日光研究时要将视图方向更改为“正北”。转换至平面视图，在“属性”选项板中单击“图形”选项组中的“方向”按钮，在调出的列表中选择“正北”选项，如图 17-73 所示。

选择“管理”选项卡，单击“项目位置”面板中的“位置”按钮，在列表中选择“旋转正北”选项，如图 17-74 所示，可以相对于“正北”方向修改项目的角度。

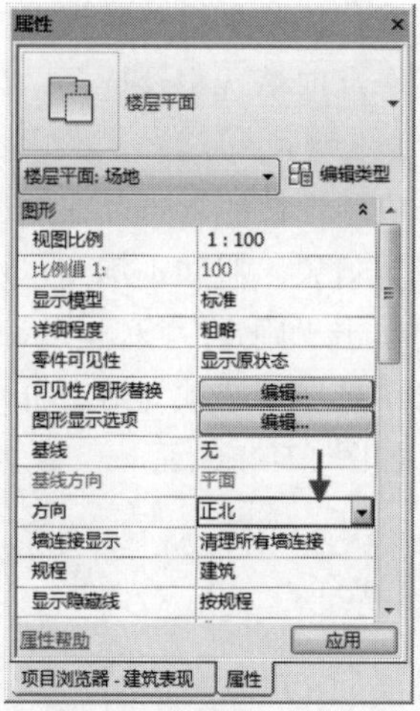

图 17-73

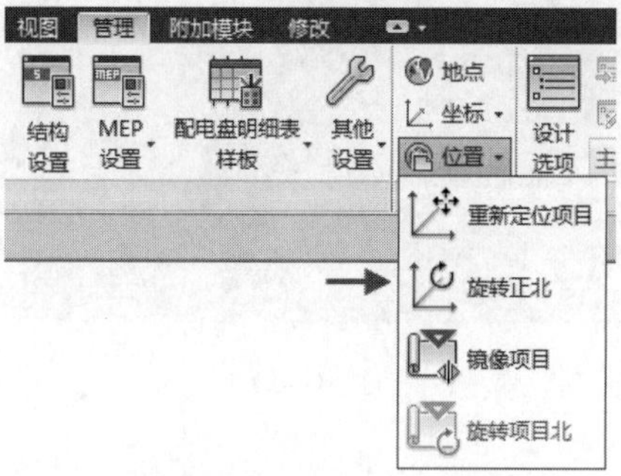

图 17-74

在“从项目到正北方向的角度”选项中输入参数值，如图 17-75 所示，定义旋转角度。如项目北与正北之间的差为 15°，在选项中输入 15，模型可按照指定的角度旋转。

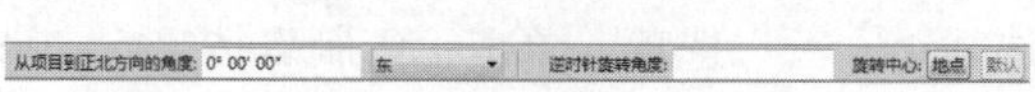

图 17-75

17.3.2 创建静止日光研究

通过创建静止日光研究，可以观察项目地点在指定时间显示的阴影形式。

选择“视图”选项卡，单击“图形”面板右下角的“图形显示选项”按钮，如图 17-76 所示，调出“图形显示选项”对话框，如图 17-77 所示。

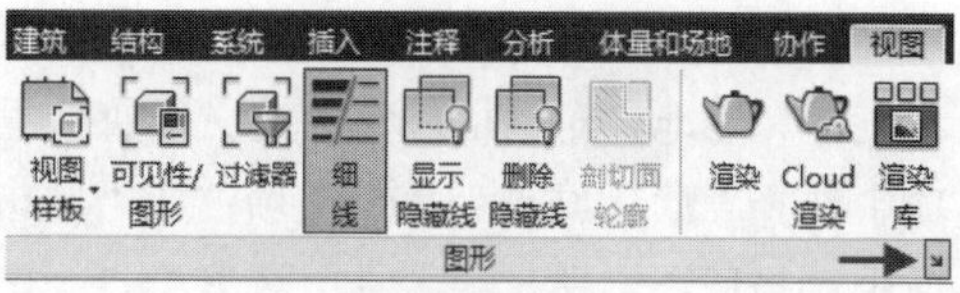

图 17-76

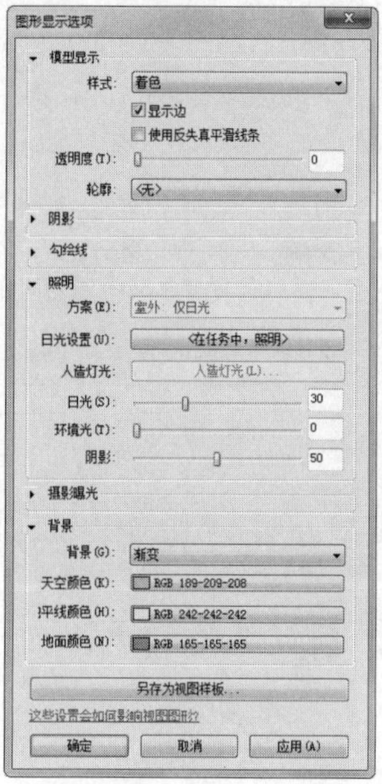

图 17-77

单击展开“阴影”选项卡，选择“投射阴影”选项，在绘图区域中显示建筑模型的阴影。与单击视图控制栏中的“打开阴影”按钮效果相同。

展开“照明”选项卡，在“日光”与“阴影”选项中调整滑块的位置，设置“日光”的环境光数量与“阴影”的亮度。

展开“背景”选项卡，选择“渐变”样式，显示“天空颜色”“地平线颜色”“地面颜色”选项栏。单击选项栏，调出“选择颜色”对话框，更改颜色的种类。

单击“日光设置”右侧的按钮，调出“日光设置”对话框。在左上角的列表中选择“静止”选项，单击“复制”按钮，调出“名称”对话框，设置名称并单击“确定”按钮，可以在列表中创建新的日光和阴影设置方案，如图 17-78 所示。

单击“地点”选项后的矩形按钮，调出“位置、气候和场地”对话框。在“定义位置依据”选项中选择“默认城市列表”选项，在“城市”选项中选择城市名称，或者在“纬度”“经度”选项中设置参数来确定地区，如图 17-79 所示。

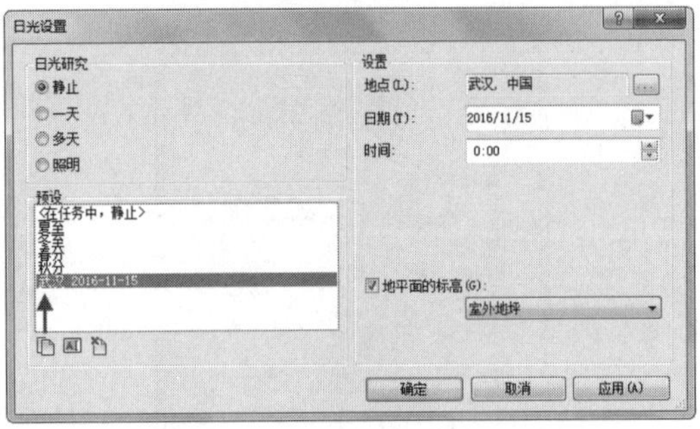

图 17-78

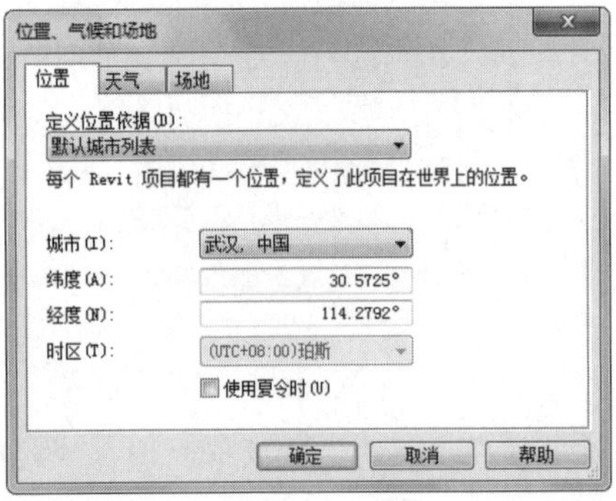

图 17-79

单击“日期”选项后的向下实心箭头按钮，调出日期列表，在其中设置日期，如图 17-80 所示。或者直接在选项中输入数字来确定时间与日期。

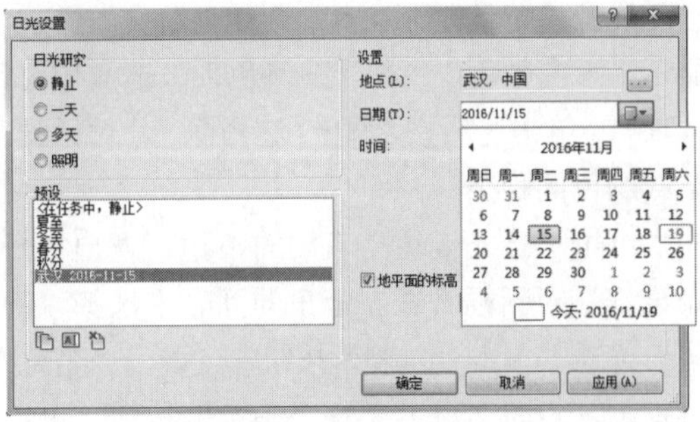

图 17-80

选择“地平面的标高”选项，在列表中选择标高，可在二维与三维着色视图中指定的标高上投射阴影。取消选中该选项，可在地形表面投射阴影。

单击“应用”按钮，可以在绘图区域中预览参数的设置效果。假如不满意，还可以继续修改参数。单击“确定”按钮，依次关闭“日光设置”“图形显示选项”对话框。创建日光研究视图，如图 17-81 所示。

图 17-81

17.3.3 创建一天日光研究

创建一天日光研究，就好比追踪 10 月 10 日 7:00 到 19:00 的阴影。创建方式与上一节中所介绍的创建静止日光研究相同。

在“日光设置”对话框中左上角的列表中选择“一天”选项，单击“复制”按钮，修改副本名称，创建新的日光和阴影设置方案，如图 17-82 所示。

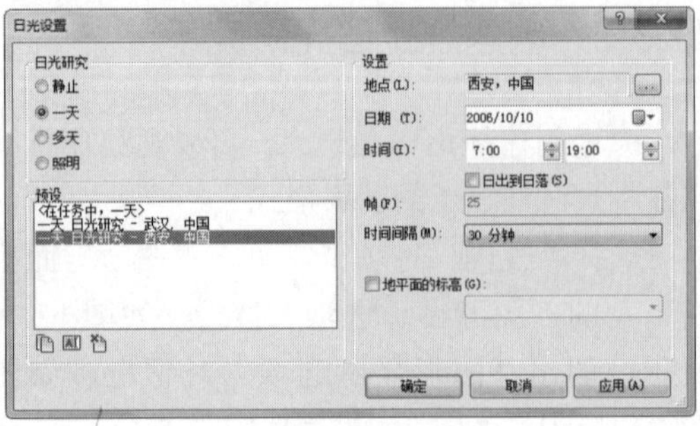

图 17-82

在“地点”与“日期”选项中分别设置参数。取消选择“日出到日落”选项，在“时间”选项中设置时间段，在“时间间隔”选项中设置参数，指定动画中每幅图像之间的间隔时间。“帧”显示日光研究动画将包含的单独图像的数量。

单击“应用”按钮，测试参数的设置效果。单击“确定”按钮，关闭对话框。

在视图控制栏中单击“日光路径”按钮，在调出的列表中选择“日光研究预览”选项，如图 17-83 所示。在绘图区域左上角显示“日光研究预览”选项栏。

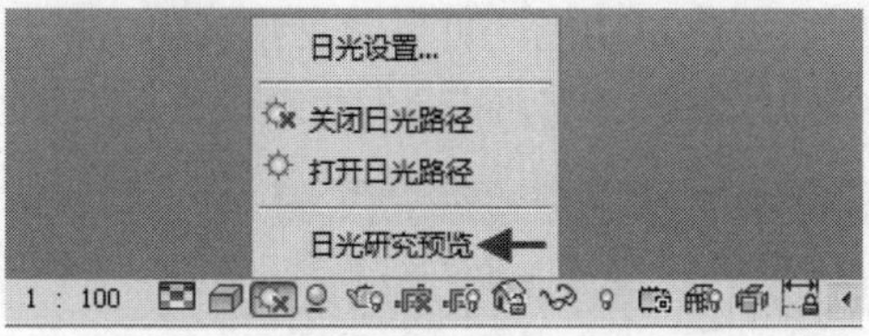

图 17-83

“帧”选项栏中显示当前的帧编号，选项后的按钮显示当前日光研究的时间，单击选项栏末尾的“播放”按钮，可以播放指定时间范围内自然光和阴影对建筑和场地的影响，如图 17-84 所示。

图 17-84

17.3.4 创建多天日光研究

创建多天日光研究，指追踪一段时间，如从 2 月 1 日至 4 月 30 日期间每天 12:00 至 13:00 的阴影样式。在前面小节中已经介绍了创建静止日光研究与创建一天日光研究的方法，在创建多天日光研究时可以参考其中介绍的知识。

在“日光设置”对话框中选择“多天”选项，单击“复制”按钮，设置新名称，创建新的日光与阴影设置方案。依次设置“地点”与“日期”参数，在“时间”选项中设置时间范围。单击“时间间隔”按钮，在列表中选择时间间隔样式，如图 17-85 所示。单击“确定”按钮，关闭对话框完成创建操作。

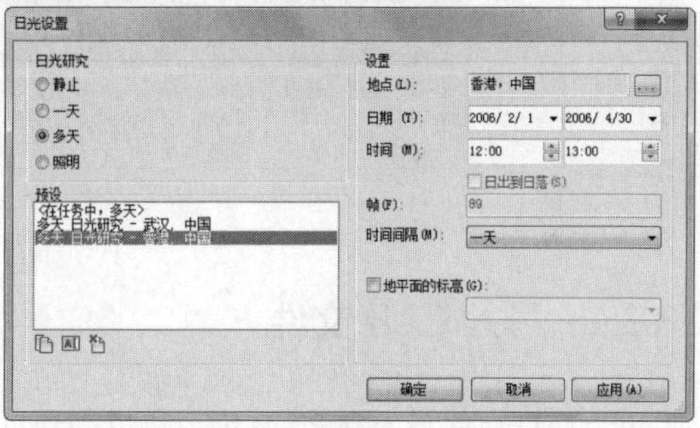

图 17-85

第 18 章　共享与协同

Revit 中的“插入”选项卡，提供了“链接”“导入”“从库中载入”几大类型工具。通过启用这些工具，Revit 可与其他软件相互交流。将 Revit 文件导出，载入到其他软件中查看或编辑，也可以将其他软件文件导入 Revit 中。通过与其他专业开展协同设计，可提升专业之间的协调设计效率和设计质量。

18.1　导入 / 链接 CAD 文件

AutoCAD 是常用的建筑绘图软件之一，其强大的二维编辑功能，可以满足建筑制图多方面的需求。CAD 文件与 Revit 文件相互交流，可以取长补短，各取所需，共同为建筑设计提供帮助。

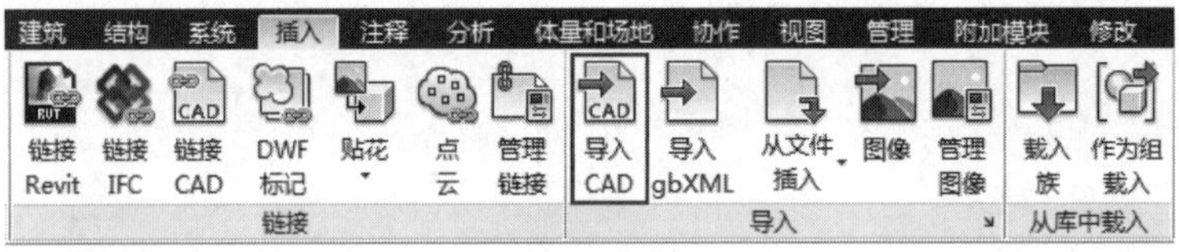

图 18-1

18.1.1　导入 CAD 文件

将 CAD 文件导入到 Revit 中，可以为项目设计提供参照作用，或者作为底图，辅助三维设计。选择“插入”选项卡，单击“导入”面板中的“导入 CAD”按钮，如图 18-1 所示。

1. 导入文件

调出“导入 CAD 格式”对话框，选择 CAD 文件，在该对话框的下方设置参数。设置“导入单位”为“自动检测”，也可以在列表中选择其他单位格式。选择“定位”方式为“自动 - 原点到原点”，“放置于”为 F1，如图 18-2 所示。

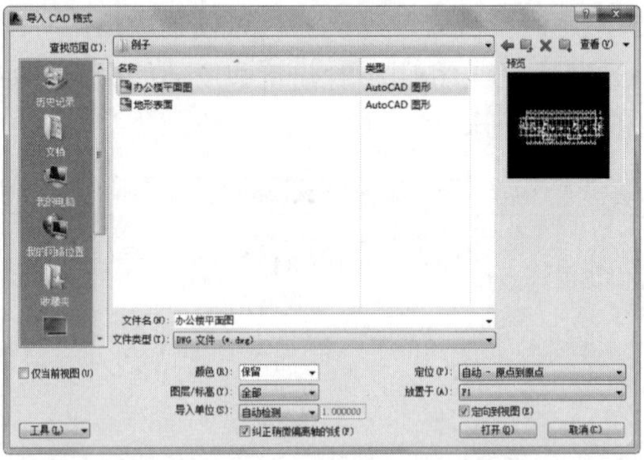

图 18-2

单击“打开”按钮，按照设定的参数值，将选中的 CAD 文件导入 Revit 中。在绘图区域中选择导入的 CAD 文件，在图纸的周围显示蓝色的边框，如图 18-3 所示。表示导入的文件为一个整体，不可独立编辑其中的图形，如墙体、门窗等。

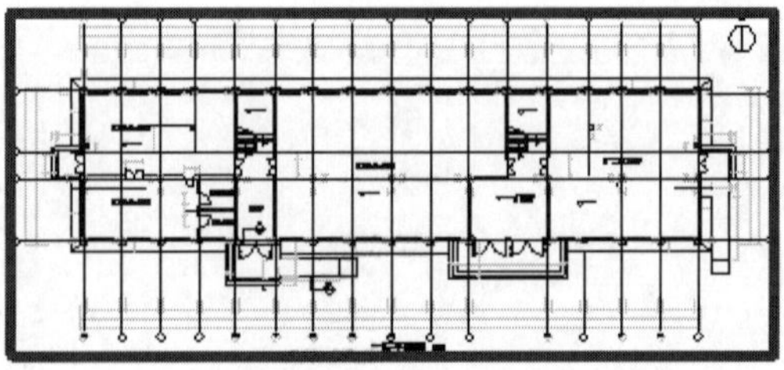

图 18-3

2. 编辑导入文件

（1）选择导入的 CAD 文件，在“属性”选项板中显示文件的属性参数，如图 18-4 所示。修改“底部标高”“底部偏移”选项参数，调整文件在垂直高度的位置。

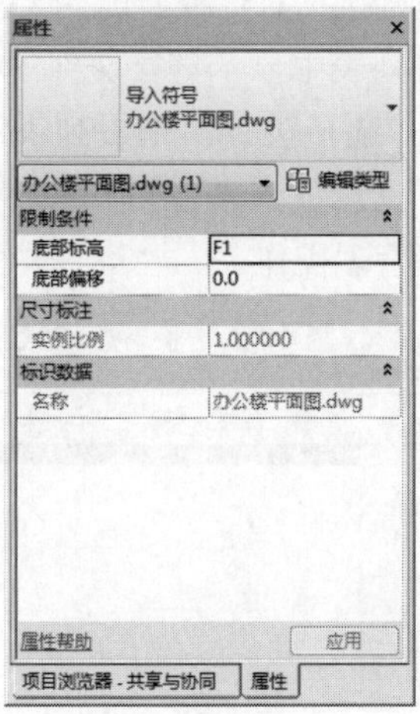

图 18-4

（2）单击“属性”选项板中的“编辑类型”按钮，打开“类型属性”对话框，在其中更改导入文件的“导入单位”及“比例系数”，如图 18-5 所示。

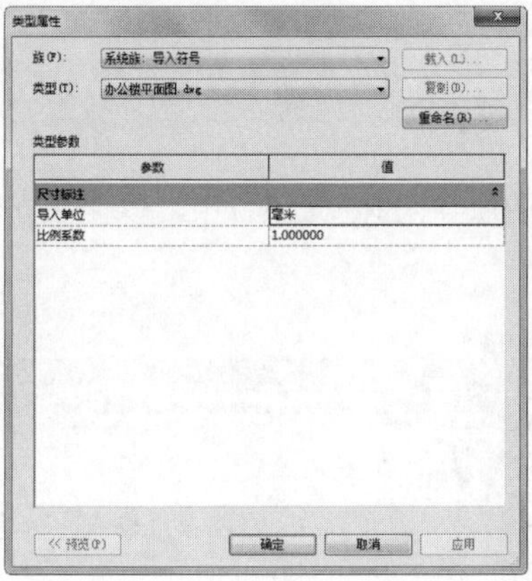

图 18-5

（3）在“修改 | 办公楼平面图”选项卡中，单击“删除图层”按钮，如图 18-6 所示，调出如图 18-7 所示的“选择要删除的图层 / 标高”对话框，选择图层，单击“确定”按钮，删除选定的图层。

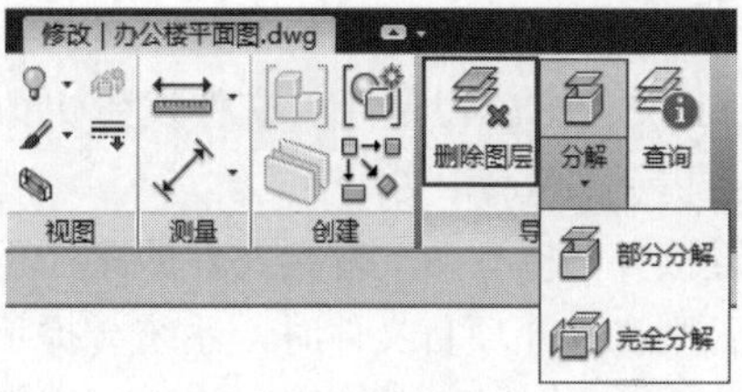

图 18-6

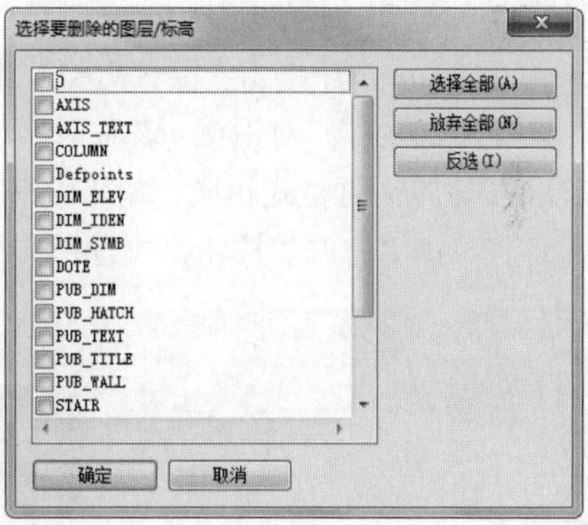

图 18-7

（4）单击“分解”按钮，在列表中选择“部分分解”选项，可以将导入的图元分解为文字、线、嵌套的 DWG 符号等图元。选择“完全分解”选项，将导入的图元分解为文字、线、图案填充和 AutoCAD 基础图元。

（5）单击“查询”按钮，在导入文件中的某个图元上单击，调出如图 18-8 所示的“导入实例查询”对话框。在该对话框中显示选中图元的图层类型、名称等信息，单击“删除”“在视图中隐藏”按钮，删除或隐藏图层。

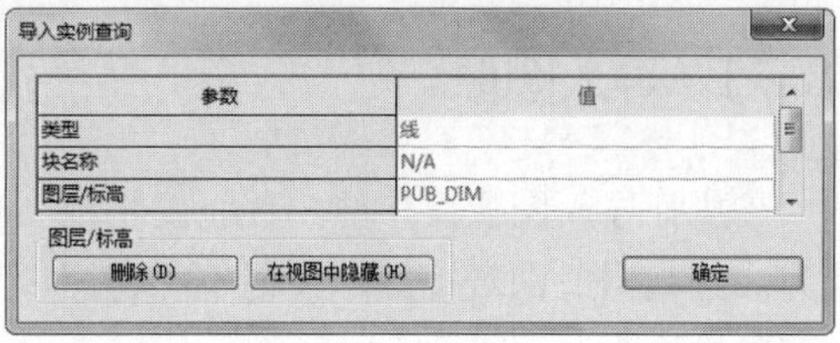

图 18-8

18.1.2　链接 CAD 文件

链接 CAD 文件与导入 CAD 文件的操作方法大致相同，但也要注意不同的地方。链接外部文件后，当外部文件被更改后，可同步更新到 Revit 文件中。但是导入文件发生更改后，是不会更新到 Revit 文件中的。

链接外部模型后，链接文件的路径不要改变，否则在打开项目文件时，系统会提示找不到链接文件。此时可重新指定链接文件的路径，也可忽略。但是路径被更改后，将无法更新链接文件。

在“链接”面板中单击“链接 CAD”按钮，调出“链接 CAD 格式”对话框。该对话框与“导入 CAD 格式”对话框格式相同，如图 18-9 所示，选择文件，单击“打开”按钮，执行链接操作。

图 18-9

链接文件的编辑方式参考上一节中导入文件编辑方式的介绍，也可以通过“属性”选项板、“类型属性”对话框删除 / 查询图层。但是不可对链接文件执行“分解”操作。

在“链接”面板中单击“管理链接”按钮，调出“管理链接”对话框。选择“CAD 格式”选项卡，在列表中显示链接文件的参数，如图 18-10 所示。选择表行，单击列表下方的工具按钮，如“重新载入来自”“重新载入”等，对文件执行管理操作。

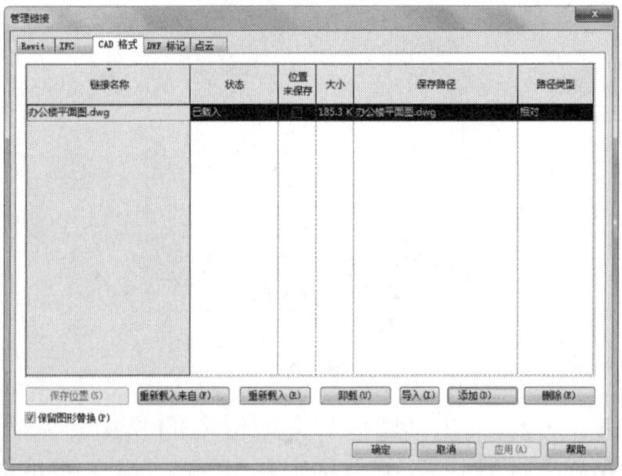

图 18-10

18.2 导入与管理图像

与导入图形文件提供参照作用相同，也可以将光栅图像导入 Revit 项目中，以便在创建或演示模型期间用作背景图像或直观教具。

18.2.1 导入图像

在执行导入图像操作前，首先要将视图转换为二维视图或图纸视图，因为不能将图像导入到三维视图中。

在“导入”面板中单击“图像”按钮，调出“导入图像”对话框，选择图像，如图 18-11 所示，单击“打开”按钮，可将选中的图像导入 Revit 中，如图 18-12 所示。

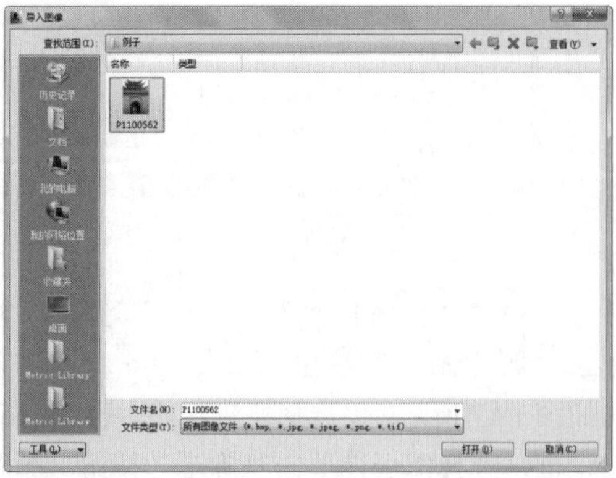

图 18-11

图 18-12

图 18-13

18.2.2 管理图像

（1）单击“导入”面板中的“管理图像”按钮，打开“管理图像”对话框，如图 18-13 所示。在该对话框中选择图像，激活对话框下方的工具按钮，单击按钮启用工具以管理图像。

（2）选择图像，在“属性”选项板中取消选中“固定宽高比”选项，可调整“宽度”和“高度”值，如图 18-14 所示。

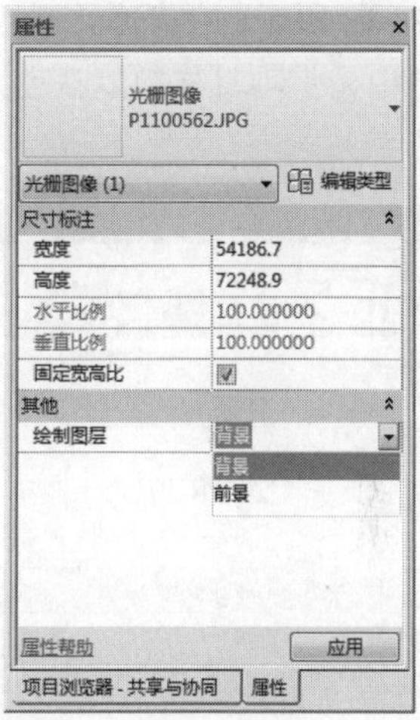

图 18-14

（3）在“修改 | 光栅图像”选项卡中可调整图像的显示顺序、设置“固定宽高比”等，如图 18-15 所示。

（4）选择图像，在图像的顶点显示蓝色实心夹点，单击激活夹点，移动鼠标，调整图像的大小，如图 18-16 所示。

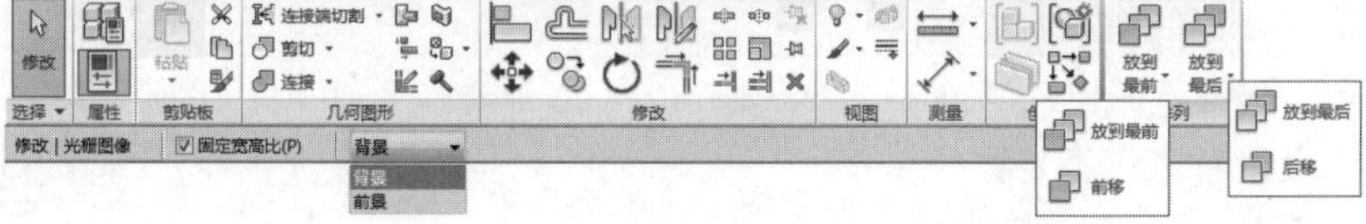

图 18-15

图 18-16

18.3 工作集

工作集是图元（墙体、门窗、楼板、屋顶等）的集合。各专业小组成员可查看其他小组成员所拥有的工作集，不能对其执行修改操作，但可以从不属于自己的工作集中借用图元，待编辑工作完毕后再归还所借用的图元。需要注意的是，在给定的时间之内，只有一个用户可编辑每个工作集。工作集的特性既保证了协同工作，又可防止各专业小组因为相互借用图元而引起的冲突。

18.3.1 启用工作集

选择“协作”选项卡，单击“管理协作”面板中的“工作集”按钮，如图 18-17 所示。调出如图 18-18 所示的“工作共享”对话框，在该对话框中显示项目样板默认创建的两个工作集。

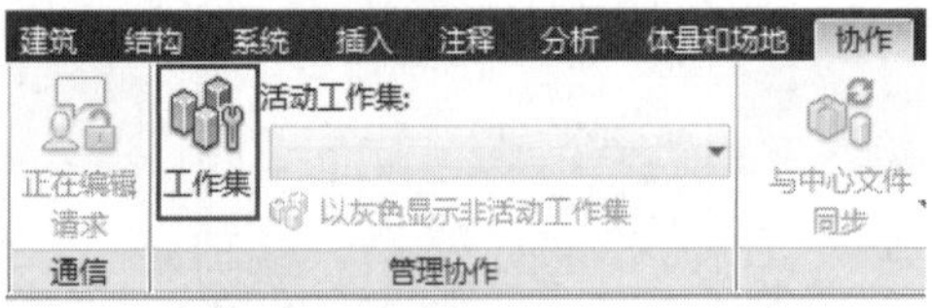

图 18-17

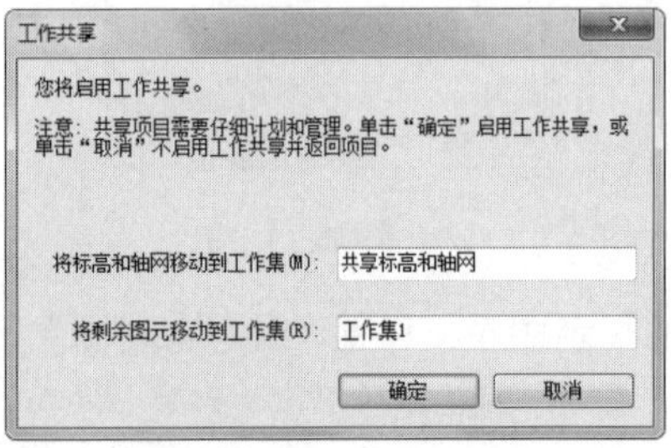

图 18-18

“共享标高和轴网”工作集：将共用的标高和轴网移动到工作集中。

“工作集 1”：将剩余的图元移动到该工作集中。

单击“确定”按钮，调出“工作集”对话框，在其中显示两个默认工作集的信息，如图 18-19 所示。单击“新建”按钮，调出“新建工作集”对话框，在其中设置新工作集名称，如图 18-20 所示，单击“确定”按钮返回“工作集”对话框。

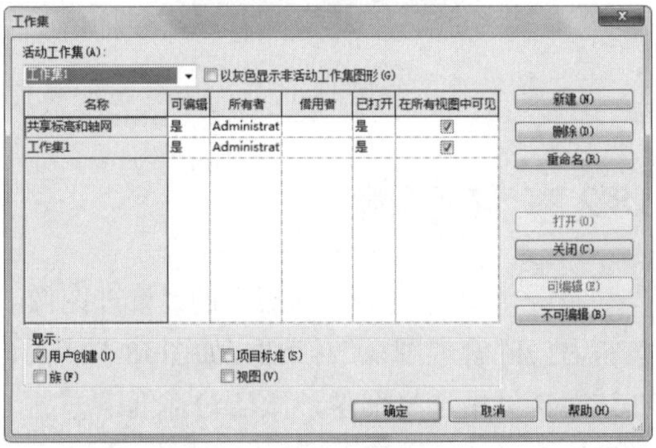

图 18-19

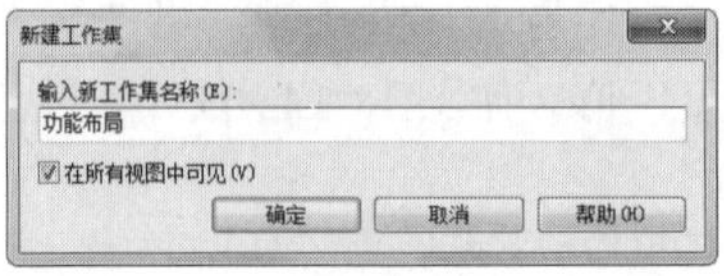

图 18-20

可以继续单击“新建”按钮，继续创建新工作集。在“工作集”对话框中显示默认工作集与自建工作集的信息，如图 18-21 所示。单击“确定”按钮，关闭“工作集”对话框，完成创建工作集的操作。

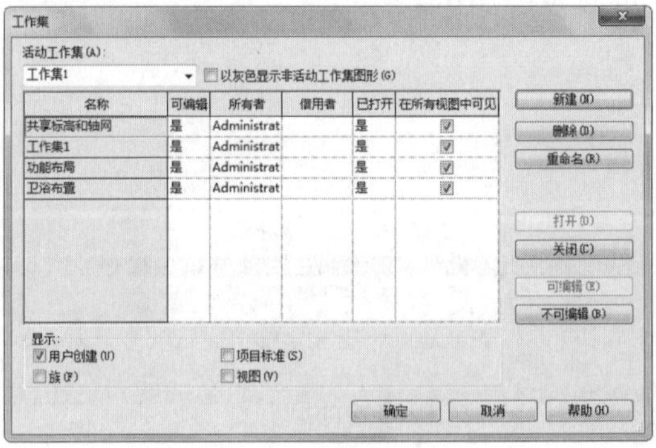

图 18-21

工作集“显示”样式概述如下。

“用户创建”选项：默认选择该选项，在列表中显示由用户创建的所有工作集。

“项目标准”选项：选择该选项，在列表中显示各种构件与注释图元类型与样式等项目标准工作集，如图 18-22 所示。该类工作集由系统创建，因而不可删除，用户可编辑。

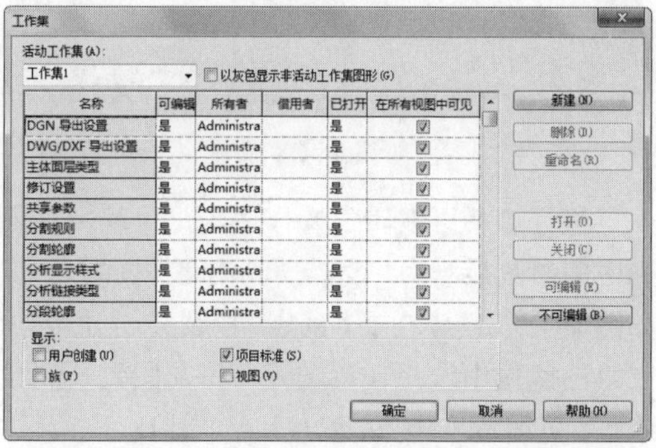

图 18-22

“族”选项：在列表中显示当前项目文件中所有存在的族工作集，如图 18-23 所示，而无论该族在图中是否有实例图元。与“项目标准”工作集相同，不可删除“族”工作集，但可以编辑。

“视图”选项：在列表中显示当前项目文件中所有的平立剖、明细表等视图和视图样板工作集，如图 18-24 所示。其属性与“项目标准”“族”工作集一致，可编辑，不可删除。

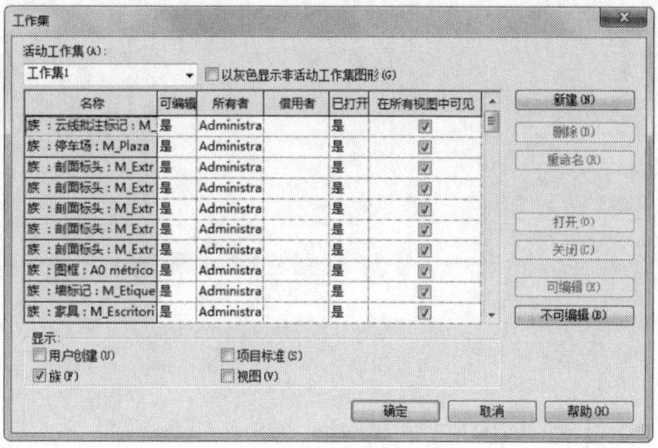

图 18-23

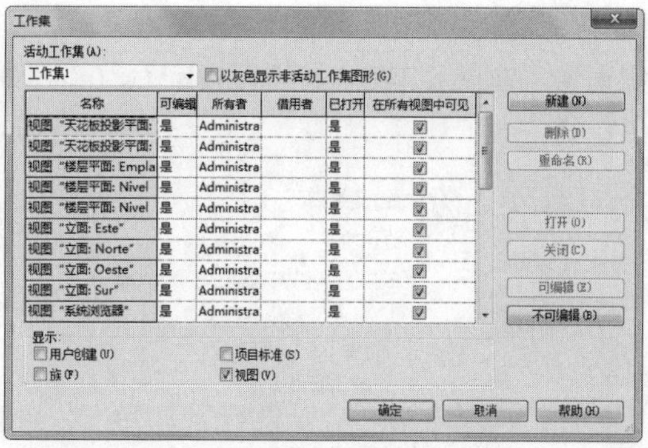

图 18-24

18.3.2 为工作集指定图元

项目样板在创建默认工作集时已将图元进行了划分，将标高、轴网归类到同一个工作集，剩余图元则归类到另一个工作集。

用户可将某些图元指定到相应的工作集中，以满足使用需求。选择图元，在“属性”选项板中显示所选图元所在的工作集。单击“工作集”按钮，在列表中选择将要归类到的工作集，如图 18-25 所示为选择“功能布局”选项，单击“应用”按钮，完成指定工作集的操作。

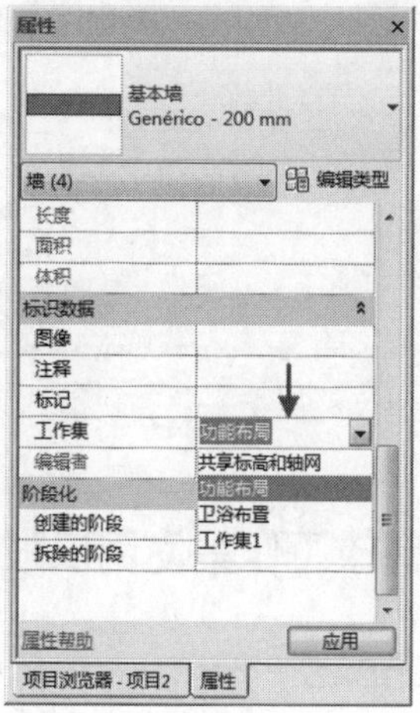

图 18-25

切换至“协作”选项卡，在“管理协作”面板中单击“以灰色显示非活动工作集”按钮，如图 18-26 所示，位于非活动工作集中的图元灰显，再次单击该按钮可恢复图元的正常显示样式。

在“活动工作集”选项中单击，调出工作集列表，选择工作集，可将其指定为当前活动工作集。

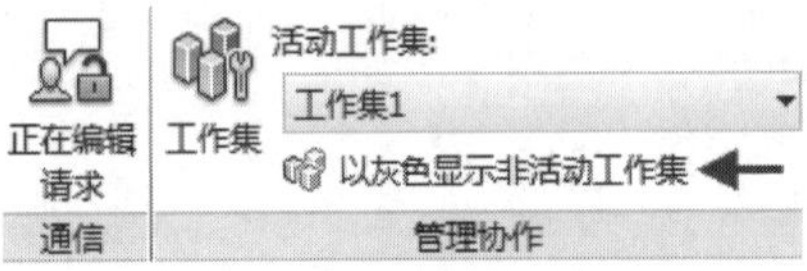

图 18-26

18.3.3 创建中心文件

首先在计算机中创建一个保存共享中心文件的目录，可将文件夹名称设置为“中心文件”，方便查找与识别，也可以设置为自己喜欢的名称。

单击“应用程序菜单”按钮，选择“另存为|项目”选项，在调出的“另存为”对话框中定位到已创建的“中心文件”文件夹，如图18-27所示，单击“保存”按钮后，可自动创建中心文件及其备份文件夹。

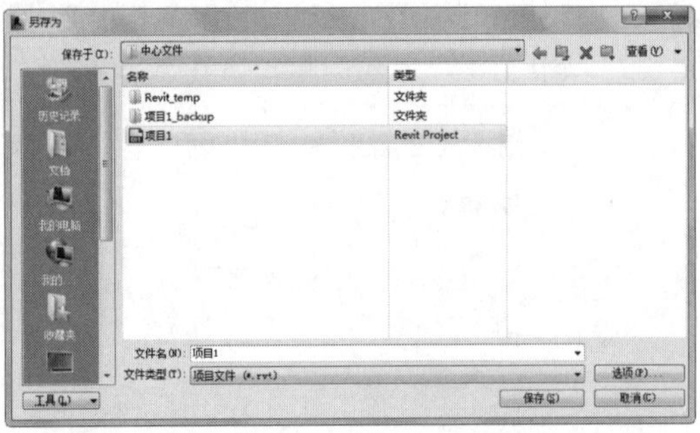

图 18-27

18.3.4 释放工作集使用权限

释放工作集使用权限后，关闭中心文件，其他专业小组成员才可以设计各自的工作集内容。

切换至“协作”选项卡，单击“管理协作”面板中的“工作集”按钮，调出“工作集”对话框。在该对话框中选择所有的工作集，单击右下角的“不可编辑”按钮，如图18-28所示。

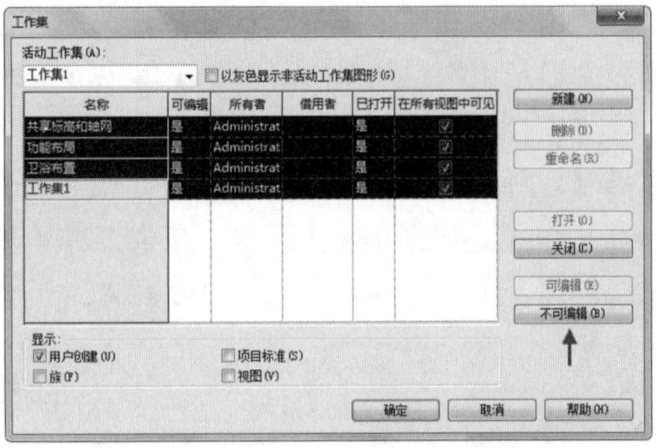

图 18-28

执行“不可编辑”操作后，“可编辑”表列中的参数显示为“否”，“所有者”表列为空，如图18-29所示，单击“确定”按钮关闭对话框。在绘图区域中选择任意图元，将在图元一侧显示“不可编辑工作集”符号，如图18-30所示。

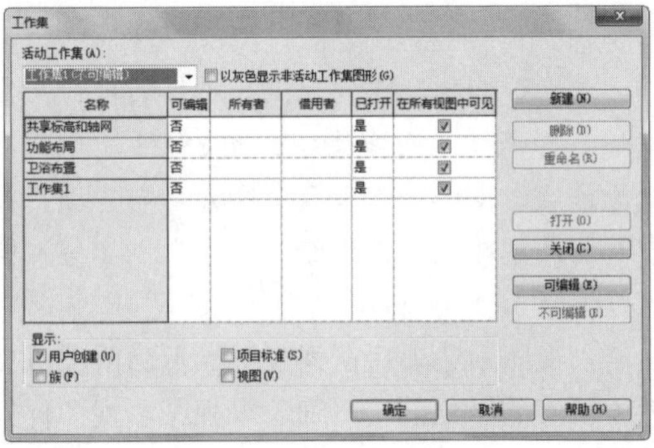

图 18-29

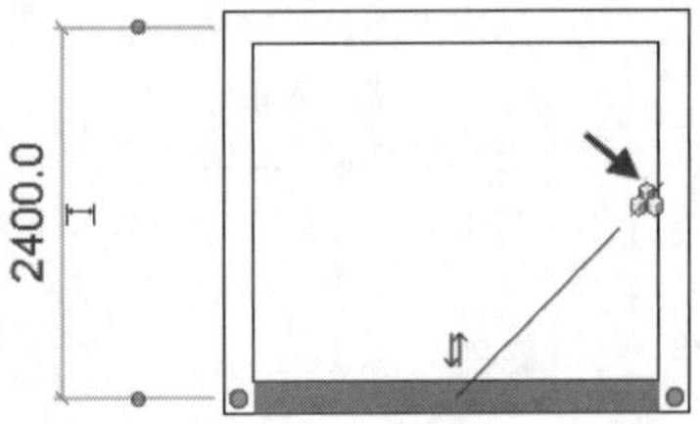

图 18-30

18.3.5 使用工作集

创建中心文件后，用户可在中心文件的基础上新建一个本地文件，接着在本地文件中开展设计（个人）或协同设计（团队）工作。

单击“应用程序菜单”按钮，在列表中选择“打开|项目”选项，如图18-31所示，调出“打开”对话框。在该对话框中定位到已创建的中心文件，选择项目文件，默认选择“新建本地文件”选项，如图18-32所示。选择该选项后，可以自动创建本地工作文件。单击“打开”按钮，打开中心文件。

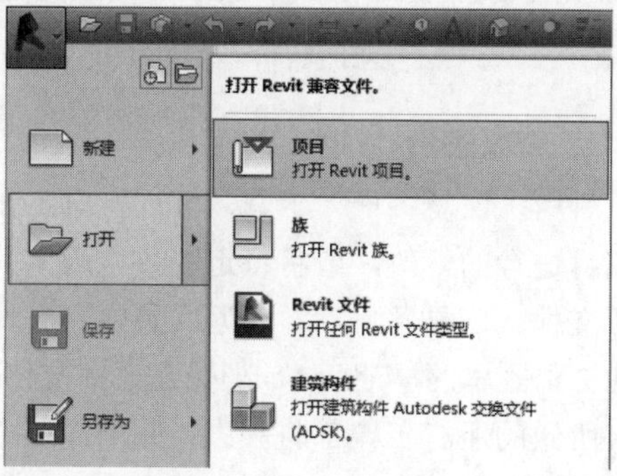

图 18-31

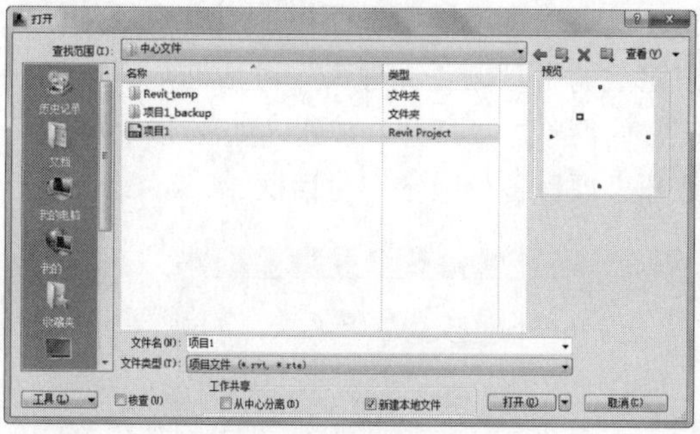

图 18-32

用户要编辑自己的工作集，需要先签出编辑权限才可以开始编辑。当一个工作集被签出编辑时，其他用户只能浏览，不能编辑。

选择“协作”选项卡，单击“管理协作”面板中的“工作集”按钮，调出“工作集”对话框。在工作集表格中选择工作集表行，单击“可编辑”单元格，在列表中选择“是”选项，在“所有者”单元格中显示用户名称，如图18-33所示。单击“确定”按钮关闭对话框，选定的工作集仅能被所有者编辑。

在对工作集执行编辑修改后，需要保存设计修改。单击“同步”面板中的“与中心文件同步”按钮，在调出的列表中选择“同步并修改设置”选项，如图18-34所示，调出“与中心文件同步”对话框。

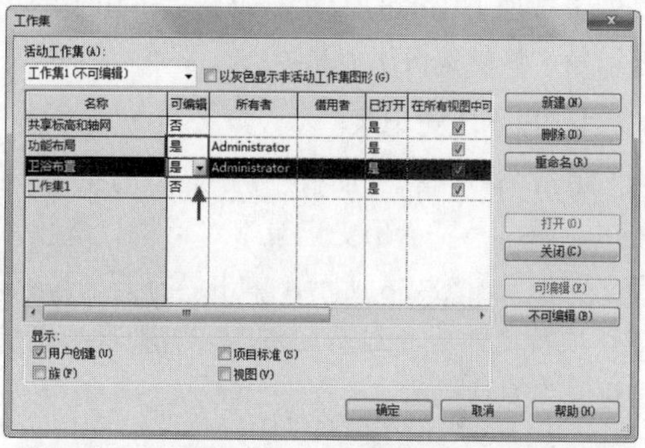

图 18-33

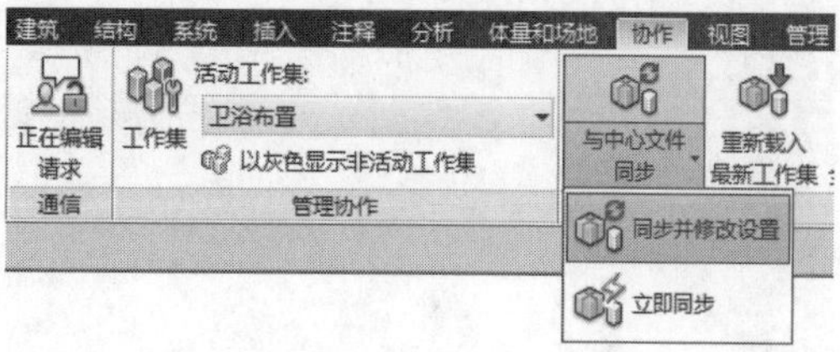

图 18-34

在该对话框中显示中心文件的保存路径，如图18-35所示。默认选择“与中心文件同步前后均保存本地文件”选项，在保存中心文件的同时自动保存本地文件。

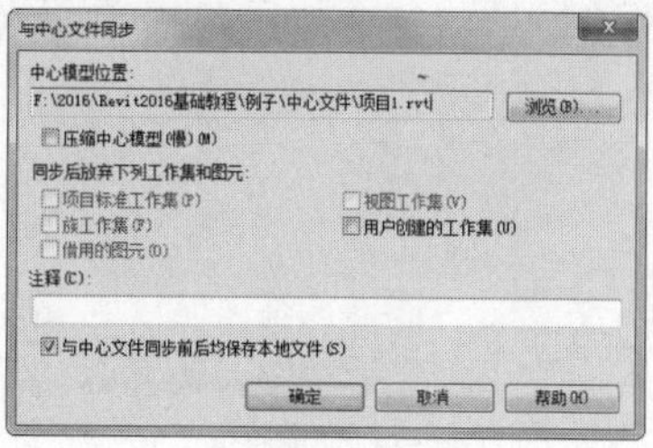

图 18-35

选择“用户创建的工作集”选项以及“项目标准工作集”等工作集选项，表示同步放弃工作集的编辑权限。

选择“借用的图元”选项，返还借用的图元。

单击“确定”按钮，关闭对话框，将设计修改保存到本地文件和中心文件中。

18.3.6 管理工作集

在“协作”选项卡的“管理模型”面板中提供了管理工作集的工具，如显示工作集的历史记录、恢复备份工作集。

1. 显示历史记录

单击“管理模型”面板中的“显示历史记录”按钮，调出“显示历史记录”对话框。选择项目文件，如图 18-36 所示，单击“打开”按钮。打开项目文件后，显示如图 18-37 所示的“历史记录”对话框。

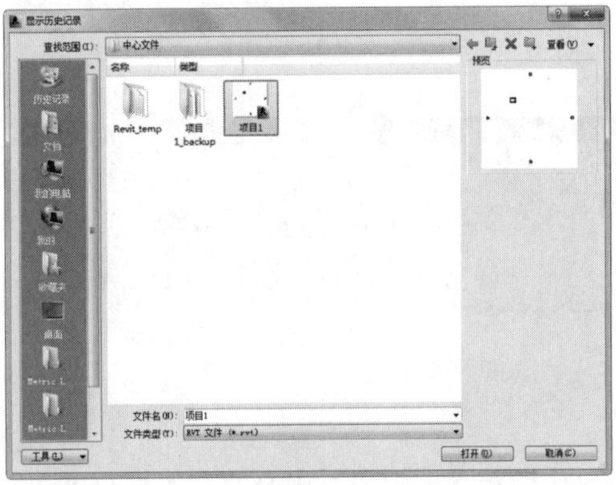

图 18-36

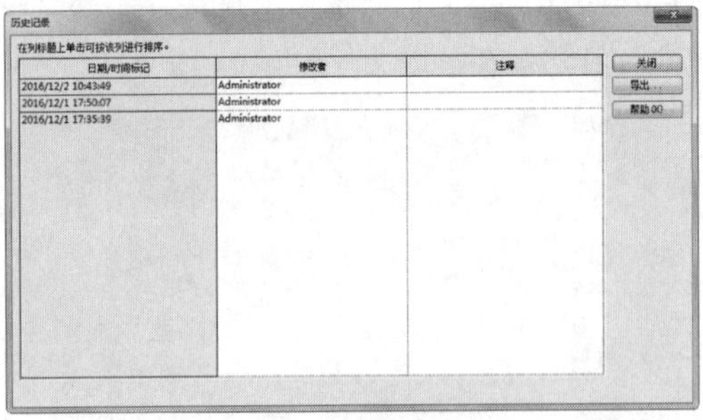

图 18-37

在列表中显示工作集的信息，包括时间 / 日期标记、修改者。单击“导出”按钮，调出“导出项目历史记录”对话框，在“文件名”选项中系统为文件设置了名称，如图 18-38 所示，用户可修改名称，然后单击“确定”按钮，导出 .TXT 格式的文件。

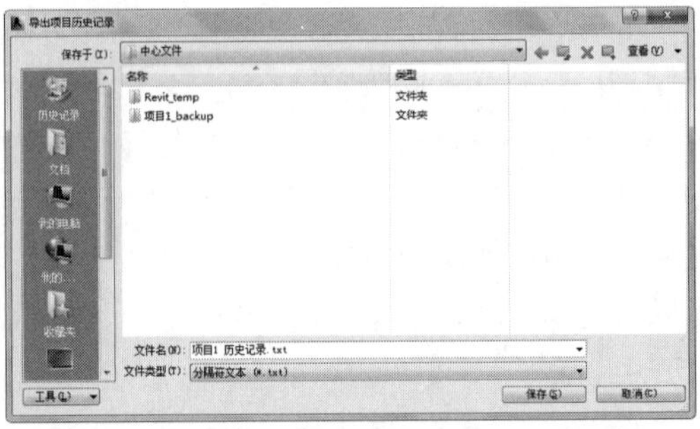

图 18-38

2. 恢复备份

启用“恢复备份”工具，可恢复对工作共享项目进行的修改，或将特定的备份版本另存为新文件。恢复备份后，可返回到中心文件或本地文件副本的早期版本。但是在返回文件时，后来所做的所有工作都将丢失。此外，还将丢失有关工作集所有权、借用的图元和工作集可编辑图形的所有信息。

单击“管理模型”面板中的“恢复备份”按钮，调出“浏览文件夹”对话框，不选择任何文件，单击“打开”按钮，如图 18-39 所示，打开“项目备份版本”对话框。

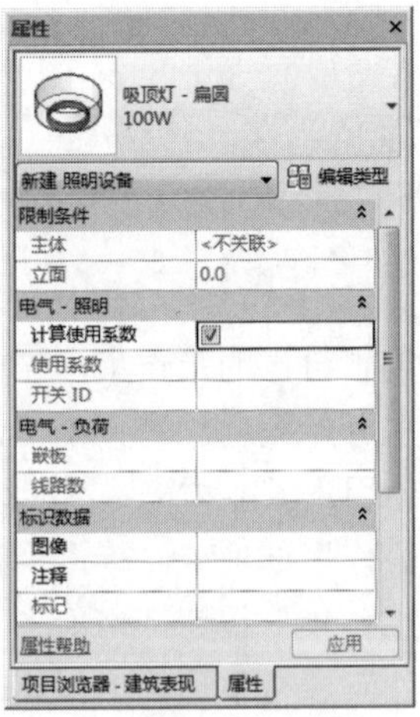

图 18-39

在该对话框中显示文件版本信息，选择其中的一个时间版本，单击“返回到”按钮，如图 18-40 所示，可恢复对项目所做的修改。

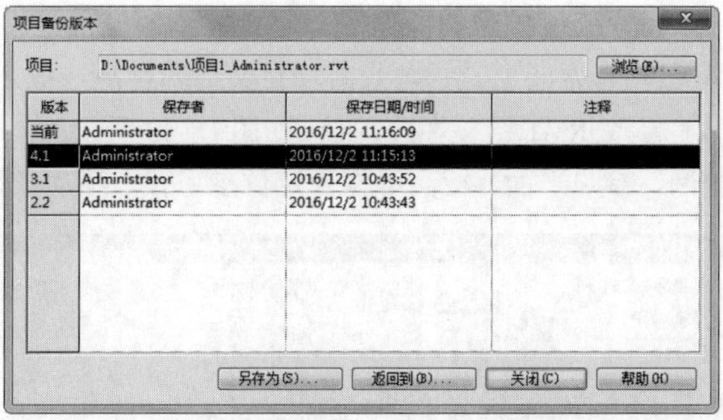

图 18-40

18.4 链接 Revit 模型

链接 Revit 模型与链接 CAD 文件相同，都是从外部导入模型，为当前的项目设计提供辅助作用。本节介绍链接 Revit 模型的相关操作。

18.4.1 链接 Revit 模型

选择“插入”选项卡，单击“链接”面板中的“链接 Revit”按钮，如图 18-41 所示。调出“导入 / 链接 RVT”对话框，在其中选择 .rvt 文件，选择“定位”方式为“自动 - 原点到原点”，如图 18-42 所示，单击“打开”按钮，完成链接 Revit 模型的操作。

图 18-41

图 18-42

在“定位”选项中提供了多种定位方式，介绍如下。

“自动 - 中心到中心”选项：自动对齐两个 Revit 模型的图形中心位置。

“自动 - 原点到原点”选项：自动对齐两个 Revit 模型的项目基点。

“自动 - 通过共享坐标”选项：通过共享的坐标来定位 Revit 模型。

“手动 - 原点”选项：被链接文件的项目基点位于光标的中心，移动鼠标，单击指定放置原点。

“手动 - 基点”选项：该项只用于带有已定义基点的 AutoCAD 文件，在光标的中心显示被链接文件的项目基点，单击指定放置基点。

“手动 - 中心”选项：被链接文件的图形中心位于光标中心，移动鼠标并单击放置定位。

18.4.2 编辑链接模型

对链接进来的 Revit 模型执行编辑操作，以使其符合使用要求。

1. 定位模型

在“导入 / 链接 RVT”对话框中已设置了

Revit 模型的定位方式，在完成链接模型的操作后，需要检查模型的平面位置是否正确。切换至立面视图，观察链接模型在垂直方向上是否与当前项目文件的标高一致。

选择链接模型，进入“修改|RVT 链接”选项卡，如图 18-43 所示。启用“修改”面板中的“对齐”“移动”工具，将轴网、参照平面、标高等作为定位参考线，移动模型以精确定位模型位置。

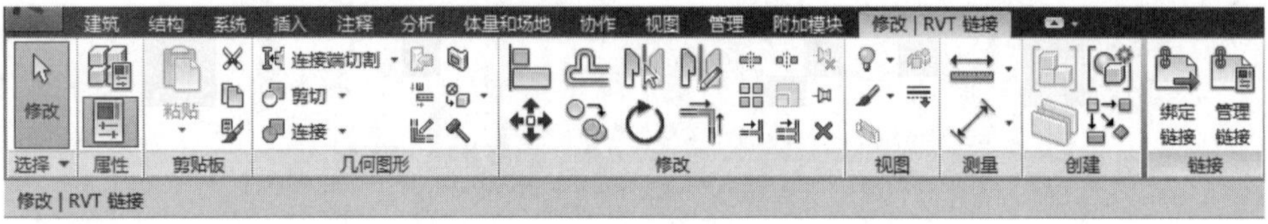

图 18-43

2. 显示设置

选择“视图”选项卡，单击“图形”面板中的“可见性 / 图形”按钮，打开“可见性 / 图形替换”对话框。在该对话框中选择“Revit 链接”选项卡，如图 18-44 所示。

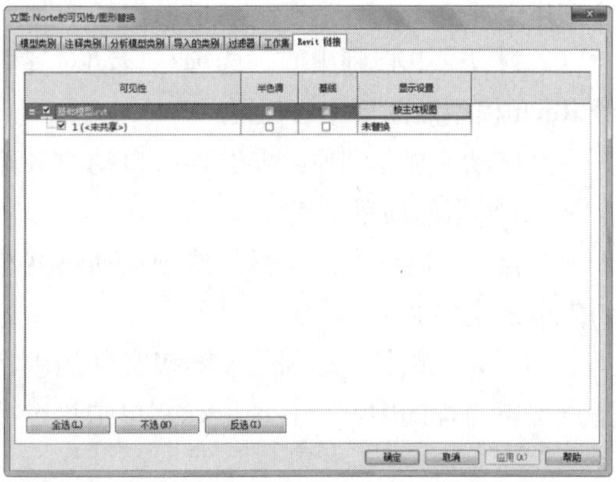

图 18-44

选择“半色调”选项、“基线”选项，链接模型在绘图区域中以灰色显示。

单击“按主体视图”选项，调出“RVT 链接显示设置”对话框。默认选择“按主体视图”选项，选择“按链接视图”选项，选择“指定视图”选项，调出视图列表，如图 18-45 所示。选择视图，单击“应用”按钮，可显示链接模型指定视图中所有的模型和尺寸标注等图元。

选择“自定义”选项，如图 18-46 所示，在其中自定义参数，隐藏指定的图元。在“链接视图”选项中选择“楼层平面：F1”，也可以选择其他视图，然后调整其他参数，如“视图过滤器”“视图范围”等参数，用户根据需要自行设计。

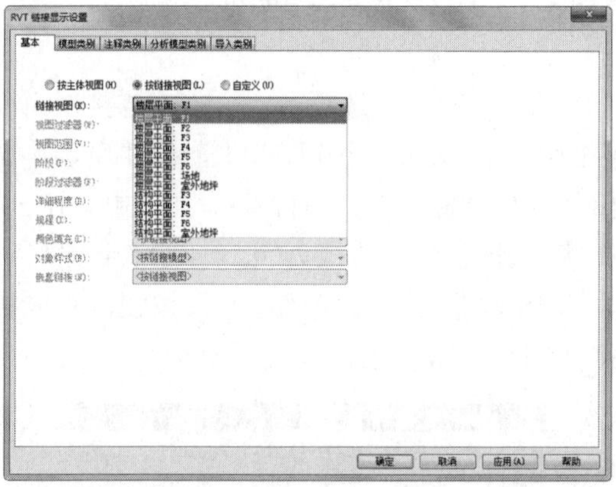

图 18-45

图 18-46

进入“模型类别”选项卡，在“模型类别”选项列表中选择“自定义”选项，列表中各选项可编辑，如图 18-47 所示。取消选中指定的图元，该图元被隐藏。

在“注释类别”“分析模型类别”“导入类别”选项卡中，通过选择“自定义”选项，可以选择需要隐藏的图元。

单击“确定”按钮关闭对话框，完成设置操作。

图 18-47

3. 管理链接

选择“插入”选项卡，单击“链接”面板中的“管理链接”按钮，调出“管理链接”对话框。在该对话框中显示当前的链接模型，如图18-48所示。单击列表下方的工具按钮，可“重新载入”链接模型、“卸载”模型或者“添加”模型等。

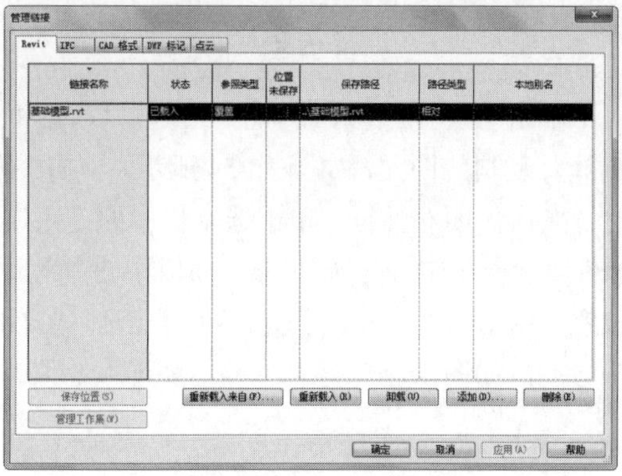

图 18-48

4. 绑定链接

链接的 Revit 模型的原始文件更新后，重新打开主体文件，或者“重新载入”链接文件，链接模型自动更新，与原始文件同步。将链接的 Revit 模型绑定到主体文件中，可切断其与原始文件之间的联系，当原始文件发生改动时，不会影响链接的 Revit 模型。

选择链接的 Revit 模型，进入“修改 |RVT 链接”选项卡，单击“绑定链接”按钮，调出“绑定链接选项”对话框，如图 18-49 所示。

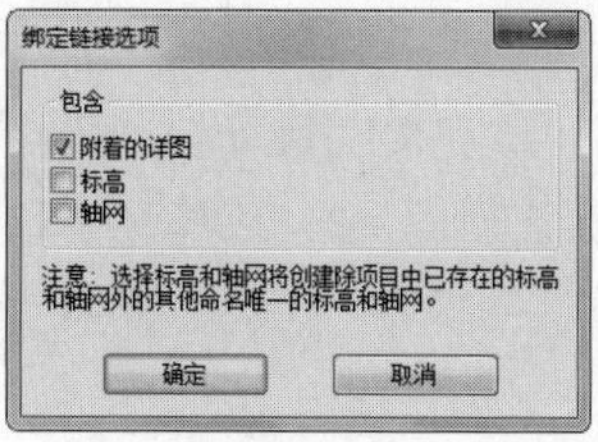

图 18-49

默认选择“附着的详图”选项，在绑定时将模型关联的标记等详图一起绑定到当前项目中。

选择“标高”和“轴网”选项，可重命名标高和轴网编号。单击“确定”按钮，系统可将链接模型转换为组。

18.5 多专业协同设计

在多专业开展协同设计的过程中，某一专业人员变更交叉设计内容后，应及时将变更操作发布，以便其他专业人员了解。通过监控模型，可将变更操作通知相关的专业人员，方便及时应对。

除了监控模型外，还可以启用多种工具，辅助协同设计工作。

18.5.1 复制 / 监视

在链接文件中启用“复制 / 监视”工具，复制图元后，可监视图元的设计变更，并及时通知相关专业人员，减少重复操作，提高工作效率。

“复制 / 监视”工具不能监视所有的图元，适用于监视下列图元的修改，标高、轴网、柱（斜柱除外）、墙体、楼板、洞口、门窗洞口、MEP 设备。

选择“协作”选项卡，单击“坐标”面板中的“复制 / 监视”按钮，在列表中选择“选择链接”选项，如图 18-50 所示，进入“复制 / 监视”选项卡，如图 18-51 所示。

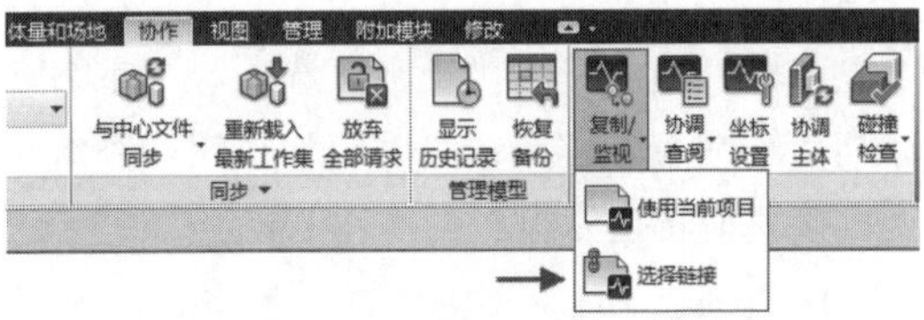

图 18-50

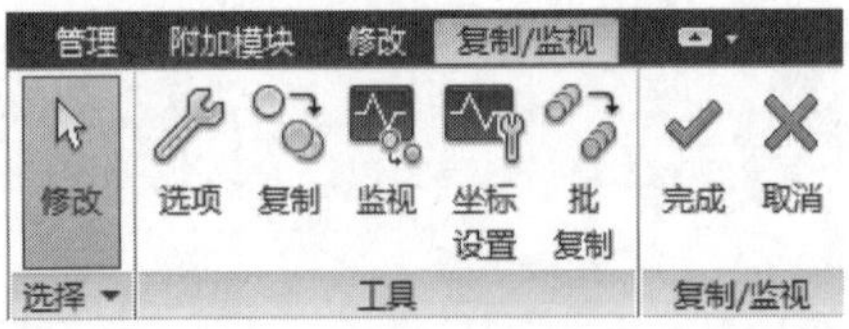

图 18-51

单击“选项”按钮，调出如图 18-52 所示的“复制 / 监视选项”对话框。在其中显示了可进行“复制 / 链接”操作的图元，如标高、轴网、柱等。如选择“墙”选项卡，在“原始类型”列表中显示被链接的项目文件中所有可用墙的类型。

在“工具”面板中单击“复制”按钮，在选项栏上选择“多个”选项，如图 18-53 所示。在绘图区域中框选图元，激活“过滤器”按钮。

图 18-52

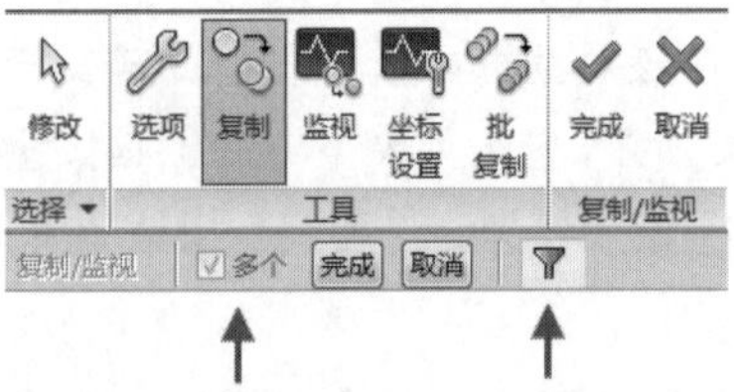

图 18-53

单击“过滤器”按钮，调出“过滤器”对话框，选择要复制的图元，如图 18-54 所示。单击“确定”按钮关闭对话框，单击选项栏中的“完成”按钮，接着单击“复制 / 监视”面板中的“完成”按钮，退出命令。复制创建的柱旁显示“监视”符号，如图 18-55 所示。

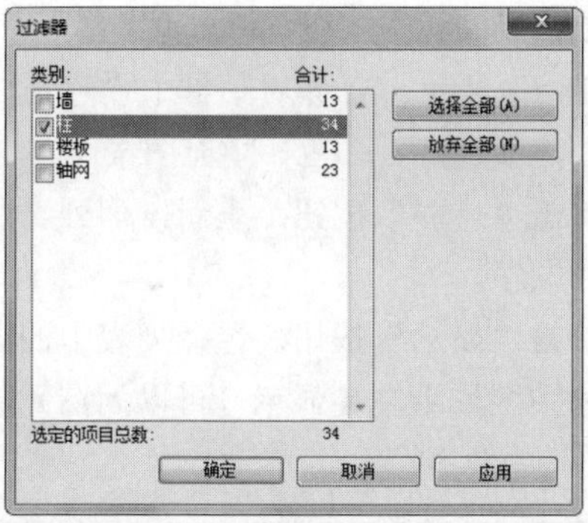

图 18-54

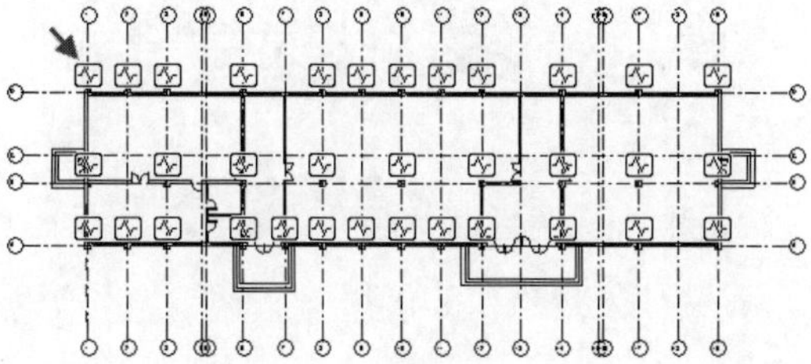

图 18-55

再次单击“坐标”面板中的“复制 / 监视”按钮，在列表中选择“使用当前项目”选项。在“复制 / 监视”选项卡中单击“监视”按钮，在当前项目中单击左上角的柱子图元，接着单击链接模型中左上角的柱子图元，可在柱子一旁放置监视标识，如图 18-56 所示，标识将监视当前项目中柱子与链接模型中柱子的位置关系。

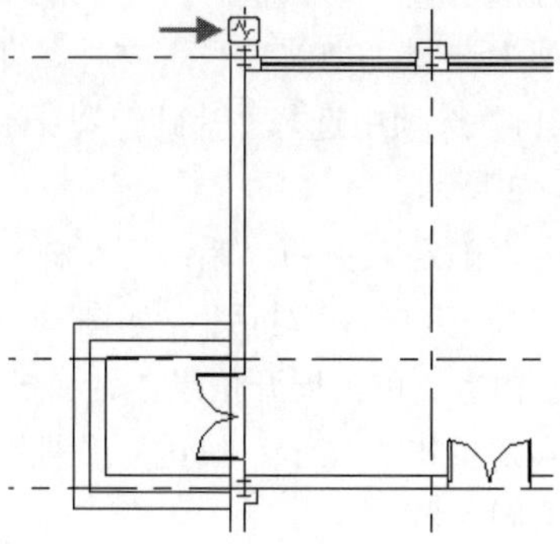

图 18-56

接着单击“复制 / 监视”面板中的“完成”按钮，完成监视图元的设置。完成此项操作后，Revit 将监视当前项目中已复制的图元（柱图元）和指定的监视图元与链接项目中的差异与位置关系。

18.5.2　协同查阅

当链接的 Revit 模型发生设计变更时，设计师可通过 Revit 提供的变更记录，查阅哪些图元发生了变更，以确认接收或拒绝这些变更。

单击“坐标”面板中的“协调查阅”按钮，在调出的列表中选择“选择链接”选项，如图 18-57 所示。调出“协调查阅”对话框，如图 18-58 所示。

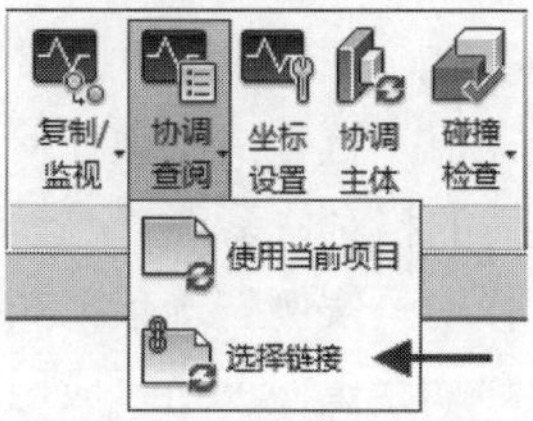

图 18-57

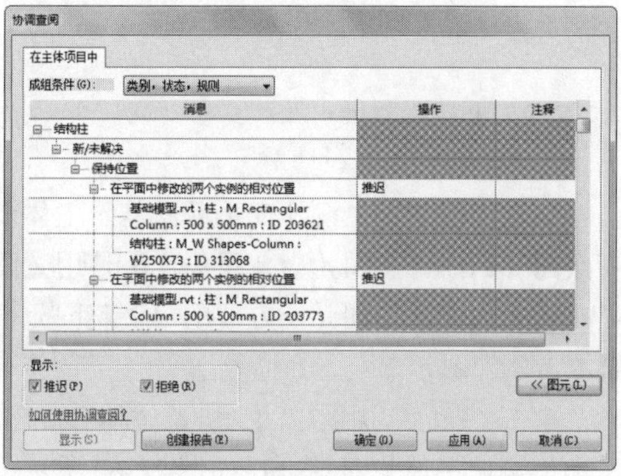

图 18-58

“图元”按钮：单击该按钮，可显示 / 隐藏监视的图元信息。

“显示”选项组：默认选择“推迟”“拒绝”变更的图元信息，已经接受信息的图元不在列表中显示。

“创建报告”按钮：单击该按钮，调出“导出 Revit 协调报告”对话框，在其中保存变更文件。

单击“操作”单元格，调出的列表中显示

接受变更的方式，如图 18-59 所示。

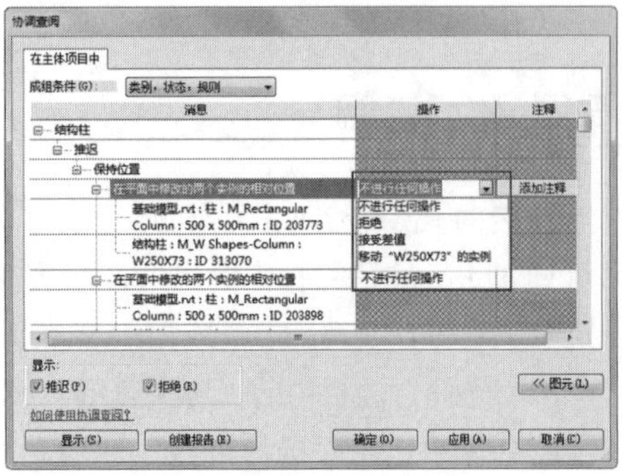

图 18-59

选择“不进行任何操作”选项，保持原状不改变任何参数；选择“拒绝”选项，拒绝更新；选择“接受差值”选项，不做任何修改，接受监视图元之间的相对关系。

选择“移动…实例”选项，在“注释”单元格中设置移动距离，单击“应用”按钮，指定的图元在链接文件中自动更新其位置，同时在“协调查阅”对话框中与该图元相对应的信息消失。

18.5.3 协同主体

在链接模型发生设计变更后，基于主体或者面的标记注释类图元会变得孤立。使用查阅工具列出被孤立的图元，方便用户调整图元位置或者删除图元。

单击“坐标”面板中的“协调主体”按钮，调出“协调主体”对话框，如图 18-60 所示。假如当前项目没有孤立图元，列表标题显示为“孤立图元（0）”。

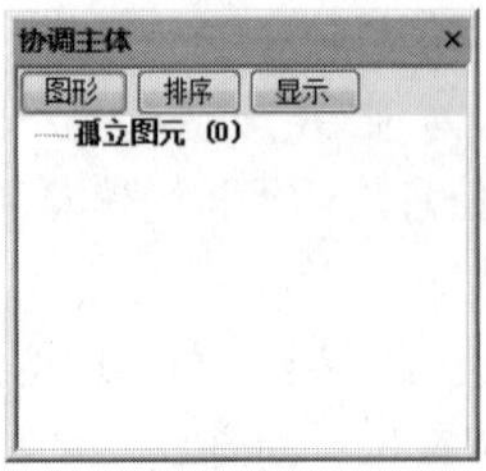

图 18-60

单击“图元”按钮，调出“图形”对话框，如图 18-61 所示。在该对话框中设置孤立图元的属性，如线宽、颜色、填充图案。

单击“排序”按钮，重新排列列表中孤立图元的顺序。

单击“显示”按钮，选择列表中的图元，可在绘图区域中高亮显示，可以为图元选择新主体或者将其删除。

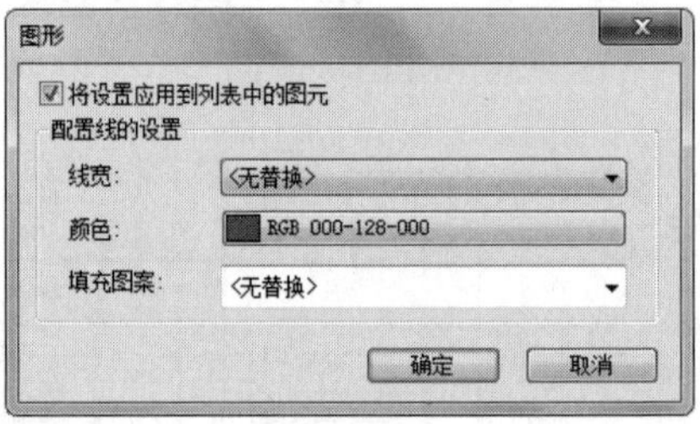

图 18-61

18.5.4 碰撞检查

启用“碰撞检查”工具，通过碰撞检查，可以发现某一项目中或者主体项目与链接模型之间彼此相交的图元。碰撞检查报告查找不同类型图元之间的无效交点，“复制 / 监视”工具监视相同类型的图元对。

单击“坐标”面板中的“碰撞检查”按钮，在调出的列表中选择“运行碰撞检查”选项，调出“碰撞检查”对话框。在左侧的“类别来自”选项中选择“当前项目”文件，在右侧的“类别来自”选项中选择“基础模型 .rvt”文件，如图 18-62 所示。

单击“确定”按钮，系统运行碰撞检查，接着调出“冲突报告”对话框，如图 18-63 所示，显示检查内容。单击展开信息，显示报告内容。选择内容，单击“显示”按钮，在视图中显示相对应的图元。

单击“导出”按钮，调出“将冲突报告导出为文件”对话框，设置文件名称，单击“保存”按钮，导出碰撞报告。单击“关闭”按钮关闭“冲突报告”对话框，完成碰撞检查操作。

在“碰撞检查”列表中选择“显示上一个报告”选项，调出“冲突报告”对话框，显示上一次碰撞检查的报告内容。

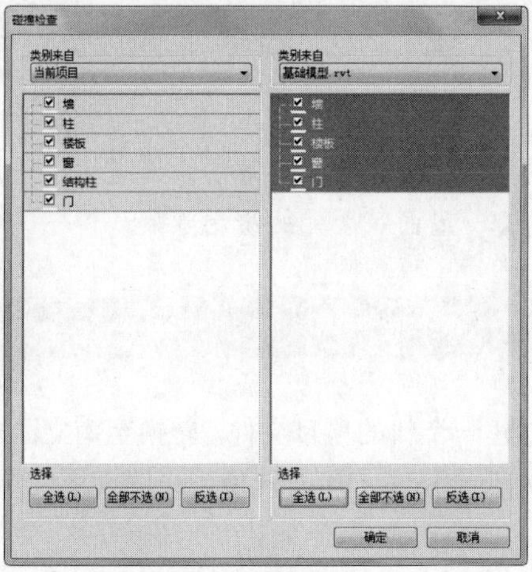

图 18-62

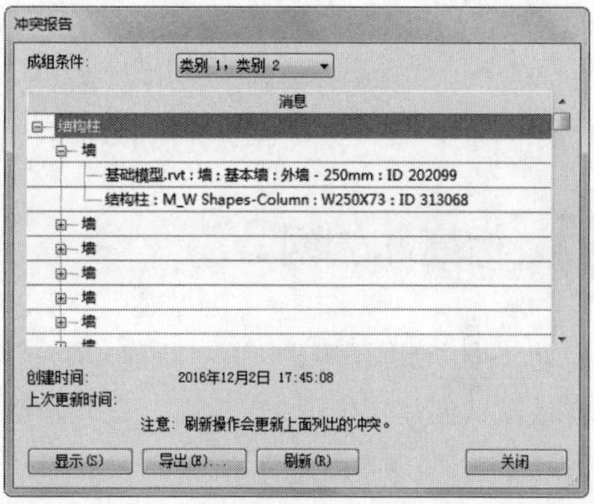

图 18-63

第 19 章　办公楼应用实例

本章以办公楼为基础，介绍在 Revit 中进行建筑项目设计的操作方法。通过运用前面章节所学的知识，系统讲解标高和轴网、墙柱、门窗、屋面等图元的绘制步骤。

19.1　标高和轴网

启动 Revit 应用程序，执行“新建 | 项目”命令，创建一个新的项目文件。转换至南立面视图，项目样板默认创建了 F1、F2 标高，在此基础上绘制办公楼标高。接着转换到平面视图，继续创建轴网。

01 选择“建筑”选项卡，单击“基准”面板中的“标高”按钮，启用“标高”命令。在绘图区域中单击指定标高线的起点与终点，创建标高如图 19-1 所示。

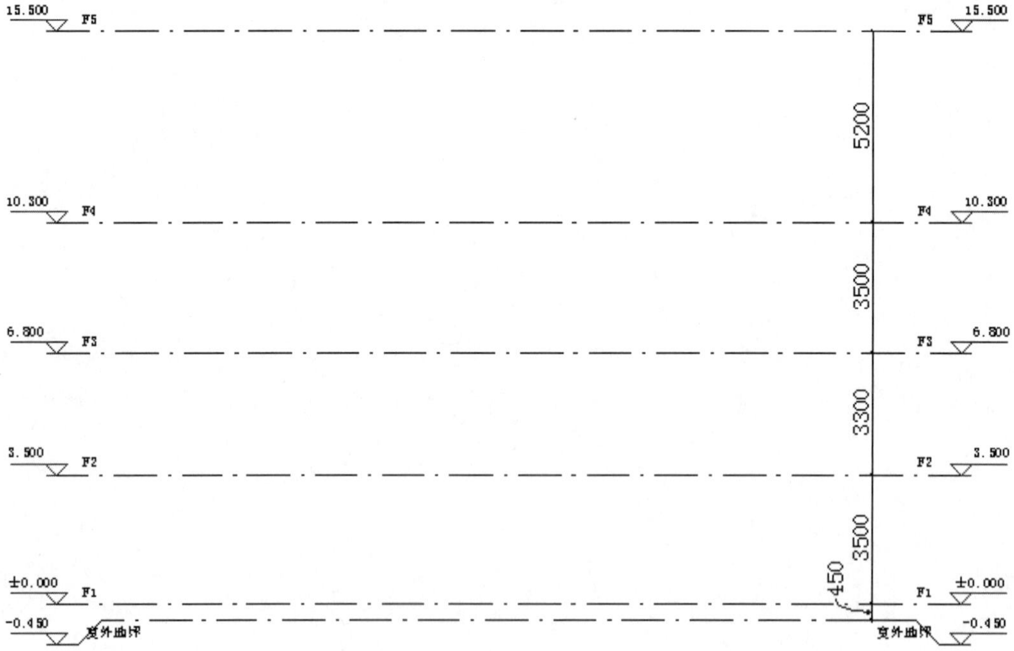

图 19-1

02 转换至 F1 视图，单击“基准”面板中的“轴网”按钮，在绘图区域中单击指定轴线的起点与终点，绘制结果如图 19-2 所示。

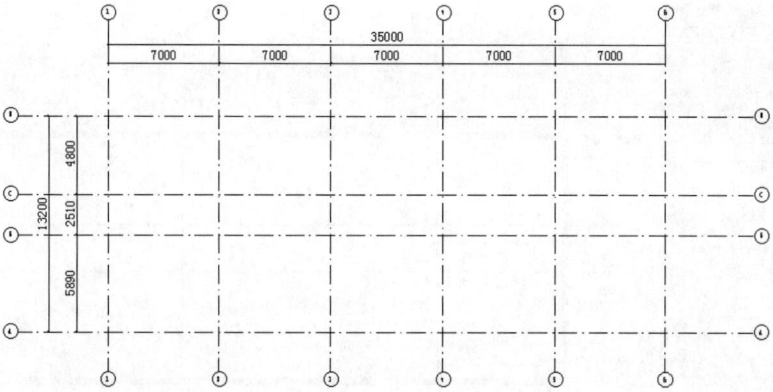

图 19-2

19.2 墙体与门窗

绘制墙体前应先设置其结构层，包括各结构层的功能、材质及厚度等。具体的设置步骤可以参考前面章节中关于创建墙体的介绍。项目文件提供的门窗类型有限，通常需要用户从外部载入门窗族。

01 在“建筑”选项卡中单击“构建”面板中的“墙”按钮，在“属性”选项板中单击“编辑类型”按钮，调出“类型属性”对话框。单击“复制”按钮，复制一个名称为“240mm 外墙”的新墙体类型。单击“结构”选项后的“编辑”按钮，调出“编辑部件”对话框。

02 在“层”列表中插入结构层，单击“材质”单元格内的矩形按钮，调出“材质浏览器”对话框，在其中设置墙体结构层的材质。接着在“厚度”单元格中修改墙体厚度，如图 19-3 所示。

03 单击“确定”按钮返回“类型属性”对话框，修改“功能”选项中的参数为“外部”，如图 19-4 所示。

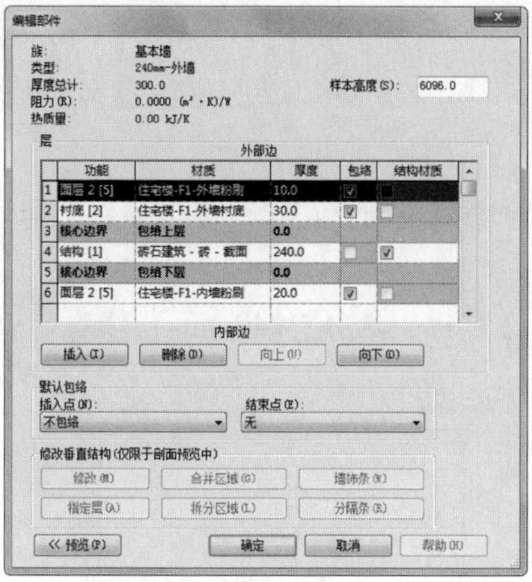

图 19-3

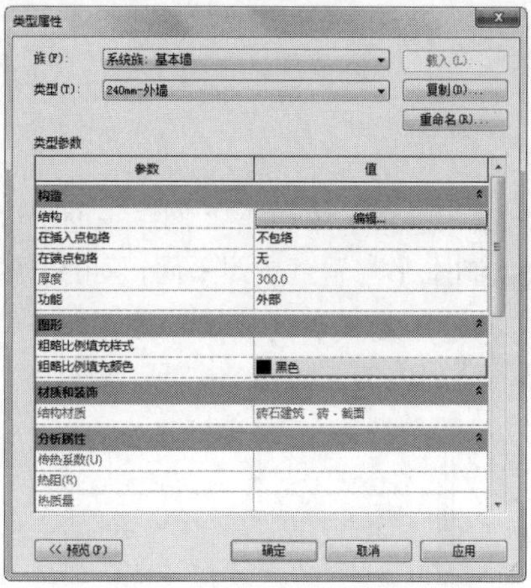

图 19-4

04 单击“确定”按钮关闭对话框，在“属性”选项板中设置墙体的“限制条件”参数，如图 19-5 所示。在绘图区域中单击轴线交点为墙体的起点与终点，绘制外墙的结果如图 19-6 所示。

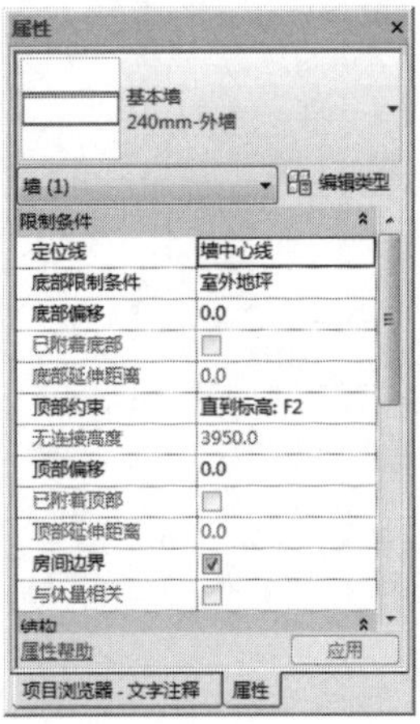

图 19-5

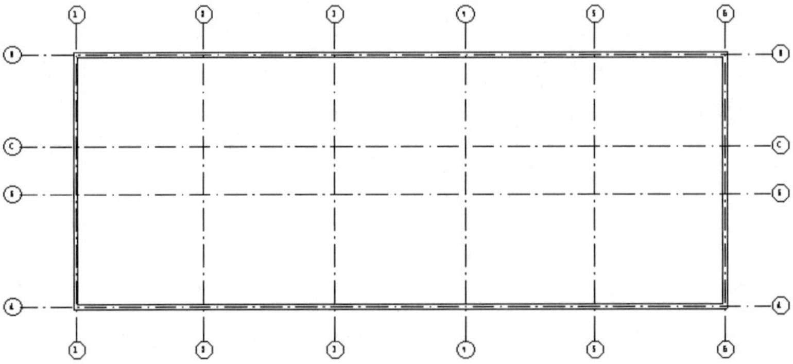

图 19-6

05 重复单击“构建”面板中的“墙”按钮，在“类型属性”对话框中创建一个名称为“240mm-内墙”的墙体类型，调出“编辑部件”对话框，在其中设置墙体结构参数，如材质、厚度。在“类型属性”对话框中修改“功能”选项为“内部”，单击“确定”按钮关闭对话框。在“属性”选项板中设置内墙的“底部限制条件”为“室外地坪”，“顶部约束”为F2，“顶部偏移”为0。

06 单击指定墙体的起点与终点，绘制内墙体的结果，如图19-7所示。

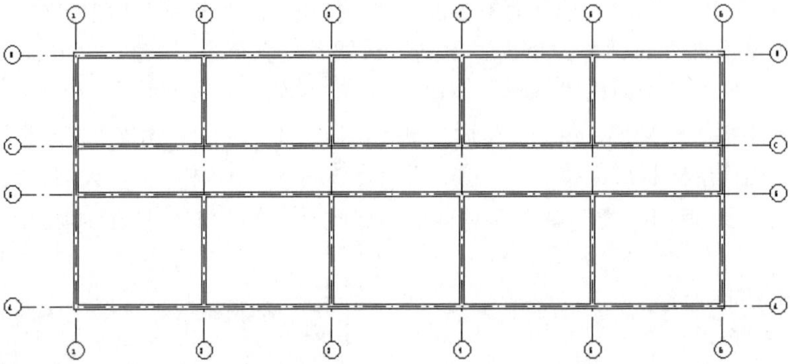

图 19-7

07 在“建筑”选项卡中单击“工作平面”面板中的“参照平面”按钮，在1轴与2轴、C轴与D轴之间绘制水平与垂直参照平面，如图19-8所示。

08 单击“构建”面板中的“墙”按钮，在“属性”选项板中选择“240mm- 内墙”，以参照平面为基准，绘制内墙，如图19-9所示。

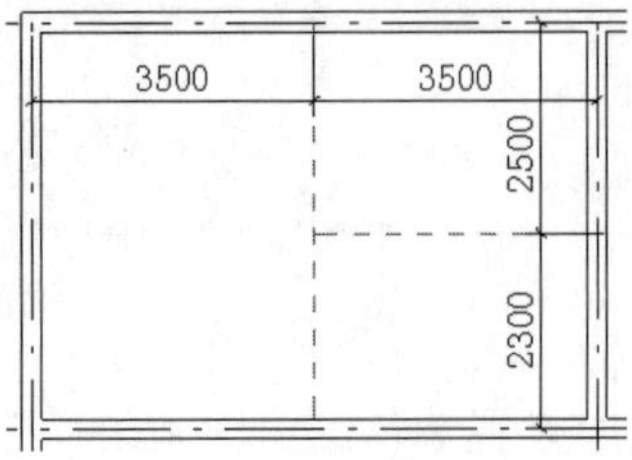

图 19-8

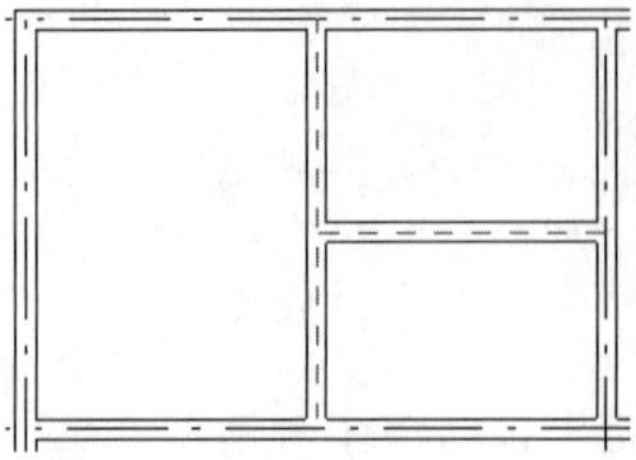

图 19-9

09 重复上一步的操作，在 5 轴与 6 轴、C 轴与 D 轴之间绘制参照平面，接着绘制内墙体，如图 19-10所示。

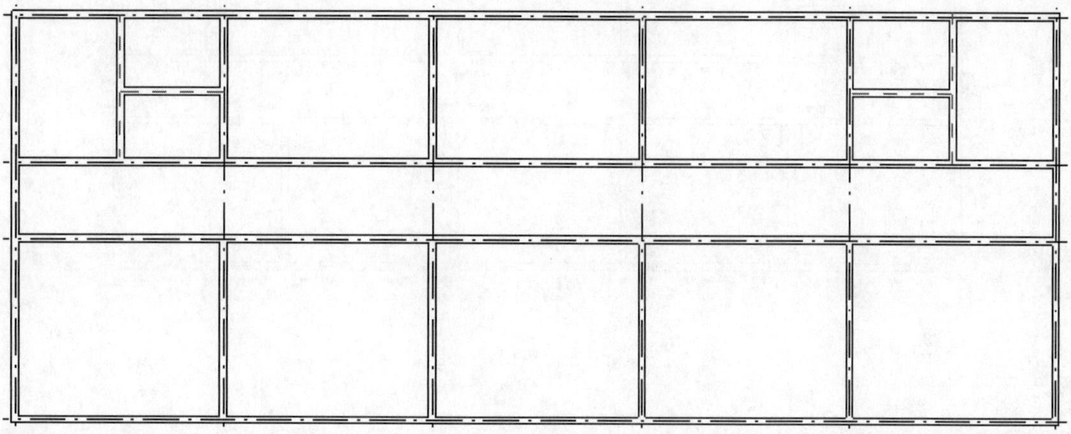

图 19-10

10 单击选择轴线，在快捷菜单中选择“选择全部实例 | 在视图中可见”选项，选择全部轴线，接着右击，选择“在视图中隐藏 | 图元”选项，将轴线隐藏。

11 在“构建”面板上单击“门”按钮，在“属性”选项板中选择门样式，单击“编辑类型”按钮，调出“类型属性”对话框。在“尺寸标注”选项组中设置门的尺寸，如图 19-11 所示，单击“确定”按钮关闭对话框。

12 在“属性”选项板中设置门的“底高度”及“顶高度”参数，如图 19-12 所示。在墙体上单击，可将门放置在墙体的指定位置。

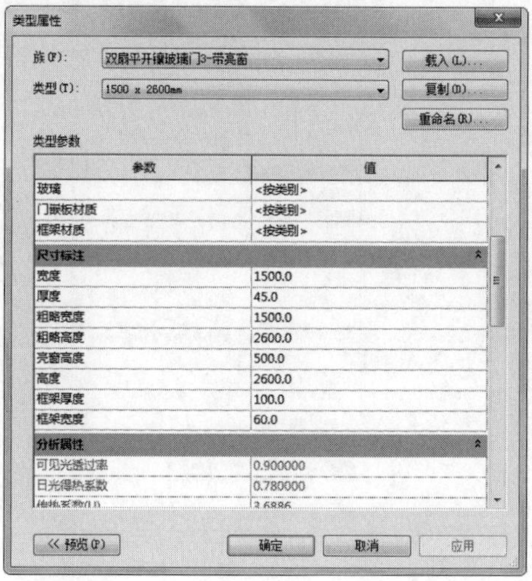

图 19-11

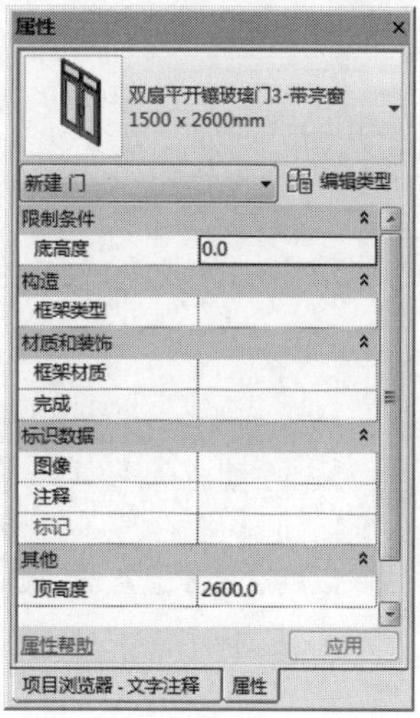

图 19-12

13 参考上述的操作方法，布置门和窗图元，结果如图 19-13 所示。

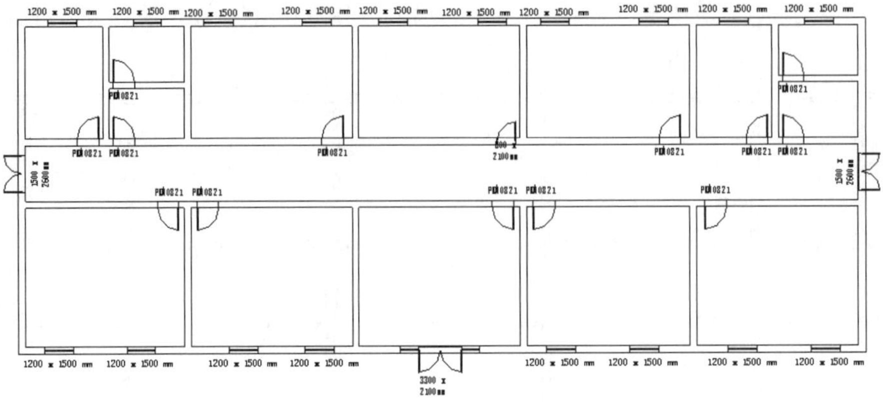

图 19-13

19.3 绘制楼板、天花板

楼板、天花板的创建方法大同小异，最常使用的方法就是通过“拾取墙”的方式来创建。启用命令后，拾取墙体可在墙体内部生成楼板或者天花板。也可以使用直线、矩形等绘制方式来创建楼板、天花板轮廓线。

01 单击“构建”面板中的“天花板”按钮，进入“修改 | 放置 天花板”选项卡，如图 19-14 所示，单击“自动创建天花板”按钮。在“属性”选项板中选择天花板的类型，设置“标高”及“自标高的高度偏移”选项参数，如图 19-15 所示。在房间区域内单击，可以在该区域创建天花板。

图 19-14

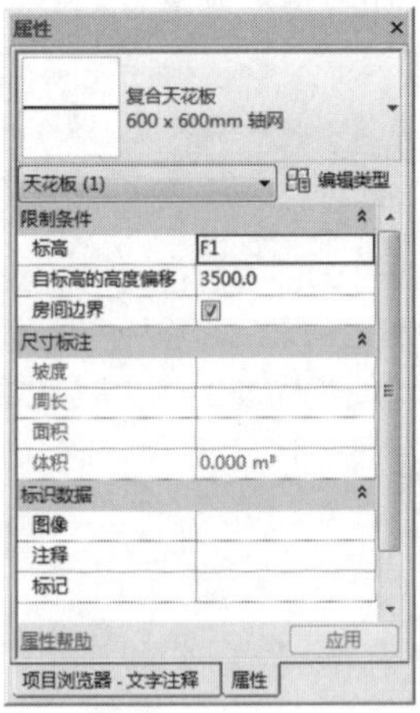

图 19-15

02 在“构建”面板中单击“楼板”按钮，进入“修改 | 创建楼层边界”选项卡。选择“绘制”模式为“边界线”“拾取墙”，设置“偏移”值为 0，选择“延伸到墙中（至核心层）”选项，如图 19-16 所示。

03 在“属性”选项板中选择楼板的类型，设置“标高”及“自标高的高度偏移”值，选择“房间边界”选项，如图 19-17 所示。在绘图区域中拾取墙体以创建楼板边界线，待闭合的楼板边界线绘制完成后，单击“模式”面板中的“完成编辑模式”按钮，退出命令，完成楼板的绘制。

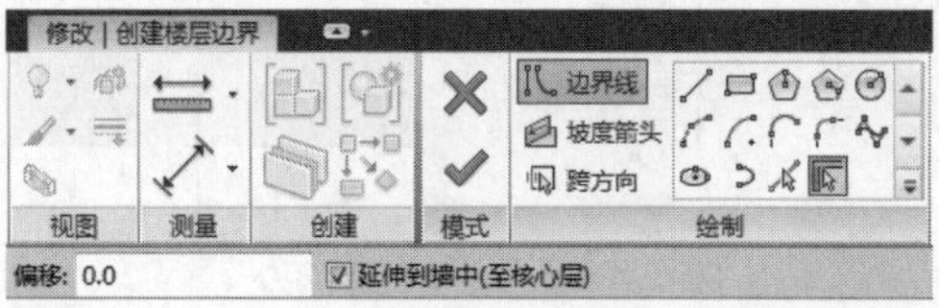

图 19-16

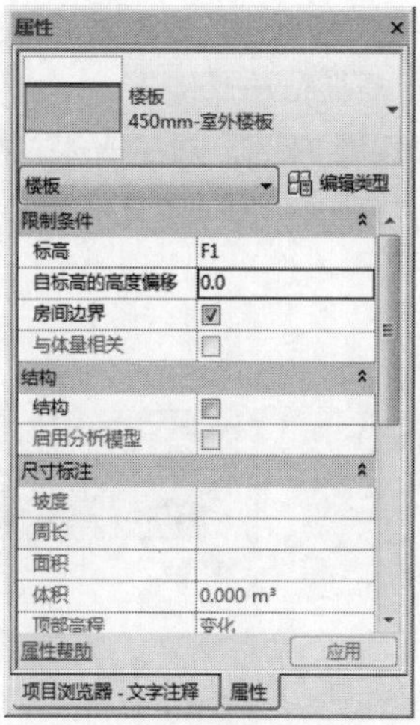

图 19-17

19.4 复制图元

经过以上各小节的绘制操作，F1 楼层的图元基本绘制完毕，包括墙体、门窗、楼板、天花板。其他楼层的图元可通过执行“复制”“粘贴”操作得到。由于各楼层层高不一致，复制得到的图元还需要修改参数，才符合实际需要，本节介绍复制图元的操作方法。

01 全选 F1 视图中的所有图元，在“修改 | 选择多个”选项卡中单击“过滤器”按钮，调出“过滤器”对话框。在其中选择需要执行复制操作的图元，如图 19-18 所示。

因为门窗标记不能执行复制、粘贴操作，所以在此取消选中这两项。楼板与天花板可以执行复制、粘贴操作，但是由于执行复制操作后要修改墙体、门窗的参数，为避免图元太多引起混乱，在此先不选择楼板、天花板。待墙体、门窗图元编辑完成后，再执行选择、复制、粘贴操作来编辑楼板与天花板。或者在其他楼层重新启用命令来分别创建楼板、天花板也可。

02 单击“剪贴板”面板中的“复制到剪贴板”按钮，接着单击“粘贴”按钮，在列表中选择“与选定的标高”对齐选项，如图 19-19 所示。

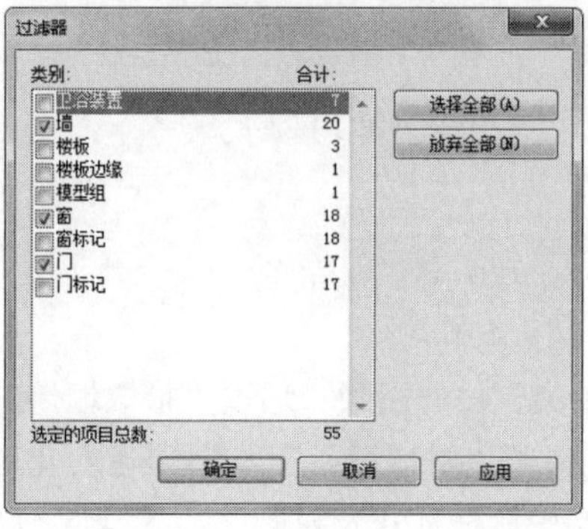

图 19-18

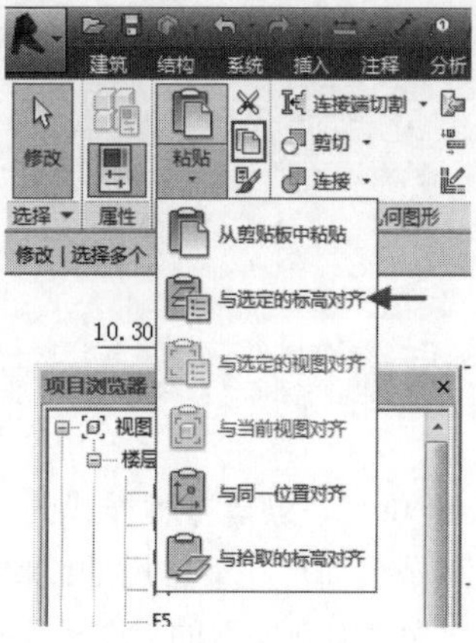

图 19-19

03 调出“选择标高”对话框，选择目标视图，如图 19-20 所示。单击“确定”按钮关闭对话框，开始执行复制粘贴操作。

04 转换至 F2 视图，选择墙体，在“属性”选项板中修改墙体的属性参数，如图 19-21 所示。

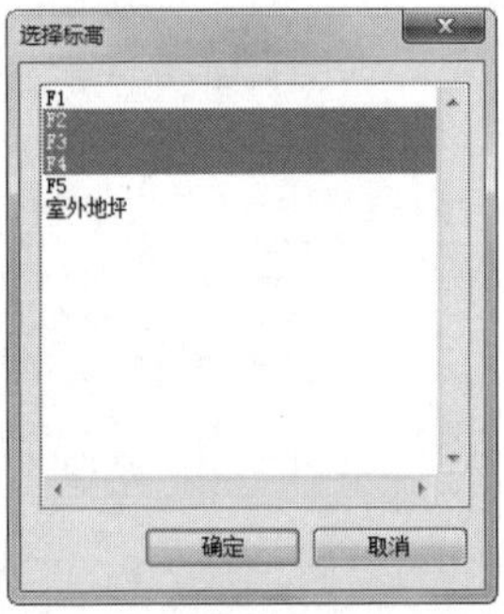

图 19-20

图 19-21

05 依次选择门、窗图元，在各自对应的“属性”选项板中修改参数，分别如图 19-22 和图 19-23 所示。

切换其他楼层平面视图，依次修改墙体、门窗参数。在修改的基础上创建楼板、天花板，或者再次执行复制粘贴命令来得到楼板和天花板图元。

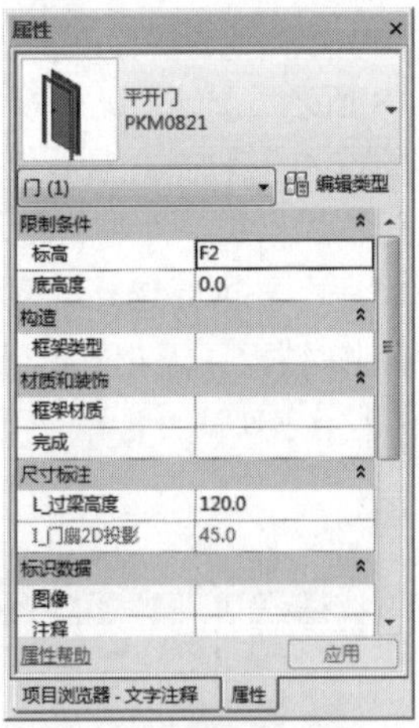

图 19-22

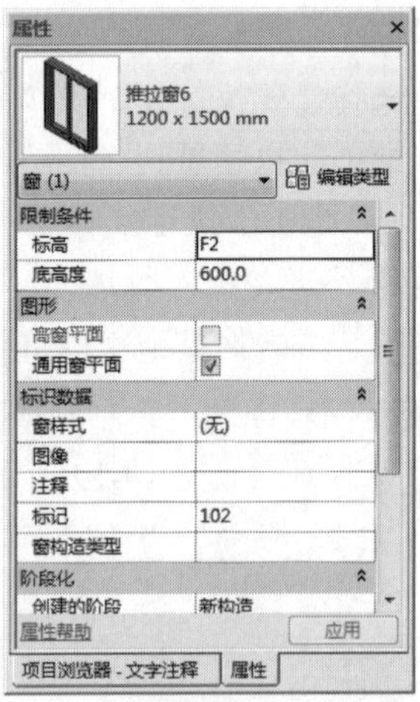

图 19-23

19.5 屋顶、女儿墙

在 Revit 中可以创建多种样式的屋顶，如迹线屋顶、拉伸屋顶。通过“拾取墙”的方式来创建迹线屋顶是最简单、最常用的绘制屋顶的做法。启用“封檐板”工具来创建女儿墙，需要新建一个名称为“女儿墙”的封檐板类型，并为其指定轮廓线样式及材质。

01 切换至F4视图，在“构建”面板中单击“屋顶”按钮，在列表中选择“迹线屋顶”选项，进入“修改|创建屋顶迹线”选项卡。选择“绘制”方式为“边界线”“拾取墙”，取消选中“定义坡度”选项，设置“悬挑”为1200。在“属性”选项板中选择屋顶的类型，设置“底部标高”为F5。

02 在绘图区域中单击拾取外墙，向外偏移1200，绘制屋顶迹线，如图19-24所示。

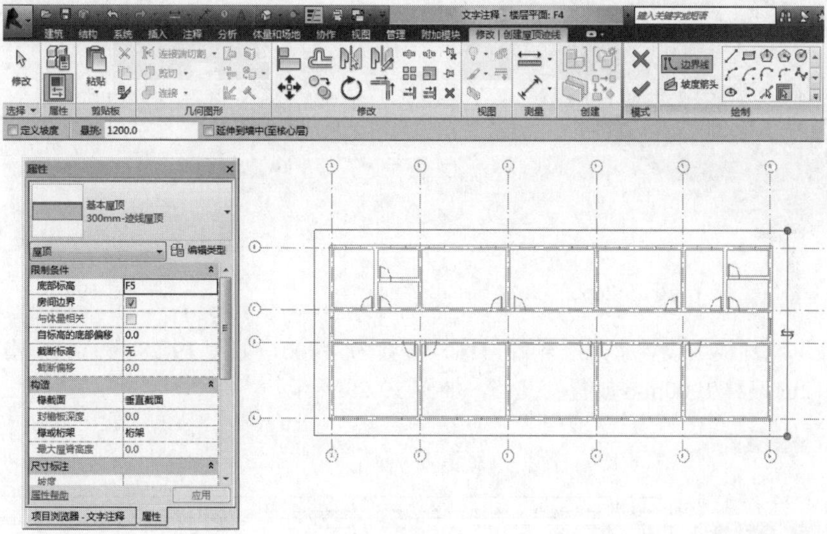

图 19-24

03 因为将“底部标高”设置为F5，因此需要转换至F5视图来查看屋顶的创建效果。迹线屋顶的创建结果，如图19-25所示。

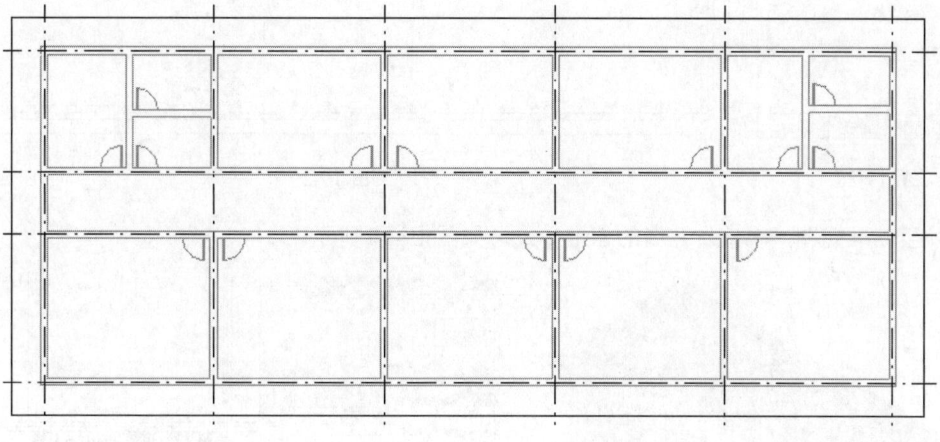

图 19-25

04 转换至三维视图，观察迹线屋顶的三维样式，如图19-26所示。

05 单击“屋顶”按钮，在列表中选择“屋顶：封檐板”选项，进入“修改|放置封檐板”选项卡，在“属性”选项板中单击“编辑类型”按钮，调出“类型属性”对话框。

06 单击“复制”按钮，新建一个名称为“女儿墙”的封檐板类型，在“轮廓”选项中选择“女儿墙”，在“材质”选项中为其指定材质，如图19-27所示。

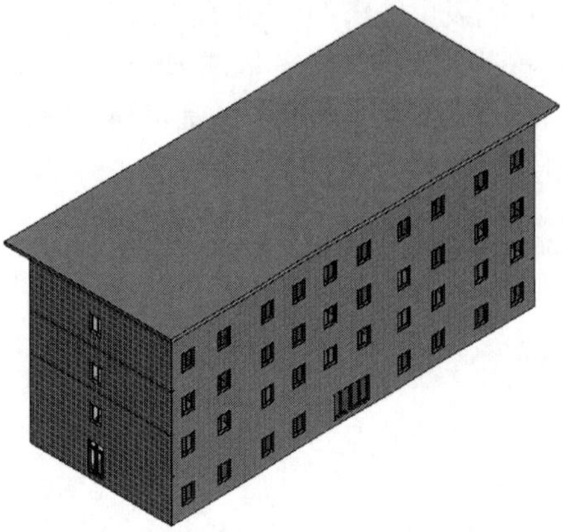

图 19-26

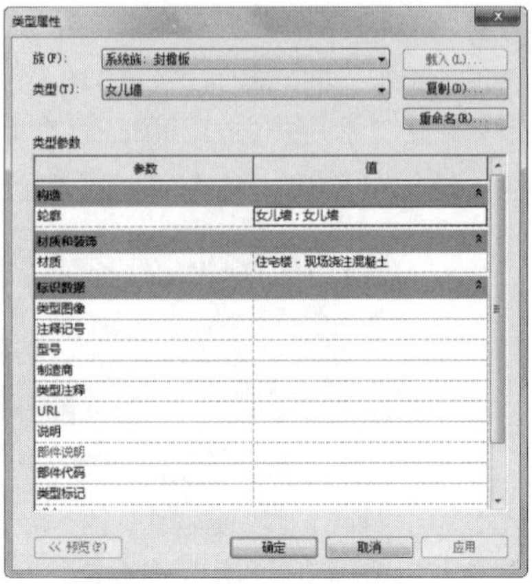

图 19-27

07 在“属性”选项板中设置“水平轮廓偏移”参数为 -1000，如图 19-28 所示，单击屋顶边界线为参照线，向内偏移 1000mm 放置女儿墙，如图 19-29 所示。

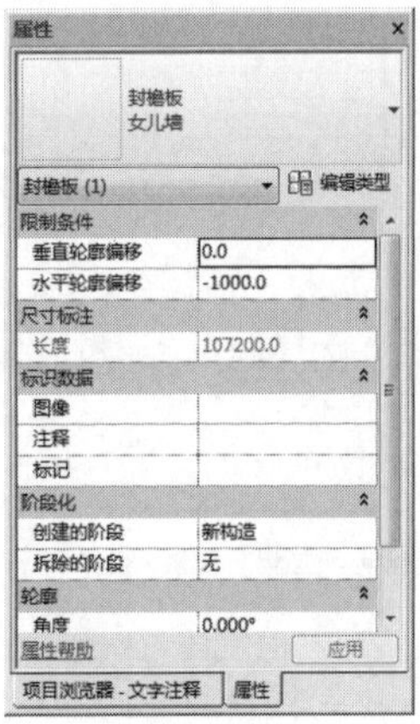

图 19-28

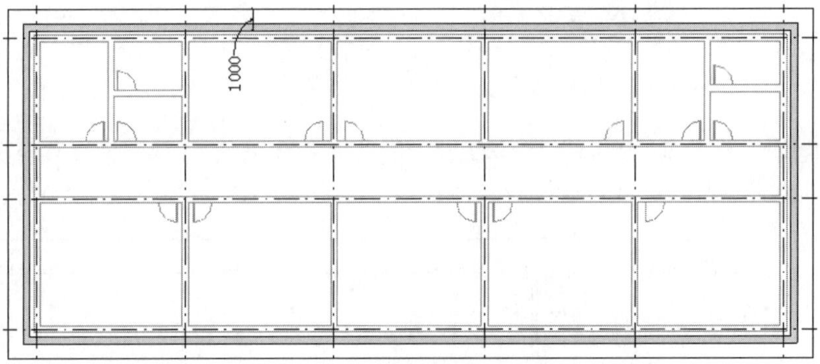

图 19-29

08 转换至三维视图，观察女儿墙的三维样式，如图 19-30 所示。

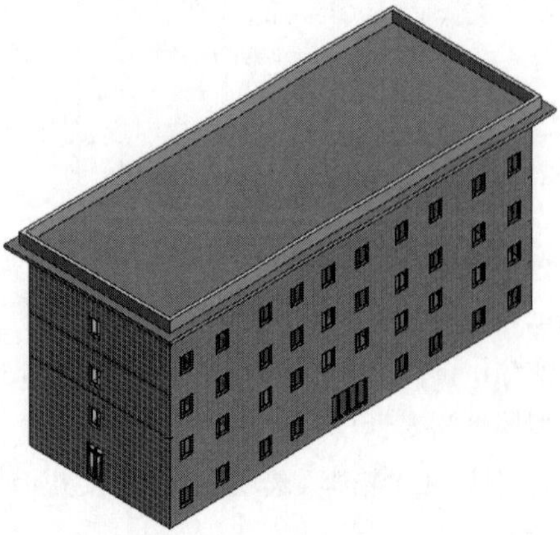

图 19-30

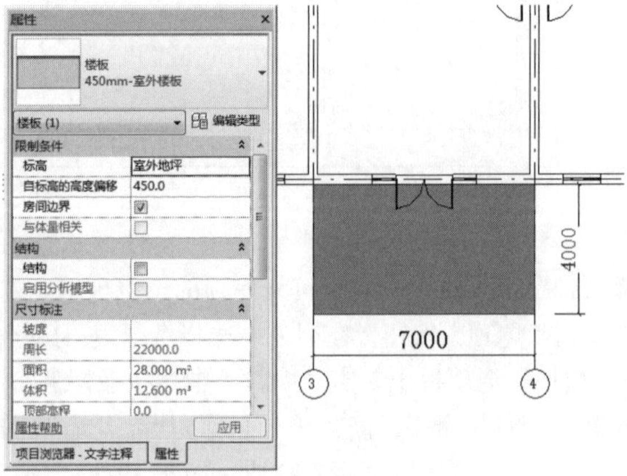

图 19-31

19.6　台阶、散水

启用“楼板边”工具，指定台阶轮廓后拾取楼板边，放样生成台阶模型。Revit 没有专门创建散水的命令，通过调用“墙饰条”命令，选择散水轮廓，设置相应的参数后生成散水模型。

01 在“构建”面板中单击“楼板”按钮，进入“修改 | 楼板”选项卡，选择“绘制”方式为“边界线”“矩形”，在“属性”选项板中设置“标高”为“室外地坪”，“自标高的高度偏移”参数为 450，在 3 轴与 4 轴之间单击指定矩形的对角点，创建如图 19-31 所示的楼板。

02 单击“楼板”按钮，在列表中选择“楼板：楼板边”选项，进入“修改 | 放置楼板边缘”选项卡，在“属性”选项板中单击“编辑类型”按钮，打开“类型属性”对话框。单击“复制”按钮，创建一个名称为“三步台阶”的楼板边类型。在“轮廓”选项中选择“台阶”轮廓，在“材质”选项中为台阶指定材质，如图 19-32 所示。

03 转换至三维视图，单击拾取楼板左侧上边缘，可沿边缘生成台阶。接着依次单击前侧上边缘、右侧上边缘，生成台阶的结果如图 19-33 所示。

04 重复上述操作，继续绘制左、右两个侧门的入口三级台阶。

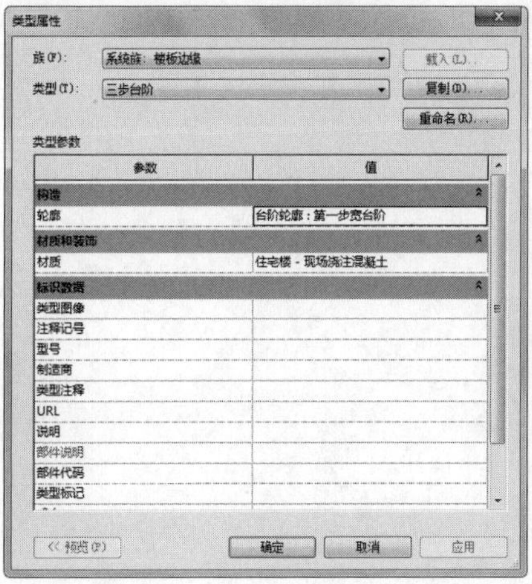

图 19-32

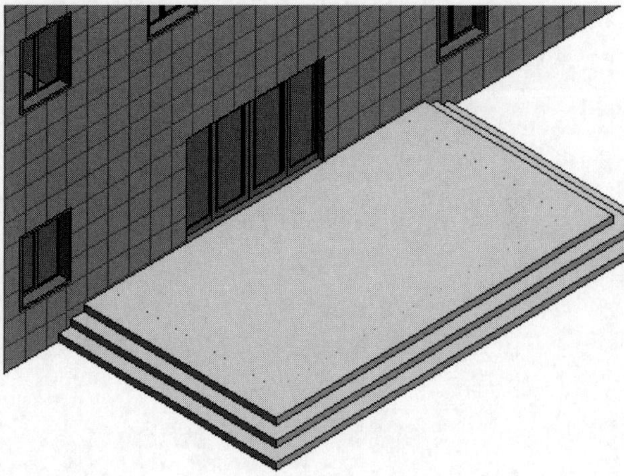

图 19-33

05 转换至三维视图，在“构建”面板中单击“墙”按钮，在列表中选择“墙：饰条”选项，进入“修改 | 放置 墙饰条”选项卡。单击“属性”选项板中的“编辑类型”按钮，进入“类型属性”对话框。单击“复制”按钮，新建一个名称为“散水轮廓”的墙饰条类型。在“轮廓”选项中选择“散水轮廓”，在“材质”选项中设置材质，如图 19-34 所示。

06 单击“确定”按钮关闭对话框，在“属性”选项板中设置“与墙的偏移”为 0，“标高”为“室外地坪”，在“放置”面板中选择“水平”选项。将鼠标置于外墙底边缘，单击以放置散水。散水可自动打断台阶，并在转弯处自动连接，创建散水的结果，如图 19-35 所示。

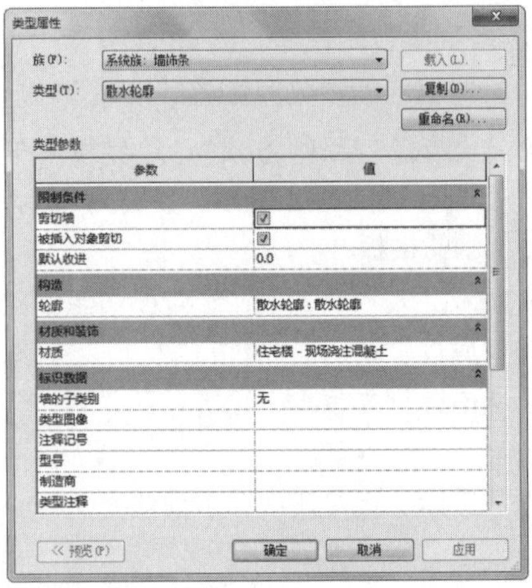
类型属性
族(F)： 系统族：墙饰条
载入(L)...
类型(T)： 散水轮廓
复制(D)...
重命名(R)...
类型参数
参数
值
限制条件
剪切墙
被插入对象剪切
默认收进 0.0
构造
轮廓 散水轮廓：散水轮廓
材质和装饰
材质 住宅楼 - 现场浇注混凝土
标识数据
墙的子类别 无
类型图像
注释记号
型号
制造商
类型注释
<< 预览(P)
确定
取消
应用

图 19-34

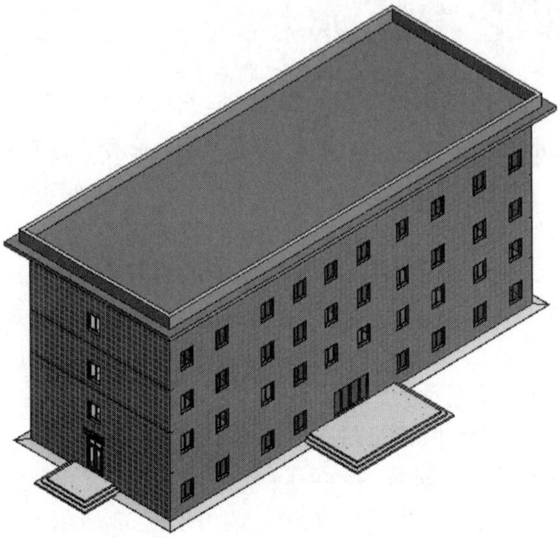

图 19-35

第20章 附录

20.1 常见 Revit 常见问题释疑

20.1.1 墙体构造参数中“包络”的含义

在墙体的“类型属性”对话框中，“构造”选项组下的“在插入点包络”“在端点包络”选项用来设置墙体的包络样式，如图 20-1 所示。

在“在插入点包络”选项中提供 4 种包络样式，分别是不包络、外部、内部、两者，包络样式如图 20-2 所示，用来指定门窗洞口的包络样式。

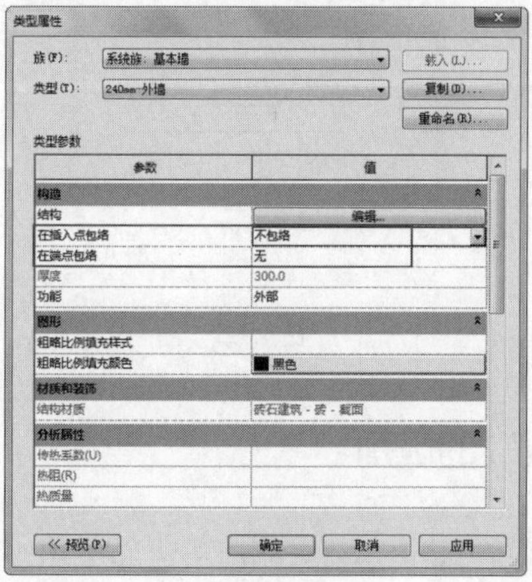

图 20-1

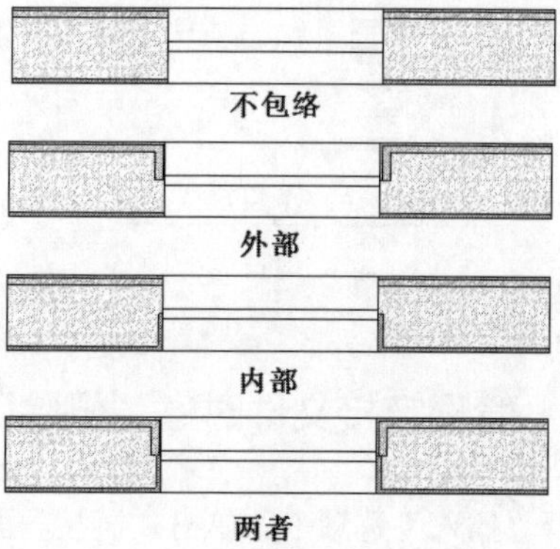

图 20-2

“在端点包络”选项中提供了 3 种包络样式，分别是无、外部、内部，包络结果如图 20-3 所示，用来设置墙体端点的包络样式。

图 20-3

20.1.2 载入进来的族找不到了怎么办

选择“插入”选项卡，单击“从库中在载入”的“载入族”按钮，可以从外部载入族文件。在项目浏览器的“族”列表中显示各种类别的族，单击展开族类别，如展开“卫浴装置”，可在列表中查看卫浴装置的子类别，如图 20-4 所示。假如刚刚载入的是卫浴装置族文件，即可在该列表中找到。

如果载入的族在项目浏览器中相应的族类别中没有找到，需要确定族类别是否已经正确设置。在族编辑器中单击“族类别和族参数”按钮，调出如图 20-5 所示的“族类别和族参数”对话框。在其中查看当前的族类别，选择其他族类别，单击“确定”按钮关闭对话框，可修改该族的族类别。

再次将族载入项目文件后，可到项目浏览器中新设置的族类别列表中找到该族。需要注意的是，假如在创建之初未选择正确的族样板，即使已修改族类别，该族仍然可能不具备正确的族功能，此时的解决方法是选择合适的族样板进行重新创建。

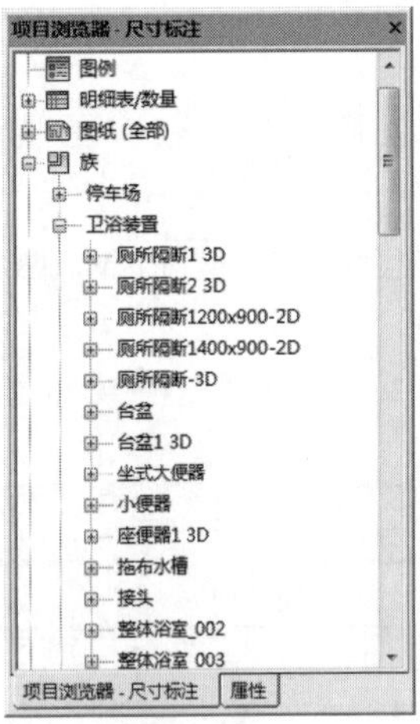

图 20-4

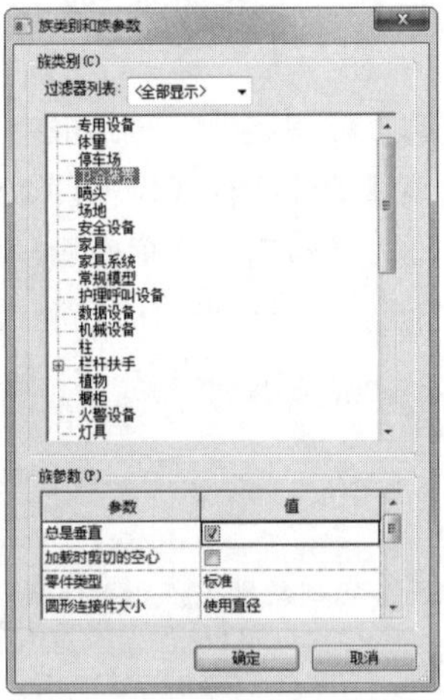

图 20-5

20.1.3 管理链接文件时，“删除”与“卸载”的区别

选择“插入”选项卡，单击“链接”面板中的“管理链接”按钮，调出如图 20-6 所示的“管理链接”对话框。单击该对话框下方的“卸载”“删除”按钮，可将选中的链接文件删除或者卸载。

单击“卸载”按钮，调出如图 20-7 所示的提示对话框，提醒用户卸载链接文件的后果。

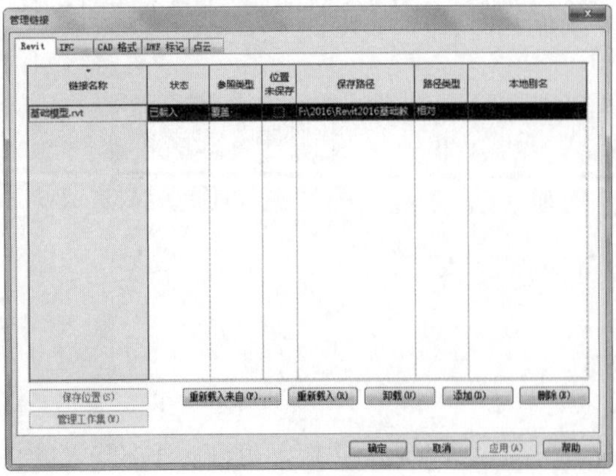

图 20-6

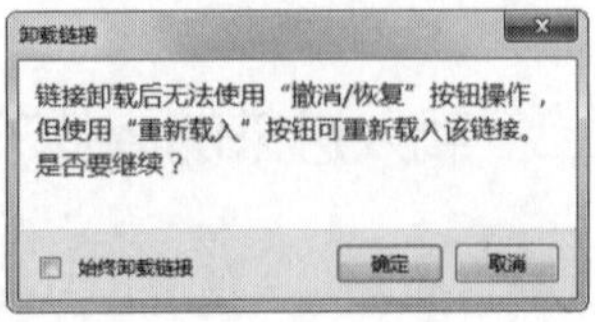

图 20-7

单击“是”按钮关闭对话框，完成卸载链接文件的操作。此时链接文件的信息仍然显示在对话框中，只是在“状态”单元格中显示为“未载入”，如图 20-8 所示。由于链接文件的路径与链接信息未被删除，所以单击“重新载入来自…”或者“重新载入”按钮，可重新载入链接文件。

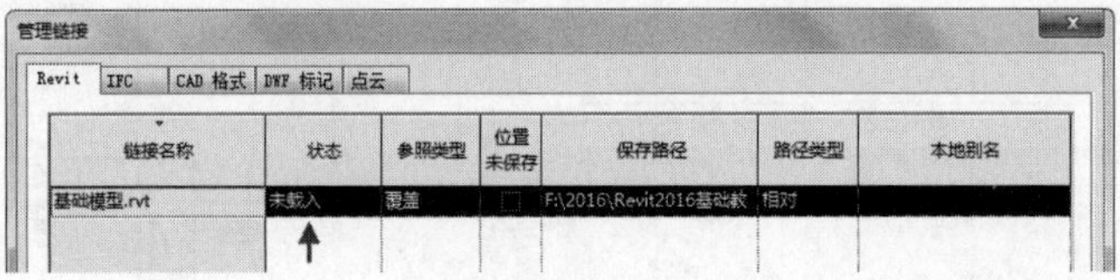

图 20-8

假如链接文件的路径发生变更，在打开主体文件时，系统提示找不到链接文件。在“管理链接”对话框中链接文件的状态同样显示为“未载入”。

单击“删除”按钮，可将链接文件的路径、链接信息等都从项目文件中删除，同时“管理链接”对话框中也不显示任何链接文件的信息。

20.1.4 DWG 格式的轴网文件在 Revit 中的转换方法

将 DWG 文件链接到 Revit 项目文件后，启用“轴线”命令，在“绘制”面板中单击“拾取线”按钮，如图 20-9 所示。在链接文件上点取 DWG 轴线，可以在根据选定的 DWG 轴线生成 Revit 轴线。如图 20-10 所示，在 DWG 文件 1 号轴线的基础上生成 Revit 的 1 号轴线。

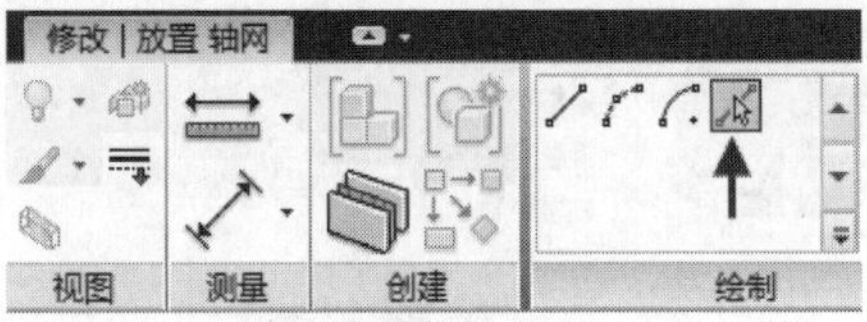

图 20-9

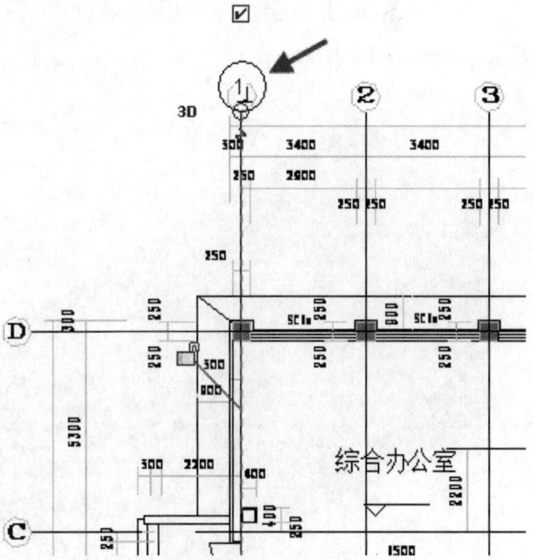

图 20-10

经拾取线而生成的 Revit 轴线遵循顺序编号的原则，即使是生成横向的轴线也是以数字命名轴号的，如图 20-11 所示。待创建轴线完毕后，单击轴号，进入在位编辑格式，修改轴号为字母编号即可，如图 20-12 所示。

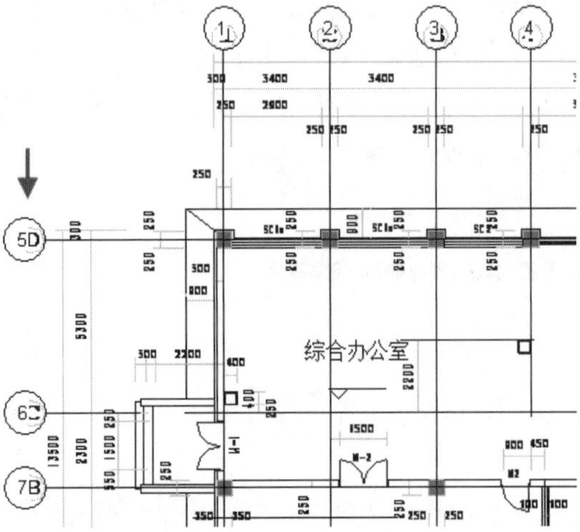

图 20-11

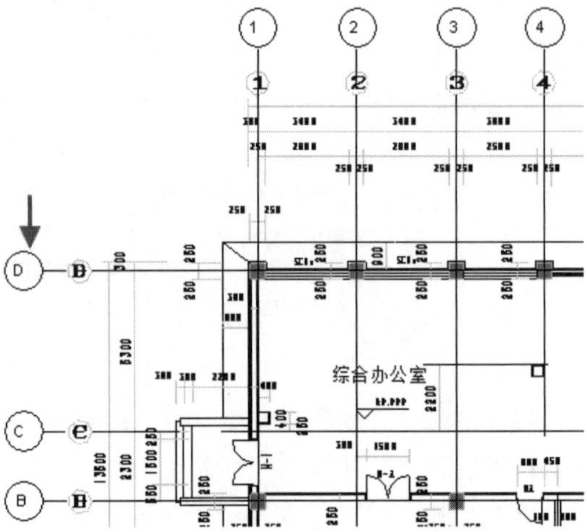

图 20-12

在以 DWG 为底图绘制完成 Revit 轴网后，可根据需要将链接文件暂时卸载或者永久删除。

20.1.5 在三维视图中单独显示某一楼层的做法

切换至三维视图后，在视图中显示整体建筑模型，如图 20-13 所示。当需要观察其中某一楼层的时候要如何操作？本节介绍操作方法。

在 View Cube 上右击，在调出的菜单中选择“定向到视图 | 楼层平面 | 楼层平面：二层平面图”选项，如图 20-14 所示。

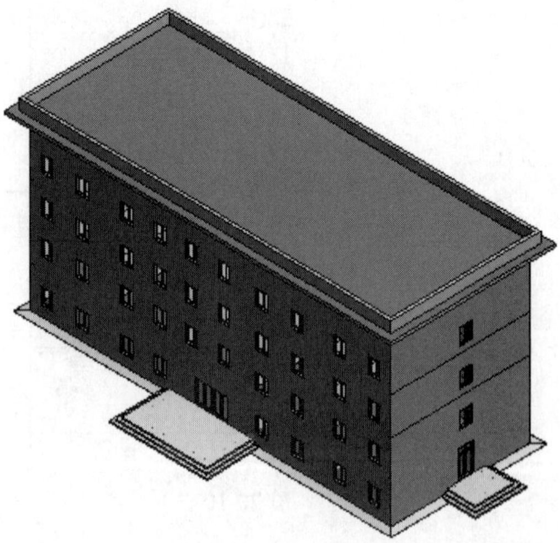

图 20-13

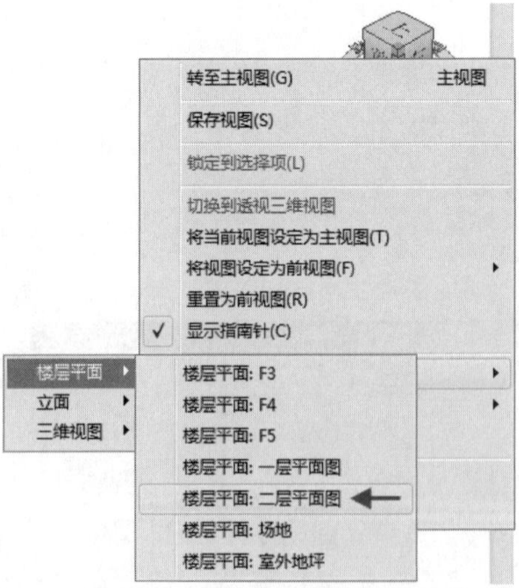

图 20-14

此时可定位二层的俯视图，如图 20-15 所示。再次调出 View Cube 快捷菜单，选择“转到主视图”选项，如图 20-16 所示。

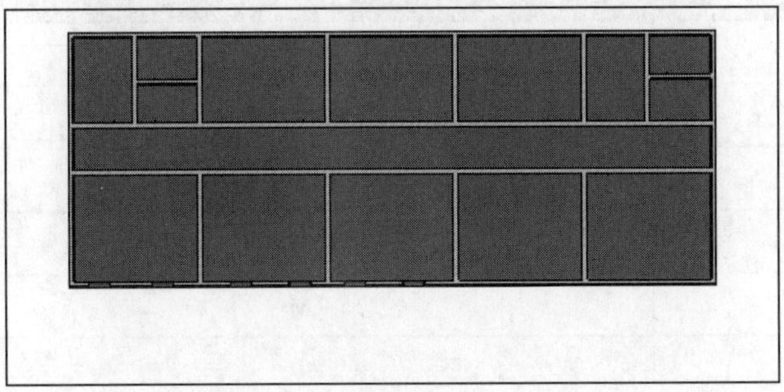

图 20-15

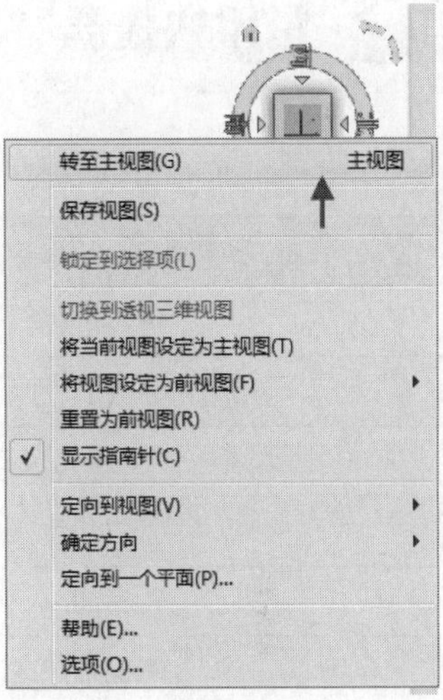

图 20-16

在视图中显示二层的模型，Revit 建立了以二层为单元的剖面框，如图 20-17 所示。要恢复显示整体模型，在视图“属性”选项板中的“范围”选项组中取消选中“范围框”选项即可，如图 20-18 所示。

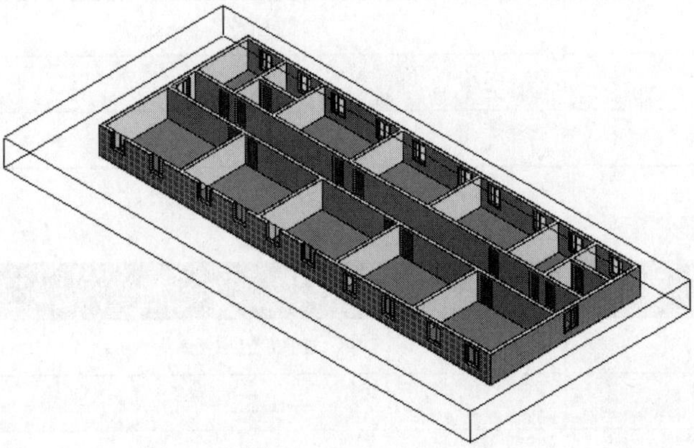

图 20-17

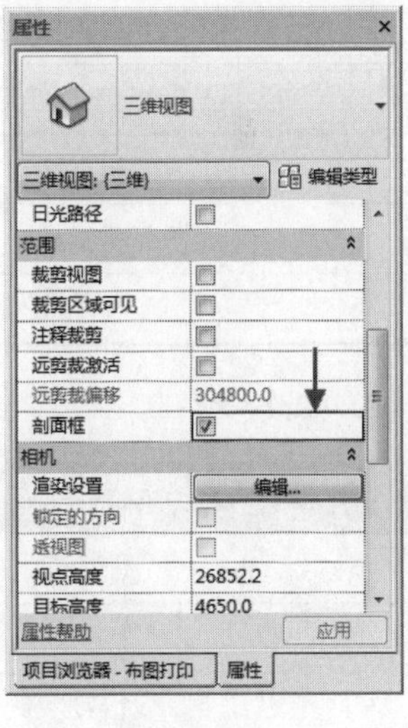

图 20-18

20.2 常用快捷键

1. 绘图

命令	代码与快捷键
墙	WA
门	DR
窗	WN
放置构件	CM
房间	RM
房间标记	RT
轴线	GR
文字	TX
对齐标注	DI
标高	LL
高程点标注	EL
绘制参照平面	RP
模型线	LI
按类别标记	TG
详图线	DL

2. 修改

命令	代码与快捷键
图元属性	PP/Ctrl+1
删除	DE
移动	MV
复制	CO
旋转	RO
定义旋转中心	R3/ 空格键
阵列	AR
镜像 - 拾取轴	MM
创建组	GP
锁定位置	PP

续表

命令	代码与快捷键
解锁位置	UP
匹配对象类型	MA
线处理	LW
填色	PT
拆分区域	SF
对齐	AL
拆分图元	SL
修剪 / 延伸	TR
偏移	OF
选择整个项目中的所有实例	SA
重复上一个命令	RC/Enter
恢复上一次选择集	Ctrl+ ←（左方向键）

3. 捕捉

命令	代码与快捷键
捕捉远距离对象	SR
象限点	SQ
垂足	SP
最近点	SN
中点	SM
交点	SI
端点	SE
中心	SC
捕捉到云点	PC
点	SX
工作平面网格	SW
切点	ST
关闭替换	SS
形状闭合	SZ
关闭捕捉	SO

4．视图控制

命令	代码与快捷键
区域放大	ZR
缩放配置	ZF
上一次缩放	ZP
动态视图	F8/Shift+W
线框显示模式	WF
隐藏线框显示模式	HL
带边框着色显示模式	SD
细线显示模式	TL
视图图元属性	VP
可见性图形	VV/VG
临时隐藏图元	HH
临时隔离图元	HI
临时隐藏类别	HC
临时隔离类别	IC
重设临时隐藏	HR
隐藏图元	EH
隐藏类别	VH
取消隐藏图元	EU
取消隐藏类别	VU
切换显示隐藏图元模式	RH
渲染	RR
快捷键定义窗口	KS
视图窗口平铺	WT
视图窗口重叠	WC